现代化学基础丛书·典藏版 8

不对称合成

尤田耙　林国强　编著

科学出版社
北京

内 容 简 介

本书分两个部分：第1～4章为基础部分，主要介绍与手性合成有关的基础知识和工作方法，包括：获得光活性化合物的途径；测定手性化合物对映体纯度和绝对构型的方法。第5～15章为反应部分，分章介绍了手性合成的各个专题，包括：二烷基锌和其他亲核试剂对醛酮、亚胺的加成（第5～6章），Michael加成（第7章）；偶联反应（第8章）；环丙烷化（第9章）；催化加氢（第10章）；烯烃环氧化、双羟化和氨羟化（第11章）；Diels-Alder反应（第12章）；酶催化的不对称反应（第13章）；手性合成在药物合成上的应用（第14章）和手性催化剂实用化研究进展（第15章）。

本书既系统介绍了基础知识，又提供了全面的最新研究成果，可作为有机化学、药物化学、精细化工等专业的研究生和教师的参考教材，也可作为相关学科研究人员的参考书。

图书在版编目(CIP)数据

不对称合成/尤田耙、林国强编著. —北京：科学出版社，2006
（现代化学基础丛书 8/朱清时主编）

ISBN 978-7-03-016191-8

Ⅰ. 不… Ⅱ. ①尤…②林… Ⅲ. 不对称有机合成 Ⅳ. O621.3

中国版本图书馆 CIP 数据核字(2005)第 096398 号

责任编辑：周巧龙 宛 楠 / 责任校对：鲁 素
责任印制：徐晓晨 / 封面设计：王 浩

科学出版社出版
北京东黄城根北街16号
邮政编码：100717
http://www.sciencep.com
北京凌奇印刷有限责任公司印刷

科学出版社发行 各地新华书店经销

*

2006年1月第 一 版 开本：B5(720×1000)
2020年1月第四次印刷 印张：28
字数：523 000

POD定价： 138.00元
（如有印装质量问题，我社负责调换）

《现代化学基础丛书》编委会

《现代化学基础丛书》序

如果把牛顿发表“自然哲学的数学原理”的 1687 年作为近代科学的诞生日，仅 300 多年中，知识以正反馈效应快速增长：知识产生更多的知识，力量导致更大的力量。特别是 20 世纪的科学技术对自然界的改造特别强劲，发展的速度空前迅速。

在科学技术的各个领域中，化学与人类的日常生活关系最为密切，对人类社会的发展产生的影响也特别巨大。从合成 DDT 开始的化学农药和从合成氨开始的化学肥料，把农业生产推到了前所未有的高度，以致人们把 20 世纪称为“化学农业时代”。不断发明出的种类繁多的化学材料极大地改善了人类的生活，使材料科学成为了 20 世纪的一个主流科技领域。化学家们对在分子层次上的物质结构和“态-态化学”、单分子化学等基元化学过程的认识也随着可利用的技术工具的迅速增多而快速深入。

也应看到，化学虽然创造了大量人类需要的新物质，但是在许多场合中却未有效地利用资源，而且产生了大量排放物造成严重的环境污染。以至于目前有不少人把化学化工与环境污染联系在一起。

在 21 世纪开始之时，化学正在两个方向上迅速发展。一是在 20 世纪迅速发展的惯性驱动下继续沿各个有强大生命力的方向发展；二是全方位的“绿色化”，即使整个化学从“粗放型”向“集约型”转变，既满足人们的需求，又维持生态平衡和保护环境。

为了在一定程度上帮助读者熟悉现代化学一些重要领域的现状，科学出版社组织编辑出版了这套《现代化学基础丛书》。丛书以无机化学、分析化学、物理化学、有机化学和高分子化学五个二级学科为主，介绍这些学科领域目前发展的重点和热点，并兼顾学科覆盖的全面性。丛书计划为有关的科技人员、教育工作者和高等院校研究生、高年级学生提供一套较高水平的读物，希望能为化学在新世纪的发展起积极的推动作用。

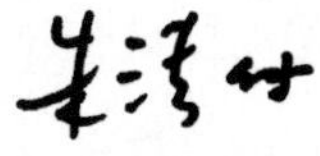

2005 年 2 月

前　言

当得知科学出版社拟组织出版《现代化学基础丛书》，并由我们来写《不对称合成》分册时，心情是矛盾的。虽然作者有一定教学和研究工作的积累，但想到近几年，在不对称合成领域国内已有四部专著问世，且作者都是本领域的权威专家，要想尽可能不重复前作的内容，又能写出一点新意，谈何容易？因此不免有些犹豫。

好在本领域的飞速发展不断提供了许多新知识和新成果。例如，本书做了详细介绍的几个专题：不对称 Michael 加成、Baylis-Hillman 反应、Reformatsky 反应、Pinacol 偶联反应等涉及新的 C—C 键生成的专题，前作还很少提及，即使是传统上作为重点介绍、成果颇丰、内容已比较完整的那些不对称反应专题，如二烷基锌对醛酮的加成、Aldol 反应、不对称氢化和氧化、Diels-Alder 反应等，近年来也不断有重要的成果涌现，还是有许多新东西可以且有必要介绍给读者的。

随着不对称合成研究的深入发展，许多反应的立体控制水平已达到或接近实际应用的要求，将这些学术研究成果用于大批量制备或工业生产，已成为本领域的重要发展方向。本书专设"不对称合成在药物合成上的应用"和"手性催化剂实用化研究进展"两章，比较系统地介绍了这方面的研究成果和发展趋势。后者介绍了四种代表性手性药物(或其关键中间体)的各种不同的不对称合成方法，希望能让读者拓宽思路，提供比较和选择的空间。

本书前四章介绍了立体化学在相关学科的应用、获得光活性化合物的途径、测定手性化合物对映体纯度和绝对构型的各种现代方法等基础知识，这些内容在国内外其他同类著作中虽然有零星介绍，但还未见像本书这样系统、全面的介绍。这些内容对初涉此领域的研究生，甚或专门从事本领域的研究工作者，其重要性都不亚于各不对称合成专题的知识介绍。

面对浩如烟海的文献和综述，内容的取舍一直是个难题。本书优先介绍那些对映选择性较好的研究成果，同时也兼顾新颖和有代表性的工作，对每一专题，除重点介绍"催化"的不对称反应结果外，也简要介绍了那些立体选择性很好的"底物诱导"的不对称反应，因为事实上，许多这类反应，目前仍是实际用于大批量制备的有效方法。对 2001 年以前报道的研究成果，仅选代表性重要成果做介绍，而对近三年来的新进展，则做了较详细的介绍。

在本书完稿之时，作者之一尤田耙希望借此表达对引领他进入不对称合成领域的启蒙导师 Harry S. Mosher 教授的特别感谢！在 Mosher 教授指导下工作的两年多时间以及此后十几年的交往中，Mosher 教授以其渊博的学识和高尚的人格深深影响了作者的学术人生。同时，他还将自己给 Stanford 大学研究生讲授相关课程的讲稿、新书和大量宝贵的第一手资料无私赠送给作者，这便成为本书前四章的重要内容。

我们还要特别感谢国家自然科学基金委员会多年来的连续资助，使我们有可能从事本领域的研究和深入了解相关的知识。

中国科技大学研究生林双政负责本书的全部绘图、录入和文字编排，江辰、李明宗、李刚、冯岩、李达谅、温集武、谭启涛等协助搜集部分文献，也为本书的问世做出了贡献，在此表示由衷的感谢。

由于作者的水平所限，书中难免存在错误与不妥之处，恳请广大读者批评指正。

作者

2005 年 7 月

目　　录

第 1 章　绪　　论

1.1　立体化学基础知识简介

1.1.1　立体异构现象和异构体的分类

自从 van't Hoff 提出碳原子的四面体结构，人们便开始从三维空间考察有机分子的结构与性能的关系。如果与碳原子相连的四个原子或基团各不相同，它们在空间的排列方式有两种，互为实物与镜像的关系，但又不能重合，如下图中Ⅰ和Ⅱ那样。

这便是立体化学最早的基点，即后来我们称之为对映体的异构现象。广义的异构体指的是具有相同的组成和分子式的不同化合物。为了清楚地了解有机分子的异构现象和异构体的分类，可用图 1－1 表示。

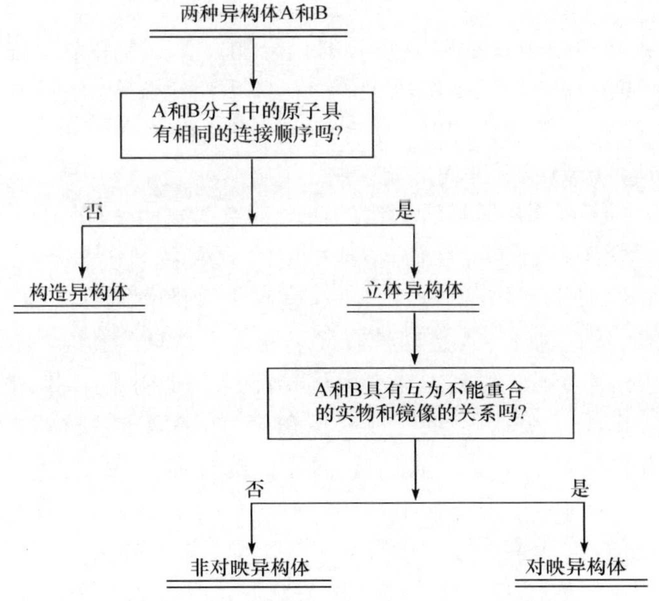

图 1－1　立体异构体的分类——溯源分析

从图 1－1 可以看出:两种异构体 A 和 B,如果分子中所有原子的连接顺序都相同,它们的差别一定是由于分子中原子(或基团)在空间排列方式不同引起的,这样的异构体称为立体异构体(stereoisomer),是立体化学研究的对象。立体异构体又分为对映异构体(enantiomer)和非对映异构体(diastereomer)。对映异构体之间互为实物和它们的镜像的关系,但由于分子中具有不对称因素,不能互相重合,就像人的左手和右手的关系,因此,这类互为实物和镜像关系而又不能重合的分子又称为手性分子。手性化合物由于分子中具有不对称因素而具有一种特殊的物理性质——旋光性,即能将入射偏振光的偏振平面旋转一定的角度。有旋光性的化合物又称为光活性化合物。

非对映异构体中有一部分是由于分子中含有不能自由旋转的双键而使连接在双键两端原子上的基团(或原子)所处的空间位置不同引起的异构现象,这类异构现象习惯上称为顺反异构(也叫几何异构)。这类异构体由于分子中含有对称面(由双键确定的分子平面),不是手性分子,也没有光活性。另一些非对映异构体则是由于分子中含有两个(或两个以上)不对称中心引起的异构现象,这类异构体虽然不是实物和镜像的关系,但分子中含有不对称因素,其中大部分也是光活性的。已知许多光活性化合物具有生物活性,以往的书刊上曾看到把光活性化合物称为生物活性的化合物,其实这两个概念是不能等同的,因为并非所有具有生物活性的化合物都是光学活性的,反之亦然。

1.1.2　轴手性化合物的绝对构型的判定

手性化合物并不限于含手性碳原子的化合物。含其他手性原子的化合物,如手性硅、硫、磷、氮的化合物已不鲜见。还有一些手性化合物,分子中并不含有手性中心,但这些分子与它们的镜像分子不能重合,因此也是手性化合物,常见的有含手性轴(axial chirality)或手性面的化合物。

含手性中心的化合物,其绝对构型的命名可根据基团优先顺序的 Cahn-Prelog 规则判定。但对含手性轴、手性面等特殊类型的手性化合物,特别是比较常见的含手性轴的化合物绝对构型的命名规则,本科教材中未做介绍,这里做一简要介绍。

图 1－2 中的化合物 **1** ～**4** 是四种有代表性含手性轴的化合物,它们的共同特点是:由于双键或刚性环的限制不能自由旋转,而使围绕手性轴排列的两对取代基(或原子)分处在两个互相垂直(或互成一定角度)的平面上。这样,当每对中的两个取代基互不相同时,它们在空间就有两种不同的排列,互相成为实物与镜像的关系而又不能重合,因此是一类不含手性中心的手性化合物。它们的绝对构型判定可按如下规则操作:①从手性轴的一端向另一端看,视线先碰到的一对取代基规定优先于后看到的一对取代基。即先碰到的一对取代基按大小顺序分为先(优)和先(次);后一对取代基按大小顺序分为后(优)和后(次)。②将后看到的一对取代基

中按顺序规则排在后面的基团置于背面。③其余三个取代基按先(优)→先(次)→后(优)的顺序观察，如果三者按顺时针方向排列，则该化合物是 *R*-构型；按逆时针方向排列的为 *S*-构型[1]。如图 1－2 中的化合物 **3** 所示：从左向右看，视线先碰到的是 NO_2 和 COOH，后看到的是 I 和 CH_3，按基团的优先顺序，NO_2 优先于 COOH，而 I 优先于 CH_3，即四个基团的优先顺序为 NO_2→COOH→I→CH_3，因此应将后看到的 CH_3 置于背面，其余三个取代基的优先顺序为 NO_2→COOH→I，为逆时针方向，所以化合物 **3** 应为 *S*-构型，而化合物 **4** 应为 *R*-构型。应指出的是，无论从轴的哪头看，得出的结论完全一致(读者可以自己试试看)。

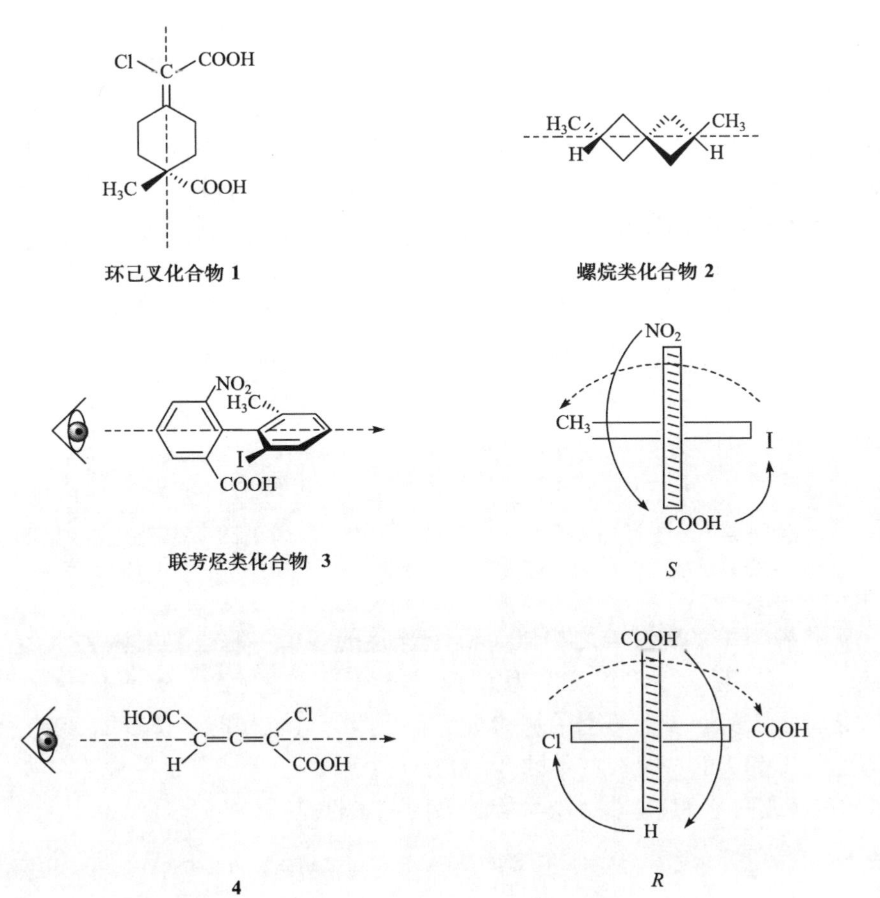

图 1－2 几种轴手性化合物及其绝对构型

1.1.3　前手性化合物

1. 前手性基团

当一个C原子同时连有两个相同的基团时，这个C原子是“非手性的”(achiral)。例如，丙酸分子中的α-碳，同时连有两个H原子，因此α-碳是非手性的。

H　H′
3　2　1
H_3C　C　COOH

丙酸
1

D　H′
H_3C　COOH
R

顺时针关系 ⇢ H: Pro-*R*
H′: Pro-*S*

但当C-2上的一个H被其他原子(如D)取代时，C-2便成了手性碳，我们将这种通过取代可以转变成手性碳的中心称为前手性(prochiral，也称潜手性)中心，与之相连的两个H称为前手性H。这两个H构造上完全相同，但处于对映的环境中，因此称为对映关系的前手性H。为了叙述的方便，将其中一个H标记为H′，以示区别。这两个前手性H的构型命名可按这样的规则判定：将被考察的H用它的同位素D代替，此时，手性中心的绝对构型便是被考察的H原子的前手性构型。例如，将H用D代替，丙酸中C-2的构型为*R*，则我们称H为Pro-*R*；同样，H′为Pro-*S*。

OH
HOOC　C　CH'_3　CH_3
2

OH
HOOC　C　CD_3　CH_3
R

CH'_3: Pro-*R*
CH_3: Pro-*S*

2-甲基-乳酸的情况与之相似，C-2上连接的两个甲基也是对映关系的前手性基团，将CH'_3用CD_3代替，C-2为*R*-构型，故CH'_3应为Pro-*R*，而CH_3为Pro-*S*。

化合物**3**的C-3上两个甲基和C-4上的两个氢也是前手性基团和前手性H，但它们与**1**和**2**的情况有些不同，因为分子中原来已有一个手性中心(C-2)，因此两个甲基(或两个H)是非对映异构关系的前手性基团(或H)，即

Pro-*S*
Pro-*R*　> 非对映异构关系的前手性H

H
O　4　CH_3 — Pro-*R*
O=　1　OH　H　3　> 非对映异构关系的前手性甲基
2　CH_3 — Pro-*S*
H

3

对映关系的前手性基团(或 H)的物理性质(包括 NMR 化学位移)完全相同,它们与非手性试剂作用时的化学性质也完全相同,只有与手性试剂反应时才表现出速率上的差别;而非对映异构关系的前手性基团(或 H),物理性质(如 NMR 化学位移等)可以有差别,无论与手性试剂还是非手性试剂作用,都可能表现出差别。

2. 前手性面

含 $\rangle C{=}O$ 、$\rangle C{=}N-$ 或 $\rangle C{=}C\langle$ 结构的化合物,双键处的碳原子是平面型的,因此是非手性的。但当双键发生加成反应,碳原子变成 sp^3 杂化的四面体结构,则碳原子可能成为新的手性中心,因此双键处的分子平面称为前手性面,以乙醛分子为例(图 1 - 3)。

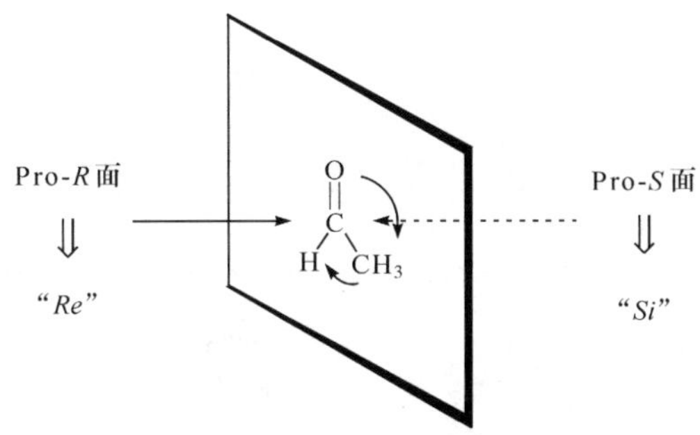

图 1 - 3　乙醛分子的前手性面

如图 1 - 3 所示,从分子平面的前方观察乙醛分子,碳原子上连接的三个基团按顺序规则排列(即 $O \rightarrow CH_3 \rightarrow H$)是顺时针方向,故朝前的面称为 Pro-*R*(前-*R*)面,也称"*Re*"面;从后面观察乙醛分子,则碳原子上的三个基团按顺序规则排列为逆时针方向,称为 Pro-*S* 面(或简称"*Si*"面)。

在酶的催化下,用 $NaBD_4$ 还原乙醛,D^- 从 *Si* 面进攻羰基,生成了 *S*-构型的 1-D-乙醇,即

$$H(C{=}O)CH_3 \xrightarrow{\text{酶}} HO(D)C(H)CH_3$$

[D] ("*Si*" 面进攻)　　　　*S*-构型

这并不是说,任何基团从 *Si* 面进攻羰基,加成产物都是 *S*-构型,加成产物的构型既与亲核基团从哪一面进攻有关,也与亲核基团在基团的优先顺序上的相对位置有关。例如,乙醛在酶催化下的氰醇化反应,亲核基团虽然也是从 *Si* 面进攻,但生成的产物却为 *R*-构型,即

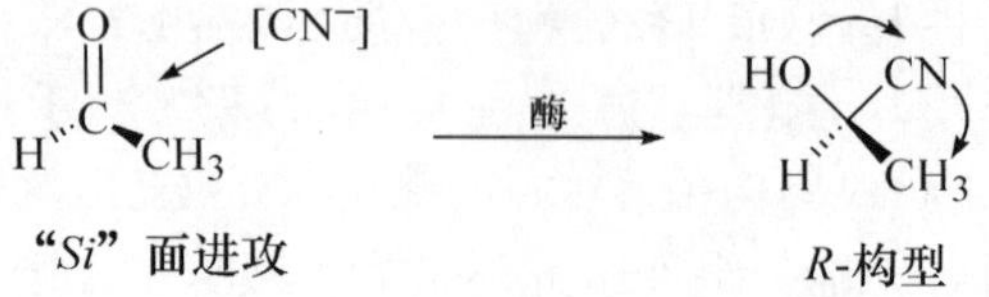

"*Si*"面进攻　　　*R*-构型

醛、酮和亚胺的前手性面判定通常只要考虑C原子处的前手性，因为双键发生加成后，只有C原子转变成手性中心。烯烃的前手性面，需要分别考察双键两端的C原子，因为C═C双键加成后，C-1和C-2都可能成为手性碳，而且从同一面看，C-1处和C-2处的前手性性质也可能不同，因此必须指明是C-1处或C-2处的前手性面。

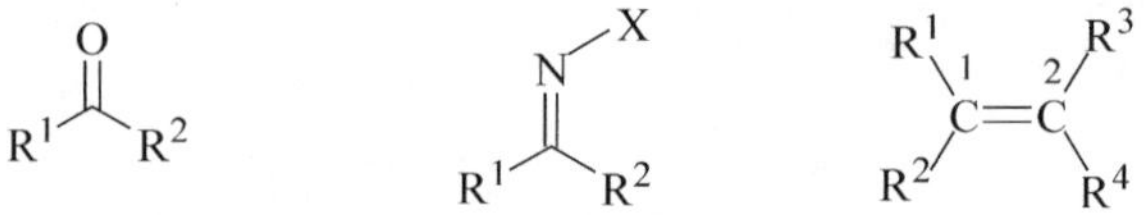

1.2　研究立体化学的重要性

在三维空间上了解分子的结构与性能，已成为化学、材料和生命科学深入研究的课题，尤其与生命过程有关的化学问题，如药物在体内的吸收、转运、分布、代谢、排泄以及与受体、酶和离子通道等靶点的结合都表现出立体选择性；各类天然化合物的立体结构与它们表现出的生物活性关系，各种有重要用途的材料分子的立体构型与性能之间的关系等。可以说，当今在上述各领域的任何重要发现和突破，离开了立体化学的理解、阐述和指导都是难以想像的。

1.2.1　药物或天然生物活性化合物的立体异构体与活性

1. 天然化合物或天然药物

天然有机化学的研究成果表明，许多有重要应用价值的天然有机化合物是生物活性的。如河豚毒素(tetradotoxin，**4**)是一种从河豚肝脏中分离出的极毒物质，在神经生理研究中有重要意义，其毒性与C-9的立体构型有关：C-9为*S*-构型(天然得到的化合物)是极毒的，而为*R*-构型时毒性很小[2, 3]。

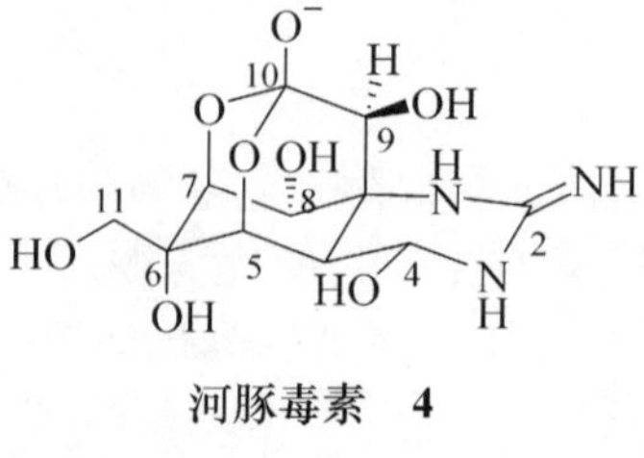

河豚毒素　**4** 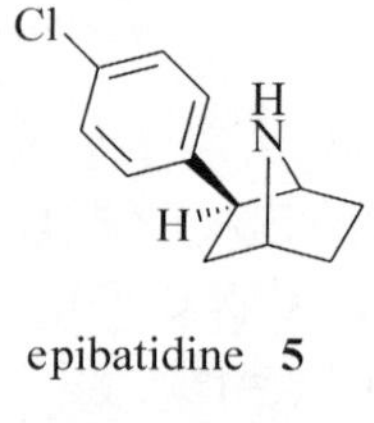　　　epibatidine　**5**

epibatidine **5** 是一种从厄瓜多尔三色蛙皮肤毒液中分离出的活性成分，其镇痛作用为吗啡的200～500倍，但只有图示的立体构型才有生物活性[4, 5]。

紫杉醇 **6** 是从紫杉树皮中分离出的抗癌活性化合物，对卵巢癌、乳腺癌有特效，对肺癌也有显著疗效，是三大天然来源的抗癌药物之一[6～8]。分子中共有11个手性碳，任何一个手性碳的构型改变，都使化合物的活性降低，甚至完全失去抗癌活性。青蒿素 **7a** 及衍生物蒿甲醚 **7b** 是我国独立开发的有自主知识产权的重要药物，分子中也含有多个手性碳，每个手性碳的构型对保持化合物的高度抗疟活性都是至关重要的[9, 10]。

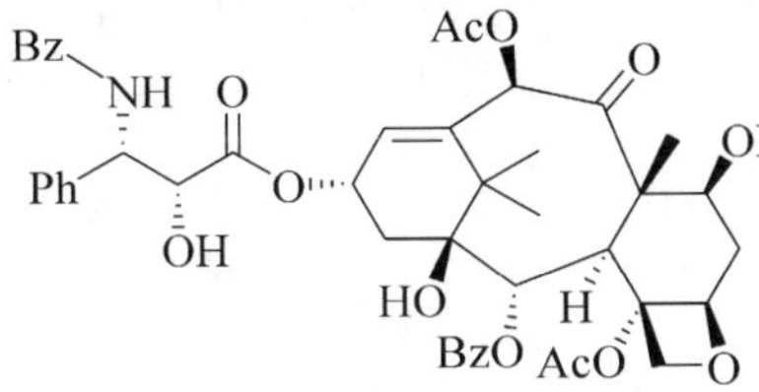

紫杉醇(taxol,**6**)

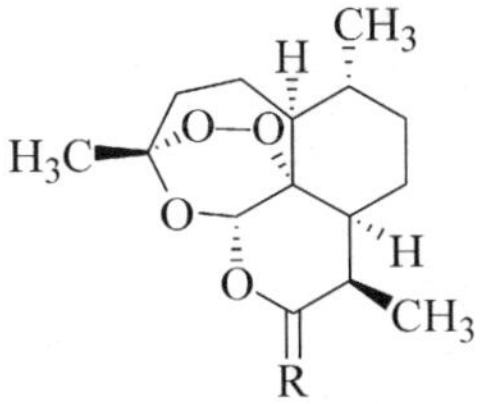

7a 青蒿素 R=O

7b 蒿甲醚 R=C(H)(OCH$_3$)

喜树碱 **8** 是从我国珙桐科植物喜树中提取的具有很强抗癌活性的化合物[11]。其抗癌活性与C-20位的构型有关，C-20为*S*-构型（天然）才有活性，C-20为*R*-构型的完全没有活性。20世纪80年代发现其独特的作用机理后，已从它的衍生物中筛选出数十种活性高、毒性小的候选新药[12, 13]，被认为是另一类很有潜力的抗癌药。辛伐他汀 **9** 是从真菌中分离出的体内胆固醇合成的限速剂，已开发成降胆固醇、降血脂、预防和治疗冠心病和动脉粥样硬化的重要药物，其分子中的(3*R*,5*S*)-3-羟基戊内酯（或其开环形式）是药物活性的关键结构，C-3和C-5的构型变化将导致完全失活[14]。

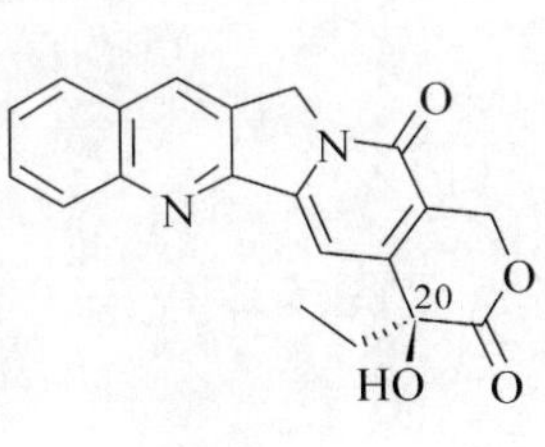

喜树碱(camptotecin,**8**)

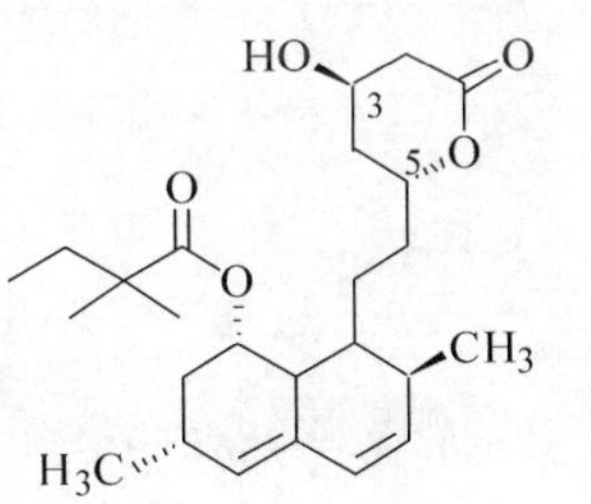

辛伐他汀(simvastatin,**9**)

2. 合成药物

在合成药物中，许多研究结果已表明，含有手性的药物，其药效与分子的立体构型有密切关系。往往一种立体异构体有显著药效，而它的对映体药效很小，甚至完全没有药效或具有相反的药效。在药理研究上，将活性最高的立体异构体叫做eutomer，而活性最低的异构体称为distomer（希腊语，eu＝good，dis＝bad）。在许多情况下，distomer不但本身没有药效，还会部分抵消eutomer的药效，有时还会产生有毒的代谢产物或引起严重的副作用。

下面给出部分研究结果，足以说明立体化学在药物研究中的重要性。

1）手性药物分子两种对映异构体的药理作用相同，但药效差别很大

α-methyldopa（甲基多巴，**10**）是一种降血压药，服用后在体内脱羧，*β*-羟基化，得到活性化合物*α*-methylnorepinephrine。只有（－）的异构体的降解产物有药效，而（＋）的异构体完全没有药效。其他12种用于治疗高血压和心绞痛的*β*-类肾上腺功能阻断剂也只有（－）的异构体有药效。

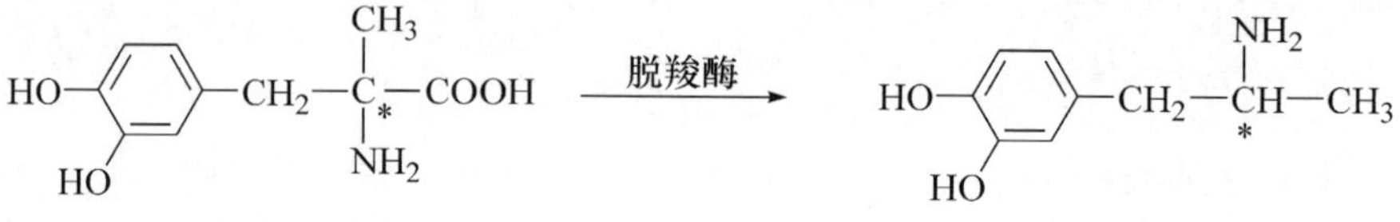

α-甲基多巴 **10**

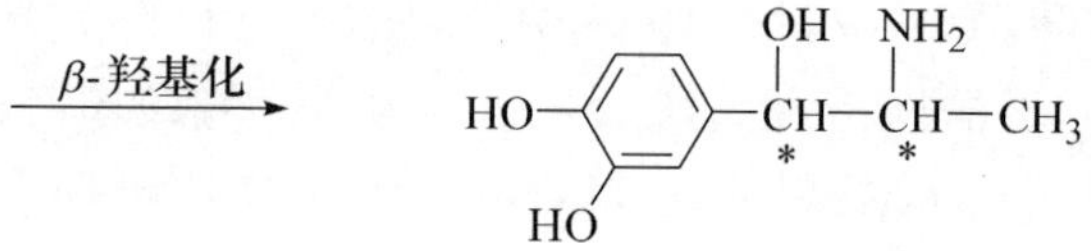

脱羧酶

β-羟基化

α-甲基去甲肾上腺素

萘普生（naproxen，**11**）和布洛芬（ibuprofen，**12**）都是*α*-芳基丙酸类非甾体消炎镇痛药，虽然它们的对映体都有药效，但*S*-异构体的药效都比*R*-异构体强得多，体内试验表明（*S*）-**11**比（*R*）-**11**强35倍，而（*S*）-**12**比（*R*）-**12**强28倍[15, 16]。

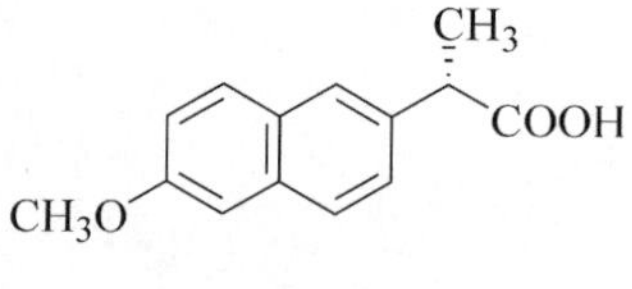

(*S*)-萘普生 **11**

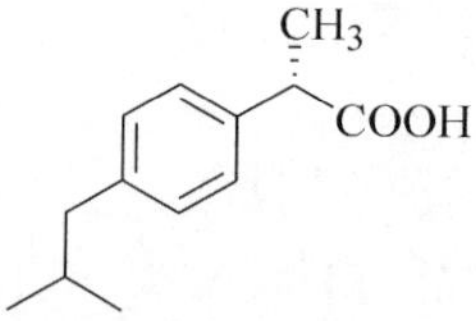

(*S*)-布洛芬 **12**

2）两种对映体药性相反

distomer部分抵消eutomer的药效。

依托唑啉（etozoline，**13**）是一种利尿剂，它在体内代谢生成奥唑啉酮（ozolinone）而起作用，但只有（－）-etozoline的代谢产物有利尿作用，而（＋）的异构体不但没有利尿作用，还会抑制（－）-异构体的利尿作用。如果将（＋）-etozoline与治疗水肿病的强利尿剂呋赛米（furosemide，又称利尿灵）同时服用，也能抑制furosemide 的利尿作用[17]。

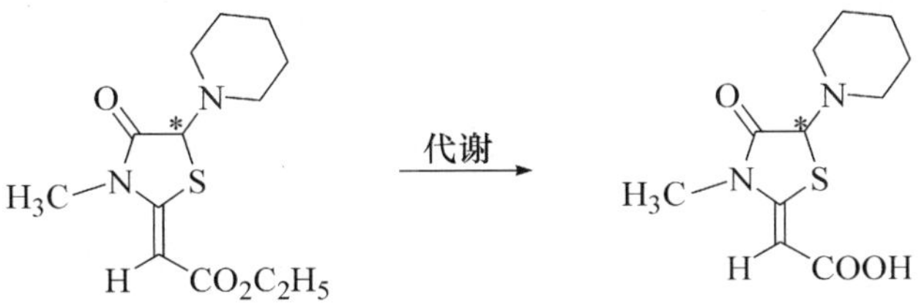

代谢

依托唑啉 **13**　　奥唑啉酮

巴比妥酸盐通常用作催眠镇痛药，一般(*S*)-(－)-异构体具有抑制神经活动的作用，而(*R*)-(＋)-异构体却具有兴奋作用，极端的例子如5-乙基-5-(1,3-二甲基丁基)巴比妥酸盐 **14**，其(*S*)-(－)-异构体是神经活动的抑制剂，而(*R*)-(＋)-异构体却是强兴奋剂(引起惊厥和痉挛)[18]。

哌西那朵(picenadol，**15**)是两种对映体具有相反药性的另一个例子，其(＋)-异构体具有类似吗啡的强兴奋作用，而(－)-异构体却有抗兴奋作用，而其外消旋体仍具有一定的兴奋作用，故可直接用作兴奋剂[19]。

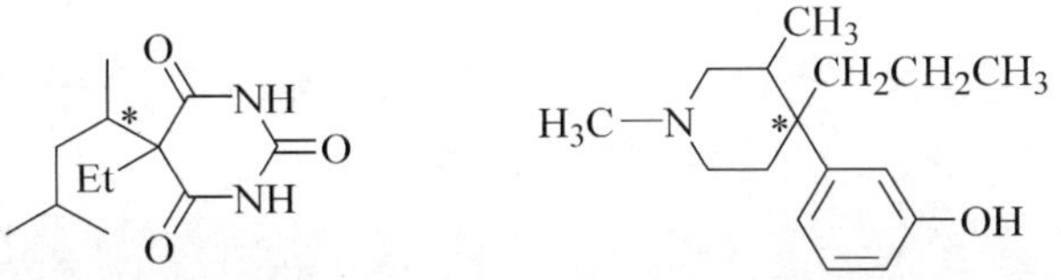

5-乙基-5-(1,3-二甲基丁基)巴比妥酸盐 **14**　　哌西那朵 **15**

3) distomer(或其代谢产物)有毒或引起严重副作用

氯胺酮(ketamine)盐酸盐 **16** 是一种胃肠外科麻醉药，它比大多数麻醉药优越的地方，是不会引起呼吸压抑。但使用外消旋 **16** 作胃肠手术麻醉剂时，会产生很大的副作用，术后病人情绪不安、易激动、好争吵、易失去自我控制，故严重限制了它的临床使用。

深入进行对映异构体的药理试验后发现，这些副作用主要是由(－)-异构体产生的，且(－)-异构体的麻醉药效仅为(＋)-异构体的1/3。故用(＋)-异构体代替外消旋体，将是一种理想的胃肠手术麻醉药[20]。

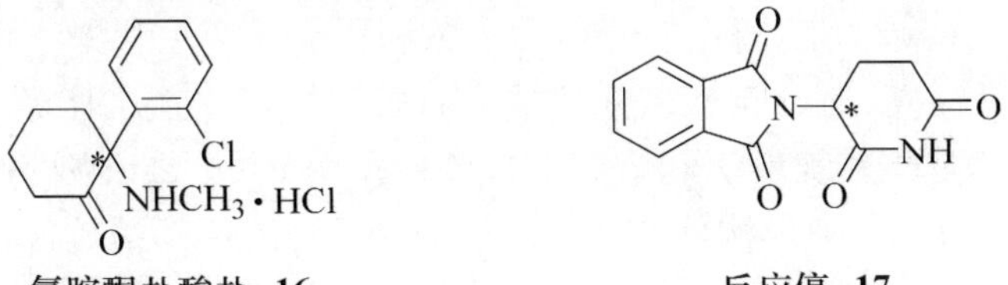

氯胺酮盐酸盐 **16**　　反应停 **17**

反应停(thalidomide,**17**),是一种缓解妇女怀孕初期反应的镇静剂,它的副作用曾经使欧洲2万多孕妇产生灾难性后果——胎儿发生畸变。后来才知道使胎儿致畸的罪魁是其中的(*S*)-异构体,而(*R*)-异构体既无胎毒作用,也不致畸[21~23]。假如人们能及早将两种对映体分别进行相关的药理试验,就不至于产生那种灾难性的后果了。

司来吉兰(deprenyl,又称丙炔苯丙胺,**18**)是一种单胺氧化酶抑制剂,用于治疗抑郁症,其中(+)-异构体不但药效很小,而且其代谢产物会引起一些不良症状,故选(−)-deprenyl作临床使用[24]。

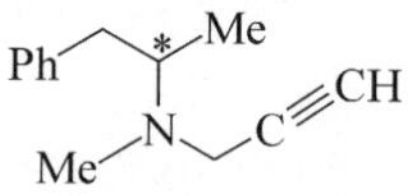

司来吉兰 **18** 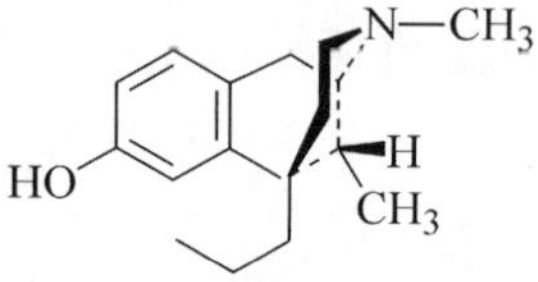　　　　(−)-苯并吗啡烷 **19**

苯并吗啡烷的两个对映体都有镇痛作用,但(−)-异构体服用后会成瘾,而(+)-异构体则不会。类似的例子还很多,这里不再赘述。

4) 两种对映体具有不同的药理作用

最典型的例子是普奈洛尔(propranolol,**20**),其(*S*)-异构体是一种治疗心脏病的药,称为心得安;(*R*)-异构体却是男性避孕药[25]。

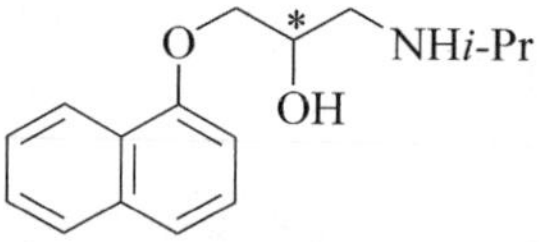

普奈洛尔　**20**

不过也有这样的例子,即使用外消旋体反而比单独使用其中一种活性异构体药效更大,毒性或副作用反而变小的情况。例如,isothiphendyl **21**是一种抗组织胺药,口服试验,外消旋体的药效是*d*-异构体的1.4倍,是*l*-异构体的2.5倍[26]。这种现象,常可从药理动力学上找到解释:可能是distomer的存在改善了eutomer的吸收性、生物利用性;或distomer的存在抑制了eutomer的生物降解速度,延长了作用时间等。

Indacrynic acid **22**是一种利尿剂,大多数利尿剂在产生利尿作用的同时,常引起血中尿酸水平提高,这可能是水分被排出而尿酸保留在血中所致。这种高血酸症有引起心血管循环系统疾病和肾病的危险。indacrynic acid则不同,其(+)-异构体有利尿作用,而(−)-异构体有促尿酸排泄作用,使用外消旋体正好可克服大多数利尿剂的副作用[27]。

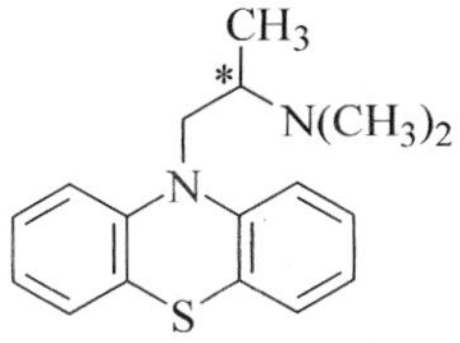

isothiphendyl **21** 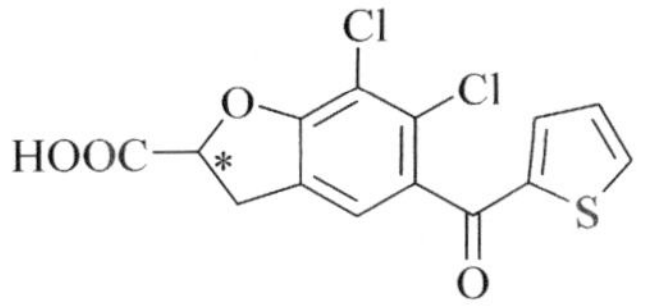　　indacrynic acid **22**

杜丁胺(dobutamine,又称巴酚丁胺,**23**)是一种兴奋剂,其(－)-异构体具有弱的β-兴奋作用和强的α-兴奋作用;(＋)-异构体则具有强的β-兴奋作用和弱的α-拮抗作用。外消旋体具有强的β-兴奋作用和弱的α-兴奋作用,故使用它的外消旋体能增强心脏的收缩力,却不会引起心率的增加[28],避免了大多数肾上腺功能药的副作用,这也可看作 distomer 抑制了 eutomer 的副作用的例子。

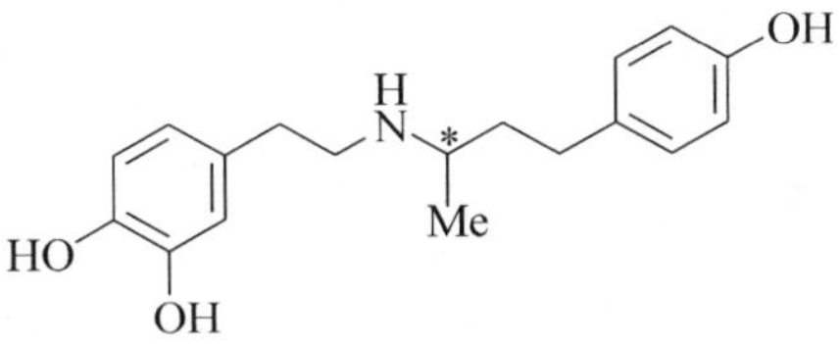

杜丁胺 **23**

从上述实例可以看出,含有手性结构的药物分子,其外消旋体与两个分别的对映体在药效、毒副作用、代谢物的性质等方面都表现出很大的差别。为了科学、合理地使用这些药物,减少无效体在器官上的负担,避免受 distomer 或其代谢物的毒副作用的危害,深入开展立体化学研究在药物研究中的重要性是不言而喻的。

1.2.2　其他精细化学品光学异构体的生物活性差别

精细化学品的涉及面很宽,用途各异,分子结构差别也很大,如杀虫剂、杀菌剂、昆虫性信息素、植物生长调节剂、食品添加剂、香料等,其分子的光学异构体显示不同生物活性的报道也已不少,下面做一简要介绍。

化合物 **24** 是一种日本金龟子性信息素,分子中含有一个手性中心和一个C═C双键,只有当碳-碳双键取 *Z*-构型,同时手性中心为 *R*-构型的异构体才有生理活性,当样品中混有 3% *Z*-*S*-构型的异构体时,便完全失去生理活性[29]。Sulcatol **25** 是一种树皮甲虫的聚集信息素,其 100% *S*-构型的异构体完全没有生理活性,但当渗入 1% *R*-构型的异构体时便开始显示生理活性;而当两种异构体以 65% *S*-异构体和 35% *R*-异构体混合时,其生理活性最强[30]。

日本金龟子性信息素 **24**　　甲虫聚集信息素 (sulcatol,**25**)

多效唑(paclobutrazol,**26**)的分子中含有两个手性中心 C-2 和 C-3，其中(2*R*,3*R*)-异构体具有强的杀菌活性和弱的植物生长调节活性，因此用作杀菌剂；(2*S*,3*S*)-异构体具有强的植物生长调节活性和弱的杀菌活性，因此用作植物生长调节剂。

polygodial **27**，其旋光(－)的异构体是一种昆虫拒食剂，能使五种昆虫拒食，而它的对映体则完全没有生理活性。

多效唑　**26**　　polygodial **27**　　拟除虫菊酯　permethrin (1*R*,3*cis*)　**28**

拟除虫菊酯(permethrin,**28**)是一种家用杀虫剂，它的分子中含有一个三元环和两个手性中心，故可有多种不同的立体异构体。下面列出主要几种有杀虫效果的立体异构体对家蝇和蟑螂的杀灭效果。

构型	对家蝇的杀灭率/%	对蟑螂的杀灭率/%
1*R*,3*cis*	100	100
1*S*,3*cis*	1	0.1
1*R*,3*trans*	46	15

29～**32** 是四种结构相近的萜类化合物，都可以作香料，但每种化合物的对映异构体都有明显不同的气味。(*R*)-(－)-**29** 具有薄荷味，而(*S*)-(＋)-**29** 却显葛缕子味[31]；(*R*)-(－)-**30** 具有薄荷香气，而(*S*)-(＋)-**30** 却有霉味；(*R*)-(＋)-**31** 具有橘子味，而(*S*)-(－)-**31** 却显柠檬味；(*R*)-(＋)-**32** 有强烈的花香味，而(*S*)-(－)-**32** 却是茴香味[32]。

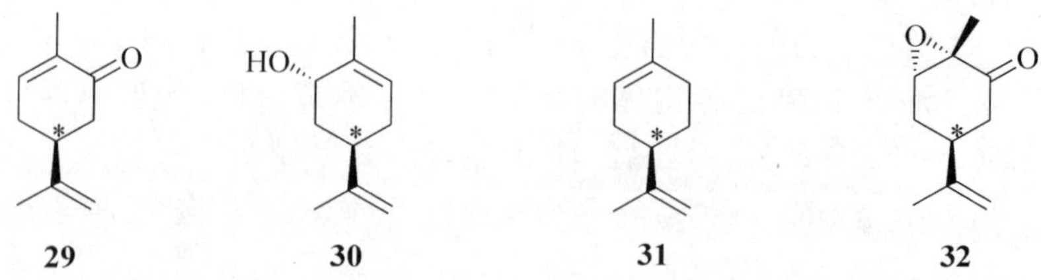

29　　**30**　　**31**　　**32**

(*R*)-天冬酰胺 **33** 是一种甜味剂，其甜度约为蔗糖的 200 倍，而它的对映体

(*S*)-天冬酰胺却是苦的。

HOOC CONH$_2$ NH$_2$

(*R*)-天冬酰胺 **33**

1.2.3 生命科学中的立体化学

人类的新陈代谢过程是由一系列互相衔接的化学反应组成的,其中的每一步反应都是在高度立体专一性催化剂——酶的催化下进行的,仅就这一点就足以使人们相信,生命过程包含着多么复杂、多么丰富的立体化学问题。

组成生物机体的基本成分——蛋白质是由手性氨基酸组成的;控制生物的遗传、复制和蛋白质合成等重要功能的 DNA 和 RNA 是由手性核苷酸组成的;参与生命全过程并控制着生物信息传递的多糖是由手性单糖组成的。许多内源性生物活性物质如激素、神经递质、各种调节因子,也有不少含手性结构。可以说,生命机体本身就是一个巨大的手性材料,难怪与生物机体发生直接作用的化合物都有明显的立体选择性。

组成蛋白质的天然氨基酸为什么都是 L-构型,而天然的糖类多为 D-构型? 由人工合成的 D-氨基酸,以及由它们组成的多肽和蛋白质会有什么样的生理活性? 各种生命活动和生命现象是按什么样的精确立体识别过程进行的? 所有这些问题的探索和进展,无疑将为在分子水平上揭开生命的种种奥秘铺砌道路。这些问题的解答,同样离不开立体化学的理解和协助。

1.2.4 材料科学与立体化学

最近二十几年来诞生的旋光高聚物已经显示出这类材料的性能与其立体构型的密切关系。由光学纯单体聚合而成的旋光高聚物与相应的外消旋单体的聚合物相比,具有许多特殊的令人感兴趣的性质。例如,α-取代或β-取代的旋光性丙内酯聚合物熔点总是比相应的外消旋体聚合物高得多。光活性 β-三氯甲基丙内酯的聚合物 **34** 熔点高达 275℃,而相应的外消旋体在同样的条件下得到的聚合物不到 200℃就分解了[33]。L-乳酸聚合物 L-**35** 的熔点是 180℃,但当 L-乳酸中混有 8% 的 D-乳酸时,相应的聚合物熔点降至 124℃[34]。旋光性 α-苯基-α-乙基-丙内酯聚合物 **36** 比相应外消旋聚合物熔点高 130℃左右[35],如图 1-4 所示。

除了旋光性聚酯和聚酰胺,还有许多不同类型的旋光性高聚物被相继合成和研究。人们不但对它们的高熔点,还对它们的其他性能,如力学性能、光学或电学性能感兴趣。随着研究工作的深入,完全有理由期望从各种旋光高聚物中获得具有各种特殊优异性能的新材料。

液晶(liquid crystal)材料由于在光信号的记录、储存和显示方面的巨大用途,已成为高技术竞争领域之一。研究表明:"胆甾型"液晶都是由手性分子构成的,而"向列型"液晶通常由内消旋体或非手性体构成,即手性结构是胆甾型液晶出现螺旋扭曲的基本原因。向列型液晶中加入手性分子,也能促使向列相液晶向胆甾相转变。手性添加剂的存在,可以防止反扭曲现象的发生,虽添加量很少(一般为 0.1%～1%),但却可以显著改善显示器件的静态特性,**37 ～40** 是几种常见的液晶手性添加剂。

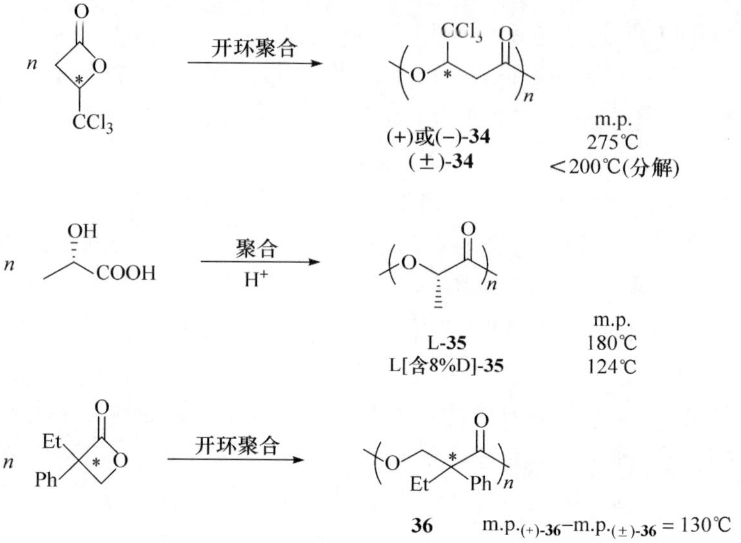

开环聚合

	m.p.
(+)或(−)-**34**	275℃
(±)-**34**	<200℃(分解)

聚合 H^+

	m.p.
L-**35**	180℃
L[含8%D]-**35**	124℃

开环聚合

36　m.p.$_{(+)\text{-}\mathbf{36}}$−m.p.$_{(\pm)\text{-}\mathbf{36}}$ = 130℃

图 1－4　旋光高聚物与相应外消旋高聚物的熔点比较

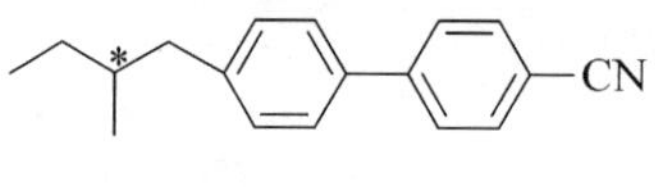

(+)-**37**

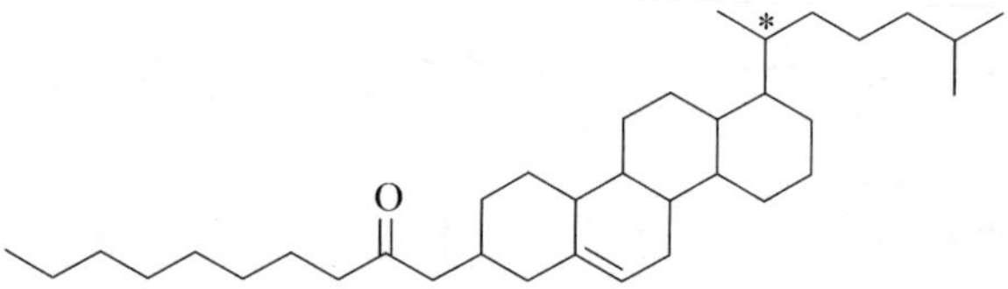

(−)-**38**

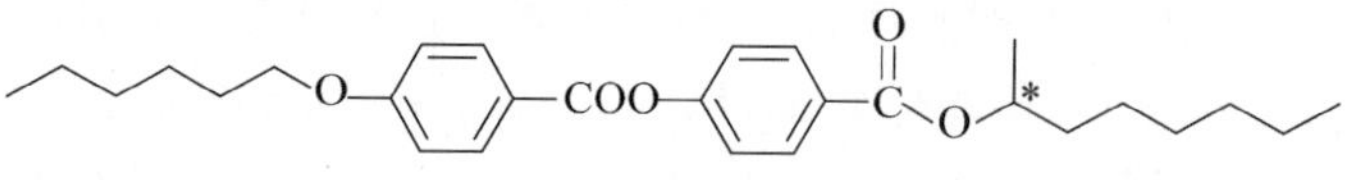

(−)-**39**

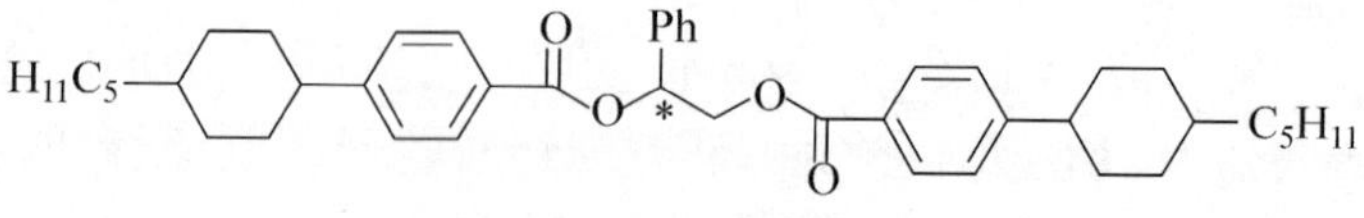

(*R*)-**40** [或(*S*)-**40**]

Gleeson 等曾系统研究了手性近晶型液晶的组分、温度变化等对温变彩色液晶有选择地反射光时的各种物理常数，如峰波长（λ_p）、峰宽（$\Delta\lambda$）、平均折射率（$\bar{n}$）、双折射（Δn）及螺距（P）的影响[36]。相信随着这些基础研究的深入开展，将进一步从分子水平上揭示液晶的立体结构与性能之间的关系，从而大大促进新型液晶材料的发现和利用。

非线性光学材料在倍频器件、磁光磁盘、激光唱盘、激光打印、自聚焦透镜、红外成像、纤维光学等广阔的领域有重要用途，是另一个高技术竞争领域。为了获得高极化性，特别是高二次谐波发生性（second harmonic generation，SHG）的材料，通常要求目标分子具有共轭 π-电子体系，且共轭体系的一端有强的吸电子基，另一端则连有强的给电子基，其结果是具有低的分子内电荷转移激发态能，即分子具有高度的可极化性。下面四类分子是典型的代表。

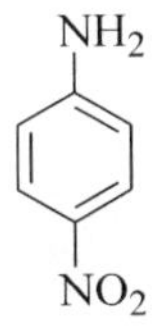

4-NA 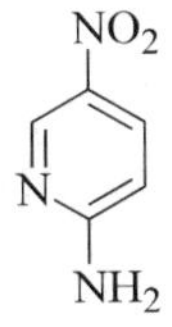　　ANP 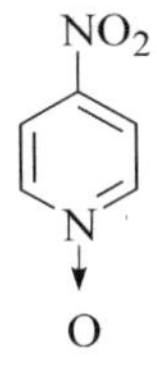　　4-NPO 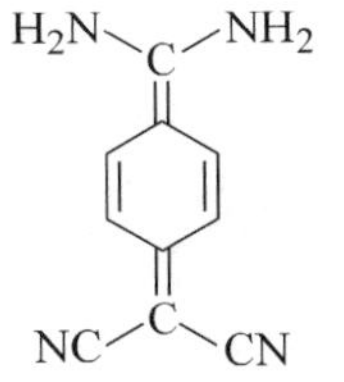　　DADCQ

仅凭分子具有高的可极化性还不能保证由这样的分子生成的晶体具有高的 SHG 活性，因为偶极分子容易形成反平行排列，生成中心对称的晶格结构，而使二次电磁化率 $\chi^{[2]}$ 趋于零。这就是为什么许多本来令人感兴趣的有机分子其相应的固体材料却没有 SHG 活性的原因。统计分析表明，已知的有机晶体中只有 29％是非中心对称的，而且就目前的知识而言，人们还无法预言一种新的有机材料的晶体结构。为了解决这一难题，已经提出几种所谓“分子和晶体工程”的战略，其中之一就是应用分子的手征性——选择含手性结构的旋光活性化合物，这样做可以保证生成的晶体是 100％非中心对称的。例如，前面列出的 4-硝基苯胺（4-NA）：

H_2N—C_6H_4—NO_2

如果用含有手性中心的取代胺基代替分子中的氨基：

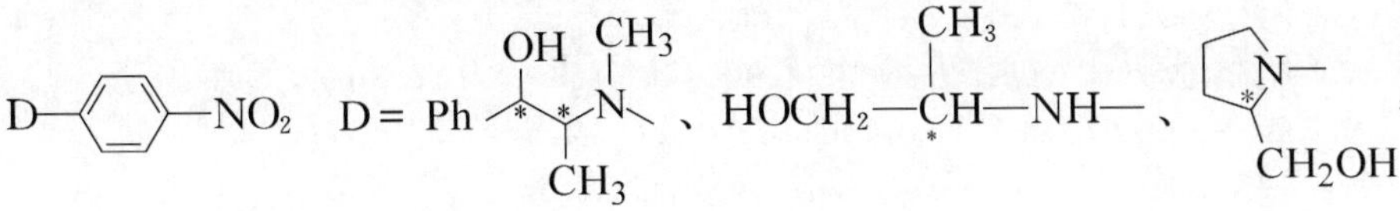

D—C_6H_4—NO_2　D＝Ph—C*H(OH)—C*H(CH_3)—N(CH_3)—、$HOCH_2$—C*H(CH_3)—NH—、(2-CH_2OH-吡咯烷-1-基，C* 手性)　等

1　　2　　3

则可以优化分子在晶体中的排列，从而大大提高这些晶体材料的 SHG 活性[37]。例如，当 D＝**3** 时，D—C_6H_4—NO_2 的 SHG 达 140～150。

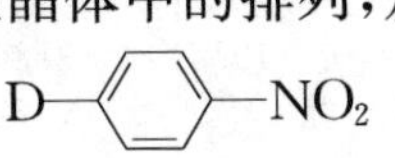

Pu等不久前将极化的共轭结构单元和手性结构同时结合到高聚物中制备旋光高聚物**41**和**42**,得到很好的二阶非线性光学材料[38]。

也有将高度极化性分子与手性β-环糊精结合或连接到液晶高分子上,并在外磁场作用下成功地控制分子的取向,从而影响材料的整体光学性质的[39]。

立体化学在上述与生命科学和材料科学有关的重要领域的新进展,充分显示了手性化合物的制备和研究的重要性。

O_2N NO_2 O_2N NO_2 R H_3C N H_3C N N CH_3 N CH_3 R R R n O_2N NO_2

(*R*)-**41**

炔键换成烯键 ⇓ (*R*)-**42**

参 考 文 献

1 Krow G. Topics in Stereochem, 1970, 5: 59

2 a) Backwald H D, Fischer H G, Mosher S H et al. Science, 1963, 143: 474

b) Mosher S H, Fuhrman H D, Fischer H G et al. Science, 1964, 144: 1100

3 Mosher H S, Fuhrman F A. "Occurrence and Origin of Tetradotoxin" in "Seafood Toxins", Edward P R, American Chemical Society, ACS Symposium Series, 1984, No. 262

4 Spande T F, Garraffo H M, Edwards M W et al. J. Am. Chem. Soc., 1992, 114: 3475

5 a) Chris A B. Tetrahedron Lett., 1993, 34: 3251

b) Hung D F, Shen T Y. Tetrahedron Lett, 1993, 34: 447

6 Kingston D G I, Molinero A A, Rimoldi J M. Prog. Chem. Org. Nat. Prod., 1993, 61: 1

7 Holton R A, Somoza C, Kim K B et al. J. Am. Chem. Soc., 1994, 116: 1597

8 Nicolaou K C, Yang Z, Liu J J et al. Nature, 1994, 367: 630

9 Zhou W-S, Lin G-Q et al. Acta Chim. Sinica, 1982, 40: 557

10 Zhou W-S, Lin G-Q et al. Acta Pharm. Sinica, 1984, 19: 81

11 Wall M E, Wani M C, Cook C E et al. J. Am. Chem. Soc., 1968, 88: 3888

12 Dallakalle S, Ferrari A, Biasotti B et al. J. Med. Chem., 2001, 44: 3264

13 Lavergn O, Laurence L G, Rodas F P et al. J. Med. Chem., 1998, 41: 5410
14 Beck G, Jendralla H, Keddeller K. Synthesis, 1995, 1014
15 Piccolo O, Spreafico F, Visentin G. J. Org. Chem., 1987, 52: 10
16 Hamilton J A, Chen L-Y. J. Am. Chem. Soc., 1988, 110: 5833
17 Greven J, Defrain W, Heidenreich O et al. Pflüger's Arch., 1980, 384: 57
18 Ho K, Adron H R. Ann. Rev. Pharmacol. Toxicol., 1981, 21: 83
19 Zimmerman D M, Gesellchen P D. Ann. Rpts. Med. Chem., 1982, 21: 182
20 White P F, Ham J, Trevor A J et al. Anesthesiology, 1980, 52: 231
21 Blaschke G, Kraft H P, Kohler F et al. Drug. Res., 1979, 29: 1640
22 Ockenfels H, Kohler F, Meise W. Drug. Res., 1977, 27: 126
23 Ockenfels H, Kohler F, Meise W. Pharmazie, 1976, 31: 492
24 Reynolds G P, Elworth J D, Stern G M et al. Br. J. Clin. Pharmac., 1978, 6: 543
25 Drake A. Chem. in Britain, 1988, 847
26 Roth F E. Chemotherap., 1961, 3: 120
27 Fanelli G M, Watson L S, Russo H F et al. J. Pharmacol. Exp. Therap., 1980, 212: 190
28 Ruffloo R R, Spradlin T A, Waddell J E et al. J. Pharmacol. Exp. Therap., 1981, 219: 447
29 Baker R, Rao B. J. Chem. Soc. Perkin Trans. I, 1982, 69
30 Ariens E J. Stereoselectivity of Pesticides Biological and Chem. Problem, 1988
31 Russell G R, Hills J I. Science, 1971, 172: 1043
32 Friedman L, Miller J G. Science, 1971, 172: 1044
33 Lavallee C, Lemay G, Leborgne A et al. Macromolecules, 1984, 17: 2457
34 Vert M, Chabot F. Makromol. Chem. Suppl., 1981, 5: 30
35 Carriere F J. Makromol. Chem., 1981, 182: 325
36 Gleeson S F, Coles H J. Mol. Cryst. Liq. Cryst., 1989, 170: 9
37 Nicoud J F. Mol. Cryst. Liq. Cryst., 1988, 156: 257
38 Cheng H, Pu L. Macromolecular Chem. and Phys., 1999, 200: 1274
39 Wang Y, Eaton D F. Chem. Phys. Lett., 1985, 120: 441

第 2 章　获得光活性化合物的途径

前面已经提到，许多有生物活性的化合物，往往两种对映体有不同程度的活性，或具有完全不同的生理作用。要研究和利用这些立体异构体，首先要能获得对映体纯的手性化合物。本章将主要介绍获得光活纯化合物的途径，归纳起来主要有以下几种：

(1) 从天然来源获得。这种大然存在的手性化合物就是所谓的“手性源”(chiral pool)。

(2) 由天然存在的手性化合物经化学改造合成。

(3) 外消旋体的化学拆分。即用一种手性试剂把外消旋混合物中的两个对映体转变成非对映异构体，然后利用非对映异构体之间的物理性质差别，将其分开，再分别还原成原来的对映体。

(4) 外消旋体的生物拆分。即用微生物(或酶)选择性地将对映体之一转变成其他化合物，达到分离的目的。

(5) 色谱分离。即用手性色谱柱直接分离对映体，或由非手性色谱柱间接分离非对映异构体。

(6) 动力学拆分和不对称合成。此处拟重点介绍(4)、(5)两种新近迅速发展起来的具有广泛应用前景的新方法，对大家比较熟悉的前三种方法也做简要介绍。动力学拆分和不对称合成将在本书第二部分中分章详细介绍。

2.1　直接从天然来源获得

天然存在的手性化合物品种不少，其中含量较大的那些天然手性化合物，常称为“手性源”化合物，主要分为下面几大类：

1) 碳水化合物

D-(+)-葡萄糖(glucose)

D-(−)-果糖(fructose)

D-(+)-木糖(xylose)

D-(+)-半乳糖(galactose)

D-(−)-核糖(ribose)

L-(−)-山梨糖(sorbose)

糖的衍生物

D-葡萄糖酸(gluconic acid)

D-山梨醇(sorbitol)

D-甘露糖醇(mannitol)

D-木糖醇(xylitol)

D-葡萄糖胺(glucosamine)

2）有机酸

(＋)-酒石酸(tartaric acid)　(－)-苹果酸(malic acid)

(＋)-乳酸(lactic acid)　(＋)-抗坏血酸(ascorbic acid)

3）氨基酸①

L-谷氨酸(glutamic acid)　L-亮氨酸(leucine)

L-天冬氨酸(aspartic acid)　L-组氨酸(histidine)

L-赖氨酸(lysine)　L-蛋氨酸(methionine)

L-酪氨酸(tyrosine)　L-苯丙氨酸(phenylalanine)

L-精氨酸(arginine)　L-缬氨酸(valine)

L-谷氨酰胺(glutamine)　L-半胱氨酸(cysteine)

4）萜类化合物

(＋)-樟脑(camphor)　(－)-香芹酮(carvone)

(－)-薄荷醇(menthol)　(＋)-胡薄荷酮(pulegone)

(＋)-α-蒎烯(α-pinene)　(＋)-樟脑酸(camphoric acid)

(＋)-苧烯(limonene)　(＋)-10-樟脑磺酸(10-camphoric-sulfonic acid)

5）生物碱

(1R,2S)-麻黄碱(ephedrine)　(－)-番木鳖碱(strychine)

(＋)-辛可宁(cinchonine)　(－)-马钱子碱(brucine)

(－)-辛可尼丁(cinchonidine)　(－)-吗啡(morphine)

2.2　由天然手性化合物经化学改造合成

天然手性化合物通常只含一种对映体，用它们作起始原料，可利用其原有的手性中心，无须复杂的对映体拆分，在分子的适当部位引进新的功能团，可制成许多有用的手性化合物。例如，由天然(＋)-樟脑衍生的手性试剂已超过 10 种。图 2-1 给出这些试剂的部分制备反应。

由(＋)-酒石酸、(－)-薄荷醇等大量易得的天然手性化合物，同样可以合成多种不同的手性试剂。

近几十年来，由糖类化合物作起始原料，合成各种有生物活性的手性化合物的研究工作一直很活跃，已有专著介绍[1]。原因之一就是糖是自然界最丰富的手性物质之一，而且各种糖的立体构型都研究得比较清楚。一个六碳糖可以提供四个已知构型的不对称碳原子，用它作原料，经适当的化学改造，可以合成各种有用的

① 实际上 20 种常见氨基酸都可从天然来源获得，但有的含量较少，故未列在“手性源”中。

化合物。图 2-2 给出一个用葡萄糖作“手性合成子”的具体例子[2]。

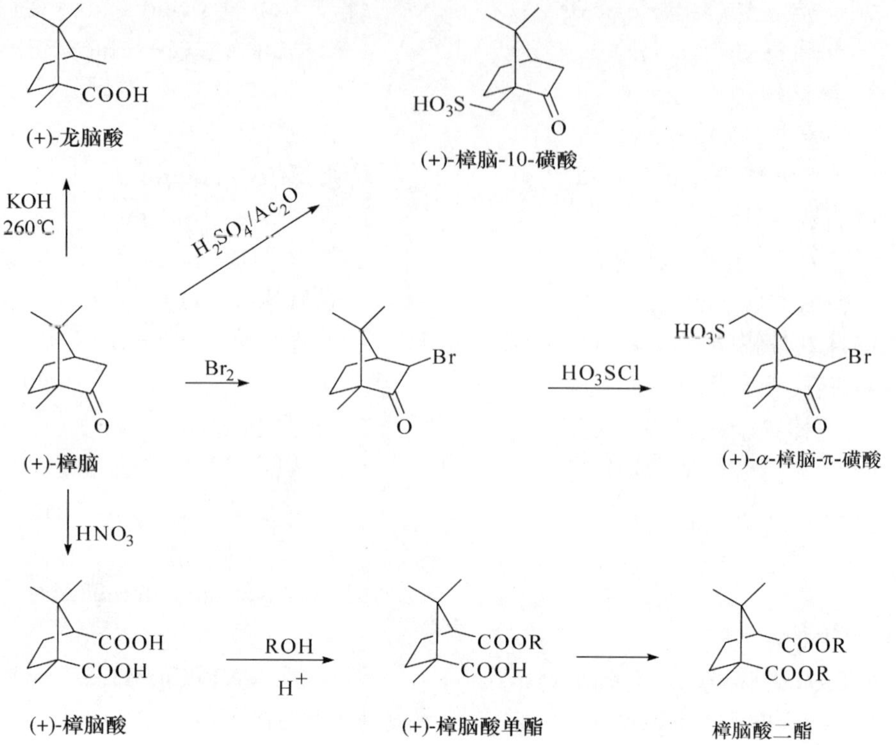

图 2-1 由天然樟脑制备部分手性试剂的反应

本合成的目标分子 **11** 是河豚毒素总合成的中间体之一。由便宜易得的 D-葡萄糖作起始原料，先用丙酮保护 1，2-和 5，6-位的羟基，只留 3-位的游离羟基经氧化成羰基，转变成肟，再氧化成硝基化合物 **5**，选择性水解，去掉 5，6-位羟基的保护，然后用高碘酸钠和二氧化铑氧化断裂 $C_5—C_6$ 键，使 5-位变成羧基，得化合物 **7**。在酸性条件下将 1-位半缩醛羟基转变成甲甙，5-位甲酯化，2-位羟基转变成甲磺酸酯或乙酸酯，然后消除，还原加氢得到 2-脱氧的化合物 **10**，再将 5-位的酯水解成酸便得到预期的目标化合物 **11**。

对一般的化学反应新产生的手性中心，几乎总是得到两种等量的对映体（即外消旋体），而外消旋体的拆分既繁复、费时，有时对映体纯度还达不到要求。即使最理想的情况，也有一半原料要浪费，因此尽可能利用天然手性化合物经适当的化学改造，合成所需的手性化合物，不失为一种合成手性化合物的有效途径。

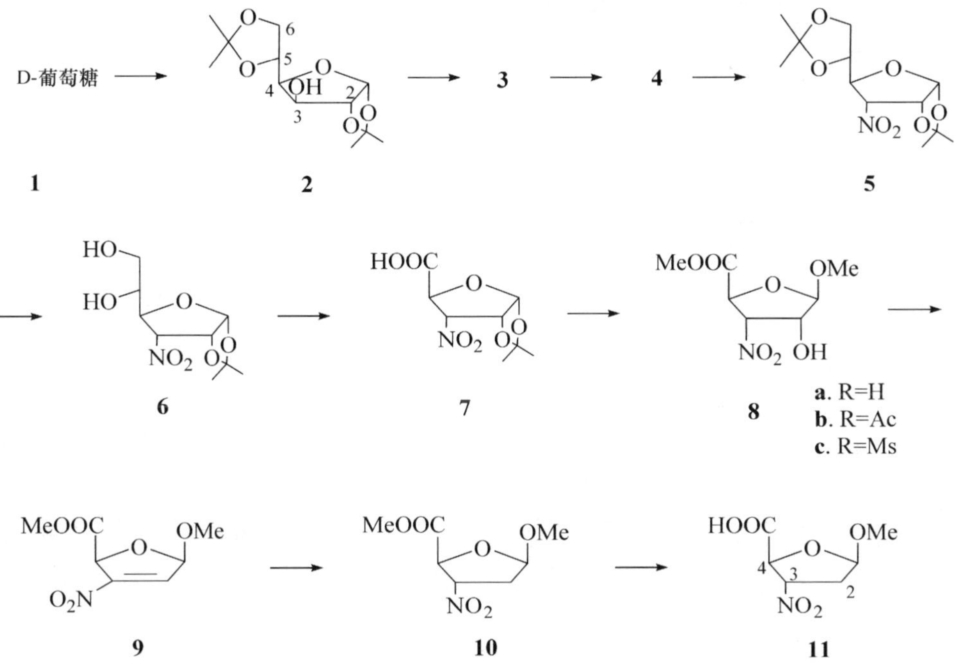

D-葡萄糖 → 2 → 3 → 4 → 5 → 6 → 7 → 8 → 9 → 10 → 11

a. R=H
b. R=Ac
c. R=Ms

图 2－2　糖作“手性合成子”的具体示例

2.3　外消旋混合物直接结晶拆分

2.3.1　简介

为了能根据不同情况选择合适的拆分方法，有必要先了解外消旋体的一般性质。

在气态、液态或溶液等分子可以近乎自由运动的场合，外消旋体中的两种对映体除对偏振光的旋转方向相反外，其他物理性质都相同，即具有相同的熔点、沸点、折光率以及红外、核磁等由对称的物理能产生的吸收光谱。因此，在这些场合下无法将对映体直接分开。

但在晶体中，分子的空间取向和排列是有序的、相对固定的。这时，同种对映体之间的晶间力与相反对映体之间的晶间力可能不同，存在三种不同的情况。

1) 形成外消旋混合物

当同种对映体之间的作用力大于相反对映体之间的作用力时，(＋)的对映体和(－)的对映体将分别结晶，宏观上就是两种晶体的混合物，称为外消旋混合物。Pasteur 首次分离酒石酸的两种对映体，就是利用外消旋酒石酸钠铵盐在 27℃以下结晶时，形成的晶体是“外消旋混合物”，两个对映体的半面晶外观不一样(成实物-镜像关系)，故可以借助放大镜，用镊子将两种晶体分开。

外消旋混合物的熔点跟其他混合物一样，低于任一纯对映体，而溶解度则高于纯对映体，如图 2－3 中的(a)和(a′)所示。

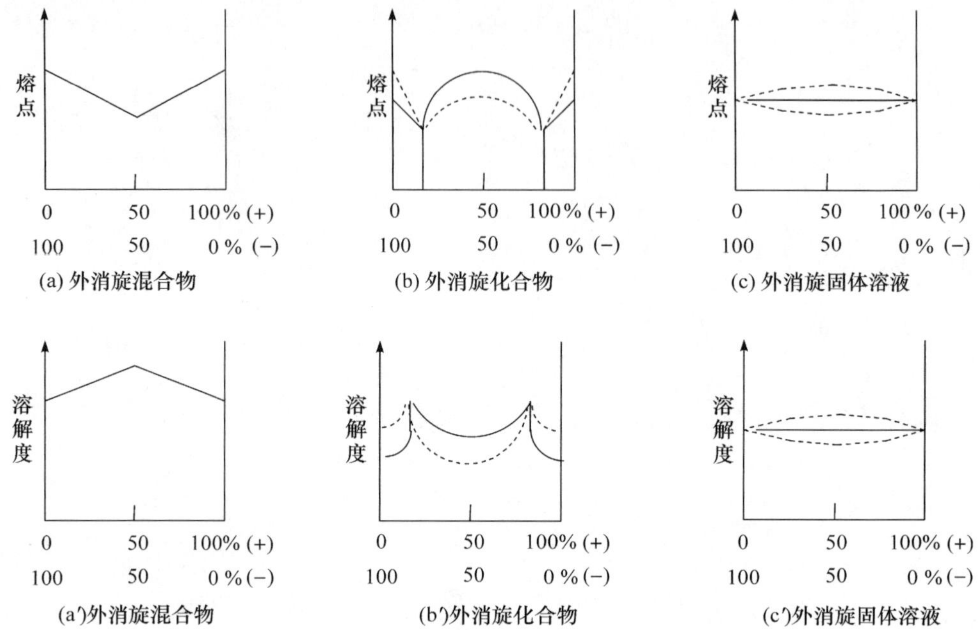

图 2－3 固态外消旋体三种不同情况的熔点和溶解度曲线图

2) 外消旋化合物

当同种对映体之间的晶间力小于相反对映体的晶间力时，两种相反的对映体倾向于配对地结晶，就像真正的化合物一样在晶胞中出现。外消旋化合物的熔点和溶解度都与纯对映体不同，其熔点处于熔点曲线的一个极高点，既可高于[如图 2－3(b)中实线所示]，也可低于[如图 2－3(b)中虚线所示]纯对映体的熔点。其溶解度则处于溶解度曲线的一个极低点，既可高于[如图 2－3(b′)中实线所示]，也可低于[如图 2－3(b′)中虚线所示]纯对映体的溶解度。

3) 外消旋固体溶液

有时同种对映体分子间的亲和力与相反对映体分子间的亲和力差别很小，这时，外消旋体形成的固体中，两种对映体分子的排列是混乱的，称为“外消旋固体溶液”，其熔点和溶解度都与纯对映体近于相等，其熔点和溶解度曲线都接近于水平线[如图 2－3 中的(c)和(c′)所示]。

由熔点曲线图可以看出，若分别加少量纯对映体到上述三种固态外消旋体中，对于外消旋混合物，将导致熔点上升；对于外消旋化合物，则将导致混合物熔点下降；而外消旋固体溶液，熔点不会有明显变化。用上述简单方法可以区别三种固态外消旋体。

2.3.2　直接结晶拆分法

从上面的介绍可以看出，只有在形成外消旋混合物的情况下，对映体才有可能分别结晶，而且生成的晶体必须大，且外观直接能看出差别，才有可能像 Pasteur 那样将两种晶体分拣出来。事实上能符合这些要求的例子很少，即使能找到这样的例子，操作也很麻烦，故缺乏实用性。

一个改良的方法，即“接种晶种拆分法”，则比较有用。具体做法是：在一个外消旋混合物的热饱和溶液中加入纯对映体之一的晶种，然后冷却，则同种对映体将附在晶体上析出；滤去晶体后，母液重新加热，并补加外消旋体使之达到饱和，然后加入另一种对映体的晶种，冷却，使另一对映体析出。这样交替进行，可容易地大量获得两种对映体纯的结晶。这种方法虽然应用有限，但因其工艺简单、成本低、效果好，在用得上的地方，是最理想的大批量拆分方法。在没有纯对映体晶种的情况下，有时用结构相似的其他手性化合物（有时甚至用非手性化合物）作晶种，也能获得成功。

用直接结晶法拆分对映体的另一条途径，是用化学惰性的光活化合物作溶剂进行结晶。这种设想的理论根据是：外消旋体的两个对映体与手性溶剂的溶剂化作用应当不同，因此溶解度应当不同，经多次重结晶，则有可能将两种对映体分开。在经过许多失败或不太成功的试验后，确实有成功获得拆分的例子。例如，Berrer 等曾用(+)-酒石酸异丙酯为溶剂，成功拆分了化合物 **12** 和 **13**[3]；Wynberg 等则用(−)-α-蒎烯作溶剂，通过直接结晶法成功拆分了化合物 **14** 这种七环杂螺烯的外消旋体[4]。

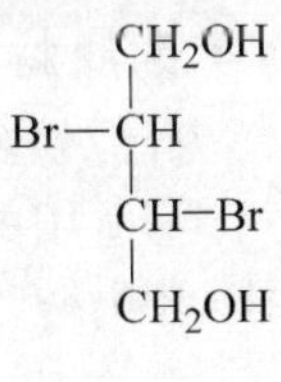

CH_2OH–CH(Br)–CH(Br)–CH_2OH

12 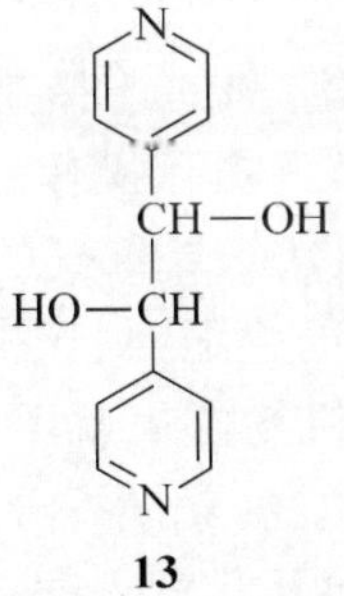　　**13** 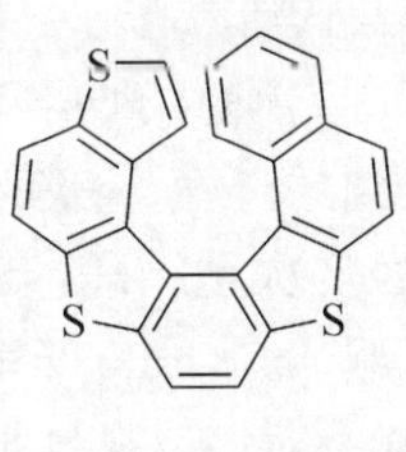　　**14**

2.4　外消旋体的化学拆分

用手性试剂将外消旋体中的两种对映体转变成一对非对映异构体，然后利用非对映异构体之间的物理性质，主要是溶解度不同，通过重结晶将其分开，再分别再生成光活纯的两种对映体，这就是化学拆分的一般过程，以我们新近拆分的 α-联苯二酸为例说明(图 2-4)[5]。

拆分实验的成功关键是选择合适的拆分剂和溶剂。理想的拆分剂应具备以下条件：

(1) 必须容易与外消旋体中的两个对映体结合生成非对映异构体，经拆分后，又容易再生出原来的对映体化合物。被拆物如果是酸性化合物，则手性碱是最常用的拆分剂。反之，被拆物是碱性化合物，则手性酸常被用作拆分剂。因为酸碱反应非常简便，生成的非对映异构体盐比较容易分离提纯，又可方便地用无机酸或碱再生。

(2) 所形成的非对映异构体，至少二者之一能形成好的结晶，且溶解度有较大差别。盐是最易结晶的一类化合物，这也是常用手性酸或碱作拆分剂的原因。

(3) 拆分剂应当尽可能达到旋光纯。因为原则上讲，被拆分的化合物所能达到的旋光纯度超不过所用拆分剂的旋光纯度。

(4) 拆分剂必须廉价易得或可方便地回收。

应当指出，对于一个指定的被拆分物，迄今还无法预言何种拆分剂将取得最佳拆分效果，即对拆分剂和溶剂的选择很大程度上仍是经验性的。

酸碱以外的其他类外消旋体，也可以转变成非对映异构体衍生物，然后分离。例如，醇可以用手性异腈酸酯转变成非对映异构的氨基甲酸酯，或用手性酰氯(酸酐)转变成酯。醛、酮则常用氨的衍生物转变成腙、缩氨脲、肼、亚胺等非对映异构体。由于盐以外的各类有机物并不是经常能结晶的，故常将这些化合物先转化成酸，或在这些化合物中引入酸、碱基团，再通过生成非对映异构体盐的途径拆分。

化学拆分法简单易行，许多实验室都能做到，在许多情况下也是经济和行之有效的。因此这种老方法至今仍然是最常被采用的重要拆分方法。但也应指出，它有明显的局限性：①由于拆分剂和溶剂的选择是经验性的，拆分过程常嫌冗长。②产率不高，常要浪费一半的原料。实际操作时甚至超过一半的原料被废弃。③拆分得到的产物，ee 常不够高(虽然 ee＞95％的成功例子已不少，但就多数情况而言，虽经多次重结晶，产物的 ee 仍达不到 95％的并不少见)。④适用的底物类型不够普遍，能形成良好结晶的有机物本来就不多，何况还有许多化合物不是固体，对这些不能形成良好结晶的有机物，化学拆分法便难以奏效。还有不少手性有机物缺乏用于衍生化的功能基，更难用化学方法转变成非对映异构体。

总之，用化学拆分法所能提供的光活性化合物，无论种类、数量或光学纯度，都越来越难满足立体化学各领域的研究需要，而新近蓬勃发展起来的包络拆分法、生物拆分法和色谱分离法，则以各自的优点弥补了化学拆分法的不足，展现了广阔的应用前景。

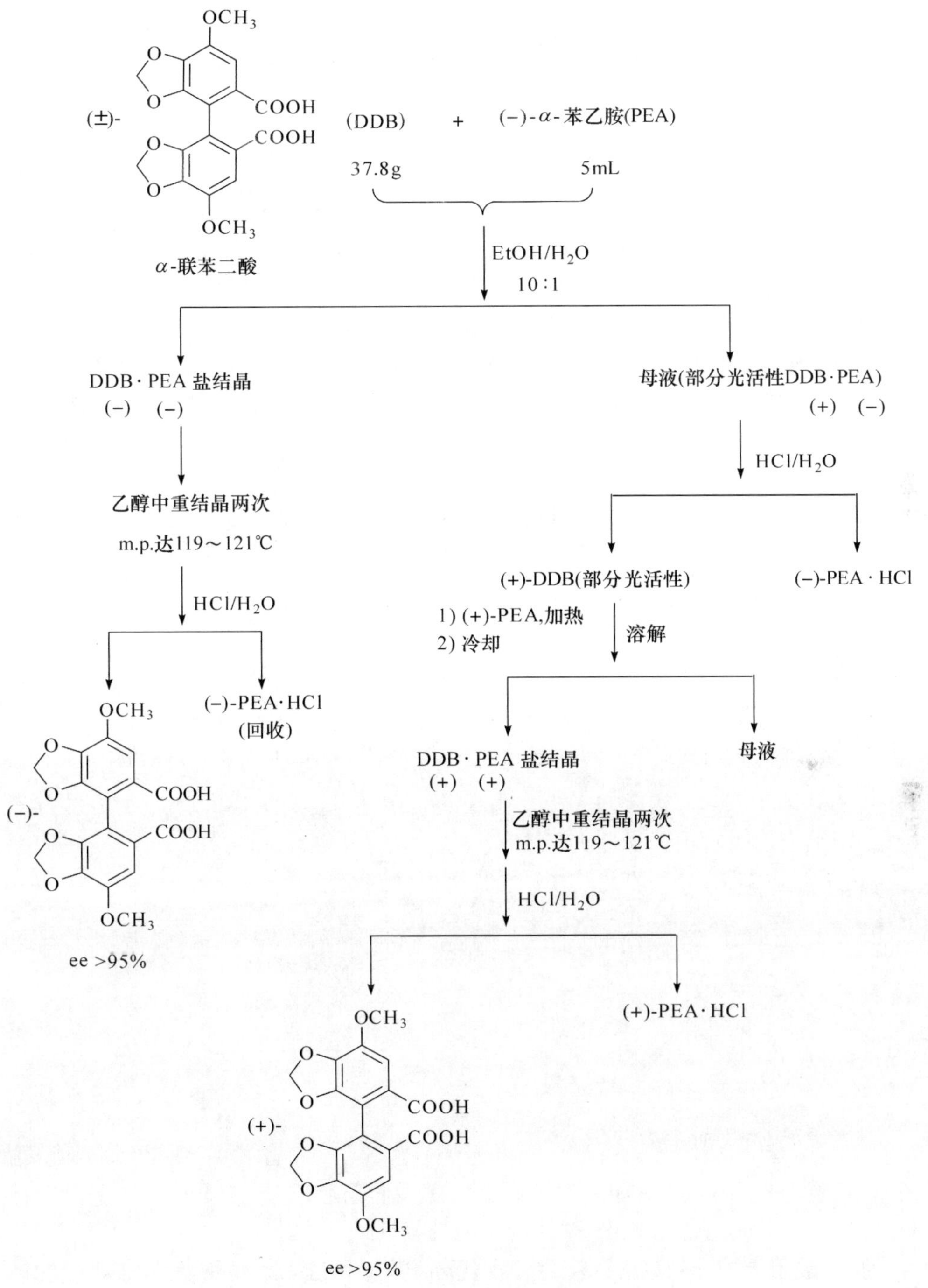

图 2-4　外消旋 α-联苯二酸的拆分过程

2.5 外消旋体的包络拆分

包络拆分法始于 20 世纪 80 年代，是日本化学家 Toda 首先发明的[6]。这种方法利用手性主体(host)化合物通过氢键、π-π 相互作用等分子间的识别作用，选择性地将被拆物——外消旋客体(guest)分子中的一个对映体包结络合，从而达到对映体的分离[7]。由于拆分过程中，主客体之间并不发生化学反应，也不要求被拆分物具有特定的衍生功能团，理论上适用于任何类型的手性化合物。这种方法还具有高效、简单、条件温和等优点，因而引起人们的广泛兴趣。至今已有许多可用作手性主体的化合物被发现，其中，甾族化合物胆酸(cholic acid)及其衍生物是使用最多的有效主体化合物。此外，联二萘酚、酒石酸衍生物等作主体化合物的报道也有不少。被拆分的客体化合物包括内酯[8]、醇[9]、亚砜[10]、环氧化物[11]、环酮[12]等。下面列举几个代表性例子。

Bortolini 等用去氢胆酸 **15**，拆分一系列苯基取代的亚砜 **16a**～[WTHZ]e。

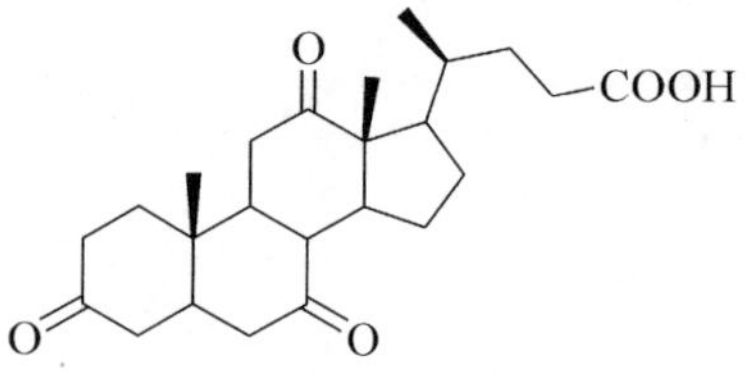

O COOH O O

去氢胆酸 **15**

O X S—CH_3

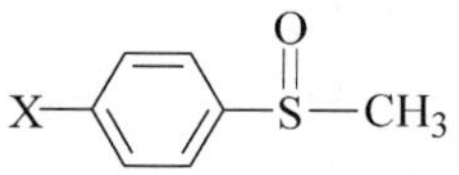

16	**a**	**b**	**c**	**d**	**e**
	X=H	Cl	Br	CH_3	OCH_3

其中，**16d** 溶于 Et_2O，然后加入 1/3 当量①的 **15**，*R*-构型的 **16d** 便优先与 **15** 络合析出，所得产物的对映选择性大于 99%[10]。

用胆汁酸 **17** 拆分环氧化物 **18**，也获得很好的结果。

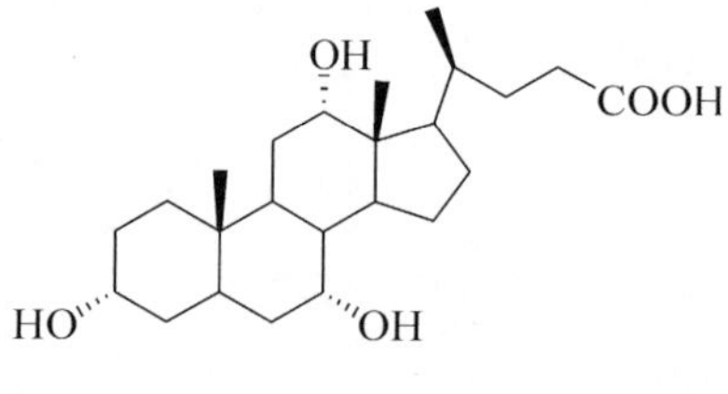

OH COOH HO OH

胆汁酸 **17**

Ph Ph O

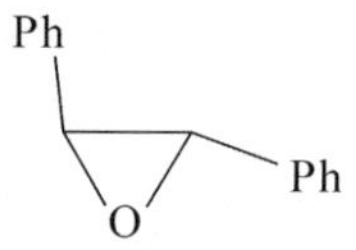

18

将 **18** 先溶于 2-丁醇，然后加入 1/2 当量的 **17**，外消旋 **18** 中的(*S*,*S*)-(—)-异构体便优先与 **17** 形成包合物析出，产物的对映选择性达 95%。

胆汁酸用于 **19** ～**21** 几种外消旋取代环酮的包络拆分，也取得非常理想的结

① 当量为非法定用法。为了遵从学科和读者的阅读习惯，本书仍沿用这一用法。

果，经两轮络合拆分，产物的对映选择性都大于 95％。

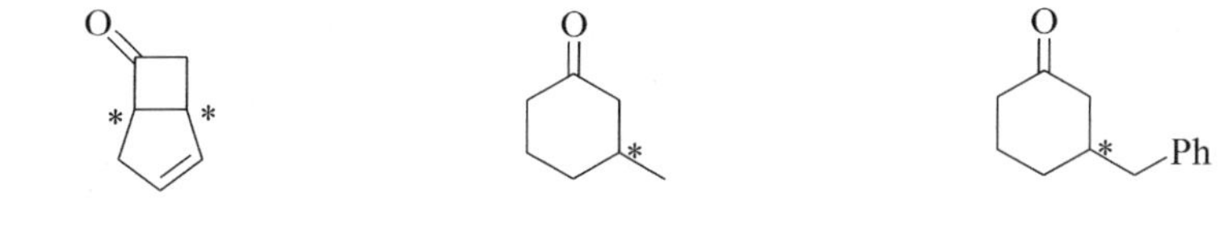

19
95% ee/(−)-(1*S*,5*R*)

20
>99% ee/(+)-(*R*)

21
96% ee/(+)-(*S*)

2.6　外消旋体的生物拆分

用酶或含酶的生物组织，拆分外消旋体具有比化学拆分明显的优越性，因为：①选择性高；②产率高，产品分离纯化简单；③反应条件温和（0～50℃，pH 接近中性）；④酶无毒、易降解、对环境友好。

用酶法拆分氨基酸具有特殊的重要性，因为在应用不对称氢化反应以前，非天然氨基酸的化学合成，都得到外消旋体，需经拆分才能得到光学纯对映体，而多数氨基酸不易用化学方法拆分，酶法拆分却非常有效，故应用最多。

氨苄西林（ampicillin）和头孢苄氨（cephalexin）是两种重要的青霉素类药物，可由 D-苯甘氨酸分别将 6-APA 和 7-ADCA 的氨基酰基化来制备，即

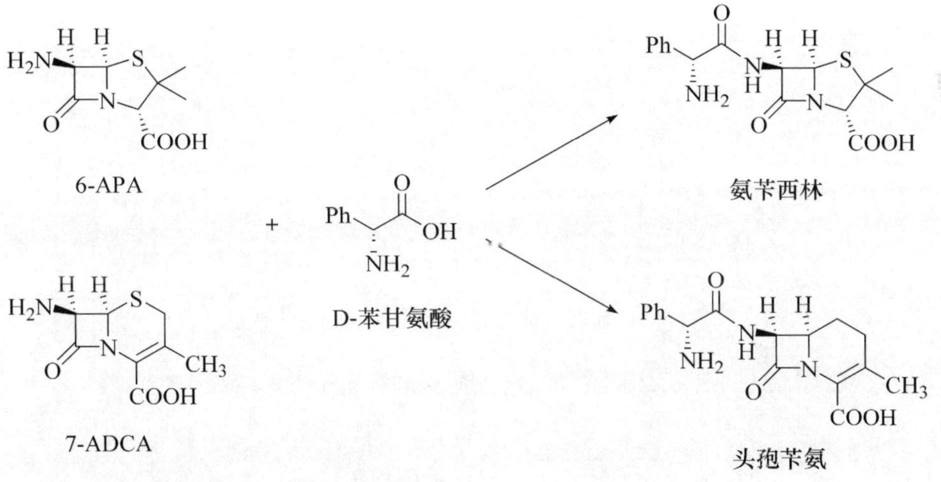

6-APA

7-ADCA

D-苯甘氨酸

氨苄西林

头孢苄氨

D-苯甘氨酸属非天然氨基酸，用化学方法合成，得到的是外消旋体。早先工业上用（＋）-樟脑磺酸拆分，因为拆分剂的大量供应有困难，这两类青霉素药生产规模的扩大受到很大限制。后来改用酶法拆分，先将外消旋苯甘氨酸用醋酐酰化，然后用氨肽酶水解，只有 L-乙酰苯甘氨酸被水解，经分离，D-乙酰苯甘氨酸用酸性水解得 D-苯甘氨酸，而 L-苯甘氨酸可与硫酸共热，使之外消旋化，重新投入拆分，

原料利用率达 100%[13]。

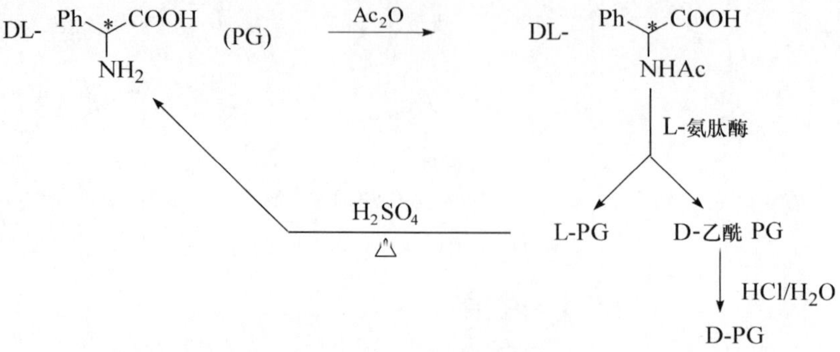

DL-Ph-*CH(NH$_2$)-COOH (PG) —Ac_2O→ DL-Ph-*CH(NHAc)-COOH —L-氨肽酶→ L-PG + D-乙酰 PG

L-PG —H_2SO_4, △→ DL-PG

D-乙酰 PG —HCl/H_2O→ D-PG

采用上述新工艺,不但可扩大生产规模,成本也大大下降。D-4-羟苯甘氨酸也是青霉素类药物的手性侧链,用上述酶法拆分同样获得很好的结果[14]。

用酶法拆分获得成功的另一类底物是酯的选择性水解。环氧羧酸酯 **22** 用固定化脂肪酶拆分,产率可达 40%~43%,获得 100% ee *trans*-(2*R*,3*S*)-**22**,它是合成抗高血压药地尔硫卓(diltiazem)的关键中间体[15]。

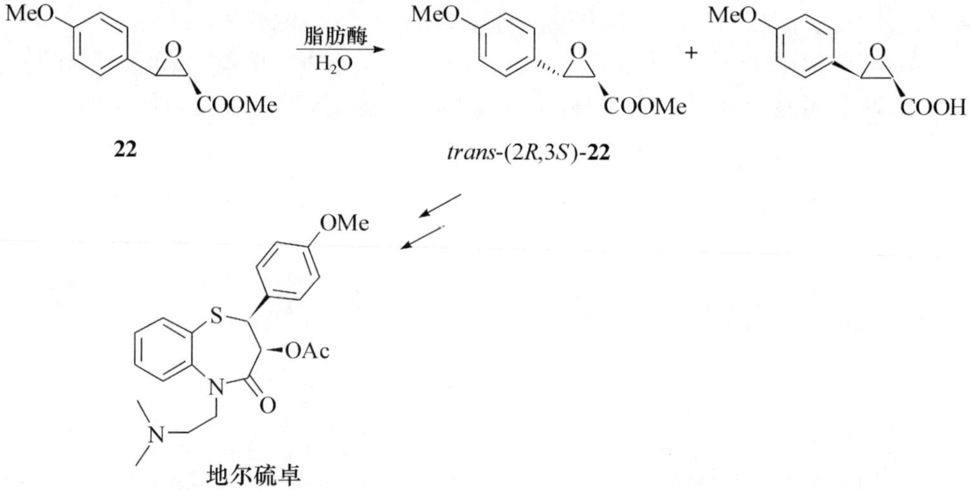

22 —脂肪酶, H_2O→ *trans*-(2*R*,3*S*)-**22** + 羧酸

trans-(2*R*,3*S*)-**22** → 地尔硫卓

在交联脂酶 CLEC-CR 催化下,*α*-芳基丙酸酯优先水解为(*S*)-酯:

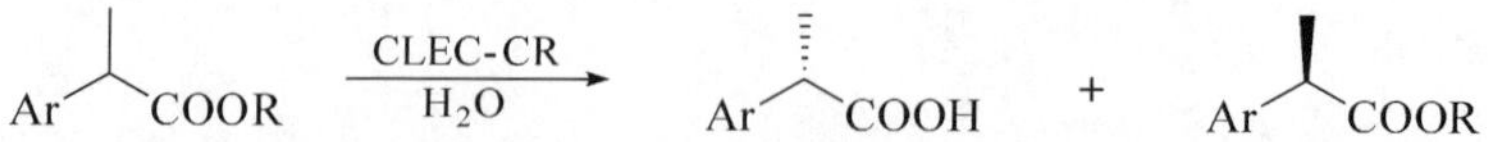

ArCH(CH$_3$)COOR —CLEC-CR, H_2O→ ArCH(CH$_3$)COOH + ArCH(CH$_3$)COOR

该工艺已用于非甾体消炎镇痛药(*S*)-萘普生和(*S*)-布洛芬的工业生产[16]。

环丙烷羧酸酯 **23** 在球形节杆菌(*Arthrobacter globiformis*)的催化下选择性水解,得到(+)-(1*R*,3*R*)-**24**,是合成除虫菊酯的关键中间体[17]。

$$\xrightarrow[\textit{globiformis}]{\textit{Arthrobacter}}$$

23 (COOC$_2$H$_5$)　　(+)-(1*R*,3*R*)-**24** (COOH)

酶法拆分，虽然在许多情况下都获得很高的对映选择性，但原料的利用率通常最高仅 50%。最近利用过渡金属催化的外消旋化，使不反应的对映体在酶催化的动力学拆分过程中同步发生外消旋化，实现动态动力学拆分(dynamic kinetic resolution)，可使所有的外消旋被拆物均转化为一种对映体产物，原料的利用率接近 100%[18]。

2.7　外消旋体的色谱分离

2.7.1　简介

用液相色谱分离对映体，具有可以一次分离，对映体纯度高，且常可以同时确定被分开的组分的绝对构型的优点，已被广泛用于各种类型的手性化合物的对映体纯度测定。近二十几年来，由于各种具有很强手性识别能力的手性固定相不断被发现和应用，目前使用手性固定相作填充剂的大体积的色谱柱，一次分离千克级的高光学纯度(＞99%)对映体的装置也已问世。因为拆分底物的适用面很广，已逐渐成为制备各类高光学纯度对映体的强有力手段。

本节着重介绍用液相色谱在制备规模上分离外消旋体，以制备各种对映体纯的手性化合物的技术，并适当介绍那些已被证明了的手性识别机理，使读者可以在理论理解的基础上，选择适用于解决各自特殊问题的方法，同时也附带介绍用 LC 测定对映体纯度和确定绝对构型的有关方法。

2.7.2　基础知识和一般考虑

用色谱方法分离对映体，既可采用间接法，也可采用直接法。所谓间接法，是指用一种手性试剂先将外消旋体中的两种对映体转变成非对映异构体，利用非对映异构体的色谱吸附性能的不同，用非手性柱(即一般的硅胶柱)将其分开，然后再生出原来的对映体。这种方法与化学拆分法相似，不同的只是用色谱柱代替重结晶而已。直接法是将外消旋体直接在装有手性固定相(chiral stationary phase, CSP)的色谱柱上洗脱，由于外消旋体中的两种对映体与手性固定相形成非对映异构关系的缔合物，在柱上的吸附程度不同，可以在不同的时间内被洗脱，从而达到分离的目的。这种方法无须事先衍生化和去衍生化，因此更简便。

这里不妨先简单介绍几个色谱名词和概念。

如果一种溶质完全不被色谱填料所吸附，则洗脱这种溶质所需的溶剂体积等于空柱的体积。实际的溶质都或多或少被填料所吸附，要洗脱它，除空柱体积的溶剂外，还需要外加的溶剂。外加溶剂的体积与空柱体积之比称为能力比，用 K 表示。两种溶质组成的混合物的可分离因子 $\alpha = K_2/K_1$，可用图 2-5 说明这些色谱名词。

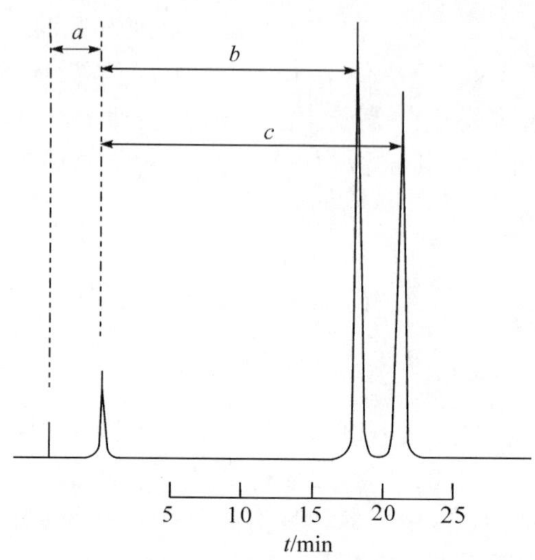

图 2-5 一个用以说明能力比和分离因子等名词的典型色谱图

$K_1=b/a, K_2=c/a, \alpha=K_2/K_1$

两种化合物被分开的程度既与 K_1、K_2 有关，也与柱效有关。柱效表现在色谱峰的形状，它是由许多因素，如装柱技术、填料粒度、溶剂流速等决定的。对给定的柱，要分离两种溶质，最重要的因素是 α 值的大小。作分析用的 HPLC 装置，α 只要达到 1.04 或更大，就能很好地分离两种溶质；对制备用的 MPLC 装置，要分离的样品量大，且填料粒度比 HPLC 大，柱效降低，故 α 值要求≥1.2，才能分离相当量的物质。

2.7.3 间接拆分法

1. 非对映异构酰胺、氨基甲酸酯、环脲的色谱拆分

Westly 是第一个尝试用色谱法分离非对映异构体的人，经过人们的努力，至今已积累大量实践经验，发现非对映异构体酰胺、氨基甲酸酯、环脲三类化合物分离效果最好。因此，如果待分离的外消旋体是羧酸，可以选择手性胺与之缩合成酰胺，再用色谱方法分离；反之，如果被拆物是胺，则用手性酸将它转化成酰胺，再行分离，都可以取得很好的效果。

(±)　(+)　(+)(+) ⟷ (−)(+)

(+)　(±)　(+)(+) ⟷ (+)(−)

25

R^1、R^2、R^3、R^4 可分别为各种各样不同的基团，所得酰胺的可分离因子都大于 1.2(制备性色谱要求的分离因子)，见表 2－1[19]。

表 2－1　非对映异构酰胺的色谱可分离因子

R^1	R^2	R^3	R^4	α
Et	Ph	Me	2-naphthyl	1.80
Et	Ph	Me	Ph	1.51
Me	Ph	Me	Ph	1.81
Me	CH_2Ph	Me	Ph	1.68
Me	*n*-Bu	Me	*p*-NO_2Ph	2.21
Me	Ph	CH_2OH	Ph	2.56
Me	CH_2Ph	CH_2OH	Ph	2.56
Me	*n*-$C_{16}H_{33}$	CH_2OH	Ph	2.08
CH_2OH	Ph	Me	Ph	2.81
$(CH_2)_2OH$	Ph	Me	Ph	2.83
$(CH_2)_3OH$	Ph	Me	Ph	2.13
$(CH_2)_2OH$	Ph	CH_2OH	Ph	5.77

非对映异构氨基甲酸酯可由醇和异腈酸酯缩合，或氯甲酸酯与胺缩合得到，其 α 值也在 1.13～2.80，绝大部分在制备色谱可分离的范围内[20～22]，可用三氯硅烷分解拆开的非对映氨基甲酸酯，再生出光学纯的醇[23]，即

非对映氨基甲酸酯 **26**

$\alpha = 1.13 \sim 2.80$

环脲可由环内酰胺与异腈酸酯缩合得到，其 α 值绝大多数也大于 2[24]。

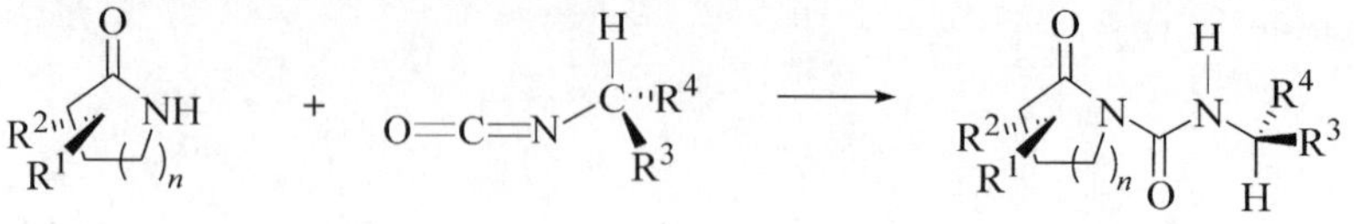

27
大部分 $\alpha>2$

2. 色谱分离机理

两种物质在色谱上分离，是由于两种物质与流动相的溶剂化作用有差别，同时与固定相的吸附有差别，是两者共同作用的结果。核磁共振和红外波谱的研究表明：上面介绍的酰胺、氨基甲酸酯和环脲化合物都倾向于取半刚性平面型分子构架，它们的优势构象如 **25**、**26** 和 **27** 表示的那样，取这种构象是由于氢键缔合、偶极排斥、空间位阻及次甲基氢的氢键等多种因素促成的。由于极性骨架对吸附剂的多点缔合，骨架取平躺于吸附剂的构象，底下两个取代基指向吸附剂，上面两个取代基向外伸展。指向吸附剂的两个取代基的性质和大小，决定了化合物的吸附程度，也就是说，两种非对映异构体中，四个取代基的相对排布，决定了它们被吸附的牢固程度，以及被洗脱的先后次序。当 R^1 对吸附剂的排斥作用比 R^2 大，R^3 对吸附剂的排斥作用比 R^4 大时，则 R^1 与 R^3 处于顺式关系的那种非对映异构体将被吸附得更牢（从空间障碍较小的 R^2、R^4 一面吸附）。因为 R^1 与 R^3 处于反式的那种非对映异构体，两面的障碍都大，吸附较差。若 R^1 对填料的吸附作用比 R^2 大，而 R^3 对填料的排斥作用却比 R^4 大，则 R^1 和 R^4 顺式的非对映异构体的保留性更强。用这种简单的概念，排出各取代基的相对吸附（或排斥）作用大小顺序，人们可以相当好地将立体构型与洗脱顺序关联起来。常见的各种基团对硅胶和氧化铝的排斥作用大小，可粗略地排列为

$H < CH_3 < Ph \approx C_2H_5 < C_3H_7 < t\text{-}Bu < CF_3 <$ 萘基 $<$ 9-蒽基 $< C_2F_5 < C_3F_7$

这个顺序既与基团的体积有关，也与疏水性有关。极性功能基，如 OH、NH_2、COOR、CN 等与硅胶和氧化铝的作用不是排斥，而是吸引。表 2-1 中所附化合物的结构式都是代表保留时间较长的那种非对映异构体的构型，芳基通常对处于顺式关系的取代基屏蔽较大，因此与芳基同侧的基团 NMR 信号相对高场，处于反式则相对低场，故可以用 NMR 佐证上述推论。

除上面介绍的三类化合物，酯、原酸酯和噁唑啉等类化合物的非对映异构体也能用色谱法较好分离。

2.7.4　直接拆分法

用装有手性固定相(CSP)的色谱柱直接分离对映体，已经发展成为对映体纯度测定最重要的方法，同时也正在成为制备高光学纯度手性化合物的重要方法。

很早以前就有人试图用装有天然手性材料的色谱柱分离对映体，如用糖晶体、粉状羊毛、纤维素等作填料，但只在个别化合物上有部分分离。也有人用酒石酸、氨基酸等强极性的天然手性化合物吸附于硅胶或氧化铝上作 CSP，也只取得有限的结果。因为这些未经加工的手性材料，其通透性、粒度、机械强度和表面性能等色谱性能欠佳，故效果都不理想。

经过许多人的努力和不断改进，迄今已获得成功的由天然手性材料衍生的 CSP 主要有下面几类。

1. 由天然手性化合物衍生的 CSP

纤维素是最丰富的天然手性物质，价廉易得，相对分子质量虽然很大，但结构相对简单，是由单一的 D-(+)-葡萄糖以 1,4-β-苷键缩合而成的链状高分子。结构均一性有利于揭示它的手性识别机理，因此人们首先选定它作为研究对象就不奇怪了。

自 1973 年 Hesse 和 Hagel 首次用纤维素酸性水解获得微晶纤维素，经非均相乙酰化得微晶纤维素三乙酰酯(MCA)，并用它作 CSP 成功拆分 Tröger 碱之后，Bertsch、Schörg 等又相继用 MCA 作 CSP 拆分了一系列不同类型的手性化合物[25～27]。但后来发现 MCA 遇到某些溶剂时会被溶解，变成一种无定形固体沉淀，不可逆地破坏了它原来的晶体结构，完全失去手性识别能力，这表明它的拆分能力主要来自它的晶体结构。这使它的实际应用受到限制，迫使人们把注意力转向其他纤维素衍生物。已先后制备了各种各样的纤维素新的衍生物，并检验了它们的手性识别能力，其中多种 CSP 均已做成商品手性柱出售，这些 CSP 的结构和名称如图 2-6 所示。

由另一种天然丰富的多糖类手性材料淀粉，也已开发出商品 CSP 手性柱(图 2-7)。

已有许多研究表明，这些 CSP 对范围广泛的各种不同类型的外消旋化合物都有很好的手性识别能力，其拆分能力可与任何人造的手性固定相相媲美，其中尤以 OB、OD、OJ 适用面更宽，其他 CSP 通常对某些类型的外消旋化合物有选择地表现出很强的识别能力。但至今还未发现任何一种 CSP 是对任何类型的外消旋体都有很好的拆分能力的，因此，往往要根据被拆物的结构类型选择合适的手性柱，有时需要几种手性柱配合使用。下面列出 OB 对几种不同类型底物的 α 值(表 2-2)[28～31]。

R	手性柱代号
$-C(=O)-CH_3$	OA
$-C(=O)-C_6H_5$	OB
$-C(=O)-NH-C_6H_5$	OC
$-C(=O)-NH-C_6H_3(CH_3)_2$ (3,5-)	OD
$-C(=O)-NH-C_6H_4-Cl$	OF
$-C(=O)-NH-C_6H_4-CH_3$	OG
$-C(=O)-C_6H_4-CH_3$	OJ

28

图 2-6 纤维素衍生物 CSP

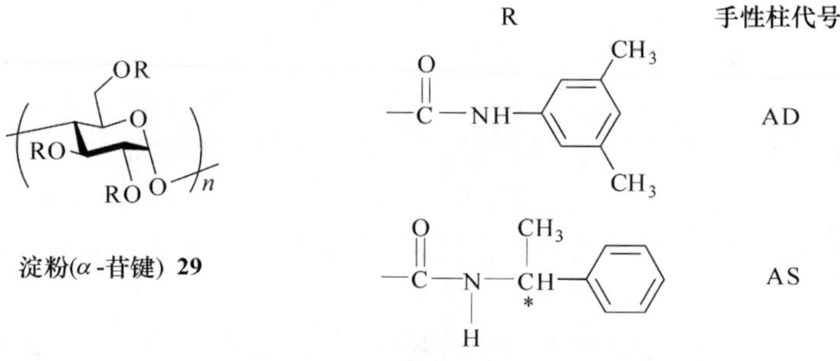

图 2-7 淀粉类 CPS 手性柱

2. 人工合成的 CSP

合成的手性固定相可分成“协作型”和“独立型”两大类。协作型 CSP 材料的各个结构不一定是手性的，但整体是手性的，其手性识别是通过材料的各部分协同作用获得的。独立型 CSP 材料则每个手性分子单独都有手性识别能力。

表 2-2　部分外消旋化合物在 OB CSP 上的 α 值

序号	化合物结构	α 值	序号	化合物结构	α 值
1	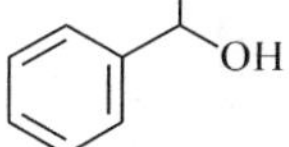 OH	1.61	13	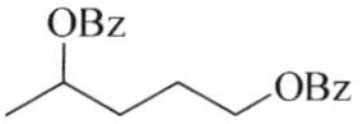 OBz OBz	1.44
2	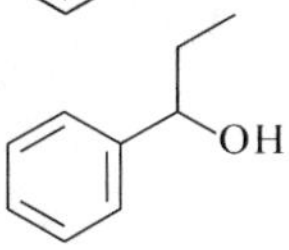 OH	1.33	14	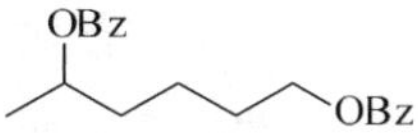 OBz OBz	1.83
3	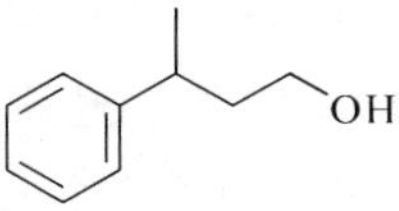 OH	1.18	15	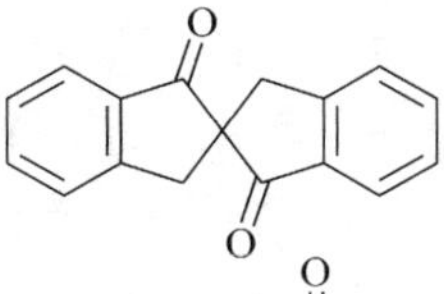 O O	1.31
4	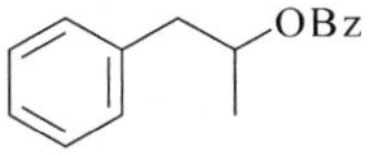 OBz	1.90	16	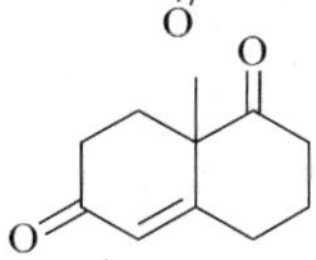 O O	1.11
5	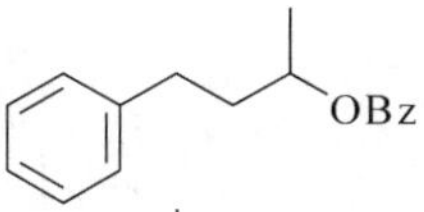 OBz	1.63	17	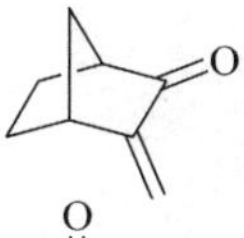 O	1.41
6	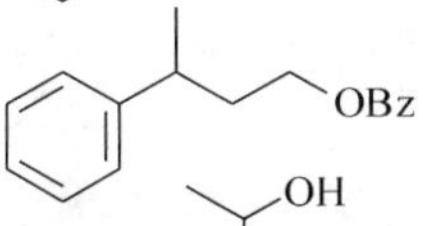 OBz	1.64	18	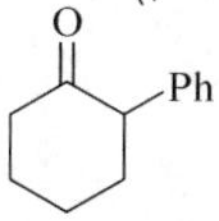 O Ph	1.47
7	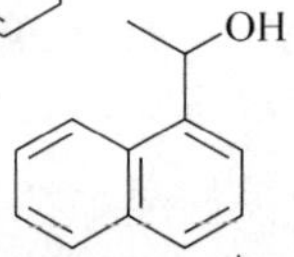 OH	1.37	19	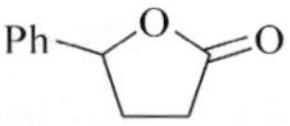 Ph O O	1.17
8	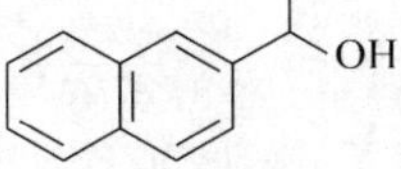 OH	1.16	20	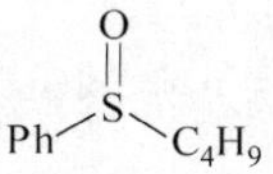 O Ph S C_4H_9	1.46
9	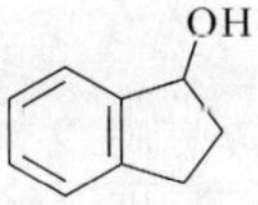 OH	1.82	21	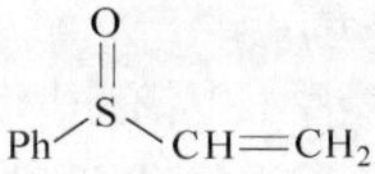 O Ph S $CH{=}CH_2$	1.48
10	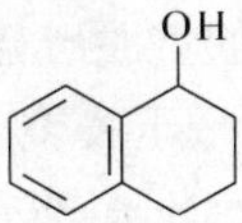 OH	1.75	22	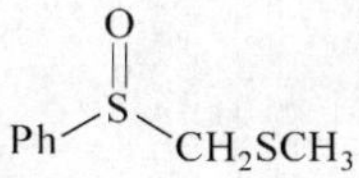 O Ph S CH_2SCH_3	1.61
11	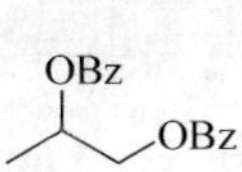 OBz OBz	1.14	23	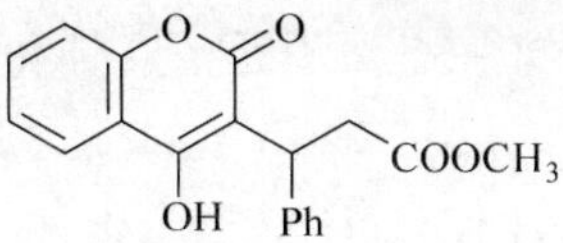 O O OH Ph $COOCH_3$	1.69
12	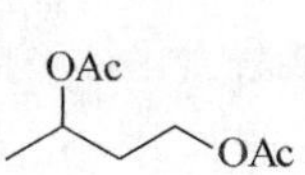 OAc OAc	1.80			

1）协作型 CSP

原理上讲，协作型 CSP 可以通过在化学惰性的“模板”存在下的聚合反应来制备，生成高聚物后，再移去模板，留下的手性空穴，成为手性识别的场所。例如，用 D-(—)-甘露糖衍生物作模板，将它分散于甲基丙烯酸甲酯中进行聚合反应，得到的聚合物用水溶去糖，便得到留有手性洞穴的聚甲基丙烯酸甲酯 CSP。这种协作型 CSP 确实对外消旋体有拆分作用，可惜经有机溶剂数次浸泡后，由于受溶剂的溶胀作用影响，手性洞穴逐渐变形而失去手性识别作用。

Yuki 等报道一种新的光活性有规高聚物——聚丙烯酸三苯甲酯 **30**，是第一个成功用作商品手性柱的协作型 CSP（OT 柱和 OP 柱）。它的手性识别作用来自聚合物的螺旋管结构。分布于螺旋管上的三苯甲基取“螺旋桨形”非平面有规排列（图 2－8）[32]。

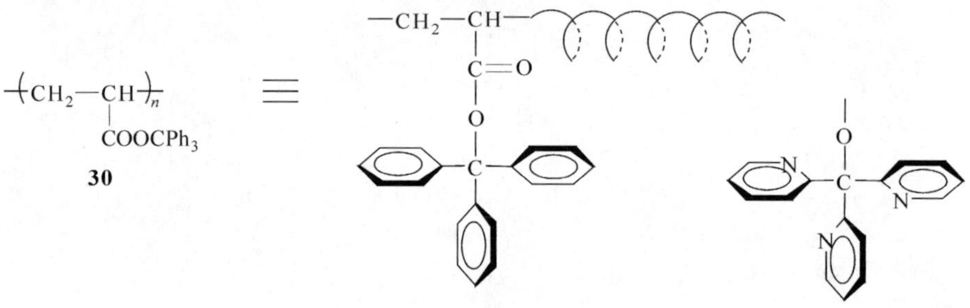

$-\!\!(CH_2-CH)\!\!-_n$ with $COOCPh_3$ side chain (**30**) ≡ OT, OP structures

图 2－8　Yuki 协作型 CSP

这种聚合物的拆分能力令人瞩目，且易于大规模制备，故很有应用潜力。其手性识别可能是由于溶质分子进入高聚物手性螺旋管道后，与管道周围的手性环境相互作用产生的。

2）独立型手性固定相

独立型 CSP 的每个手性分子单独都具有手性识别能力，理解这种识别能力的本质，以及它们如何受立体化学的影响，对于了解对映体的洗脱顺序与绝对构型的关系，以及估计 α 值的大小，设计并发展更加有效的 CSP 是至关重要的。

发生手性识别，CSP 与外消旋体中的对映体之一必须同时有三点相互作用，其中至少有一点作用是由立体化学决定的。这个原理是由 Dalgleish 于 1952 年首次提出的，并用一种简单的模式加以说明，如图 2－9 所示。

CSP 含有 A、B、C 三个作用点，但只能与外消旋溶质中的对映体之一 P 相应的三个点 A′、B′、C′作用（吸引），而与另一对映体 P′只能发生两点相互作用，因此对映体 P 将被保留较长时间（后被洗脱）。如果第三点的作用不是吸引，而是排斥，则 P 被保留的时间反而短。

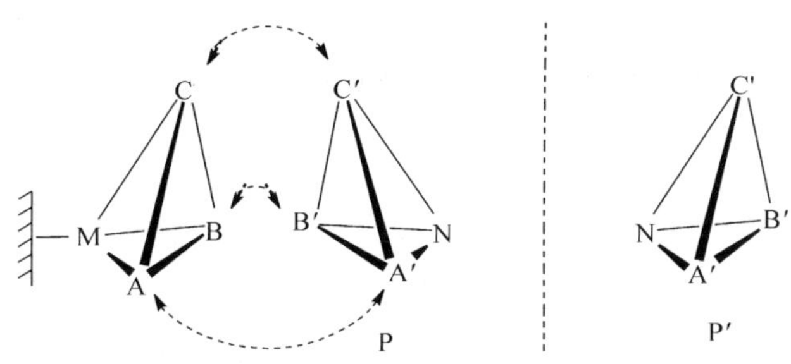

图 2-9　三点相互作用模式

只有一个溶质对映体具有合适的手征性，因而能与拆分剂同时具有三个相互作用点

所有分子之间相互作用的类型，如氢键、偶极相互作用、电荷转移络合物、位阻排斥、疏水吸引等都可以成为手性识别的贡献因素。要使识别效果最佳，三点作用最好属于不同类型，以免互相换位。溶质与 CSP 作用点的空间取向应当“配对”，构型和构象因素都应当考虑进去。

Baczuk 等是按上述理论设计合成 CSP 的先驱[33]。他们用三聚氯化腈[$(CNCl)_3$]将 L-精氨酸交联到高聚物载体上，获得第一个合成的 CSP，并用它成功拆分了外消旋 β-3,4-二羟苯基丙氨酸(DOPA)(α=1.60)，这种理论设计的 CSP 对 DOPA 的三点识别，可用图 2-10 表示。

图 2-10　(*S*)-DOPA 和 Baczuk 的 (*S*)-精氨酸之间的三点作用机理

(*S*)-精氨酸制成 CSP，对 *S*-构型的 DOPA 能形成三点作用，故(*S*)-DOPA 被保留的时间较长。值得注意的是，当三点作用之一被移去，如用苯丙氨酸(不含酸性酚羟基)代替 DOPA，便观察不到拆分作用。

此后十几年里，已有数百种新的独立型 CSP 被合成和筛选[35~40]，从中已获得许多有应用价值的 CSP 材料。在发展独立型 CSP 过程中，Pirkle 研究组不但合成了上百种新的 CSP，而且在其识别机理研究方面做出杰出的贡献。Pirkle 等对独立型 CSP 的兴趣始于用硅胶色谱柱拆分外消旋亚砜 **32**，当在洗脱剂中加入手性氟醇 **31** 时，便能获得较好的拆分效果[34]。Pirkle 认为这是因为氟醇 **31** 含有一个富电子的 9-蒽基(π-碱)，而亚砜 **32** 含有一个缺电子的芳基(π-酸)，π-酸与 π-碱之间

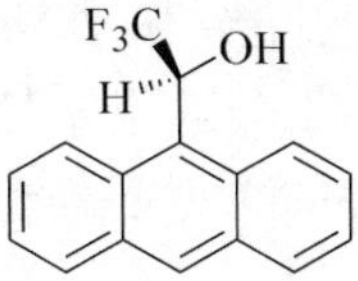

31 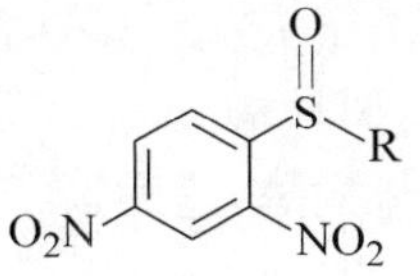　　　　**32**

能形成 π-π 电荷转移相互作用，这使手性氟醇 **31** 能与外消旋 **32** 中的一个对映体形成三点相互作用，而另一个对映体只能形成两点相互作用，如图 2-11 所示。

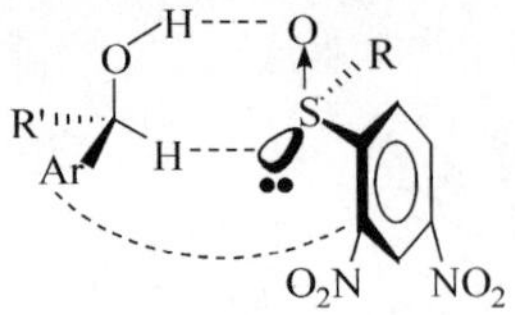

(*S*)-31与(*S*)-32三点作用 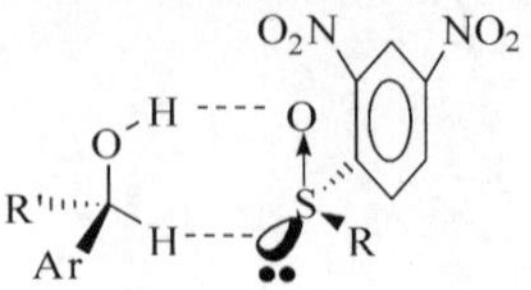　　(*S*)-31与(*S*)-32只有两点作用

图 2-11　手性氟醇对外消旋亚砜的手性识别

在这一结果启发下，Pirkle 等进一步将化合物 **33** 共价地连接到一个丙硫醇基硅烷化的硅胶载体上，制成了第一代 Pirkle 型 CSP[I]**34**。

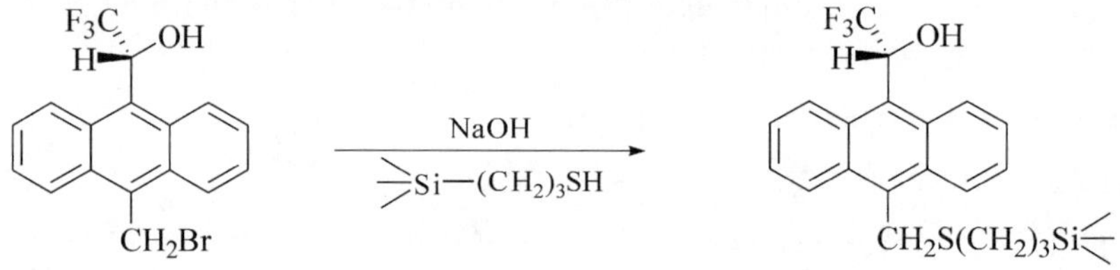

33　　**34**

正如预期的那样，CSP **34** 可以拆分一系列含 π-酸芳基的亚砜。除了亚砜，**35** 这类由 3,5-二硝基苯甲酰(DNB)化的外消旋胺、醇和硫醇，也能被 CSP **34** 很好地拆分，且 α 值常比亚砜更大。

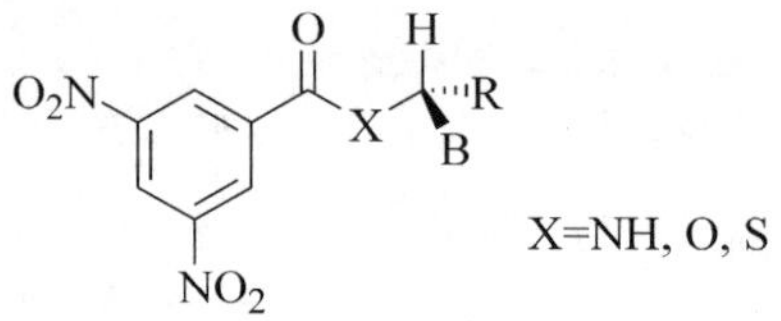

X=NH, O, S

35

DNB 已含有一个 π-酸和一个碱点(羰基氧)两个作用点，因此只要 **35** 分子中其他部分含有一个作用点，就能满足三点作用的要求。CSP **34** 对外消旋 **35** 的手性识别机理可用图 2-12 来说明。

35 的 DNB 部分原来已有两个点可与 CSP **34** 相互作用，其手性识别是由构象决定的，具有左式那种构型的 DNB 衍生物，当羰基氧与次甲基氢处于重叠式时，是这类酰胺的优势构象，这时碱基 B 正好能与氟醇的次甲基氢形成氢键(第三个相互作用点)。它的对映体，当其羰基氧与次甲基氢处于重叠式优势构象时，碱基 B 处在分子的另一面，不能与氟醇次甲基氢形成氢键，只有沿 C—N 键旋转，使 R

与羰基氧处于重叠构象时，B 才能与氟醇的次甲基氢形成氢键（如右式所示），但这种 R 基与羰基重叠的构象是能量上不稳定的构象，故只有左式那种构型的 DNB 衍生物能形成三点作用，在 CSP **34** 上保留较长。

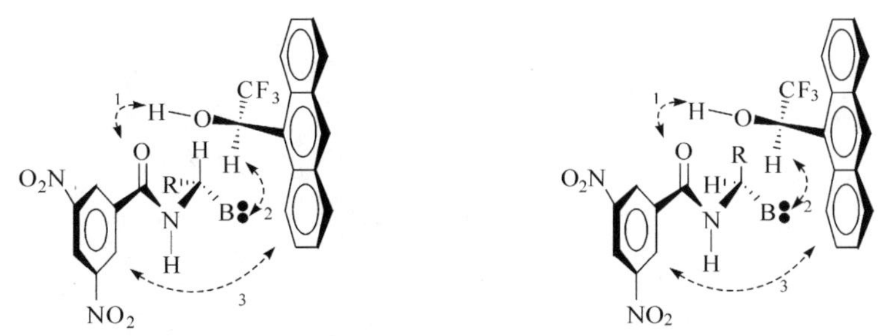

图 2 - 12　CSP **34** 与 DNB 衍生物 **35** 形成的非对映异构体络合物

右图中 R 与羰基处于重叠式，具有这种构象的非对映异构体较不稳定

Pirkle 系统研究了带有各种不同 R 和 B 的 DNB 衍生物在 CSP **34** 上拆分的洗脱顺序，都与上述手性识别机理相一致。值得注意的是，CSP **34** 对外消旋 **35** 的手性识别，虽然也是三点作用，但与 Baczuk 的例子及 CSP **34** 对亚砜的识别不同。DNB 的两个作用点来自同一基团，称为[3-2]型，以前例子都是[3-3]型，这种[3-2]型识别模式其立体化学决定作用来自构象控制，并认为[3-3]型识别模式要求三个作用点来自与手性中心相连的三个不同基团，空间位置要求太严格，缺乏构象柔顺性，较难满足，而[3-2]型更普遍，有更好的手性识别效果。实际上，大量不同的手

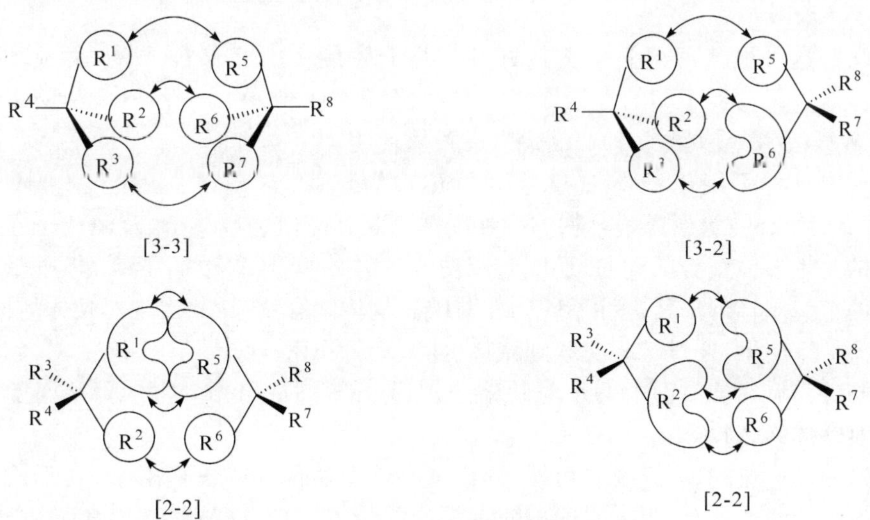

图 2 - 13　四种手性识别机理归类示意图

根据手性中心的四个基团中有多少个基团参与了手性识别来归类

性化合物的 DNB 衍生物能在 CSP **34** 上拆分，且其 α 值比亚砜在 CSP **34** 上拆分 α 值更大，也证明了这种观点。图 2－13 给出了[3-3]型、[3-2]型和两种不同的[2-2]型手性识别机理的示意图。由于[2-2]型机理比[3-2]型更具构象柔顺性，可望比[3-2]型模式更普遍和更有效。

CSP **34** 拆分的各类外消旋体中，DNB 衍生物拆分效果最好，α 值最大。根据手性识别的可逆性，如果将这些 α 值最大的 DNB 衍生物做成新的 CSP，一定有更好的手性识别能力。Pirkle 等根据这种推断，从 DNB 衍生物中开发了一系列新的 CSP，作为第二代 Pirkle CSP^{II}，最具代表性的有 **36** ～**38**。

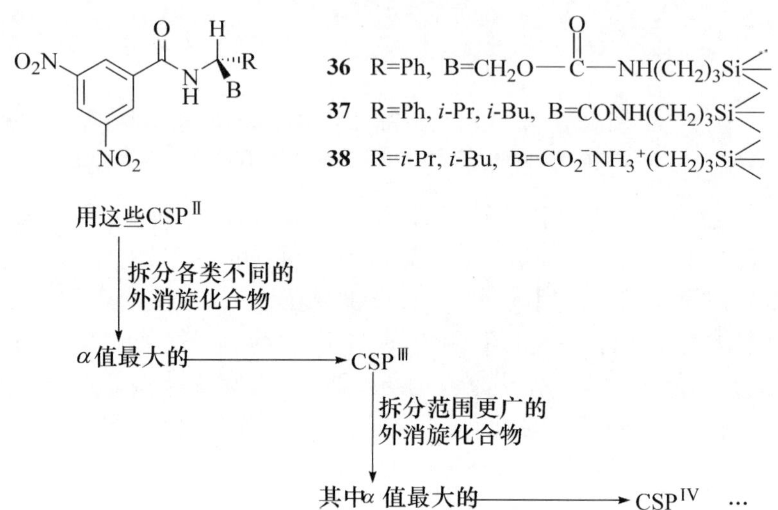

按照这种思路，Pirkle 等先后开发了几十种有效 CSP 材料[41～48]，并成功地用于拆分数百种各类不同的外消旋化合物，如图 2－14 所示。这些 Pirkle 型 CSP 中已有 WH、WM 系列的多种商品手性柱投入使用。

还有一种可用于配体交换色谱（LEC）的 CSP，它是将一种能与金属离子 Cu^{2+}、Ni^{2+}、Zn^{2+} 等形成螯合物的手性配体交联到高聚物载体上，金属离子在与固载化的手性配体螯合的同时，还能与双功能基（如 α-氨基酸，或 α-羟基酸）外消旋体中的两个对映体形成稳定性不同的非对映异构体络合物，从而实现对映体的拆分。如图 2－15 所示，通过苄基交联到载体上的(*S*)-脯氨酸，与 Cu^{2+} 配位后，Cu(Ⅱ)还可以与外消旋 α-氨基酸的两个对映体分别形成(*S*,*S*)-和(*R*,*S*)-两种平面四配位的非对映体络合物。

这种四配位的铜，只要有可能，还会进一步在轴向与一分子溶剂配位形成更稳定的五配位络合物，但由于空间位阻关系，图 2－15 中，只有右式(*R*,*S*)-络合物允许形成轴向溶剂配位，而左式(*S*,*S*)-络合物由于溶质氨基酸中大位阻的 R 基团的阻碍，不能形成这种轴向配位，比较不稳定，将先被洗脱。根据上述识别机理，可以解释侧链上不含配位基团的简单氨基酸在上述 CSP 上的洗脱顺序。当侧链 R 上含有 NH_2、OH、SCH_3、COOH 等配位基团时，洗脱顺序正好相反，因为此时，*S*-构型的氨基酸其侧链 R 上的配位点正好可弯折过来在轴向位置形成五配位，使络合物较稳定，而后被洗脱。

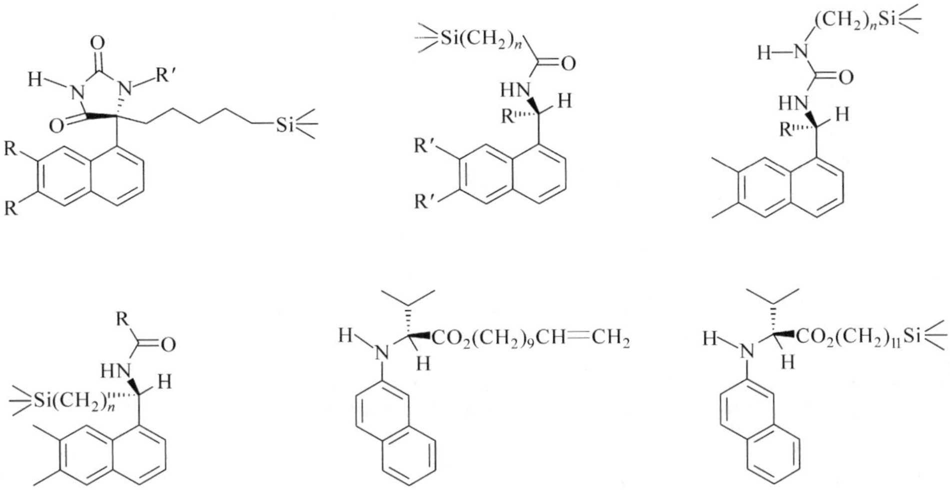

图 2-14　有代表性的几类 Pirkle 型 CSP

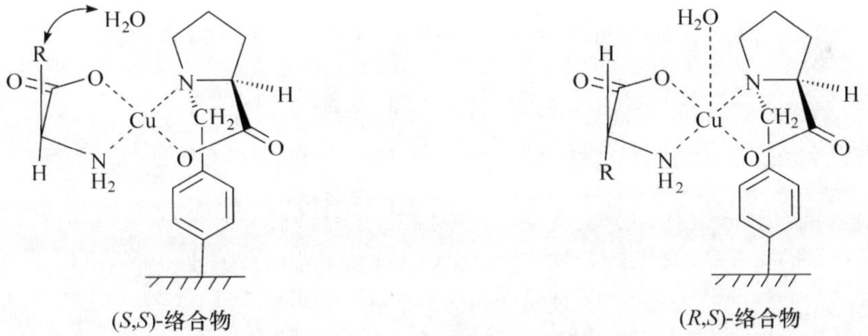

(*S*,*S*)-络合物　(*R*,*S*)-络合物

图 2-15　在 LEC 实验中典型的非对映异构体络合物

(*R*,*S*)-络合物由于有轴向的溶剂配体而比(*S*,*S*)-络合物稳定

用氨基酸衍生物作手性配体，交联到改进的硅胶上做成 LEC 型 CSP，用于拆分游离氨基酸特别有效[49]，尤其是 Davanakov 等发展的反相柱，可成功用于拆分所有常见 α-氨基酸，α 值高达 16.4[50]。

这类通过与金属配位的手性柱分离效果的高低有赖于使用时的柱温及出峰时间等因素。

参 考 文 献

1 Stephen H. “Total Synthesis of Natural Products: The ‘Chiron’ Approach”, Pergamon Press, New York, 1986

2 Weber J F, You T-P, Mosher H S et al. J. Org. Chem., 1986, 51: 2702

3 Lüttringhaus A, Berrer D. Tetrahedron Lett., 1959, 10: 833

4 Croen M B, Schadenberg H, Wynberg H. J. Org. Chem., 1971, 36: 2797

5 谭启涛. 中国科技大学化学系博士论文，2005，24

6 a) Worsch D, Vogtle F. Top. Curr. Chem., 1987, 140: 22

b) Toda F. Top. Curr. Chem., 1987, 140: 43

c) Toda F. Adv. Supramol. Chem., 1992, 2: 141

7 a) Farina A, Meille S V, Vecchio G et al. Angew. Chem. Int. Ed., 1999, 38: 2433

b) Gdaniec M, Milewska M J, Poloski T. Angew. Chem. Int. Ed., 1999, 38: 392

8 Miyata M, Shibakami M, Takemoto K. J. Chem. Soc. Chem. Commun., 1988, 655

9 Sada K, Kondo T, Miyata M. Tetrahedron: Asymmetry, 1995, 6: 2655

10 Bortolini O, Fantin G, Pedrini P et al. Chem. Commun., 2000, 365

11 Bortolini O, Fantin G, Pedrini P et al. Chem. Lett., 2000, 1246

12 Bertolasi V, Bortolini O, Pedrini P et al. Tetrahedron: Asymmetry, 2001, 12: 1479

13 Andresen O, Poulsen P B. Application of Enzyme to Organic Synthesis, Enzyme Technology, 1983, 184

14 Yamanaka H, Kawamoto T. J. Ferment Bioeng., 1987, 84: 181

15 Matsumae H, Furui M, Shibatani T et al. J. Ferment Bioeng., 1994, 78: 59

16 Lalonde J. Development, 1997, 38

17 Mitsuda S, Komaki R, Nabeshima S et al. Agric. Biol. Chem., 1991, 55: 2865

18 a) Ward R S. Tetrahedron: Asymmetry, 1995, 6: 1475

b) Kim M J, Ahn Y, Park J. Curr. Opin. Biotechnol., 2002, 13: 578

19 a) Moris Z, Laura J C. “Chromatographic Chiral Separation”, Marcel Dekker Inc. New York, 1988, Chap. 3

b) Helmchen G, Ott R, Sauber K. Tetrahedron Lett., 1972, 13: 3873

c) Helmchen G, Volter H, Sauber K. Tetrahedron Lett., 1977, 18: 1417

d) Helmchen G, Nill G, Youssef S et al. Angew. Chem. Int. Ed. Engl., 1979, 18: 62. 1979, 62: 63

20 Pirkle W H, Hauske J. J. Org. Chem., 1977, 42: 1837

21 Pirkle W H, Boeder C. J. Org. Chem., 1978, 43: 1950

22 Pirkle W H, Adams P. J. Org. Chem., 1979, 44: 2169

23 Pirkle W H, Hauske J. J. Org. Chem., 1977, 42: 2781

24 Pirkle W H, Simmons K. J. Org. Chem., 1982, 48: 713

25 Bertsch K, Rahman A, Jotchims J C. Chem. Ber., 1979, 112: 567

26 a) Schörg K, Widhalm M. Chem. Ber., 1982, 115: 3042

b) Schörg K, Widhalm M. Chem. Ber., 1984, 117: 1113

27 a) Blaschke G. Angew. Chem. Int. Ed. Engl., 1980, 19: 13

b) Blaschke G. J. Lig. Chromatogr., 1986, 9: 341

28 Suzuki M, Yanagisawa A, Noyori R. J. Am. Chem. Soc., 1985, 107: 3348

29 Danilewicz J C, Kemp J K. J. Med. Chem., 1973, 16: 168
30 Tajiri A, Morita N, Hatano M et al. Angew. Chem. Int. Ed. Engl., 1985, 24: 529
31 Imamoto T, Kusumoto T, Sato K et al. J. Am. Chem. Soc., 1985, 107: 5301
32 Yuki H, Okamoto Y, Okamoto I. J. Am. Chem. Soc., 1980, 102: 6356
33 Baczuk R, Landram G, Deham H et al. J. Chromatogr., 1971, 60: 351
34 Pirkle W H, House D W. J. Chromatogr., 1976, 123: 400
35 Mikes F, Boshart G, Gil-Av E. J. Chem. Soc. Chem. Commun., 1976, 99
36 Dobashi A, Oka K, Hara S. J. Am. Chem. Soc., 1980, 102: 7122
37 Pirkle W H, House D W, Finn J M. J. Chromatogr., 1980, 192: 143
38 Pirkle W H, Finn J M. J. Org. Chem., 1981, 46: 2935
39 Pirkle W H, Finn J M, Schreiner J L et al. J. Am. Chem. Soc., 1981, 103: 3964
40 Wainer I W, Doyle T D, Breder C D. J. Liq. Chromatogr., 1984, 7: 731
41 Pirkle W H, Pochapsky T C, Field R E et al. J. Chromatogr., 1985, 343: 89
42 a) Pirkle W H, Welch C J, Hyun M H. J. Org. Chem., 1983, 48: 5022
b) Pirkle W H, Welch C J. J. Org. Chem., 1984, 49: 138
43 Pirkle W H, Hyun M H. J. Chromatogr., 1985, 322: 309
44 a) Pirkle W H, Hyun M H. J. Org. Chem., 1984, 49: 3043
b) Pirkle W H, Mahler G, Hyun M H. J. Liq. Chromatogr., 1986, 9: 443
c) Pirkle W H, Hyun M H. J. Chromatogr., 1985, 332: 295
45 Oi N, Nagase M, Doi T. J. Chromatogr., 1983, 275: 111
46 Pirkle W H, Hyun M H. J. Chromatogr., 1985, 328: 1
47 Pirkle W H, Hyun M H. J. Chromatogr., 1985, 322: 287
48 Pirkle W H, Pochapsky T C. J. Am. Chem. Soc., 1986, 108: 352
49 Davanakov V, Zolotarev Y, Kurganov A. J. Liq. Chromatogr., 1979, 2: 1191
50 Davanakov V, Bochkov A, Unger K et al. Chromatographia, 1980, 13: 677

第 3 章　手性化合物的对映体纯度测定

不管从什么途径获得的光活性化合物，都需要知道其对映体纯度。判断一个不对称合成反应的价值，需要知道产物的对映体纯度；评价一种手性催化剂的效果，也需要知道在该催化剂作用下的反应产物的对映体纯度。因此，对映体纯度的测定是立体化学研究的首要和基本的问题。

描述一个样品的对映体纯度最常用的单位是“对映体过量”(enantiomeric excess，ee)，即样品中比较多的那种对映体超过较少的那种对映体的程度，可用式(3-1)表示

$$ee\% = \frac{[R]-[S]}{[R]+[S]} \times 100\% \quad (R\text{-异构体的}\%ee) \tag{3-1}$$

可用于 ee 测定的方法已有不少，最简单的是通过测定样品的比旋光度来确定；而目前使用最多，并可获得精确和可靠结果的是用手性色谱柱的 HPLC 方法。此外，使用手性色谱柱的 GC 方法以及使用不同手性试剂的 NMR 方法，也在许多场合相当有效。下面分别做简要介绍。

3.1　比旋光度测定法

一个待测样品的光学纯度，可由该样品的比旋光度($[\alpha]_\lambda^t$ 样品)与待测化合物两对映体之一的最大比旋光度($[\alpha]_{\lambda\max}^t$，即 100%对映体纯的比旋光度)之比求得

$$\text{光学纯度}(\%) = \frac{[\alpha]_\lambda^t\ \text{样品}}{[\alpha]_{\lambda\max}^t} \times 100\% \tag{3-2}$$

根据定义，比旋光度

$$[\alpha]_\lambda^t = \frac{\alpha_\lambda^t}{c \times L} \tag{3-3}$$

式中：α_λ^t——观察到的旋光值；

c——样品的浓度，g/mL；

L——样品管长度，dm；

λ——入射偏振光的波长；

t——测定时的温度，℃。

如果待测样品是液体，则可用式(3-4)代替

$$[\alpha]_\lambda^t = \frac{\alpha_\lambda^t}{d \times L} \quad (d\ \text{为液体样品的密度}) \tag{3-4}$$

通过测定比旋光度来确定样品的光学纯度，简便易行，仪器价格相对便宜，大多数实验室都能做到。因此被广泛使用，尤其对精确度要求不高的场合，更加适宜，但对要求精确测定光学纯度的场合，越来越多的研究已表明，它存在明显的局限性，主要是：

（1）必须先知道纯对映体之一的最大比旋光度，而大多数新获得的光活性化合物，并不是100％光学纯的，也不容易通过拆分获得100％纯，即$[\alpha]_{\lambda max}^{t}$是未知的。

（2）被测化合物必须具有中等以上的旋光能力，否则误差较大，而许多手性化合物对钠D线的旋光值很小。

（3）比旋光度的测定受多种因素，如温度、样品浓度、少量高旋光性杂质、溶剂效应等的影响，有时误差较大，尤其当样品分子含有OH、NH_2、COOH、$CONH_2$等功能团时，它们与极性溶剂之间的作用，使比旋光度随样品浓度的变化严重偏离正比关系。

（4）样品的用量大（通常需要几十毫克至上百毫克，视其旋光能力而定）。

总之，通过比旋光度来确定手性化合物的对映体纯度的方法，无论是灵敏度、精确性和可靠性都越来越难满足现代立体化学研究的需要。但这并不是说，比旋光度的测定不重要；相反，它始终是光活性化合物不可或缺的重要理化数据。

3.2　色谱分析法

色谱分析用于对映体纯度测定，由于它的快速、灵敏和高精度等特点而受到特别的重视，已逐渐发展成为不对称分析的主要手段。从使用的仪器看，既可以用高压液相色谱（HPLC），也可以用气相色谱（GC）。色谱分析用于对映体纯度测定，也分间接法和直接法两种方式。

间接法需要先用手性试剂将待测样品中的两种对映体转化成非对映异构体，再用非手性的色谱柱进行分析。它的最大优点是无须使用昂贵的手性柱，但衍生化反应也带来许多缺点，如反应过程中，基质可能发生外消旋化，或因非对映异构关系的过渡态在能量上的差异而引起动力学拆分，或产物在分离纯化过程中非对映异构体之一产生相对富集，使测定结果不能反映原来样品中的对映体比例。手性衍生化试剂的不完全纯对映体也可能产生系统误差，而影响测定结果的可靠性和准确性。

直接使用手性固定相的色谱柱，样品无须先衍生化，故不必担心分析前的化学物理处理可能引起的对映体组成的变化。色谱检测器对两种对映体的响应性也完全相同。此外，所用手性固定相的对映体纯度不影响测定精度（它只影响拆分因子α的大小）。很明显，直接法不但分析操作比间接法简捷，测定结果也更准确可靠，因此已成为各类立体化学研究的主要测试手段。它的不足之处是手性柱价钱还较贵，而且每种手性柱能拆分的化合物类型有限，常需几种不同的手性柱配合使用。所用手性柱的固定相材料在上章已做系统介绍，这里不再重复。GC 主要用于挥发性和热稳定性较好的手性化合物的对映体纯度测定，虽然适用的化合物没有 HPLC 广，但分析的灵敏度更高（10^{-8}g），操作也更快捷，样品无须经分离纯化，可直接进样，故特别适于跟踪不对称反应全过程。下面介绍几类用作 GC 柱手性固定相的材料。

1. 氨基酸衍生物类 CSP

天然手性氨基酸、二肽及其衍生物 **1** ～**5** 是最早成功用作 GC 手性柱的 CSP（图 3－1）。

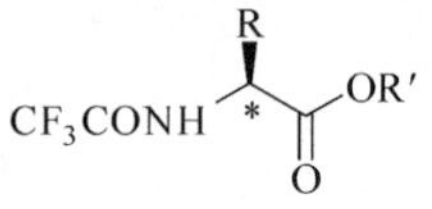

1　R=*sec*-Bu　R′=*n*-$C_{12}H_{25}$

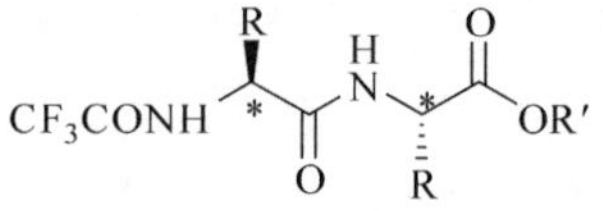

2　R=*i*-Pr　R′=*c*-Hex

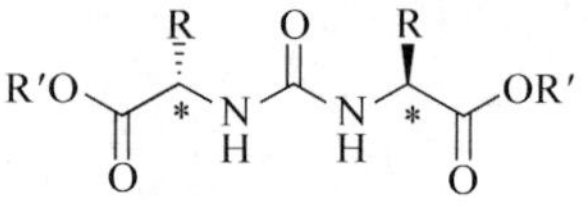

3　R=R′=*i*-Pr

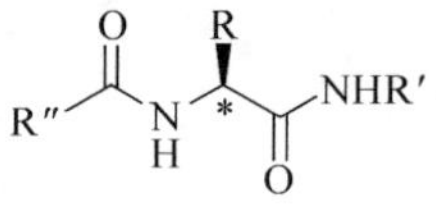

4　R=*i*-Pr, R′=*t*-Bu　R″=*n*-$C_{11}H_{23}$（或$C_{21}H_{43}$）

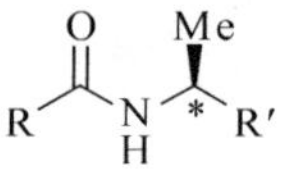

5　R=*n*-$C_{11}H_{23}$　R′= naphthyl

图 3－1　作 GC 柱 CSP 的天然氨基酸衍生物

这些化合物涂布于玻璃毛细管壁上用作 GC 手性柱，研究者们经过许多努力来改善它们的拆分性，现已成功用于多种手性化合物的对映体纯度测定。其中 **4** 为 CSP 做成的 GC 手性柱，已有商品出售，在各种 α-、β-、γ-氨基酸的衍生物及手性胺的对映体纯度分析上显示出很好的效果[1～3]，热稳定性也不错，可耐高达 190℃的温度。以 **5** 为 CSP 的 GC 柱，也成功用于手性芳胺、脂肪胺的衍生物或甲基 α-苯基羧酸胺的拆分[4, 5]。

如果是分析单一的氨基酸衍生物，选择 **1** ～**5** 中的某种 CSP，通常是足以解决问题的。但在某些生物化学研究中，有时要求一次同时拆分所有天然氨基酸，这些较低相对分子质量的 CSP 的挥发性和热稳定性便难以满足要求。因为各种氨基酸衍生物的挥发性、极性、它们与固定相的相互作用都不相同，它们从毛细管上洗脱的温度范围很宽。将这些有手性识别能力的氨基酸小分子交联到各类取代的硅氧烷聚合物上，便可制成性能更好的各种聚合物固定相（**6** ～**9**）（图 3－2）。

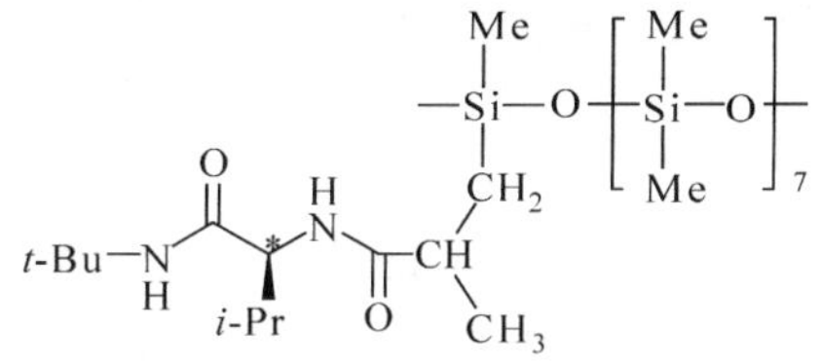

6 (chirasil-val) 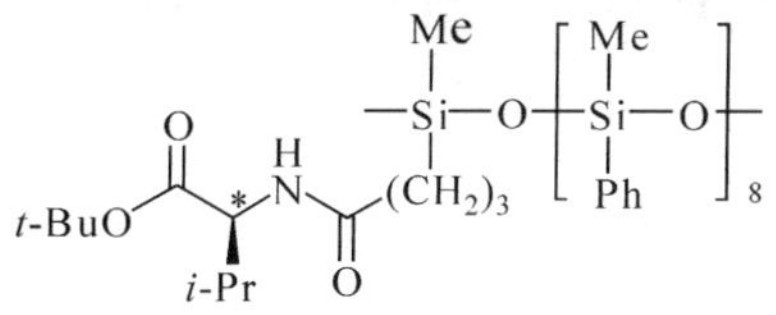　　7

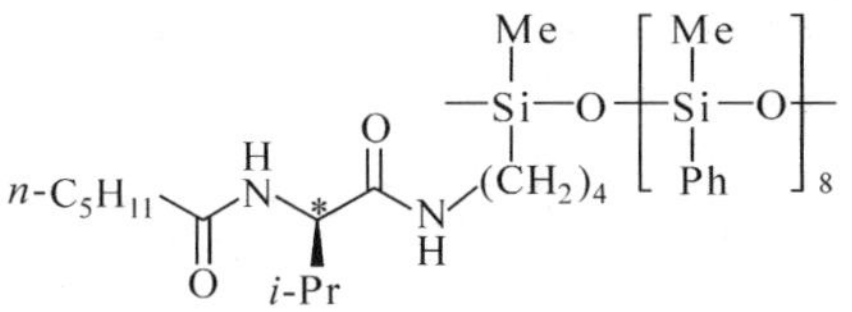

8 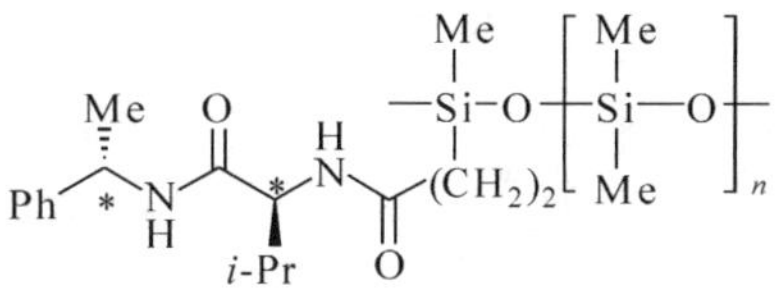　　9

图 3－2　硅氧烷聚合物担载的 CSP

例如，**4** 通过氨基交联到二甲硅氧烷和(2-羧丙基)甲基硅氧烷共聚物上，制得合适平均相对分子质量、黏滞性流质聚合物 **6**(chirasil-val)，**6** 涂于预处理过的玻璃毛细管上，在高达 240℃温度下仍能保持很好的对映拆分性[6]。α-羟基酸衍生物、芳香氨基醇、二醇、二酮、二胺等好几类不同的外消旋化合物都已在 **6** 上拆分[7, 8]。蛋白质的所有氨基酸也已在一根涂有 **6** 的玻璃毛细管上一次同时被分离(图 3－3)。

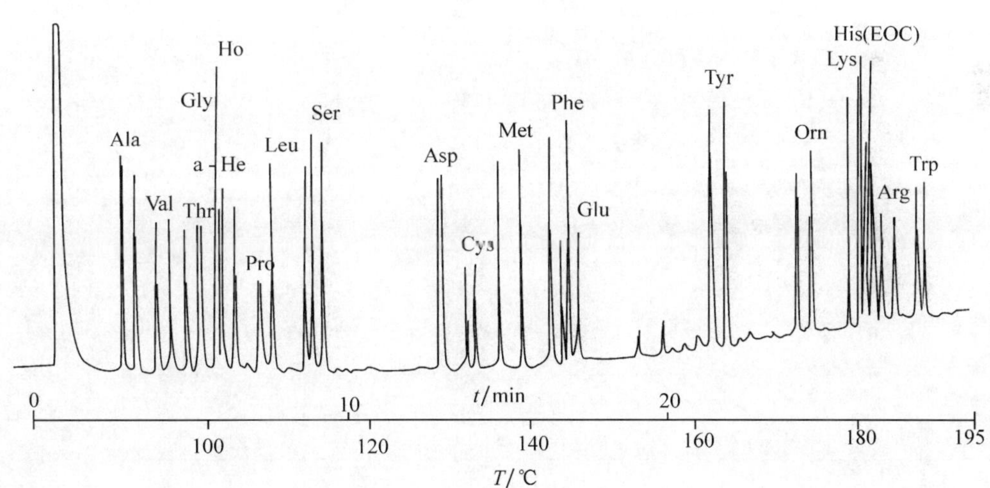

图 3－3　所有蛋白质氨基酸对映体在一根涂有 chirasil-val **6**，
20m×0.25mm 的玻璃毛细管柱上的色谱分离
程序升温，4℃/min

7、**8** 和 **9** 也分别成功拆分多种氨基酸的衍生物[9, 10]、多种脂肪胺的衍生物[11]、糖的各种立体异构体[12, 13]和 α-羟基酸衍生物[14]。

2. 手性配体与金属形成的螯合物 CSP

手性 β-二酮与多种金属形成的螯合物 **10** ～**14**(图 3－4)用作 GC 手性固定相，已发现对多种外消旋化合物，如取代的环氧乙烷、氮杂环丙烷、硫杂环丙烷(环丁烷)都有良好的拆分效果。部分代表性的结果列于表 3－1 中，图 3－5 是几种取代的环氧乙烷外消旋体在涂有 **12b** 的手性柱上的拆分情况。

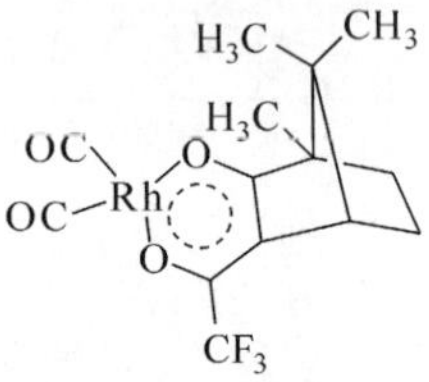

10 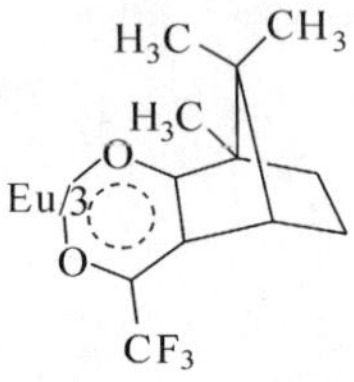　　**11** 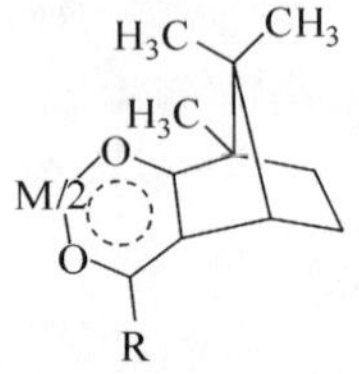　　**12a** M=Ni；R=CF_3　**12b** M=Ni；R=C_3F_7　**13** M=Mn；R=C_3F_7　　**14**

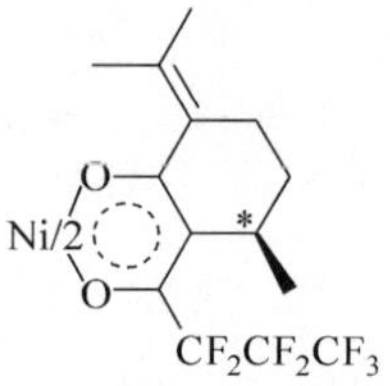

图 3－4　络合气相色谱对映体拆分用的金属螯合物

表 3－1　部分外消旋化合物在金属螯合物 12 ～14 上的拆分因子 α

	外消旋化合物	金属螯合物	温度/℃	α	参考文献
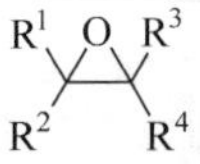	R^1=Me, R^2=R^3=R^4=H	**12b**	60	1.14	[15]
	R^1=Et, R^2=R^3=R^4=H	**13**	60	1.15	[17]
	R^1=*i*-Pr, R^2=R^3=R^4=H	**13**	60	1.17	[17]
	R^1=*t*-Bu, R^2=R^3=R^4=H	**13**	60	1.15	[17]
	R^1=*sec*-Bu, R^2=R^3=R^4=H	**13**	60	1.19	[17]
	R^1=R^4=Me, R^2=R^3=H	**12b**	60	1.32	[15]
	R^1=R^2=R^3=Me, R^4=H	**12b**	60	1.30	[15]
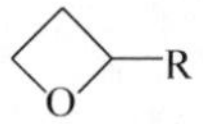	R=Me	**13**	60	1.11	[17]
	R=CH_2Cl	**12b**	70	1.16	[15]
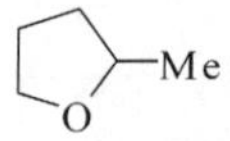		**12b**	60	1.18	[15]
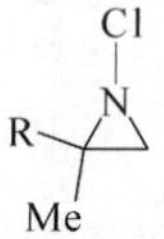	R=Me	**12b**	60	1.50	[16]
	R=H	**12b**	63	1.29	[15]
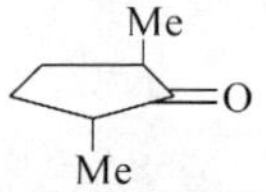		**12b**	70	1.10	[15]

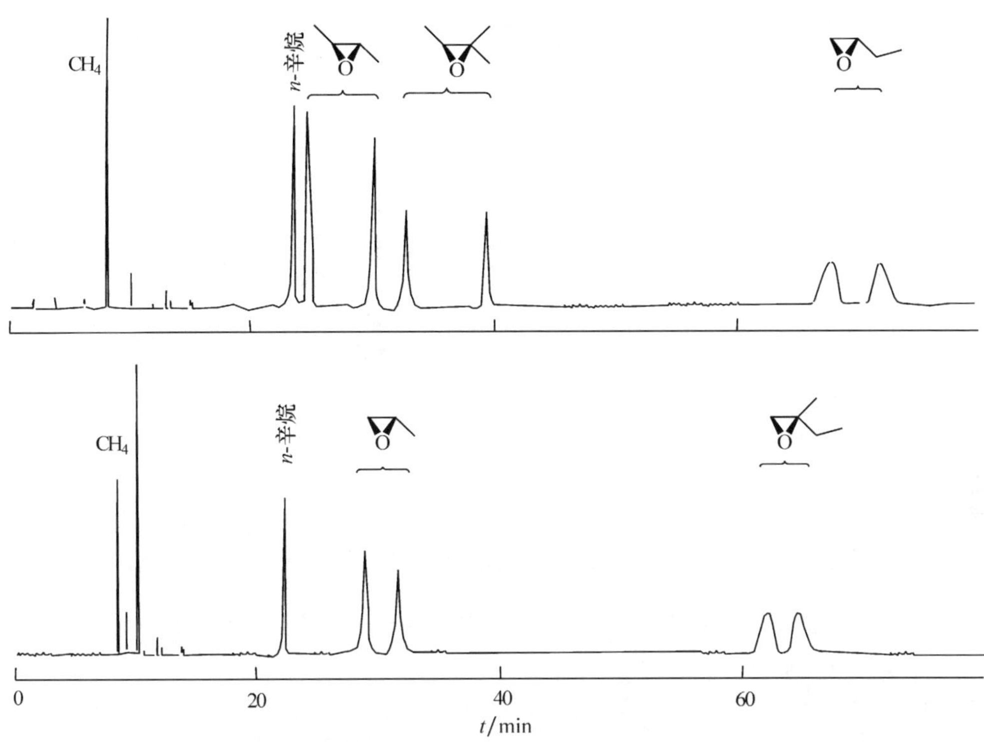

图 3-5　单、二、三烷基取代的环氧乙烷，60℃在一根涂有 **12b**（0.1mol/L 角鲨烷）的镍毛细管柱（200m×0.5mm）上的 GC 对映体拆分

3. 环糊精手性固定相

环糊精（cyclodextrin，CD）是由淀粉经酶发酵生成的，含有 6～12 个 D-(+)-葡萄糖单位，通过 1,4-α-苷键首尾相接形成一个大环分子。常用希腊字母表示组成环的葡萄糖数目。如 α-CD(6 糖环)、β-CD(7 糖环)、……，每个葡萄糖取椅式构象，如图 3-6(a)所示。分子开口较大的一面每个糖环的 C-2、C-3 上含有两个二级羟基，开口较小的一面每个糖环的 C-6 上的 CH_2OH 可移动到部分遮住较小一面洞口，形成一个洞穴，整个分子形同截锥[图 3-6(b)]。洞穴开口唇沿处有许多羟基，故唇沿比较亲水；洞穴内部由两圈 C—H 键中间夹一圈缩醛氧原子（醚键）组成，相对比较疏水。

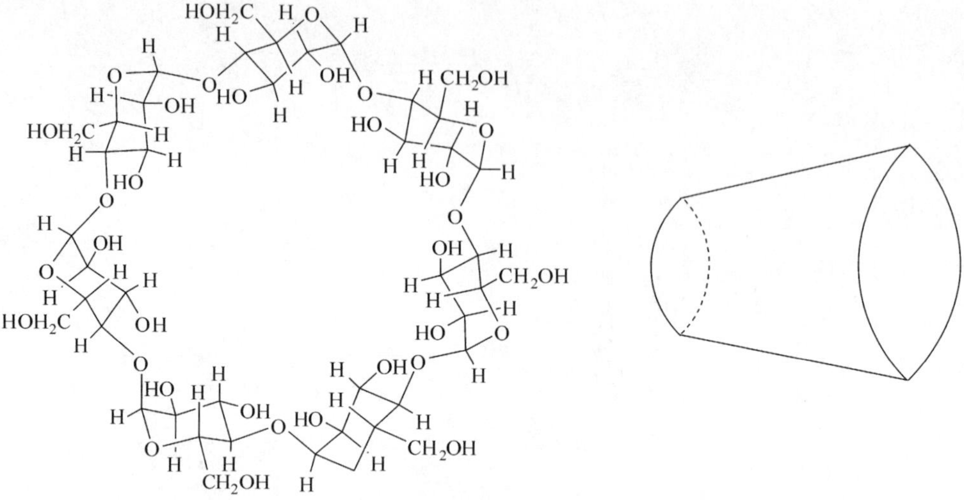

(a)　　(b)

图 3-6　β-环糊精结构示意图

环糊精直接作 CSP,因其机械强度、通透性等色谱性能欠佳,并不合适,但环糊精通过其截锥后端任一 C-6 上的一级羟基用一段长度适宜的隔离臂交联到硅胶表面上,如图 3-7 所示。

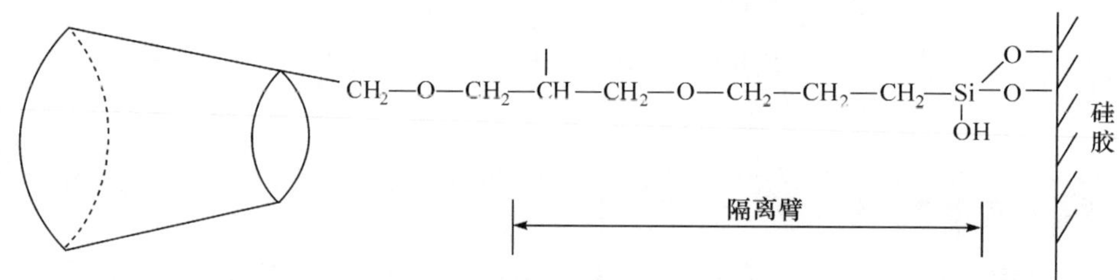

图 3-7　环糊精通过“隔离臂”固着在硅胶上

隔离臂的长短要求适中(7～8 个 C 原子为宜),太长则硅胶表面外露,起吸附作用的是硅胶表面,失去手性识别;太短则因环糊精分子体积大,交联反应的空间障碍太大,难以交联上。环糊精手性固定相的手性识别要素包括:①被拆物分子要有一个大小适合的疏水基团正好装入洞穴。②手性中心或与之相连的基团正处于唇沿上,能与某两个二级羟基产生相互作用。例如,外消旋普奈洛尔(propranolol,**15**)能被 β-CD 手性固定相识别。(*R*)或(*S*)-propranolol 分子的萘基都能很好装入 β-CD 的洞穴中,洞穴正好包盖到手性碳的位置,对映体之一分子上的羟基和氨基正好处在能与唇沿上某两个二级羟基形成氢键的合适位置,因而产生较强的保留作用，而另一个对映体只有一点处在形成氢键的合适位置，保留作用较弱，其结果是β-CD 表现出对两种对映体 propranolol 的手性识别作用。

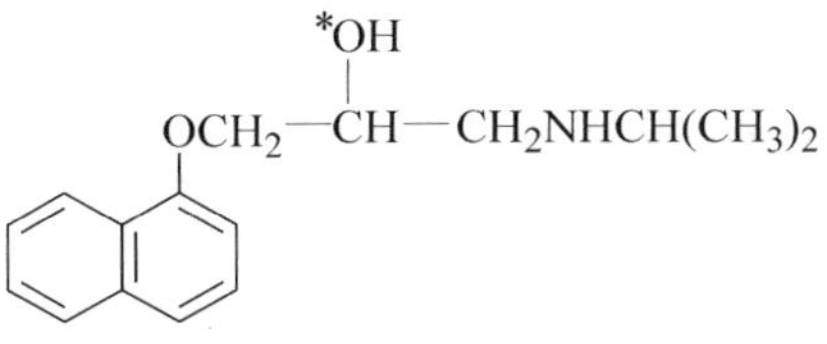

$$\text{1-萘基}-OCH_2-\overset{*}{C}H(OH)-CH_2NHCH(CH_3)_2$$

15

用β-CD 做成的 CSP 已成功用于拆分外消旋二茂金属（铁、钌、锇等）、联萘并冠醚、芳基氨基酸酯或酰胺等[18~21]。

用手性柱色谱测定对映体纯度，通常可达 0.1%或更好的精确度，而且重复性很好，因此特别适合高精度要求的测定，尤其适用于两种极限情况：①对映体过量很少（接近外消旋）的样品；②接近对映体纯（ee≥99.5%）的样品。

3.3　核磁共振分析法

核磁共振的射频是一种对称的物理能，理论上是不能区分对映体的共振信号的，即通常情况下，互为对映体的两种化合物的 NMR 信号完全重合。只有给对映体加一个不对称的环境，使它们处于非对映异构关系下，才有可能产生化学位移不等价，从而使相应基团的信号分开。

实际应用时，主要通过两种途径来实现：①用一种光学纯试剂将对映体转变成非对映异构体，然后测定内部非对映异构基团的相对强度；②在测定样品中加入手性溶剂或手性位移试剂，提供一个外部非对映异构关系。这两种途径都是利用非对映异构体相应基团的信号可能产生化学位移不等性，使代表两种非对映异构体的信号分开，并分别积分，求出它们的相对含量。因此，用 NMR 方法测定手性化合物的对映体组成，有两个参数是至关重要的：①非对映异构基团的化学位移差（$\Delta\delta$），只有当 $\Delta\delta$ 足够大时，才能使代表非对映异构体相应基团的两个信号达到基线完全分离，从而能分别精确积分；②非对映异构基团两个信号的相对强度。这两个信号的强度积分比要能正确反映原来对映体的组成比例。

3.3.1　应用手性衍生试剂的 NMR 分析

已经报道过的用于将对映体转变成非对映体的手性衍生化试剂（chiral derivatizing agent，CDA）很多，使用最广的 CDA 是 Mosher 等开发的α-甲氧基-α-三氟甲基-α-苯基乙酸 **16**[22, 23]（MTPA，或称 Mosher 试剂）。MTPA 中含有羧基，可将醇转变成酯，或将胺转变成酰胺，因此可用于各种不同结构的手性醇和胺的对映体纯度测定。

图 3－8 是用(*R*)-MTPA 将部分光活性的甲基特丁基甲醇转变成非对映异构体酯，然后用 NMR 测得的非对映异构体混合物酯的谱图。(*R*)-异构体醇过量 7.8%，图中(*R*,*R*)-非对映异构体酯的特丁基信号出现在比(*R*,*S*)低场的地方；(*R*,*R*)-非对映体的醇甲基信号却出现在比(*R*,*S*)高场的地方。这些化学位移不等价是由 MTPA 中的 α-苯基的选择性屏蔽产生的。从分开的特丁基信号面积可确定非对映异构体的组成(也就是原来醇的对映体组成)。

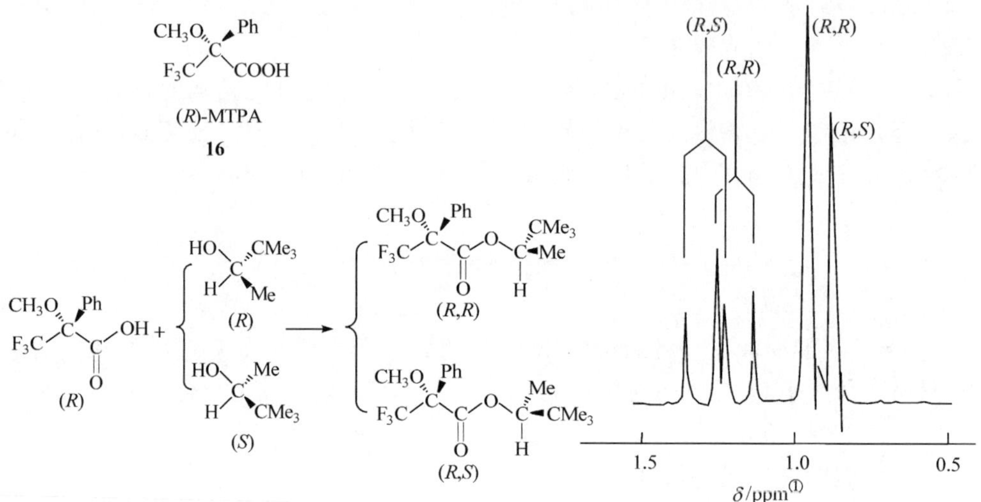

图 3－8　甲基特丁基甲醇(*R*-对映体过量 7.8%)与(*R*)-MTPA 生成的酯 60MHz NMR 谱

Mosher 试剂有好几个优点：①这种试剂很稳定，在严格的酸、碱、温度等条件下不发生外消旋化。②由 Mosher 试剂生成的衍生物其非对映异构基团通常有较大的化学位移差。③分子中的三氟甲基信号是单峰，可用于^{19}F NMR 测定。甲氧基中的甲基在质子核磁共振谱呈现一个三个质子积分强度的单峰，易于认证和作为质子积分参考。④Mosher 试剂的衍生物具有较好的挥发性和溶解性，不但可用于 NMR 测定，也可用于色谱方法测定。

除了 MTPA，还有许多其他 CDA 被用于不同手性化合物的对映体纯度测定，**17 ～23** 是较常见的部分 CDA，如下图

① ppm 为非法定用法。为了遵从学科的习惯，本书仍沿用这一用法。

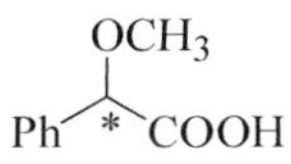

o-甲基苦杏仁酸　**17**　　α-苯基丁酸[24]　**18**　　α-甲氧基-α-五氟苯基-丙酸(MMPA，**19**)[25]

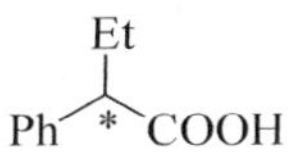

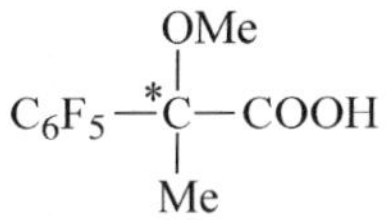

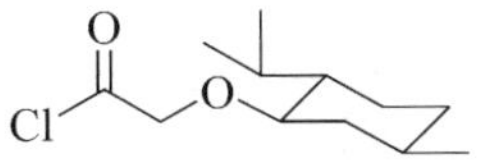

L-薄荷基乙酰氯[26]　**20** 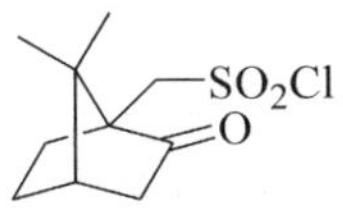　　(+)-樟脑-10-磺酰氯[27]　**21**

17～**21** 都含有羧基(或酰氯)，可用于将醇、硫醇、胺转化成非对映异构体酰胺或酯，已广泛用于这三类手性化合物的对映体纯度测定。**20** 和 **21** 可由天然薄荷醇和樟脑制备，较易获得。

22 和 **23** 是两个含氨基功能团的手性试剂，**22** 可用于手性醛的对映体纯度测定(转变成非对映体亚胺)。**23**(TMPEA)则可用于各种手性羧酸的对映体纯度测定，它具有一个与 MTPA 相似的手性中心，但有不同的衍生功能团——氨基，已成功用于几十种手性羧酸的对映体纯度测定[29]。显示了很好的非对映基团信号分离($\Delta\delta_{OCH_3}$＝0.016～0.146ppm；$\Delta\delta_{CF_3}$＝0.049～0.599ppm)。

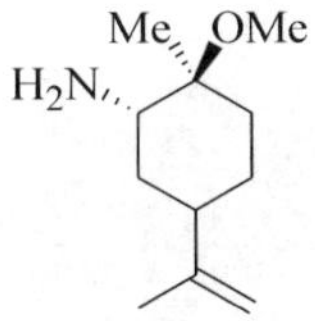

22[28] 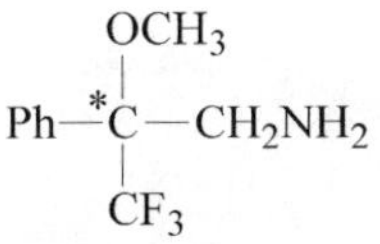　　TMEPA[29]　**23**

除了考察非对映异构体中^{1}H NMR信号的化学位移不等价外，也可以考察其他共振核，如^{19}F、^{13}C、^{15}N、^{31}P 的 NMR 不等价，以及相应非对映异构基团信号的强度来确定样品的对映体纯度，其中^{19}F 天然丰度高，其 NMR 信号简单(通常为尖锐单峰)，灵敏度高，且出现在无其他共振核干扰的区域，避免了与其他信号重叠，或因裂分而复杂化。此外，它的非对映异构体化学位移差 $\Delta\delta$ 通常比^{1}H的大，更多的情况下能达到基线分离，精确积分的程度。MTPA **16**、MMPA **19** 和 TMPEA **23** 都是含氟手性试剂，用它们作 CDA，都可以通过测^{19}F NMR 谱来确定待测样品的对映体纯度。其他共振核的 NMR 谱在一定条件下也相当有用，如，^{31}P NMR 在测定含磷手性化合物，^{15}N NMR在测定某些含 N 碱及其他盐的对映体纯度上都发挥过重要作用[30, 31]。

用 CDA 的 NMR 方法测定对映体纯度，为了使测得的非对映异构体比例正确反映原来样品中的对映体含量,必须注意下列几点:①在制成衍生物的反应条件下,基质和试剂都不发生外消旋化。②生成非对映异构体的反应对两种对映体基质都是定量的,避免因动力学拆分而发生比例变化。③在制备非对映异构体的分离纯化过程中,没有发生一种对映体对另一种对映体的相对富集。④试剂必须带有适当的探针基团,使其NMR信号能清楚分开,如CH_3、OCH_3、$C(CH_3)_3$常用作^1H NMR的探针基团;CF_3常用作^{19}F NMR的探针基团(这些基团的信号强,且呈尖锐单峰,便于积分)。一种成功的CDA,还必须有一种确定的优势构象,在这种构象下,非对映异构体的探针基团将处在明显不同的抗磁环境中,分子中含有芳基或其他能在探针基团上产生有效的屏蔽或去屏蔽的功能团,能使非对映异构体探针基团产生尽可能大的化学位移差。

3.3.2　使用手性溶剂的NMR分析

对映体溶于非手性的溶剂,其NMR信号完全重合,但若溶解于一种手性的溶剂(chiral solvating agent,CSA),则两种对映体分别与手性溶剂形成非对映异构关系的二元缔合物。理论上讲,非对映异构关系缔合物的化学位移应有差别,当这种差别$\Delta\delta$大到基线完全分离,能分别精确积分时,便可用加CSA的NMR方法测定样品的对映体纯度。已有许多人对此做了大量研究工作,Pirkle等对此做了全面综述[32]。在已研究过的CSA中,应用最广的是**24**和**25**两类化合物。

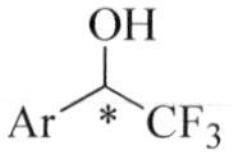

OH
Ar–C*–CF_3

24　**a**. Ar=Ph
b. Ar=1-Naph
c. Ar=9-Anth

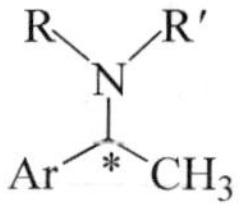

R　R′
N
Ar–C*–CH_3

25

	Ar	R	R′
a.	Ph	H	H
b.	1-Naph	H	H
c.	Ph	Me	Me
d.	1-Naph	Me	Me

主要是因为它们有较好的溶解性能,且都具有一个直接连接在不对称中心上的芳基,可在非对映异构关系的缔合物探针基团上产生选择性抗磁屏蔽,这种屏蔽主要是由非对映异构探针基团与这个芳基的取向和平均距离不同引起的,因而能得到较大的位移差$\Delta\delta$。

用**24**和**25**这两类CSA的NMR方法已成功测定了上百种不同类手性化合物对映体组成[33~41]。

用CSA的NMR方法测定对映体纯度,样品溶液由样品、CSA和非手性的共溶剂配成,CSA用量约为样品的3～5倍,非手性的共溶剂通常选用非质子、弱极性溶剂如$CDCl_3$、CCl_4、C_6D_6、CS_2等,以避免溶剂分子与溶质或CSA的竞争缔合。

凡有利于缔合物生成的条件，如降低测定温度等，都有利于增大 $\Delta\delta$。测定时，一般先用外消旋样品测谱，确定探针基团的化学位移差 $\Delta\delta$，然后将待测样品的 NMR 谱与之对照，以确定对映体相应的峰，并求出相对含量。

使用 CSA 的 NMR 方法测定对映体纯度是一种直接的波谱方法，操作简便，成本不高，可用于各种不同功能基的化合物，主要缺点是 $\Delta\delta$ 较小，常碰到探针基团的信号达不到基线完全分离的情况，故其应用受到一定限制，但在用得上的场合，不失为最简便的方法。

3.3.3　使用手性位移试剂的 NMR 分析

1. 位移试剂的一般特点

自从 Hinckley 发现镧系金属离子对 NMR 信号有抗磁位移作用以来，人们做了很多努力，试图将这一性质应用于复杂有机物的结构分析。先是将三价镧化物与 β-二酮反应生成六配位的络合物，作为“位移试剂”。这种络合物中心金属离子还有空的 f 轨道，可以进一步与电子给体(donor)如 ROH、RNH_2、RCOR′(H)、RCOY、ROR′，甚至含 π 电子的芳烃或烯烃等 Lewis 碱配位。

$$LaX_3 + 3\,RC(=O)CH_2C(=O)R' \longrightarrow La[RC(=O)CH_2C(=O)R']_3 + 3\,HX$$

在镧系金属的影响下，Lewis 碱上的各组质子的化学位移都发生不同程度变化($\Delta\delta$)，距离配位点越近的质子，$\Delta\delta$ 越大。这样便使原来化学位移相近而重叠在一起的质子信号清楚地分开，可以很好指定它们的归属，这一点在复杂有机物的结构分析上非常有用。例如，正己醇 $C_2\sim C_5$ 四个碳原子上的质子化学位移非常接近，都重叠在一起，难以辨认，当加入 0.29 当量的位移试剂时，各组质子的信号便清楚地分开，非常容易指定(图 3-9)。

样品中各组质子抗磁位移大小可用 McConnell 方程近似计算

$$\Delta\delta = K(1-\cos^2\theta)/r^3$$

式中：$\Delta\delta$——诱导位移值；

K——常数；

θ——被考察的原子核至络合点连线与络合物对称轴之间的夹角；

r——被考察的原子核至络合点的距离。

2. 手性位移试剂

当 β-二酮中含有手性结构，它与 La^{3+} 生成的络合物便是手性位移试剂(chiral shift reagent，CSR)。待测化合物(donor)中两种对映体与 CSR 配位时，生成的是非对映异构体关系的络合物，它们的稳定性不同(络合常数不同)，络合的紧密程度

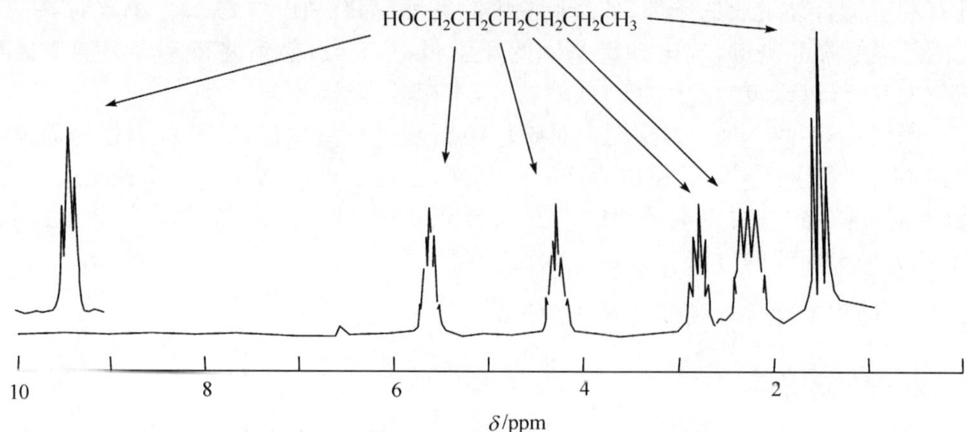

图 3-9　正己醇的 CCl_4 溶液中加入 0.29 当量位移试剂 $Eu(dpm)_3$ 后，在 100MHz 核磁仪上的 ^1H NMR 谱

左端信号超标 1ppm

不同；同时它们在络合物中的几何构型也不同，这些都会通过 McConnell 方程，使非对映异构基团之间表现出不同的 $\Delta\delta$，$\Delta\Delta\delta=\Delta\delta_R-\Delta\delta_S$（或 $\Delta\delta_S-\Delta\delta_R$）。为了使 $\Delta\Delta\delta$ 尽可能大，达到基线完全分离，以便分别精确积分，应当知道，待测化合物的手性中心距络合点越近，产生的 $\Delta\Delta\delta$ 越大；待测化合物（donor）与 CSR 形成的配位键越强，$\Delta\Delta\delta$ 也越大。各类化合物与 CSR 络合能力的顺序大致如下

$$RNH_2 > ROH > R{-}\overset{\overset{\displaystyle O}{\|}}{C}{-}R' > RCHO > ROR' > R{-}\overset{\overset{\displaystyle O}{\|}}{C}{-}OR'(X)$$

$$> RCN > RCOOH > Ar \approx \;>\!C{=}C\!<$$

用作手性位移试剂配体的 β-二酮，效果比较好的主要有酰基化樟脑 **26**、二龙脑酰基甲烷 **27** 和三氟乙酰蒎烷酮 **28**。

26　**a**. R=C(CH_3)$_3$
b. R=CF_3
c. R=$CF_2CF_2CF_3$

27

28

用作手性位移试剂的镧系金属主要有铕（Eu）、镨（Pr）和镱（Yb）。不同的镧系金属离子与不同的手性 β-二酮络合，可制成一系列不同的 CSR。表 3-2 列出部分已有商品出售的 CSP 以及它们的商品名缩写或代号。

用这些 CSR 测试了它们对许多不同手性样品中的对映基团 ^{1}H NMR信号的拆分能力，从大量的实验数据可以看出：同种金属（以 Eu 为例）与不同手性 β-二酮形成的 CSR 拆分能力的顺序是 Eu-4 > Eu-3 > Eu-2 > Eu-1。同种配体与不同金属形成的 CSR 的拆分能力是 Yb ≈ Pr > Eu。应当指出，这些比较是很粗略的。因为实验时的温度、浓度、CSR 与 donor 的比例各不相同，而这些因素对 $\Delta\Delta\delta$ 的影响是非线性的，这就使精确地定量比较有困难。可以说，没有一种 CSR 对任何待测物都表现出比别的 CSR 更强的拆分能力。所谓拆分能力顺序，只表示总的平均结果。还有一点值得注意，Yb 和 Eu 起低场位移作用，而 Pr 却起高场位移作用，这一点有时很有用。例如，当 0 ～3ppm 区域有许多吸收信号互相干扰时，使用高场位移的 Pr-2（或 3）等 CSP 可能获得好的测定结果。

表 3-2　已有商品出售的手性位移试剂

手性 β-二酮	镧系金属	缩写	代号
	Eu	$Eu(pvc)_3$	Eu-1
26a	Pr	$Pr(pvc)_3$	Pr-1
	Yb	$Yb(pvc)_3$	Yb-1
	Eu	$Eu(tfc)_3$	Eu-2
26b	Pr	$Pr(tfc)_3$	Pr-2
	Yb	$Yb(tfc)_3$	Yb-2
	Eu	$Eu(hfbc)_3$	Eu-3
26c	Pr	$Pr(hfbc)_3$	Pr-3
	Yb	$Yb(hfbc)_3$	Yb-3
	Eu	$Eu(dcm)_3$	Eu-4
27	Pr	$Pr(dcm)_3$	Pr-4
	Yb	$Yb(dcm)_3$	Yb-4

3. CSR 的应用

手性位移试剂可以使范围广泛的各种不同类型的有机物对映体信号化学位移产生明显的不等价，已成功用于数百种不同手性化合物的对映体组成测定[42～51]，成为测定对映体纯度的有力手段。

CSR 与弱 Lewis 碱的络合作用较差，故对烯烃、芳烃或卤化物对映体的诱导位移差总是很小。后来发现 Ag^{+}、Cu^{+}、Mn^{2+}、Co^{2+} 或 Ni^{2+} 加入到 CSR 中都可以使 CSR 的拆分能力大为提高，从而发展出双金属或三金属的复合位移试剂。例如 **29 ～32** 这四种化合物，如果仅使用 CSR Eu-3、Pr-3 或 Yb-3，其 ^{1}H 和 ^{13}C NMR信号产生的化学位移差都很小，但若配合使用 Ag(fod)，位移差大为增加，都达到足以使基线完全分离的程度，见图 3－10。

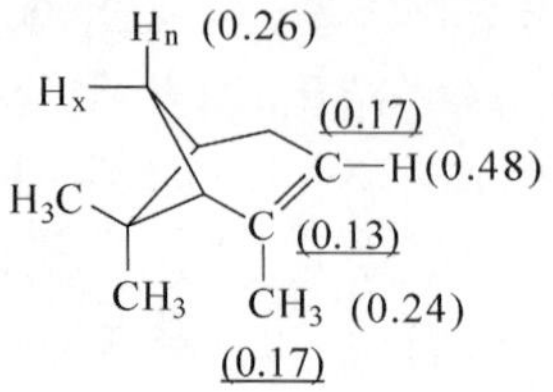

图 3－10　CSR 配合使用 Ag^+，获得的 ^1H 和 ^{13}C NMR 化学位移差

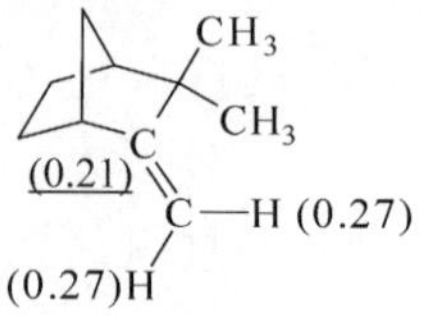

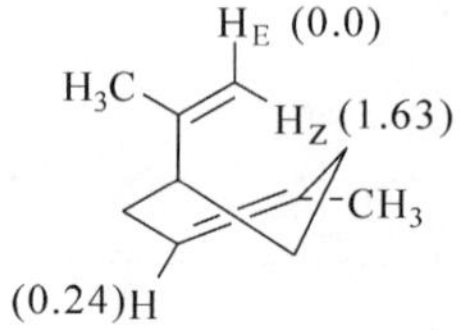

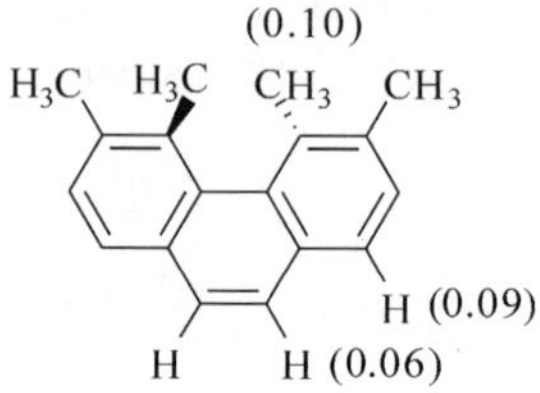

有关的 ΔΔδ 值附在核旁边，数字底下划线的值代表 ^{13}C 信号位移差，其他代表 ^1H 信号

4. 实验上的考虑

原则上，待测化合物的 ΔΔδ 随测定时加入的 CSR 量的增加而增大，但达到一定量后，继续加入 CSR，不但 ΔΔδ 增大不明显，还会引起分辨率下降，故 CSR 的用量一般为基质的 0.2 ～1.0 当量为宜，常用 0.5 ～0.6 当量。配制样品溶液前，样品和 CSR 都必须严格干燥（一般先置于真空干燥器中 24h 以上再使用），配成样品溶液后，最好过滤一下，除去不溶性固体悬浮物，以提高谱图分辨率。

为了获得最佳实验结果，还常采用下列一些措施。

1）降低测定温度，以增大 ΔΔδ

由于温度能影响 CSR 与基质形成的络合物的稳定性，故温度变化对 ΔΔδ 有显著的影响。在较低温度下测定，常可获得好得多的结果。

2）改变待测化合物的功能基

（1）变成与 CSR 成键作用更强的功能基。CSR 对一些配位能力较弱的化合物，诱导产生的 ΔΔδ 常不够大，难以直接用于测定这些化合物的对映纯度。实验上常将这些配位能力较弱的化合物变成配位较强的化合物，如将醛、酮、羧酸及其酯转变成相应的醇；将酰胺或腈转变成胺等。羧酸也常变成甲酯，不但配位能力增强，而且甲酯的单峰测定很方便。

（2）有选择地封闭某些配位点。当待测化合物有多个配位点时，有时故意封闭某个强的、但距手性中心较远的功能团，而让较弱、但距手性中心近的功能团与CSR 配位，这样对映体信号常分开得更好。例如，可将醇变成三氟乙酸酯，将酮变成缩酮，将胺变成三氟乙酰胺等。

值得指出的是，被测底物的化学位移值与手性化学位移试剂存在的物质的量比(S/C)有很大关系，因此，实际操作时消旋体和某一对映体的测定要尽可能在同样 S/C 条件下进行。

3.3.4　几种 NMR 分析方法的比较

加手性溶剂(CSA)的 NMR 方法，成本不高，操作上最简便，但 $\Delta\delta$ 常不够大，因此应用受到一定的限制。使用手性衍生试剂(CDA)的 NMR 方法，不但成本低，而且产生的非对映体位移差通常比用 CSA 大，很多情况下能解决问题，因此应用最多。但它需要先进行衍生化反应，操作不如其他两种 NMR 方法简便，而使用手性位移试剂的 NMR 方法(特别是用 Eu-4 为 CSR)，效果最好，通常比用 CSA 或 CDA 产生的对映体位移差大得多，适用的化合物也比其他两种试剂广泛得多。即使像 **33** 这样由于氘代而产生的手性特征很不明显的手性化合物，用 CSR

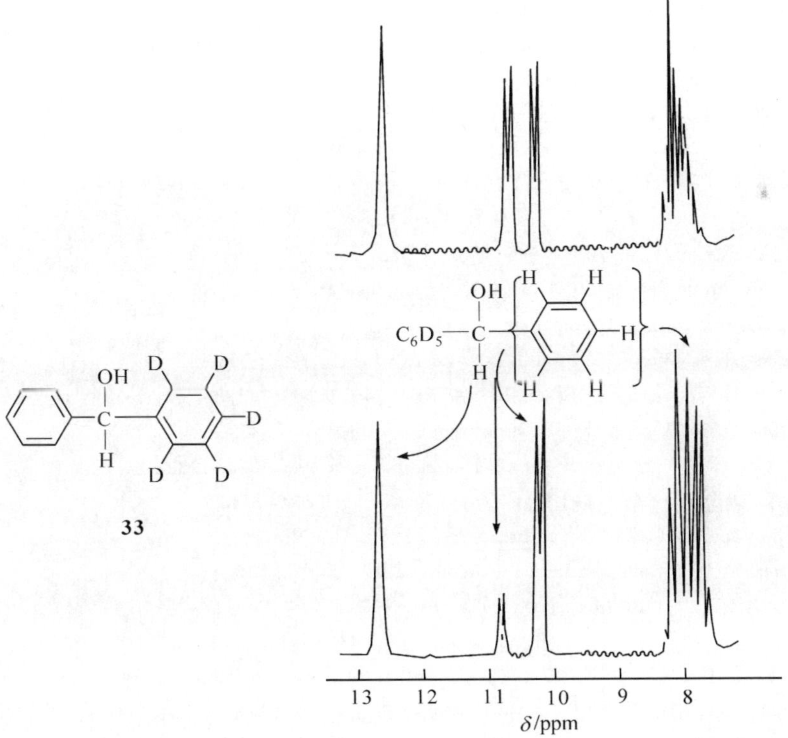

图 3-11　光活性化合物 **33** 在手性位移试剂 Eu(dcm)$_3$ 存在下的 ^{1}H NMR(300MHz)谱

$Eu(dcm)_3$的 NMR 方法，也能成功测定其对映体纯度(图 3 - 11)[52]，但使用效果最好的 CSR 合成较难，价格很高(150 $/g)。

上述几种用 NMR 测定手性化合物对映体纯度的方法虽然目前已不如色谱法应用普遍，但仍有不少色谱法不能或不便解决的问题用 NMR 方法却能方便有效地解决，因此，在拥有核磁共振仪的单位，NMR 分析仍不失为对映体纯度测定的重要方法。

参 考 文 献

1 Lochmüller C H, Souter R W. J. Chromatogr., 1975, 113: 283

2 Charles R, Gil-Av E. J. Chromatogr., 1980, 119: 31

3 Chang S-C, Charles R, Gil-Av E. J. Chromatogr., 1980, 202: 247

4 Feibush E, Gil-Av E, Tamari T. J. Chem. Soc. Perkin Trans., 1972, 1197

5 Chang S-C, Charles R, Bil-Av E. J. Chromatogr., 1982, 238: 29

6 Nicholson G J, Frank H, Bayer E. J. High Resolut. Chromatogr. Commun., 1979, 2: 411

7 Frank H, Nicholson G J, Bayer E. J. Chromatogr., 1978, 146: 197

8 Frank H, Nicholson G J, Bayer E. Angew. Chem. Int. Ed. Engl., 1978, 1: 363

9 a) Saeed T, Sandra P, Verzde M. J. Chromatogr., 1979, 186: 611

b) Saeed T, Sandra P, Verzde M. J. High Resolut. Chromatogr. Commun., 1980, 3: 35

10 Koenig W A, Sievers S, Benecke I. Proc. Int. Symp. Capillary Chromatogr., 4th, 1981, P703

11 Koenig W A, Benecke I. J. Chromatogr., 1981, 209: 91

12 Koenig W A, Benecke I, Sievers S. J. Chromatogr., 1981, 210: 71

13 Koenig W A, Benecke I, Britting H. Angew. Chem. Int. Ed. Engl., 1981, 20: 693

14 Hintzer K, Koppenhoefer B, Schuri V. J. Org. Chem., 1982, 47: 3460

15 Schurig V, Bürkle W. J. Am. Chem. Soc., 1982, 104: 7573

16 Schurig V, Bürkle W, Poole C F et al. Naturwissenschaften, 1979, 66: 423

17 Schurig V, Weber R. J. Chromatogr., 1981, 217: 51

18 Armstrong D W, Demond W, Czech B P. Anal. Chem., 1985, 57: 481

19 Armstrong D W, Ward T J, Bastch R A et al. J. Org. Chem., 1985, 50: 5556

20 Armstrong D W, Demond W. J. Chromatogr. Sci., 1984, 22: 411

21 Armstrong D W, Ward T J, Beesley T E et al. Science, 1986, 232: 1132

22 Dale J A, Dull D L, Mosher H S. J. Org. Chem., 1969, 34: 2543

23 Dale J A, Mosher H S. J. Am. Chem. Soc., 1973, 95: 512

24 a) Helmchen G. Tetrahedron Lett., 1974, 15: 1527

b) Helmchen G. Tetrahedron Lett., 1977, 18: 1417

c) Helmchen G, Schmierer R. Angew. Chem. Int. Ed. Engl., 1976, 15: 703

25 a) Pohl L R, Trager W F. J. Med. Chem., 1973, 16: 480

b) Nicholas D E, Barfknecht C F, Morin R D et al. J. Med. Chem., 1973, 16: 480

26 Cochran T G, Huitric A C. J. Org. Chem., 1971, 36: 3043

27 Hoyer G A, Rosenberg D, Seeger A et al. Tetrahedron Lett., 1972, 13: 985

28 Meyers A I, Birch I. J. Chem. Soc. Chem. Commun., 1979, 567

29 You T-P, Mosher H S. Chin. J. Org. Chem., 1989, 9: 518
30 Anderson R C, Shapiro M J. J. Org. Chem., 1984, 49: 1304
31 Dyllick B R, Robert J D. J. Am. Chem. Soc., 1980, 102: 1166
32 Pirkle W H, Raban M. Top. Stereochem., 1982, 13: 263
33 Pirkle W H, Hoekstra M S. J. Am. Chem. Soc., 1976, 98: 1832
34 Dyllick B R, Robert J D. J. Am. Chem. Soc., 1980, 102: 1166
35 Metcalfe J C, Stoddart J F, Williams D J et al. J. Chem. Soc. Chem. Commun., 1981, 932
36 Peacock S C, Walda D M, Cram D J et al. J. Am. Chem. Soc., 1980, 102: 2043
37 Lingenfelter D S, Helgeson R C, Cram D J. J. Org. Chem., 1981, 46: 393
38 Pirkle W H, Adams P E. J. Org. Chem., 1980, 45: 4111
39 Pirkle W H, Adams P E. J. Org. Chem., 1980, 45: 4117
40 a) Lam W Y, Martin J C. J. Org. Chem., 1981, 46: 4458
b) Lam W Y, Martin J C. J. Org. Chem., 1981, 46: 4468
41 Lam W Y, Martin J C. J. Am. Chem. Soc., 1980, 102: 120
42 Midland M M, McDowell D C, Tramontano A. J. Am. Chem. Soc., 1980, 102: 867
43 Meyers A I, Amos R A. J. Am. Chem. Soc., 1980, 102: 870
44 Meyers A I, Yamamoto Y. J. Am. Chem. Soc., 1981, 103: 4278
45 Trost B M, C'Krongly D, Belletire J C. J. Am. Chem. Soc., 1980, 102: 7595
46 a) Meyers A I, Williams D R, Erickson G W et al. J. Am. Chem. Soc., 1981, 103: 3081
b) Meyers A I, Williams D R, Erickson G W et al. J. Am. Chem. Soc., 1981, 103: 3088
47 Evans D A, Nelson J V, Vogel E et al. J. Am. Chem. Soc., 1981, 103: 3099
48 Valentine D Jr, Johnson K K, Prister W et al. J. Org. Chem., 1980, 45: 3698
49 Frater G, Müller U, Günther W. Tetrahedron Lett., 1981, 22: 4221
50 Posner G H, Mallamo J P, Miura K. J. Am. Chem. Soc., 1981, 103: 2886
51 Eliel E L, Soai K. Tetrahedron Lett., 1981, 22: 2589
52 Makino T, You T-P, Mosher H S et al. J. Org. Chem., 1985, 50: 5357

第 4 章　手性化合物绝对构型的测定

研究手性化合物的对映体纯度测定和对映体拆分过程的手性识别机理，研究药物或其他生物活性化合物的立体选择性作用机理等都需要知道手性化合物的绝对构型，才能正确阐述它们的作用模式。因此，在各种立体化学研究中，当我们获得一种新的手性化合物时，必须确定其绝对构型。

一个新发现的手性化合物的绝对构型，我们既可以用任何一种能将这一化合物与已知构型的化合物相关联的间接方法来确定，也可以用某些物理方法直接测定。用 X 射线衍射法测定化合物的绝对构型是最重要的直接测定法。

4.1　X 射线衍射法

4.1.1　仪器和原理

自从 1951 年 Bijvoet 首次用 X 射线衍射重原子法测定了酒石酸铷钠盐的绝对构型，并与 D-(+)-甘油醛联系，证实了其绝对构型与 Fisher 人为规定的构型相一致以后，“绝对构型”才有了真实的内容。到 1979 年，用上述方法测定绝对构型的手性化合物已超过千种，其中主要是碳水化合物、氨基酸、生物碱等天然手性化合物及其衍生物。此后十几年来，已有成千上万的新手性化合物被发现或用人工合成，其中相当一部分关键化合物也是用这种方法确定的绝对构型。

X 射线不是非对称的物理能，一般情况下不能区分对映体。如图 4-1 所示，X 射线被分子 A—B 及其镜像分子 B—A 衍射，都在感光片的 I 处产生相同的干涉图，因为在两种情况下，AI 与 BI 之间的距离之差相同，由两束衍射光波位相之差产生的干涉图自然也相同，因此不能区分对映体分子的构型。若将 A 换成重原子，并用接近 A 原子吸收边缘之波长的 X 射线照射 A，其衍射波会引入一个“位相滞后”(phase lag)，这种衍射现象称为“反常衍射”。这时对 A—B 分子来说[图 4-1(a)]，本来 AI > BI，现在 A 的衍射又引入一个滞后，则 A、B 两者在 I 处衍射位相差将增大，而对 B—A 分子来说[图 4-1(b)]则正相反，A 的衍射滞后将使 A、B 两处产生的衍射波到达 I 处时的相位差减小，从而在 I 产生不同的干涉图，这样就有可能确定 A—B 和 B—A 的绝对构型。Bijvoet 首次测定酒石酸绝对构型时，便是通过在分子中引入重原子铷来测定的。重原子法比较适合有机酸和有机碱的绝对构型测定，因为有机酸可以变成重金属原子的盐，而有机碱则可以变成重原子 I^-、Br^- 的盐。但其他类有机化合物引入重原子则不那么容易，这使该法的应用受到限制。

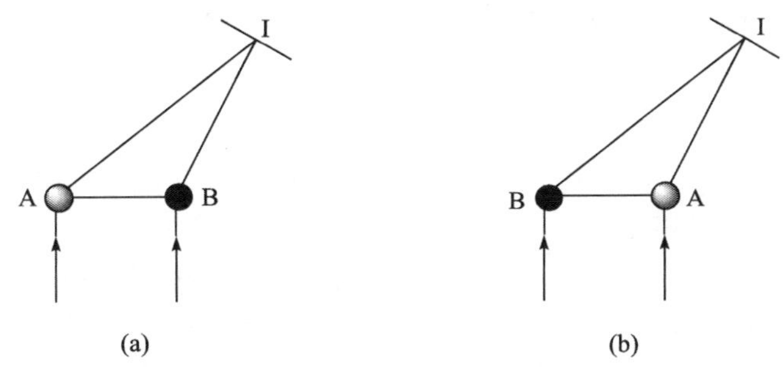

图 4 - 1　X 射线被分子 A—B 及其镜像分子 B—A 衍射示意图

随着对 X 射线衍射现象的深入了解，人们发现较轻的原子也具有反常衍射的性能，只是轻原子的反常衍射很弱，通常显示不出对映体之间的差别。随着 X 射线衍射仪的不断改进，特别是多功能计算机的引入，在短时间内可以进行大量的数据处理（解不等式），出现了新一代自动化 X 射线衍射仪，使 X 射线衍射法测定绝对构型可以扩展到含氧、氮等具有弱反常衍射原子的手性化合物。

用新型 X 射线衍射仪测定绝对构型时，分子中无须引入重原子，各组成原子的相对原子质量越相近越好。除了有机物都含碳原子和氢原子外，以含氧、氮等与碳原子同周期元素的原子测定效果最好。含硫、磷等第三周期元素的原子也可以得出较好的结果，用重原子反而不宜使用新一代仪器的 X 射线衍射法。

4.1.2　应用与限制

用 X 射线衍射法测定手性化合物的绝对构型，是不依赖于其他方法的，其结果可以作为权威的仲裁。尤其对于那些不能与已知其构型的化合物相联系的手性化合物，或新类型的手性化合物，X 射线衍射法是唯一能可靠地确定其绝对构型的方法。例如，**1** 这类以硅原子为手性中心的硅烷化合物，虽然不同的手性硅烷之间可以用各种方法把它们联系起来，但这一大类化合物中，至少必须有一个化合物，其绝对构型是由 X 射线衍射法确定的，否则其他化合物的相对构型就不能被认为是置于坚实的绝对基础之上的。事实上，化合物 **1** 的绝对构型就是作为这类化合物的代表，用 X 射线法确定的[1]。

Ph—Si(Me)(H)—α-Naphthyl　　Ph_3Si—C(H)(Ph)—O—C(=O)—C_6H_4—Br

(*R*)-(+)-**1**　　(*S*)-(+)-**2**

另一个必须用 X 射线衍射法确定绝对构型的化合物是苯基三苯硅烷基甲醇

的对溴苯甲酸酯 **2** 这一类以硅原子直接与手性碳相连的化合物。以通常的取代甲醇为基础的构型相关性在这里很可能靠不住，因为引进了硅原子直接与手性中心相连的全新的取代基。这个化合物的绝对构型最终也是用 X 射线衍射法确定的[2]。

此外，对于含多个手性碳原子的复杂天然化合物，虽然用化学相关法或其他构型联系方法测定绝对构型也不是绝对不可能，但要逐个确定这么多手性碳原子的绝对构型，实际上很困难。用 X 射线衍射法常可同时确定所有手性碳原子的绝对构型，显然更迅速和有利，且样品用量极少（只需要几毫克的一个单晶）。X 射线衍射法的这些特点和优点，决定了它在解决立体结构上的重要性，并且越来越成为确定复杂有机物立体结构的不可缺少的锐利武器。

尽管 X 射线衍射法在确定手性化合物的绝对构型上非常有用，但这并不是说仅靠 X 射线衍射法就能解决所有的问题，其他方法都无关紧要。实际上，X 射线衍射法也有它的缺点和限制。

首先，就目前的情况而言，仪器还远未普及，而且测定过程比较费时，价钱也相当高，最主要的困难是，X 射线衍射法要求被测化合物必须是晶体或能够容易地转变成可结晶的化合物，对晶体的质量也有严格的要求。许多有机物实际上不能结晶或不能得到合乎要求的晶体，这一点在很大程度上限制了 X 射线衍射法的普遍使用。另一点值得注意的是，X 射线法不能区别氢原子和氘原子。因此，像化合物 **3** 那种前手性氢之一被氘取代而产生的手征性化合物，其绝对构型不能用 X 射线衍射法确定，必须用中子衍射(neutron diffraction)法确定[3]。

HO
D···C—COOH
H

3

有时，从消旋体（或某一对映富集体）混合物中得到晶体，并不能代表被测体的主要组成，因某些次要的对映体可能先被结晶出来，因此要特别注意。

4.2 圆二色性谱在构型测定中的应用

4.2.1 圆二色性谱

不对称的有机分子对左旋圆偏光和右旋圆偏光的吸收系数不同，即 $\varepsilon_L \neq \varepsilon_R$，这种现象称为“圆二色性”。$\Delta\varepsilon = \varepsilon_L - \varepsilon_R$，是随入射偏光的波长变化而变化的。若以 $\Delta\varepsilon$ 为纵坐标，λ 为横坐标作图，便得到圆二色性谱(circular dichroism，CD)。

由于 $\Delta\varepsilon$ 绝对值很小，常用摩尔椭圆度$[\theta]$代替，它们之间的换算关系是$[\theta] = 3300\Delta\varepsilon$。$\Delta\varepsilon$ 可为正值，也可为负值，因此 CD 谱线也有正性谱线和负性谱线。图 4-2中，化合物 **4** 的 CD 谱线是个峰，称为正性 Cotton 效应曲线，化合物 **5** 的 CD 谱线呈“谷”，称为负性 Cotton 效应曲线。

有机分子中发色团能级跃迁受到不对称环境的影响是产生 CD Cotton 效应的

本质原因。分三种情况,如图 4 - 3 所示。

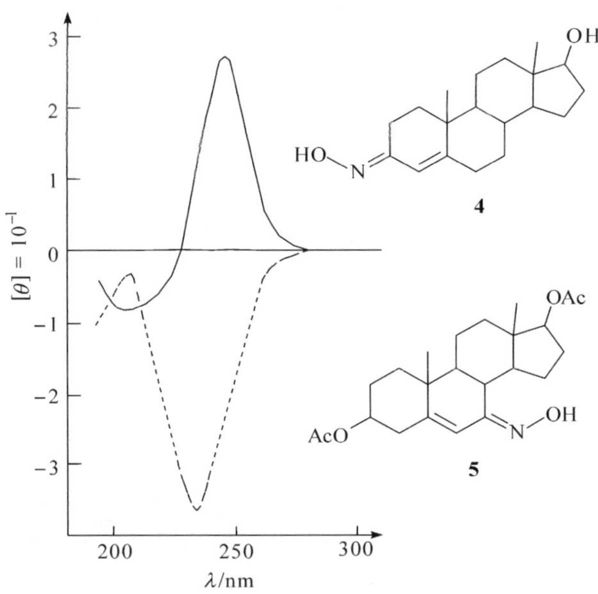

图 4 - 2　共轭类固醇肟 **4** 和 **5** 在约 240nm 处的 Cotton 效应 CD 谱线

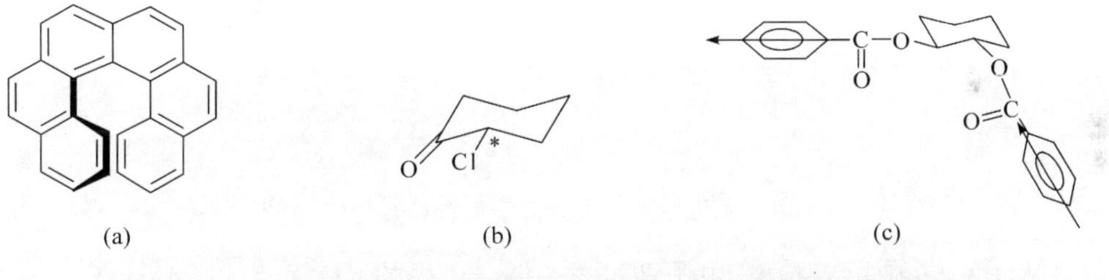

(a)　(b)　(c)

图 4 - 3　能级跃迁受到分子中不对称环境影响的三种代表性例子

(a) 由固有的手性发色团产生的,如螺烯;(b) 原有发色团是对称的,但处在手性环境中而被歪扭;(c) 由分子轨道不互相交叠的发色团的偶极相互作用产生

因此,我们可以根据化合物所表现的 CD Cotton 效应的性质,反过来确定化合物的立体构型和构象,尤其像 C 这类化合物,可根据"激发态手征性方法",经过定性推断或精确计算,确定化合物的绝对构型。

4.2.2　CD 激发态手征性方法

1. 一般介绍

一个手性有机分子如果含有两个发色团,且这两个发色团都具有强的 $\pi \rightarrow \pi^*$ 跃迁时,这两个处于相关的手性环境中的发色团,其电子跃迁偶极矩便会产生相互作用,称为"激发态偶合"。当两个发色团的电子跃迁偶极矩的空间关系如图4-4,构成一个左手螺旋时,称为负的手征性;构成右手螺旋时,则称为正的手征性。

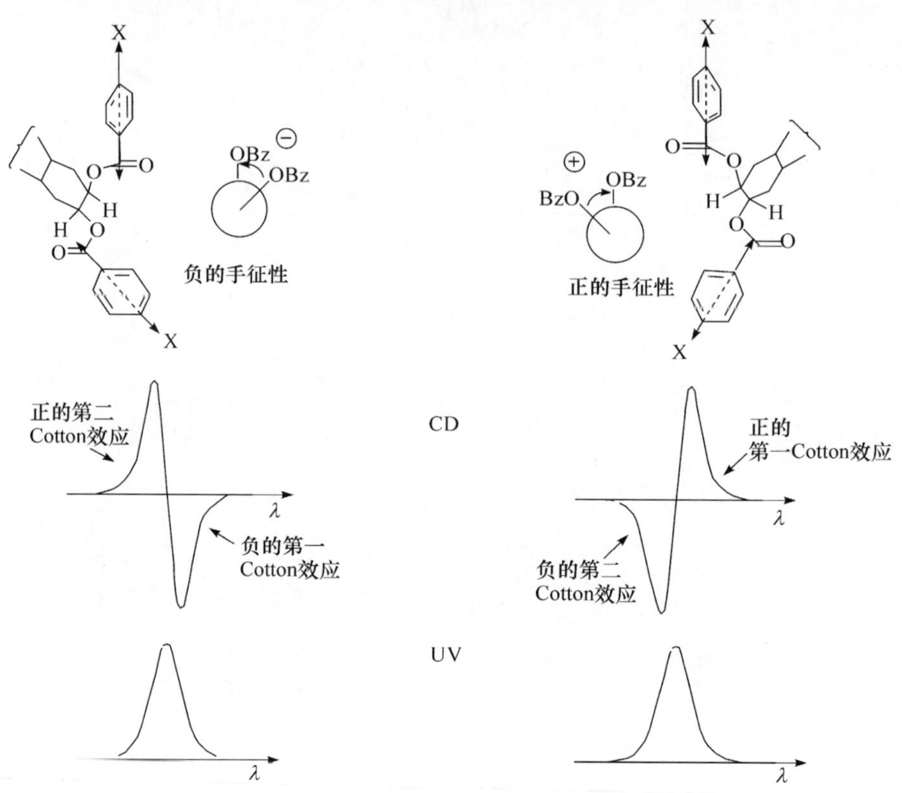

图 4-4　邻二醇二苯甲酸酯的激发态手征性及其相应的 CD 和 UV 谱

从图 4-4 中可以看出,由手性激发态偶合产生的 CD 谱线,在发色团 UV λ_{max} 处裂分为两部分符号相反的吸收。处于波长较长的吸收为第一 Cotton 效应,波长较短处的吸收为第二 Cotton 效应。两发色团的空间关系为⊕的手征性时,其 CD 谱便表现为正的第一 Cotton 效应吸收(峰),负的第二 Cotton 效应吸收(谷);反之,若两发色团的空间关系为⊖的手征性,其 CD 谱便表现为负的第一 Cotton 效应吸收(谷),正的第二 Cotton 效应吸收(峰)。

裂分 Cotton 效应的振幅定义为

$$A = |\Delta\varepsilon_1 - \Delta\varepsilon_2|$$

式中:$\Delta\varepsilon_1$、$\Delta\varepsilon_2$——第一和第二 Cotton 效应的强度。

特别需要强调指出的是,CD 激发态偶合方法不像其他的 CD 经验规律那样,它是基于严密的理论计算之上的,即由已知立体构型的手性分子,经计算可以准确预言其 CD 谱的符号和振幅,与实验值符合得很好。CD 谱的符号可用下式计算值

确定

$$R_{ij}(\upsilon_{ioa}\times\upsilon_{joa})V_{ij} \tag{4-1}$$

式中：R_{ij}——从 i 到 j 发色团之间的矢矩；

υ_{ioa}——发色团 i 从 o 激发到 a 的电子跃迁偶极矩；

υ_{joa}——发色团 j 从 o 激发到 a 的电子跃迁偶极矩；

V_{ij}——i 和 j 两发色团的相互作用能。

当式(4－1)的值为正时，裂分 CD 的 Cotton 效应表现为第一 Cotton 效应正的吸收，第二 Cotton 效应负的吸收，即正的手征性。当式(4－1)的值为负时，裂分 CD 表现出负的手征性，由理论计算得到结果，与前面介绍的定性定义相一致。对于主要关心用这一方法判断化合物的绝对构型的化学家来说，用简单的定性判断通常已可获得满意的结果，关于理论推导过程和定量的数学计算，由于篇幅所限，不拟在此详述。

手性有机分子中两发色团的立体构型与由此产生的裂分 CD 谱的符号之间的这种对应关系，使我们有可能利用手性化合物的裂分 CD 谱线的性质，反过来推断分子的绝对构型。

2. 适用于激发态手征性方法的发色团

用于激发态手征性方法的发色团必须满足下列条件：①发色团必须有强的 $\pi\rightarrow\pi^*$ 跃迁吸收带；②跃迁的偶极矩方向在分子的几何形状上应当是确定的，发色团最好具有高的对称性。例如，对位取代的苯甲酸酯基，发色团具有 $\pi\rightarrow\pi^*$ 强的吸收带，且发色团是对称的。其中，内电荷转移跃迁偶极矩的方向是沿着轴从取代基经苯环到甲酸酯基，是最适合用作激发态手征性方法的发色团。单独的苯基发色团就不适用，因为苯环具有 D_{6h} 对称性，可有三根长的对称轴和三根短的对称轴，电子跃迁偶极矩的方向不确定。表 4－1 列出一些常用作激发态手征性方法的发色团及其相关电子性质。

表 4－1　常用作激发态手征性方法的发色团

发色团结构	$\pi\rightarrow\pi^*$ 跃迁矩	λ_{max}/nm	ε 值(EtOH 中)
—C_6H_4—COO—	⟷	229.5	15 300
—C_6H_4—CONH—	⟷	224.6	11 200
—C_6H_4—C≡CH	⟷	234.2	15 000
—C_6H_4—C≡N	⟷	227.6	14 200

续表

发色团结构	π→π* 跃迁矩	λ_{max}/nm	ε 值(EtOH 中)
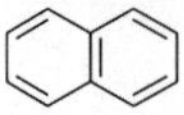	⟷	220.2	107 300
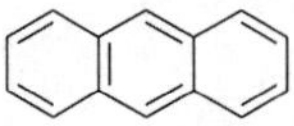	⟷	251.9	204 000
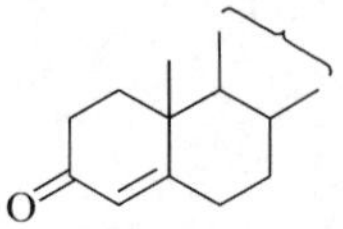 O	⟷	241	16 600
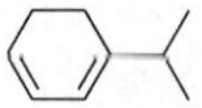	⟷	265	6400(异辛烷中)
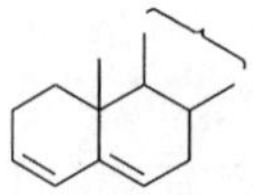	⟷	234	2000
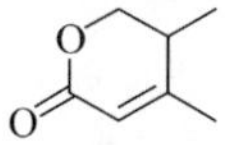 O O	⟷	217	15 100(MeOH 中)
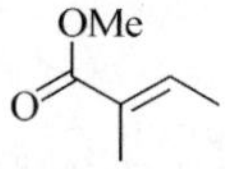 OMe O	⟷	215	11 200
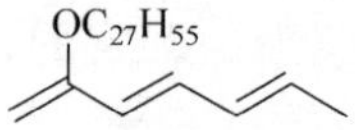 $OC_{27}H_{55}$	⟷	295.4	247 000

3. 影响手性激发态偶合作用的因素

1) 两发色团间的距离对激发态偶合作用的影响

根据理论公式的计算,裂分 CD Cotton 效应的振幅与两发色团的距离平方成反比

$$\alpha \propto 1/r^2$$

也就是说,两发色团间的距离越近,偶合作用越强,如图 4-5 所示。

2) 两发色团偶极矩之间夹角大小对激发态偶合作用的影响

通过大量不同结构的邻二醇苯甲酸酯裂分 CD 谱的研究发现,裂分 Cotton 效应的符号和振幅是两个发色团偶极矩之间夹角的函数。当夹角由 0℃变至 180℃,裂分 Cotton 效应的符号不变,而振幅则先增后降,夹角约 70℃时,振幅最大,曲线呈稍微偏斜的抛物线,如图 4-6 所示,当二面角为 0°或 180°时,不产生明显的裂分 CD Cotton 效应(振幅接近零)。

3) 两个不同发色团 UV λ_{max}之差对激发态偶合作用的影响

激发态手征性方法虽然既可适用于两个相同的发色团,也适用于两个不同的发色团,但两发色团 UV λ_{max}越接近,激发态偶合作用越强。随着两发色团 λ_{max}之

发色团 R= $(CH_3)_2N-C_6H_4-COO-$

两发色团间的距离	邻位	三个单键	七个单键
裂分CD的振幅A	94.4	57.8	6.0

图 4-5 两发色团之间的距离对激发态偶合作用的影响

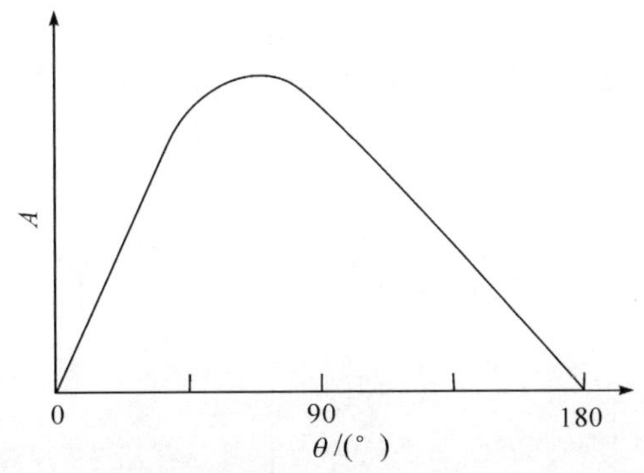

图 4-6 相邻两个对位取代的苯甲酸酯的二面角 θ 与 CD 振幅 A 之间关系的曲线

差扩大，裂分 CD 吸收的两个组成部分逐渐拉开，振幅降低，最后变成两个完全相互独立的 CD 吸收。以化合物 **6** 为例

6

R	$\Delta\lambda$/nm	A
H	0	30.9
OCH_3	27	24.9
$N(CH_3)_2$	80	14.9

6 中两个发色团中有一个为苯甲酸酯，另一个为对位取代的苯甲酸酯，当取代基为 H(两发色团完全相同)时，裂分 CD 的振幅最大；取代基为 OCH_3 时，两发色团 λ_{max} 相差 27nm，振幅降至 24.9；取代基为 $N(CH_3)_2$ 时，λ_{max} 之差达 80nm，振幅降至 14.9。

4. CD 激发态手征性方法在绝对构型测定上的应用

1) 用于测定含两个相同发色团的手性化合物的绝对构型

Rishitin 是一种抗微菌的天然化合物，分子中两个邻位羟基的立体构型就是通过把二醇转变成两个苯甲酸基，然后用 CD 激发态手征性的方法确定的[4]。如图4－7所示，rishitin 的二苯甲酸酯显示负的手征性裂分 CD Cotton 效应，表明 2，3 两个羟基的构型应为(2*R*，3*R*)(2-位羟基向前，3-位羟基向后伸展)，这个结论后来已由总合成证实[5]。

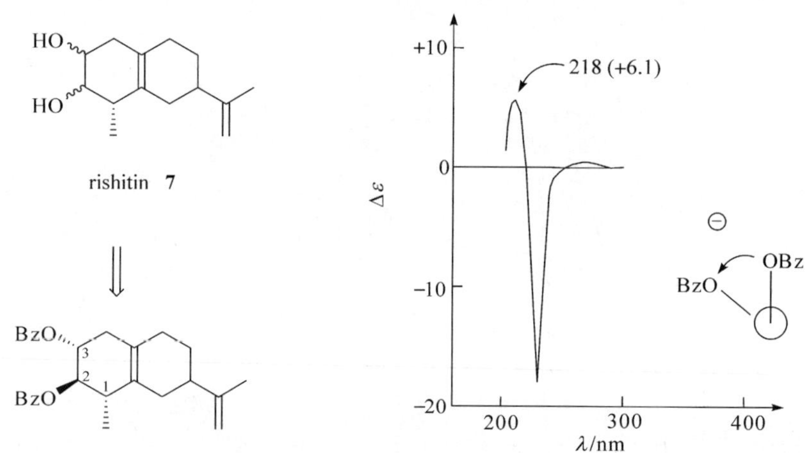

图 4－7　rishitin 的二苯甲酸酯在乙醇中的 CD 谱

(＋)-*cis*-abscisic acid(脱落酸，**8**)是一种重要的植物生长调节剂，但对与羟基相连的手性碳的构型，长期意见不一。后来 Ryback[6] 用激发态 CD 测定化合物 **9**，⊕的手征性表明，**9** 为 *S*-构型，然后用不涉及手性中心的化学反应将 **9** 转变成 **8**，从而确定 **8** 也是 *S*-构型。

⊕　OH　O　O　→　OH　COOH　O

9　　**8**

singueanol **10** 是一种从东非药用植物中分离出来的具有抗菌活性的轴手性

化合物，其联萘骨架的轴手性也是由激发态 CD 确定的[7]。

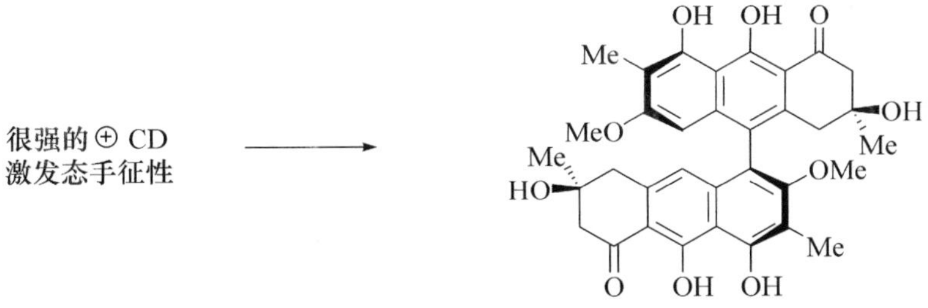

很强的 ⊕ CD
激发态手征性

10

2）用于含有两个不同发色团的手性化合物绝对构型测定

当手性化合物中含有两个不同的发色团，分别都有强的 $\pi\rightarrow\pi^*$ 跃迁，且电子跃迁偶极矩方向确定，两发色团的 λ_{max} 相差不太大时，激发态手征性 CD 仍可用于测定这类化合物的绝对构型。

手性中心不在环系中的金鸡纳碱，分子中原有一个喹啉发色团，若把连在手性中心上的二级羟基转变成对氯苯甲酸酯，同样可以使用激发态手征性方法测定不对称中心的构型，如化合物 **11** 和 **12** 所示。

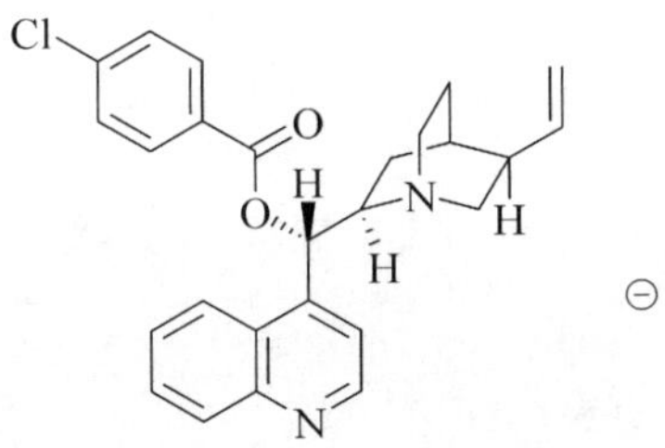

⊖

11

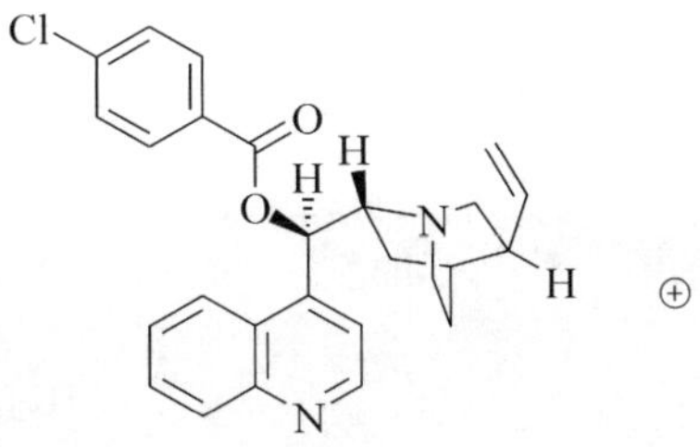

⊕

12

由于手性中心不在环系中，发色团的空间螺旋关系是可变的，这时必须配合优势构象的判定。对于此处我们考察的分子，其优势构象中，大基团的喹啉和另一碱基应处于尽量远离的对位交叉式。此时，若 CD 显示负的手征性，对氯苯甲酸酯基必如左式那样向后伸展，即不对称中心为 *S*-构型；若 CD 为正的手征性，对氯苯甲酸酯基向前伸展，成 *R*-构型。

含环状烯丙醇结构的化合物，可将羟基转变成苯甲酸酯基发色团，$\lambda_{max}\approx$ 230nm；烯丙双键 $\lambda_{max}\approx$ 195nm，两者相差较大。CD 谱仍有两个不同发色团之间激发态偶合作用产生的裂分 Cotton 效应，但振幅较小，裂分峰不典型。第一 Cotton效应出现在 230nm 附近，而第二 Cotton 效应低于 200nm，且常因变形而难以辨认。不过，仅凭第一 Cotton 效应的符号仍能定性地反映化合物的立体化学性质，故我们可通过观察 230nm 附近的 CD 吸收的符号推断化合物的绝对构型。

以胆石-4-烯-3-醇为例，将羟基转变成苯甲酸酯基后，其 CD 谱显示在 229nm 处的吸收是正的，如图 4－8 所示。

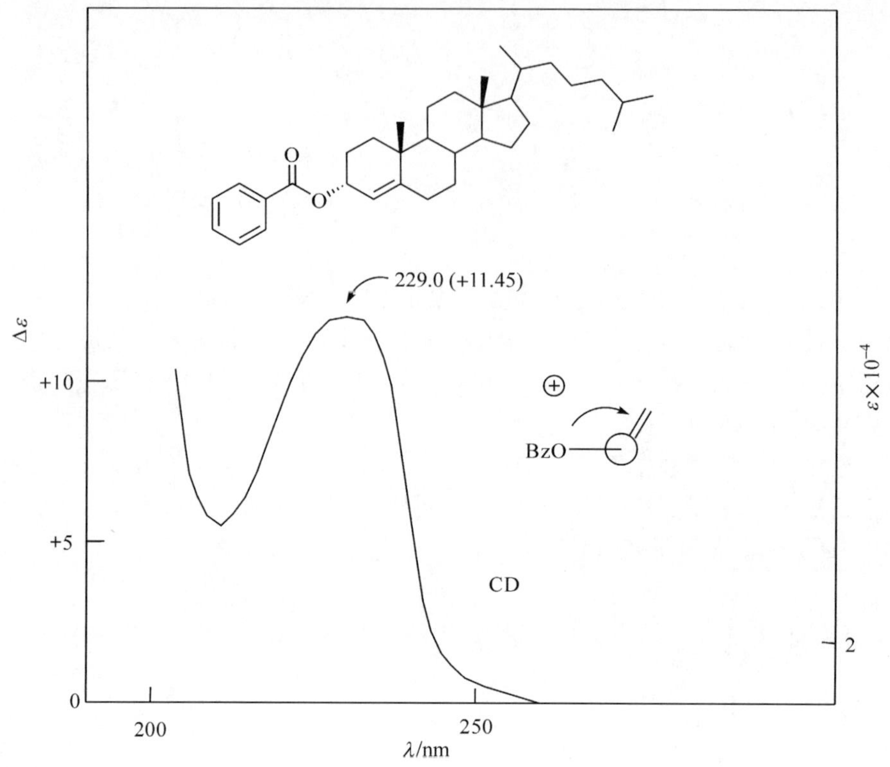

图 4－8　胆石-4-烯-3-醇的激发态 CD

正的 CD 激发态手征性表明与羟基直接相连的手性中心应为 *R*-构型。

对于六元环的烯丙醇苯甲酸酯，六元环的转环作用，可以采取两种不同的半椅式构象，但在这两种构象中，激发态 CD 的性质不变，如图 4－9 所示，这一点对实际应用很重要。

图 4－9　烯丙醇苯甲酸酯体系的激发手征性符号不受环己烯转环构象变化的影响

3）激发态 CD 在确定其他类型手性化合物构型上的应用

（1）含非环的二醇、二胺或氨基醇手性化合物。前面介绍的大多是两发色团连接于刚性环系中的情况，两发色团的激发态手征性符号不会因分子构象的改变而改变。在含非环的邻二醇、二胺或氨基醇的化合物中，羟基或氨基都可以转变成苯甲酸酯或苯甲酰胺发色团。但此时连有发色团的两个原子之间的单键是可以自由旋转的，当分子采取不同的构象时，两发色团的相对空间关系产生的激发态手征性符号也不同。这时应用激发态手征性方法判断化合物的绝对构型，必须配合正确的构象分析。例如，化合物 **13**，根据构型分析可有图 4－10(a)、(b)、(c)三种交叉式构象。

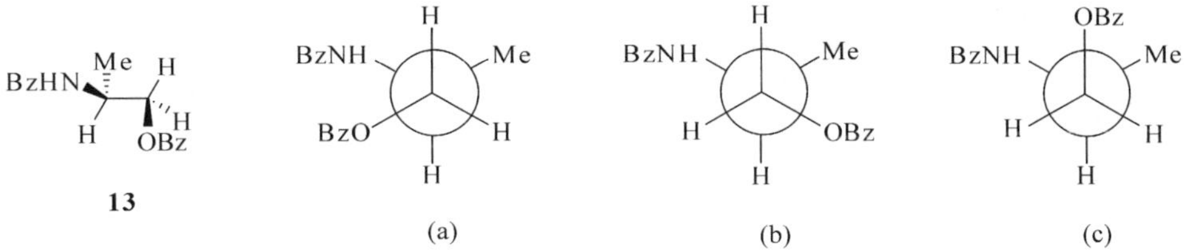

BzHN Me H H OBz H

13

(a) H; BzNH, Me; BzO, H; H

(b) H; BzNH, Me; H, OBz; H

(c) OBz; BzNH, Me; H, H; H

图 4－10　化合物 **13** 及其三种交叉式构象

图 4－10 中，(c)的空间位阻太大，存在的概率小。(b)虽然是一种有利的构象，但两发色团处于对位交叉，二面角为 180°，不产生激发态手征性。只有(a)这种构象对激发态手征性贡献最大。(a)具有⊕的手征性 Cotton 效应，由此判断 C-2 为 *S*-构型；反之，若测得 Cotton 效应为⊖的手征性，则 C-2 应为 *R*-构型。

当两个发色团的距离增大时，这种对应关系的性质不变，只是振幅将随着距离的增大而降低。例如，化合物 **14**、**15** 和 **16**，当 C-2 的构型确定，两个苯甲酰胺基发色团的距离由 2 个单键增大至 4 个单键，裂分 CD 的振幅也由 4.4 降至 0.4，但激发态的手征性符号保持⊖不变，如下所示：

	激发态手征性	
	符号	振幅
 HOOC, NHBz, H, NHBz **14**	⊖	4.4
 HOOC, NHBz, H, NHBz **15**	⊖	2.3
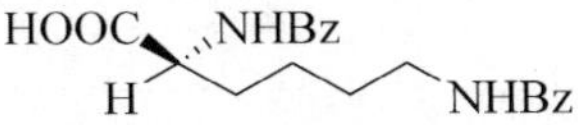 HOOC, NHBz, H, NHBz **16**	⊖	0.4

(2) 含三个(或三个以上)发色团的手性化合物。分子中含三个(或三个以上)

发色团的化合物仍然可以用激发态手征性方法确定化合物的构型。此时，整个分子的手征性是每一对发色团之间的手征性之和。

如图 4 - 11 所示，化合物 **17** 中 2,3,4-位上的三个发色团，两两之间的手征性关系都是正的，故整个分子表现出很强的第一正、第二负、振幅很大的 Cotton 效应。化合物 **19**，三对发色团的激发态手征性都是负的，故表现了很强的第一负、第二正 Cotton 效应。化合物 **18**，发色团 2-3 为正的手征性，3-4 为负的手征性，大小相等，互相抵消，2-4 发色团之间的二面角为 0°，无激发态手征性，故整个化合物没有裂分 Cotton 效应。

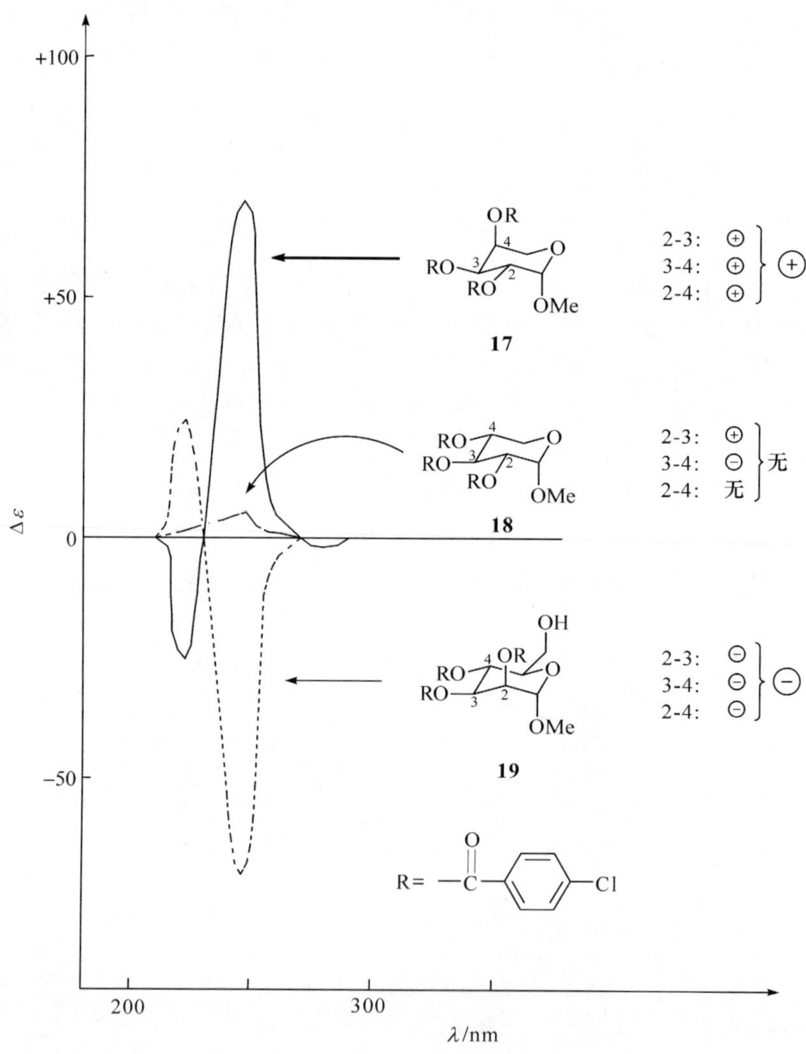

图 4 - 11 糖的三对氯苯甲酸酯的 CD 谱

手征性加和规律在确定多羟基化合物，特别是糖类的立体构型上有重要应用[8]。

旋光谱(ORD)和 CD 谱都是与化合物的光学活性有关的光谱，它们在提供手性分子的绝对构型、优势构象和反应历程的信息方面，具有其他任何光谱方法无法替代的独到优越性。至今，几乎所有含 $\pi \rightarrow \pi^*$ 跃迁发色团的手性化合物，其简单 Cotton 效应的 ORD 或 CD 谱与构型之间都已建立经验或半经验规律，如环酮的八区律、内酯或内酰胺和亚胺的扇形区律、烯烃的八区律、共轭二烯的螺旋性规律等。这些经验或半经验规律在推断各类手性化合物的绝对构型上都曾发挥过重要作用，但也发现许多不足，逐渐被其他更精确和可靠的方法所替代。由于篇幅所限，这里不拟详谈，读者如有兴趣，请参阅其他专著[9]。

4.3　用化学相关法确定绝对构型

一个未知构型的手性化合物，经若干个已知其历程(即反应过程的立体化学)的反应，与一个已知绝对构型的化合物联系起来，便可推知这个化合物的绝对构型，这就是所谓的“化学相关法”。

前面介绍的用 X 射线衍射法和 CD 激发态手征性方法都是用物理方法直接测定手性化合物的绝对构型，尽管这些方法正发挥越来越重要的作用，但从另一个角度来看，化学相关法即使是在最简单的有机实验室也能做到，这一点决定了化学相关法在测定绝对构型中仍将继续被广泛应用。

有许多有关已知绝对构型的手性化合物的资料可以利用，例如，*Atlas of Stereochemistry* 一书，通过 1500 个“key”化合物为主要结点，将大约 7000 个手性化合物组成 363 张构型联系图，收入书中的手性化合物几乎包括 1976 年前已发表的绝大部分简单手性化合物及主要几类天然手性化合物。Morrison 主编的 *Asymmetric Synthesis*，Vol. 4 中也收集了大量单手性中心化合物的绝对构型和旋光符号等资料。还有其他许多著作或原始文献也有这类资料，都是用“化学相关法”确定手性化合物绝对构型可利用的重要资料。

4.3.1　用不涉及手性中心的化学反应测定绝对构型

用一系列不涉及手性中心的化学反应将待测化合物与已知构型的化合物联系起来，是确定未知构型的手性化合物的绝对构型的方便、可靠的方法。这个方法又称相关法。当然，必须确知各步反应的反应条件不会引起某一部分的构型翻转和某一手性中心的外消旋化。

我们合成了一种新的手性衍生试剂 TMPEA，便是通过与已知构型的 Mosher 试剂(MTPA)的化学关联确定绝对构型的，如图 4－12 所示。

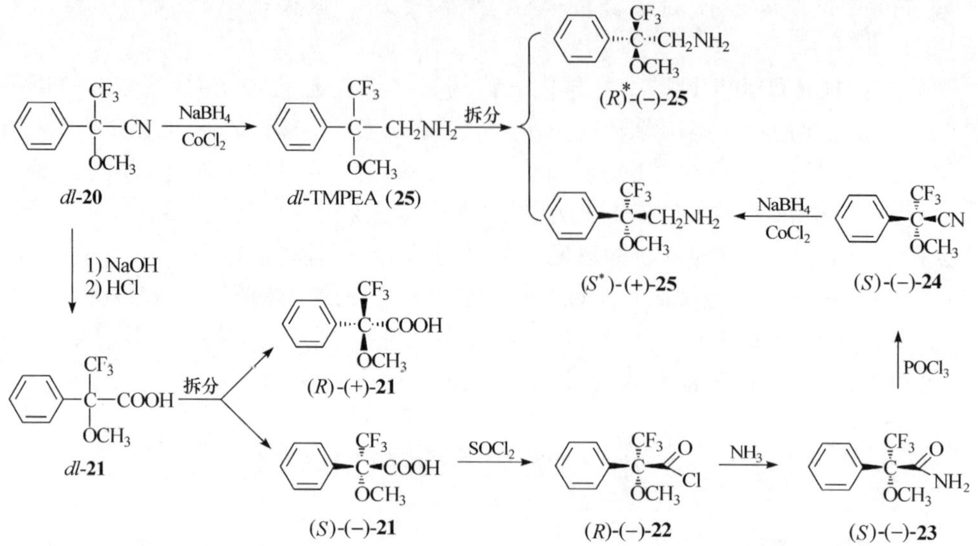

图 4-12 用化学相关法确定 TMPEA 的绝对构型

* 其绝对构型是经化学相关法确定的

为了开发含氨基的新的手性衍生试剂，我们曾由 *dl*-**20** 合成了外消旋的 TMPEA **25**，经拆分后得光学纯(－)-和(＋)-TMPEA，但不知道(＋)-和(－)-对映体分别是什么绝对构型。后来，选择已知绝对构型的(*S*)-(－)-MTPA **21**，经一系列不涉及手性中心的化学转化，得到(＋)-TMPEA **25**，由于上述各步化学反应均未涉及与手性中心相连的四个化学键，则与手性中心相连的几个化学键的伸展方向不变。由此推知(＋)的 TMPEA **25** 应为 *S*-构型，(－)的应为 *R*-构型。

有些手性化合物，乍一看很难与任何已知构型的手性化合物关联。下面介绍两个例子，就是用极巧妙的构思将本来看似难以联系的化合物联系起来了。

(＋)的乳酸 **26** 是已知为 *S*-构型的手性化合物，想通过与它的联系来确定苦杏仁酸的绝对构型。Mislow 提出一条构思巧妙的路线，通过一系列不涉及手性中心的化学变化将二者联系起来了，如图 4-13 所示。

Mislow 抓住了二者联系的关键中间环节：含有一个环己基的(*S*)-(＋)-**30**。一方面将(*S*)-(＋)-乳酸转变成酯，并通过戊基双格氏试剂与酯基的反应在酯基处生出一个环己基；另一方面从(－)-苦杏仁酸出发，将羧基按标准程序转化成甲基，再将苯基加氢还原，也生成了含环己基的(*S*)-(＋)-**30**。使二者通过这个关键中间体联系起来了，从而推知(－)的苦杏仁酸为 *R*-构型[10]。

另一个例子是甲基特丁基甲醇 **36** 绝对构型的确定，也是通过一条不涉及手性中心的化学相关路线与已知绝对构型的(*S*)-(＋)-甲基异丙基甲醇 **33** 联系来解决的，如图 4-14 所示。

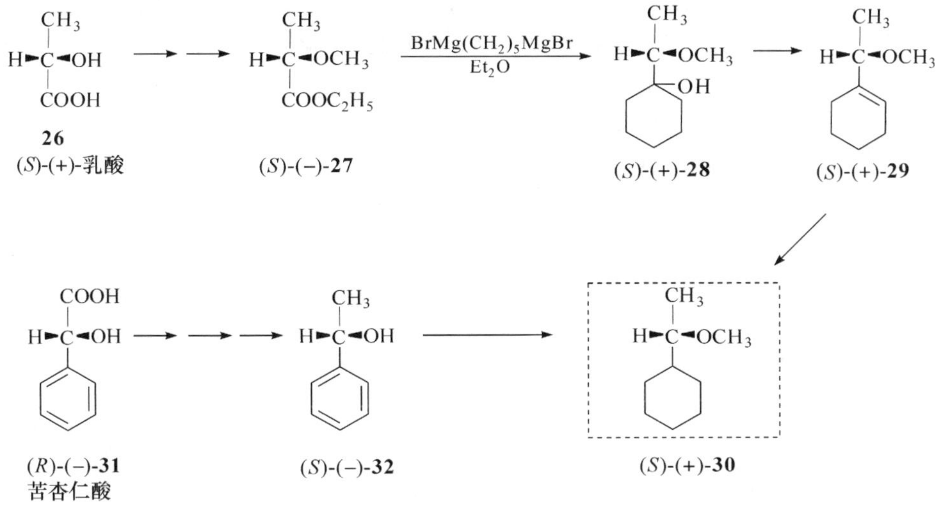

图 4-13　(＋)-乳酸与(－)-苦杏仁酸的构型相关图

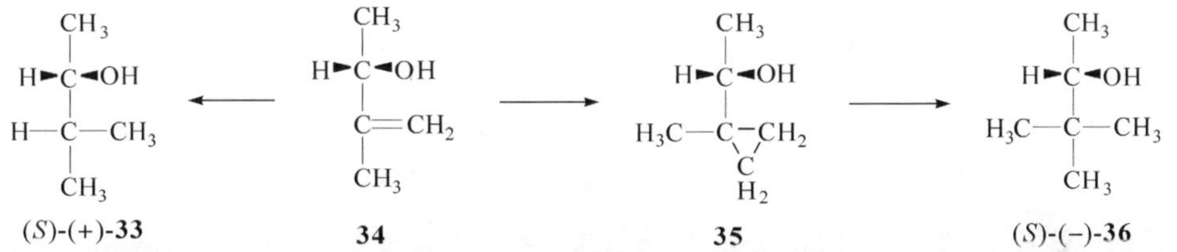

图 4-14　甲基特丁基甲醇与甲基异丙基甲醇的构型联系

无论将异丙基变成特丁基，或反过来将特丁基直接转化成异丙基都是困难的，因此 **36** 与 **33** 的直接联系看起来都难以实现。这个问题的解决也是通过引入一个中介化合物——甲基异丙烯基甲醇 **34** 来实现的。**34** 经双键加氢可以方便地转变成 **33**；另外化合物 **34** 通过与重氮甲烷作用在双键上插入一个亚甲基变成一个环丙烷环，再经氢解开环变成一个特丁基，同样可顺利转变成 **36**，成功使(－)的甲基特丁基甲醇与(S)-(＋)-甲基异丙基甲醇联系起来，从而推知，(－)-**36** 是 *S*-构型，(＋)-**36** 为 *R*-构型。

4.3.2　用涉及手性中心的化学反应确定手性化合物的绝对构型

从立体化学的观点看，如果一个反应的反应物构型、产物构型、反应过程的立体化学，三者中知道任意两者，便可推知第三者。即如果知道反应的立体化学以及起始反应物或产物之一的立体构型，通过涉及手性中心的化学反应，也可以进行构型关联。

一个反应，无论是按构型保持或构型翻转的方式进行，只要反应的立体化学是经过证明是可靠的，都可以用于绝对构型的确定。但若以外消旋化或差向异构化的方式进行，则不能用于绝对构型测定。因此，要用一系列涉及手性中心的化学反应进行构型关联，必须清楚地知道，关联过程中每步反应的立体化学和反应条件限制。图 4－15 给出部分按构型保持方式进行的重排反应。

(S)-(+)-α-苯甲酰氯 (**37**)

(a) $\xrightarrow{NH_3}$ 酰胺 $\xrightarrow{NaOBr}$

(b) $\xrightarrow{N_3^-}$ 酰基叠氮 $\xrightarrow[HCl]{\triangle}$

(c) $\xrightarrow{H_2NOH}$ 异羟肟酸 $\xrightarrow{\triangle}$；异羟肟酸 → 酰化异羟肟酸 $\xrightarrow{\triangle}$

(S)-(−)-α-苯乙胺 (**38**)

(S)-(+)-α-苯基丙酸 (d) $\xrightarrow[H_2SO_4]{HN_3}$ (**38**)

(S)-(+)-3-苯基-2-丁酮 (**39**)

(e) $\xrightarrow{H_2NOH}$ **40** $\xrightarrow{H_2SO_4}$ **41** → (**38**)

(f) $\xrightarrow{R-COOH}$ **42** $\xrightarrow{H_3O^+}$ **43**

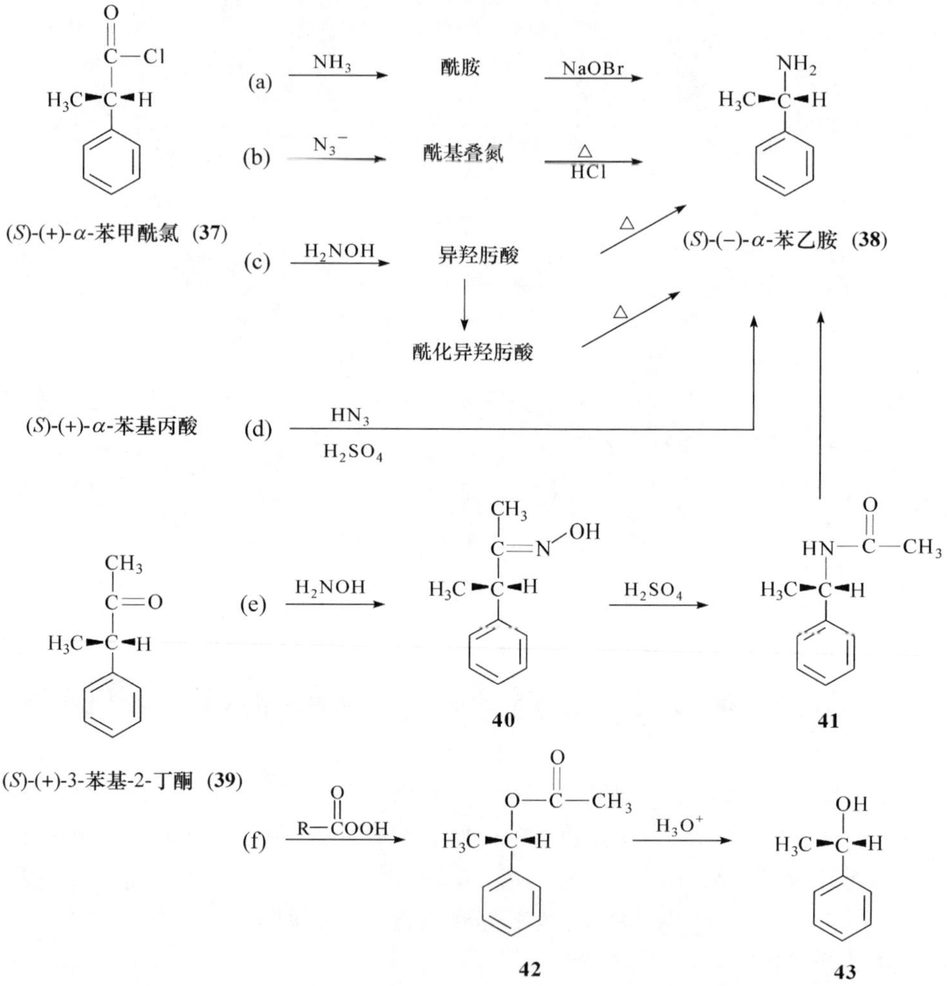

图 4－15 按构型保持方式进行的重排反应

(a) Hofmann；(b) Curtius；(c) Lossen；(d) Schmidt；(e) Beckmann；(f) Baeyer-Villiger

图 4－16 给出另外一些按构型翻转方式进行的 S_N2 反应的例子。要用涉及手性中心的化学反应进行构型联系，读者还需掌握更多的有关反应的立体化学知识，这些无法在此详谈，读者可以参阅其他专著。

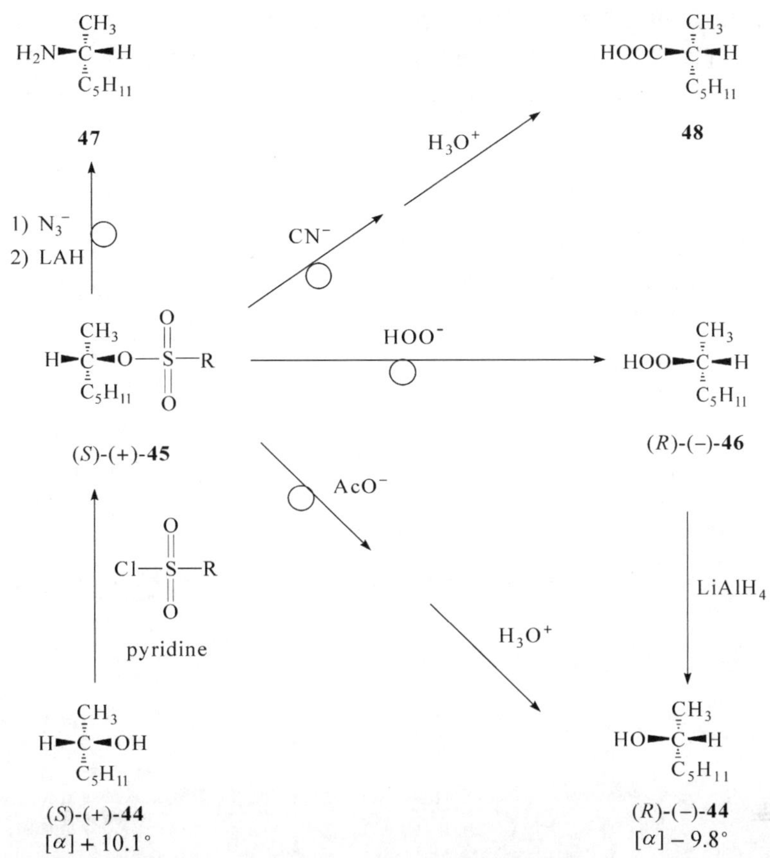

图 4－16 按构型翻转方式进行的反应

4.3.3 用化学相关法确定含平面手征性和轴手性化合物的绝对构型

不含手性中心，而含有手性面或手性轴的化合物的绝对构型也可以用化学相关法确定。

龙胆酸的壬二醇环内醚 **49** 是一种含手性面的化合物。如图 4－17 所示，该化合物已被合成和拆分成两种对映体，为确定其绝对构型，先将苯环催化加氢成环己烷环，如果做一个合理的假定：即催化加氢是从苯环平面的底部进行，如 **50** 式所写的那样，则(－)-**49** 还原得到的产物 **50** 的两个手性中心，可通过与已知构型的化合物的构型相联系，若能确定 3-位手性碳的立体构型，就能确定醚环是在环己烷环平面的上方或下方，从而确定具有手性面的母体化合物的构型。这一点实际上是通过与已知构型的化合物 *cis*-(1*S*,3*R*)-3-羟基环己羧酸 **53** 的关联做到的。化合物 **53** 中，只有 3-位羟基的立体构型是重要的，而羧基 α-位的手性中心实际上故意使之外消旋化，再转变成作为比较的化合物(＋)-**52**，并发现这个化合物与 **49** 降解得到的 **52** 旋光符号相反。(＋)-**52** 由 **53** 推知具有 3*R*-构型，则(－)-**52** 应为 3*S*-构型，并由此推知 **50** 的 3-位 C 也是 *S*-构型，从而知道(－)-**49** 具有如图 4－17 所示那样的构型[11]。

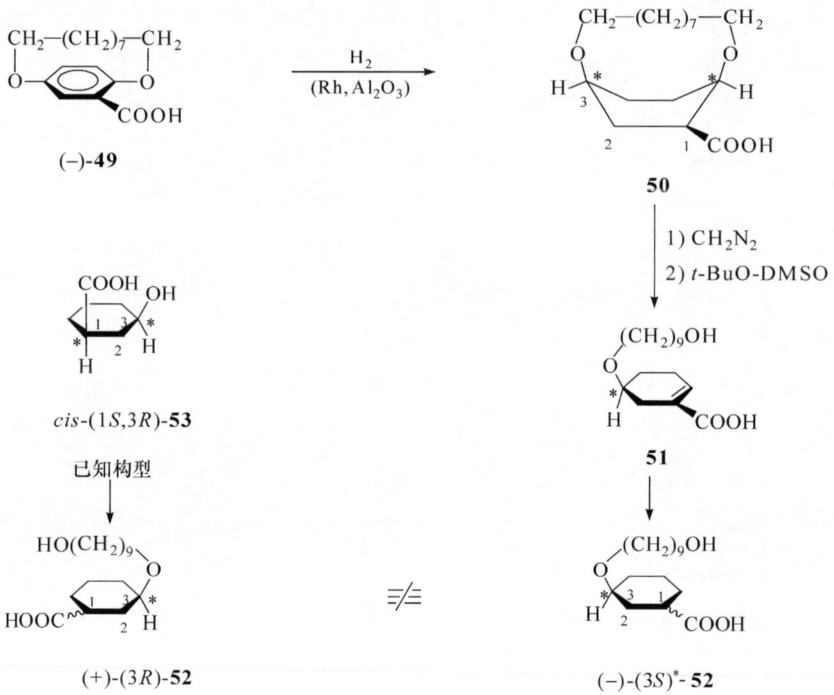

(−)-**49**　$\xrightarrow[(Rh, Al_2O_3)]{H_2}$　**50**

1) CH_2N_2
2) *t*-BuO-DMSO

51

cis-(1*S*,3*R*)-**53**

已知构型

(+)-(3*R*)-**52**　≠　(−)-(3*S*)*-**52**

图 4－17　含手性面化合物的构型测定

最后一个例子是含手性轴的丙二烯衍生物 **57** 的绝对构型的确定。如图4－18所示：化合物 **55** 与氯化亚砜反应按分子内环状过渡态方式协同进行，氯原子必须从 SO_2 消除的同一边进攻。因此，如果我们从已知构型的化合物(*R*)-(＋)-**54** 开始，经若干步不涉及手性中心的反应获得(*S*)-(＋)-**55**，并从它出发，按 **56** 描述的环状过渡态方式进行反应，那么产物一定是(*R*)-**57**。即已知起始反应物的构型和反应过程的立体化学，便可推知产物的绝对构型，即使这个反应是由一个含手性中心的化合物变成一个含手性轴的产物也一样。这个假定的环状过渡态反应机理已被反复证明，因此丙二烯衍生物 **57** 的构型便可由此推定[12]。

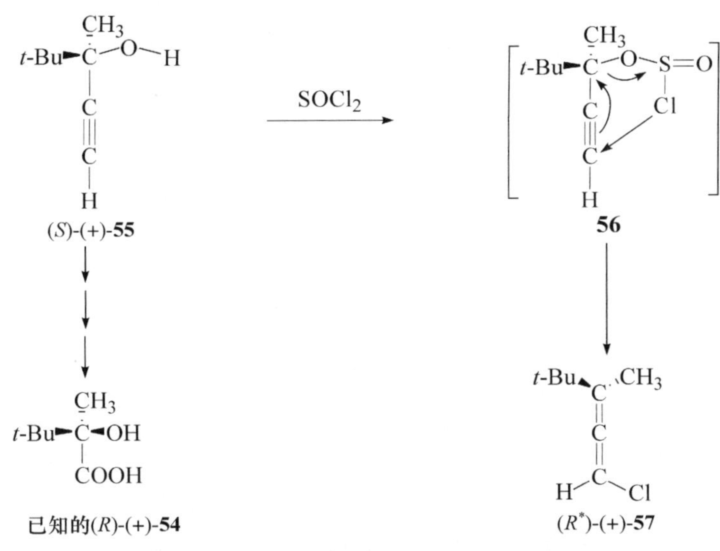

图 4-18　含手性轴化合物的绝对构型确定

4.4　用动力学拆分的 Horeau 方法测定绝对构型

所谓动力学拆分是指这样一个过程，即用一种手性试剂处理一个外消旋化合物，由于手性试剂的立体选择性，它与外消旋体中的两个对映体反应的速度不同。若在反应进行到外消旋体尚未完全消耗掉之前中止反应，这样反应较慢的对映体留下较多，成为部分光活性的化合物。在我们下面介绍的 Horeau 方法中，被测底物是光学纯的二级醇 $R_M^*CHOHR_L$，R_M 和 R_L 分别代表中等体积的和大体积的取代基。外消旋体用 α-苯基丁酰氯，若用过量的外消旋 α-苯基丁酰氯与手性二级醇反应，剩下的 α-苯基丁酰氯将不再是外消旋体，因为两种对映体酰氯消耗的速度不同，剩下的主要是反应较慢的那种异构体。将反应混合物温和水解，分出 α-苯基丁酸，测定这些未反应的酸的旋光符号，其旋光符号与所用的手性二级醇的构型存在着对应关系。Horeau 等做了大量的研究工作，从中总结出这种对应关系的经验规律，用分子式表示，如图 4-19 所示。

Horeau 经验规则可以表述如下：如果分离出的剩余 α-苯基丁酸的旋光符号是(一)的，则反应中所用的二级醇的构型用 Fisher 投影式可表示为：羟基朝下，氢朝上，且两个烷基中体积较大的 R_L 在右边。

Horeau 在他的有关专著中[13]已详细描述了这些实验的细节，并给出 200 个研究过的二级醇的结果，实验技术相当简单，用 1mg 这么微量的手性二级醇便可完成上述实验。

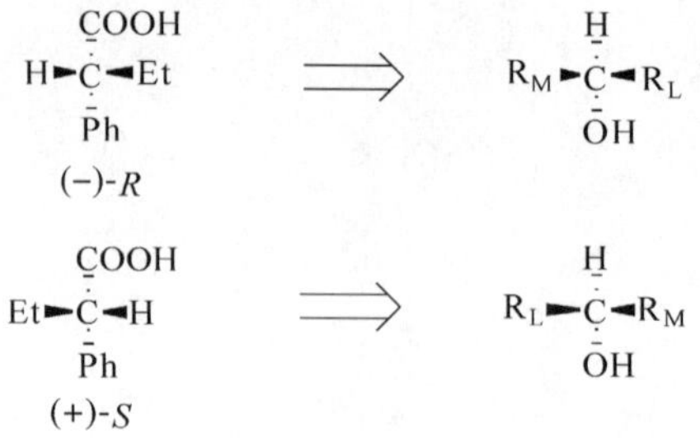

$$H\blacktriangleright\underset{Ph}{\overset{COOH}{C}}\blacktriangleleft Et \quad \Longrightarrow \quad R_M\blacktriangleright\underset{OH}{\overset{H}{C}}\blacktriangleleft R_L$$

(−)-*R*

$$Et\blacktriangleright\underset{Ph}{\overset{COOH}{C}}\blacktriangleleft H \quad \Longrightarrow \quad R_L\blacktriangleright\underset{OH}{\overset{H}{C}}\blacktriangleleft R_M$$

(+)-*S*

图 4-19　用于构型测定的 Horeau 动力学拆分规则

对给定的二级醇，要判定哪个基团较大，有时可能出现“边界”情况，但通常是不成问题的。因为这种方法非常灵敏，像 **58** 和 **59** 这两种二级醇，两个烷基仅仅因为氘代而不同，其体积差别很小，用这种方法都能区别它们。已有好几种物理测定方法支持关于 CH_3 比 CD_3 体积大，C_6H_5 比 C_6D_5 体积大的结论。用 Horeau 方法测定 **58** 和 **59** 的绝对构型的结果与上述体积大小的结论相一致[14]。

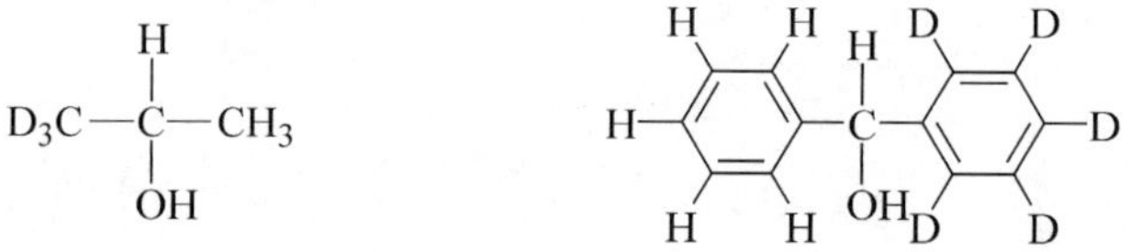

$D_3C—CH(OH)—CH_3$

58

$C_6H_5—CH(OH)—C_6D_5$

59

4.5　利用非对映异构体性质变化规律推断绝对构型

非对映异构体的各种物理性质，如熔点、色谱保留时间、NMR 的化学位移等，都可以与其构型建立一定的关系。其中尤以非对映异构体的色谱保留时间和 NMR 化学位移等数据在推断绝对构型上最为有用。

利用非对映异构体在色谱柱上的保留时间差别确定其绝对构型，对酰胺、氨基甲酸酯、环脲等类化合物应用最成功。由于酰胺可由酸和胺生成，氨基甲酸酯可由醇和异腈酸酯制备，而环脲也可由异腈酸酯和内酰胺等制备，这些非对映异构体分子中的两个部分都既可作 CDA，也可作被测化合物，故由这三类非对映异构体的色谱保留时间，可以推断酸、胺、醇、异腈酸酯等手性化合物的绝对构型[15a]。

随着独立型手性固定相的使用，只要知道固定相的构型以及拆分过程的手性识别机理，外消旋化合物无须经衍生化反应，便可由独立型手性色谱柱直接拆分，并根据洗脱顺序直接指定两对映体的绝对构型。这种方法具有前述各种方法无法相比的优点：①可省去制备非对映异构体衍生物的反应，操作更加简便。②拆分过程的手性识别机理是证明过的，绝对构型与保留时间之间的关系更直接明了，结果也更可靠。③已有成百种不同的独立型手性固定相被合成,并深入研究了各种类型的手性识别机理,几乎所有各种不同功能基的手性化合物都可以在这些固定相之一上拆分。因此,这种方法的适用范围最广。

利用非对映异构体的 NMR 化学位移差确定化合物的绝对构型,已有大量的研究工作。例如,用 MTPA 为 CDA 测定手性醇、胺、氨基醇的对映体纯度时,根据生成的 MTPA 衍生物(非对映异构关系的酰胺或酯等)的化学位移差,可以同时指定这几类手性化合物的绝对构型[15b]。根据大量波谱研究表明:MTPA 的衍生物(酰胺或酯)在溶液中的优势构象是 CF_3、酰氧羰基、胺(或醇)中的次甲基氢取共平面的重叠构象,如图 4 - 20 所示。

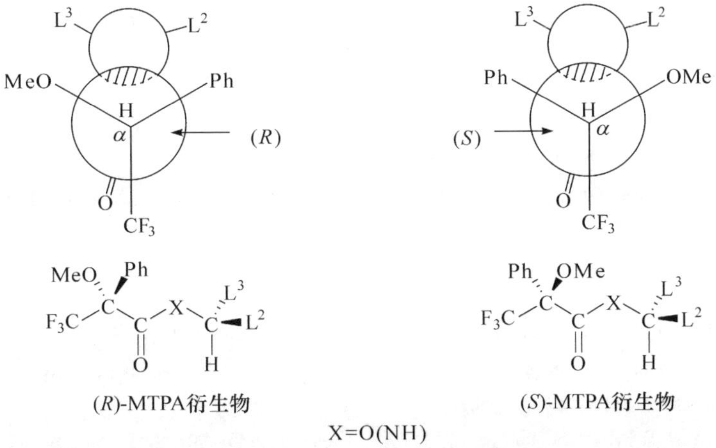

(*R*)-MTPA衍生物　(*S*)-MTPA衍生物

X=O(NH)

图 4 - 20　(*R*)-MTPA 衍生物(左式)和(*S*)-MTPA 衍生物(右式)的优势构象

根据这一优势构象,(*R*)-MTPA 生成的酯(或酰胺)中待测醇(或胺)的两个取代基 L^2 处在与 MTPA 中的苯环同侧,由于受到苯环的屏蔽,其 NMR 信号出现在相对高场,而 L^3 处在苯环的异侧,去屏蔽作用使它的 NMR 信号出现在相对低场。假定被测化合物是一个部分光活性的甲基特丁基甲醇样品,若它与(*R*)-MTPA 生成的非对映异构体酯中,代表特丁基的两个信号,大峰出现在比小峰高场的区域,则表明 *S*-构型的醇过量;反之,若代表特丁基信号的大峰出现在比小峰低场的区域,则表明 *R*-构型的醇过量。如果用(*S*)-MTPA 作 CDA,情况正好相反。

以 MTPA 为 CDA,除了可用于测定手性醇、胺、硫醇的绝对构型外,还可用于测定 α-羟基酸酯、α-氨基酸酯等类手性化合物的绝对构型[16]。

此外,用其他 CDA,如 α-甲基苦杏仁酸测定手性醇的绝对构型[17, 18];α-苯基丁酸用于测定手性胺、二级醇[19]、硫醇[20]的绝对构型等,各自都已确定化学位移与绝对构型之间的对应规律。

用非对映异构体的化学位移数据确定化合物的绝对构型,操作比较简便,而且这种方法已有很好的理论解释作基础，结果通常比较可靠，故值得重视。

测定手性化合物的绝对构型，除上面介绍的方法，还可以用微生物法、不对称合成法和其他经验方法等。很明显，我们不可能在这里介绍所有的方法，有些提到的方法也只做简要介绍。

参 考 文 献

1 Sommer L. Stereochemistry, Mechanism and Sillicon, McGraw-Hill, New York, 1965, P113～127

2 Black K T, Hope H. J. Am. Chem. Soc., 1971, 93: 3053

3 Johnson C K et al. J. Am. Chem. Soc., 1965, 87: 1802

4 Harada N, Nakanishi K. J. Am. Chem. Soc., 1969, 91: 3989

5 Murai A, Nishizakura K, Masamune T et al. Tetrahedron Lett., 1975, 16: 4399

6 Ryback G. J. Chem. Soc. Chem. Commun., 1972, 1190

7 Endo M, Naoki H. Tetrahedron, 1980, 36: 2449

8 a) Hanada N, Sato H, Nakanishi K. J. Chem. Soc. Chem. Commun., 1970, 169

b) Liu H-W, Nakanishi K. J. Am. Chem. Soc., 1981, 103: 5591

9 Crabbe P. ORD and CD in Chemistry and Biochemistry, An Introduction, Academic Press, New York, 1972

10 Mislow K. J. Am. Chem. Soc., 1951, 73: 3591

11 Schwartz L H, Bathija B L. J. Am. Chem. Soc., 1976, 98: 5344

12 Evans R J, Lando S R, Smith R T. J. Chem. Soc., 1963, 1056. 1965, 2533

13 Horeau A. Determination of Configuration of Secondary Alcohols by Partial Resolution, in: Stereochemistry, Kagan, H. Editor, 1977, Vol. 3: 51～95

14 Makino T, You T-P, Mosher H S et al. J. Org. Chem., 1985, 50: 5357

15 Dale J A, Mosher H S. J. Am. Chem. Soc., 1973, 95: 512

16 Yasuhara F, Yamaguchi S. Tetrahedron Lett., 1980, 21: 2827

17 Trost B M, Curan D P. Tetrahedron Lett., 1981, 22: 4929

18 Trost B M, O'Krongly D, Belletire J L. J. Am. Chem. Soc., 1980, 102: 7595

19 Helmchen G, Vöter H, Schüle W. Tetrahedron Lett., 1977, 18: 1417

20 Helmchen G, Schmierer R. Angew. Chem. Int. Ed. Engl., 1976, 15: 703

第 5 章　有机金属试剂对羰基化合物的不对称加成

5.1　二烷基锌对醛、酮的不对称加成

5.1.1　简介

自从 1984 年 Oguni 和 Omi[1]首次报道二乙基锌在催化量(*S*)-亮氨醇存在下对苯甲醛的加成取得中等对映选择性(49%ee)以来，有机锌对羰基化合物的不对称加成研究迅猛发展。1986 年，Noyori 等[2]获得了第一个高对映选择性手性配体(—)-3-*exo*-二甲氨基异冰片醇[(—)-DAIB](**1**)，用 2 mol% **1** 催化二甲基锌对苯甲醛的不对称加成，产物(S)-1-苯基乙醇的 ee 高达 95%。

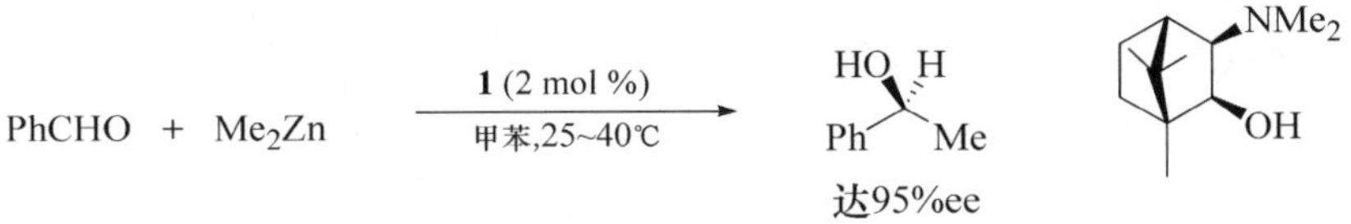

$$PhCHO + Me_2Zn \xrightarrow[\text{甲苯},25\sim40℃]{\mathbf{1}\ (2\ mol\ \%)} \text{Ph(Me)CH(OH)}$$

达95%ee

(—)-DAIB **1**

有机锌对醛的不对称加成是合成含手性二级醇结构的药物和天然化合物的有效方法，此后十几年里，用于这一反应的大量新手性配体被设计合成，其中的许多手性配体具有很高的对映选择性[3~6]。二乙基锌对醛的不对称加成也成了试验各种新手性配体对映识别效能的经典反应。

相对于有机锂、镁、铝等金属试剂，有机锌对羰基化合物的加成活性较低，反应难发生。加入氨基醇手性配体，与二烷基锌配位，使线性结构的二烷基锌变成近于四面体结构的配合物，降低了 Zn—C 键的键级，提高了烷基的亲核进攻活性。另外，配合物中的 Zn 原子与底物羰基氧配位，也提高了羰基接受亲核加成的活性，也就是说，二烷基锌对羰基的加成反应是配体加速的反应，手性配体与二烷基锌就地生成的配合物是一个多功能催化剂，它不但可以作为 Lewis 酸活化羰基底物，而且可作为 Lewis 碱活化有机锌试剂。配体的手性环境则控制反应的立体化学，使加成反应得以顺利进行，并获得对映选择的产物。以(—)-DAIB 为例，Noyori 等曾详细研究了它的催化和立体识别机理[7, 8]，如图 5-1 所示。

根据这一假定的机理，手性配体 **1** 首先与一分子二甲基锌配位生成 **2**，**2** 中的 Zn-Me 并不能与醛加成，必须有第二分子的二甲基锌通过锌原子与配体烷氧基中的氧配位生成 **3**，**3** 中第一个锌原子与苯甲醛底物中的羰基氧配位生成 **4**，根据分子轨道和密度泛函计算表明，**4** 中苯甲醛相对于手性配体是反式配位的，这有利于

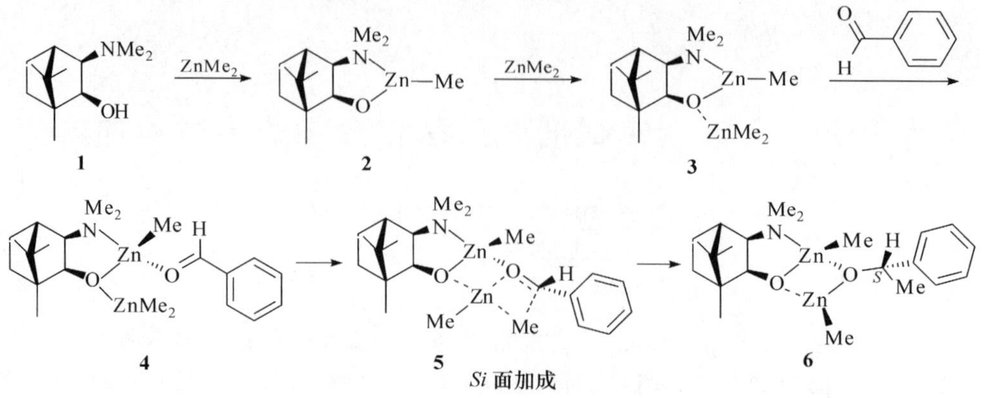

图 5-1　(−)-DAIB 存在下,二甲基锌对苯甲醛的加成反应机理

形成 **5** 所示的 5/4/4 三环过渡态,第二分子二甲基锌的一个甲基从苯甲醛羰基平面的 *Si* 面进攻,最终生成 *S*-构型的苯乙醇。由上可知,这一加成反应需要至少使用 2 当量二烷基锌,缺乏原子经济性是其不足。

确定反应模式和初步确立反应机理后,各国化学家已先后开发了上千种不同结构的手性配体用于这一反应,下面分别介绍其中效果较好的部分有代表性的手性配体及其使用情况。

5.1.2　手性氨基醇配体催化的二烷基锌对醛的加成

手性氨基醇是报道最多、用于二烷基锌对醛的加成反应识别效果很好的一类重要的手性配体,其中由天然手性氨基酸衍生的氨基醇原料价廉易得、制备容易、最受人们重视。

1. 由氨基酸衍生的氨基醇手性配体

Soai 和 Wang 曾分别由脯氨酸制备多种氨基醇 **7**、**8a**、**8b**、**9a**、**9b**。

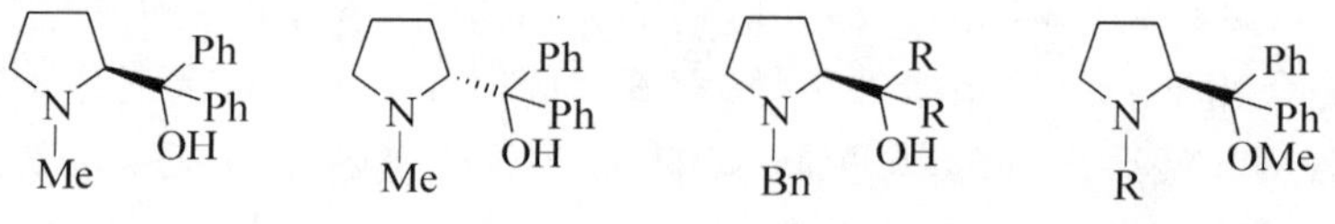

(*S*)-**7**　(*R*)-**7**　**8** **a**. R=Me **b**. R=Et　**9** **a**. R=H **b**. R=Bn

其中(*S*)-**7** 催化的二烷基锌对苯甲酰基苯甲醛的加成反应,产物的 ee 大多大于 90%[9]。(*R*)-**7** 催化的二环丙基锌对芳香醛的加成,产物 ee 大多也达 80%以上[10]。**8** 和 **9** 用于催化二乙基锌对醛的加成,也取得很好的立体识别效果(表 5-1)[11]。

表 5－1　8 和 9 催化的二乙基锌对醛的加成

醛	催化剂配体	溶剂	产率/%	ee/%	构型
苯甲醛	**8a**	苯	98	99	*R*
对甲氧基苯甲醛	**8a**	苯	79	95	*R*
苯甲醛	**8b**	己烷	98	96	*R*
对甲氧基苯甲醛	**8b**	己烷	73	85	*R*
苯甲醛	**9a**	己烷	90	95	*S*
苯甲醛	**9b**	苯	96	94	*R*

注：反应先在 0℃下进行 2h，然后在室温下进行 10～15h。

由氨基酸衍生的氨基醇中，催化和立体识别效果最好的当属苯甘氨酸的衍生物 **10** 和 **11**，即

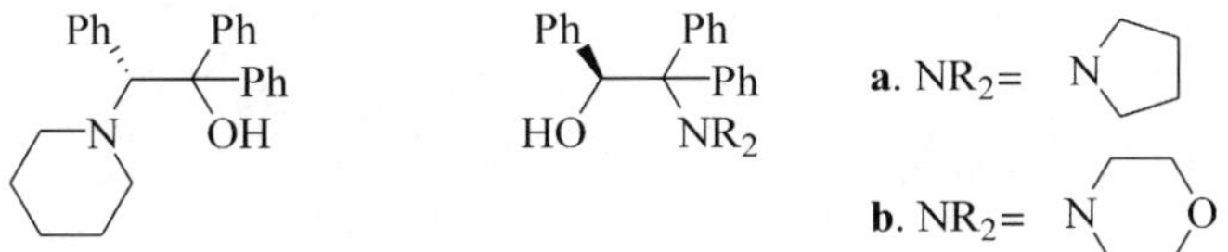

10　　**11**

a. NR_2=　　**b**. NR_2=

用 6 mol%的 **10** 催化二乙基锌对醛的加成，无论是芳香醛或脂肪醛，产率都接近定量，ee 均在 92%以上，大多达 97%～98%(表 5－2)[12]。

表 5－2　10(6 mol%)催化的二乙基锌对醛的加成

醛	反应温度/℃	转化率/%	ee/%	构型
苯甲醛	0	100	98	*S*
邻甲氧基苯甲醛	0	100	97	*S*
间甲氧基苯甲醛	0	99	97	*S*
对甲氧基苯甲醛	0	98	98	*S*
对甲基苯甲醛	0	100	98	*S*
对氟苯甲醛	0	100	98	*S*
2-萘甲醛	0	99	98	*S*
肉桂醛	0	88	95	*S*
环己基甲醛	0	99	98	*S*
3-苯基丙醛	−20	99	93	*S*
庚醛	0	100	92	*S*
异戊醛	−20	99	92	*S*

11 催化二乙基锌对醛的加成反应，化学产率和对映选择性与 **10** 都很接近[13]。

其他几种天然氨基酸衍生的氨基醇(**12** ～**16**)，在催化二乙基锌对醛的加成反应中，也都获得很好的效果。例如，仅用 4 mol%的 **12** 催化二乙基锌对各种芳香醛的加成，产率达 94%～99%，ee 基本上都>90%，最高达 97%[14]。**14** 催化的二乙基锌对芳香醛的加成，虽然化学产率稍低，但 ee 都>95%，有多种芳香醛的加成产物 ee 高达 100%(表 5 - 3)[15]。

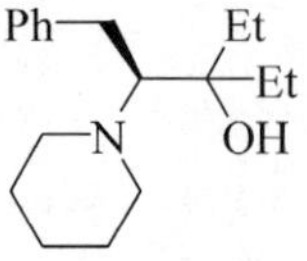

12

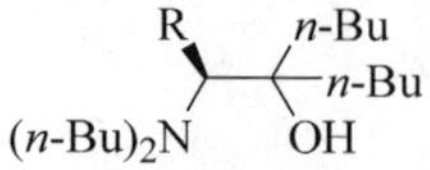

13　**a**. R=*i*-Pr　**b**. R= BnO—C_6H_4—CH_2—

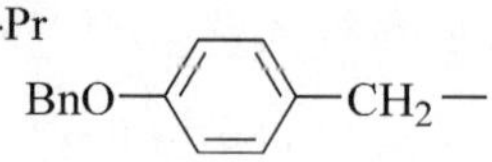

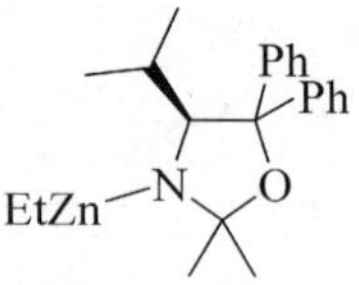

14

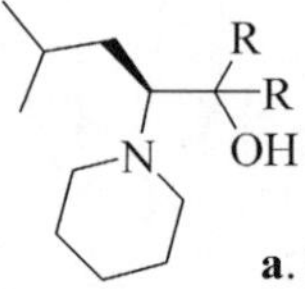

15　**a**. R=Ph　**b**. R=*n*-Bu　**c**. R=$PhCH_2CH_2$

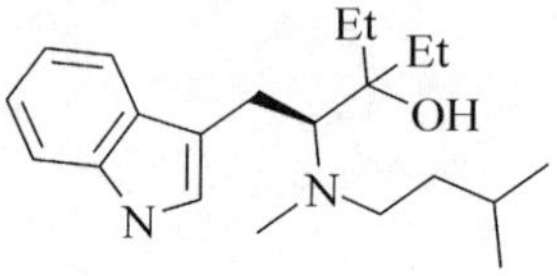

16

表 5 - 3　14 催化的二乙基锌对醛的加成

醛	反应时间	产率/%	ee/%	构型
苯甲醛	4	85	100	*S*
对氯苯甲醛	3	86	100	*S*
邻甲基苯甲醛	4	75	97	*S*
对甲基苯甲醛	4	79	98	*S*
1-萘甲醛	8	74	96	*S*
2-萘甲醛	4	81	100	*S*
环己基甲醛	8	50	43	*S*

由 **15c** 催化的二乙基锌对醛的加成，芳香醛的加成产物，ee 大多≥95%，脂肪醛的 ee 也达 88%～95%[16]。配体 **13**[17] 和 **16**[18] 效果也很好。值得注意的是一些杂环芳烃的醛，如 4-吡啶甲醛、2-呋喃甲醛等，在上述手性氨基醇催化下与二乙基锌的加成反应，产物的对映选择性常低得多[18]。这可能与环上的杂原子参与竞争配位，干扰了对映识别有关。

2. 氨基糖手性配体

单糖是最便宜易得的天然手性化合物，每个单糖分子都含有多个手性中心和多个羟基，把其中的某个羟基换成氨基，便可制成多种不同结构的手性氨基醇。

17 ～20 是几种由单糖制得、用于催化二烷基锌对醛的不对称加成，取得很好效果的氨基糖衍生物。

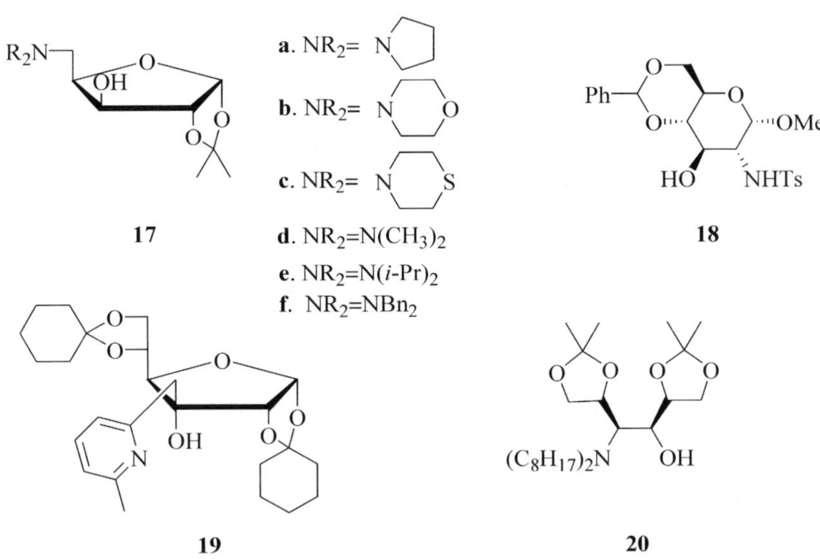

Cho 和 Kim 由 α-D-木糖合成了一系列氨基糖 **17a** ～ **f**[19]，由 **17** 催化二乙基锌对醛的不对称加成，发现 N 上的取代基 R 对产物的对映选择性有很大影响。当 R＝CH_3，产物的 ee 为 86％，而当 R＝*i*-Pr 或 Bn，ee 仅为 7％，可见 R 的空间体积增大，对映选择性显著下降。NR_2 为环氨基 **17a** ～**c** 时，比 R 为链烷的氨基，对映选择性更好，其中尤以 NR_2 为吗啉(**17b**)时，效果最好(表 5－4)。

表 5－4 17b 催化的二异丙基锌对醛的加成

醛	反应时间/h	产率/%	ee/%	构型
庚醛	8	88	96	*S*
十一醛	9	84	96	*S*
异丁醛	9	82	96	*S*
3-苯基丙醛	6	90	96	*S*
环已基甲醛	8	82	98	*R*
肉桂醛	8	80	69	*R*
苯甲醛	4	95	96	*R*
邻甲基苯甲醛	6	87	94	*R*
对甲基苯甲醛	8	92	94	*R*
对氯基苯甲醛	6	90	95	*R*
1-萘甲醛	12	81	95	*R*

注：反应在 0℃的甲苯中，有 10％配体 **17b** 存在下进行。

由表 5－4 可以看出，**17b** 不但在二烷基锌对芳醛的加成中有很高的对映选择性，更可贵的是对脂肪醛的加成也有极高的对映选择性，这是其他配体难以达到的。

Bauert 等报道的 **18**，是由天然存在的氨基糖制备的。**18** 用于催化二乙基锌对醛的加成，也获得很高的对映选择性产物（表 5－5）[20]。

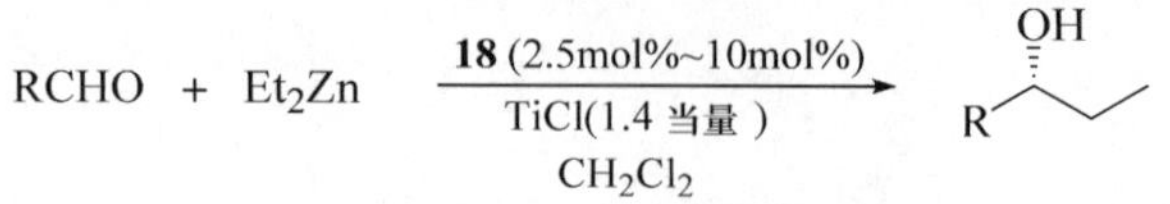

$$\text{RCHO} + \text{Et}_2\text{Zn} \xrightarrow[\text{TiCl(1.4 当量)},\ \text{CH}_2\text{Cl}_2]{\mathbf{18}\ (2.5\text{mol\%}\sim10\text{mol\%})} \text{R-CH(OH)-CH}_2\text{CH}_3$$

表 5－5　18 催化的二乙基锌对醛的加成

醛	配体/mol%	产率/%	ee/%	构型
PhCHO	**18** (10)	99	97	*R*
PhCHO	**18** (5)	99	95	*R*
PhCHO	**18** (2.5)	65	95	*R*
3-Cl-C_6H_4CHO	**18** (10)	85	90	*R*
4-MeO-C_6H_4CHO	**18** (10)	95	89	*R*
trans-PhCH＝CHCHO	**18** (10)	94	86	*R*
n-C_5H_{11}CHO	**18** (10)	80	88	*R*

Cho 等报道的另一个由糖衍生的氨基醇 **20**，用于催化二乙基锌对醛的不对称加成，也获得很好的效果，化学产率大于 80%，对芳醛的加成，ee 接近或超过 90%，脂肪醛 ee 也都大于 80%[21]。陈惠然等由单糖合成的糖基吡啶醇，用于催化二乙基锌对醛的加成，在仅用 4%配体的情况下，ee 也达 90%以上[22]。

3. 由天然樟脑或麻黄碱衍生的氨基醇

如前所述，由天然樟脑衍生的氨基醇(－)-DAIB **1** 是第一个在有机锌对醛的加成中显示出高对映选择性的手性配体，不过这个配体的应用仅限于某些芳香醛。Nugent 等进一步将 **1** 中的 N 上的取代基改造为吗啉环，得到氨基醇 **21**，大大扩展了这个配体的适用面，不仅对芳香醛，而且对一系列脂肪醛与二乙基锌的加成反应都显示出极高的对映选择性（表 5－6）[23]。脂肪醛加成的对映选择性与芳醛一样好，但空间障碍较大的醛的加成要在较高的温度下，反应较长的时间（序号 2、8 和

NR_2　OH　　　N　O　OH

(－)-DAIB **1**　　　**21**

9)。像三甲基乙醛那样空间障碍极大的脂肪醛，反应还生成相当量(32%)的还原副产物，故产率较低(序号 9)。

表 5－6　21 催化的二乙基锌对醛的加成[1)]

序号	醛	温度/℃	时间/h	转化率/%	ee/%	构型
1	苯甲醛	0	3	98	98	*R*
2	间甲基苯甲醛[2)]	25	18	88	95	*R*
3	对甲基苯甲醛	0	3	97	98	*R*
4	对氟苯甲醛	0	3	98	98	*R*
5	3-呋喃甲醛	0	6	91	97	*R*
6	己醛	0	3	96	91	*R*
7	异丁醛	0	3	94	99	*R*
8	2-乙基丁醛	25	18	92	99	*R*
9	三甲基乙醛	25	24	62	97	*R*
10	环己基甲醛	0	3	94	99	*R*
11	环丙基甲醛	0	3	91	98	*R*

1) 反应在甲苯、己烷(1∶2)混合溶剂中，5 mol%配体 **21** 存在下进行。

2) 与 Me_2Zn 的加成。

麻黄碱是天然手性氨基醇，其衍生物(1*S*，2*R*)-**22** 和(1*R*，2*S*)-**22**，很早就被 Soai 等用于催化二烷基锌对芳香醛和脂肪醛的高对映选择性加成(表 5－7)[24]。

Ph　Me　HO　NR_2　(1*S*,2*R*)-**22**

a. R=*n*-Bu
b. R=*i*-Pr

Ph　Me　HO　NR_2　(1*R*,2*S*)-**22**

$$\text{RCHO} + \text{R}'_2\text{Zn} \xrightarrow[\text{己烷},0℃]{\textbf{22}\ (10\ \text{mol\%})} \text{R}\overset{*}{\text{CH}}(\text{OH})\text{R}'$$

表 5－7　22 催化的二烷基锌对醛的不对称加成

醛	烷基锌(R)	催化剂	产率/%	ee/%	构型
苯甲醛	*i*-Pr	(1*S*,2*R*)-**22a**	73	92	*S*
苯甲醛	*i*-Pr	(1*S*,2*R*)-**22b**	73	91	*S*
肉桂醛	*i*-Pr	(1*S*,2*R*)-**22a**	73	93	*S*
肉桂醛	*i*-Pr	(1*S*,2*R*)-**22b**	63	91	*S*
3-苯基丙醛	*i*-Pr	(1*S*,2*R*)-**22a**	62	96	*S*
二茂铁基甲醛	*i*-Pr	(1*S*,2*R*)-**22a**	92	97	*S*
二茂铁基甲醛	*i*-Pr	(1*S*,2*R*)-**22b**	97	98	*S*
二茂铁基-1,1′-二甲醛	*i*-Pr	(1*S*,2*R*)-**22a**	47	100	*SS*
二茂铁基-1,1′-二甲醛	*i*-Pr	(1*S*,2*R*)-**22b**	39	100	*SS*
苯甲醛	Et	(1*S*,2*R*)-**22a**	99	94	*S*
苯甲醛	Et	(1*R*,2*S*)-**22a**	99	94	*R*

(1*S*,2*R*)-**22a** 还被用于催化二烷基锌与对苯二甲醛 **23a** 和间苯二甲醛 **23b** 的不对称加成，不但获得很高的非对映选择性二醇 **24a** 和 **24b**(*dl* ∶ *meso*＞80 ∶ 20)而且获得很高的对映选择性，ee＞99%[25]。

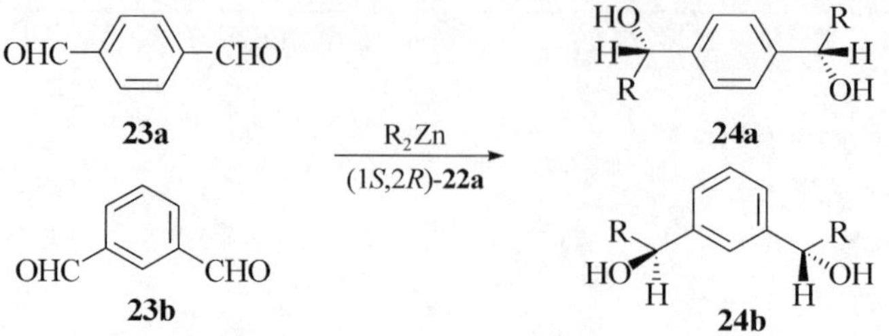

23a 23b —R_2Zn, (1*S*,2*R*)-**22a**→ 24a 24b

4. 人工合成的手性氨基醇

1) 含三、四元环的氮杂环氨基醇

三元氮杂环的氨基醇 **25** 和 **26**、四元氮杂环的氨基醇 **27** ～**29**[28, 29]，已被证明是另一类对烷基锌与醛的加成十分有效的手性催化剂配体。

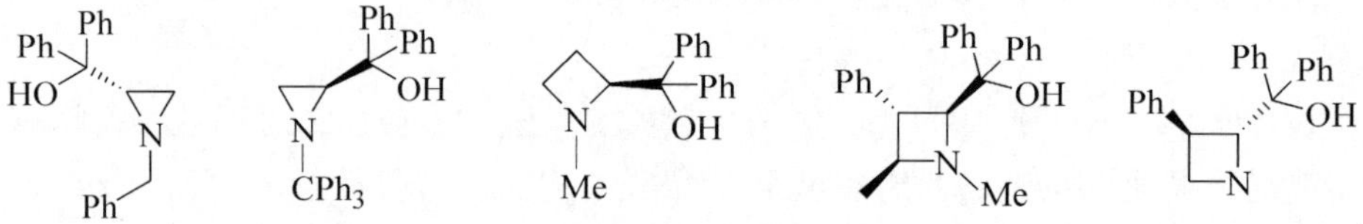

25 26 27 28 29

仅用 3 mol% **25** 催化二乙基锌对芳香醛的加成，便可获得 91%～97%ee 的高对映选择性产物，但对脂肪醛如异戊醛(65% ee)和环己基甲醛(10% ee)则低得多[26]。配体 **26** 远为有效，5 mol%的 **26** 催化的二乙基锌对芳香醛或带支链的脂肪醛的加成，ee 都高达 95%～99%，直链的脂肪醛正庚醛的加成，ee 也达 80%[27]。

用 5 mol%含四元氮杂环的手性氨基醇 **27** 催化二乙基锌对芳香醛的加成，当加入 11 mol%的 BuLi，也能获得高对映选择性(*S*)-醇(94%～100% ee)，但脂肪醛肉桂醛和壬醛的加成，ee 仅为 80%和 67%[28]。**28** 和 **29** 用于催化二乙基锌对苯甲醛的加成，ee 也分别达到 98%和 94%[29]。

2) 含五元氮杂双环骨架的氨基醇

Martens 等由双环脯氨酸类似物 **30** 合成了一系列含双环手性骨架的氨基醇配体 **31a** ～**d** 和 **32a**、**b**。

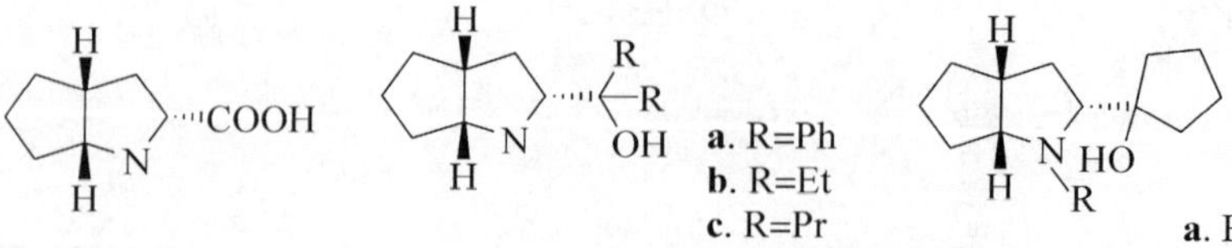

30 31 32

31: **a**. R=Ph **b**. R=Et **c**. R=Pr **d**. R=Bu

32: **a**. R=H **b**. R=Me

通过改变与羟基相连的碳原子上的取代基以及氮原子上的取代基，系统检验了这些手性配体在有机锌与醛的加成反应中的对映识别效果，发现 **31a** 是其中最好的配体，用它催化二乙基锌对芳醛的不对称加成，ee 可高达 100%（表 5－8）。不过，对 2-呋喃醛和庚醛的加成，ee 仅 67%和 66%（表 5－8 的序号 10 和 12）[30]。

表 5－8　31 和 32 催化的二乙基锌对醛的加成

序号	醛	配体/mol%	温度/℃	产率/%	ee/%	构型
1	苯甲醛	**32b** (5)	21	71	99	*R*
2	苯甲醛	**32a** (5)	23	76	12	*S*
3	苯甲醛	**31d** (10)	22	91	94	*R*
4	苯甲醛	**31c** (10)	22	76	98	*R*
5	苯甲醛	**31b** (10)	25	71	98	*R*
6	苯甲醛	**31a** (5)	rt	98	99	*R*
7	对甲基苯甲醛	**31a** (5)	rt	87	100	*R*
8	对氯苯甲醛	**31a** (5)	rt	98	99	*R*
9	2-萘甲醛	**31a** (5)	rt	98	87	*R*
10	2-呋喃甲醛	**31a** (5)	rt	98	67	*R*
11	异戊醛	**31a** (5)	rt	22	86	*R*
12	庚醛	**31a** (5)	rt	78	66	*R*

R 改变为其他烷基的 **31b ～d**，ee 也达 **94%～98%**。但当 R_2 为刚性的环戊基时（**32a**），ee 急剧下降（12%），而且产物的构型由 *R* 变为 *S*。令人感兴趣的是，当 **32** 中的 N 由甲基取代（**32b**）时，又显示出极高的 ee（99%），且产物的构型重新变为 *R*。

将 **31** 和 **32** 变成其二聚形式 **33**，尽管 **33** 具有 C_3 对称性，但与相应的单体形式相比（**33b** VS **31b**；**33c** VS **32b**；**33a** VS **31a**），大部分情况下，二聚形式并不比相应的单体更有效，只有 **33a** 是例外，它比相应单体 **31a** 更有效（表 5－9）[31]。

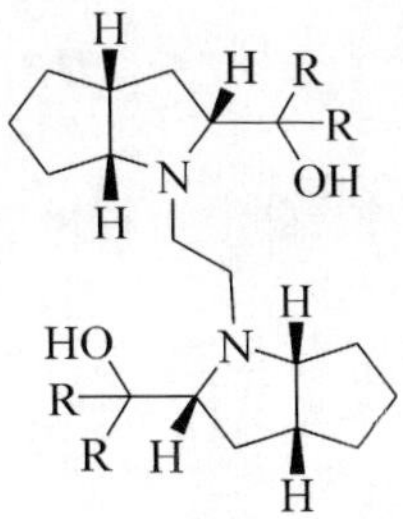

33　**a**. R=Ph　**b**. R=Et　**c**. R=$-(CH_2)_4-$

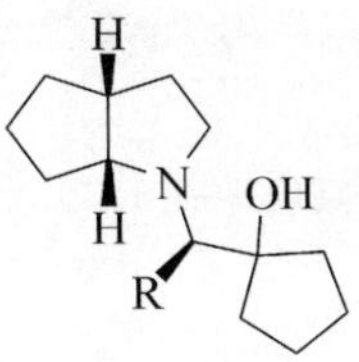

34　**a**. R=Me　**b**. R=Ph

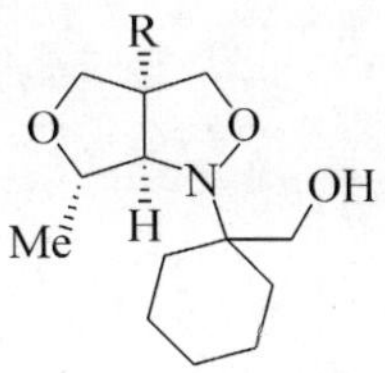

35　**a**. R=H　**b**. R=Me

表 5-9　33 催化二乙基锌对苯甲醛的加成

催化剂配体/(mol%)	温度/℃	产率/%	ee/%	构型
33a (5)	23	73	100	*R*
33a (2)	21	73	100	*R*
31a (5)	rt	98	99	*R*
33b (5)	22	68	91	*R*
33b (10)	25	71	98	*R*
33c (5)	21	76	90	*R*
32b (5)	21	7	99	*R*

5 mol%的 **34a** 和 **34b** 分别用于催化二乙基锌对苯甲醛的加成，也获得很好的效果(产率 93%和 94%，ee 为 92%和 91%)[32]。**35** 用于催化同样的反应，产率达 100%，ee 也在 90%以上[33]。

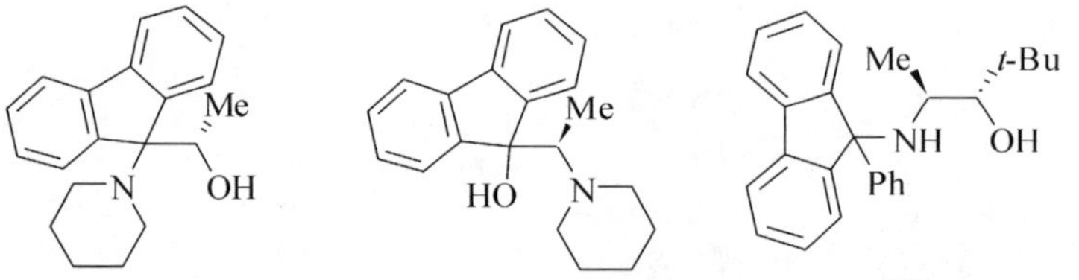

Me　OH　N　**36**　　HO　Me　N　**37**　　Me　t-Bu　NH　OH　Ph　**38**

36 和 **37** 是由芴衍生的手性氨基醇，用哌啶与相应的环氧化物加成得 **36** 和 **37** 这两种位置异构体，**36** 用于催化二乙基锌对各种醛的加成反应，显示出极高的对映选择性(表 5-10)[34]。

表 5-10　36 催化的二乙基锌对醛的加成

醛	转化率/%	ee/%	构型
苯甲醛	99	96	*S*
邻甲基苯甲醛	99	96	*S*
间甲基苯甲醛	100	96	*S*
对甲基苯甲醛	100	97	*S*
2-萘甲醛	99	96	*S*
3-苯基丙醛	99	91	*S*
环己基甲醛	98	98	*S*
异戊醛	95	95	*S*
庚醛	99	91	*S*

注：反应于 0℃，己烷溶剂中，有 3 mol%配体 **36** 存在下进行。

36 还显示出很强的手性放大效应，用 ee 分别为 46% 和 99% 的 **36** 催化二乙基锌对苯甲醛的加成，都得到 ee 为 96% 的产物。**37** 是 **36** 的位置异构体，但其催化活性和对映选择性都比 **36** 低得多，用 3 mol% 的 **37** 催化二乙基锌对苯甲醛的加成，产物的 ee 仅 52%。

38 是另一种含芴基的手性氨基醇，仅用 3 mol% 的 **38** 催化二乙基锌对多种芳香醛和脂肪醛的加成，产物的 ee 都在 93%～98%（除个别例外）。尤其值得注意的是，像壬醛这样的链状脂肪醛，与二乙基锌的加成产物，ee 也达 98%[35]。

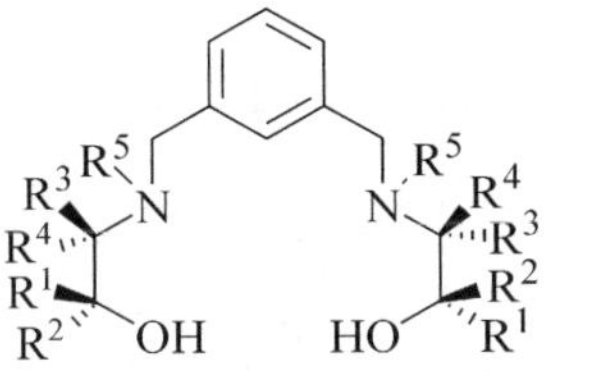

39

a. R^1=Ph, R^2=H, R^3=Me, R^4=H, R^5=Et

b. R^1=R^2=Me, R^3=H, R^4=*t*-Bu, R^5=Me

c. R^1=R^2=Me, R^3=H, R^4=*t*-Bu, R^5=Et

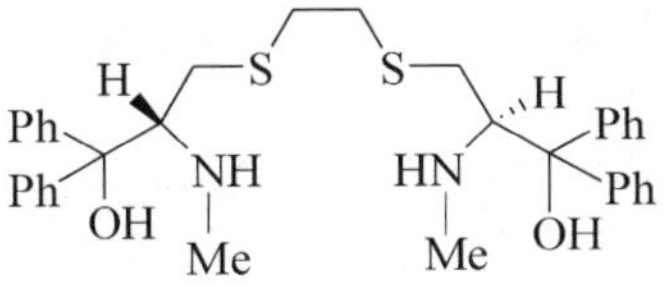

40 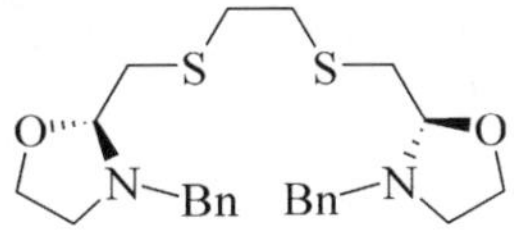　　**41**

由 Pedrosa 等合成的含两个氨基醇结构单位的手性配体 **39a** ～ **c**，10 mol% 的这些手性配体用于催化二乙基锌对醛的加成，对多种芳香醛，产物的 ee 都在 90%～98%[36a]。Kossenjans 和 Martens 由 (*R*)-甲硫氨酸合成含两个氨基醇结构的 C_2 对称性手性配体 **40**，室温下用于催化二乙基锌对苯甲醛的加成，产物的 ee 也达 94%[36b]。结构上与 **40** 相似的手性配体 **41** 用于催化同样的反应，产物的 ee 却高达 99%[37]。

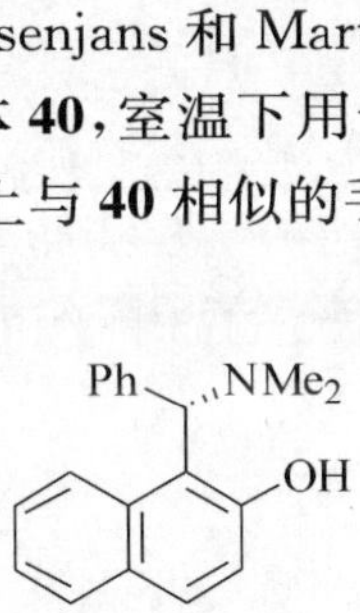

42 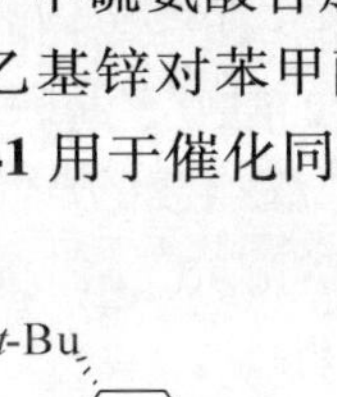　　**43**

Naso 等发现手性氨基酚 **42** 在催化二乙基锌对芳醛的加成时，显示很高的对映选择性（92%～99%ee）[38]。

配体 **43** 用于催化二烷基锌对二茂金属基甲醛的加成，也获得很高的对映选择性[39]。

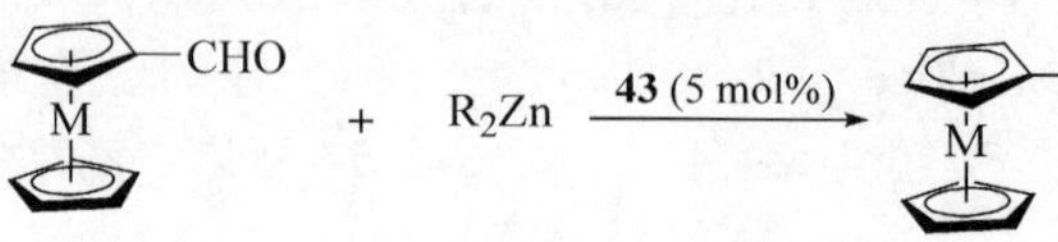

M=Fe R=Et 96% >96%ee
R=Me 96% >99%ee

M=Ru R=Et 99% 96%ee
R=Me 84% 90%ee

5.1.3 手性吡啶醇或亚胺醇配体催化的二烷基锌对醛的加成

Bolm 等研究了吡啶醇类手性配体，像 **45** 那样的 C_2 对称性的联吡啶二醇手性配体可由 **44** 在镍催化下偶联得到。**45** 用于催化二乙基锌对芳醛的加成，产物的 ee 达 90%～97%，但对于脂肪醛或 α,β-不饱和醛，产物的 ee 则低得多(25%～54%ee)[40a, b]。**46** 用于催化二乙基锌对苯甲醛的加成，ee 也达 92%～95%[40c]。

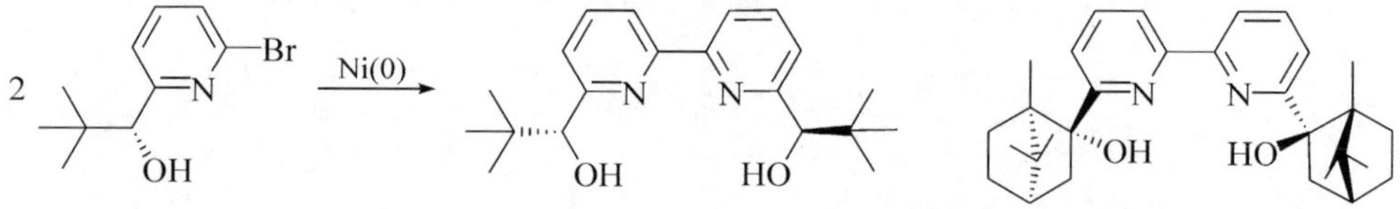

44 **45** **46**

林国强等由含二环[3,3,0]骨架的手性辛二酮制备的吡啶醇 **47**，用于催化二乙基锌对苯甲醛的加成，ee 最高达 92%[41]。Pale 等由 L-薄荷酮合成的手性吡啶醇 **48**，用于催化同样的反应，产物的 ee 也达 95%[42]。

具有三个配位点的吡啶醇 **49**，也是二乙基锌与醛的加成反应的优良催化剂，仅用 2 mol%的 **49**，芳醛加成的产物 ee 大多大于 90%，脂肪醛的加成产物，ee 也大于 80%[43a]。稠环吡啶醇(*S*)-**50**，催化二乙基锌对苯甲醛的加成，产物(*R*)-1-苯基-丙醇的 ee 也达 90%[43b]。

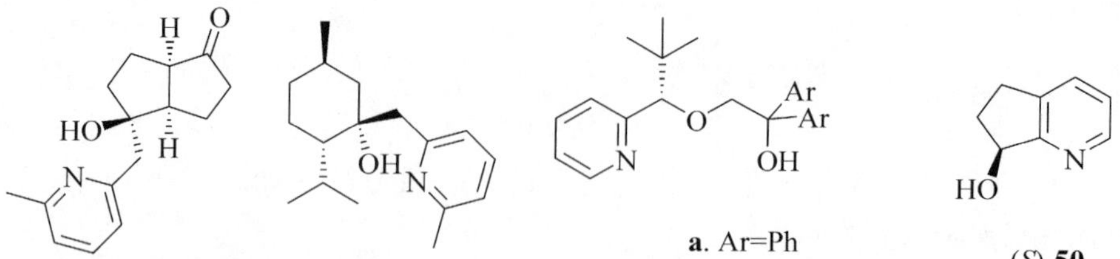

47 **48** **49** **a**. Ar=Ph **b**. Ar=α-萘基 (*S*)-**50**

1. 含轴手性的氨基酚或席夫碱类手性配体

含轴手性的氨基酚(*S*)-**52**，是由 *L*-薄荷醇拆分 **51** 转化而成的，两种光活对映异构体转化成(*R*)-**52** 和(*S*)-**52**,分别用于催化二乙基锌对醛的加成,都得到很好的结果(表 5-11)[44]。

51　　(*S*)-**52**

53

54

(*Sp*,*S*)-**55**　**a**. R=*i*-Pr　**b**. R=*t*-Bu

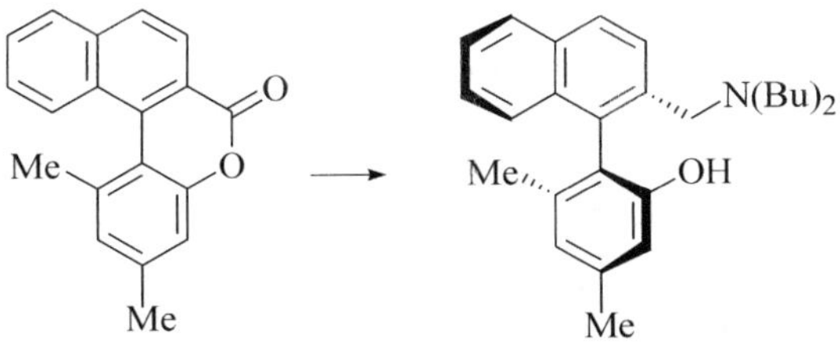

表 5-11　52 催化的二乙基锌对醛的加成

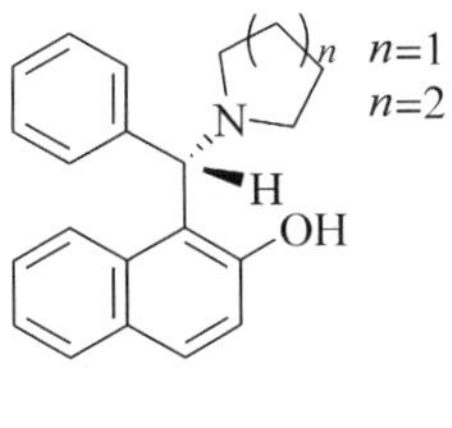

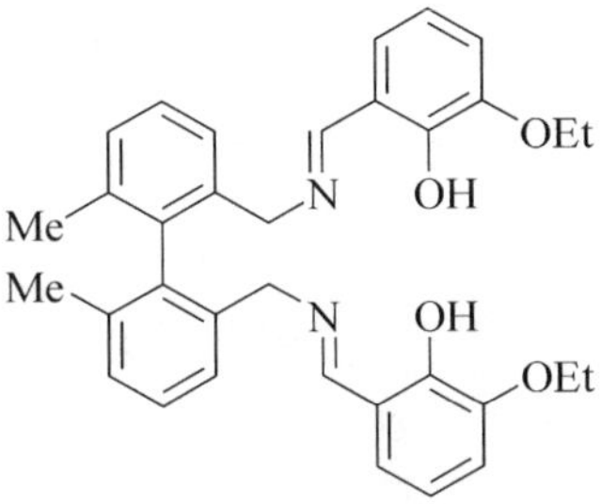

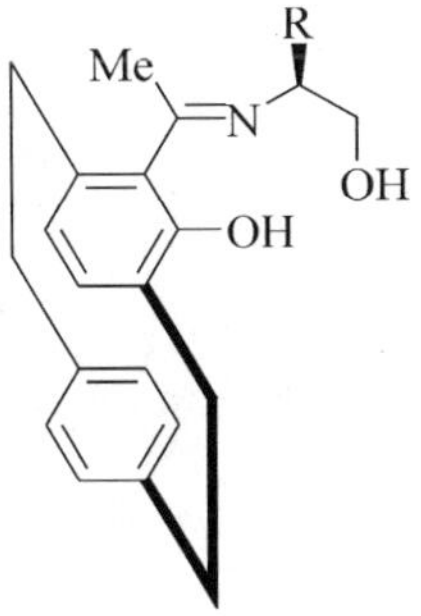

醛	催化剂/mol%	时间/h	产率/%	ee/%	构型
苯甲醛	(*S*)-**52** (10)	16	95	98	*S*
苯甲醛	(*S*)-**52** (5)	48		94	*S*
苯甲醛	(*S*)-**52** (2)	72		94	*S*
苯甲醛	(*R*)-**52** (2)	16	96	98	*R*
1-萘甲醛	(*R*)-**52** (2)	16	98	96	*R*
肉桂醛	(*R*)-**52** (2)	16	94	84	*R*
庚醛	(*R*)-**52** (2)	16	88	92	*R*

注:反应在 20℃下,己烷溶剂中进行。

配体 **53**[45]、**54**[46]、**55**[47]在催化二乙基锌对芳醛的不对称加成中,也曾有良好的表现。

2. 含二茂铁骨架的氨基醇配体

二茂金属化合物,由于具有独特的刚性大体积平面手征性骨架,而且是化学惰性的,因而引起研究者的广泛兴趣,许多含二茂金属骨架的手性配体已被用作多种不对称反应的催化剂，并显示杰出的对映选择性，多种含二茂铁骨架的氨基醇用作有机锌对醛加成反应的手性催化剂，取得良好的效果[48, 49]。其中既含二茂金属的平面手征性，又含侧链手性中心的氨基醇 **56** ～**59**，效果尤为突出。

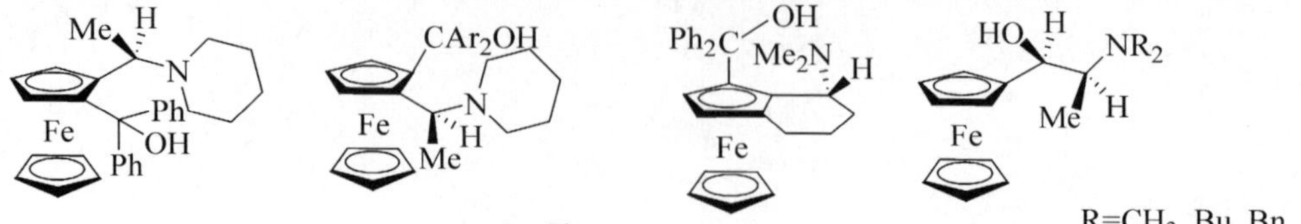

56　57 a. Ar=Ph b. Ar=p-ClPh　58　59 R=CH_3, Bu, Bn, $-(CH_2)_4-$

56 和 **57** 用于催化二烷基锌对二茂金属甲醛的加成，产物的 ee＞95％，最高达 99％，对邻苯二甲醛的加成产物，ee 也＞87％（表 5－12）[50]。

表 5－12　56 和 57 催化的二烷基锌对醛的加成1)

R_2Zn	醛	催化剂/mol％	产率/％	ee/％	构型
Me_2Zn	苯甲醛	**56**（5）	93	98	S2)
Me_2Zn	二茂铁甲醛	**56**（5）	96	97	S2)
Et_2Zn	二茂钌甲醛	**56**（5）	95	99	S2)
Me_2Zn	二茂钌甲醛	**56**（5）	90	97	S2)
Et_2Zn	邻苯二甲醛	**56**（5）	95	88	S3)
$(n\text{-Bu})_2Zn$	邻苯二甲醛	**56**（5）	50	89	S3)
Et_2Zn	邻苯二甲醛	**57a**（5）	92	88	R3)
Et_2Zn	邻苯二甲醛	**57a**（5）	87	90	R3)
Et_2Zn	邻苯二甲醛	**57b**（5）	85	90	R3)
Et_2Zn	邻苯二甲醛	**57b**（10）	88	98	R3)
$(n\text{-Bu})_2Zn$	邻苯二甲醛	**57b**（5）	57	94	R3)

1）反应在室温下进行，甲苯或己烷为溶剂；

2）产物为 **60**；

3）产物为 **61**。

58 含稠合双环的手性氨基醇结构，Schlögl 等用它催化二乙基锌与不同的醛加成，产物的 ee 大多＞85％，令人感兴趣的是，ee 最高的是脂肪醛，异丁醛的加成产物（97％）[51]。**59** 是既含二茂铁手性骨架，侧链又含两个手性中心的氨基醇，用它催化二乙基锌与芳醛的加成反应，产物的 ee 达 90％～96％[52]。

60　**61**

62～64 是既含二茂铁平面手征性结构，侧链上又含羟基和手性噁唑啉环的配体。

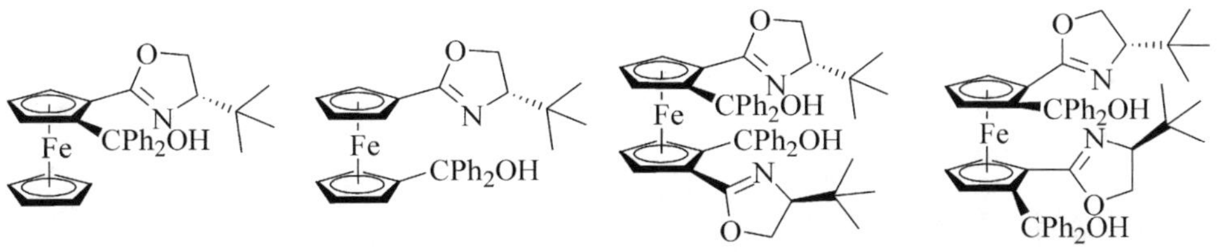

62　　**63**　　**64**　　**65**

62 用于催化二乙基锌对醛的加成，催化活性和对映选择性都很高(表5－13)[53]。

表 5－13　62 催化的二乙基锌对醛的加成

醛	反应时间/h	产率/%	ee/%	构型
苯甲醛	6	83	93	*R*
二茂铁甲醛	3	93	95	*R*
对甲氧基苯甲醛	9	93	91	*R*
对氯苯甲醛	7	94	86	*R*
5-(对氯苯基)-2-呋喃醛	2	92	91	*R*
肉桂醛	6	89	78	*R*
庚醛	26	94	87	*R*

62 的催化活性和对映选择性既与二茂铁的平面手征性结构有关，也与侧链上的噁唑啉环的构型有关。当二茂铁的构型不变，而侧链上的手性噁唑啉的构型相反，或噁唑啉环不含手性中心时，配体的催化活性和对映选择性都大幅度下降，说明两部分手性结构的构型相匹配，是获得高催化活性和对映选择性的重要条件。配体 **63** 中，侧链的羟基和噁唑啉环分别连到两个环戊二烯环上，它显示出的催化活性和对映选择性都与 **62** 很相近[54]。

64 和 **65** 中，两个环戊二烯环上都分别连有手性噁唑啉环和二苯甲醇基，不同的是取代基的相对位置不一样，它们用于催化二乙基锌对苯甲醛的不对称加成，产物(*R*)-1-苯基丙醇的 ee 也在 91%～93%范围内[55]。

3. 含 η^6-Arene-铬络合物的氨基醇

Jones 等由麻黄碱类氨基醇(1*S*,2*R*)-**22** 和(1*R*,2*S*)-**22** 与 $Cr(CO)_6$ 在 THF/二丁醚(1∶10)中回流制备了一系列苯环与三羰基铬络合物的含 η^6-Arene-铬的氨基醇，如 **66** 和 **67a**～**b**。

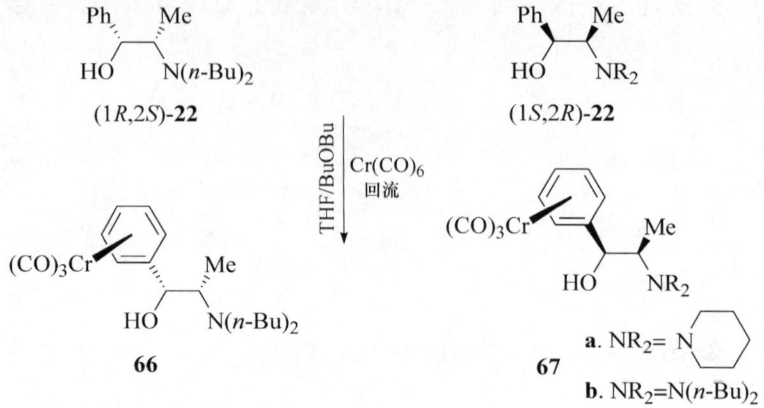

Ph　Me
HO　N(*n*-Bu)$_2$
(1*R*,2*S*)-**22**

Ph　Me
HO　NR_2
(1*S*,2*R*)-**22**

$Cr(CO)_6$, THF/BuOBu, 回流

$(CO)_3Cr$　Me
HO　N(*n*-Bu)$_2$
66

$(CO)_3Cr$　Me
HO　NR_2
67
a. NR_2= N(piperidine)
b. NR_2=N(*n*-Bu)$_2$

苯环与三羰基铬配位后形成的氨基醇 **66** 和 **67**，在催化二乙基锌对苯甲醛的加成中，对映选择性都比未配位前的氨基醇(1*R*，2*S*)-**22** 和(1*S*，2*R*)-**22** 高[56]，这与配体空间障碍增加及吸电子效应增强有关。

铬上的一个羰基被三烷氧基磷或三苯基膦取代得到的氨基醇 **68** 和 **69** 也是非常有效的手性配体。

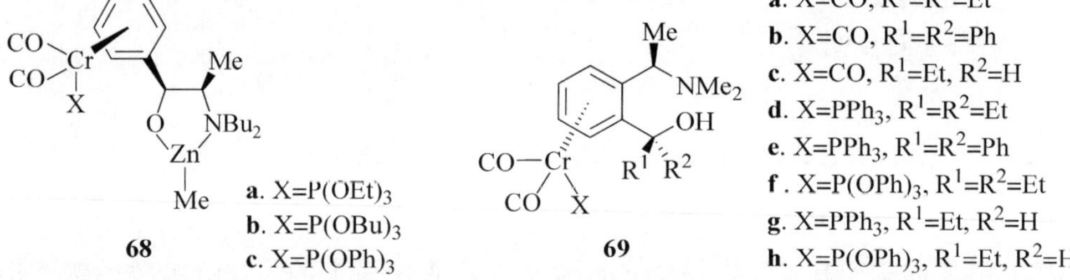

配体 **68** 被用于催化二甲基锌对 **70** 那样的脂肪醛的加成反应，以考察取代 X 变化对配体性质的影响。X 的空间体积增加，配体的对映选择性也随之增大，**68c** 中 X 的体积最大，产物的 ee 也最高(96%)[57]。

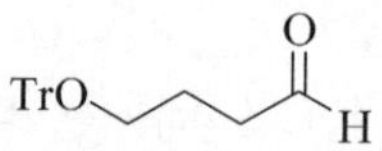

TrO　O　H
70

配体 **69** 用于催化二乙基锌对苯甲醛的加成，产物的 ee 都达 93%以上，其中 **69d**、**69f**、**69h** 效果最好，ee 都达 97%[58]。

5.1.4　手性氨基硫醇或氨基硒配体催化的二烷基锌对醛的加成

1. 氨基硫醇配体

如前所述，手性氨基醇是有机锌与醛加成的十分有效的手性催化剂，将氨基醇中的 OH 换成 SH 得到的相应手性硫醇，催化同样的反应，往往显示出更高的对映选择性。例如，配体 **71**[59a, 59b] 和 **72**[60] 那样的手性氨基硫醇，比相应的麻黄碱类氨基醇和 1,2-二苯基氨基醇，在催化二乙基锌与芳醛或环己基甲醛的加成时，产物的 ee 更高(接近 100%)(表 5 - 14)。

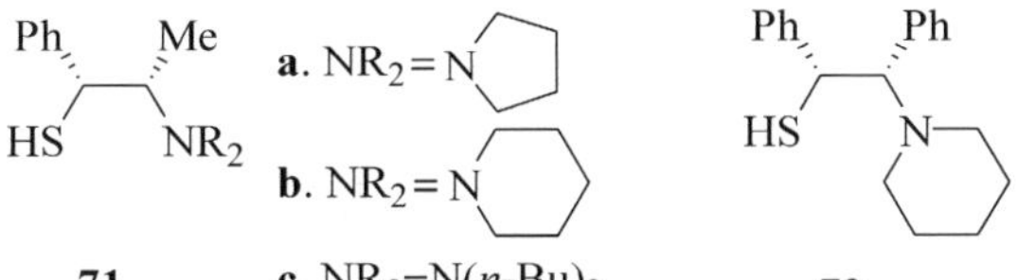

71　a. NR_2 = 吡咯烷基；b. NR_2 = 哌啶基；c. NR_2=$N(n\text{-}Bu)_2$　**72**

表 5 - 14　71 和 72 催化的二乙基锌对醛的加成

醛	催化剂/mol%	温度/℃	产率/%	ee/%	构型
苯甲醛	**71a** (5)	0		99	*R*
苯甲醛	**71b** (5)	0	94	100	*R*
苯甲醛	**71c** (5)	0		99	*R*
苯甲醛	**72** (5)	0	90	100	*R*
4-氯苯甲醛	**72** (5)	0	92	100	*R*
2-萘甲醛	**71a** (5)	0		99	*R*
2-萘甲醛	**71b** (5)	0	98	99	*R*
2-萘甲醛	**71c** (5)	0		98	*R*
2-萘甲醛	**72** (5)	0	98	100	*R*
环己基甲醛	**71a** (5)	0		99	*R*
环己基甲醛	**71b** (5)	0	97	100	*R*
环己基甲醛	**71c** (5)	0		100	*R*
三甲基乙醛	**72** (5)	0	83	100	*R*
肉桂醛	**71a** (5)	0		78	*R*
肉桂醛	**71b** (5)	0	98	77	*R*
肉桂醛	**71c** (5)	0		81	*R*
肉桂醛	**72** (5)	0	88	80	*R*

由脯氨醇制得的相应硫醇的二聚体 **73**，与具有相似结构的手性配体 **74**，在催化二乙基锌对醛的不对称加成中都有很好的表现。

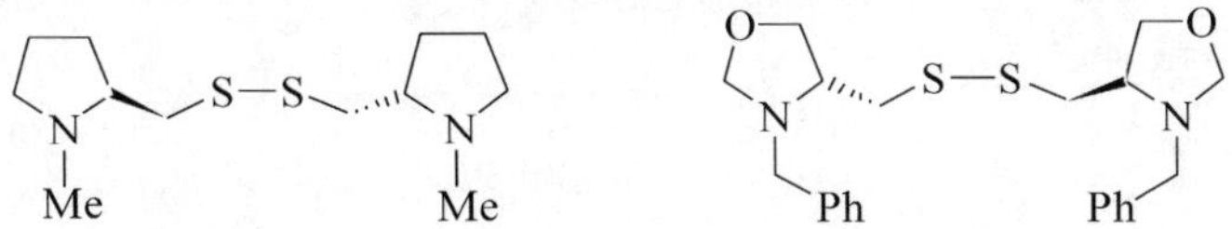

73　**74**

仅用 2.5 mol% **73** 催化二乙基锌与芳醛的加成，ee 最高达 99%，但对 α,β-不

饱和醛或脂肪醛，对映选择性仅中等(67％和 70％ee)[61a, b]，而仅用 2 mol％ **74** 催化二乙基锌，0℃下对苯甲醛和环己基甲醛加成，产物的 ee 都大于 99％[62]。

手性氨基酚 **75a** ～ **c** 及 **75a** 的锌化物二聚体 **76**，在二烷基锌对芳醛的不对称加成中也显示了很好的对映选择性(91％～99％ ee)[63]。

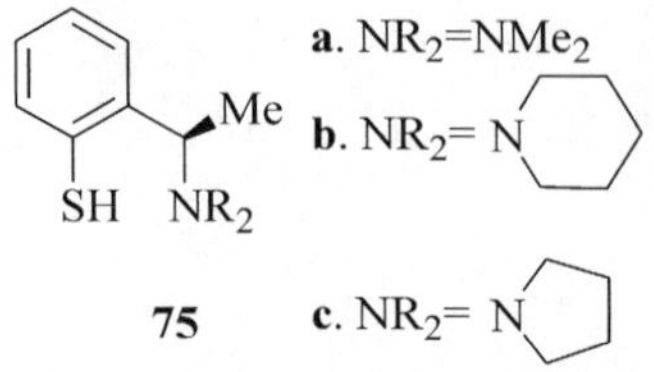
Me
SH
NR_2
a. NR_2=NMe_2
b. NR_2= N
c. NR_2= N

75

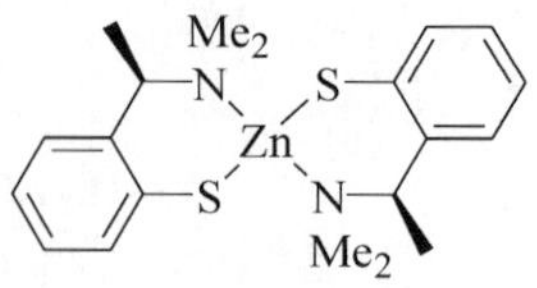
Me_2
N
S
Zn
S
N
Me_2

76

Hongo 等合成的手性桥环氨基硫醇 **77** 也是二乙基锌对芳醛或环己基甲醛不对称加成的杰出催化剂，产物的 ee 高达 94％～99％[64]。值得注意的是，氨基硫醇中的 SH 被酯化后的配体 **78**，用于催化二乙基锌对芳醛或环己基甲醛的加成，也有很高的对映选择性(98％～99％ ee)[65]。

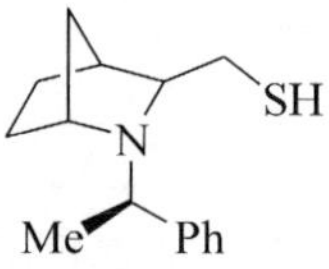
SH
N
Me
Ph

77

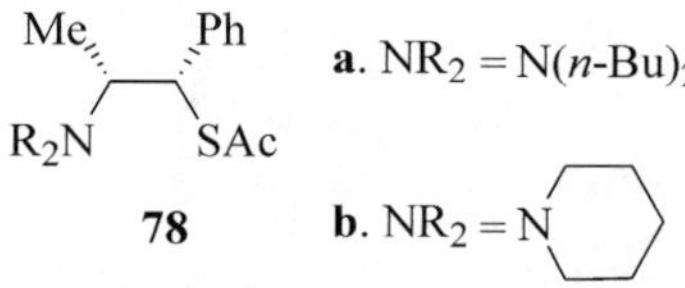
Me
Ph
R_2N
SAc
a. NR_2 = N(n-Bu)$_2$
b. NR_2 = N

78

2. 含硒的手性配体

硒与氧、硫是同一主族的元素，也有相似的配位能力。Wirth 等发现 **79** 这样的氨基硒配体，在二乙基锌对苯甲醛的加成反应中，也有很好的催化效果(表 5－15)[66]。

仅用 1 mol％的 **79** 催化二乙基锌对芳醛的加成，产物 ee 都在 90％以上。而将氨基换成烷氧基得到的类似配体 **80**，即使用 5 mol％的 **80**，催化苯甲醛的加成，产物的 ee 仅 8％，且构型变成 R，产率也只有 32％。

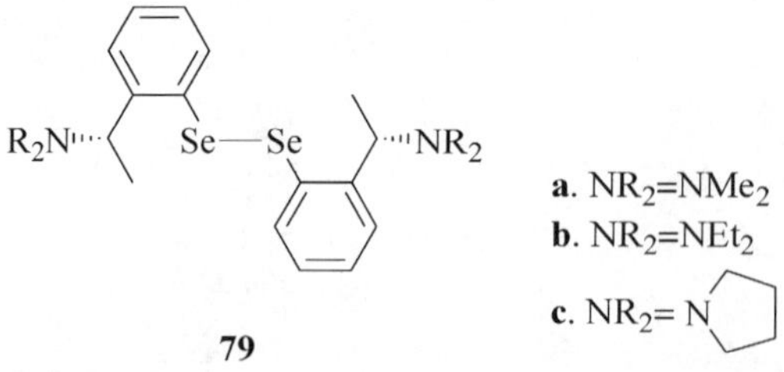
R_2N
Se
Se
NR_2
a. NR_2=NMe_2
b. NR_2=NEt_2
c. NR_2= N

79

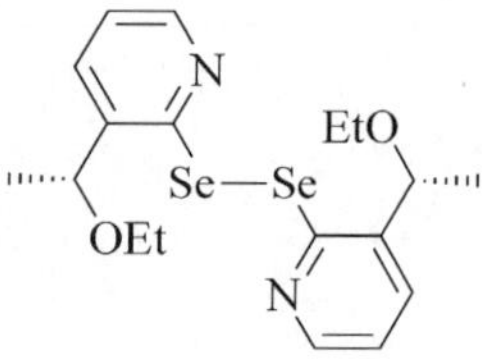
N
EtO
Se
Se
OEt
N

80

表 5-15　含硒手性配体 79 催化的二乙基锌对醛的加成

醛	催化剂/mol%	温度/℃	产率/%	ee/%	构型
苯甲醛	**79a** (1)	r. t.	70	91	*S*
苯甲醛	**79b** (1)	r. t.	57	91	*S*
苯甲醛	**79c** (1)	r. t.	91	97	*S*
邻溴苯甲醛	**79c** (1)	0	78	91	*R*
2-溴-3-甲基苯甲醛	**79c** (1)	0	79	92	
间-三氟甲基苯甲醛	**79c** (1)	0	98	97	
对三氟甲基苯甲醛	**79c** (1)	0	98	98	
对特丁基苯甲醛	**79c** (1)	0	67	98	
1-萘甲醛	**79c** (1)	0	80	90	

5.1.5　二氮手性配体催化的二烷基锌对醛的加成

分子中不含 OH 或 SH，但含有至少两个可形成螯合配位的氮原子的手性配体，许多研究已表明这类手性配体在有机锌对醛的不对称加成中，也是很有效的手性催化剂。如，Asami 等合成的含两个氨基的手性配体 **81**，用于催化二烷基锌对芳醛和环己基甲醛的加成，产物的 ee 大多大于 90%。但其他脂肪醛的加成产物 ee 只有中等(表 5-16)[67]。

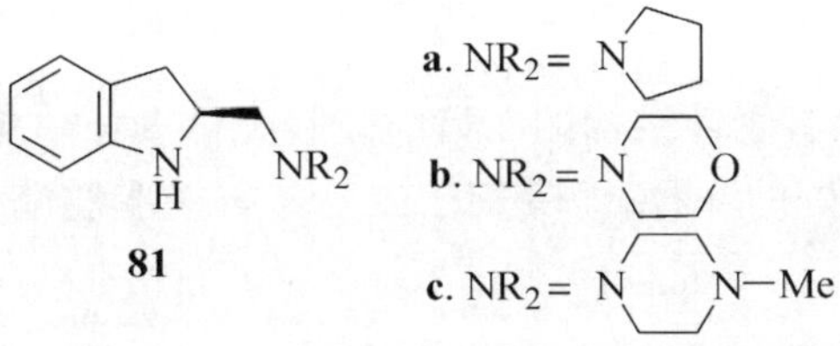

NR_2　**81**

a. NR_2 = N(吡咯烷基)
b. NR_2 = N(吗啉基，O)
c. NR_2 = N(哌嗪基)N—Me

表 5-16　81 催化的二烷基锌对醛的加成

醛	R_2Zn	催化剂/(mol%)	温度/℃	产率/%	ee/%
苯甲醛	Et_2Zn	**81a** (15)	0	89	91
苯甲醛	Et_2Zn	**81b** (15)	0	82	93
苯甲醛	Et_2Zn	**81c** (15)	0	85	95
对甲氧基苯甲醛	Et_2Zn	**81c** (15)	0	80	74
邻甲氧基苯甲醛	Et_2Zn	**81c** (15)	0	71	91
对氯苯甲醛	Et_2Zn	**81c** (15)	0	91	93
庚醛	Et_2Zn	**81c** (15)	0	71	60
环己基甲醛	Et_2Zn	**81c** (15)	0	70	97
苯甲醛	Me_2Zn	**81c** (15)	r. t.	84	96
苯甲醛	*i*-Pr_2Zn	**81c** (15)	r. t.	80	87

自 Ohno 等的开创性工作以来[68]，各种含 C_2 对称性的二磺酰胺手性配体在有机锌与醛的不对称加成中的应用得到广泛研究。**82** 是这类配体中效果较好的代表。

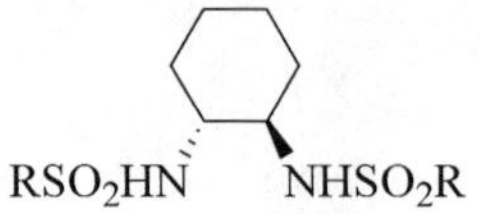
RSO2HN
NHSO2R

82

a. R=CF_3
b. R=*p*-MePh
c. R=*p*-MeOPh

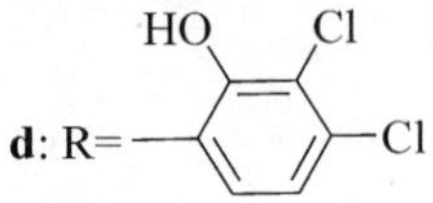
HO
Cl
d: R=
Cl

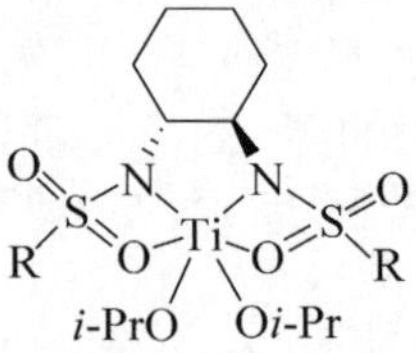
O
N
N
O
S
Ti
S
R
O
O
R
i-PrO
Oi-Pr

83

82a ～ **d** 四种二磺酰胺类手性配体与 Ti(O*i*-Pr)$_4$ 形成的配合物，用于催化二乙基锌与苯甲醛的不对称加成，产物的 ee 均达 97%～99%[69, 70]，X 射线研究表明，**82** 与 Ti(O*i*-Pr)$_4$ 配位形成 **83** 那样六配位的配合物。中心金属 Ti 除与二个 N 原子配位，还与磺酰基中的两个氧配位。

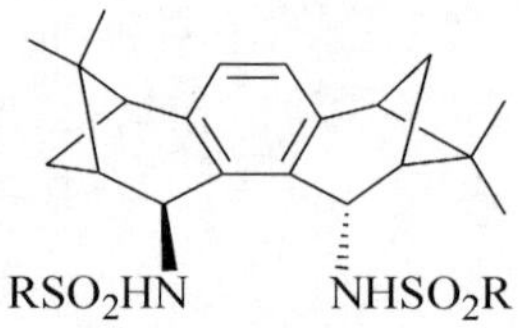
RSO2HN
NHSO2R

84

a. R=CH_3
b. R=*p*-MeC$_6$H$_4$
c. R=CF_3

Zhou 等合成的具有刚性结构的二齿磺酰胺配体 **84**，可能是这种 C_2 对称性二磺酰胺配体中效果最好的一种，尤其用于二乙基锌对脂肪醛的加成，产物的 ee 特别高(表 5 - 17)[71]。

表 5 - 17　84 催化的二乙基锌对醛的加成

醛	配体	Ti(O*i*-Pr)$_4$/当量	产率/%	ee/%	构型
苯甲醛	**84a**	1.2	93	98	*R*
苯甲醛	**84b**	1.2	93	89	*R*
苯甲醛	**84c**	1.2	90	95	*R*
己醛	**84a**	0.6	87	98	*R*
己醛	**84b**	0.6	77	92	*R*
3-苯基丙醛	**84a**	0.6	86	97	*R*
3-苯基丙醛	**84b**	0.6	74	96	*R*
环己基甲醛	**84a**	1.2	65	96	*R*
环己基甲醛	**84b**	1.2	64	88	*R*

注：反应在 1 mol%配体存在下，－40℃下进行。

氨基吡啶也是重要的二氮类配体，**85** ～**87** 是用于有机锌对醛的加成反应中催化效果较好的这类手性配体。

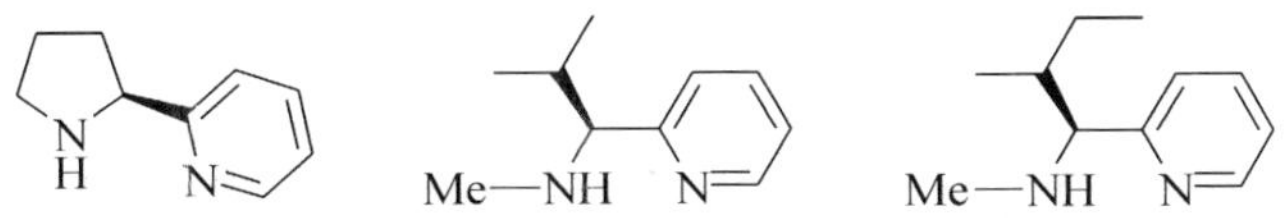

配体 **85** 用于催化二乙基锌对许多芳醛和部分脂肪醛如环己基甲醛、肉桂醛的加成反应，产物的 ee 都＞90％，最高达 100％，但对另外一些脂肪醛，产物的 ee 仅中等或较低(表 5－18)[72,73]。

表 5－18　85 催化的二乙基锌对醛的加成

醛	温度/℃	时间/h	产率/％	ee/％	构型
苯甲醛	－10	18	93	100	*S*
对甲氧基苯甲醛	－10	20	60	98	*S*
对氯苯甲醛	－10	16	90	100	*S*
对甲基苯甲醛	－10	6	77	92	*S*
邻甲基苯甲醛	－10	16	96	100	*S*
肉桂醛	－10	18	98	91	*S*
环己基甲醛	－10	16	77	90	*S*
3-苯基丙醛	20	6	89	59	*S*
庚醛	20	16	89	67	*S*

注：反应在 6 mol％ **85** 存在下进行。

5.1.6　二醇或二酚手性配体催化的二烷基锌对醛的加成

手性二醇和二酚是多种不对称反应的有效催化剂，这类配体在有机锌对醛的加成反应中已有广泛的应用。例如 Seebach 等由酒石酸合成的 TADDOL 与 $Ti(Oi\text{-}Pr)_4$的配合物 **88** 和 **89**，已经发现，用 20 mol％的 **88** 或 10 mol％ **89** 与这类过量的 $Ti(Oi\text{-}Pr)_4$(1.2 ～2.4 当量)催化二烷基锌对芳醛或脂肪醛的加成，都有很高的对映选择性(表 5－19)[74]。

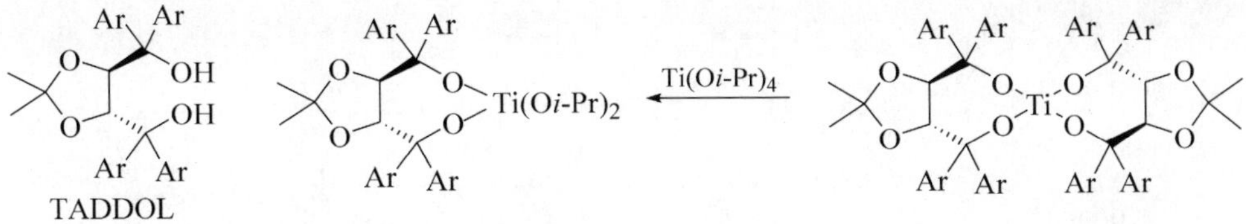

TADDOL
Ar=Ph
Ar=2-萘基

88　**a**. Ar=Ph　**b**. Ar= 萘基

89　**a**. Ar=Ph　**b**. Ar= 萘基

表 5-19 TADDOL 与 Ti 的配合物 88 和 89 催化的二烷基锌对醛的加成

醛	催化剂/mol%	产率/%	ee/%	构型
苯甲醛	**88b** (20)	76	98.6	*S*
苯甲醛	**89a** (10)	75	99	*S*
3-苯基丙醛	**88b** (20)	87	>98	*S*
3-苯基丙醛	**89a** (10)	85	82	*S*
肉桂醛	**88b** (20)	87	91	*S*
肉桂醛	**89a** (10)	89	96	*S*
环己基甲醛	**88b** (20)	77	99	*S*
环己基甲醛	**89a** (10)	67	82	*S*
庚醛	**88b** (20)	70	97	*S*
庚醛	**89a** (10)	75	92	*S*
苯基炔丙醛	**88b** (20)	83	>99	*S*
丁烯醛	**88b** (20)	56	>98	*S*

两分子 TADDOL 与一分子 Ti(O*i*-Pr)$_4$ 形成的四配位的 **89** 是在空气中稳定的化合物，**89** 用过量的 Ti(O*i*-Pr)$_4$ 处理可转化成 **88**，催化活性质点是 **88**。TADDOL中的 Ar 体积更大，**88** 的对映选择性更高(**88b** 比 **88a** 更有效)。由表 5-19可知，**88b** 对脂肪醛和 α,β-不饱和醛极其有效。

90 **91**

90[75] 和 **91**[76] 是一对对映体，在 Ti(O*i*-Pr)$_4$ 存在下，它们用于催化二乙基锌对芳醛的不对称加成，都显示出很高的对映选择性，产物的 ee 都在 90%以上。

BINOL 以及由它衍生的手性二酚 **92**[77] 和 **93**[78]，也是有机锌与醛的加成的有效催化剂。

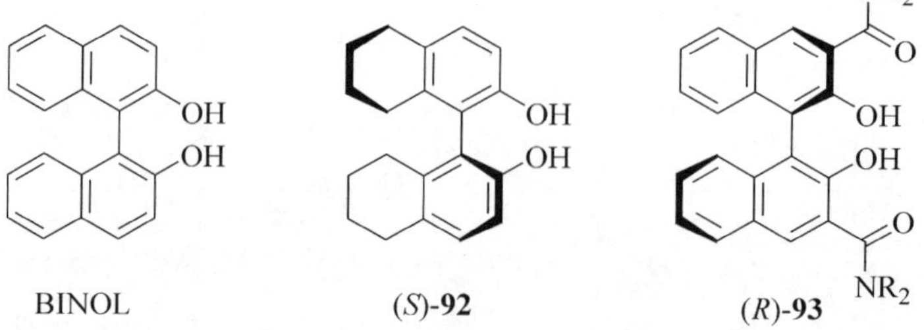

BINOL (*S*)-**92** (*R*)-**93**

a. R=*n*-Bu
b. R=*i*-Pr

用 10 mol%的(S)-**92** 或(*R*)-**93** 催化二乙基锌与芳醛的加成，产物的 ee 大多

90%以上,最高达 99%。(*R*)-**93** 不但对芳醛,对脂肪醛也有很高的对映选择性(84%~98% ee)。

BINOL 的 β-位有大体积的取代基时,通常可以大大提高配体的对映选择性。(*R*)-**94** 用于催化二烷基锌对醛的不对称加成,无论芳醛或脂肪醛都显示了极高的对映选择性(表 5-20)[79]。

(*R*)-**94**　Ar= (OC_6H_{13}, $C_6H_{13}O$)

95

表 5-20　(*R*)-94 催化的二烷基锌对醛的加成

醛	反应时间/h	产率/%	ee/%	构型
苯甲醛	4	95	>99	*R*
对甲基苯甲醛	4	91	98	*R*
对氯苯甲醛	4	96	>99	*R*
间甲氧基苯甲醛	6	95	99	*R*
2-萘甲醛	5	94	99	*R*
2-呋喃甲醛	6	90	91	*R*
己醛	40	89	98	*R*
庚醛	24	86	98	*R*
壬醛	45	91	98	*R*
环己基甲醛	40	90	98	*R*
2-丁烯醛	18	66	91	*R*
2-丁基-2-丙烯醛	18	90	98	*R*

注:反应于甲苯中,0℃,5 mol% (*R*)-**94** 存在下进行。

Mikami 等发现用 1∶1 的(*R*)-**94** 与 **95** 的混合物催化二乙基锌对苯甲醛的加成,产物的 ee 高达 99%[80]。

5.2　芳基、烯基或炔基锌对醛酮的不对称加成

前面介绍的都是 sp^3 杂化的碳原子直接与锌原子相连的饱和烷基锌化物对醛的加成,下面将简短介绍 sp^2 或 sp 杂化的碳原子与锌原子形成的锌化物,即芳基、

烯基或炔基锌对醛或酮的加成。

5.2.1 芳基锌对醛的加成

如前所述，烷基锌对醛的加成活性较低，常温下，在没有催化剂参与时，反应不能进行或进行很慢，而芳基锌对醛的加成则不一样，即使没有催化剂的参与，反应也能顺利进行，这就使发展用于这类反应的高对映选择性催化剂更具挑战性，因为得到的催化剂不但要有很高的对映识别能力，而且要有很高的催化活性，使反应绝大部分按催化剂参与的方式进行(基本上不按没有催化剂参与直接进行的方式)，从而获得高对映选择性产物。因此直到最近几年，用于这类反应的高选择性催化剂才陆续获得。

Pu 等制备的 BINOL 衍生物(*R*)-**94**，已经在二烷基锌对醛的加成反应中，显示了极高的对映选择性。这个催化剂在二苯基锌对醛的加成中同样显示了很高的对映选择性(表 5－21)[81]。

表 5－21　(*R*)-94 催化的二苯基锌对醛的加成

序号	醛/(mol/L)	(*R*)-**94**/mol%	添加剂/(mol%)	产率/%	ee/%	构型
1	丙醛(100)	10	0	90	87	*S*
2	对甲氧基苯甲醛(50)	0	0	61	0	
3	对甲氧基苯甲醛(50)	5	0	76	54	*R*
4	对甲氧基苯甲醛(50)	5	Et_2Zn(10)	87	77	*R*
5	对甲氧基苯甲醛(50)	20	Et_2Zn(40)	84	93	*R*
6	对氯苯甲醛(50)	20	Et_2Zn(40)	70	57	*R*
7	对氯苯甲醛(5)	20	Et_2Zn(40)	86	94	*R*
8	肉桂醛(5)	20	Et_2Zn(40)	98	50	*S*
9	肉桂醛(5)	20	Et_2Zn(80)/MeOH(40)	92	77	*S*

由表 5－21 可以看出，配体(*R*)-**94** 的对映选择性与下列因素有关：

(1) (*R*)-**94** 先用 2mol 的二乙基锌预处理，可显著提高对映选择性(序号 4∶3)。

(2) 降低反应物的浓度，可大大提高对映选择性(序号 7∶6)。

(3) 对 α,β-不饱和醛，加入甲醇也能明显改善对映选择性(序号 9∶8)。

Pu 等对(*R*)-**94** 做进一步的结构优化，在 β,β'-位的芳基上引入两个强吸电子作用的 F，合成了(*S*)-**96**，在相同的条件下，(*S*)-**96** 用于催化二苯基锌对肉桂醛的加成，产物的对映选择性比(*R*)-**94** 明显提高[82](87% ee∶50% ee)。

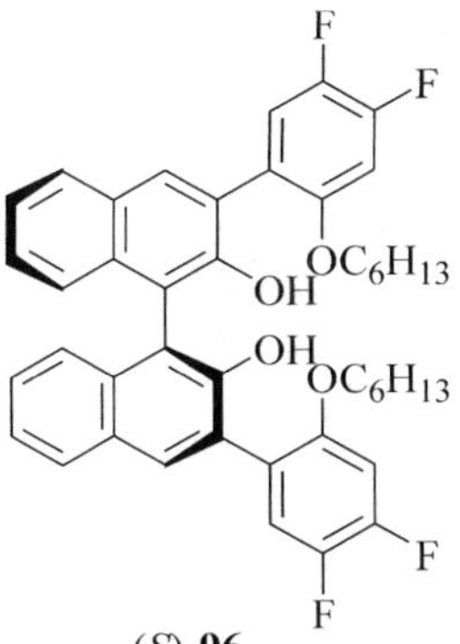

(*S*)-**96** 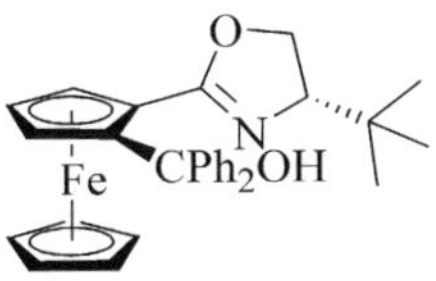　　　　**97**

97 是二苯基锌对醛加成的另一个高对映选择性催化剂，当 **97** 先用二乙基锌处理后再用时，ee 更高（表 5-22）[83]。

表 5-22　97 催化的二苯基锌对醛的加成

醛	产率/%	ee/%	构型
对氯苯甲醛	86	97	*R*
对甲氧基苯甲醛	82	98	*R*
间甲氧基苯甲醛	99	96	*R*
对甲基苯甲醛	86	98	*R*
对苯基苯甲醛	98	97	*R*
2-萘甲醛	70	96	*R*
邻溴苯甲醛	64	91	*R*
2-呋喃甲醛	99	95	*R*
肉桂醛	97	90	*S*
异丁醛	75	91	*S*

注：反应在 10℃，甲苯中，10 mol% **97** 和 0.65 当量 Ph_2Zn 与 1.3 当量 Et_2Zn 的混合物存在下进行。

Dosa 和 Fu 发现，在手性氨基醇(+)-DAIB 催化下，二苯基锌也可以与酮发生加成，对映选择性地生成三级醇，产物 ee 最高达 91%[84]。

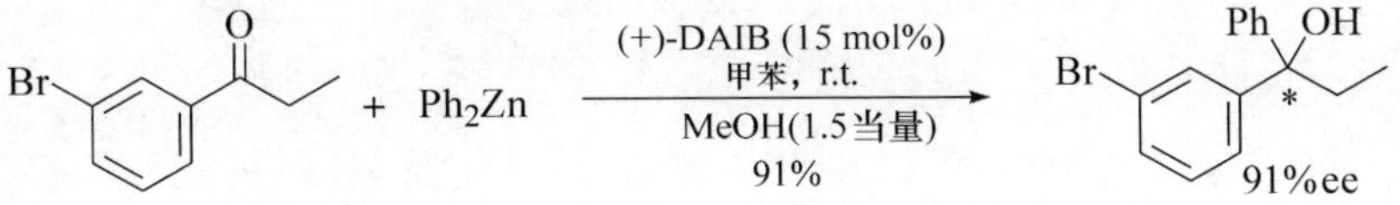

Ph_2Zn，(+)-DAIB (15 mol%)，甲苯，r.t.，MeOH(1.5当量)，91%；产物 91%ee

5.2.2　烯基锌对醛的加成

烯基锌与醛的加成可以获得合成上很有用的烯丙醇。有两种方法可用于制备烯基锌：

1) 用 $ZnCl_2$ 或 $ZnBr_2$ 与烯基格氏试剂反应来制备

R′–CH=CH–MgX + $ZnBr_2$ ⟶ (R′–CH=CH)$_2$Zn

2) 由炔烃与硼烷加成,得到烯基硼再进行硼-锌交换制得烯基锌

R–C≡CH $\xrightarrow[\text{0℃~r.t., 己烷}]{(c\text{-Hex})_2BH}$ (R–CH=CH)B$(c$-Hex$)_2$ $\xrightarrow[\text{−78℃, 己烷}]{R'_2Zn}$ R–CH=CH–ZnR′ (R′=Et 或 Me)

已有几种氨基醇或氨基硫酚手性配体 **98**、**99**、(−)-DAIB 和(−)-MIB,用于催化烯基锌对醛的不对称加成,获得较好的结果。

98　　(−)-DAIB　　(−)-MIB　　**99**

配体 **98** 用于催化二烯基锌(由格氏试剂与 $ZnCl_2$ 制得)或烯基溴化锌(由烯基锂与 $ZnBr_2$ 制得)对醛的加成,ee 最高达 97%[85]。(−)-DAIB 用于催化多种烯基锌对芳醛或脂肪醛的加成,产物的 ee 也达 73%~98%[86a]。将(−)-DAIB 的 N 上取代基改成环状的吗啉,得到的配体(−)-MIB 在催化各种不同结构的烯基锌对苯甲醛的不对称加成中,都表现出极高的对映选择性[86b]。

PhCHO + MeZn–CH=CH–R $\xrightarrow[0^{\circ}C]{\text{2 mol\% (−)-MIB}}$ Ph–CH(OH)–CH=CH–R

R=*n*-Bu	95% ee
c-Hex	95% ee
t-Bu	96% ee
Cl$(CH_2)_5$	93% ee

配体 **99** 用于催化烯基甲基锌对芳香醛的加成,产物 ee 大多大于 90%(表 5-23)[87]。

R–CH=CH–ZnMe + R′CHO $\xrightarrow{\textbf{99}\text{ (10 mol\%)}}$ R–CH=CH–C*H(OH)–R′

由天然氨基酸衍生的一系列 β-氨基硫醇,也证明是烯基锌与醛不对称加成的有效催化剂。仅用 1 mol%的配体 **100**,催化这类反应,便可取得高达 99% ee 的二级烯丙醇[88]。

表 5-23　99 催化的烯基锌对醛的加成

烯中的 R	醛	产率/%	ee/%	构型
正丁基	对氯苯甲醛	83	97	*S*
正丁基	对三氟甲基苯甲醛	71	93	*S*
正丁基	对甲氧基苯甲醛	75	63	*S*
正丁基	间甲氧基苯甲醛	79	99	*S*
正丁基	环己基甲醛	63	74	*R*
正丁基	苯甲醛	80	95	*S*

注:反应在−30℃下进行。

SH　N　n=1, 2

100

O_2SHN　$NHSO_2$　OH　HO

101

RCHO + R′CH=CHZnEt → 1) 0.5~2 mol% **100**　2) $NaHCO_3$(饱和)　甲苯, −30℃ → R′CH=CHCH(OH)R

R=Ph, *o*-ClPh, *p*-MeOPh　　R′=*n*-C_6H_{13}, *n*-Bu, *t*-Bu

69%~94%
94.3%~99.5%ee

酮羰基的亲核加成活性较低,Lewis 酸与酮羰基的配位活化作用也较弱。此外酮羰基两边都有取代基,其对映面选择性不如醛那么突出,因此烯基锌对酮的高选择性不对称加成更具挑战性。Walsh 等发展的手性双磺酰胺二醇配体(**101**)解决了这一难题。**101** 与 $Ti(Oi\text{-}Pr)_4$ 的配合物用于催化带有各种功能团的烯基锌对酮的不对称加成和对烯酮的 1,2-加成都取得了满意的结果[89a, b]。

ArC(O)R + R′Zn—CH=CH—$(CH_2)_n$X → 1) 10 mol% **101**, $Ti(Oi\text{-}Pr)_4$ (1.2当量)　2) $NaHCO_3/H_2O$　r.t. → Ar—CH(OH)—CH=CH—$(CH_2)_n$X

X=Cl,硅氧基,酰氧基,烷硫基,烯基等

80%~98%
96%~97%ee

2-R^3-4-R^1,R^2-环己烯酮 + RZn—CH=CH—$(CH_2)_n$X → 10 mol% **101**, $Ti(Oi\text{-}Pr)_4$ (1.2当量)　81%~98% → 1-(CH=CH$(CH_2)_n$X)-1-HO-2-R^3-4-R^1,R^2-环己烯

92%~97%ee

5.2.3 炔基锌对醛的加成

炔基锌对醛的加成可用于制备合成上很有用的炔丙醇，炔基锌通常由端炔与二烷基锌反应制得炔基烷基锌，如进一步与端炔反应，则最终生成二炔基锌。炔基烷基锌或二炔基锌都可用于与醛的加成反应制炔丙醇。

$$\underset{(1\text{当量})}{R—C\equiv CH} + ZnEt_2 \longrightarrow R—C\equiv CZnEt \xrightarrow{R—C\equiv CH\ (1\text{当量})} (RC\equiv C)_2Zn$$

已有多种手性配体用于催化此类不对称加成，其中配体 **102** 和 **103** 取得较好结果。

R=α-萘基

102

103

配体 **102** 用于催化炔基乙基锌对多种芳香或脂肪醛的加成，产物的 ee 均大于 80%(表 5-24)[90]。

$$R^1—C\equiv CZnR^2 + R^3CHO \xrightarrow{\mathbf{102}\ (10\ mol\%)} R^1—\equiv—\overset{OH}{\underset{R^3}{C^*}}$$

表 5-24 102 催化的炔化锌对醛的加成

R^1	R^2	R^3	催化剂/(mol%)	T/℃	产率/%	ee/%
Ph	Et	Ph	**102** (10)	r. t.	93	81
Ph	Et	Ph	**102** (10)	0	64	90
Ph	Et	n-C_8H_{17}	**102** (10)	0	65	83
Ph	Et	c-Hex	**102** (10)	0	88	91
Ph	Et	t-Bu	**102** (10)	0	61	95
n-C_6H_{13}	Et	c-Hex	**102** (10)	r. t.	79	82
n-C_6H_{13}	Et	t-Bu	**102** (10)	r. t.	67	87
Ph_3Si	Et	c-Hex	**102** (10)	r. t.	55	91

用化学计量的配体 **103** 与 $Zn(OTf)_2$ 催化端炔对 α-取代的芳醛或脂肪醛的加成，也获得很高的对映选择性(92%～99% ee)[91]。

Pu 和 Chan 等分别报道了用(S)-BINOL 结合 $Ti(O\textit{i}\text{-}Pr)_4$，催化炔基锌对醛的不对称加成，获得很高的对映选择性[92, 93]。

该反应分两步进行:①先用二烷基锌处理端炔,生成炔基烷基锌中间体;②然后加入(*S*)-BINOL、Ti(O*i*-Pr)$_4$ 和醛,第一步生成的炔基烷基锌在 BINOL 和 Ti(O*i*-Pr)$_4$配合物的催化下与醛发生加成反应。

PhC≡CH —(Et_2Zn, 第1步)→ [PhC≡C—ZnEt] —(RCHO, (*S*)-BINOL, Ti(O*i*-Pr)$_4$, 第2步)→ Ph—≡—CH(OH)R + PhCH(OH)Et

Ⅰ　Ⅱ　Ⅲ　Ⅳ

Pu 等系统研究了各种因素对两步反应的影响。发现反应温度、溶剂、各反应物的加入顺序、反应物比例、浓度都对反应的最终产率和对映选择性有明显的影响。第一步宜在甲苯溶剂中、回流条件下完成,第二步宜用 CH_2Cl_2、室温条件。如果在 $ZnEt_2$ 未作用完全的情况下便加入 BINOL、Ti(O*i*-Pr)$_4$、RCHO,则主要生成 $ZnEt_2$ 与醛的加成产物　,而不是所希望的二级炔丙醇　。优化条件可完全生成　。这一反应体系对各种芳醛的选择性高达 92%～98% ee。

Pu 等又进一步将这一催化体系用于脂肪醛和 α,β-不饱和醛,产物的对映选择性也高达 91%～99% ee[94]。

PhC≡CH —(1) Et_2Zn; 2) (*S*)-BINOL, Ti(O*i*-Pr)$_4$, RCHO, r.t.)→ Ph—≡—C*H(OH)R

R=芳基、脂肪基、烯基
91%～99%ee

(*S*)-BINOL

Chan 等发现用(*S*)-BINOL 与另一种磺酰胺基醇 **104** 按一定比例配合与 Ti(O*i*-Pr)$_4$形成的自组装配合物,用于催化炔基锌对醛的不对称加成,反应速度和对映选择性都比用单一配体与 Ti(O*i*-Pr)$_4$ 为催化剂更好[95]。

PhC≡CH —(1) $ZnMe_2$; 2) Ti(O*i*-Pr)$_4$: [(*S*)-BINOL+ **104**] 1.25 : 1, ArCHO)→ Ph—≡—C*H(OH)Ar

92%～99%ee

104（Me, Ph, TsHN, OH）

由天然樟脑衍生的 α-磺酰胺基冰片醇 **105**,也被证明是炔基锌与醛的不对称加成反应的有效催化剂[96]。

PhC≡CH + RCHO —($ZnEt_2$ (2 当量), **105** (0.1 当量), Ti(O*i*-Pr)$_4$ (0.4 当量), CH_2Cl_2, r.t.)→ Ph—≡—C*H(OH)R

R=	产率	ee
芳基	67%～93%	91%～98%ee
烷基	71%～88%	75%～93%ee

105（NHTs, OH）

炔化物对醛的加成，通常用手性配体加 Lewis 酸如 Ti(O*i*-Pr)$_4$、Zn(OTf)$_2$ 或 Cu(OTf)$_2$ 等催化该反应。最近的研究表明，许多手性配体，可以直接催化这类反应，除了 ZnR_2 外，无须加 Ti(O*i*-Pr)$_4$ 或其他 Lewis 酸。下面介绍几种用于这一反应的有效配体及其催化效果。

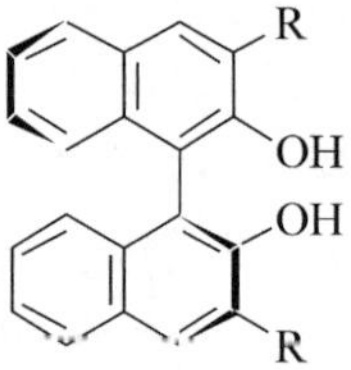
R
OH
OH
R

(*S*)-**106**

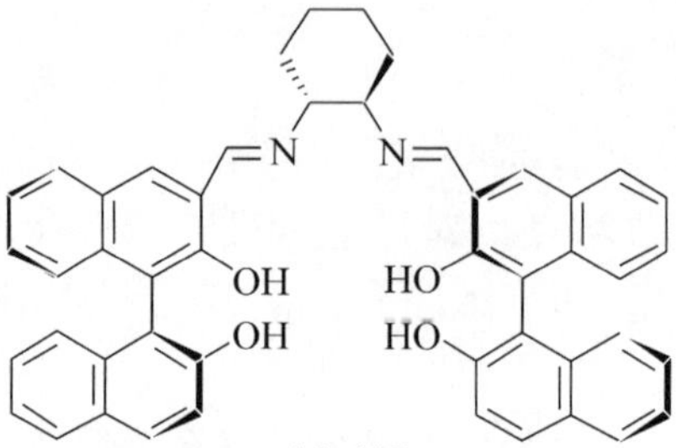
N
N
OH
OH
HO
HO

(−)-**107**

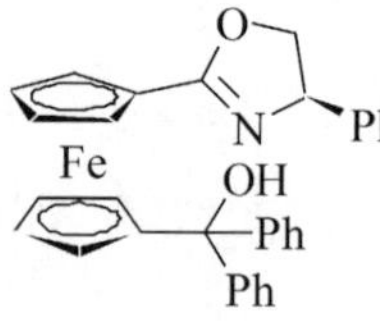
O
N
Ph
Fe
OH
Ph
Ph

108

R=

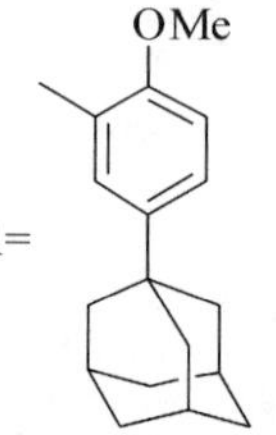
OMe

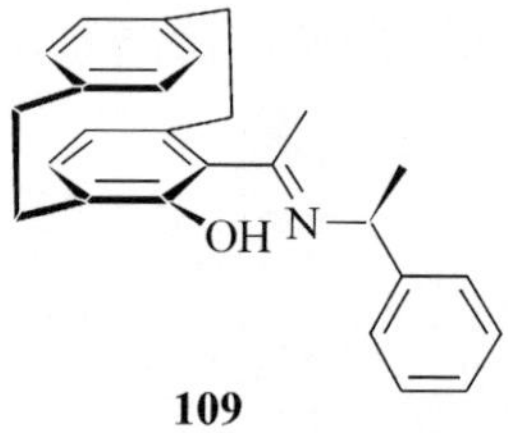
OH
N

109

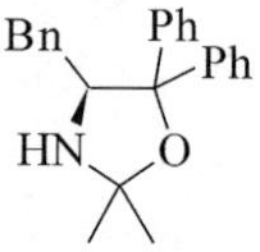
Bn
Ph
Ph
HN
O

110

用 **106** 催化苯基乙炔对各种芳香醛的加成反应，无需加入 Ti(O*i*-Pr)$_4$，也不需先制成炔基锌，大大简化了反应步骤[97]。

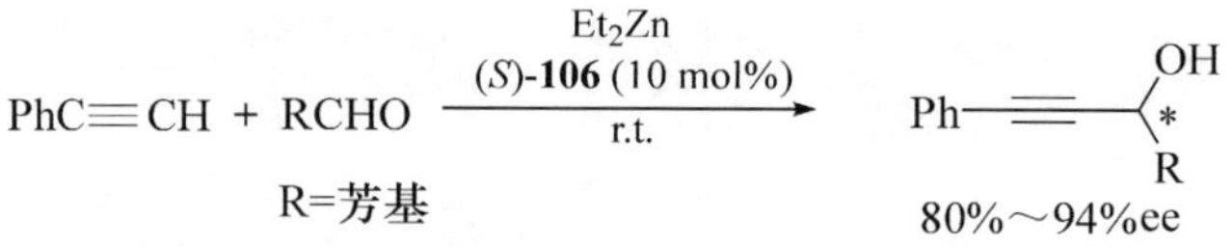
PhC≡CH + RCHO
R=芳基
Et2Zn
(S)-106 (10 mol%)
r.t.
OH
Ph
*
R
80%～94%ee

107 为催化剂则对芳基、脂肪基或烯基炔与芳醛的加成都能产生很好的对映选择性[98]。

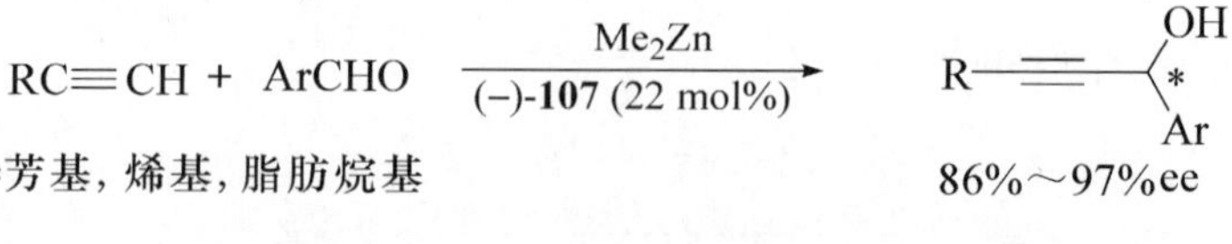
RC≡CH + ArCHO
R=芳基，烯基，脂肪烷基
Me2Zn
(−)-107 (22 mol%)
OH
R
*
Ar
86%～97%ee

含二茂铁手性骨架的配体 **108**，用于催化苯乙炔对芳醛的加成，也获得相当好的结果[99]。

$$PhC{\equiv}CH + ArCHO \xrightarrow[\text{r.t.}]{ZnEt_2,\ 10\ mol\%\ \mathbf{108}} PhC{\equiv}C{-}CH(OH){-}Ar$$

82%～90% ee

含平面手征性的酚基亚胺(Rp,S)-**109**,用于催化苯乙炔与芳醛的加成,产物的最高 ee 大于 98%[100]。

$$ArCHO + HC{\equiv}CPh \xrightarrow[82\%\sim92\%]{ZnR_2,\ (Rp,S)\text{-}\mathbf{109}} Ar{-}CH(OH){-}C{\equiv}C{-}Ph$$

80%～>98% ee

由天然氨基酸经三步简单反应制得的手性配体 **110**,用于催化芳醛的炔基加成,以好的化学产率和很高的对映选择性生成二级炔丙醇,提供了一种简单、实用、便宜地制备手性二级炔丙醇的方法[101]。

$$PhC{\equiv}CH + ArCHO \xrightarrow[0℃,\ 66\%\sim78\%]{ZnEt_2,\ 10\ mol\%\ \mathbf{110}} PhC{\equiv}C{-}CH(OH){-}Ar$$

85%～99% ee

由于酮羰基的亲核加成活性明显比醛低,Chan 等发现炔基锌对酮的加成反应,如果采用与醛加成相似的条件,用 $Ti(Oi\text{-}Pr)_4$ 与(S)-BINOL 的配合物[$Ti(Oi\text{-}Pr)_4$ ∶ (S)-BINOL ＝5 ∶ 1]催化这一反应,则反应不能进行。而用樟脑磺酸衍生的磺酰胺基醇 **111** 催化这一反应,则反应不但能顺利进行,且能取得满意的结果[102]。

$$ArC(O)CH_3 + HC{\equiv}C{-}Ph \xrightarrow[CH_2Cl_2,\ r.t.,\ 49\%\sim92\%]{ZnMe_2,\ 10\ mol\%\ [\mathbf{111} + Cu(OTf)_2]} Ar(H_3C)C^{*}(OH){-}C{\equiv}C{-}Ph$$

92%～97% ee

111(樟脑骨架,SO_2NH-萘基,OH,H)

Wang 等深入研究(S)-BINOL 与 $Ti(Oi\text{-}Pr)_4$ 的配合物在酮的炔基加成中的应用,发现当二者的比例为 1 ∶ 1 时,不但反应能进行,且产率及对映选择性都相当好[103]。

$$PhC{\equiv}CH + RC(O)R' \xrightarrow[\text{甲苯, r.t.}]{Et_2Zn,\ 5\ mol\%\ [(S)\text{-BINOL} + Ti(Oi\text{-}Pr)_4]} PhC{\equiv}C{-}C^{*}(OH)RR'$$

当R=Ar, R′=CH_3	64%～81%	85%～92% ee
R, R′均为脂肪基	80%～91%	63%～73% ee

作者还进一步阐明了该反应能发生的原因:酮羰基接受亲核进攻的活性较低,因此需用更强的 Lewis 酸活化酮羰基。Ti(Ⅳ)与 BINOL 的配合物,当两者的比例不同时,其 Lewis 酸性差别很大,二者比例为 1∶1 时,Lewis 酸性最强,故用 1∶1的配合物可以顺利催化这一反应,这一研究结果,使便宜易得的手性配体 (*S*)-或(*R*)-BINOL 可以扩大应用于酮的不对称炔基化。

参 考 文 献

1 Oguni N, Omi T. Tetrahedron Lett., 1984, 25: 2823

2 Kitamura M, Suga S, Noyori R et al. J. Am. Chem. Soc., 1986, 108: 6071

3 Soai K, Niwa S. Chem. Rev., 1992, 92: 833

4 a) Evans D A. Science, 1988, 240: 420

b) Noyori R, Kitamura M. Angew. Chem. Int. Ed. Engl., 1991, 30: 49

c) Knochel P, Singer R D. Chem. Rev., 1993, 93: 2117

5 Noyori R. Asymmetric Catalysis in Organic Synthesis; Wiley: New York, 1994, Chapter 5

6 Noyori R, Kawai S K, Okada S et al. Pure Appl. Chem., 1988, 60: 1597

7 Yamakawa M, Noyori R. J. Am. Chem. Soc., 1995, 117: 6327

8 Yamakawa M, Noyori R. Organometallics, 1999, 18: 128

9 Watanabe M, Soai K. J. Chem. Soc. Perkin Trans. I, 1994, 3125

10 Shibata T, Tabira H, Soai K. J. Chem. Soc. Perkin Trans. I, 1988, 177

11 Yang X, Shen J, Wang R et al. Tetrahedron: Asymmetry, 1999, 10: 7078

12 Sola L, Reddy K S, Pericas M A et al. J. Org. Chem., 1998, 63: 7078

13 Reddy K S, Sola L, Pericas M A et al. J. Org. Chem., 1999, 64: 3969

14 Da C S, Han I J, Wang R et al. Tetrahedron: Asymmetry, 2003, 14: 695

15 Prasad K R K, Joshi N N. J. Org. Chem., 1997, 62: 3770

16 Kawanami Y, Mitsuie T, Nishitani K et al. Tetrahedron, 2000, 56: 175

17 a) Delair P, Einhorn C, Luche J L et al. J. Org. Chem., 1994, 59: 4680

b) Delair P, Einhorn C, Luche J L et al. Tetrahedron, 1995, 51: 165

c) Beliczey J, Giffels G, Kragl U et al. Tetrahedron: Asymmetry, 1997, 8: 1529

18 a) Dai W M, Zhu H J, Hao X J. Tetrahedron: Asymmetry, 1995, 6: 1857

b) Dai W M, Zhu H J, Hao X J. Tetrahedron: Asymmetry, 2000, 11: 2315

19 a) Cho B T, Kim N. J. Chem. Soc. Perkin Trans. I, 1996, 2901

b) Cho B T, Kim N. Synth. Commun., 1995, 25: 167

c) Cho B T, Kim N. Tetrahedron Lett., 1994, 35: 4115

d) Yang W K, Cho B T. Tetrahedron: Asymmetry, 2000, 11: 2947

20 Bauer T, Tarasiuk J, Pasniczek K et al. Tetrahedron: Asymmetry, 2002, 13: 78

21 a) Cho B T, Chun Y S. Tetrahedron: Asymmetry, 1998, 9: 1489

b) Cho B T, Chun Y S, Yang W K. Tetrahedron: Asymmetry, 2000, 11: 2149

22 Huang H M, Zheng Z, Chen H L et al. Tetrahedron: Asymmetry, 2003, 14: 1285

23 Nugent W A. J. Chem. Soc. Chem. Commun., 1999, 1369

24 a) Soai K, Hayase T, Takai K et al. J. Org. Chem., 1994, 59: 7908

b) Jones G B, Heaton S B. Tetrahedron: Asymmetry, 1993, 4: 261
25 Soai K, Inoue Y, Takahashi T et al. Tetrahedron, 1996, 52: 13355
26 Tanner D, Korno H T, Andersson P G et al. Tetrahedron, 1998, 54: 14213
27 Lawrence C F, Nayak S K, Zwanenburg B et al. Synlett, 1999, 1571
28 a) Behnen W, Mehler T, Martens J. Tetrahedron: Asymmetry, 1993, 4: 1413
b) Wang M-C, Liu L-T, Zhang J-S et al. Tetrahedron: Asymmetry, 2004, 15: 3853
29 Couty E, Prim D. Tetrahedron: Asymmetry, 2002, 13: 2619
30 a) Wallbaum S, Martens J. Tetrahedron: Asymmetry, 1993, 4: 637
b) Wilken J, Kossenjans M, Martens J et al. Tetrahedron: Asymmetry, 1997, 8: 2007
31 Wassmann S, Wilken J, Martens J. Tetrahedron: Asymmetry, 1999, 10: 4437
32 Kossenjans M, Soeberdt M, Martens J. J. Chem. Soc. Perkin Trans. I, 1999, 2353
33 Aurich H G, Biesemeier F, Geiger M et al. Liebigs Ann. Recl., 1997, 423
34 Reddy K S, Sola L, Pericas M A et al. Synthesis, 2000, 1: 165
35 Paleo M R, Cabeza I, Sardina F J. J. Org. Chem., 2000, 65: 2108
36 a) Andres J M, Martinez M A, Pedrosa R et al. Tetrahedron: Asymmetry, 1994, 5: 67
b) Kossenjans M, Martens J. Tetrahedron: Asymmetry, 1998, 9: 1409
37 Braga A L, Appelt H R, Silveira C C et al. Tetrahedron, 2002, 58: 10413
38 Cardellicchio C, Ciccarella G, Naso F. Tetrahedron, 1999, 55: 14685
39 Matsumoto Y, Chno A, Hayashi T et al. Tetrahedron: Asymmetry, 1993, 4: 1763
40 a) Bolm C, Ewald M, Relder M et al. Chem. Ber., 1992, 125: 1169
b) Bolm C, Schlingloff G, Harms K. Chem. Ber., 1992, 125: 1191
c) Kwong H-L, Lee W-S. Tetrahedron: Asymmetry, 1999, 10: 3791
41 Zhong Y-W, Lei X-S, Lin G-Q et al. Tetrahedron: Asymmetry, 2002, 13: 2251
42 Goanvic D L, Holler M, Pale P. Tetrahedron: Asymmetry, 2002, 13: 119
43 a) Ishizaki M, Fujita K, Hoshino O. Tetrahedron: Asymmetry, 1994, 5: 411
b) Kang J, Kim H Y, Kim J H. Tetrahedron: Asymmetry, 1999, 10: 2523
44 Bringmann G, Breuning M. Tetrahedron: Asymmetry, 1998, 9: 667
45 Lu J, Xu X-N, Hu Y-F et al. Tetrahedron Lett., 2002, 43: 8367
46 Keller F, Rippert A J. Helv. Chim. Acta., 1999, 82: 125
47 Danilova T Z, Rozenburg V I, Bräse S et al. Tetrahedron: Asymmetry, 2003, 14: 2013
48 Nicolosi G, Patti A, Piattelli A et al. Tetrahedron: Asymmetry, 1994, 5: 1639
49 Dosa P, Ruble J C, Fu G C. J. Org. Chem., 1997, 62: 444
50 a) Watanabe M. Synlett, 1995, 1050
b) Watanabe M, Hashimoto N, Araki S et al. J. Org. Chem., 1992, 57: 742
51 Wally H, Widhalm M, Schlögl K et al. Tetrahedron: Asymmetry, 1993, 4: 285
52 Bastin S, Ginj M, Pélinski L et al. Tetrahedron: Asymmetry, 2003, 14: 171
53 a) Bolm C, Fernández K M, Seger A et al. Synlett, 1997, 1051
b) Bolm C, Muniz K, Hildebrand J P. Org. Lett., 1999, 1: 491
54 Deng W-P, Hou X-L, Dai L-X. Tetrahedron: Asymmetry, 1999, 10: 4689
55 Zhang W, Yoshinaga H, Ikeda I et al. Synlett, 2000, 10: 1512
56 a) Heaton S B, Jones G B. Tetrahedron Lett., 1992, 33: 1693

b) Jones G B, Heaton S B. Tetrahedron: Asymmetry, 1993, 4: 261

57 Jones G B, Guzel M, Chapman B J. Tetrahedron: Asymmetry, 1998, 9: 901

58 Uemura M, Miyake R, Hayashi Y et al. J. Org. Chem., 1993, 58: 1238

59 a) Kang J, Kim J W, Kim J I et al. Bull. Korean Chem. Soc., 1996, 17: 1135

b) Kang J, Kim D S, Kim J I. Synlett, 1994, 842

60 Kang J, Lee J W, Kim J I. J. Chem. Soc. Chem. Commun., 1994, 2009

61 a) Gibson C L. J. Chem. Soc. Chem. Commun., 1996, 645

b) Cran G A, Gibson C L, Handa S. Tetrahedron: Asymmetry, 1995, 6: 1553

62 Braga A L, Appelt H R, Silveria C C et al. Tetrahedron: Asymmetry, 1999, 10: 1733

63 a) Rijnberg E, Janssen M D, Vankoten G et al. Tetrahedron Lett., 1994, 35: 6521

b) Rijnberg E, Hovestad N J, Van Koten G et al. Organometallics, 1997, 16: 2847

64 Nakano H, Kumagai N, Hongo H et al. Tetrahedron: Asymmetry, 1995, 6: 1233

65 Jin M-J, Ahn S-J, Lee K-S. Tetrahedron Lett., 1996, 37: 8767

66 a) Wirth T. Tetrahedron Lett., 1995, 36: 7849

b) Wirth T, Kulicke K J, Fragale G. Helv. Chim. Acta, 1996, 79: 1957

67 Asami M, Watanabe H, Inoue S et al. Tetrahedron: Asymmetry, 1998, 9: 4165

68 a) Yoshioka M, Kawakita T, Ohno M. Tetrahedron Lett., 1989, 30: 1657

b) Takahashi H, Kawakita T, Ohno M et al. Tetrahedron Lett., 1989, 30: 7095

c) Takahashi H, Kawakita T, Ohno M et al. Tetrahedron, 1992, 48: 5691

69 a) Pritchett S, Woodmansee D H, Walsh P J. J. Am. Chem. Soc., 1998, 120: 6423

b) Balsells J, Betancort J M, Walsh P J. Angew. Chem. Int. Ed., 2000, 39: 3428

70 a) Zhang X, Guo C. Tetrahedron Lett., 1995, 36: 4947

b) Qiu J. Guo C, Zhang X. J. Org. Chem., 1997, 62: 2665

71 Paquette L A, Zhou R. J. Org. Chem., 1999, 64: 7929

72 Chelucci G, Conti S, Falorni M et al. Tetrahedron, 1991, 47: 8251

73 Conti S, Falorni M, Giaconelli G et al. Tetrahedron, 1992, 48: 8993

74 a) Schmidt B, Seebach D. Angew. Chem. Int. Ed. Engl., 1991, 30: 99

b) Schmidt B, Seebach D. Angew. Chem. Int. Ed. Engl., 1991, 30: 1321

c) Seebach D, Plattner D A, Beck A K et al. Helv. Chim. Acta., 1992, 75: 2171

d) Ito Y N, Ariza X, Seebach D et al. Helv. Chim. Acta., 1994, 77: 2071

e) Weber B, Seebach D. Tetrahedron, 1994, 50: 7473

f) Seebach D, Beck A K, Schmidt B et al. Tetrahedron, 1994, 50: 4363

75 Dreisbach C, Kragl U, Wandrey C. Synthesis, 1994, 911

76 Waldmann H, Weigerding M, Wandrey C. Helv. Chim. Acta., 1994, 77: 2111

77 Zhang F-Y, Chan A S C. Tetrahedron: Asymmetry, 1997, 8: 3651

78 a) Kitajima H, Aoki Y, Katsuki T. Bull. Chem. Soc. Jpn., 1997, 70: 207

b) Kitajima H, Ito K, Katsuki T. Chem. Lett., 1996, 343

79 Huang W-S, Hu Q-S, Pu L. J. Org. Chem., 1998, 63: 1364

80 Ding K, Ishii A, Mikami A. Angew. Chem. Int. Ed. Engl., 1999, 38: 497

81 Huang W-S, Pu L. J. Org. Chem., 1999, 64: 4222

82 Huang W-S, Pu L. Tetrahedron Lett., 2000, 41: 145

83 Bolm C，Hermanns N，Hildebrand J P et al. Angew. Chem. Int. Ed.，2000，39：3465

84 Dosa P I，Fu G C. J. Am. Chem. Soc.，1998，120：445

85 Oppolzer W，Radinov R. Tetrahedron Lett.，1988，29：5645

86 a) Oppolzer W，Radinov R. Tetrahedron Lett.，1988，32：5777

b) Chen Y-K，Lurain A E，Walsh P J. J. Am. Chem. Soc.，2002，124：12225

87 Wipt P，Ribe S. J. Org. Chem.，1998，63：6454

88 Tseng S-L，Yang T-K. Tetrahedron：Asymmetry，2005，16：773

89 a) Li H-M，Walsh P J. J. Am. Chem. Soc.，2004，126：6538

b) Li H-M，Walsh P J. J. Am. Chem. Soc.，2005，127：ETS 6. 5

90 Ishizaki M，Hoshino O. Tetrahedron：Asymmetry，1994，5：1901

91 a) Frantz D E，Fassler R，Carreira E M. J. Am. Chem. Soc.，2000，122：1806

b) Boyall D，Lopez F，Frantz D. Org. Lett.，2000，26：4233

c) Frantz D E，Fassler R，Carreira E M. Acc. Chem. Res.，2000，33：373

92 Morre D，Pu L. Org. Lett.，2002，4：1855

93 Lu G，Li X，Chan A S C et al. Chem. Commun.，2002，172

94 Gao G，Morre D，Pu L et al. Org. Lett.，2002，4：4143

95 Li X-S，Lu G，Chan A S C et al. J. Am. Chem. Soc.，2002，124：12636

96 Xu Z-Q，Chen C，Wang R. Org. Lett.，2004，6：1193

97 Xu M-H，Pu L. Org. Lett.，2002，4：4555

98 Li Z-B，Pu L. Org. Lett.，2004，6：1065

99 Li M，Zhu X-Z，Hou X-L et al. Tetrahedron：Asymmetry，2004，15：219

100 Dahmen S. Org. Lett.，2004，6：2113

101 Kang Y-F，Wang R，Liu L et al. Tetrahedron Lett.，2005，46：863

102 Lu G，Li X-S，Chan A S C et al. Angew. Chem. Int. Ed.，2003，42：5057

103 Zhou Y-F，Wang R，Xu Z-Q et al. Org. Lett.，2004，6：4147

第 6 章　羰基化合物的不对称亲核加成

6.1　不对称醛醇缩合反应

醛醇缩合(aldol addition)反应,通常是由一个含羰基的潜亲核试剂,即可烯醇化的醛、酮、羧酸及其衍生物与羰基亲电剂,通常是醛(有时也可以是酮)之间的缩合反应。该反应有以下三种形式。

1) 碱性条件下的 Aldol 反应

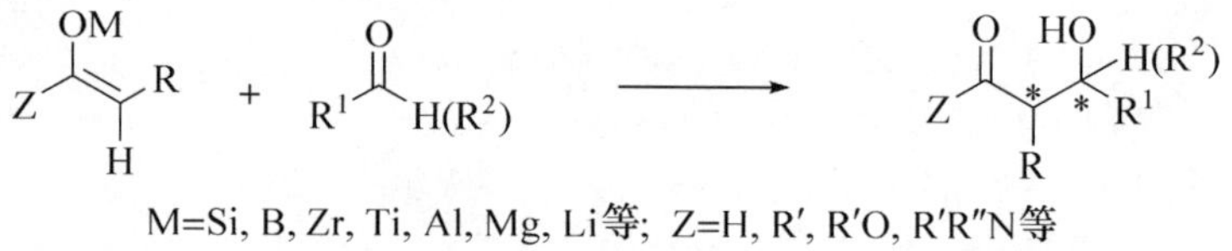

M=Si, B, Zr, Ti, Al, Mg, Li等; Z=H, R′, R′O, R′R″N等

2) Lewis 酸催化下的 Aldol 反应(又称 Mukaiyama 反应)

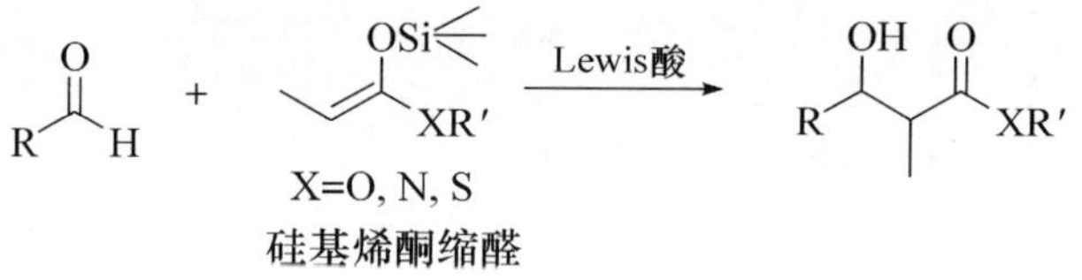

X=O, N, S

硅基烯酮缩醛

3) 直接 Aldol 反应

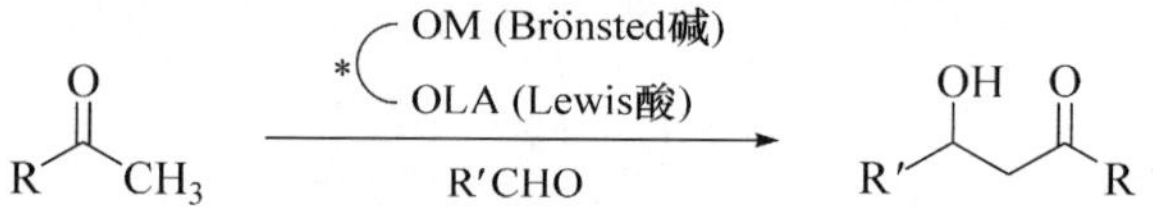

Aldol 反应被认为是构建新的 C—C 键最基本的反应。反应中同时生成两个邻接的手性中心,因此在合成多个含邻接手性中心的复杂分子(如大环内酯、多环醚等)中有重要应用。

对醛醇反应的产物进行立体控制可通过两种主要途径,即

(1) 在反应物之一,醛或烯醇化的羰基化合物中引入手性结构,使缩合反应在底物手性结构的诱导下进行。

(2) 用手性催化剂催化该类反应。醛醇反应的催化剂通常用 B、Ti、Cu、Zr、Al、Rh、Pd、Zn 或镧系金属等与手性配体形成的配合物担当。

6.1.1　底物诱导的不对称醛醇缩合反应

当用丙酸酯或丙酰胺作为亲核试剂时，可在酯烃基上引入手性结构或胺上引入手性结构。例如，Masamune 等[1]用 **1** 那样的含手性结构的丙酸酯作为烯醇化试剂，在 n-Bu_2BOTf 和 Et_3N 存在下与醛反应，可高选择性地生成 *syn*-醛醇缩合产物(表 6-1)。

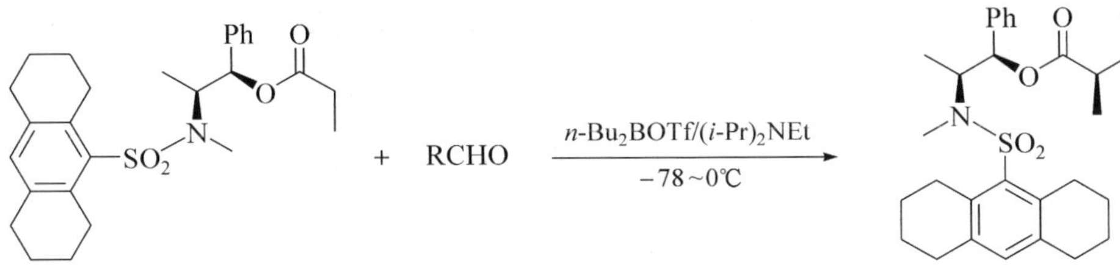

1 + RCHO —— n-$Bu_2BOTf/(i$-$Pr)_2NEt$, −78～0℃ ——>

表 6-1　手性丙酸酯与醛的不对称醛醇缩合

醛	产率/%	*syn*:*anti*	ds(*syn*)
EtCHO	95	93∶7	97∶3
PrCHO	93	94∶6	>97∶3
E-$CH_3CH{=}CHCHO$	98	93∶7	>97∶3
PhCHO	97	94∶6	95∶5

还有许多手性醇，如 **2**、**3**、**4**、**5**、**6** 的丙酸酯，被用于与醛的不对称醛醇缩合，也获得较好的非对映选择性[2~6]。

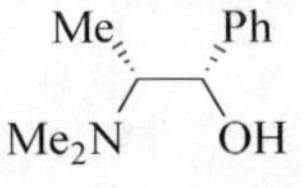

2 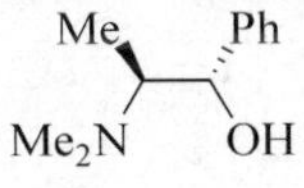　**3** 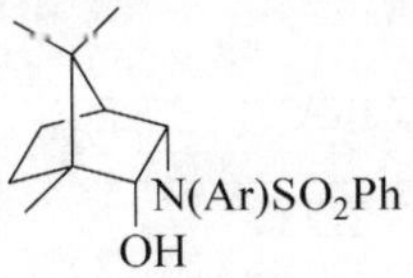　**4** 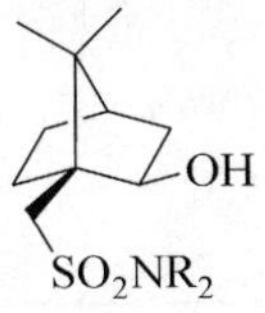　**5** 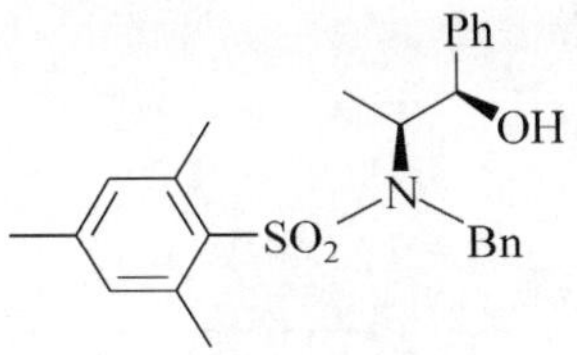　**6**

由手性胺生成丙酰胺烯醇化后与醛的反应，产物也有很高的非对映选择性。**7**

那样的手性酰胺，在 Et_2BOTf 和 $(i\text{-}Pr)_2NEt$ 存在下烯醇化，用 $TiCl_4$ 作催化剂与醛缩合，生成几乎非对映体纯的 *anti* 产物[7]。

其他手性酰胺 **8**、**9**、**10** 作为亲电试剂与醛的不对称醛醇缩合，也取得很好的非对映选择性[8~10]。

Sammakia 等最近用 **11**[11] 和 **12**[12] 两种手性乙酰胺在 $PhBCl_2$ 和(－)-鹰爪豆碱存在下与醛缩合，产物的非对映体比率 dr 最高达 100∶1(表 6－2 和表 6－3)。

表 6－2　手性乙酰噻唑啶酮 11 与醛的 Aldol 反应

醛	产率/%	dr(13∶14)
$PhCH_2CH_2CHO$	86	49∶1
$(CH_3)_2CHCHO$	88	57∶1
$CH_3(CH_2)_3CHO$	91	59∶1
$(CH_3)_2CHCH_2CHO$	92	89∶1
$BnOCH_2CHO$	86	59∶1
$TBSO(CH_2)_2CHO$	80	31∶1
PhCHO	80	16.5∶1
trans-PhCH＝CHO	63	9.5∶1

S PhBCl₂ (1.3当量) (-)-S鹰爪豆碱(2.6当量) −78℃ 12 + RCHO → 15 + 16

表 6-3 手性乙酰噻唑啶酮 12 与醛的 Aldol 反应

醛	产率/%	dr(15∶16)
$PhCH_2CH_2CHO$	84	82∶1
$(CH_3)_2CHCHO$	90	43∶1
$CH_3(CH_2)_3CHO$	84	47∶1
$(CH_3)_2CHCH_2CHO$	92	>100∶1
$BnOCH_2CHO$	81	24∶1
$TBSO(CH_2)_2CHO$	85	45∶1
PhCHO	78	23∶1
E-PhCH═CHO	65	9.5∶1

6.1.2 手性辅剂诱导的不对称醛醇缩合反应

早期的醛醇缩合反应,通常是作为亲核试剂的羰基化合物在强碱的作用下,形成烯醇盐(也可看作 α-负碳离子),然后进攻作为亲电底物的羰基,实现亲核加成的。这种反应方式常因自身缩合和其他副反应,而使产物复杂化、产率不高。自从 Mukaiyama 首次用 $TiCl_4$ 和硅烷基烯醇醚作为稳定的烯醇等价物,成功使醛醇反应在酸催化下进行以来[13],用硅试剂、硼试剂或钛试剂使作为亲核试剂的羰基化合物烯醇化,然后在 Lewis 酸催化下进行醛醇缩合,已成为普遍的做法。因此,如果在用来使羰基烯醇化的这些硼、钛、硅试剂上含有手性结构,生成的烯醇化物(烯醇硅醚、烯醇硼酸酯、烯醇钛盐)上便带有手性结构,使接下来的醛醇缩合生成立体选择性产物,即

$OSiR_3^*$ OR 烯醇硅醚　OB* OR 烯醇硼酸酯　OTi* L OR 烯醇钛盐

17、**18**、**19**、**20** 这样的手性硼试剂都曾作为有效的手性辅剂参与醛醇缩合的立体控制,获得很好的立体选择性[14~16]。

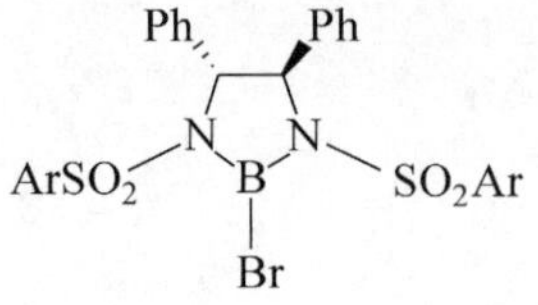

17 a. Ar=p-$CH_3C_6H_4$ b. Ar=p-$NO_2C_6H_4$

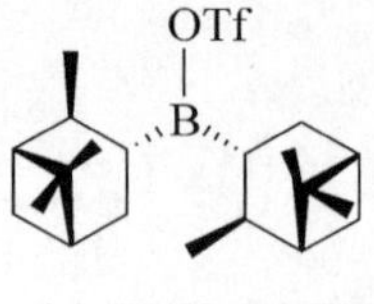

18 (−)-$(IPC)_2BOTf$

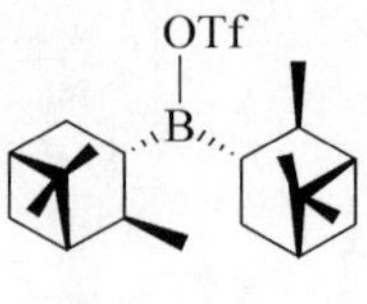

19 (+)-$(IPC)_2BOTf$

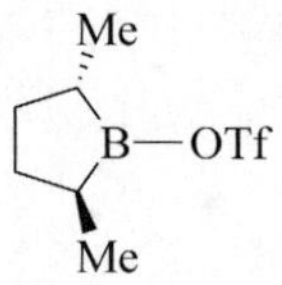

20

用 **17b** 为手性辅剂，3-戊酮与各种醛反应都得到很高选择性的 *syn* 醛醇加成物，例如

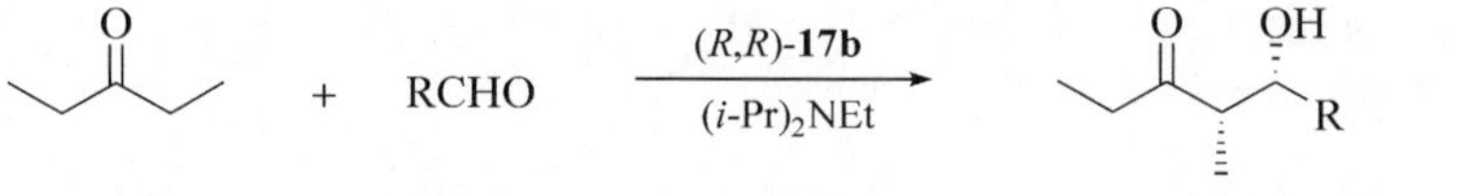

3-戊酮 + RCHO —(R,R)-**17b**, $(i\text{-}Pr)_2NEt$→

R	产率	
R=Ph	95%	*syn*:*anti*=94.3:5.7, 97% ee
Pr	91%	>98:2, >98% ee
Et	85%	98:2, 95% ee

这个反应可以看成是亲核试剂 3-戊酮先与硼试剂生成烯醇硼酯，然后在手性硼基影响下，烯醇化物立体选择性与醛加成，即

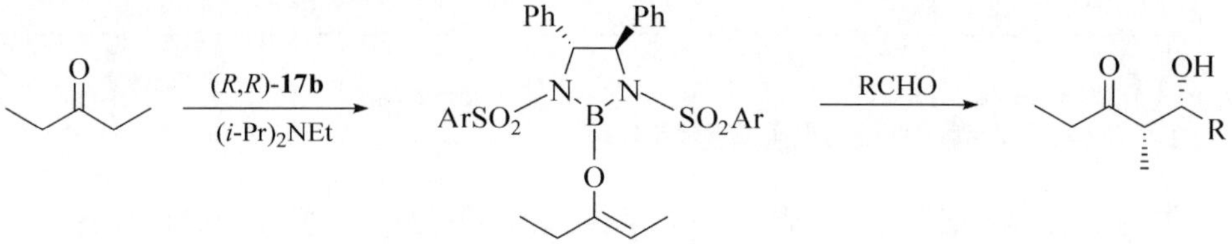

3-戊酮 —(R,R)-**17b**, $(i\text{-}Pr)_2NEt$→ 烯醇硼酯 —RCHO→ 产物

丙酸苯硫酯在 **17b** 诱导下与醛反应，也能获得很好的选择性，反应式如下：

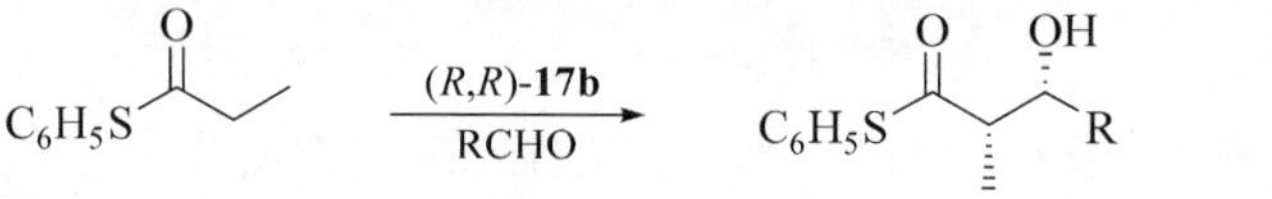

C_6H_5SCOCH$_2$CH$_3$ —(R,R)-**17b**, RCHO→

R	
R=Ph	*syn*:*anti*=98.3:1.7, 95% ee
i-Pr	94.5:5.5, 97% ee

反应的高选择性可用如下的过渡态加以说明：

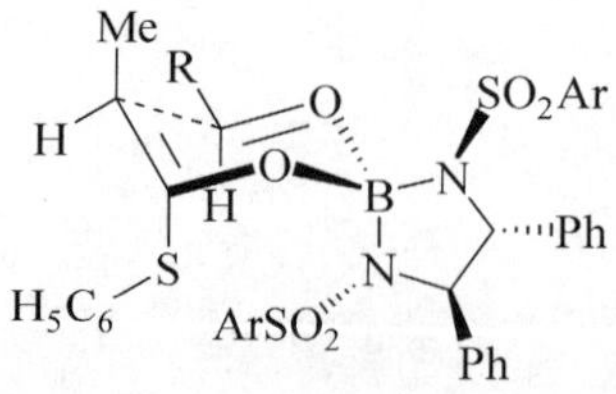

烯醇酯从醛的 *Si* 面进攻最为有利，导致生成 *syn* 为主的产物，这里手性硼除与烯醇氧结合形成共价键外，还与醛羰基氧配位，把两个反应物拉到最适宜反应的

位置上，因此既对产物起了立体控制的作用，同时也起催化反应的作用。

手性钛配合物也可以通过与羰基化合物形成烯醇钛盐，有效地影响醛醇反应产物的立体构型。乙酸特丁酯的锂烯醇盐用双糖基环戊基氯化钛进行金属交换得到手性钛的烯醇盐 **21**，进一步与醛缩合可高选择性生成 β-羟基酯[17]。

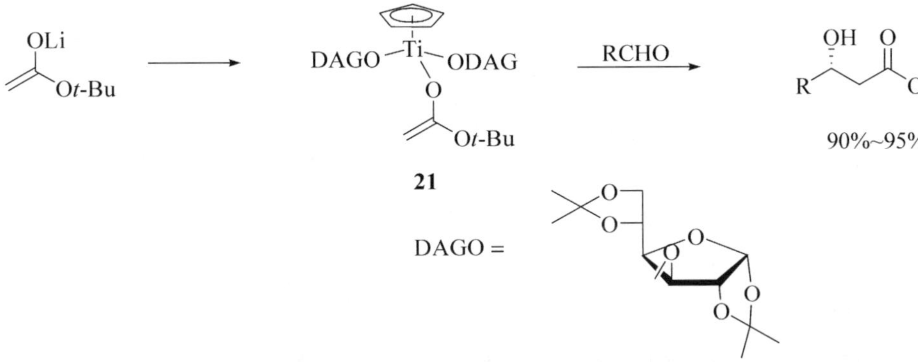

OLi
Ot-Bu
DAGO—Ti—ODAG
O
Ot-Bu
21
RCHO
OH O
R O t-Bu
90%~95% ee
DAGO =

在手性底物或催化剂的影响下，丙酸酯的烯醇盐与醛的反应，常能获得高选择性产物，但乙酸酯的烯醇盐在同样的手性因素影响下与醛缩合，产物的选择性通常较低。上述手性钛乙酸酯的烯醇盐与醛的反应能产生如此高的对映选择性实属难得。

6.1.3　手性 Lewis 酸催化的不对称醛醇缩合反应

最近十几年来，各手性配体与不同金属的配合物催化的不对称醛醇缩合反应有很大进展，手性硼配合物是较早成功用于催化不对称醛醇缩合的 Lewis 酸。

Yamamoto 等用 2，6-二异丙基苯甲酸与酒石酸形成的单酯与硼烷配位得到的手性 Lewis 酸(**22**)，催化烯醇硅醚(**23**)与苯甲醛的加成反应，获得很高对映选择性的 *syn* 为主的产物[10]，即

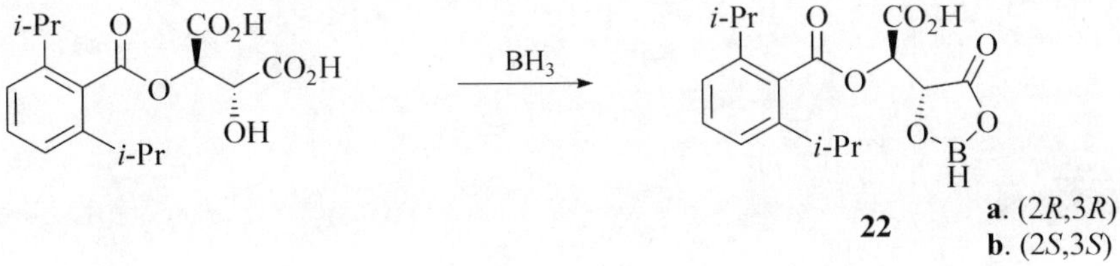

i-Pr O CO_2H CO_2H O OH i-Pr
BH_3
i-Pr O CO_2H O O O B H i-Pr
22 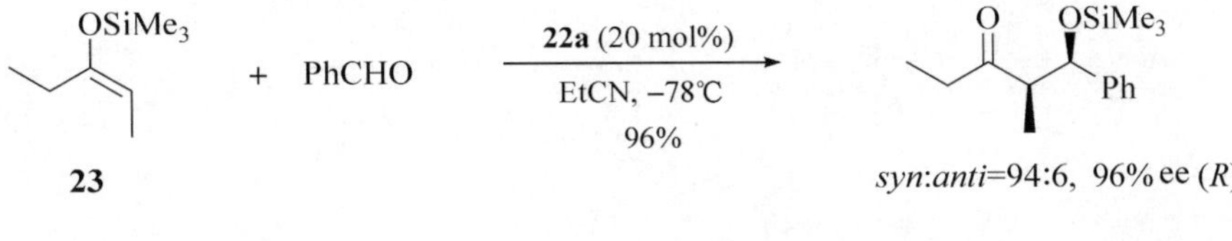
a. (2*R*,3*R*)
b. (2*S*,3*S*)

$OSiMe_3$
23
+ PhCHO
22a (20 mol%)
EtCN, −78℃
96%
O $OSiMe_3$ Ph
syn:*anti*=94:6, 96% ee (*R*)

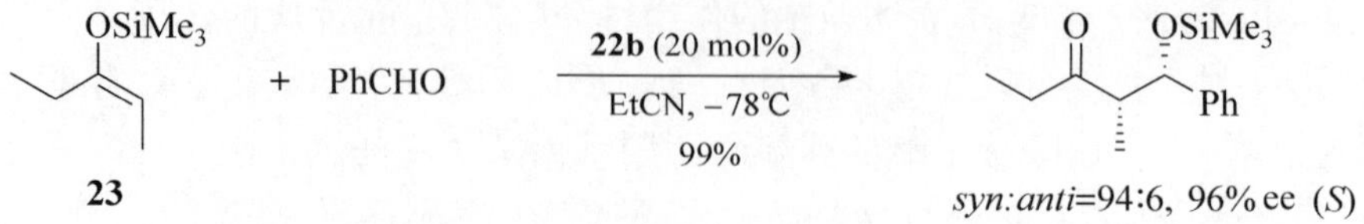

OSiMe$_3$ (**23**) + PhCHO $\xrightarrow[\text{EtCN, }-78^\circ\text{C, 99\%}]{\textbf{22b}\text{ (20 mol\%)}}$ O, OSiMe$_3$, Ph

syn:anti=94:6, 96% ee (*S*)

由手性α-氨基酸与硼烷配位形成硼杂噁唑烷酮也被证明是不对称醛醇缩合的有效催化剂。

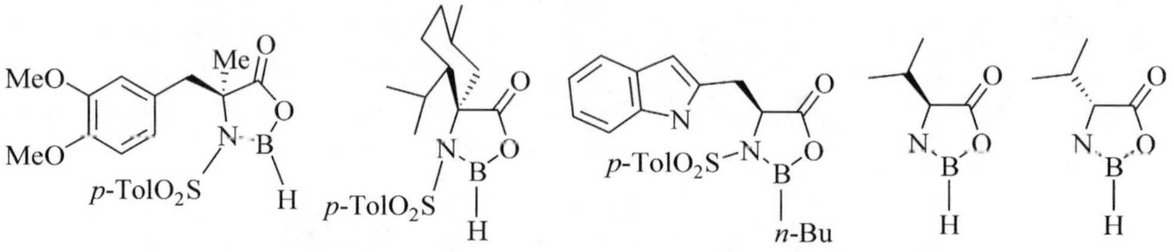

(*S*)-**24**　**25**　(*S*)-**26**　(*S*)-**27**　(*R*)-**27**

24 和 **25** 用于催化硅烷基烯酮缩醛 **28** 与各种不同的醛之间的不对称醛醇缩合，产物的 ee 基本上都在 90%以上，最高达 98%[19]。

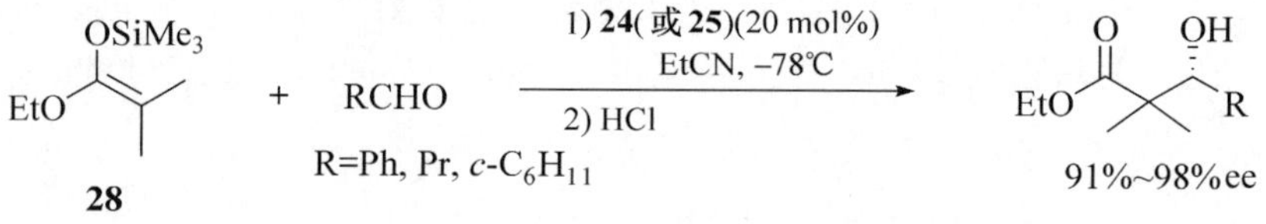

28 (EtO, OSiMe$_3$) + RCHO $\xrightarrow[\text{2) HCl}]{\text{1) }\textbf{24}\text{(或}\textbf{25}\text{)(20 mol\%), EtCN, }-78^\circ\text{C}}$ EtO, O, OH, R

R=Ph, Pr, c-C_6H_{11}

91%~98%ee

26[20] 和 **27**[21] 也用于催化不对称醛醇加成，都获得满意的结果。

BINOL 及其衍生物手性配体与不同金属的配合物在催化不同类型的醛醇加成反应中都显示了很高的催化活性和选择性。

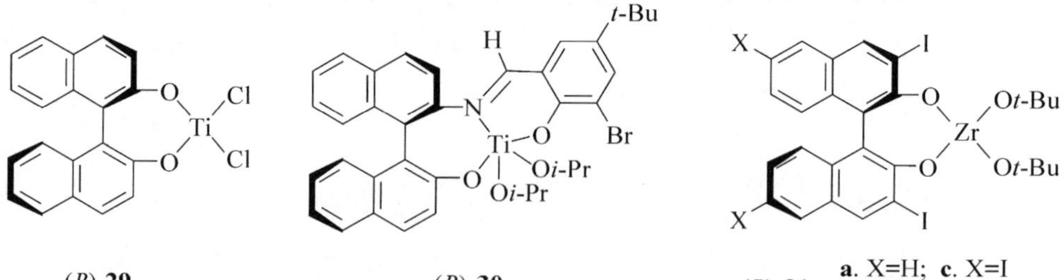

(*R*)-**29**　(*R*)-**30**　(*R*)-**31**

a. X=H; **c**. X=I
b. X=Br; **d**. X=C_2F_5

仅用 5 mol% (*R*)-**29** 催化烯醇硅醚(**32** 或 **33**)与乙醛酸酯的醛醇缩合，产物的 ee 都达 99%以上[22]。

$OSiMe_3$ **32** + $OSiMe_2t$-Bu **33** + $HC(O)COOMe$ —(*R*)-**29** (5 mol%), CH_2Cl_2, 0℃→ Me_3SiO … OH COOMe, *syn*:*anti*=98:2, 99% ee；t-$BuMe_2SiO$ … OH COOMe, >99% ee

含联萘手性骨架的三齿配体与 $Ti(Oi\text{-}Pr)_4$ 的配合物(*R*)-**30**,用于催化 2-甲氧基丙烯与各种醛的缩合反应,也获得很好的效果(表 6-4)[23]。

OCH_3 + RCHO —1) (*R*)-**30** (2~10 mol%), 0~23℃; 2) HCl/Et_2O→ $RCH(OH)CH_2COCH_3$

表 6-4　(*R*)-30 催化的 2-甲氧基丙烯与各种醛的醛醇加成

醛	产率/%	ee/%
$Ph(CH_2)_3—C≡C—CHO$	99	98
$TBSOCH_2—C≡C—CHO$	85	93
Ph—C≡C—CHO	99	91
$PhCH_2CH_2CHO$	98	90
PhCHO	83	66
c-$C_6H_{11}CHO$	79	75

Kobayashi 等设计合成 3,3′-二碘代-6,6′-取代(或不取代)的 BINOL 配体,这些配体与 $Zr(Ot\text{-}Bu)_4$ 形成的配合物(*R*)-**31**,用于催化各种形式的烯醇硅醚与各种醛的不对称 Aldol 加成,都获得很好的效果(表 6-5)[24]。

$R^1R^1C=C(OSiMe_3)R^2$ + R^3CHO —(*R*)-**31** (10 mol%), 甲苯, 0℃→ $R^3CH(OH)CR^1R^1COR^2$

(*R*)-**31** 被进一步用于催化硅烯醇化的 *N*-三氟乙酰甘氨酸酯与醛的不对称 Aldol 加成,同样获得很高的对映选择性(表 6-6)。

RCHO + $F_3C(OSiMe_3)C=N-CH=C(OSiMe_3)OMe$ —(*R*)-**31** (10 mol%)→ $RCH(OH)CH(NHCOCF_3)COOMe$ + $RCH(OH)CH(NHCOCF_3)COOMe$, 90%~97% ee

表 6-5 (*R*)-31 催化的各种形式的烯醇硅醚与各种醛的不对称 Aldol 加成

R^1	R^2	R^3	产率/%	ee/%
Me	OMe	Ph	95	98
H	SEt	Ph	91	95
H	SEt	*p*-MeOPh	92	96
H	SEt	$CH_3CH{=}CH$	76	97
H	SEt	$PhCH{=}CH$	94	95
Me	OMe	$PhCH_2CH_2$	92	80
Me	OMe	C_5H_{11}	93	84

表 6-6 (*R*)-31 催化的硅烯醇化的 *N*-三氟乙酰甘氨酸酯与醛的不对称 Aldol 加成

R	产率/%	*anti* : *syn*	ee/%(*anti*)
Ph	92	90 : 10	95
$4\text{-}MeC_6H_4$	87	85 : 15	94
$4\text{-}ClC_6H_4$	91	84 : 16	94
$3\text{-}MeC_6H_4$	83	91 : 9	93
$3\text{-}ClC_6H_4$	93	92 : 8	96
$3\text{-}MeOC_6H_4$	93	91 : 9	95
$3,5\text{-}(MeO)_2C_6H_4$	93	87 : 13	97
2-萘基	93	94 : 6	95
2-furyl	71	87 : 13	90
$Ph(CH_2)_3C{\equiv}C$	81	78 : 22	85
$TBDPSOCH_2C{\equiv}C$	85	80 : 20	95

这一研究结果为高选择性合成 *α*-氨基-*β*-羟基-羧酸(酯)提供了一个有价值的方法。

很早就发现,手性二胺与二价锡的配合物是 Mukaiyama 醛醇缩合的有效催化剂,由脯氨酸衍生的二胺 **34** 与 $Sn(OTf)_2$ 的配合物,用于催化丙酸硫酯的硅烯醇化物 **35** 与醛的缩合反应,得到单一的 *syn* 加成物,ee 大于 98%[26]。

$OSiMe_3$ SEt **35** + RCHO —[$Sn(OTf)_2$ + **34** (10~20 mol%), EtCN, 4.5h]→ R–CH(OH)–CH(Me)–C(O)SEt (100% *syn*, >98% ee)

34: N-Me, HN–(1-naphthyl)

Evans 等合成的双噁唑啉手性配体 **36** 和 **37** 与二价锡的配合物,用于催化羧

酸硫酯的烯醇硅醚与乙醛酸酯的不对称加成，产物也有极高的选择性[27]。例如

a. R=Bn
b. R=i-Pr
c. R=Ph
d. R=t-Bu

36　　**37**

RS(OTMS)C=CHR′ + HC(O)COOEt —[10 mol% $Sn(OTf)_2$-**36a**(或**36 b**), 72%~90%]→ RSC(O)CH(R′)CH(OH)COOEt

R=Ph; R′=H, Me, Et, i-Bu
R=t-Bu, Et; R′=i-Bu

$anti$:syn=90:10~94:6
92%~98%ee

36d 和 **37c** 与二价铜的配合物，用于催化同样的反应，也取得很高的对映选择性[28]，**36d** 与 $Ni(OTf)_2$ 的配合物用于催化丙酰噻唑烷酮与醛的不对称 Aldol 反应，产物的对映选择性都很高(表 6 - 7)[29]。

+ RCHO —[10 mol% $Ni(OTf)_2$-**36d**, −78 ~ −20℃, 2,6-二甲基吡啶]→

表 6 - 7　36d-Ni(OTf)$_2$ 催化的对映选择性 Aldol 加成

RCHO	产率/%	syn : $anti$	ee/%
PhCHO	81	94 : 6	97
4-$CH_3C_6H_4CHO$	81	90 : 10	91
4-ClC_6H_4CHO	80	93 : 7	95
1-NaphCHO	73	93 : 7	92
2-NaphCHO	82	92 : 8	93
E-CH_3CH═CHCHO	46	93 : 7	97
E-PhCH═CHCHO	63	88 : 12	93
CH_3CHO	86	97 : 3	93
EtCHO	84	97 : 3	90
i-PrCHO	70	98 : 2	90

小分子手性有机物催化的直接 Aldol 加成是近几年来本领域的活跃研究课题。自从 List 和 Barbas Ⅲ等[30]发现 30 mol% L-脯氨酸能催化丙酮与一系列醛的 Aldol 反应，生成高达 99%ee 的加成产物以来，List[31a] 和 Barbas [31b] 又进一步用 L-脯氨酸催化羟基丙酮与不同的醛之间的 Aldol 加成，也获得很好的结果(表 6 - 8)。

20mol%~30mol% L-脯氨酸, DMSO, r.t.

表 6-8　L-脯氨酸催化的羟基丙酮与醛之间的直接 Aldol 加成

醛(R)	产率/%	d. r.	ee/%
c-C_6H_{11}	60	>20∶1	>99
$(CH_3)_2CH$	62	>20∶1	>99
$Ph(CH_2)_3CH_2$	51	>20∶1	>95
2-ClC_6H_4	95	1.5∶1	67
$(CH_3)_3CCH_2$	38	1.7∶1	>97

MacMillan 等[32]则用 L-脯氨酸催化醛与醛之间的 Cross-Aldol 反应，仅用 10 mol%催化剂，大多数反应便能获得大于 97%的 ee，产率也在 80%以上(表 6-9)。

供体 + 受体 —10 mol% L-脯氨酸, DMF, 4℃→

表 6-9　L-脯氨酸催化的醛的交叉 Aldol 反应

R^1	R^2	产率/%	*anti*∶*syn*	ee(*anti*)/%
Me	Et	80	4∶1	99
Me	*i*-Bu	88	3∶1	97
Me	c-C_6H_{11}	87	14∶1	99
Me	Ph	81	3∶1	99
Me	*i*-Pr	82	24∶1	>99
n-Bu	*i*-Pr	80	24∶1	98
Bn	*i*-Pr	75	19∶1	91

龚流柱等用手性氨基醇与 L-脯氨酸缩合成含 2 个以上手性中心的 2′-羟基-脯氨酰胺，并系统考察几个不同构型的手性中心之间的手性匹配情况，从中筛选更有效的小分子催化剂，发现 **38a** 手性识别效果最好，用 20 mol%的 **38a** 催化丙酮与醛的不对称 Aldol 反应，产物的 ee 也达 81%～98%[33a]。Vincent 等用 L-脯氨酸改造成的另一小分子催化剂 BIP，仅用 2 mol% BIP 催化丙酮与对硝基苯甲醛的 Aldol反应，也获得 82%ee 的加成产物[33b]。

38a

20 mol% **38a**

81%~98%ee

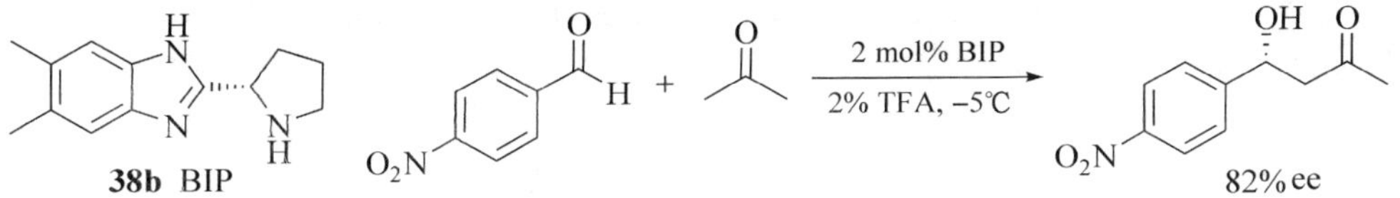

38b BIP

2 mol% BIP, 2% TFA, −5℃

82% ee

Barbas Ⅲ等用 L-脯氨酸催化氨基乙醛的衍生物与醛的 Aldol 加成，高选择性地生成 α-氨基-β-羟基醛，可进一步转化成 α-氨基-β-羟基酸酯[34]。

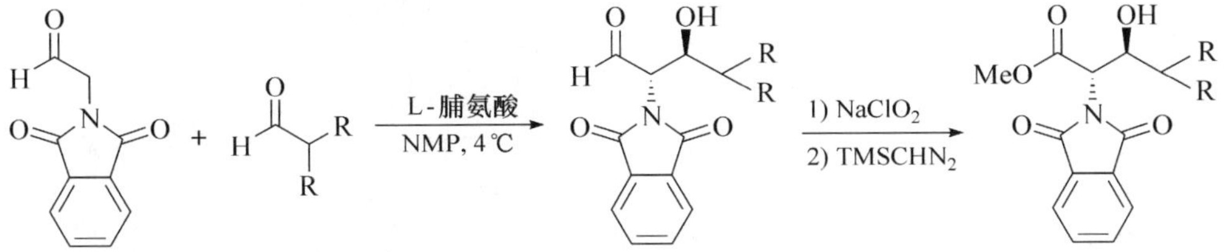

L-脯氨酸, NMP, 4℃

1) $NaClO_2$ 2) $TMSCHN_2$

两步总产率达 76%，*anti*∶*syn* 高达 100∶1，ee 值达 99.5%。

连续使用脯氨酸催化的醛、酮的 Aldol 反应，已用来高选择性地合成多种糖的衍生物[35a]。MacMillan 等用(S)-脯氨酸催化的 O-保护的 α-羟基乙醛的自缩合反应，高选择性地合成了 2,4-二保护的三羟基丁醛[35b]。

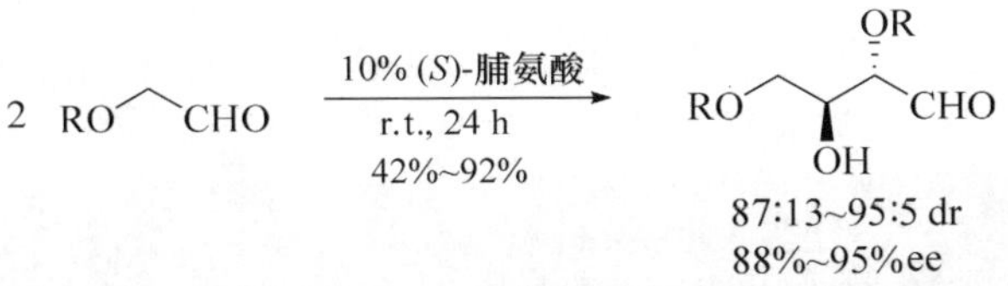

2 RO⌒CHO —10% (S)-脯氨酸, r.t., 24 h, 42%~92%→

87:13~95:5 dr

88%~95%ee

当保护基为三异丙基硅基(TIPS)时，产物可再与烯醇硅醚进一步发生 Aldol 反应。使用不同的缩合条件，可获得不同构型的六碳糖[35c]。

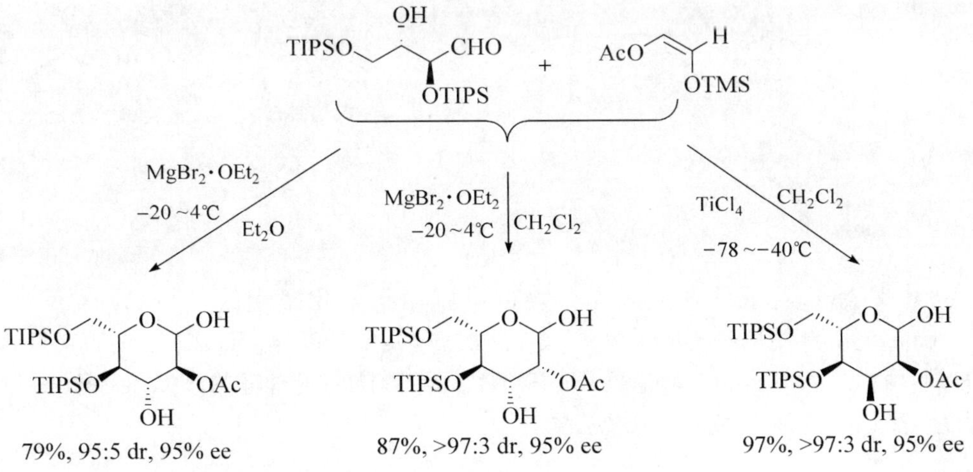

$MgBr_2·OEt_2$, −20 ~4℃, Et_2O: 79%, 95:5 dr, 95% ee

$MgBr_2·OEt_2$, −20 ~4℃, CH_2Cl_2: 87%, >97:3 dr, 95% ee

$TiCl_4$, CH_2Cl_2, −78 ~ −40℃: 97%, >97:3 dr, 95% ee

Enders 等则用(R)-脯氨酸催化二羟基丙酮与甘油醛的衍生物的 Aldol 反应，高选择性地合成五碳糖[35d]。

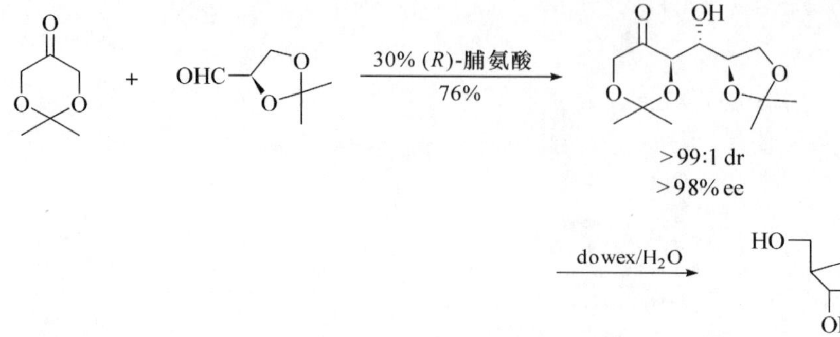

Cordova 等先后两次使用不同构型的脯氨酸催化苄基保护的 α-羟基乙醛的 Aldol 反应，合成六碳糖，以总产率 39%，选择性>99% ee 的优异结果获得目标化合物[35e]。

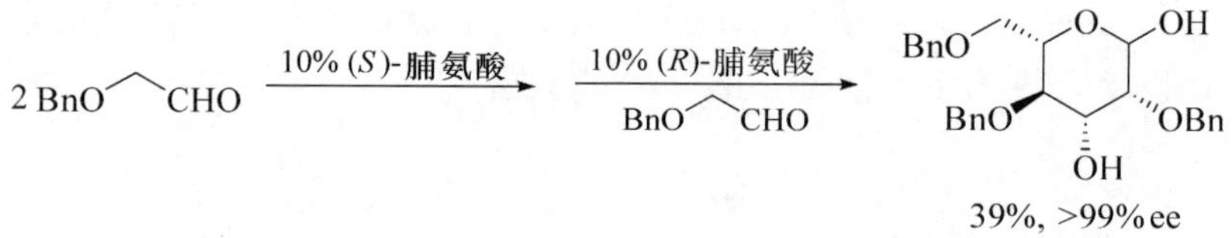

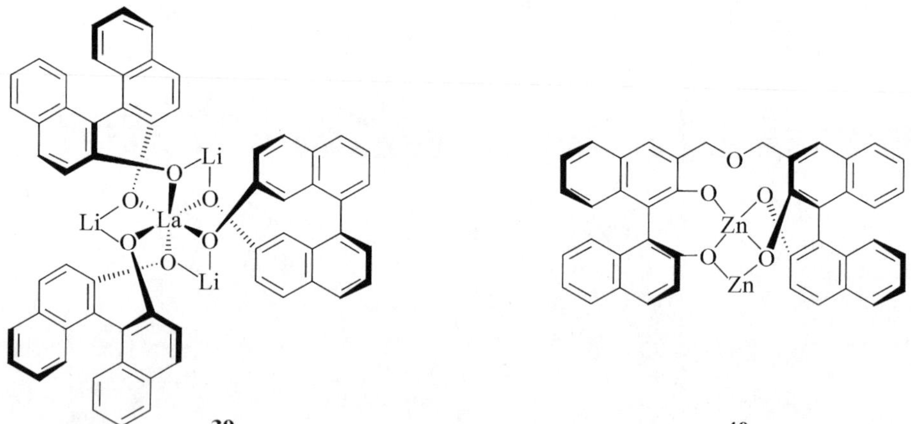

39

40

由 BINOL 生成的双金属配合物也可以用于催化醛酮的直接 Aldol 反应。Shibasaki 等[36]用两种不同类型的双金属配合物：BINOL 与 La、Li 形成的杂双金属配合物 **39** 和 BINOL-LinkeD-Zn_2 **40** 催化 α-羟基酮与各种醛的直接不对称 Aldol 反应，高选择性地得到 α,β-二羟基酮。

当用 **39** 为催化剂，得到 *anti* 为主的产物，*anti*∶*syn*＝2～5∶1，90％～95％ee（*anti*）；用 **40** 为催化剂，则得 *syn* 为主的产物，*syn*∶*anti*＝2～7∶1，ee 稍差（77％～85％ 为 *syn*）。如果在底物 α-羟基苯乙酮的苯基 α-位上引入一个甲氧基，则仅用 2 mol％ Et_2Zn ＋ 1 mol％ (*S*,*S*)-linked-BINOL，产物的 dr 和 ee 都大幅度提高（表 6－10）[37]。

表 6－10　40 催化的 α-羟基酮与醛的直接 Aldol 反应

醛	产率/％	*syn*∶*anti*	ee(*syn*)/％
$PhCH_2CH_2CHO$	94	89∶11	92
$CH_3(CH_2)_4CHO$	88	88∶12	95
$(CH_3)_2CHCH_2CHO$	84	84∶16	93
$CH_3O(CH_2)_2CHO$	91	93∶7	95
$BnO(CH_2)_2CHO$	81	86∶14	95
$(C_2H_5)_2CHCHO$	92	96∶4	99
$(CH_3)_2CHCHO$	83	97∶3	98
c-$C_6H_{11}CHO$	95	97∶3	98

在水介质中进行对映选择性 Aldol 反应，是不对称 Aldol 反应的另一个重要进展[38]。要使这类反应有效地进行，有两个难题必须解决：首先，许多阳离子（即 Lewis 酸）在水中极易水解；其次，手性配体配位了的金属配合物在水中常不稳定。Ooi 等设计合成了一种含联萘手性骨架的四级铵盐手性相转移催化剂(*R*,*R*)-**41**，使甘氨酸酯生成的亚胺与不同的醛之间的直接不对称 Aldol 反应可在催化量的 1％NaOH 水溶液与甲苯组成的两相介质中顺利进行，高选择性地生成 α-氨基-β-羟基酸酯[39]（表 6－11）。

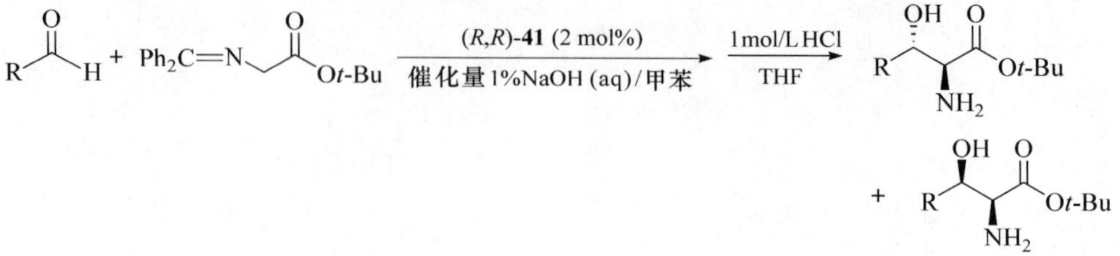

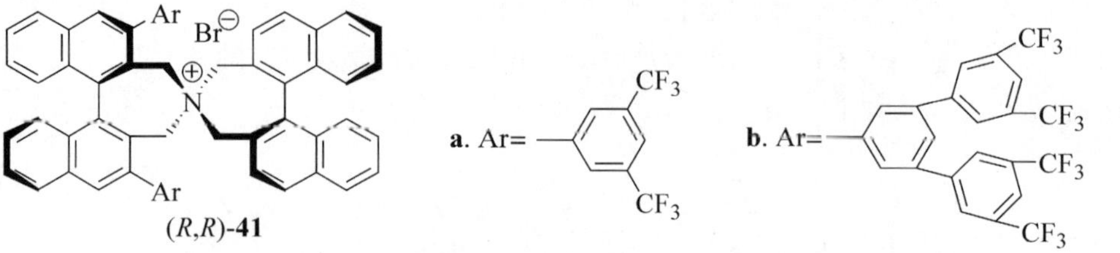

表 6-11　**(*R*,*R*)-41 催化的亚胺与不同醛之间的 Aldol 反应**

R	cat.	产率/%	*anti* : *syn*	ee(*anti*)/%
$PhCH_2CH_2$	**41a**	78	73 : 27	90
$PhCH_2CH_2$	**41b**	71	92 : 8	96
n-C_6H_{13}	**41b**	65	91 : 9	91
i-Pr_3SiOCH_2	**41b**	72	>96 : 4	98
$BnO(CH_2)_3$	**41b**	73	58 : 42	82
$(CH_3)_2CHCH_2$	**41b**	81	37 : 63	15

另一个有吸引力的解决方法是基于“多配位”的概念，**42** 和 **43** 这两种手性冠醚与过渡金属或稀土金属阳离子的配合物已被证明是水中 Mukaiyama 不对称醛醇缩合的有效催化剂，Pb^{2+} 与 **42** 的配合物用于催化 **44** 与苯甲醛的缩合，产率 62%，产物中 *syn* : *anti*＝90 : 10 和 55%ee(*syn*)，而稀土金属与三氟甲磺酸盐 $Pr(OTf)_3$ 与冠醚 **43** 的配合物用于催化 **44** 与多种不同醛的对映选择性 Aldol 反应，获得的效果更好(表 6-12)[40]。

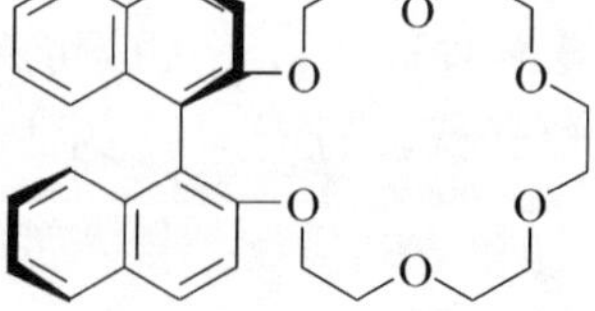

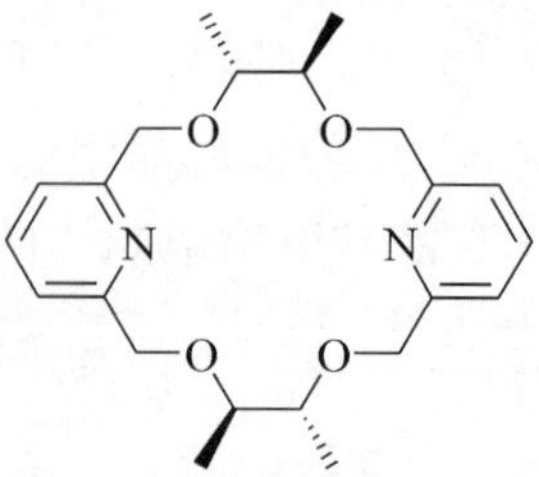

44 + RCHO —[$Pr(OTf)_3$ (20%), **43** (24 mol%), H_2O/EtOH=1:9, 0℃, 18~24h]→ (Ph–CO–CH(CH₃)–CH(OH)–R)

表 6 - 12　稀土 $Pr(OTf)_3$ 与冠醚 43 的配合物催化的水-醇介质中的 Aldol 反应

醛	产率/%	*syn* ∶ *anti*	ee/%
PhCHO	85	91 ∶ 9	78
4-MePhCHO	91	92 ∶ 8	75
4-ClPhCHO	87	90 ∶ 10	83
2-噻吩-CHO	100	91 ∶ 9	72
2-吡啶-CHO	99	85 ∶ 15	85
E-PhCH═CHCHO	77	78 ∶ 22	76
E-CH_3CH═CHCHO	70	81 ∶ 19	69
$PhCH_2CH_2CHO$	53	67 ∶ 33	47

手性冠醚与稀土金属的配合物之所以能有效催化水-醇介质中的 Mukaiyama 型 Aldol 反应，是因为冠醚的多点配位，牢固地与金属离子结合，不会被水分子的竞争配位所交换，而这种配合物同时可保持中心金属离子的 Lewis 酸性，使它仍能有足够的催化能力，而一般的手性配体与稀土金属（或过渡金属）的配合物在水中，受到水分子的竞争配位而发生配体交换，使部分 Aldol 反应在非手性的 Lewis 酸催化下进行，从而降低反应的立体选择性。有些手性配体如氨基糖，虽然与稀土金属离子也能强烈地配位，但同时也使金属离子 Lewis 酸性降低，因而没有足够的能力催化 Aldol 反应的发生。

水介质中的 Aldol 反应受混合溶剂中水/醇的比例影响较大，当水的比例太大，则非对映和对映选择性都降低，产率也明显下降，因为亲核试剂烯醇硅醚在水中相当快水解。稀土金属离子的直径大小也显著影响反应的选择性，这与金属离子与冠醚的缔合牢度有关。

45 这种“半冠醚”手性配体与 $Ga(OTf)_3$ 的配合物也发现能有效地催化水-醇介质中的 Aldol 反应，生成良好选择性的加成产物（表 6 - 13）[41]。

Ph–C(OSiMe₃)=CHCH₃ + RCHO —[**45**-$Ga(OTf)_3$ (20 mol%), H_2O/EtOH(9:1)]→ *syn* + *anti*

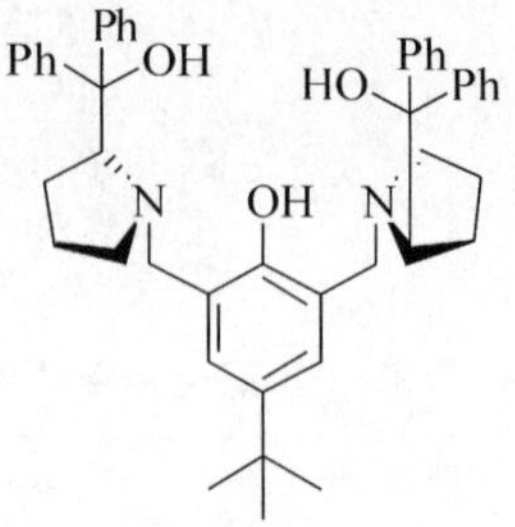

45

表 6-13 45 催化的水-醇介质中的 Aldol 反应

醛	产率/%	*syn*∶*anti*	ee(*syn*)/%
PhCHO	85	85∶15	85
4-MePhCHO	89	90∶10	88
4-MeOPhCHO	80	88∶12	84
4-ClPhCHO	77	82∶18	78
PhCH=CHCHO	90	90∶10	86
1-NaphCHO	87	80∶20	82
4-NO_2PhCHO	82	77∶23	62
$CH_3(CH_2)_4CHO$	82	89∶11	30

水介质中的催化不对称 Aldol 反应，虽然刚刚开始，还有许多问题有待进一步研究和改进，但这些先驱者的工作，已为我们打开通往光明之途的大门。

6.2 不对称 Baylis-Hillman 反应

6.2.1 Baylis-Hillman 反应及其机理简介

Baylis-Hillman 反应是活化烯烃 α-位与含缺电子 sp^2 型亲电试剂如 C=O、C=N在合适的催化剂如叔胺的作用下，生成 C—C 键的反应。Baylis 和 Hillman 于 1972 年首先在一篇德国专利中提出这一反应[42]。

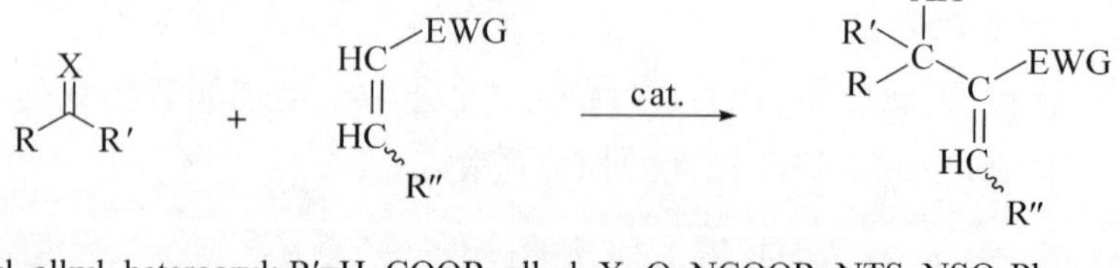

R=aryl, alkyl, heteroaryl; R′=H, COOR, alkyl; X=O, NCOOR, NTS, NSO_2Ph;
EWG=electron withdrawing group (吸电子基团) : COR, CHO, CN, COOR, $PO(OEt)_2$, SO_2Ph, SO_3Ph, SOPh

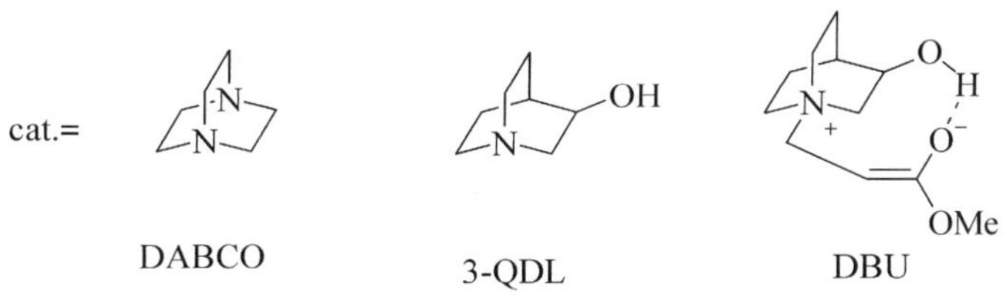

cat.= DABCO　3-QDL　DBU

机理研究表明[43, 44]，Baylis-Hillman 反应是一个由碱性催化剂、活化烯和亲电试剂共同参与的加成-消除反应历程：首先，叔胺催化剂与 Michael 型受体、活化烯发生亲核加成，生成一个两性离子烯醇盐 **46**，然后与亲电试剂醛发生醇醛缩合生成盐 **47**(这是反应的速率控制步骤)，随后发生质子转移，产生两性烯醇盐 **48**，**48** 消去叔胺后得产物，如图 6－1 所示。

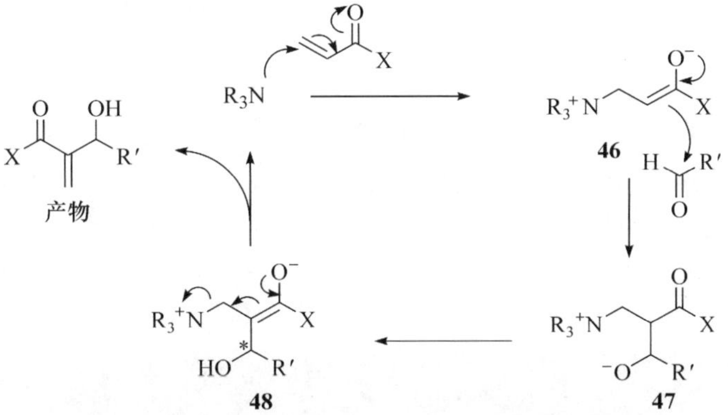

图 6－1　Baylis-Hillman 反应的机理

从以上的机理分析可以看到，Baylis-Hillman 反应的产物大多生成一个新的手性中心，如果在反应的过程中引入手性环境，如在反应底物活化烯或亲电试剂中引入手性结构单元，或使用手性催化剂，便有可能立体选择性地生成光活性化合物，这是越来越多化学家关注并着手研究的新课题。

6.2.2　手性活化烯诱导的不对称 Baylis-Hillman 反应

在丙烯酸酯的酯基中引入手性结构，作为活化烯与醛反应，已有许多研究[45~49]，产物都有一定的非对映选择性，其中 L-薄荷醇的丙烯酸酯选择性较好，非对映体过量 de 达 7%～100%。

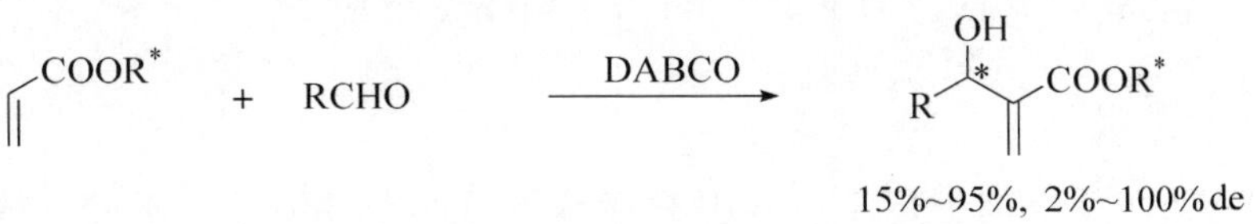

$$CH_2{=}CHCOOR^* + RCHO \xrightarrow{DABCO} RCH(OH)C(=CH_2)COOR^*$$

15%~95%, 2%~100% de

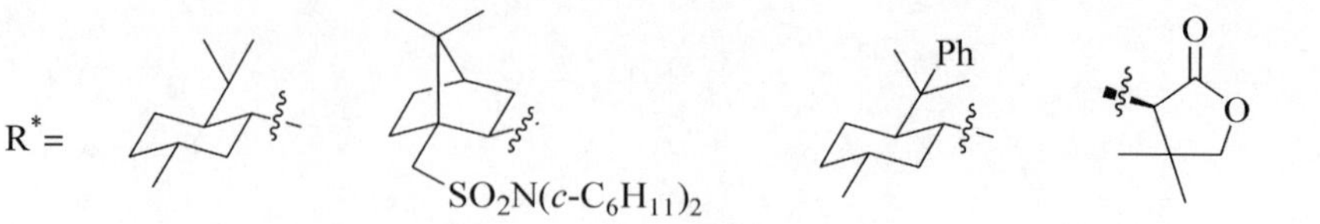

R^*=

a. 7%~100% de　b. 25%~70% de　c. 2%~70% de　d. 2%~48% de

在丙烯酰胺的氨基中引入手性结构，如使用 **49** 那样的樟脑磺酰胺与过量的醛进行不对称 Baylis-Hillman 反应，首先生成两分子醛参与的环状加成产物 **50**，具有很高的对映选择性，**50** 经进一步处理得到具有单一构型的 Baylis-Hillman 反应产物 **51**[50]。

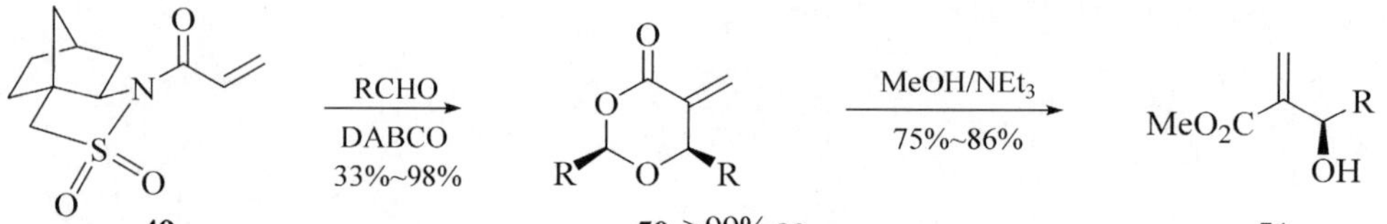

RCHO, DABCO, 33%~98%　MeOH/NEt_3, 75%~86%

49　**50** >99% ee　**51**

Ramachamdran 等[51]由醛与丙烯酸酯的 Baylis-Hillman 反应制得 β-羟基丙烯酸酯，再通过烯丙取代引入手性硼，最后与苯甲醛加成可获得 de 大于 95%的产物。

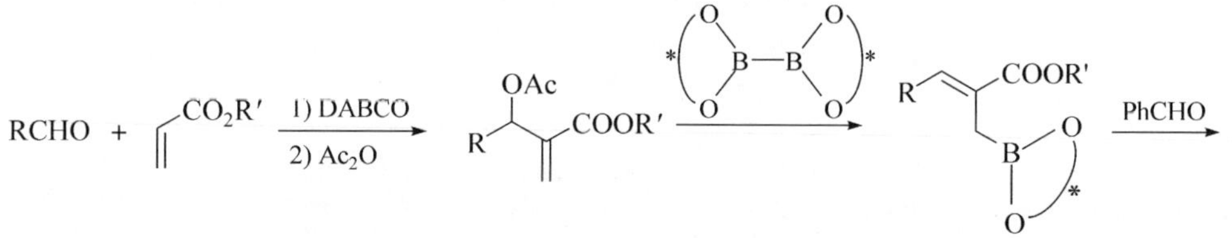

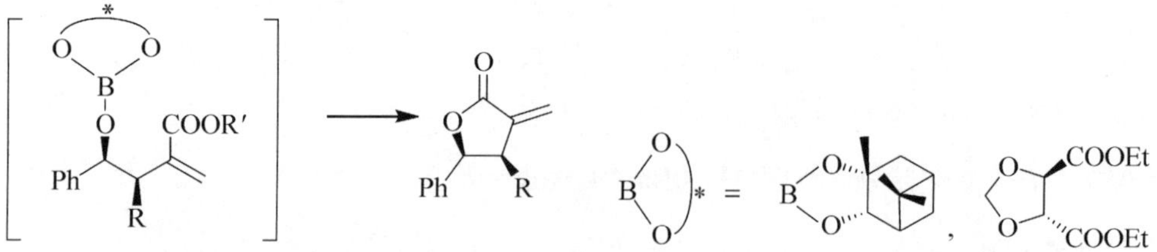

RCHO + CO_2R' —1) DABCO 2) Ac_2O→ … —PhCHO→

syn:anti=98:2
96% de

6.2.3 手性亲电试剂诱导的不对称 Baylis-Hillman 反应

1. 手性醛和酮

已经有多种手性醛被用于诱导不对称 Baylis-Hillman 反应，下面一些手性醛曾获得较好的选择性[52]。

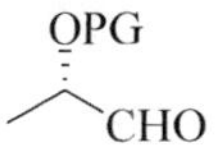

OPG CHO **52** PG= 保护基(protecting group)

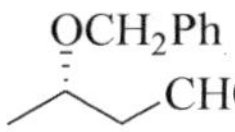

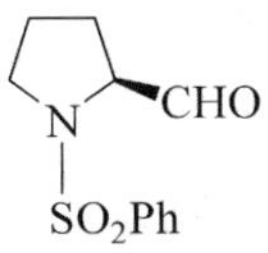

OCH_2Ph CHO **53**

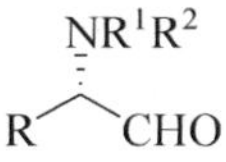

NR^1R^2 R CHO **54**

N CHO SO_2Ph **55**

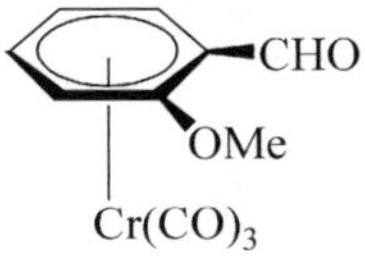

CHO OMe $Cr(CO)_3$ **56**

OHC **57**

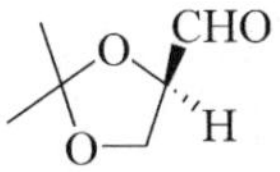

O CHO O H **58**

Alcaide 等[53]报道，当醛基连接到氮杂四元环上，且 β-和 β'-位都有大体积基团时，用它作亲电试剂与 α,β-不饱和酮进行 Baylis-Hillman 反应(简称 B-H 反应)时，不对称诱导效果很好。

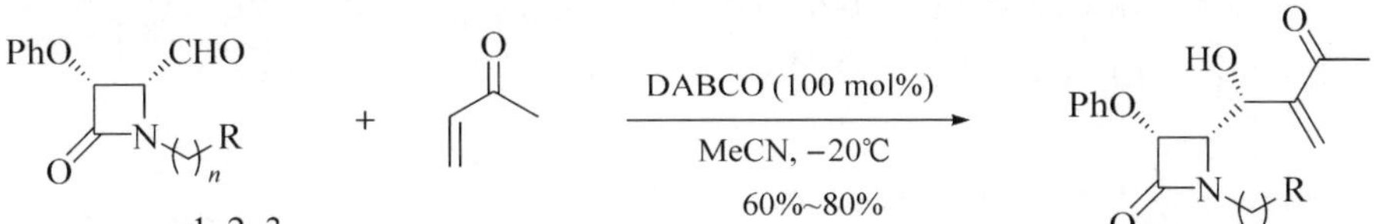

PhO CHO O N R n n=1, 2, 3 **59** + O → DABCO (100 mol%) MeCN, −20℃ 60%~80% → HO O PhO O N R n 92% de **60**

进一步用取代的手性氮杂环丁酮与活化烯反应，也得到选择性很好的 B-H 反应产物。

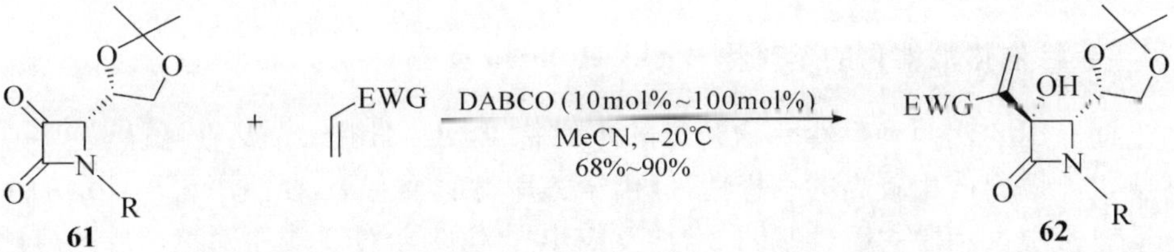

O O O O N R **61** + EWG → DABCO (10mol%~100mol%) MeCN, −20℃ 68%~90% → EWG OH O O O N R **62**

EWG=COMe, COOMe; dr=100:0
EWG=CN; dr=97:3

2. 手性亚胺作为亲电试剂的不对称 Baylis-Hillman 反应

Aggarwal 等[54a]用光学纯 N-亚磺酰亚胺 **63** 作为亲电试剂，在 3-HQD(3-羟基喹啉)以及 $In(OTf)_3$ 存在下与丙烯酸酯进行 Baylis-Hillman 反应，也获得较好的选择性，不过反应速度太慢。

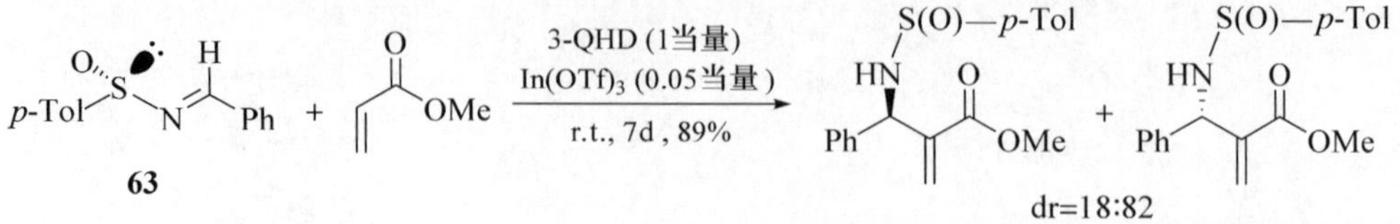

小分子有机催化剂直接催化多种不对称反应，都已取得令人注目的成就。Shi 等用小分子 TQO 直接催化亚胺的不对称 Baylis-Hillman 反应，也获得极高的选择性[54b]。

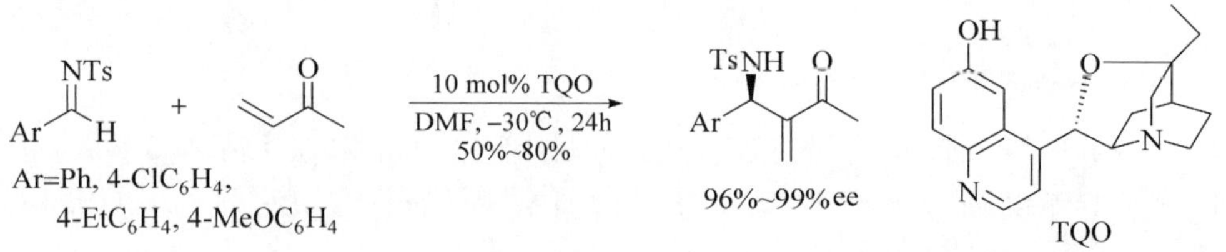

既含 Lewis 碱，又含 Brönsted 酸的双功能有机分子也被用于直接催化 N-Morita-Baylis-Hillman 反应，产物的化学产率和光学收率都很高[54c]。

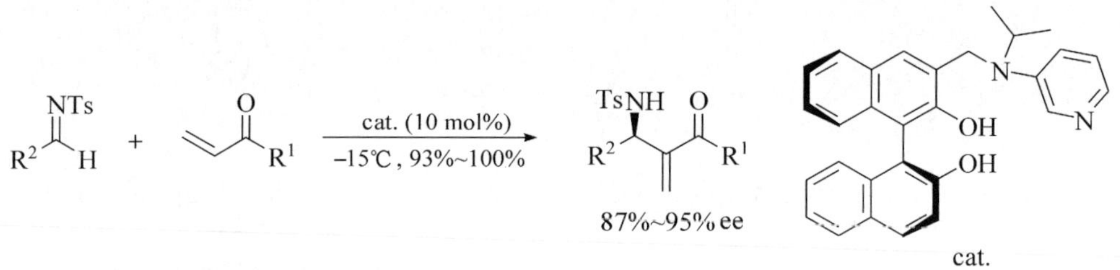

6.2.4　手性催化剂催化的不对称 Baylis-Hillman 反应

上面介绍的用两种手性底物诱导的不对称 Baylis-Hillman 反应，虽然有些手性底物也能诱导产生较高的选择性，但由于适用的底物有限，要使用化学计量的手性物质以及引入和脱去手性基团、增加反应步骤等缺点，使这类不对称反应的应用受到限制。发展可用于催化不对称 Baylis-Hillman 反应的高效手性催化剂无疑是最受关注的热门研究课题。

1. 手性胺催化剂

已知叔胺是 Baylis-Hillman 反应的催化剂，并参与反应过程，因此人们很自然地想到用手性三级胺作为不对称的 Baylis-Hillman 反应的催化剂，奎宁、奎尼定、辛可尼定等天然手性胺类首先被试用于不对称 Baylis-Hillman 反应，但所得产物的 ee 都不高（<20%）[55, 56]。Hirama 等[57]用光活性 DABCO 衍生物 **64** 催化 α,β-

不饱和酮与取代的苯甲醛的不对称 Baylis-Hillman 反应,产物的 ee 也不高。

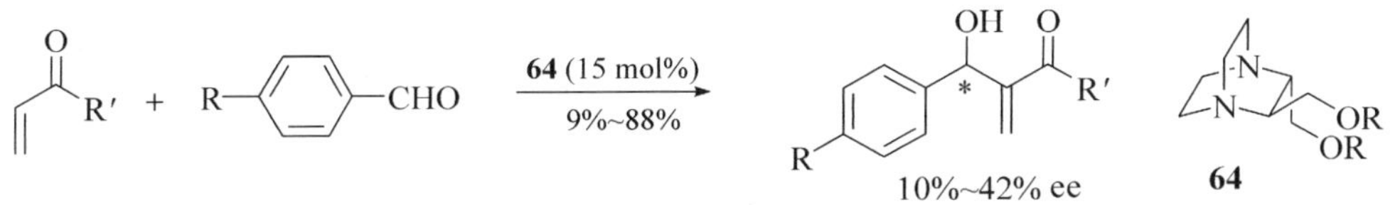

64 (15 mol%)
9%~88%
10%~42% ee
64

一种同时含环状三级胺及羟基的手性催化剂 **65**,被用于催化 1-烯基-3-戊酮和芳醛的不对称 Baylis-Hillman 反应,产物 ee 最高达 70%[58]。

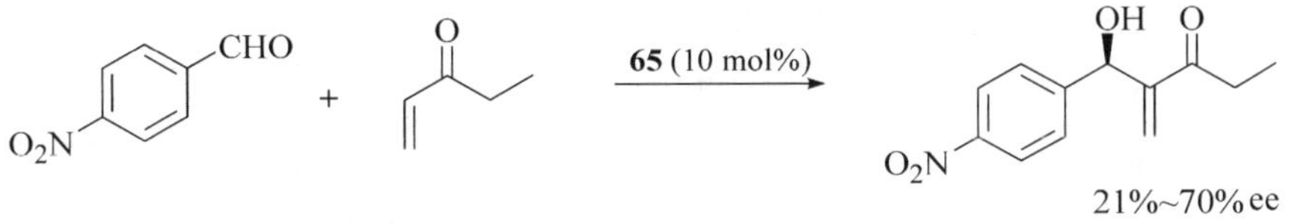

65 (10 mol%)
21%~70% ee

这一结果,使人们想到:环状三级胺配合适当位置上的羟基,可能是 Baylis-Hillman反应的有效催化剂结构。在此基础上,Hatakeyama 等[59]由金鸡纳碱出发,设计合成了一系列含有环状三级胺及羟基或烷氧基的手性配体(**64** ~**69**)。

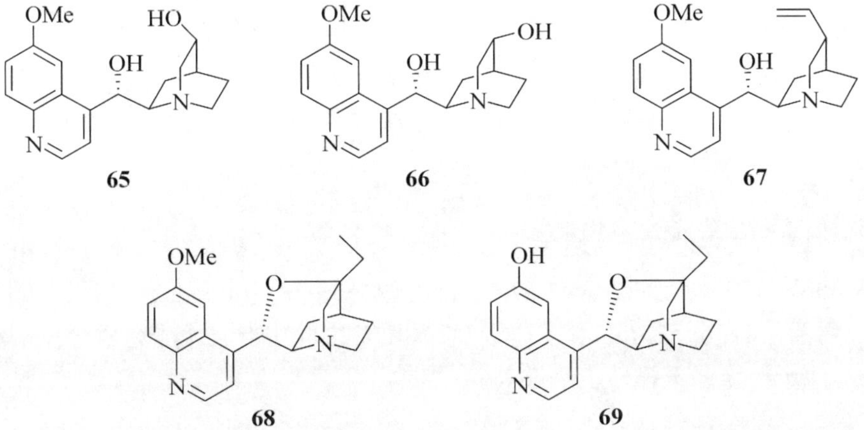

65　66　67

68　69

这些手性催化剂用于催化不同底物的 Baylis-Hillman 反应,都获得较好效果。

2. 手性膦催化剂

从 Baylis-Hillman 反应的机理可以看出,叔胺用氮上的孤对电子亲核加成到活化烯烃的一端引发了 Baylis-Hillman 反应。三价 P 上的孤对电子比 N 有更强的亲核性,由此,人们很容易联想到手性膦配体有可能是不对称 Baylis-Hillman 反应的更有效的催化剂。于是许多手性单膦或双膦 **70** ~**74** 被用于催化 Baylis-Hillman反应,虽然这些手性膦催化剂的催化活性比三级胺高,可使反应时间大大缩短,但产物的 ee 并不高,效果最好的(S)-BINAP 也只得到 44% ee,因此这类催化剂还有待进一步研究和改进。

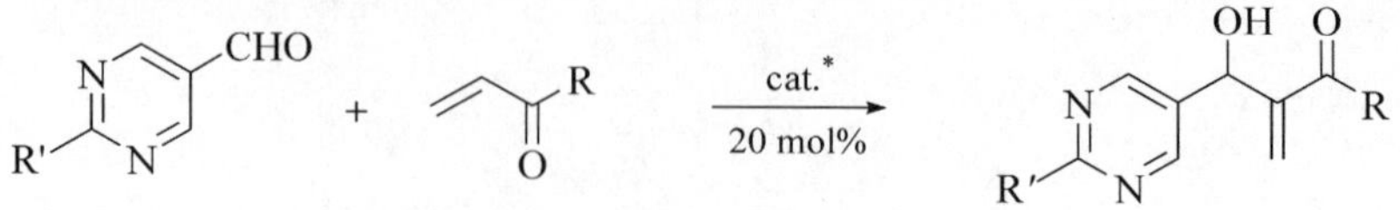

R=OMe,烷基 8%~53% 1%~44% ee

cat.*= (2*R*,3*R*)-DIOP <1% ee **70** **71** (*S*)-MOP <1% ee **72** (*S*)-BINAP 44% ee

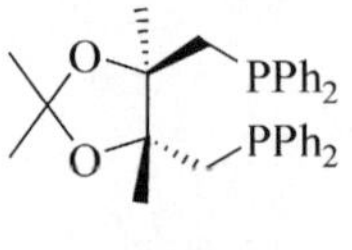

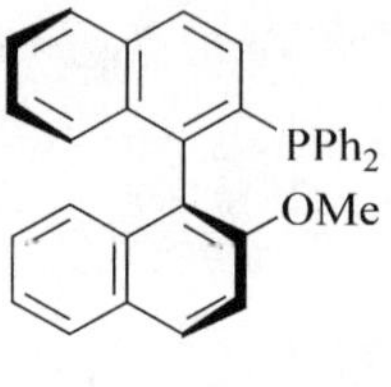

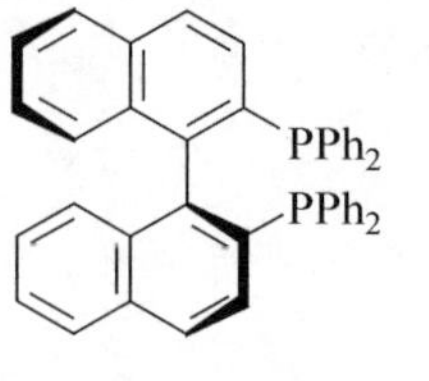

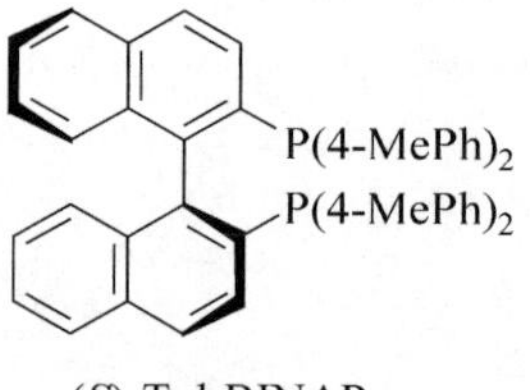

73 (*S*)-Tol-BINAP 33% ee (2*R*,3*R*)-NORPhOS 3% ee **74**

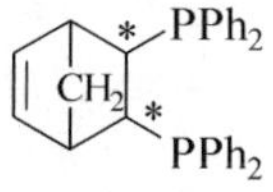

3. 含硫配基的手性催化剂

Kataoka 等[60, 61]发现,含硫(硒)手性配体 **75** ~**78** 与 Lewis 酸 $AlCl_3$、$TiCl_4$ 等的配合物催化 Baylis-Hillman 反应,使原需几天甚至几十天才能完成的反应在 1h 内完成,但产物立体选择性仍不够高。

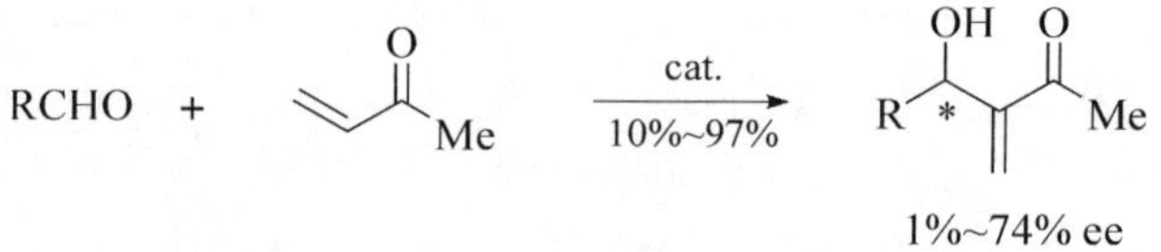

RCHO + → cat. 10%~97% 1%~74% ee

cat.= **75** X=S, *n*=1, 2 X=Se, *n*=2 **76** 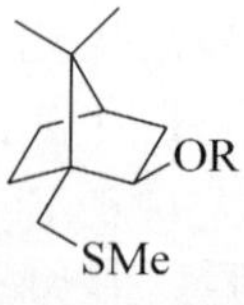 **77** R=H, Me 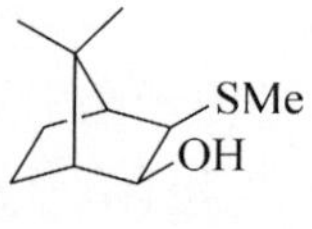 **78**

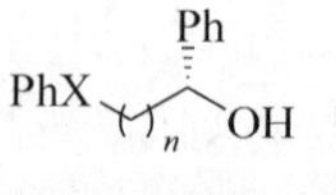

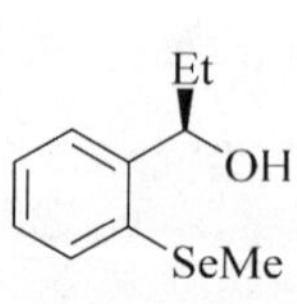

硫(硒)化物与 **79** 那样的硼酸酯类辅剂配合催化 Baylis-Hillman 反应,可以获

得很好效果，得到以 *syn* 为主的产物 **80**（*syn*：*anti*＝84：16 ～98：2），*syn* 产物经进一步处理，可得到 50％～96％ ee 的最终产物 **81**[62]。

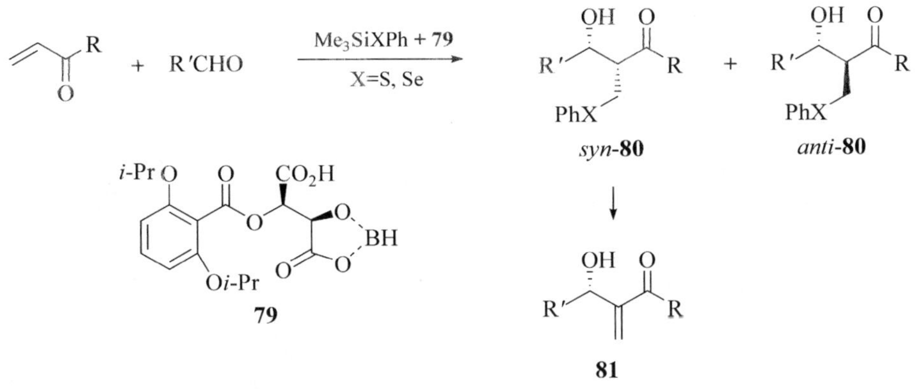

R'CHO　Me$_3$SiXPh + 79　X=S, Se　*syn*-**80**　*anti*-**80**　**79**　**81**

4．手性 Brönsted 酸催化剂

Nolan 等[63]最近发现联二萘酚衍生的手性 Brönsted 酸 **82** ～**85** 催化的 Morita-Baylis-Hillman反应（即活化烯是环己烯酮）效果很好，尤其是 **85e** 和 **85f**，产物的 ee 大多在 90％以上（表 6－14）。

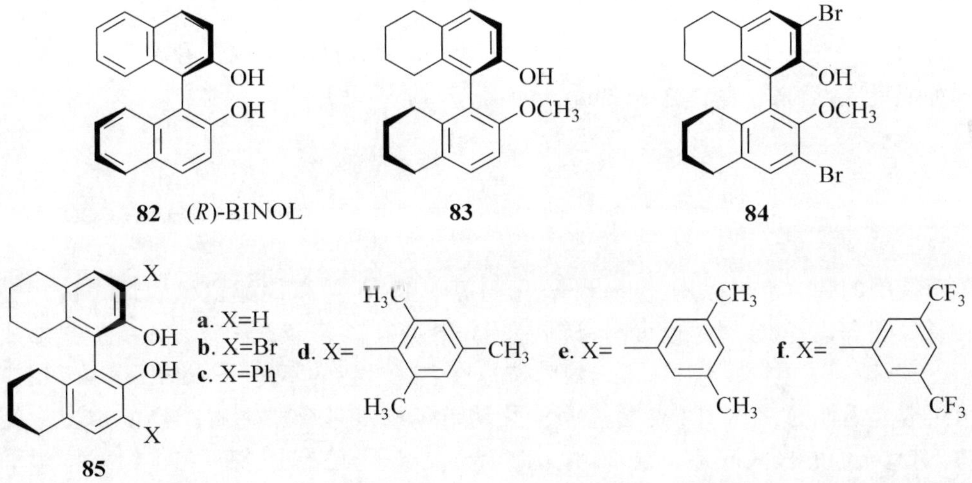

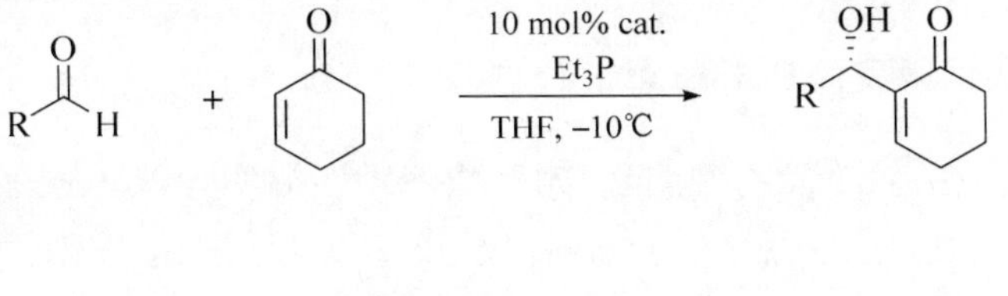

82 (*R*)-BINOL　**83**　**84**

85　**a**. X=H　**b**. X=Br　**c**. X=Ph　**d**. X= 2,4,6-trimethylphenyl　**e**. X= 3,5-dimethylphenyl　**f**. X= 3,5-bis(trifluoromethyl)phenyl

10 mol% cat.　Et_3P　THF, −10℃

表 6－14　Brönsted 酸催化的不对称 Morita-Baylis-Hillman 反应

醛	cat.	产率/%	ee/%	醛	cat.	产率/%	ee/%
$PhCH_2CH_2CHO$	**85f**	88	90	$(CH_3)_2CHCHO$	**85e**	82	95
$BnOCH_2CH_2CHO$	**85f**	74	82	2,2-二甲基-1,3-二噁烷-5-甲醛	**85e**	70	92
(Z)-$CH_3CH_2CH{=}CHCH_2CH_2CHO$	**85e**	72	96	$PhCHO$	**85f**	40	67
环己基甲醛 ($C_6H_{11}CHO$)	**85e**	71	96	$PhCH{=}CHCHO$	**85e**	39	81

6.3　不对称 Reformatsky 反应

由 S. N. Reformatsky 于 1887 年发现的 α-卤代酯在金属锌存在下与醛或酮的加成反应，后来人们称之为 Reformatsky 反应[64]，即

$$XCH_2COOR \xrightarrow{Zn} XZnCH_2COOR \xrightarrow[2)\ H_3^{+}O]{1)\ R^1COR^2} R^1R^2C(OH)CH_2COOR$$

该反应中的醛酮也可以用亚胺、环氧化物等代替，而 α-卤代酯也可以用 α-卤代酰胺、氰、酮等代替，金属锌也可由锌铜偶、镉、锡、铟、钐等金属代替。该反应是形成新的碳-碳键的重要反应之一，以对映选择性方式进行的不对称 Reformatsky 反应可生成光活性的 β-羟基(或氨基)酸(及其衍生物)，是合成天然产物的重要中间体，引起人们的极大兴趣。自 20 世纪 60 年代以来，已有许多研究小组对不对称 Reformatsky反应进行多方面研究。

6.3.1　手性底物诱导的 Reformatsky 反应

Reid 等最先用 α-溴代乙酸盖酯、冰片酯等手性酯作为 Reformatsky 试剂与苯甲醛或苯乙酮反应，虽然产物的 ee 仅 12%～44%，但开创了首例不对称 Reformatsky反应[65～67]。

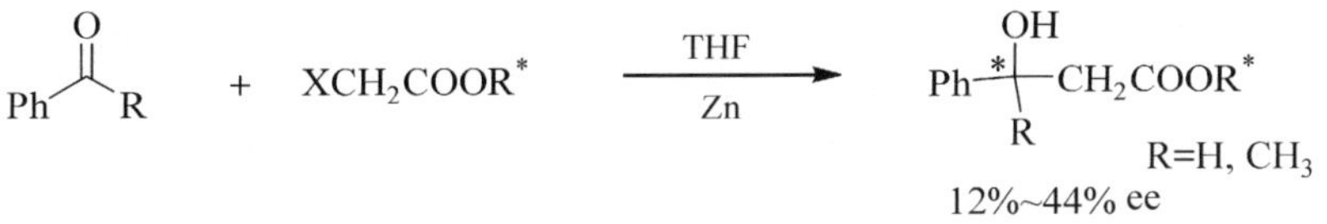

R*=(−)-薄荷基,(+)-薄荷基庚基,(−)-薄荷基庚基,(−)-龙脑基,(−)-α-葑基

Basavaiah 等[68]用反式 α-苯基环己醇与 α-溴代乙酸生成的酯作手性源，与多种羰基化合物进行不对称 Reformatsky 反应，其中与苯乙酮的加成反应，产物的选择性最好，ee 达 89%。

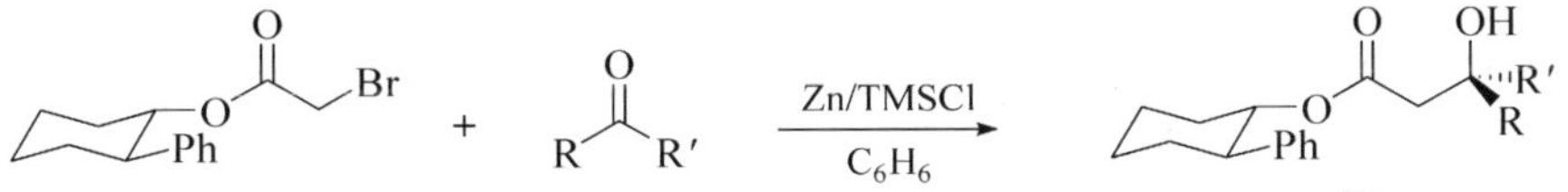

86　　**87**

a. R=Ph, R′=H; **b**. R=Ph, R′=CH_3; **c**. R=*p*-甲苯基, R′=H; **d**. R=1-萘基, R′=H; **e**. R=丙基, R′=H

Wessjohann 等用手性 α-溴代丙酰噁唑烷酮与醛进行 Reformatsky 反应，生成 *anti* 为主的加成产物，且 *anti* 中的 ee 相当高[69]（表 6-15）。

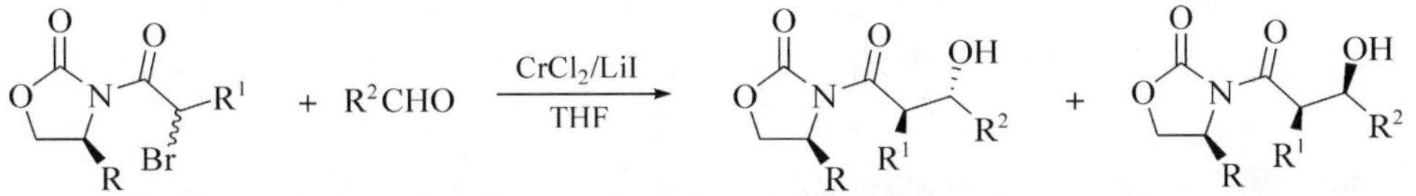

88　　**89** *anti*　　**90** *syn*

表 6-15　手性 α-溴代丙酰噁唑烷酮与醛的不对称 Reformatsky 反应

R	R^1	R^2	产率/%	*anti* : *syn*	ee/%(*anti*)
i-Pr	Me	*i*-Pr	96	89 : 11	>96
Bn	Me	*i*-Pr	88	>95 : 5	>96
i-Pr	Me	Ph	86	77 : 23	>96
Bn	Me	Ph	81	84 : 16	94

Fukazawa 等[70]用一系列手性溴代乙酰噁唑烷酮在 SmI_2 催化下与醛进行不对称 Reformatsky 反应，其中由 **94** 和 **95** 诱导的反应选择性最好，对大多数醛，产物的 de 都在 90%以上，最高达 99%。

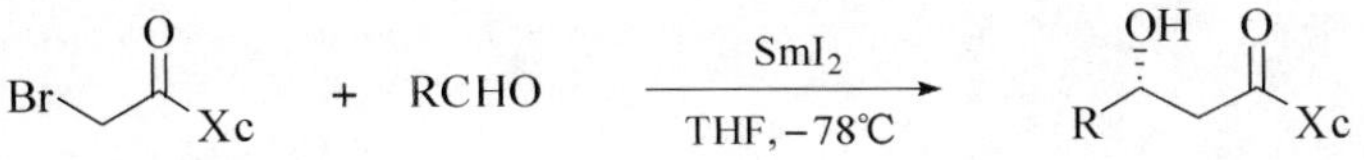

91~95　　**96**

Uang 等[71]用底物诱导的分子内 Reformatsky 反应为关键步骤，高选择性地合成(3*R*,5*S*)-3,5,6-三羟基己酸的 δ-内酯 **98**，它是合成多种 HMG-CoA 还原酶抑制剂的关键手性结构。

Molander 等详细研究了在 SmI_2 作用下的分子内 1,3-不对称诱导的 Reformatsky反应，产物的选择性最高达 98% de[72]，并认为反应通过一个刚性的环状过渡态，Sm^{2+} 对两个羰基氧的络合作用是取得高对映选择性的关键。

由表 6-16 中数据可见，R^4 的体积越大，产物的选择性越好，这是因为 R^4 体积越大，R^4 处于 e 键的过渡态 **102** 与 R^4 处于 a 键的过渡态 **103** 之间的稳定性差别越大。

表 6 - 16　取代基与产物选择性的关系

R^1	R^2	R^3	R^4	**100** 的分离产率/%
Ph	H	Me	H	65
Ph	H	H	Me	95
Ph	H	H	t-Bu	98
n-Pr	H	Me	Et	86
n-Pr	Me	H	Et	97
H	H	Me	t-Bu	85

手性结构也可以是醛，Brocard 等[73]用三羰基铬配位的手性苯甲醛 **104** 与不同的 Reformatsky 试剂反应，当苯甲醛的邻位有一个甲氧基取代时，产物的对映选择性高达 100%，反应式为

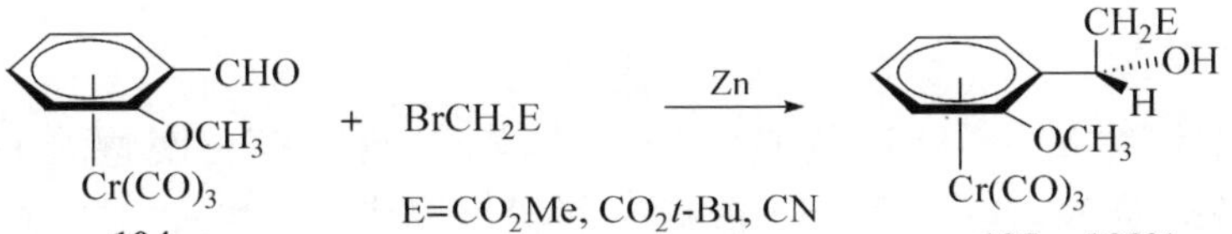

$E=CO_2Me, CO_2t\text{-Bu}, CN$

104　　**105**　100% ee

这是因为底物的甲氧基上的氧与醛基的氢形成分子内氢键，使醛基被固定，Reformatsky试剂只能从苯环没有被 $Cr(CO)_3$ 配位的一边进攻羰基，得到唯一一种构型的产物。

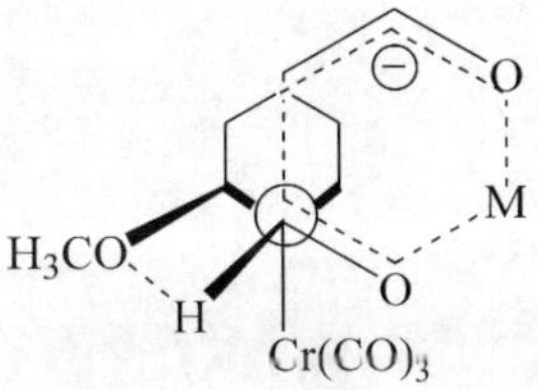

106

用亚胺代替醛作为亲电试剂的 Reformatsky 反应，可得到 β-氨基酸酯，Clark 等用手性亚胺 **107** 诱导不对称 Reformatsky 反应，得到 ee 大于 99%的 β-氨基酸酯 **108**[74]，反应如下

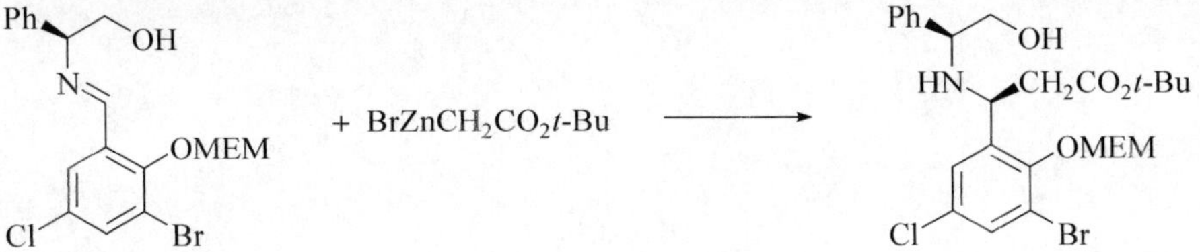

107

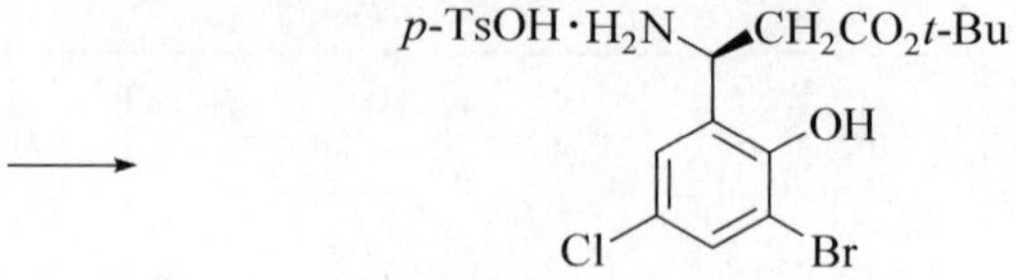

108　>99% ee

Sorochinsky 等用 N 上含手性亚砜结构的亚胺与不同的 Reformatsky 试剂反应，也获得相当好的非对映选择性[75]。

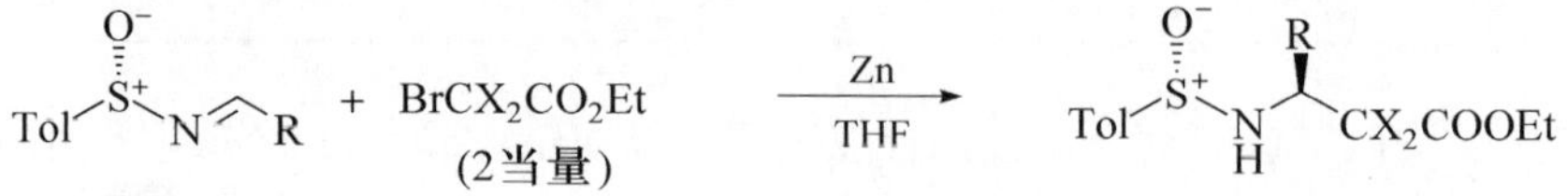

109　　　　110

R=Ph	X=H	76%	94% de
	X=F	82%	92% de
R=4-$CH_3OC_6H_4$	X=F	82%	>98% de

但当 R 为脂肪烷基，de 则比较低（72%～76%）。也可以在底物醛上和 Reformatsky 试剂上同时含有手性结构，用锗或钐等金属代替锌对传统的 Reformatsky 反应进行改进，Pettit 等[76]报道用钴-膦配合物代替锌促进手性醛（**111**）与手性 α-溴代酰胺（**112**）反应，立体定向地合成抗癌剂dolastain 10的关键手性片断 **113**。

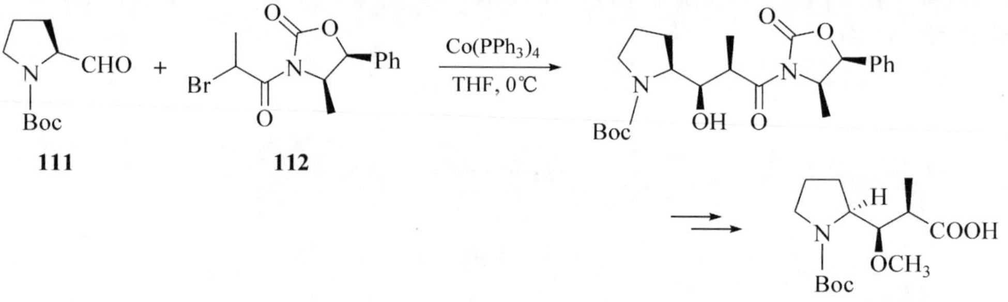

111　112

113

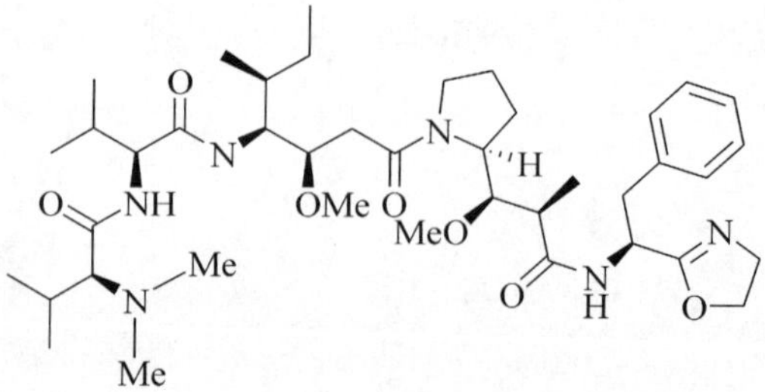

dolastain 10

6.3.2 催化的不对称 Reformatsky 反应

上面介绍的手性底物诱导的不对称 Refortmasky 反应，虽然也不乏取得高选择性的例子，但由于其固有的缺点，更多的研究工作已转到催化的不对称反应。

Guetle 等[77]最先尝试用 Tröger 碱 **114** 催化 α-溴代乙酸酯与醛的不对称 Reformatsky反应，并获得较好的选择性，但反应的化学产率低，手性配体的用量大(1 当量)，缺乏实用性。

PhCHO + $BrCH_2CO_2R$ —Zn / (+)-Tröger 碱 (1当量), 13%~62%→ Ph-CH(OH)*-CH_2CO_2R (53%~95% ee)

R=Me, Et, t-Bu

(+)-Tröger 碱 **114**

直到 20 世纪 90 年代初，日本的 Soai 等用氨基醇手性配体 **115** ～**118** 作催化剂系统研究了不同类型的 Reformatsky 反应。

(S)-(+)-DPMPM **115**　(R)-(−)-DPMPM **116**　(1S,2R)-**117**　(1R,2S)-**118**

a. R=$CH_2CH{=}CH_2$
b. R=n-Bu
c. R=Me
d. R=n-C_8H_{15}

用 **115** 催化溴代乙酸酯与醛的不对称 Reformatsky 反应，获得 ee 大于 75%的好结果(表 6 - 17)[78]。

RCHO + $BrCH_2CO_2t$-Bu —115/Zn, THF→ R-CH(OH)*-CH_2CO_2t-Bu

表 6 - 17　配体 115 和 118b 催化的溴代乙酸酯与醛的不对称 Reformatsky 反应

醛	配体/当量	产率/%	ee/%/构型
PhCHO	**115**(1.0)	91	75/S
PhCHO	**115**(0.4)	81	44/S
PhCHO	**118b**(1.0)	89	37/R
2-$C_{10}H_7$CHO	**115**(1.0)	82	78
EtCHO	**115**(1.0)	60	56/R

用 **115** 和 **116** 催化溴代乙腈的 Reformatsky 反应，产物的对映选择性更高(表

6－18)[79]。

表 6－18　115、116 催化的溴代乙腈与醛的不对称 Reformatsky 反应

醛	配体/当量	产率/%	ee/%/构型
PhCHO	**115**(1.0)	76	93/*S*
PhCHO	**116**(1.0)	77	93/*R*
PhCHO	**115**(0.3)	45	78/*S*
PhCHO	**115**(0.3)	61	75/*S*
4-MeOPhCHO	**115**(1.0)	70	88
2-$C_{10}H_7$CHO	**115**(1.0)	82	87

使用等物质的量的手性配体，产物的 ee 最高达 93%，这是不对称 Reformatsky 反应迄今取得的最好结果之一。即使只用 0.3mol 的手性配体，ee 也达 78%，实现了“催化”意义上的不对称 Reformatsky 反应。

Soai 等又进一步用 **117** 和 **118** 催化酮的不对称 Reformatsky 反应，也获得相当高的选择性(表 6－19)[80]。

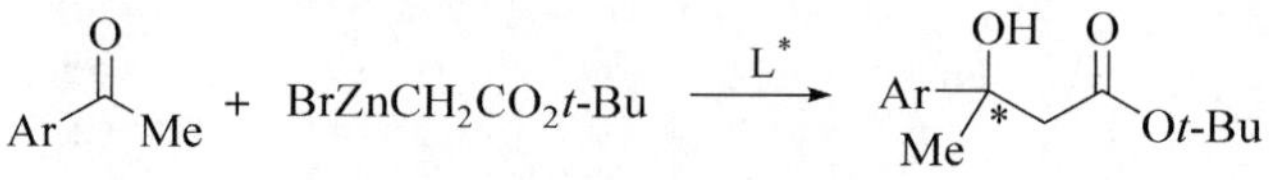

$$ArC(O)Me + BrZnCH_2CO_2t\text{-}Bu \xrightarrow{L^*} ArC^*(OH)(Me)CH_2CO_2t\text{-}Bu$$

表 6－19　117、118 催化的酮的不对称 Reformatsky 反应

Ar	L* /当量	产率/%	ee/%/构型
Ph	**117a**(1.0)	65	74/*S*
Ph	**118a**(1.0)	21	73/*S*
2-萘基	**117a**(1.0)	38	75
4-F-C_6H_4	**117a**(1.0)	57	73
Ph	**117b**(1.0)	35	65/*S*

Andres 等[81]也由麻黄碱合成配体 **117** 和 **119**，并用它们催化 α,α-二氟溴代乙酸酯与醛的不对称反应，其中 **117c** 获得的选择性最好，当底物为苯甲醛时，ee 最高达 82%，但 **119** 的选择性比 **117** 低，例如

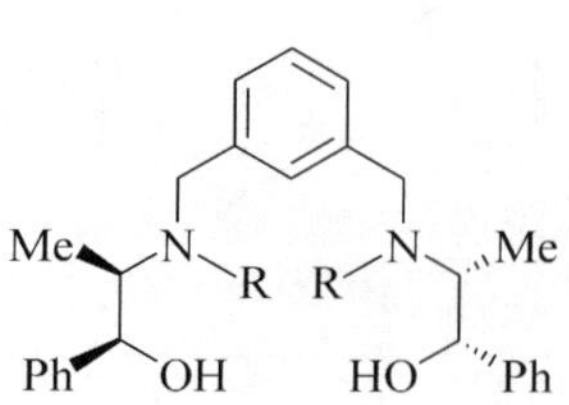

119

PhCHO + $BrCF_2CO_2R$ —Zn, **117c** (1当量)→ Ph–*CH(OH)–CF_2–COOR　82% ee

我国的蒋耀忠及其合作者在不对称 Reformatsky 反应方面也做了较系统的研究[82]。他们用手性配体 **120** 和 **121** 催化 Reformatsky 反应，研究配体的结构和用量、溶剂、底物结构等因素对反应选择性的影响。

120　**121**

a. $R^1=R^2=R^3=H$
b. $R^1=R^3=H$, $R^2=c\text{-}C_6H_{11}$
c. $R^1=R^3=H$, $R^2=Bn$
d. $R^1=Me$, $R^2=Bn$, $R^3=H$
e. $R^1=R^2=Me$, $R^3=H$
f. $R^1=R^2=Me$, $R^3=Bn$

研究发现，这些手性氨基醇类配体中，*N*-双烷基化的配体选择性较好，ee 最高也达 64%，而 *N*-单烷基化及未烷基化的配体效果很差。羟基醚化的配体几乎没有手性诱导效果。

日本的 Butsugan 等[83]用辛可宁、辛可尼定、奎宁和奎尼定等金鸡纳碱类手性配体催化铟试剂与醛的不对称 Reformatsky 反应，得到中等或较好的对映选择性，其中辛可宁的催化效果最好。

ArCHO + $BrCH_2CO_2Et$ —In, 辛可宁, 52%~90%→ Ar–*CH(OH)–CH_2COOEt　42%~71% ee

Ukaji 等[84]报道了一种(*R*,*R*)-酒石酸二异丙酯作为手性助剂的 Reformatsky 试剂对亚胺的不对称加成，取得优异的选择性(表 6－20)。

BrMgO/$CO_2i\text{-}Pr$, BrMgO/$CO_2i\text{-}Pr$ (1当量) + Et_2Zn (5当量) —1) X-取代 2-羟基苯基亚胺 (H, R) (1当量); 2) H_2O (0.8当量); 3) $ICH_2CO_2t\text{-}Bu$ (当量), CH_2Cl_2, 0℃→ X-取代 2-羟基苯基-NH–CH(R)–CH_2–C(O)O*t*-Bu　74%~98% ee

—CAN (3当量), CH_3CN/H_2O, r.t.→ R–CH(NH_2)–CH_2–C(O)O*t*-Bu

表 6-20 Reformatsky 型试剂对亚胺的不对称加成

X	R	产率/%	ee/%
H	Ph	77	93
Cl	Ph	76	74
MeO	Ph	72	97
MeO	4-ClPh	80	95
MeO	4-MeOPh	58	96
MeO	*t*-Bu	26	98

值得注意的是，按照反应式列出的次序加入少量水(0.7～1.0当量)，是取得高对映选择性的关键。当使用(*S*,*S*)-构型的酒石酸酯作助剂时，反应一样取得很高的对映选择性，只是产物的构型相反，加成产物可方便地转化成β-氨基酸酯，因此该方法提供一种高选择性地合成β-氨基酸的方法。

此外，Ribeiro 等[85a]考察了一系列含一个或两个游离羟基的糖类衍生物手性配体 **122～129** 在不对称 Reformatsky 反应中的催化效果，选择性都不高，效果最好的 **127**，ee 也只有 30%。

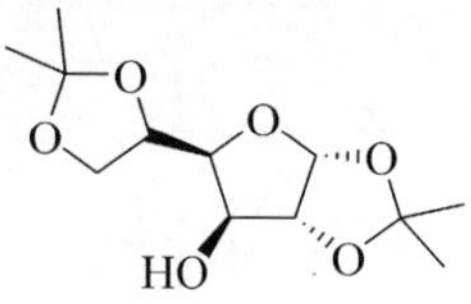

122a 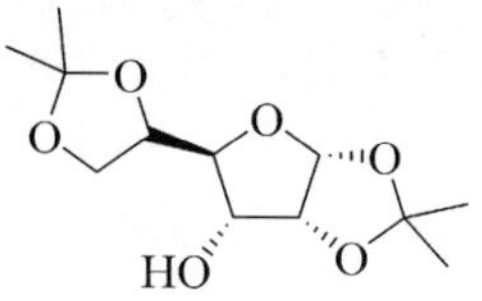 **122b** 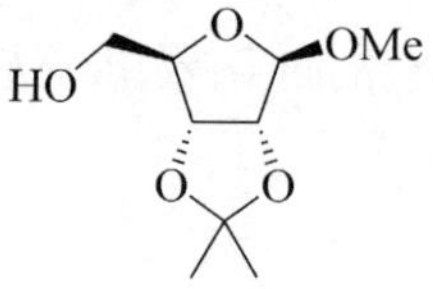 **123**

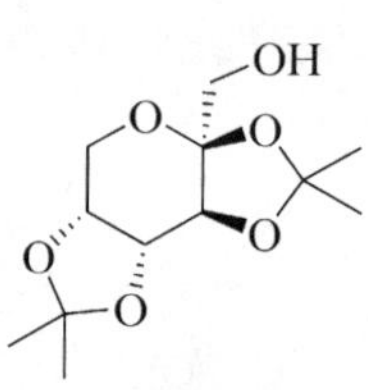

124 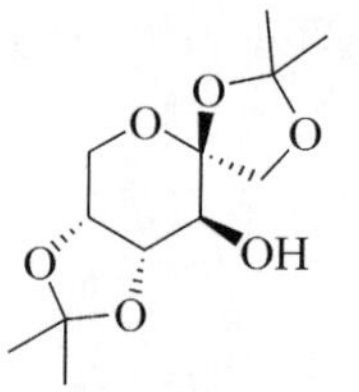 **125**

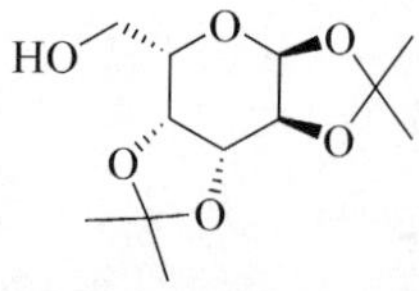

126 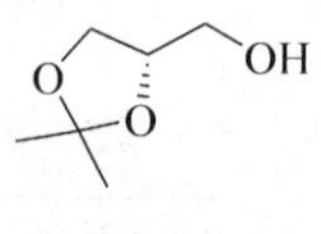 **127** 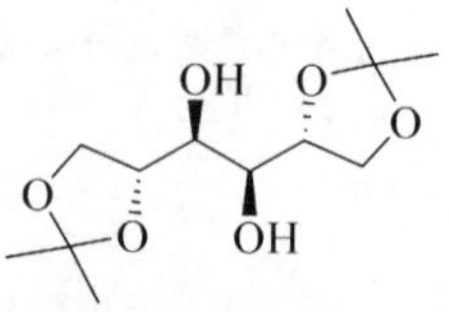 **128** 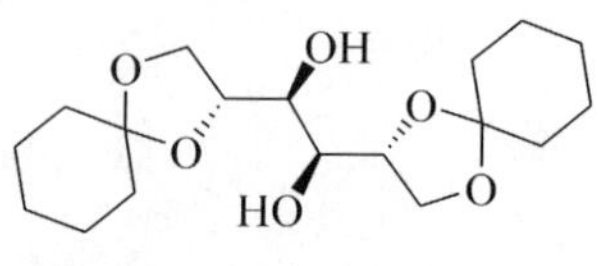 **129**

由葡萄糖胺衍生的三级氨基醇 **130** 催化的 Reformatsky 反应，选择性则好得多[85b]。

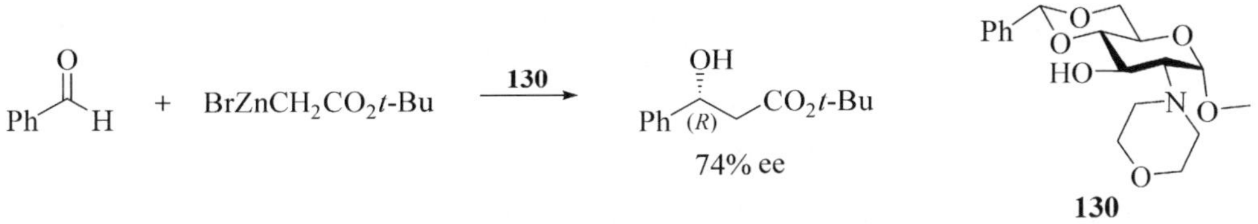

这是少数 ee 达 70%以上的催化不对称 Reformatsky 反应的实例之一。

作者曾考察一系列侧链含配位基团或不含配位基团的线二肽 **131**、假二肽 **132**、环二肽 **133** 等氨基酸衍生物手性配体在不对称 Reformatsky 反应中的手性识别效果，但产物的选择性都不理想[86]，产物的 ee 最高仅 64%。

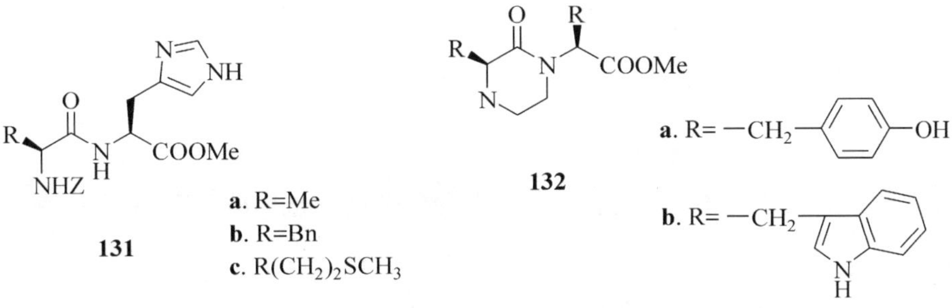

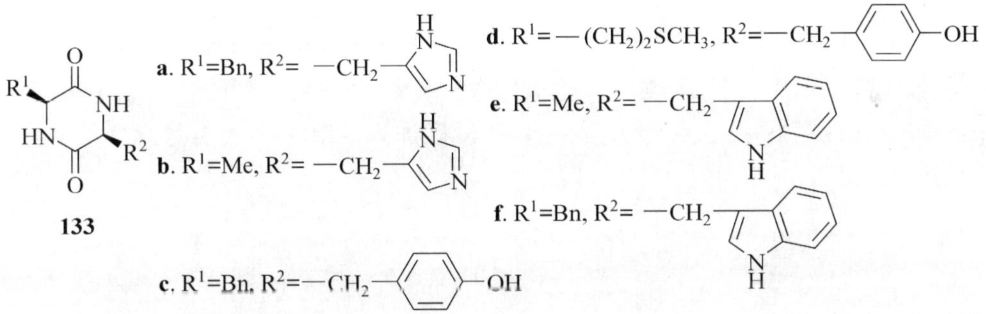

由上述介绍可知，对不对称 Reformatsky 反应的研究还不够深入，特别是催化的不对称 Reformatsky 反应，虽然已报道的用于这类反应的手性配体已有数十种，但诱导产生的选择性达 70%以上的配体仅十余种，且用量大(通常为化学计量)，主要为氨基醇类配体，其他种类的配体，研究不多，化学产率和立体选择性都有待提高。

鉴于 Reformatsky 反应在合成上的重要性，深入研究不对称 Reformatsky 反应的手性识别机理，以期在其机理的指导下，设计合成更有效的手性配体，将是本领域的重要研究课题。

6.4 不对称氰醇化反应

光学活性的氰醇是非常有用的合成中间体,它可以容易地转化为 α-羟基酸、α-羟基醛和 β-羟胺等光活切块,另外,氰基对亚胺的加成反应(称为 Strecker 反应)产物水解后就是 α-氨基酸,在许多天然化合物或药物的全合成中都有重要应用。因此不对称氰醇化反应一直是十几年来不对称合成的一个活跃的研究领域。

1986 年,Reetz 等首先报道用手性硼试剂 **134** 催化的不对称硅氰化反应[87],虽然 ee 仅 12%～16%,但开创了催化不对称氰醇化反应的先例。

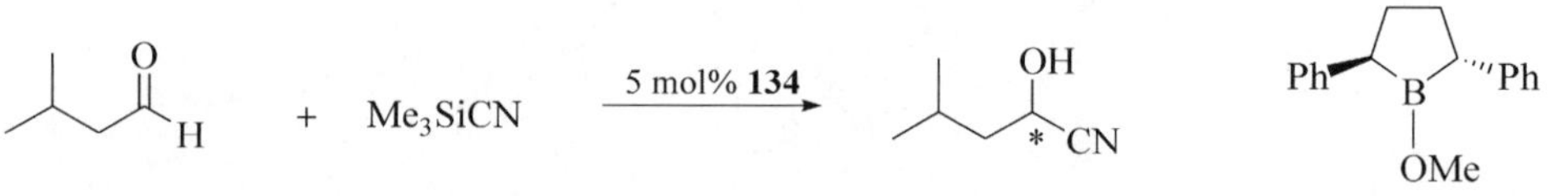

O H + Me_3SiCN —5 mol% **134**→ OH * CN

Ph B Ph OMe

134

此后,已陆续开发出一系列有效的手性催化剂用于这一类反应,取得许多好的结果。

6.4.1 手性二醇、二酚配体形成的 Lewis 酸催化剂

Narasaka 等用酒石酸衍生的手性配体 TADDOL **135** 和 $Ti(O\textit{i}\text{-}Pr)_2Cl_2$ 的配合物催化硅氰化反应[88],产物的 ee 达 76%～96%,并发现试剂的滴加顺序对产物的对映选择性影响很大,底物为芳香醛时,最后加入 TMSCN 才能得到好结果,而脂肪醛则相反。

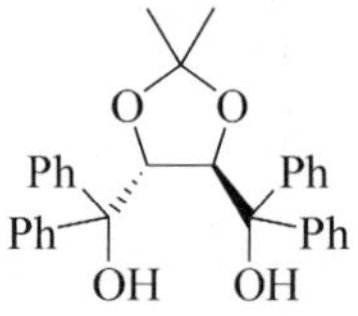

O O Ph Ph Ph Ph OH OH

TADDOL **135**

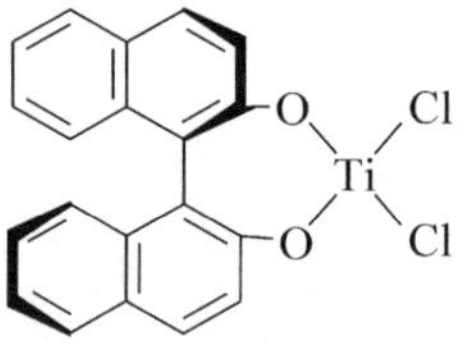

O Cl Ti O Cl

136

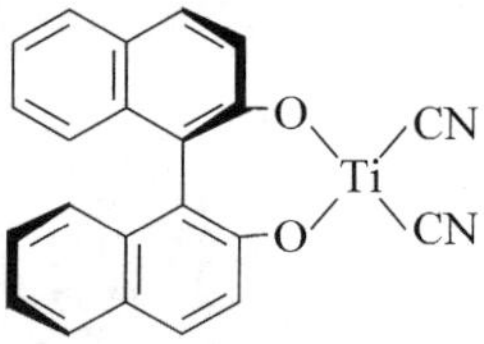

O CN Ti O CN

137

Reetz 等用(*R*)-BINOL 与 Ti 的配合物 **136**,催化 TMSCN 对醛的加成,产物的选择性也达 82% ee[89]。Nakai 等则用二氰基联二萘酚-Ti 配合物 **137** 催化同类反应[90]。**137** 对脂肪醛,特别是具有长链的脂肪醛的硅氰化反应效果很好,产物的 ee 都在 70%以上,但对芳香醛,产物的 ee 都很低(<10%)。

6.4.2 手性席夫碱催化剂

手性席夫碱-Ti(Ⅳ)配合物是醛不对称硅氰化反应的重要催化剂[91]。

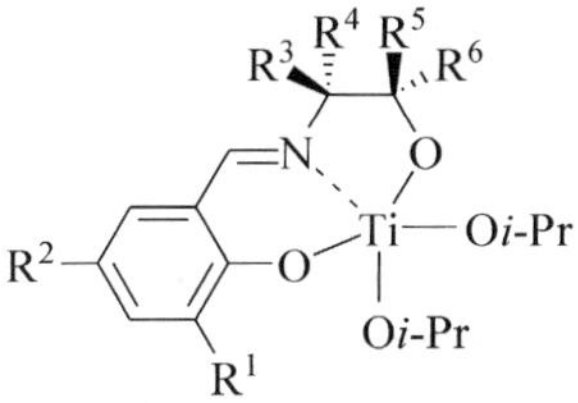

138 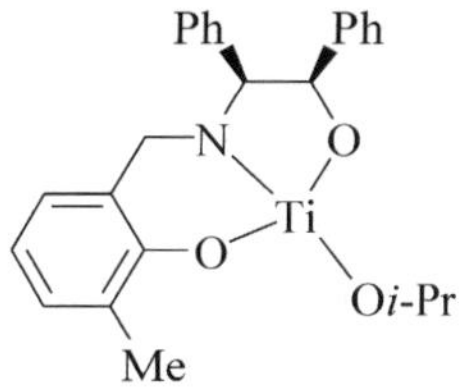　　139

Oguni 等曾系统研究了 **138** 这类三齿席夫碱与 $Ti(Oi\text{-}Pr)_4$ 的配合物催化的醛的不对称硅氰化反应[91,92]。当配体中的 $R^1=t\text{-}Bu$，$R^3=i\text{-}Pr$，$R^2=R^4=R^5=R^6=H$ 时，催化剂的对映选择性最好，当底物为 4-甲氧基苯甲醛时，产物的 ee 达 91%，底物为反-2-甲基丁烯醛时，ee 达 96%，其他醛的 ee 大多在 60% 以上。Oguni[92] 和 Jiang[93] 还详细研究了手性配体的结构对产物对映选择性的影响，发现酚羟基邻位的取代基 R^1 体积越大，产物 ee 越高，但未能说明这种变化规律的内在原因。

Somanathan 等[94]的研究发现，当 R^1 的体积很大时，生成的是配体 L^* 与 $Ti(Oi\text{-}Pr)_4$ 1∶1的配合物 $L^* \cdot Ti(Oi\text{-}Pr)_2$，有很好的对映选择性；而当 R^1 的体积较小时，则大部分(73%)生成 L^* ∶Ti＝2∶1 的中心对称型的配合物 L_2^* ∶Ti，这种配合物没有手性识别，因而使对映选择性大大降低。

Feng 等用(1*R*,2*S*)-1,2-二苯基氨基乙醇与水杨醛制备的三齿配体与 Ti 的配合物 **139**，用于催化不对称硅氰化反应，也获得很好的效果，产率大于 90%，芳醛达 75%～94%ee，脂肪醛也达 60%～82%ee[95]。

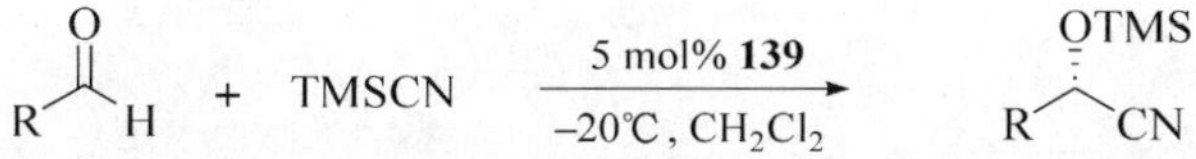

$$RCHO + TMSCN \xrightarrow[-20℃,\ CH_2Cl_2]{5\ mol\%\ \mathbf{139}} RCH(OTMS)CN$$

为了避免生成中心对称的双配体配合物，一系列 Salen 型四齿配体 **140**～**147** 先后被合成并用于催化不对称氰醇反应。

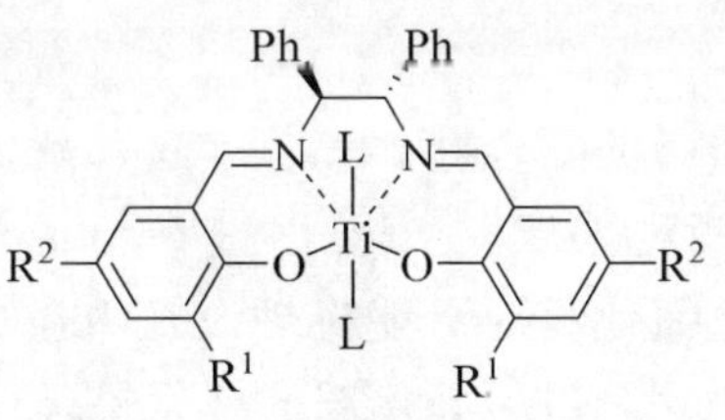

140 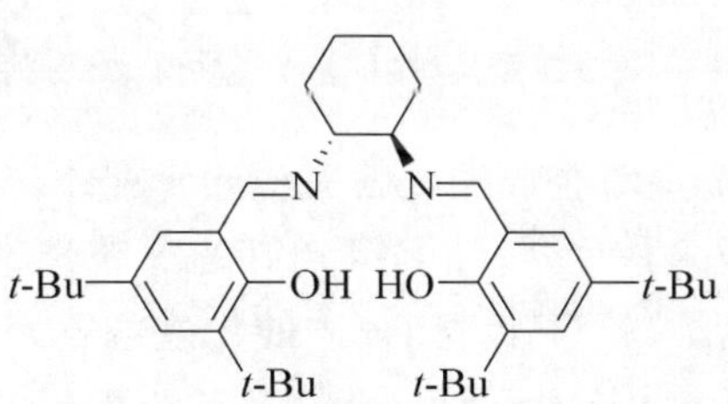　　141

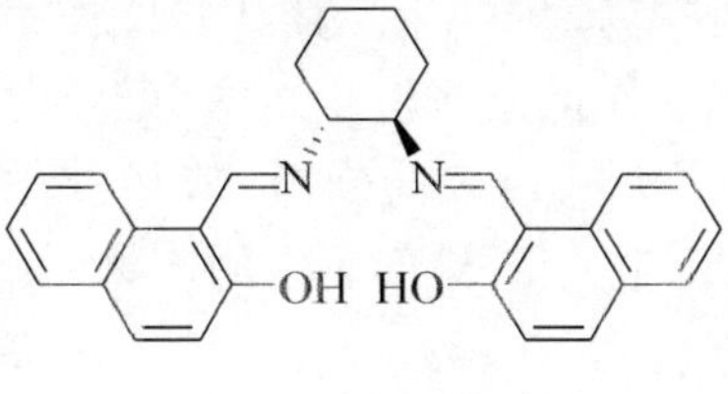

142

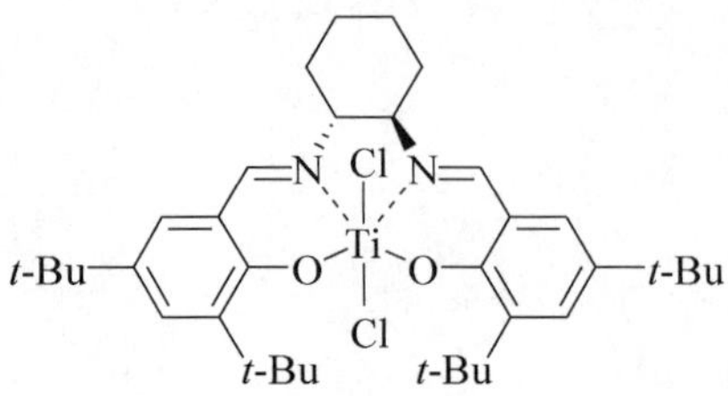

143 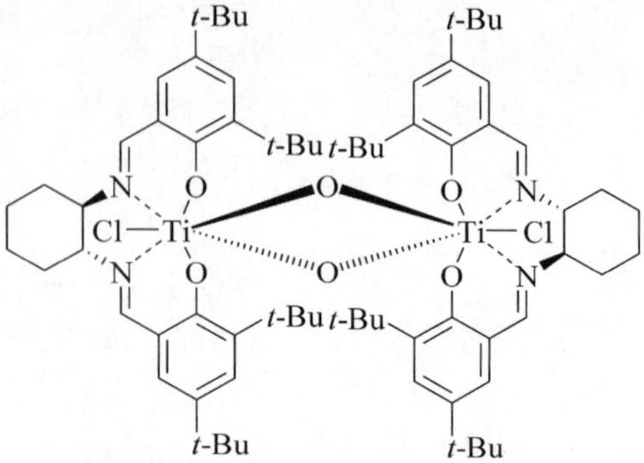　　**144**

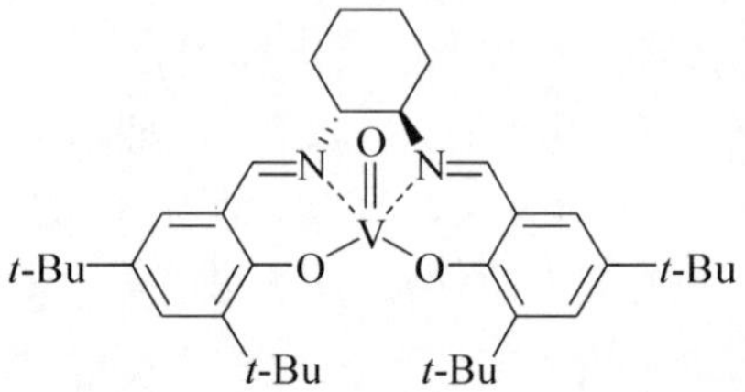

145 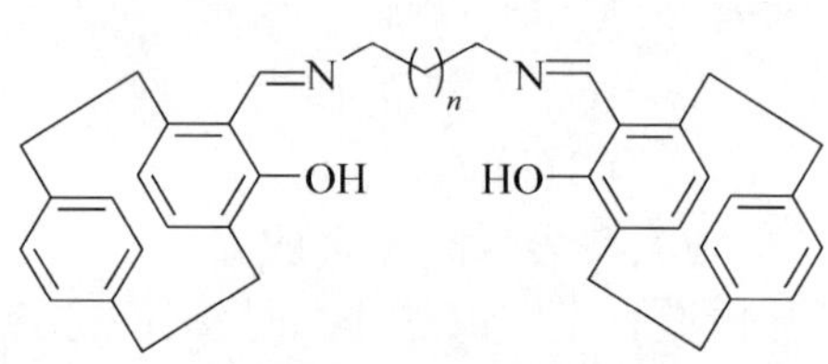　　**146** **a**. n=0 **b**. n=1

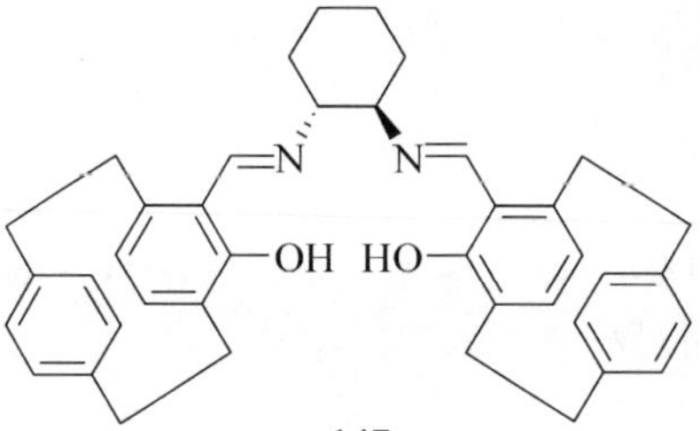

147

Jiang 等合成的双席夫碱四齿配体与 Ti(Ⅳ)的配合物 **140**，证实这种配体可避免生成多核聚合，确实得到好的对映选择性(87% ee)[96,97]。根据 Oguni 等提出的单席夫碱-Ti(Ⅳ)配合物催化醛的不对称硅氰化反应可能机理以及 Inoue 等的理论计算和实验验证[98,99]，这种六配位的 Salen-Ti(Ⅳ)催化剂的催化机理可用图 6-2所示的过渡态来解释：作为 Lewis 酸的催化剂，通过其中心金属离子先与醛的羰基配位而活化羰基，使其能在低温下发生反应，配位时，醛上的苯基由于空间位阻作用，将向远离席夫碱的苯基(1)方向伸展，苯基(1)封闭的是苯甲醛的 *Si* 面，CN^- 只能从 *Re* 面进攻，从而生成 *R*-构型为主的产物。

同一时期，Belokon 等合成了 **141** 和 **142** 两种双席夫碱手性配体，它们与 $Ti(Oi\text{-}Pr)_4$ 的配合物用于催化各种醛的不对称硅氰化反应，ee 大多在中等以上，最高达 81%ee[100, 101]。上述催化剂的不足之处是用量较大(20 mol%)，且反应需在 −80℃低温下进行才能得到高的 ee。若将 **141** 与 $TiCl_4$[而不是 Ti(O*i*-Pr)$_4$] 配位，得到催化剂 **143**，室温下仅用 0.1 mol%就能有效地催化苯甲醛的硅氰化反应，达到相似的效果[102]。

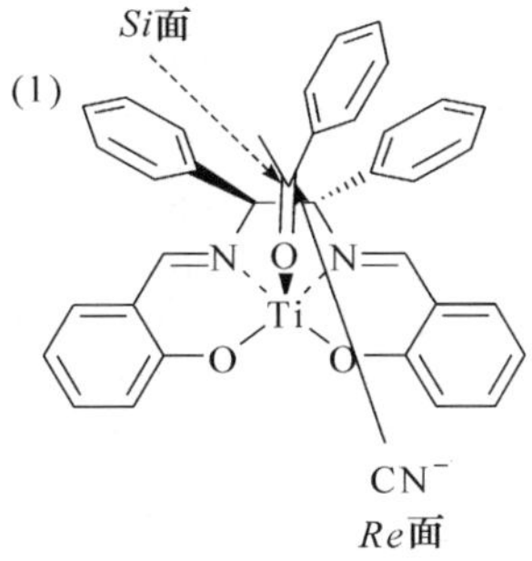

图 6－2　催化剂 **140** 催化的氰基对苯甲醛不对称加成的过渡态

用水和三乙胺处理 **143**，令人惊奇地得到一种活性极高的双金属催化剂 **144**。仅用 0.1 mol% **144**，就能在室温下、几分钟内催化完成醛的硅氰化反应，产物的 ee 达 86%。若使反应在 0℃下进行，芳香醛(除个别例外)加成产物的 ee 都在 76%～92%，脂肪醛也达中等以上(52%～99% ee)[103]。

基于对 Salen-Ti(Ⅳ)催化机理的研究，North 等又发展了一种氧化钒与 Salen 的配合物新催化剂 **145**，其对映选择性比 **144** 更好(表 6－21)[104]。

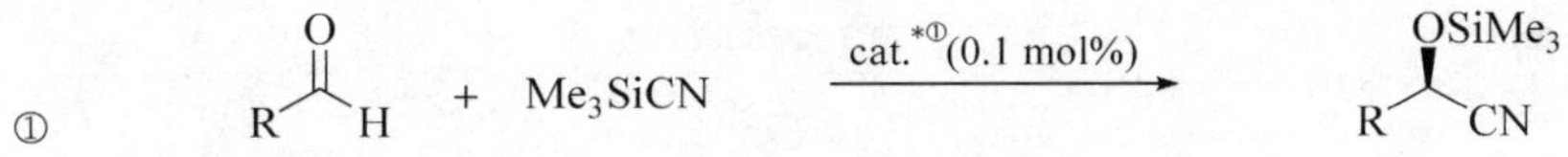

RCHO + Me_3SiCN —cat.*①(0.1 mol%)→ RCH($OSiMe_3$)CN

表 6－21　用 144 和 145 催化醛的硅氰化反应获得的对映选择性

醛	用 **145** 的 ee/%	用 **144** 的 ee/%
PhCHO	94	88
4-$MeOC_6H_4CHO$	90	84
2-MeC_6H_4CHO	90	76
3-MeC_6H_4CHO	95	90
4-MeC_6H_4CHO	94	87
4-$NO_2C_6H_4CHO$	73	50
EtCHO	77	52
Me_3CCHO	68	66

① ＊表示为手性催化剂。

Belokon 等开发的另一类新的双席夫碱手性配体 **146** 和 **147**，其特点是组成双席夫碱的 *α*-羟基芳醛上含有手性结构，而二胺是非手性的（如 **146**），或二者都含手性结构（如 **147**）。出乎意料的是，二胺不含手性结构的 **146a**，对映选择性最好（最高 84%ee），而二胺的链上增加一个 C 原子的 **146b**，则完全没有手性识别；两部分都含手性结构的 **147**，其对映选择性也不如 **146a** 好[105]。

Bu 等则报道，将 Salen 配体 **141** 中的 3，5-位上的取代基由 *t*-Bu 变为 *t*-Pen，用于催化芳香醛的不对称硅氰化反应，对映选择性比 **141** 显著提高，在仅用 5 mol%催化剂的情况下，产率 84%～96%，92%～97% ee，是目前这类催化剂中效果最好的[106]。

由于双金属 Salen 配合物 **144** 所显示的极高反应活性、很高的底物/催化剂比和良好的选择性，最近几年，North 等继续深入研究 **144** 在其他反应底物上的应用。

腈醇反应中，用 HCN 作氰源，易挥发且极毒，而 Me_3SiCN 很贵，不适合大批量制备，North 等首次尝试用 KCN ＋ Ac_2O 作氰源，在 1 mol%双金属 Salen 催化剂 **144** 的催化下，进行腈醇反应，生成的腈醇乙酸酯，对映选择性达 93%[107]。改用（*R*，*R*）-环己二胺生成的 **144** 作催化剂，则产物构型相反（*S* 为主），ee 相近。他们又进一步发展一种可在中性条件下选择性将腈基转化成酰胺，而不影响分子中的乙酰氧基，且不产生外消旋化的方法，使这一手性腈醇合成方法更具实用性[108]。

$$\mathrm{RCHO} + \mathrm{KCN} + \mathrm{Ac_2O} \xrightarrow[\mathrm{CH_2Cl_2},\ -42\sim25^\circ\mathrm{C}]{(S,S)\text{-}\mathbf{144}\ (5\ \mathrm{mol\%})} \mathrm{RCH(OAc)CN}$$

60%~93% ee (*R*)

为了克服非均相反应的麻烦，North 等又用 EtOCOCN 作氰源，在 5 mol% **144** 的催化下进行不对称腈醇反应，获得非常好的结果，产率 90%以上，芳香醛的对映选择性 94%～99% ee，除芳环上有强吸电子基的醛，如 4-$CF_3C_6H_4CHO$ 例外（76% ee），脂肪醛的对映选择性也达 76%～84%ee[109]。

$$\mathrm{RCHO} + \mathrm{EtOCHOCN} \xrightarrow[-40^\circ\mathrm{C}]{5\ \mathrm{mol\%}\ \mathbf{144}} \mathrm{RCH(OCO_2Et)CN}$$

Zheng 等将（*R*，*R*）-1，2-环己二胺与端头含有 3-特丁基水杨醛的三叉或线状的分子 **148** 和 **149** 缩聚成树状和链状聚合物 Salen 配体 **150** 和 **151**，以及二者按不同的比例共聚的聚合物配体。

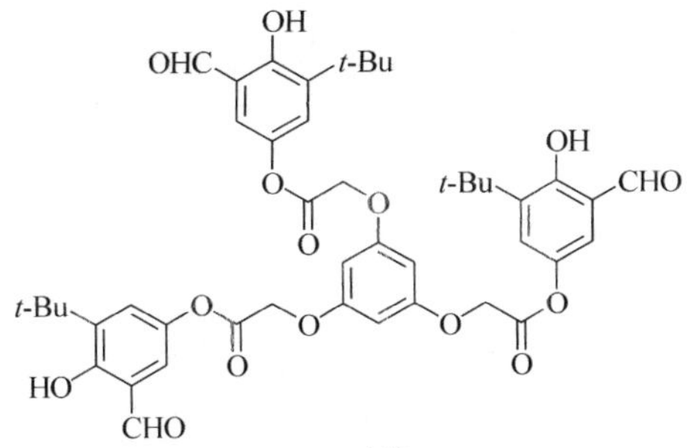

148

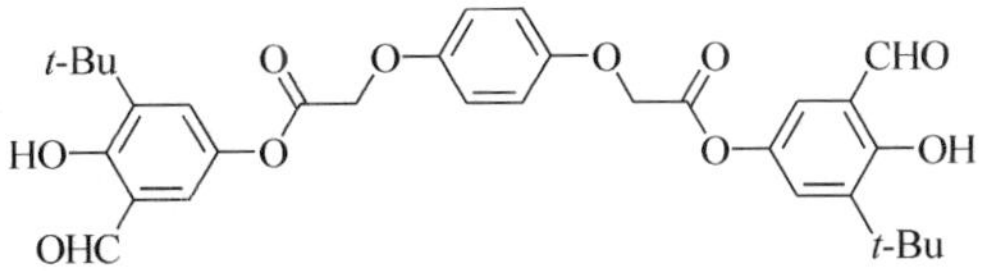

149

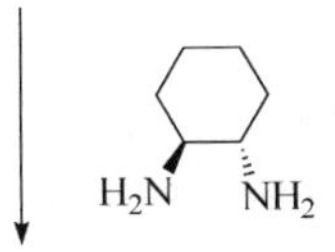

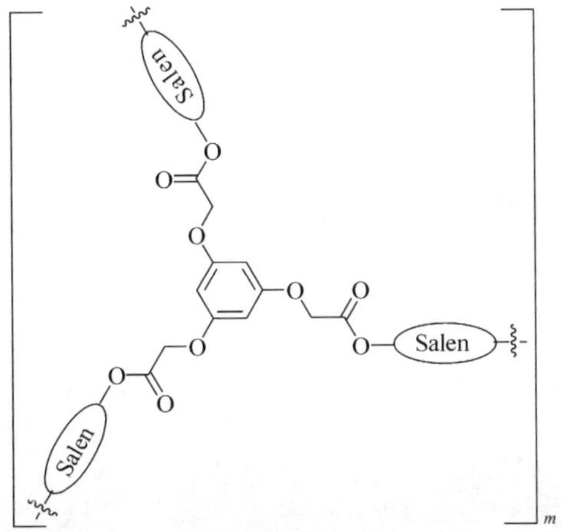

150

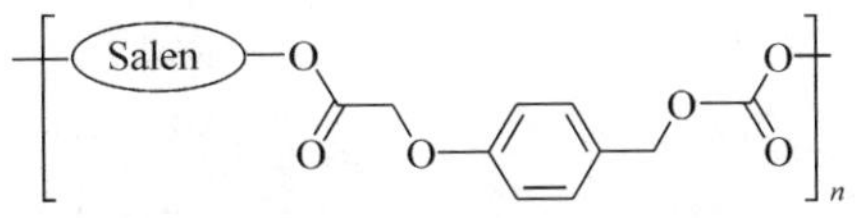

151

这些聚合物 Salen-Ti(Ⅳ)配合物用 2 mol%催化醛的不对称腈醇化反应，对芳香醛，产率高达 94%，对映选择性达 91% ee，脂肪醛的对映选择性也达 81%～86% ee。

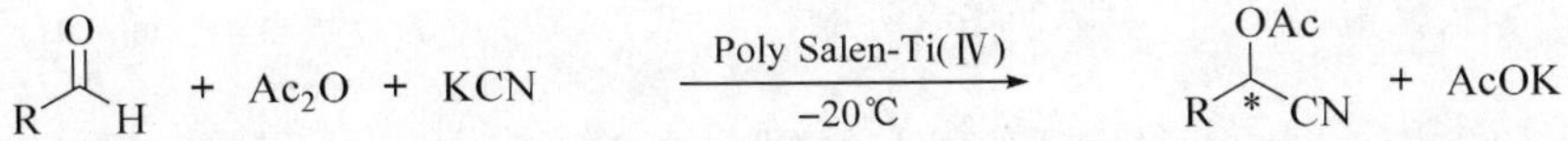

$$RCHO + Ac_2O + KCN \xrightarrow[-20℃]{\text{Poly Salen-Ti(Ⅳ)}} R\overset{*}{C}H(OAc)CN + AcOK$$

值得重视的是，这些聚合物催化剂重复使用 6 次后，选择性和活性都没有明显下降[110]。

6.4.3　双功能团手性催化剂和其他手性催化剂

众所周知，Lewis 酸和 Lewis 碱都能催化三甲基硅氰对醛的加成反应。Shibasaki等据此设计了一种既含 Lewis 酸，又含 Lewis 碱的全新的双功能手性催化剂 **152**。

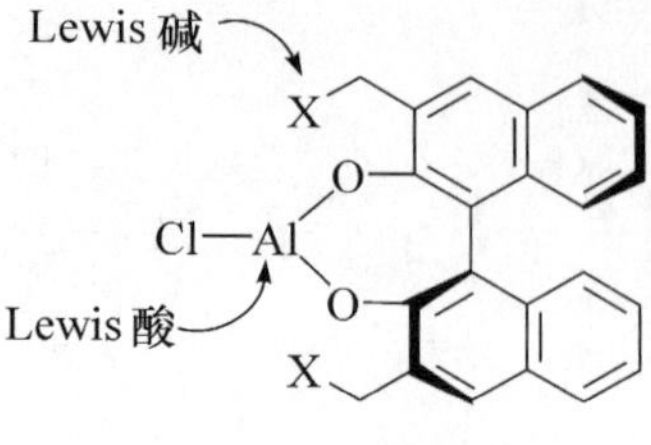

Lewis 碱
Lewis 酸
a. X=P(O)Ph_2
b. X=PPh_2
c. X=SEt_2
d. X=$CH_2P(O)Ph_2$
e. X=$CHPh_2$
f. X=P(O)$(PhNMe_2\text{-}p)_2$
152

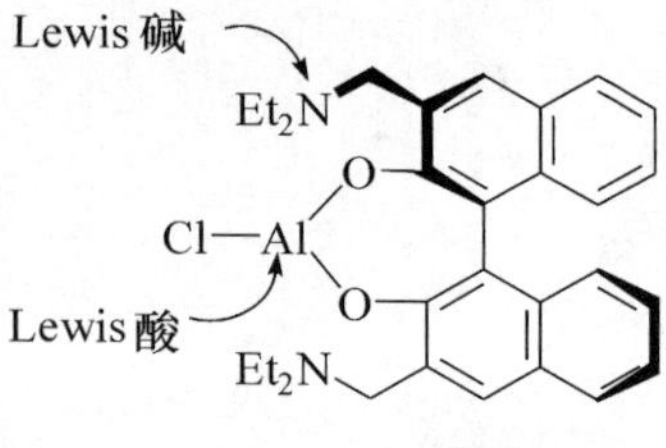

Lewis 碱
Lewis 酸
153

152a 催化效果最好，当用 9 mol% **152a** 和 36 mol% 膦氧化物添加剂时，$(CH_3)_3SiCN$ 与各醛的不对称硅氰化反应，产率达 86%～100%，ee 基本上都大于 90%，最高达 99%(表 6-22)[111]。

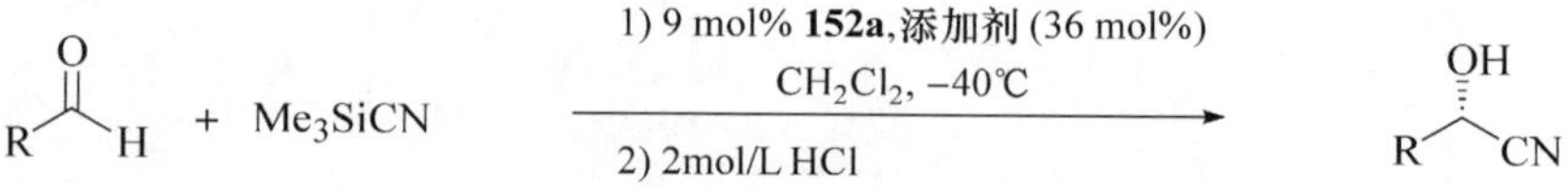

$$\text{RCHO} + Me_3SiCN \xrightarrow[\text{2) 2mol/L HCl}]{\text{1) 9 mol\% 152a, 添加剂 (36 mol\%)},\ CH_2Cl_2,\ -40℃} \text{RCH(OH)CN}$$

表 6-22　152a 催化的不对称硅氰化反应

醛中的 R	添加剂	产率/%	ee/%/构型
$Ph(CH_2)_2$	$Bu_3P(O)$	97	97/(*S*)
n-C_6H_{13}	$Bu_3P(O)$	100	98/(*S*)
$(CH_3)_2CH$	$Bu_3P(O)$	96	90/(*S*)
$(CH_3CH_2)_2CH$	$Bu_3P(O)$	98	83/(*S*)
trans-$C_4H_9CH{=}CH$	$Bu_3P(O)$	94	97
$PhCH{=}CH$	$Bu_3P(O)$	99	98/(*S*)
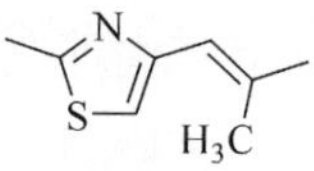 (2-甲基噻唑-4-基)$C(CH_3){=}CH$ (H_3C)	$Bu_3P(O)$	97	99/(*S*)
Ph	$CH_3P(O)Ph_2$	98	96/(*S*)
p-$CH_3C_6H_4$	$CH_3P(O)Ph_2$	87	90/(*S*)
 2-呋喃基	$CH_3P(O)Ph_2$	86	95/(*S*)

反应之所以取得如此高效率，被认为是催化剂中的 Lewis 酸部分活化了底物醛，同时催化剂中的 Lewis 碱部分活化了进攻试剂氰基，并使底物和试剂处在最适宜的反应位置，从而达到高效和高对映选择性。作者为了解释这种高对映选择性，还提出如图 6-3 所示的催化剂作用机理。

153 是与 **152** 相似的双功能催化剂，这里起 Lewis 碱作用的是处于 3 或 3′-位上的三级胺基。**153** 用于催化醛的硅氰化反应，仅用 10 mol% **153** 加上 Ph_3PO 添加剂，便能使各种醛在－40℃下顺利完成反应，对绝大部分醛，产率接近定量，芳香醛的 ee 高达 92%～98%，脂肪醛 ee 也达 66%～88%[112]。

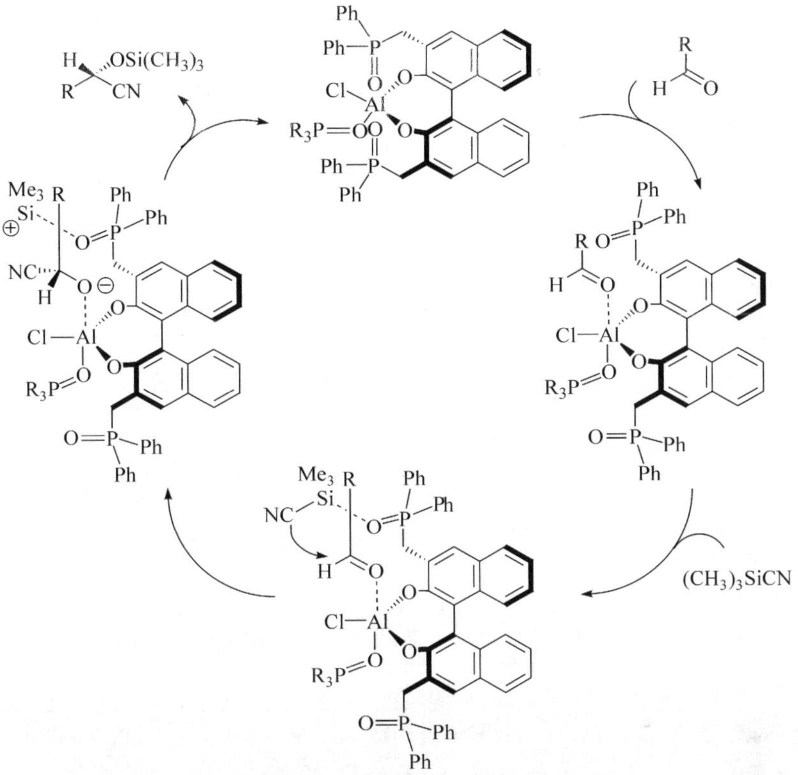

图 6－3　假定的双功能催化剂 **152a** 的作用机理

三甲基硅氰对酮的加成活性较低，如能同时活化酮和氰试剂，则反应也能在低温下顺利进行。Feng 等用催化剂 **140** 活化酮，同时另加非手性的苯基氮氧化物 **154**，成功实施了酮的不对称硅氰化反应[113]，即

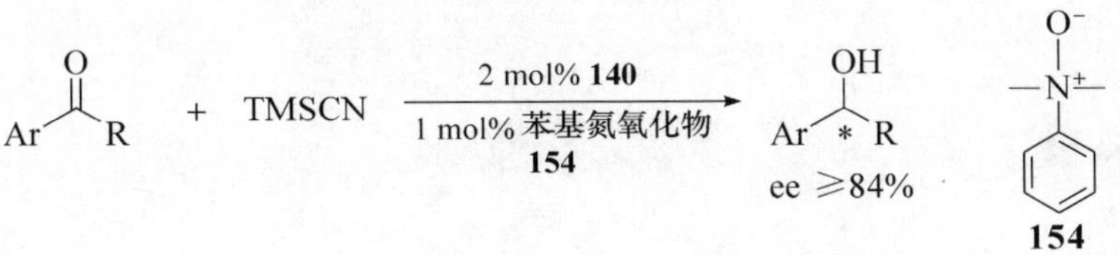

$$\text{ArC(O)R} + \text{TMSCN} \xrightarrow[\text{1 mol\% 苯基氮氧化物 } \mathbf{154}]{\text{2 mol\% } \mathbf{140}} \text{Ar}\overset{*}{\text{C}}\text{H(OH)R} \quad \text{ee} \geqslant 84\%$$

154

二烷基酮的高选择性羟腈化是极富挑战性的课题，因为两个烷基在空间和电子性质上都很相近。Deng 等合成的一系列修饰的金鸡纳碱手性三级胺配体 **155 ～158**，并发现这些手性配体在没有金属离子参与下，也能高选择性催化二烷基酮与氰基甲酸酯的腈醇反应[114]。

$$R^1COR^2 + NCCO_2R^3 \xrightarrow[-24\sim-12℃]{NR^*_3\ (15\ mol\%\sim30\ mol\%)} NC\overset{*}{C}(R^1)(R^2)OCO_2R^3$$

81%~97% ee

NR^*_3= (DHQ)$_2$AQN **155**　(DHQD)$_2$AQN **156**　DHQ-PHN **157**　DHQD-PHN **158**

DHQD　DHQ　AQN　PHN

进一步用上述配体催化带功能基的酮与 Me_3SiCN 的羟腈化反应，产物的产率和 ee 都在 90%以上(表 6-23)[115]。

$$R^1COCH(OR^2)_2 + Me_3SiCN \xrightarrow[-50\sim-30℃]{NR^*_3} R^1\overset{*}{C}(CN)(OTMS)CH(OR^2)_2$$

表 6-23　153 催化的带功能基的酮与 Me_3SiCN 的羟腈化反应

R^1	R^2	NR^*_3 /mol%	产率/%	ee/%
Ph	Et	(DHQ)$_2$AQN (2)	98	90
4-MeOC_6H_4	Et	(DHQ)$_2$AQN (2)	94	97
4-ClC_6H_4	Et	(DHQ)$_2$AQN (2)	96	98
PhCH=CH	*i*-Pr	(DHQ)$_2$AQN (2)	93	91
p-MeOC_6H_4CH=CH	*i*-Pr	(DHQ)$_2$AQN (2)	92	90
p-ClC_6H_4CH=CH	*i*-Pr	(DHQ)$_2$AQN (2)	95	92
3-PyridineCH=CH	*i*-Pr	(DHQ)$_2$AQN (2)	97	93
PhC≡C	Et	(DHQ)$_2$AQN (2)	93	96
n-BuC≡C	Et	(DHQ)$_2$AQN (2)	94	95
Me	*n*-Pr	(DHQ)$_2$AQN (5)	95	96
BnCH_2	*n*-Pr	(DHQ)$_2$AQN (20)	96	97
n-Bu	Et	(DHQ)$_2$AQN (5)	92	90
i-Pr	Et	(DHQ)$_2$AQN (20)	81	94

还有许多不同结构手性配体与 Ti 或 Al 形成的配合物被用于催化不同的氰基试剂与醛、酮或亚胺不同类型的不对称腈醇反应，现将其中有代表性的手性配体及其参考文献列于下面(图 6－4)。

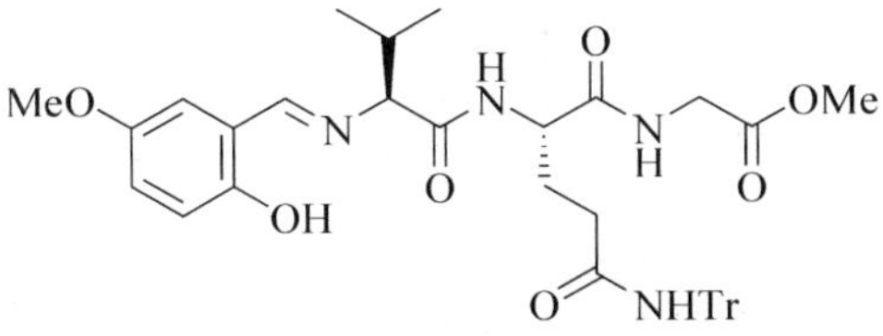

159 (80%~95% ee)[116] 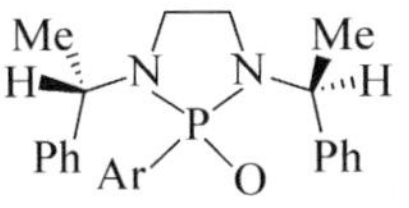　**160** (90% ee)[117] 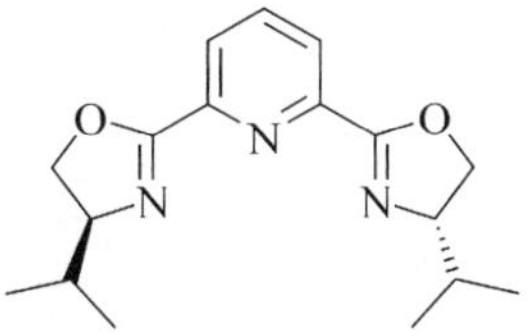　**161** (90% ee)[118]

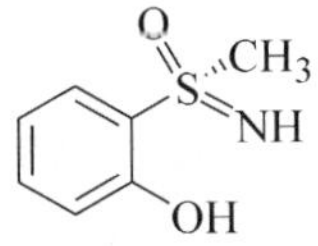

162 (ee >91%)[119] 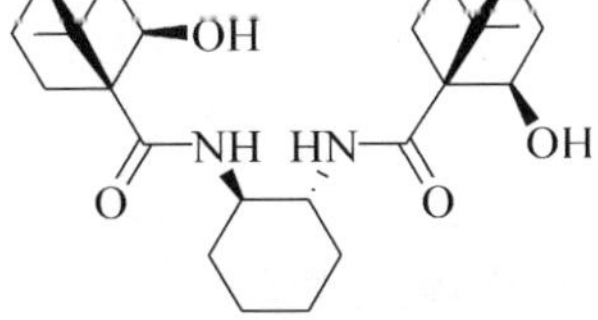　**163** (98% ee)[120] 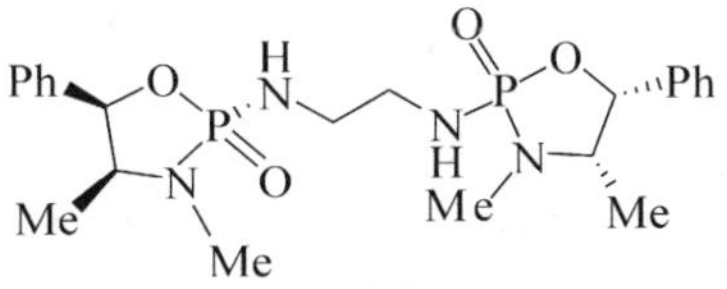　0.1mol%~0.3mol% **164** (84% ee)[121]

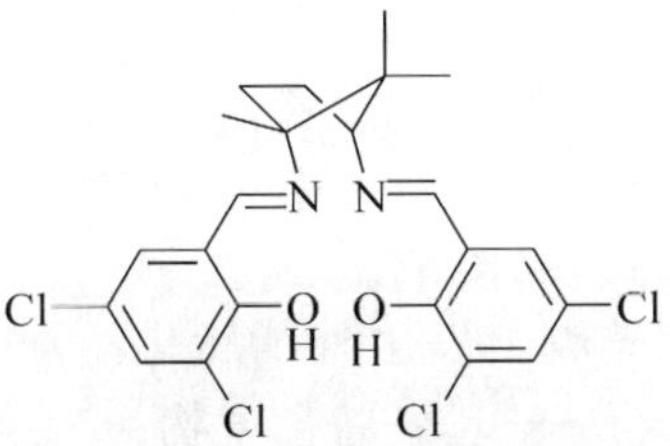

165 (33%~73% ee)[122] 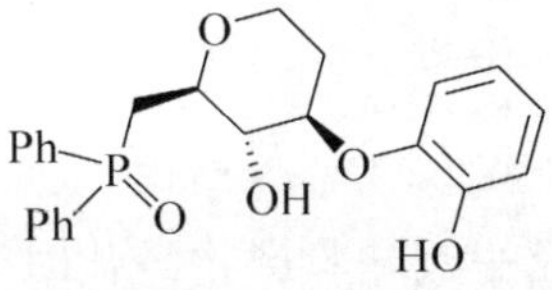　**166** (84% ee)[123]

图 6－4

此外，酶催化的腈醇化反应，也曾获很好的结果，Gröger 等曾报道用(*R*)-羟腈酶催化 HCN 对苯甲醛的加成反应，产物的 ee 高达 99%[124]。林国强等用(*R*)-羟腈酶在微水条件下催化多种杂芳醛的不对称腈醇化反应，产物的对映选择性也高达 99%[125]。林国强等还用杏仁粉作为粗酶源填充的柱作为反应器，实现连续制备高光学纯的腈醇，苯甲醛和杂芳醛的 ee 都在 97%以上[126]。

氰化物对亚胺加成的不对称 Strecker 反应，是制备光活性 α-氨基酸的重要途径。**167 ～169** 是几个已报道的用于催化此类反应获得较好结果的配体(或其配合物)。

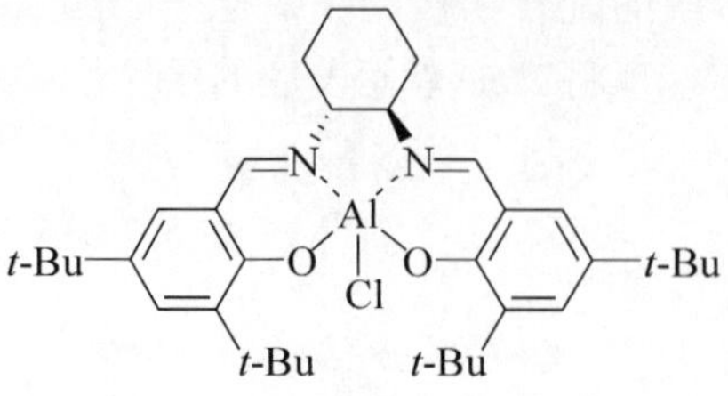

167

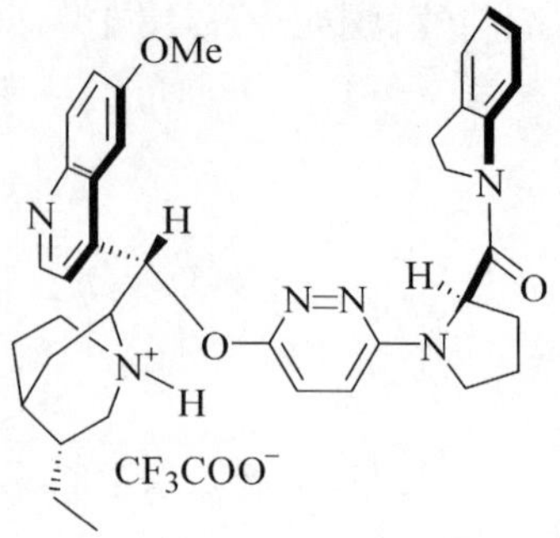

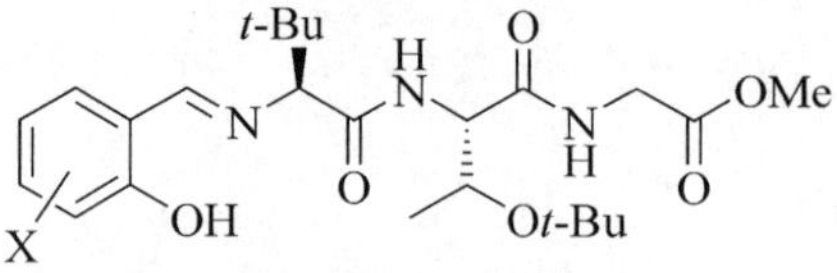

169

168

167 用于催化 HCN 对 *N*-烯丙基亚胺的不对称 Strecker 反应，对于苯甲亚胺，产物的 ee 高达 95%，但脂肪醛的亚胺选择性较低[127]。

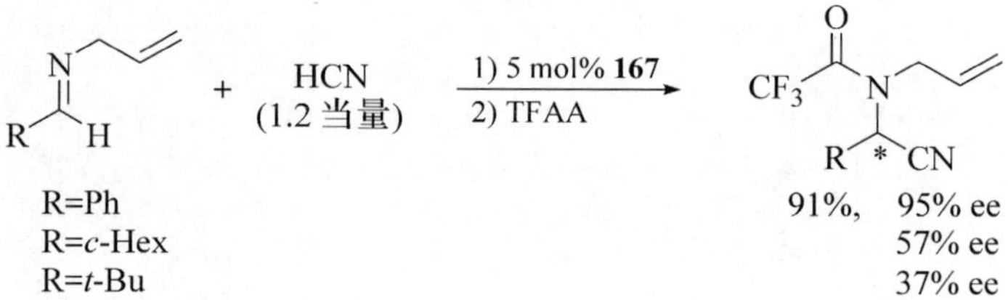

HCN (1.2 当量)　1) 5 mol% **167**　2) TFAA

R=Ph　91%，95% ee
R=*c*-Hex　57% ee
R=*t*-Bu　37% ee

由于生成的氨基腈产物纯化时容易在硅胶上发生外消旋化，因此反应后加入三氟乙酸酐(TFAA)将产物转化成较稳定的三氟乙酰胺衍生物。

Corey 等最近报道的手性有机小分子催化剂 **168**，在不使用过渡金属的情况下，仅用 10% **168** 催化 HCN 对芳基亚胺的不对称 Strecker 反应，也能取得极高的对映选择性产物[128]。

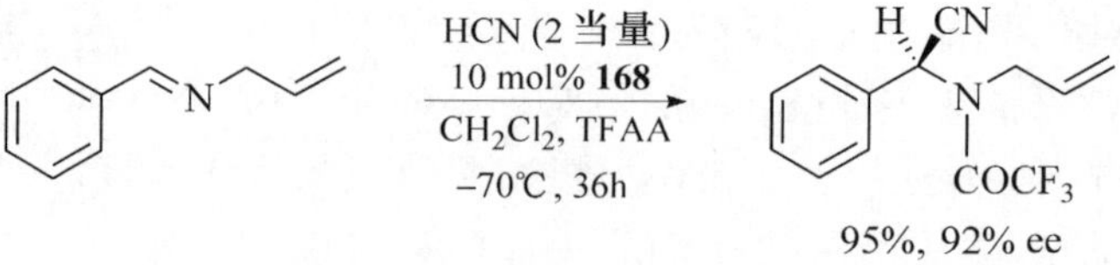

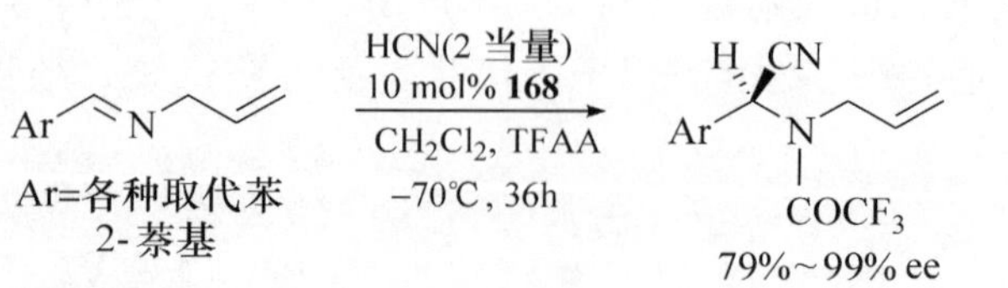

HCN (2 当量)，10 mol% **168**，CH_2Cl_2，TFAA，−70℃，36h

95%，92% ee

HCN(2 当量)，10 mol% **168**，CH_2Cl_2，TFAA，−70℃，36h

Ar=各种取代苯
2-萘基

79%～99% ee

169 这种三肽与水杨醛缩合形成的席夫碱，与钛的配合物，也曾报道用于催化不对称 Strecker 反应，获得极高的催化活性和对映选择性[129]。

参 考 文 献

1 Liu J F, Abiko A, Masamune S et al. Tetrahedron Lett., 1998, 39: 1873

2 Palazzi C, Colombo L, Gennari C. Tetrahedron Lett., 1986, 27: 1735

3 Gennari C, Bernardi A, Colombo L et al. J. Am. Chem. Soc., 1985, 107: 5812

4 Gennari C, Colombo L, Bertolini G et al. J. Org. Chem., 1987, 52: 2754

5 Mukaiyama T. Org. Reat., 1982, 28: 203

6 a) Helmchen G, Leikauf U, Taufer-Knöpfel I. Angew. Chem. Int. Ed. Engl., 1985, 24: 874
b) Oppolzer W, Marco-Contelles J. Helv. Chim. Acta, 1986, 69: 1699

7 Oppolzer W, Lienard P. Tetrahedron Lett., 1993, 34: 4321

8 Prashad M, Har D, Kim H Y et al. Tetrahedron Lett., 1998, 39: 7067

9 Evans D A, McGee L R. J. Am. Chem. Soc., 1981, 103: 2876

10 Yamamoto Y, Maruyama K. Tetrahedron Lett., 1980, 21: 4607

11 Zhang Y-C, Sammakia T. Org. Lett., 2004, 6: 3139

12 Zhang Y-C, Phillips A J, Sammakia T. Org. Lett., 2004, 6: 23

13 Mukaiyama T, Narasaka K, Banno K. Chem. Lett., 1973, 1011

14 Corey E J, Yu C-M, Kim S-S. J. Am. Chem. Soc., 1989, 111: 5495

15 a) Meyers A I, Temple D L, Nolen R L et al. J. Org. Chem., 1974, 39: 2778
b) Meyers A I, Knaus G, Kamata K et al. J. Am. Chem. Soc., 1976, 98: 567
c) Meyers A I, Yamamoto Y. J. Am. Chem. Soc., 1981, 103: 4278

16 Masamune S, Sato T, Kim B-M et al. J. Am. Chem. Soc., 1986, 108: 8279

17 a) Duthaler R O, Riediker M, Oertle K et al. Angew. Chem., 1989, 101: 488
b) Duthaler R O, Herold P, Lottenbach W et al. Angew. Chem. Int. Ed. Engl., 1989, 28: 494

18 Furuta K, Maruyama T, Yamamoto H. J. Am. Chem. Soc., 1991, 113: 1041

19 Parmee E R, Tempkin O, Masamune S et al. J. Am. Chem. Soc., 1991, 113: 9365

20 a) Kiyooka S-i, Maeda H, Hena M A et al. Tetrahedron Lett., 1998, 39: 8287
b) Kiyooka S-i, Kaneko Y, Kume K-i et al. Tetrahedron Lett., 1992, 33: 4927

21 Corey E J, Cywin C L, Roper T D. Tetrahedron Lett., 1992, 33: 6907

22 Mikami K, Matsukawa S. J. Am. Chem. Soc., 1993, 115: 7039

23 Carreira E M, Singer R A, Li W. J. Am. Chem. Soc., 1994, 116: 8837

24 Yamashita Y, Ishitani H, Kobayashi S et al. J. Am. Chem. Soc., 2002, 124: 3292

25 Kobayashi J, Nakamura M, Kobayashi S et al. J. Am. Chem. Soc., 2004, 126: 9192

26 Kobayashi S, Uchiro H, Shiina I et al. Tetrahedron, 1993, 49: 1761

27 Evans D A, MacMillan D W C, Campos K R. J. Am. Chem. Soc., 1997, 119: 10859

28 Evans D A, Murry J A, Kozlowski M C. J. Am. Chem. Soc., 1996, 118: 5814

29 Evans D A, Downey C W, Hubbs J L. J. Am. Chem. Soc., 2003, 125: 8706

30 List B, Lerner R A, Barbas III C F. J. Am. Chem. Soc., 2000, 122: 2395

31 a) Notz W, List B. J. Am. Chem. Soc., 2000, 122: 7386
b) Sakthiwel K, Notz W, Barbas III C F et al. J. Am. Chem. Soc., 2001, 123: 5260

32 Northrup A B, MacMillan D W C. J. Am. Chem. Soc., 2002, 124: 6798

33 a) Tang Z, Gong L-Z, Wu Y-D et al. J. Am. Chem. Soc., 2003, 125: 5262
b) Lacoste E, Landais Y, Vincent J-M et al. Tetrahedron Lett., 2004, 45: 8035
34 Thayumanavan R, Tanaka F, Barbas III C F. Org. Lett., 2004, 6: 3541
35 a) Kazmaier U, Angew. Chem. Int. Ed., 2005, 44: 2186
b) Northrup A B, Mangion I K, MacMillan D W C et al. Angew. Chem., 2004, 116: 2204; Angew. Chem. Int. Ed., 2004, 43: 2152
c) Northrup A B, MacMillan D W C. Science, 2004, 305: 1752
d) Enders D, Grondal C. Angew. Chem., 2005, 117: 1235; Angew. Chem. Int. Ed., 2005, 44: 1210
e) Casas J, Engqvist M, Cordova A et al. Angew. Chem., 2005, 117: 1367; Angew. Chem. Int. Ed., 2005, 44: 1343
36 Yoshikawa N, Kumagai N, Shibasaki M et al. J. Am. Chem. Soc., 2001, 123: 2466
37 Kumagai N, Matsunaga S, Shibasaki M et al. J. Am. Chem. Soc., 2003, 125: 2169
38 Lindström U M. Chem. Rev., 2002, 102: 2751
39 Ooi T, Kameda M, Maruoka K et al. J. Am. Chem. Soc., 2004, 126: 9685
40 Hamada T, Manabe K, Kobayashi S et al. J. Am. Chem. Soc., 2003, 125: 1989
41 Li H-J, Tan H-Y, Wang D et al. Chem. Commun., 2002, 2994
42 a) Baylis A B, Hillman M E D. German Patent 2155113, 1972
b) Baylis A B, Hillman M E D. Chem. Abstr. 1972, 77: 34174q
43 Bode M L, Kaye P T A. Tetrahedron Lett., 1991, 32: 5611
44 Fort Y, Berthe M C, Caubere P. Tetrahedron, 1992, 48: 6371
45 Brown J M, Cutting I, Evans P L. Tetrahedron Lett., 1986, 27: 3307
46 Basavaiah D, Gowriswari V V L, Sarma P K S. Tetrahedron Lett., 1990, 31: 1621
47 Drewes S E, Emsile N D, Khan A A. Syn. Commun., 1993, 23: 1215
48 Gilbert A, Heritage T W, Isaacs N S. Tetrahedron: Asymmetry, 1991, 2: 969
49 Khan A A, Emsile N D, Drews S E. Chem. Ber., 1993, 126: 1477
50 Brzezinsky L J, Rafel S, Leaky J W. Tetrahedron, 1997, 53: 16423
51 Ramachandran P V, Pratihar D, Reddy M V et al. Org. Lett., 2004, 6: 481
52 Basavaiah D, Rao A J, Satyanarayana T. Chem. Rev., 2003, 103: 811
53 Alcaide B, Almendros P, Aragoncillo C. Chem. Commun., 1999, 1913
54 a) Aggarwal V K, Catsro A M M, Adams H et al. Tetrahedron Lett., 2002, 43: 1577
b) Shi M, Xu Y-M. Angew. Chem. Int. Ed., 2002, 41: 4507
c) Matsui K, Takizawa S, Sasai H. J. Am. Chem. Soc., 2005, 127: 3680
55 Brzezingski L J, Refei S, Leathy J W. Tetrahedron Lett., 1997, 53: 16423
56 Hayase T, Shibata T, Soai K et al. Chem. Commun., 1998, 1271
57 Martin V S, Woodard S S, Hirama J. J. Am. Chem. Soc., 1981, 103: 6237
58 Barrett A G M, Cook A S, Kamimura A. Chem. Commun., 1998, 2533
59 Iwabuchi Y, Hatakeyama S. J. Synth. Org. Chem., 2002, 60: 1
60 Kataoka T, Iwama T, Tsujiyama S et al. Tetrahedron, 1998, 54: 11813
61 Kataoka T, Iwama T, Tsujiyama S et al. Chem. Lett., 1999, 3: 257
62 Barret A G M, Kamimura A. J. Chem. Soc. Chem. Commun., 1995, 17: 1755
63 Nolan T, McDougal S, Schaus S E. J. Am. Chem. Soc., 2003, 125: 12094

64 Reformatsky S N. Ber., 1887, 20: 1201
65 Reid J A, Turner E F. J. Chem. Soc., 1949, 3365
66 Palmer M H, Reid J A. J. Am. Chem. Soc., 1960, 82: 931
67 Palmer M H, Reid J A. J. Am. Chem. Soc., 1962, 84: 1762
68 Basavaiah D, Bharathi T K. Tetrahedron Lett., 1991, 32: 3417
69 Gabriel T, Wessjohann L. Tetrahedron Lett., 1997, 38: 4387
70 Fukuzawa S-i, Matsuzawa H, Yoshimitsu S I. J. Org. Chem., 2000, 65: 1702
71 Reddy P P, Yen K-F, Uang B-j. J. Org. Chem., 2002, 67: 1034
72 a) Molander G A, Etter J B. J. Am. Chem. Soc., 1987, 109: 6556
b) Molander G A, Etter J B, Harring L S et al. J. Am. Chem. Soc., 1991, 113: 8036
73 a) Brocard J, Pelinski L, Lebibi J. J. Organomet. Chem., 1987, 337: C47
b) Brocard J, Mahmoud M, Pelinski L et al. Tetrahedron, 1990, 46: 6995
74 Clark J D, Weisenburger G A, Anderson D K et al. Org. Process Res. Dev., 2004, 8: 51
75 a) Soloshonok V A, Ohkura H, Sorochinsky A et al. Tetrahedron Lett., 2002, 43: 5445
b) Sorochinsky A, Voloshin N, Markovsky A et al. J. Org. Chem., 2003, 68: 19
76 Pettit G R, Grealish M P. J. Org. Chem., 2001, 66: 8640
77 a) Guette M, Capillon J, Guette J P. Tetrahedron, 1973, 29: 3659
b) Lucas M, Guette J P. Tetrahedron, 1978, 34: 1685
78 Soai K, Kawase Y. Tetrahedron: Asymmetry, 1991, 2: 781
79 Soai K, Hrirose Y, Sakata S. Tetrahedron: Asymmetry, 1992, 3: 677
80 Soai K, Oshio A, Saito T. J. Chem. Soc. Chem. Commun., 1993, 811
81 a) Andres J M, Martinez M A, Pedrosa R et al. Synthesis, 1996, 1071
b) Andres J M, Martinez M A, Pedrosa R et al. Tetrahedron, 1997, 53: 3787
82 a) Mi A Q, Jiang Y Z, Chan A S C et al. Tetrahedron: Asymmetry, 1995, 6: 2641
b) Mi A Q, Wang Z Y, Jiang Y Z et al. Synth. Commun., 1997, 27: 1469
83 Johar P S, Araki S, Butsugan Y. J. Chem. Soc. Perkin Trans. I, 1992, 711
84 Ukaji Y, Takenaka S, Inomata K et al. Chem. Lett., 2001, 254
85 a) Ribeiro C M R, Santos E S, Jardim A H O et al. Tetrahedron: Asymmetry, 2002, 13: 1703
b) Emmerson D P H, Hews W P, Davis B G. Tetrahedron: Asymmetry, 2005, 16: 213
86 Wang Z-Y, Shen J, You T-P et al. Chin. Chem. Lett., 2000, 11: 659
87 Reetz M T, Kunisch F, Heitman P. Tetrahedron Lett., 1986, 27: 4721
88 Narasaka K, Yamada T, Minamikawa H. Chem. Lett., 1987, 2073
89 Reetz M T, Kyung S H, Bolm C et al. Chem. Indus., 1986, 824
90 Mori M, Imma H, Nakai T. Tetrahedron Lett., 1997, 38: 6229
91 Hayashi M, Inoue T, Oguni N et al. Tetrahedron, 1994, 50: 4385
92 Hayashi M, Miyamoto Y, Oguni N et al. J. Org. Chem., 1993, 58: 1515
93 Jiang Y-Z, Zhou X, Mi A-Q et al. Tetrahedron: Asymmetry, 1995, 6: 405
94 Locia Z F, Miguel P-H, Somanathan R et al. Organometallics, 2000, 19: 2153
95 Li Y, He B, Feng X-M et al. J. Org. Chem., 2004, 69: 7910
96 Pan W-D, Feng X-M, Jiang Y-Z et al. Synlett, 1996, 337
97 Jiang Y-Z, Ge L-Z, Mi A-Q et al. Tetrahedron, 1997, 53: 14327

98 Ohro H, Nitta H, Inoue S et al. J. Org. Chem., 1992, 57: 6778
99 Hayashi M, Miyamoto Y, Oguni T et al. J. Org. Chem., 1993, 58: 1515
100 Belokon Y N, Ikonnikov N S, Moscalenko M. Tetrahedron: Asymmetry, 1996, 7: 851
101 Belokon Y N, Ikonnikov N S, J. Chem. Soc. Perkin Trans. I, 1997, 1293
102 Pan W-D, Feng X-M, Jiang Y-Z et al. Synlett, 1996, 337
103 Belokon Y N, Green B, Ikonnikov N S, North M et al. Tetrahedron Lett., 1999, 40: 8147
104 Belokon Y N, North M, Parsons T. Org. Lett., 2002, 2: 1617
105 Belokon Y N, Moscalenko M, Rojenberg N et al. Tetrahedron: Asymmetry, 1997, 8: 3245
106 Liang S, Bu X R. J. Org. Chem., 2002, 67: 2702
107 Belokon Y N, Gutnov A V, North M et al. Chem. Commun., 2002, 244
108 North M, Parkins A W, Shariff A N. Tetrahedron Lett., 2004, 45: 7625
109 Belokon Y N, Blacker A J, North M et al. Org. Lett., 2003, 5: 4505
110 Huang W, Song Y, Zhang Z et al. Tetrahedron Lett., 2004, 45: 4763
111 Hamashima Y, Sawada D, Shibasaki M et al. Tetrahedron, 2001, 57: 805
112 Casas J, Nájera C, Saá J M et al. Org. Lett., 2002, 4: 2589
113 Chen F-X, Feng X-M, Qin B et al. Org. Lett., 2003, 5: 949
114 Tian S-K, Deng L. J. Am. Chem. Soc., 2001, 123: 6195
115 Tian S-K, Hong R, Deng L. J. Am. Chem. Soc., 2003, 125: 9900
116 Deng H-B, Snapper M L, Hoveyda A H et al. Angew. Chem. Int. Ed., 2002, 41: 1009
117 Yang Z-H, Zhou Z-H, Tang C-C et al. Tetrahedron: Asymmetry, 2003, 14: 3937
118 Iovel I, Popels Y, Fleisher M et al. Tetrahedron: Asymmetry, 1997, 8: 1279
119 Bolm C, Müller P. Tetrahedron Lett., 1995, 36: 1625
120 Hwang C-D, Hwang D-R, Uang B-J. J. Org. Chem., 1998, 63: 6762
121 Yang W-B, Fang J-M. J. Org. Chem., 1998, 63: 1356
122 Yang Z-H, Wang L-X, Tang C-C. Tetrahedron: Asymmetry, 2001, 12: 1579
123 Yabu K, Masumoto S, Shibasaki M. J. Am. Chem. Soc., 2001, 123: 9908
124 Gröger H, Capan E, Vorlop K-D et al. Org. Lett., 2001, 3: 1969
125 Chen P-R, Han S-Q, Lin G-Q et al. Tetrahedron: Asymmetry, 2001, 12: 3273
126 Chen P-R, Han S-Q, Lin G-Q et al. J. Org. Chem., 2002, 67: 8251
127 Sigman M S, Jacobsen E N. J. Am. Chem. Soc., 1998, 120: 5315
128 Huang J-K, Corey E J. Org. Lett., 2004, 6: 5027
129 Krueger C A, Kuntz K W, Dzierba C D et al. J. Am. Chem. Soc., 1999, 121: 4284

第 7 章　不对称 Michael 加成

7.1　概　　述

有机金属试剂对 α,β-不饱和羰基化合物的 1,4-加成是形成新的 C—C 键、同时生成 β-取代的羰基化合物的重要有机合成反应。这个反应及其多种变形所生成的产物可转化成一系列多用途合成子[1,2]，一直是有机合成化学家十分关注的反应。20 年来，各国有机化学家已作了巨大的努力以发展可用于 Michael 加成的有效手性催化系统，并获得一大批可用于不同形式 1,4-加成的高对映选择性催化剂[3~5]。不对称 Michael 加成研究已成为催化不对称反应研究中十分活跃且成果卓著的领域。

已报道过的用于不对称 Michael 加成的不饱和底物主要有

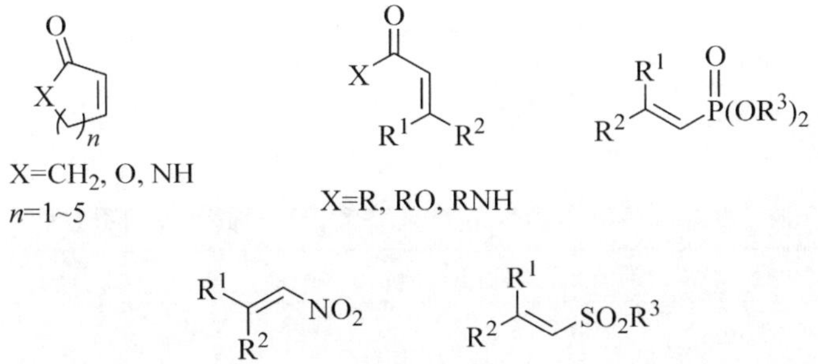

X=CH_2, O, NH
n=1~5

X=R, RO, RNH

$R^1R^2C=CH-P(O)(OR^3)_2$

$R^1R^2C=CH-NO_2$　　$R^1R^2C=CH-SO_2R^3$

亲核试剂主要有 R_2Zn、R_3Al、RMgX、RLi、$RB(OH)_2$、$RCH(COOR')_2$、$R^1R^2CHNO_2$、$RCH(COOR^1)(P(O)(OR^2)_2)$、$RC(O)CH_3$、$R^1_3SiO(R^2)C=C(R^3)(R^4)$、RSH、$R^1R^2NH$、$H^-$ 等。

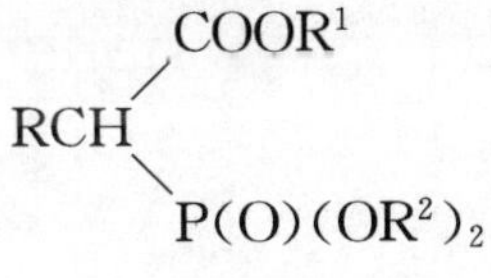

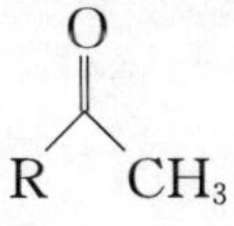

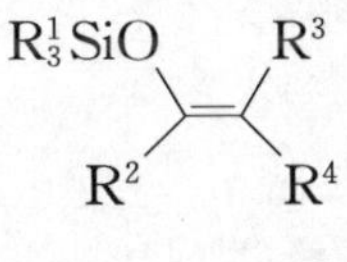

不同的不饱和底物与各种亲核试剂之间的不对称 Michael 加成，构成了丰富多彩的研究内容，同时生成结构多样的光活性化合物。

7.2　有机硼作为亲核试剂的 Michael 加成

在有机金属试剂对不饱和底物的 1,4-加成中，Hayashi 等首创的芳基或烯基硼酸作为亲核试剂的 1,4-加成取得最显著的成绩[6]。较之其他有机金属试剂，有机硼具有如下优点:①对空气中的氧和湿气都很稳定,反应可在质子性溶剂,甚至水溶液中进行;②有机硼试剂比其他有机金属试剂如镁试剂或锂试剂活性小得多,在铑催化剂的参与下,只发生 1,4-加成,不发生 1,2-加成,具有高度选择性。

Hayashi 等首先研究了一系列芳基或烯基硼酸对环状或链状烯酮的 1,4-加成。最初用 Rh(acac)$(CO_2)_2$ 作为催化剂前体,与手性双膦配体直接生成催化剂,50℃下反应 16h,但反应进行很慢,不管用什么膦配体,都只得到产率小于 2%的产物,且 ee 也很低。后来改用 Rh(acac)$(C_2H_4)_2$ 作催化剂前体,与 1 当量(S)-BINAP直接生成催化剂,催化活性和对映选择性都极大地提高,仅用 3 mol%催化剂,100℃下反应 5h,产率达 51%~99%,ee 为 91%~99%(表 7-1)[7]。

1 + $RB(OH)_2$ (2) $\xrightarrow[\text{二噁烷}/H_2O(10/1),\ 100^{\circ}C,\ 5h]{Rh(acac)(C_2H_4)_2,\ (S)\text{-BINAP}(3\ mol\%)}$ 产物

1: **a**. n=1 **b**. n=2 **c**. n=3

2: **a**. R=Ph **b**. R=4-$CF_3C_6H_4$ **c**. R=4-$CH_3C_6H_4$ **d**. R=3-$MeOC_6H_4$ **e**. R=3-ClC_6H_4 **f**. R= (E)-CH=CH-C_6H_{11} **g**. R= (E)-CH=CH-t-Bu

1d. R′=i-Pr
1e. R′=n-C_5H_{11}

表 7-1 (*S*)-BINAP-Rh(Ⅰ)催化的烃基硼酸(2)对烯酮(1)的不对称 1,4-加成

烯酮 1	有机硼酸 2/当量	产率/%1)	ee/%2)
1b	**2a** (1.4)	64	97/*S*
1b	**2a** (2.5)	93	97/*S*
1b	**2b** (5.0)	>99	97
1b	**2c** (2.5)	70	99
1b	**2d** (5.0)	97	96
1b	**2e** (5.0)	94	96
1b	**2f** (2.5)	88	94
1b	**2g** (5.0)	76	91
1a	**2a** (1.4)	93	97/*S*
1c	**2a** (1.4)	51	93
1d	**2a** (5.0)	82	97
1e	**2a** (2.5)	88	92

1) 经硅胶柱层析分离出的产率。

2) 用 HPLC 方法测定(Daicel Chiralcel OD-H 手性柱)。

用炔烃与邻苯二酚硼烷形成烯基硼试剂与环状或链状烯酮的 1，4-加成，反应更快，同样获得很高的对映选择性[8]。

$R^1C{\equiv}CR^2$ + HB(邻苯二酚) ⟶ **3**

a. R^1=n-C_5H_{11}，R^2=H
b. R^1=Ph，R^2=H
c. R^1=t-Bu，R^2=H
d. R^1=CH_2OMe，R^2=H
e. R^1=R^2=Me

n=1,2 + **3a~e**；$Rh(acac)(C_2H_4)_2$，(S)-BINAP (3 mol%)，二噁烷/H_2O(10/1)，100°C, 3h；76%~92%；91%~98% ee

+ **3a**；$Rh(acac)(C_2H_4)_2$，(S)-BINAP (3 mol%)；68%；产物含 C_5H_{11}；81% ee

由芳基锂与三烷氧基硼生成的芳基硼酸盐与烯酮的 1，4-加成反应，产率比用芳基硼酸还好[9]。

$R^1COCH{=}CHR^2$ + $Li^+[ArB(OMe)_3]^-$；$Rh(acac)(C_2H_4)_2$，(S)-BINAP (3 mol%)；71%~99% ⟶ $R^1COCH_2C^*H(Ar)R^2$；91%~99% ee

Hayashi 等进一步将这些硼试剂用于各种 α,β-不饱和酯[10]、不饱和酰胺[10,11]、不饱和硝基化合物[12]的 1，4-加成，同样获得巨大的成功(表 7-2)。

$R^2CH{=}CHCOOR^1$ + $Li^+[ArB(OMe)_3]^-$；$Rh(acac)(C_2H_4)_2$，(S)-BINAP (3 mol%)，100°C, 3h；64%~99% ⟶ $R^2C^*H(Ar)CH_2COOR^1$；90%~98% ee

R^1=Et, i-Pr, t-Bu
R^2=n-Pr, i-Pr, n-Bu
Ar=Ph, 4-ClC_6H_4, 4-MeC_6H_4, 4-$CF_3C_6H_4$, 3-$MeOC_6H_4$

不饱和内酯 + $ArB(OH)_2$；$Rh(acac)(C_2H_4)_2$，(S)-BINAP (3 mol%)，100°C, 5h

n=1：75%~95%，97%~98% ee
n=0：33%，96% ee

$R^1CH{=}CHCOOR^2$ + $ArB(OH)_2$ (2 当量)；$Rh(acac)(C_2H_4)_2$ (3 mol%)，(S)-BINAP (4.5 mol%)，100°C, 16h ⟶ $R^1C^*H(Ar)CH_2COOR^2$

表 7-2 芳基硼酸对 **α,β**-不饱和酯的 1,4-加成

序号	R^1	R^2	Ar	产率/%[1)]	ee/%
1	Me	Et	$3\text{-}MeOC_6H_4$	81	87
2	Me	*i*-Pr	$3\text{-}MeOC_6H_4$	91	91
3	Me	*t*-Bu	$3\text{-}MeOC_6H_4$	54	92
4	Me	*i*-Pr	$4\text{-}MeOC_6H_4$	55	92
5	Me	*i*-Pr	$2\text{-}MeOC_6H_4$	43	98
6	*i*-Pr	*i*-Pr	$3\text{-}MeOC_6H_4$	26	97

1) 用硅胶柱层析分离出的产率。

α,*β*-不饱和酰胺的反应活性较差，如果 N 上有吸电子取代基或使用活性较高的硼试剂$(ArBO)_3$，Michael 加成反应也能顺利进行。

NHBr + $PhB(OH)_2$ →[$Rh(acac)(C_2H_4)_2$, (*S*)-BINAP(3 mol%), 二噁烷/H_2O, 100^oC, 16h] Me * Ph NHBr O
67%,95% ee

R–N (O) + $(ArBO)_3$ →[$Rh(acac)(C_2H_4)_2$, (*R*)-BINAP* (3 mol%), 二噁烷/H_2O(10/1), 40^oC, 12h] R–N (O) Ar

Ar=$4\text{-}FC_6H_4$
$4\text{-}ClC_6H_4$

PAr^1_2
PAr^2_2
(*R*)- BINAP

R=Bn 63%~74% 96%~97% ee Ar^1=ph, CH_3 OMe CH_3

R=H 73%~84% ee >98% Ar^2= CH_3 OMe CH_3

已报道的不对称 Michael 加成的底物都是 *α*-位没有取代的缺电子烯烃，因为 *α*-位取代的底物反应性较差。但 *α*-取代的硝基烯却是 Michael 加成的好底物，特别是芳基硼酸对硝基环己烯的不对称 1,4-加成，不但有很高的 ee，化学产率和非对映选择性(*cis*/*trans*)也较高(表 7-3)。

α,*β*-不饱和磷酸酯的 1,4-加成活性较差，必须采用不同的硼试剂。若用原有芳基硼酸，产率较低。但改用亲核加成活性较高的三芳基环三硼烷 $(ArBO)_3$，则产率和对映选择性都很高(表 7-4)[13]。

$(ArBO)_3$ 可由 $ArB(OH)_2$ 在甲苯或二甲苯中共沸除水或真空下加热至 300℃除水而得。

4: a. n=1; b. n=2; c. n=3

5: a. R=Ph; b. R=4-MeC_6H_4; c. R=4-$CF_3C_6H_4$; d. R=3-ClC_6H_4; e. R=2-萘基; f. R=E-n-$C_5H_{11}CH{=}CH_2$

4d

Rh(acac)$(C_2H_4)_2$, (S)-BINAP(3 mol%), 100℃, 3h

表 7-3　(S)-BINAP-Rh(Ⅰ)催化的芳基硼酸对硝基烯的不对称共轭加成[1)]

序号	底物硝基烯	芳基硼酸/(mol/L)	溶剂	产率/%[2)]	cis : $trans$[3)]	ee/%[4)]
1	**4a**	**5a** (5)	二噁烷/H_2O	79	87 : 13	98.3
2	**4a**	**5b** (10)	二噁烷/H_2O	89	88 : 12	97.6
3	**4a**	**5c** (5)	二噁烷/H_2O	88	85 : 15	99.0
4	**4a**	**5d** (5)	二噁烷/H_2O	89	85 : 15	99.0
5	**4a**	**5e** (10)	二噁烷/H_2O	84	85 : 15	98.0
6	**4a**	**5f** (10)	DMA/ H_2O	90	75 : 25	82.9
7	**4b**	**5a** (5)	DMF/ H_2O	73	17 : 83	90.6
8	**4c**	**5a** (10)	DMA/ H_2O	93	40 : 60	73.0
9	**4d**	**5a** (10)	二噁烷/H_2O	33	39 : 61	96.8

1) 反应在 3 mol%催化剂存在下，100℃，指定的溶剂中进行 3h。

2) 用硅胶柱层析分离出的产率。

3) 用^{1}H NMR 方法测定。

4) 用手性固定相的 HPLC 方法测定(Daicel Chiralcel OJ OD-H 或 Chiralpak AD 柱)。但序号 6 的产物是用 GLC 方法，CD-Cyclodex 柱，β 236M(60℃，80℃)测定的。

$3PhB(OH)_2 \xrightarrow{3H_2O} (PhBO)_3$

$(PhBO)_3$

Rh(acac)$(C_2H_4)_2$, L* (3 mol%), 二噁烷 100℃, 3h

L^*=

6　(S)-BINAP　　**7**　(S)-u-BINAP

表 7-4 铑催化的三芳基环三硼烷对烯基磷酸酯的不对称共轭加成[1)]

催化剂配体 L*	烯基磷酸酯底物			硼化物试剂 $(ArBO)_3$	加成产物		
	构型	R^1	R^2	Ar	产率/%	ee/%	构型
6	*E*	Me	Et	$PhB(OH)_2$	44	84	*S*
6	*E*	Me	Et	Ph	94	96	*S*
6	*E*	Me	Et	4-MeC_6H_4	84	95	
7	*E*	Me	Et	4-MeC_6H_4	88	96	
6	*E*	Me	Et	4-$CF_3C_6H_4$	64	96	
6	*E*	Me	Et	3-ClC_6H_4	61	96	
6	*E*	Me	Et	3-$MeOC_6H_4$	81	95	
6	*E*	Me	Et	2-萘基	89	89	
6	*E*	Me	Ph	Ph	95	91	*S*
7	*E*	Me	Ph	Ph	99	94	*S*
6	*E*	*i*-Pr	Et	Ph	39	99	
6	*Z*	Me	Et	Ph	96	89	*R*
7	*Z*	Me	Et	Ph	98	92	*R*

1) 反应条件参见参考文献[13]。

Chong 等将炔基硼试剂接入手性结构，用于 α,β-不饱和酮的不对称 1,4-加成，也能高产率、高对映选择性地获得 β-炔基取代的酮(表 7-5)[14]。

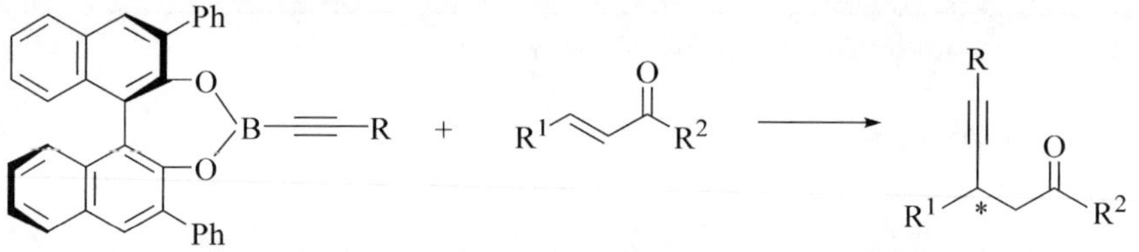

表 7-5 手性炔基硼对烯酮的不对称 1,4-加成[1)]

序号	炔基硼	烯酮底物		产率/%[2)]	ee/%[3)]
	R	R^1	R^2		
1	n-C_6H_{13}	Ph	Ph	88	85
2	n-C_6H_{13}	Ph	Me	50	85
3	n-C_6H_{13}	2-呋喃基	Ph	91	>98[4)]
4	n-C_6H_{13}	1-萘基	Ph	91	95
5	Ph	Ph	Ph	90	90
6	Ph	1-萘基	Ph	99	98
7	$BnOCH_2$	Ph	Ph	81	>98[4)]

1) 反应于室温下进行。

2) 硅胶柱层析分离后的产率。

3) 用 HPLC(OD 手性柱)测定。

4) HPLC 方法测不到其对映体。

除了 BINAP，许多 BINOL 衍生的亚磷酸酯与 Rh(Ⅰ)的配合物、BINOL 与亚磷酸酯或亚磷酸酰胺与 Cu(Ⅰ)的配合物也是各类 Michael 加成极其有效的手性催化剂。Reetz 等曾用(*R*)-BINOL 衍生的一系列亚磷酸酯与 Rh(Ⅰ)的配合物催化芳基硼酸对 *α*,*β*-不饱和烯酮或烯酯的 1,4-加成，反应的转化率和 ee 都很高(表 7-6)[15]。

8 a. n=0　b. n=1　c. n=2　+　$PhB(OH)_2$　$\xrightarrow[\text{二噁烷}/H_2O(10/1),\ 100^{\circ}C,\ 5h]{Rh(acac)(C_2H_4)_2,\ L^*\ (3\ mol\%)}$

L*= (O,O)P—R—P(O,O)　9 a. R= —$(CH_2)_2$—　b. R=　c. R=

8d.　8e.

表 7-6　3-Rh(Ⅰ)催化的芳基硼酸对 *α*,*β*-不饱和羰基化合物的不对称 1,4-加成

底物	配体	转化率/%	ee/%	构型1)
8a	**9a**	63	82	*S*
8a	**9b**	100	89	*S*
8b	**9a**	100	95	*S*
8b	**9b**	100	99	*S*
8b	**9c**	100	96	*R*
8c	**9a**	100	85	(−)2)
8c	**9b**	100	85	(−)2)
8c	**9c**	100	90	(+)2)
8d	**9a**	83	92	*S*
8d	**9b**	100	94	*S*
8e	**9b**	82	96	(−)2)
8e	**9c**	85	32	(+)2)

1) 产物的构型是与标准品对照确定的。

2) 比旋光度的符号。

7.3　其他金属有机试剂作为亲核试剂的 Michael 加成

Chan 等则用 **10** 和 **11** 这两类 BINOL 衍生的亚磷酸酯与 Cu(Ⅰ)的配合物催化 R_2Zn 或 R_3Al 对 *α*,*β*-不饱和酮或不饱和酯的不对称 1,4-加成，获得优异的结果

(表 7 - 7)[16~18]。

(S,S,S)-**10a**
(S,R,S)-**10b**

a. R^1=R^2=t-Bu
11
b. R^1=t-Bu, R^2=OMe

n=0,1 + R_mM → $Cu(OTf)_2$ (1 mol%), L^* (2 mol%), 0℃,3h,甲苯

表 7 - 7　BINOL 基亚磷酸酯-Cu(Ⅰ)催化的有机金属对环己烯酮的不对称 1,4-加成

序号	底物 n	试剂	配体 L*	转化率(产率)/%	ee/%
1	0	Et_2Zn	(S,S,S)-**10a**	100	76.6
2	1	Et_2Zn	(S,S,S)-**10a**	100	90.2
3	2	Et_2Zn	(S,S,S)-**10a**	40	56.0
4	1	Me_3Al	(S,R,S)-**10b**	(83)	91.0
5	1	Et_2Zn	**11a**	100	89.8

+ Et_2Zn → $Cu(OTf)_2$ (1 mol%), L^* (2 mol%), 0℃,3h, 甲苯

L^*=**11a**　产率 100%, 92% ee
　=**11b**　产率94.6%, 89.5% ee

Diéguez 等用含核糖和 BINOL 基的亚磷酸酯 **12**[19]、Pfaltz 用含手性噁唑啉基和 BINOL 的亚磷酸酯 **13～15**[20]与 Cu(Ⅰ)的配合物催化 Et_2Zn 对环己烯酮的不对称 1,4-加成,也获得很好的效果(表 7 - 8)。

8 **a**. n=0 **b**. n=1 **c**. n=2 + Et_2Zn → $Cu(OTf)_2/L^*$

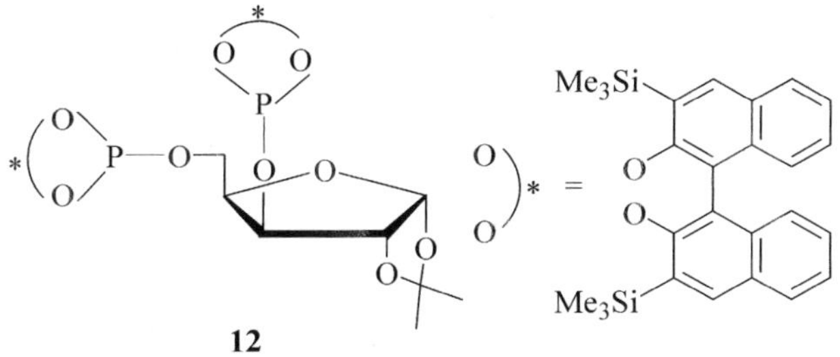

12

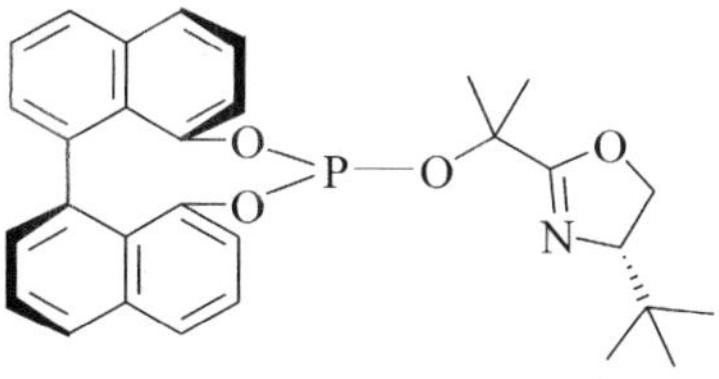

(R,S)-13

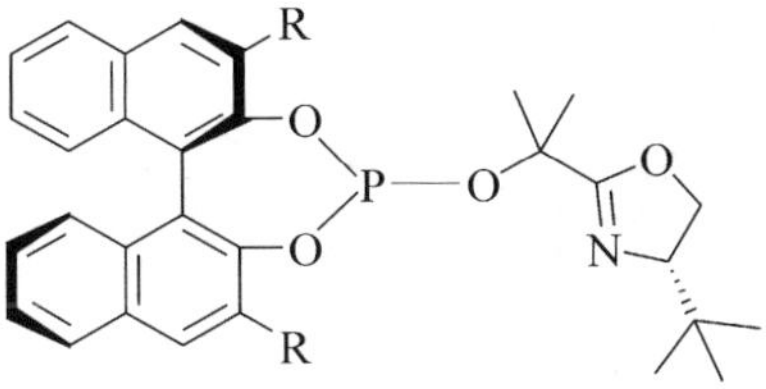

(R,S)-14a. R=CH_3

b. R=

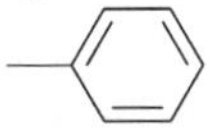

c. R=

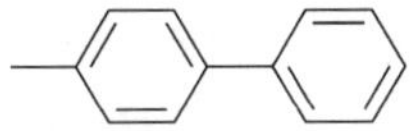

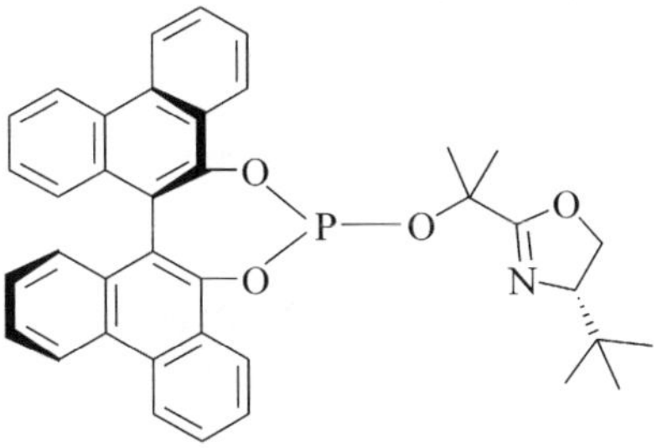

(R,S)-15

表 7-8　BINOL 基亚磷酸酯 12～15 催化的 Et_2Zn 对环己烯酮的不对称 1,4-加成[1)]

序号	底物	配体	产率/%	ee/%	构型
1	**1b**	(*R*,*S*)-**12**[2)]	99	81	*R*
2	**1a**	(*R*,*S*)-**14c**	41	94	*R*
3	**1a**	(*R*,*S*)-**14b**	49	91	*R*
4	**1a**	(*S*,*S*)-**14b**	57	83	*S*
5	**1a**	(*S*,*S*)-**14c**	44	83	*S*
6	**1b**	(*R*,*S*)-**14a**	96	90	*R*
7	**1b**	(*R*,*S*)-**13**	95	79	*R*
8	**1b**	(*S*,*S*)-**14b**	93	79	*S*
9	**1b**	(*S*,*S*)-**14c**	97	86	*S*
10	**1c**	(*R*,*S*)-**14a**	96	80	(+)
11	**1c**	(*R*,*S*)-**13**	92	81	(+)
12	**1c**	(*S*,*S*)-**14c**	99	83	(−)
13	**1c**	(*S*,*S*)-**15**	97	94	(+)

1) 除非特别说明，反应都是在甲苯中，−20℃下反应 15h，$Cu(OTf)_2$ 用量在 2 mol%～3 mol%，配体与铜盐的比例为 1.2∶1。

2) 用(*R*,*S*)-**12** 为配体时，溶剂用 CH_2Cl_2，0℃下反应 3h，$Cu(OTf)_2$ 用量为 1 mol%，配体用 2 mol%。

Feringer 等合成的一系列 BINOL 基亚磷酰胺与 Cu(Ⅰ)的配合物是另一类非常有效的不对称 Michael 加成的手性催化剂，其中尤以配体 **16** 效果最好。

(*S*,*S*,*S*)-**16**　　(*R*,*S*)-**17**

16 或 **17** 与 Cu(Ⅰ)的配合物用于催化 Et_2Zn 对环状烯酮的共轭加成[21,22]，结果如表 7－9 所示。

Et_2Zn —— $Cu(OTf)_2$/L*，甲苯，3h

表 7－9　16、17-Cu(Ⅰ)催化的 Et_2Zn 对环状烯酮的不对称 1,4-加成

底物 *n*	配体/mol%	$Cu(OTf)_2$/mol%	*T*/℃	产率/%	ee/%	构型
1～3	(*S*,*S*,*S*)-**16** (6)	(3)	－10	41	＞98	*S*[1)]
1	(*R*,*S*)-**17** (1.3)	(1.2)	－35	～100	89	*R*[2)]

1) 数据来自参考文献[21]。

2) 数据来自参考文献[22]。

16 被用于催化 R_2Zn 对 4-位取代的环己烯酮的 1,4-加成，产率和选择性比没有取代的底物更好，但环戊、环庚烯酮底物则差得多(表 7－10)[23]。

R_2Zn —— $Cu(OTf)_2$ (2%)，**16** (4%)，甲苯，3～12h，－30℃

18
a. R′=H,　*m*=1
b. R′=H,　*m*=0
c. R′=H,　*m*=2
d. R′=Me,　*m*=1
e. R′=Ph,　*m*=1

19
a. R=Et
b. R=Me
c. R=Hep
d. R=*i*-Pr
e. R=$(CH_2)_3Ph$
f. R=$(CH_2)_5OAc$
g. R=$(CH_2)_3CH(OEt)_2$
h. R=$(CH_2)_6OPiv$

表 7－10　$Cu(OTf)_2$/16 催化的二烷基锌对烯酮的不对称 1,4-加成[1)]

序号	烯酮	R_2Zn	产率/%[2)]	ee/%[3)]
1	**18a**	**19a**	94	＞98[4)]
2	**18b**	**19a**	75	10
3	**18c**	**19a**	82	53
4	**18d**	**19a**	74	＞98[4)]

续表

序号	烯酮	R_2Zn	产率/%[2)]	ee/%[3)]
5	**18e**	**19a**	93	>98[4)]
6	**18a**	**19b**	72	>98[4)]
7	**18d**	**19b**	68	>98[4)]
8	**18a**	**19c**	95	95
9	**18a**	**19d**	95	94
10	**18a**	**19e**	53	95
11	**18a**	**19f**	77	95
12	**18a**	**19g**	91	97
13	**18a**	**19h**	87	93

1) 反应条件如反应式所示。

2) 分离后的产率。

3) 用手性 1,2-二苯基乙二胺衍生后再用 ^{13}C NMR 测定。

4) (*S*)-对映体测不到。

16-Cu(Ⅰ)用于催化 4-位有两个相同或不同取代基的环二烯酮的 1,4-加成，也获得很高的对映选择性(表 7－11,表 7－12)[24]。

R′O OR′ ; R^1 R^2　+　R_2Zn　$\xrightarrow[\text{甲苯},\ -30℃]{Cu(OTf)_2\ (2\ mol\%),\ \mathbf{16}\ (4\ mol\%)}$　R′O OR′, R ; R^1 R^2, R

表 7－11　$Cu(OTf)_2$/16 催化的 R_2Zn 与对称的环已二烯酮的 1,4-加成

序号	二烯酮		R	产率/%[1)]	ee/%[2)]
	R′	R′			
1	Et	Et	Et	59	92
2	Me	Me	Et	65	97
3	—CH_2CH_2—		Et	68	92
4	—$CH_2CH_2CH_2$—		Et	62	89
5	—$CH_2C(Me)_2CH_2$—		Et	75	85
6	Me	Me	Me	76	99

1) 分离后的产率。

2) 用 GC 方法测定,未测到 1,2-加成产物。

表 7-12　$Cu(OTf)_2$/16 催化的 R_2Zn 与不对称的环己二烯酮的 1,4-加成

序号	二烯酮		产率/%[1)]	dr[2)]	主产物 ee/%[2)]	次要产物 ee/%[2)]
	R^1	R^2				
1	OMe	Me	60	90/10	97	85
2	OMe	CH_2Ph	53	97/3	93	nd[3)]
3	—CH_2CH_2O—		66	99/1	65	nd[3)]
4	OMe	OCH_2Ph	58	1/1	98	98

1) 分离后的产率。

2) 前两个产物的 dr，ee 是先将双键加氢后再用 Daicel AS 柱的 HPLC 方法测定，后两个产物直接用 Daicel AS 柱的 HPLC 方法即可测定。

3) nd 为没有测定。

(*R*,*S*,*S*)-**16** 用于催化 Et_2Zn 对硝基烯的共轭加成，也获得较好结果[25]，即

$$\text{R-CH=CH-NO}_2 + Et_2Zn \xrightarrow[\textbf{16}\ (4.1\ mol\%)]{Cu(OTf)_2\ (2\ mol\%)} \text{R-C}^*\text{H(Et)-CH}_2\text{NO}_2$$

甲苯，−30℃　　R=$CH(OMe)_2$ 86% ee

−78℃　　R=Ph　　48% ee

20、**21** 和 **22** 也是有效的 BINOL 基亚磷酰胺手性配体，如

(*R*,*R*,*R*)-**20**　　**21**　　**22**

20 用于催化 R_2Zn 对大环烯酮的共轭加成[26]、**21** 和 **22** 用于 Et_2Zn 对环己烯酮的共轭加成，都获得较好的结果[27]，反应为

$$\text{大环烯酮 (CH}_2)_n + R_2Zn \xrightarrow[\text{甲苯，}-40\sim-20℃,5h]{Cu(OTf)_2\ (2\ mol\%),\ \textbf{20}\ (4.2\ mol\%)} \text{3-R-大环酮 (CH}_2)_n$$

n=3,6　　R=Me,Et　　产率 85%~95%　　71%~95% ee

$$\text{环己烯酮} + R_2Zn \xrightarrow[L^*\ (3.3\ mol\%)]{Cu(OTf)_2\ (3\ mol\%)} \text{3-R-环己酮}$$

R=Me　　L^*=**21**　　产率 91%, 82% ee

R=Et　　L^*=**22**　　产率 94%, 80% ee

由 TADDOL 衍生的亚磷酸酯 **23**[28]、亚膦酸酯 **24**[29]、由 BINOL 衍生的亚膦酸酯 **25** 和 **26**[30] 与 Cu(Ⅰ)的配合物催化二烷基锌对烯酮、硝基烯的不对称共轭加成，也都有不俗的表现。

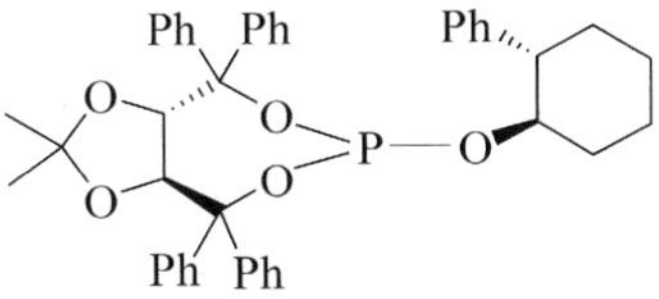

23 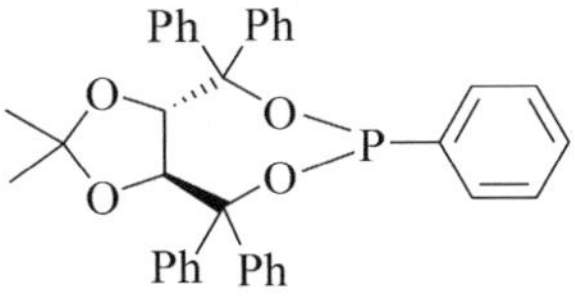　　**24**

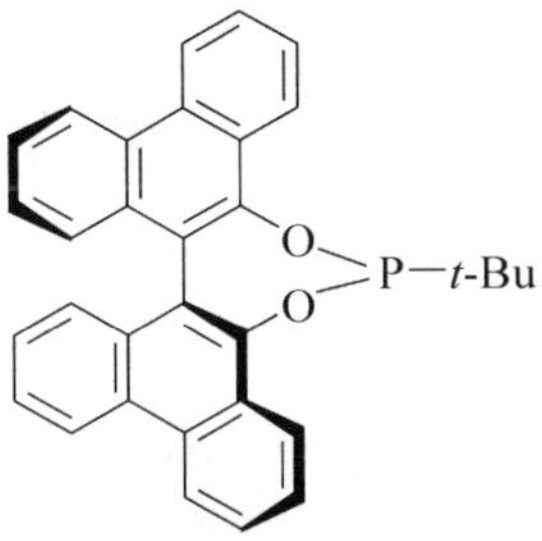

25 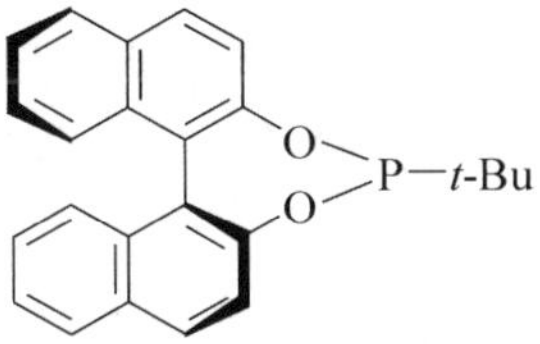　　**26**

23 与 Cu(Ⅰ)的配合物用于催化二乙基锌对环己烯酮的共轭加成，仅用 1 mol%的 **23**，产物的 ee 便达 88%。研究还发现，添加 10 mol% MeOH 可显著提高产物的对映选择性(96% ee)。**24** 用于催化二乙基锌对硝基烯的共轭加成，产物的 ee 也达 80%以上。

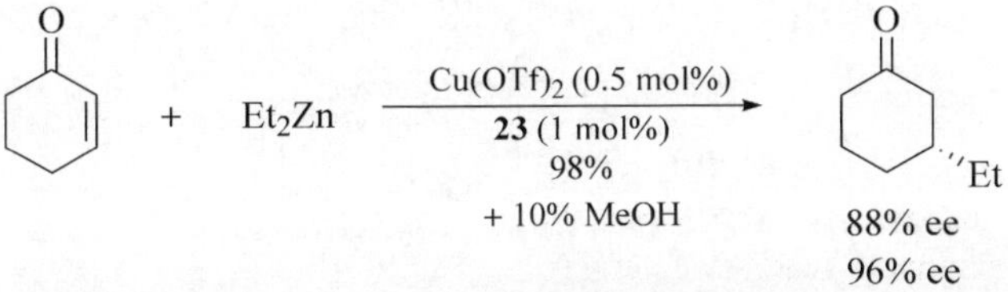

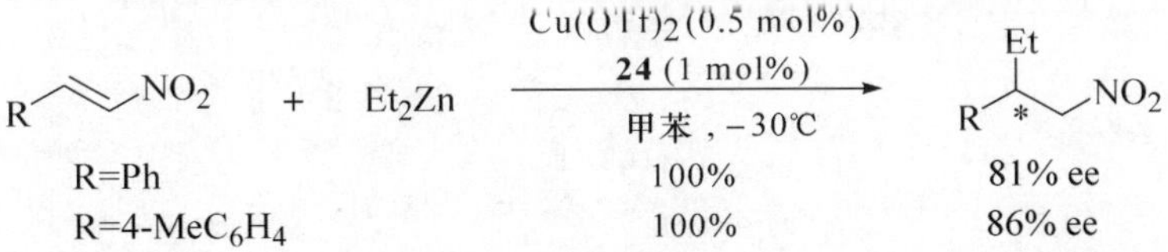

Cu(OTf)$_2$ (0.5 mol%), **23** (1 mol%); 98%; 88% ee; + 10% MeOH: 96% ee

Cu(OTf)$_2$ (0.5 mol%), **24** (1 mol%), 甲苯, −30℃

R=Ph　100%　81% ee

R=4-MeC$_6$H$_4$　100%　86% ee

25 和 **26** 用于催化二乙基锌对查尔酮的 1,4-加成，产物的 ee 都在 80%以上，反应为

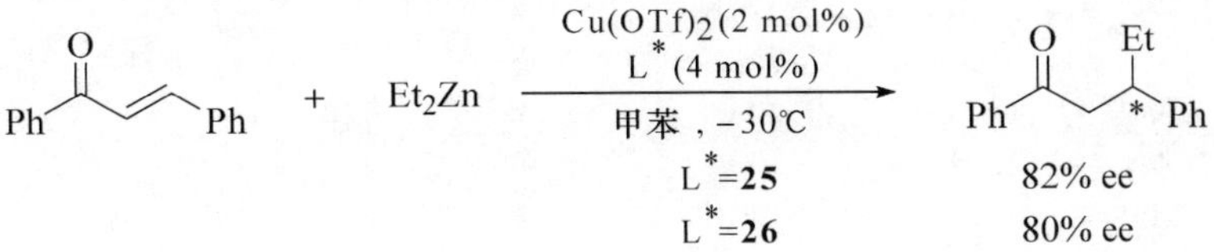

Cu(OTf)$_2$(2 mol%), L* (4 mol%), 甲苯, −30℃

L*=**25**　82% ee

L*=**26**　80% ee

7.4 软碳负离子或其烯醇化变体作为亲核试剂的 Michael 加成

7.4.1 手性镧化物为催化剂

镧系金属不仅有 d 原子轨道，还有 f 原子轨道，三价的稀土镧化物通常可与三分子二配位的手性配体形成六配位的配合物。由于镧系金属离子半径很大，形成配合物后中心金属还有空的 f 轨道，可以接受含 Lewis 碱的底物或试剂的配位，使反应在配合物的手性环境中进行，从而获得高的对映选择性。镧系金属的手性配合物已经在多种由 Lewis 酸催化的不对称反应中用作有效的手性催化剂。Shibasaki首先报道了一种由 La(O*i*-Pr)$_3$、(*R*)-BINOL(3mol)和碱金属烷氧化物 MO*t*-Bu(3mol)制备的双杂金属配合物 **27**～**29**。

27 M=Li, (*R*)-LLB
28 M=Na, (*R*)-LSB
29 M=K, (*R*)-LPB

这些双杂金属配合物，在多种不同的 Michael 加成反应中都有很高的对映选择性。例如，丙二酸酯对环状或链状烯酮的 1,4-加成(表 7-13)。

10 mol% cat.

30 **a**. *n*=1 **b**. *n*=2

31 **a**. R^1=Bn, R^2=H **b**. R^1=Bn, R^2=Me **c**. R^1=Me, R^2=H **d**. R^1=Et, R^2=H

30c + **31c** —10 mol% cat., 12~36 h→ PhCOCH$_2$CH(Ph)CH(COOMe)$_2$

表 7-13 LMB 催化的丙二酸酯对烯酮的 1,4-加成

序号	烯酮	丙二酸酯	催化剂	溶剂	温度/℃	产率/%	ee/%
1	**30b**	**31a**	LSB	THF	0	97	88
2	**30b**	**31a**	LSB	THF	r. t.	98	85
3	**30b**	**31a**	LSB	toluene	r. t.	96	82
4	**30b**	**31a**	LLB	THF	r. t.	78	2
5	**30b**	**31a**	LPB	THF	r. t.	99	48
6	**30b**	**31b**	LSB	THF	0	91	92

续表

序号	烯酮	丙二酸酯	催化剂	溶剂	温度/℃	产率/%	ee/%
7	**30b**	**31b**	LSB	THF	r. t.	96	90
8	**30b**	**31c**	LSB	THF	r. t.	98	83
9	**30b**	**31d**	LSB	THF	r. t.	97	81
10	**30a**	**31b**	LSB	THF	−40	89	72
11	**30c**	**31c**	LSB	toluene	−50	93	77

从表 7 - 13 所列数据可以看出，对于丙二酸酯对烯酮的 1,4-加成反应，LLB 和 LPB 的对映选择性低得多(序号 4 和 5)。其次，使用链状烯酮和五元环状烯酮为底物时，产物的 ee 也稍低(序号 10 和 11)。其余反应，产物的 ee 均达 80%以上，最高达 92%[31]。

Shibasaki 进一步将这些双杂金属配合物用于催化其他亲核试剂对烯酮的 Michael 加成，也取得很好的效果。其中(*R*)-LPB 催化的硝基甲烷对查尔酮的 1,4-加成，产物的 ee 达 88%～97%(表 7 - 14)[32]，反应如下

Ph + CH_3NO_2 —(*R*)-LPB, *t*-BuOH / 甲苯→ O_2N *S* Ph R

32 **a**. R=H **b**. R=Cl

表 7 - 14　(*R*)-LPB 催化的硝基甲烷对查尔酮的 1,4-加成

烯酮	LPB/mol%	*t*-BuOH/当量	温度/℃	产率/%	ee/%
32a	20	0	−20	33	89
32a	20	1.2	−20	59	97
32a	20	1.2	0	85	93
32b	20	0	−20	28	89
32b	20	2	−20	71	95
32b	10	1	0	59	93

这些催化剂的缺点是用量较大(通常要用 10 mol%～20 mol%)，反应时间太长(45～158 h)。

硫醇或硫酚作为亲核试剂对烯酮或烯酯的 1,4-加成则快得多，产物的 ee 大多也达 80%以上(表 7 - 15)[33]，反应为

O n R^1 + R^2SH —(*R*)-LSB (10 mol%) / − 40℃→ O n R^1 SR^2

33 **a**. *n*=1, R^1=H; **b**. *n*=2, R^1=H; **c**. *n*=2, R^1=Me; **d**. *n*=3, R^1=H

34 **a**. R^2=4-*t*-Bu-C_6H_4; **b**. R^2=Ph; **c**. R^2=$PhCH_2$

表 7-15 (*R*)-LSB 催化的硫醇(酚)对环烯酮的 1,4-加成[1)]

烯酮	硫醇(酚)	时间	产率/%	ee/%
33b	**34a**	20min	93	84
33b	**34b**	20min	87	68
33b	**34c**	14h	86	90
33a	**34c**	4h	94	56
33c	**34c**	41h[2)]	87	83
33d	**34c**	43h[2)]	56	85

1) LSB 用 20 mol%,溶剂:甲苯/THF=60∶2。

2) 反应在−20℃下进行。

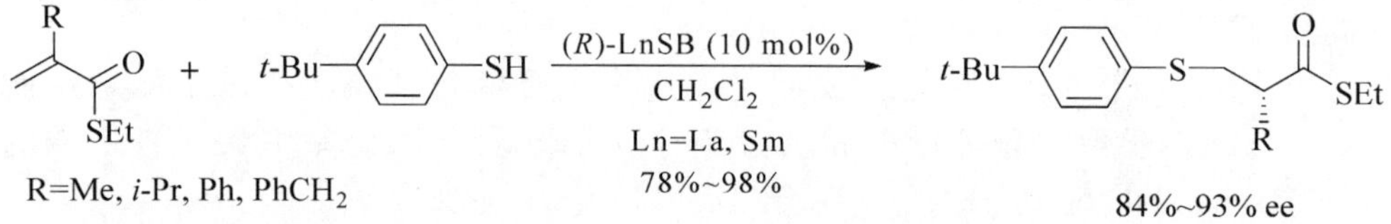

R=Me, *i*-Pr, Ph, $PhCH_2$ + *t*-Bu—C₆H₄—SH → (*R*)-LnSB (10 mol%), CH_2Cl_2, Ln=La, Sm, 78%~98% → 84%~93% ee

没有碱金属参与的 La-BINOL 配合物,直接用于催化丙二酸酯对环烯酮的 1,4-加成,同样获得很高的对映选择性[34]。

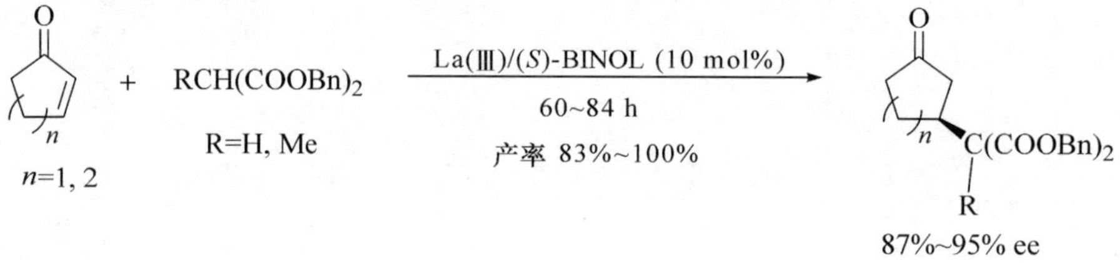

n=1, 2 + $RCH(COOBn)_2$ (R=H, Me) → La(Ⅲ)/(*S*)-BINOL (10 mol%), 60~84 h, 产率 83%~100% → $C(COOBn)_2$, 87%~95% ee

这个反应的可能机理如下

$La(Oi\text{-}Pr)_3$ + (*S*)-BINOL ⟶ [La₂(BINOL)₃]

La:BINOL=2:3

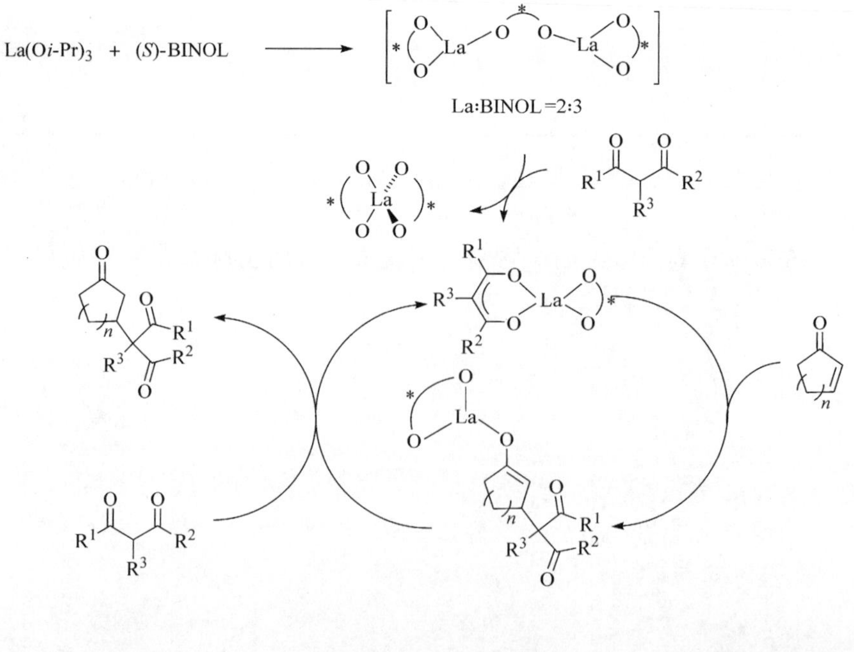

两分子 BINOL 通过双亚甲醚链连接起来的配体与 La 形成的配合物 **35**，是这类以 La 为中心金属的手性催化剂中最出色的一种(表 7－16)[35]。已知以 Al 和其他金属为中心的 Lewis 酸催化剂对水或空气中的湿气都很敏感，容易因水分子的竞争配位而使催化剂失效。但 **35** 对空气和湿气都很稳定，在空气下储存 4 周以上，使用效果完全不变。

(*R*,*R*)-**35**　　(*R*,*R*)-**36**

EtZn

37a~e *n*=0~4　+　$R^2CH(COOR^1)_2$　**38** **a**. R^2=H, R^1=Bn　**b**. R^2=H, R^1=Me　**c**. R^2=Me, R^1=Bn　—**35** (10 mol%), DME→　$C(COOR^1)_2$, R^2

37f Ph, Me　+　**38a**(或**38b**)　—**35** (10 mol%), DME→　Ph, Me, $C(COOR^1)_2$

37g　+　**38d** COOEt　—**35** (10 mol%), 甲苯→　COOEt

表 7－16　(*R*,*R*)-35 催化的 *β*-二羰基化合物对烯酮的 1,4-加成

烯酮	*β*-二羰基化合物	反应温度/℃	反应时间/h	产率/%	ee/%
37a	**38a**	4	85	85	>99
37a	**38b**	4	85	96	>99
37b	**38a**	r. t.	72	94	>99
37b	**38b**	r. t.	72	95	>99
37b	**38c**	r. t.	84	84	98
37c	**38a**	4	85	96	>99
37c	**38b**	4	85	97	>99
37d	**38b**	r. t.	96	82	99
37e	**38a**	4	120	61	82
37f	**38a**	−40	56	97	78
37f	**38b**	−40	56	95	74
37g	**38d**	−30	56	97	75

可以看出，各种不同的 *β*-二羰基化合物对 5～9 元环的烯酮在(*R*,*R*)-**35** 催化

下的1,4-加成都有极高的对映选择性。更可贵的是**35**可以方便地回收,且重复使用4次,对映选择性几乎不变。因为**35**与各反应产物的溶解性差别很大,反应完成后,加入戊烷,催化剂可沉淀出来而与产物分离。

35与1当量的$ZnEt_2$作用形成的杂双金属配合物**36**也是Michael加成的高选择性催化剂。由(*R*,*R*)-**36**催化的丙二酸酯对环状烯酮的不对称Michael加成,产物的ee达80%~96%(表7-17)[36]。

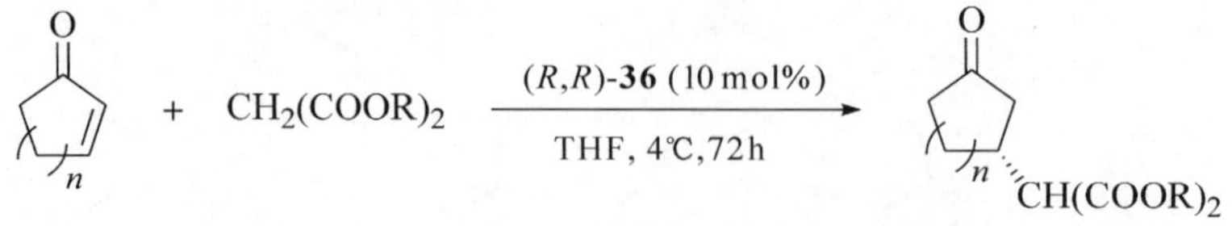

(*R*,*R*)-**36** (10 mol%)
+ $CH_2(COOR)_2$
THF, 4℃, 72h
$CH(COOR)_2$

表7-17 (*R*,*R*)-36催化的丙二酸酯对环状烯酮的不对称Michael加成

n	1	2	3	4	5
R	Bn	Me	Bn	Me	Bn
产率/%	92	99	86	70	83
ee/%	80	96	83	93	89

7.4.2 手性铝为催化剂

由$LiAlH_4$与BINOL或氨基二醇生成的以铝为中心的杂双金属配合物**39**和**40**,也是丙二酸酯对烯酮、烯酯、硝基烯、丙烯腈等多种不同底物的不对称Michael加成的有效催化剂。

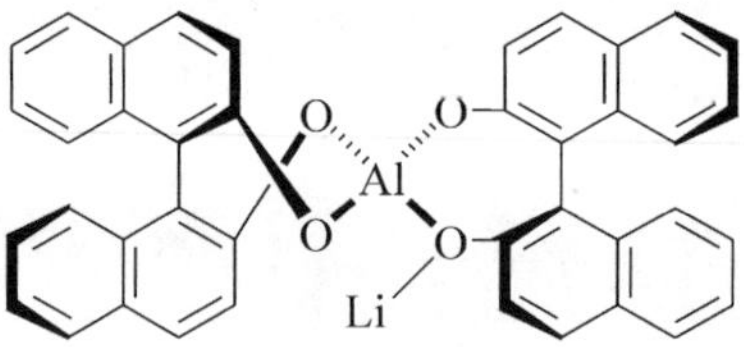

ALB
39

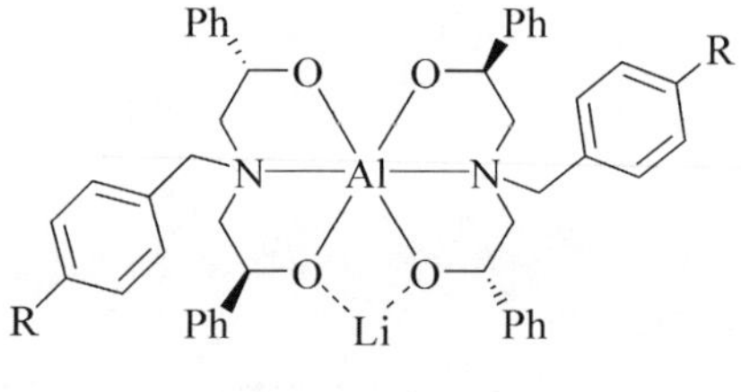

40 **a**. R=H
b. R=聚合物

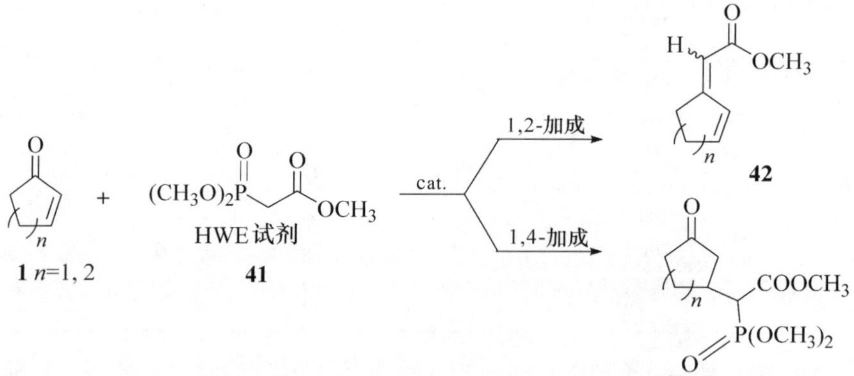

1,2-加成
OCH_3
42
cat.
1 *n*=1, 2
+ $(CH_3O)_2P$ OCH_3
HWE试剂
41
1,4-加成
$COOCH_3$
$P(OCH_3)_2$
43

α-磷酸酯基乙酸酯 **41** 对烯酮 **1** 的加成反应，根据催化剂的不同，既可生成 1，2-加成为主的产物 **42**，也可生成 1，4-加成为主的产物 **43**，当单独使用 BuLi 或 NaO*t*-Bu、KO*t*-Bu 等碱催化这一反应时，主要生成 1，2-加成产物 **42**，且产率很低；而单独用 La-BINOL 或 LSB、ALB 催化这一反应，则 1，2-加成和 1，4-加成产率都很低，且 ee 也很低。但若用 ALB **39** 加 BuLi 或 NaO*t*-Bu 或 KO*t*-Bu，则反应主要生成 1，4-加成产物，产率中等以上，且 ee 极高(表 7 - 18)[37]。

表 7 - 18　ALB＋碱催化的 HWE 试剂对烯酮的 1，4-加成

烯酮 *n*	ALB(10 mol%)＋ 碱	1，2-加成产物产率/%	1，4-加成产物产率/%	1，4-产物的 ee/%
1	NaO*t*-Bu	0	95	95
2	NaO*t*-Bu	0	64	99
2	LiBu	3	58	98
2	KO*t*-Bu	5	27	89

注：反应时间 120～140 h。

40a 用于催化丙二酸酯对环己烯酮的 Michael 加成，也获得很好的效果[38]。进一步将 **40a** 交联到高聚物上制成 **40b**，用于催化苄胺对烯酯的 1，4-加成，也获得满意的结果[39]。

环己烯酮 + $CH_2(COOEt)_2$ —(**40a**, THF, 5h)→ 3-$CH(COOEt)_2$-环己酮　产率 87%　80% ee

Ph-CH=CH-COOEt + $PhCH_2NH_2$ —(**40b**, 12h, 35℃)→ Ph-CH($NHCH_2Ph$)-CH_2-COOEt　80.9% ee

7.4.3　手性铜为催化剂

自从 Mukaiyama 首次报道用硅烷化的烯醇代替传统的金属烯醇盐作为亲核试剂对 α，β-不饱和羰基化合物的 Michael 加成[40]，由于这一反应的条件温和，1，4-加成对 1，2-加成的选择性更好，且加成产物在合成上有重要用途，这一 Michael 加成的变体已成为极有吸引力的研究方向。Evans 等[41]系统研究了用双噁唑啉-Cu(Ⅱ)手性催化剂 **44** 催化的不同形式的硅烷化烯醇对丙烯酰噁唑酮及其衍生物的不对称 Michael 加成，取得了十分出色的研究成果(表 7 - 19～7 - 22)。

44　$[\text{Me}_2\text{C(box)Cu}]^{2+}$ $2X^-$

a. R=*t*-Bu, X=SbF_6
b. R=*t*-Bu, X=OTf
c. R=*i*-Pr,　X=SbF_6
d. R=*i*-Pr,　X=OTf

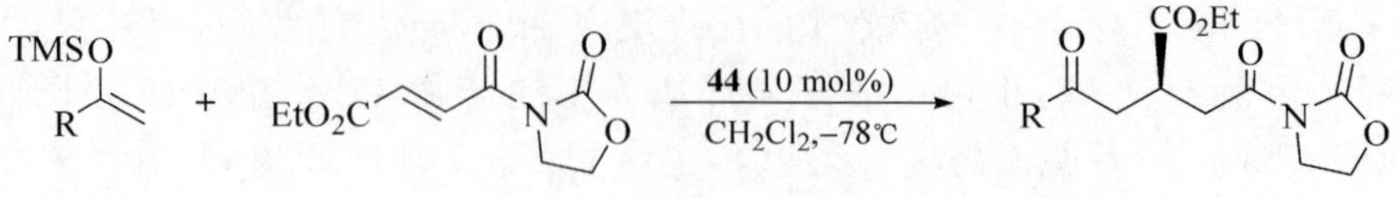

表 7 - 19

硅烷化烯醇(R)	催化剂	产率/%	ee/%
Ph	**44a**	54	98
Cy	**44a**	31	99
t-BuS	**44a**	86	89
t-BuS	**44c**	81	89

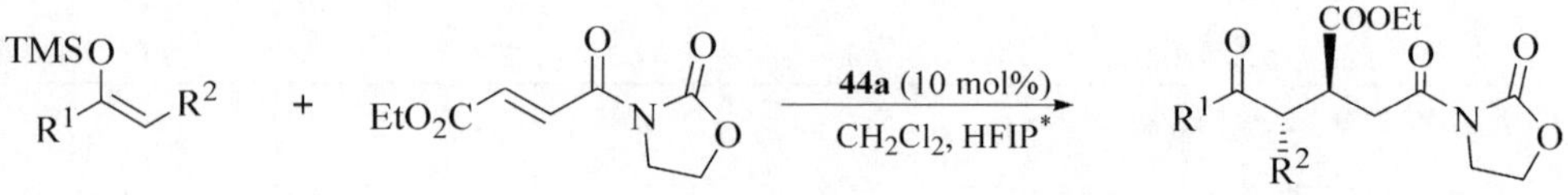

表 7 - 20

R^1	R^2	*T*/℃	*anti* : *syn*	产率/%	ee/%[42]
MeS	Me	−78	90 : 10	93	83
MeS	Et	−78	95 : 5	89	90
MeS	*i*-Pr	−78	99 : 1	93	98
Ph	Me	0	95 : 5	99	92
Ph	Et	0	99 : 1	99	94
Ph	*i*-Pr	0	99 : 1	99	94

注：添加 HFIP(六氟异丙醇)可大大提高反应速度。

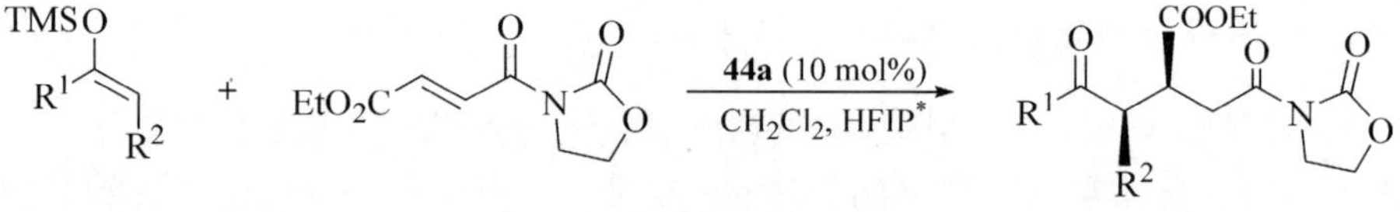

表 7 - 21

R^1	R^2	*anti* : *syn*	产率/%	ee/%[43]
MeS	Me	34 : 66	90	90
EtS	Me	25 : 75	91	92
t-BuS	Me	1 : 99	73	99
t-BuS	Et	9 : 91	67	90
t-BuS	Bn	15 : 85	92	99

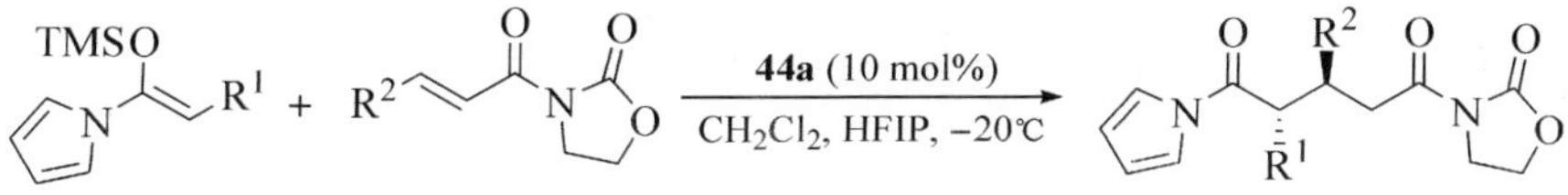

表 7－22

R^1	R^2	*anti*∶*syn*	产率/%	ee/%[41]
H	Me		90	91
H	CO_2Et		92	95
H	Ph		94	90
Me	Me	99∶1	88	98
Me	CO_2Et	97∶3	91	94
Me	Ph	99∶1	97	94
Me	*i*-Pr	99∶1	40	98
Ph	CO_2Et	75∶25	60	99
OBn	CO_2Et	92∶8	93	99
OBn	Me	98∶2	86	99
OTBS	Me	98∶2	75	95

2-三甲硅氧基呋喃也曾作为亲核试剂，用于对丁烯酰噁唑酮的 1，4-加成，获得很好的结果[43]，反应为

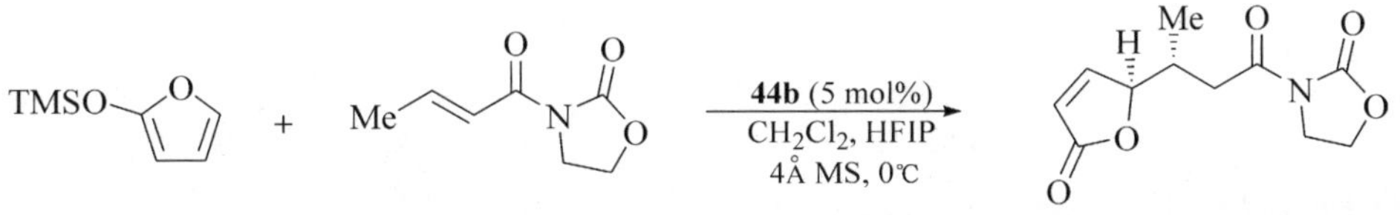

89%　　95% ee, dr=8.5∶1

还有许多不同的亲核试剂如 RSH、RNHR′等对丙烯酰噁唑酮衍生物的 1，4-加成在 **44** 的催化下也获得好的对映选择性[44,45]。**44** 催化的硅烷化烯醇和其他亲核试剂对丙烯酰噁唑酮衍生物的 Michael 加成之所以能获得理想的结果，Evans 和其他研究者都指出：主要是因为底物中的两个羰基可与催化剂 **44** 中的 Cu 配位，形成如下配合物。

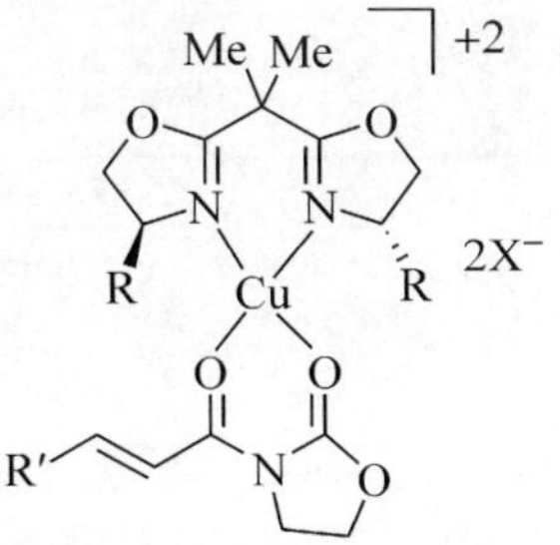

这种配合既活化了底物，也使亲核试剂对底物的加成在手性配体的直接影响下进行，从而获得高的对映选择性。因此凡能提供两个配位羰基的 α,β-不饱和羰基化合物都应当是高对映选择性 Michael 加成的合适底物。已有不少研究报道表

明，下列 β-二羰基化合物 **45**～**48** 都是 Michael 加成的优良底物。

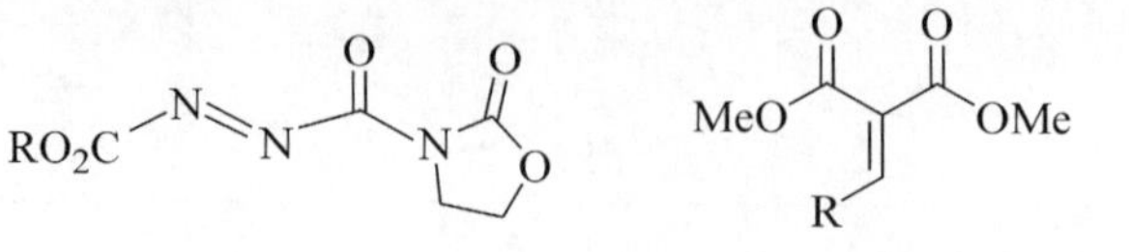

45 **46**

47 **48**

44 催化的硅烷化烯醇对 **45** 和 **46** 的不对称 Michael 加成便是例子（表 7－23，表 7－24）[46,47]。

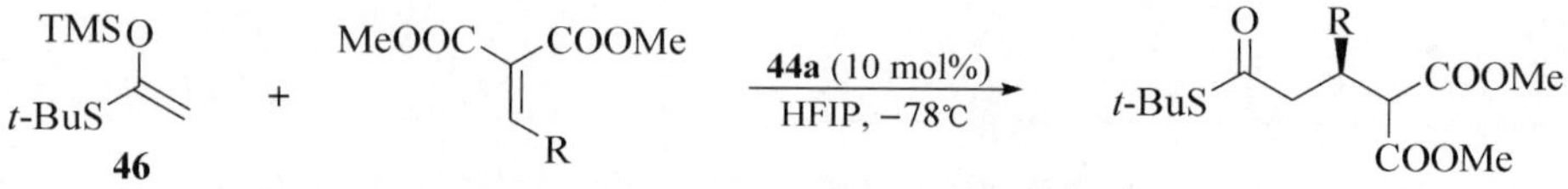

44a (10 mol%)
HFIP, −78℃

46

表 7－23 44 催化的硅烷化烯醇对 46 的 Michael 加成

序号	底物 R	时间/h	产率/%	ee/%
1	phenyl	3	91	93
2	2-furyl	5	88	94
3	2-naphthyl	10	90	93
4	2-MeOPh	12	92	99
5	cyclohexyl	5	95	95
6	*i*-Pr	6	93	93
7	*t*-Bu	8	89	90

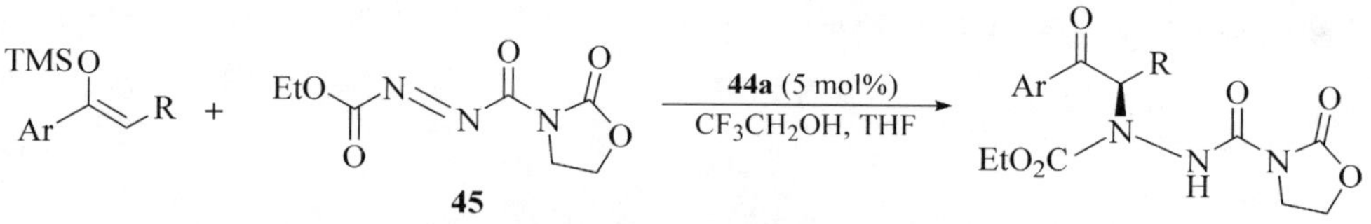

44a (5 mol%)
CF_3CH_2OH, THF

45

表 7－24 44 催化的硅烷化烯醇对 45 的 Michael 加成

Ar	R	反应温度/℃	反应时间	产率/%	ee/%
Ph	Me	−20	2min	95	99
Ph	Et	−20	0.5h	93	98
Ph	*i*-Pr	−20	3h	86	99
4-$MeOC_6H_4$	Bn	−20	3min	88	91
4-$MeOC_6H_4$	Bn	−78	12h	94	99

除了催化剂 **44**，另一个双噁唑啉配体 **49**[45] 和脯氨酸衍生物 **50**[48] 也是上面几类 Michael 加成的有效催化剂。

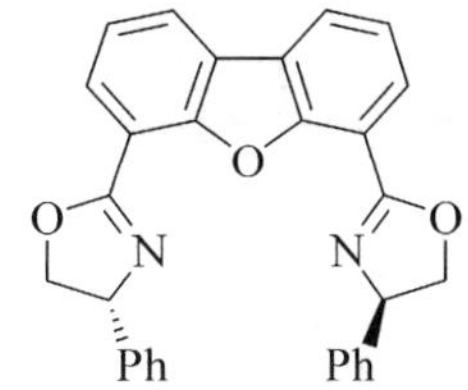

49 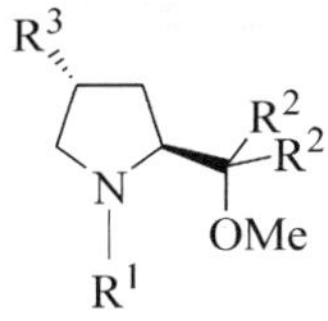　　50

a. R^1=CO*t*-Bu, R^2=Ph, R^3=H
b. R^1=CO*t*-Bu, R^2=Ph, R^3=MOMO

(*R*)-**49**-$Ni(ClO_4)_2 \cdot 6H_2O$(5 mol%)用于催化芳胺对丙烯酰噁唑酮的 1,4-加成时，产物的 ee 最高达 96%。

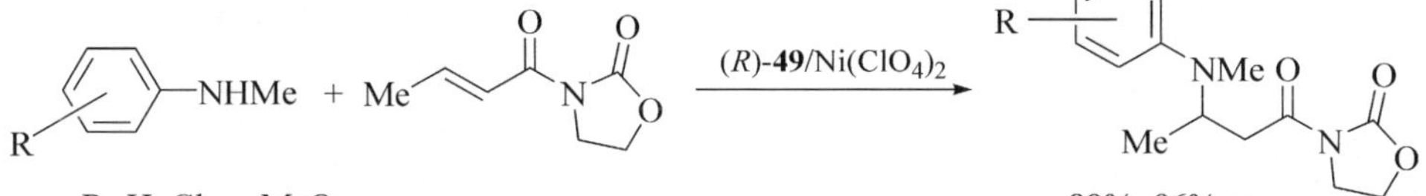

(*R*)-**49**/$Ni(ClO_4)_2$

R=H, Cl, *m*-MeO　　89%~96% ee

50 与 $Hf(OTf)_4$ 的配合物用于催化硫醇(酚)对丙烯酰噁唑酮的不对称 Michael加成，也获得较高的对映选择性。

7.5　其他形式的 Michael 加成

还有许许多多结构各异的手性配体与相应金属形成的配合物用于催化各种形式的不对称 Michael 加成，这里不可能一一列举。现将催化效果较好、有代表性的部分手性催化剂的结构、被催化反应的底物、所得产物的对映选择性情况以及相关的参考文献列于表 7－25 中，读者从中可以获得初步印象，如果对其中某个手性催化剂或相关的反应感兴趣，可查阅所附相关文献，以了解详细情况。

表 7－25　其他 Michael 加成反应示例

催化剂	反应底物	亲核试剂	产物选择性	文献
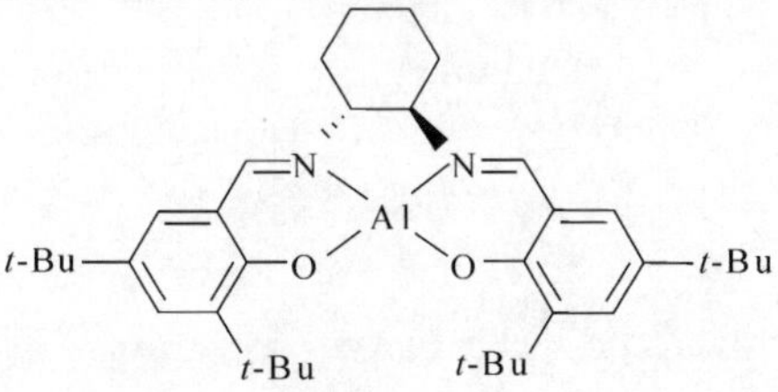 5 mol%	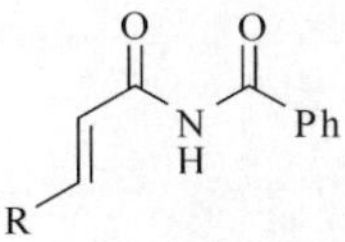 R=Me,Et,*n*-Pr *i*-Pr,*t*-Bu,Bn CH_2OBn	NH_3	95%～97% ee	[49]
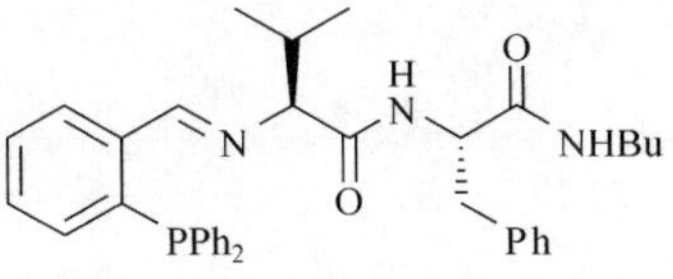 1~10 mol% + Cu(I)	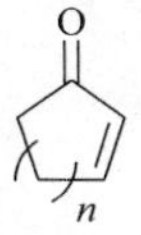 *n*=1~3	R_2Zn R=Me, Et, *n*-Bu, $AcO(CH_2)_4$	95%～98% ee	[50]

续表

催化剂		反应底物	亲核试剂	产物选择性	文献
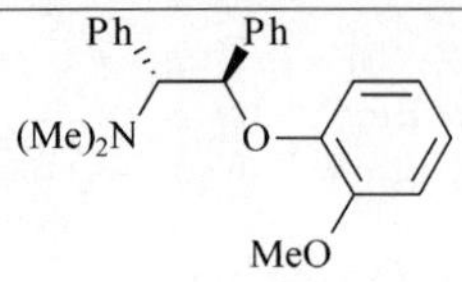 Ph, Ph, $(Me)_2N$, O, MeO 8 mol%		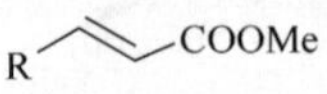 R=Me,Et,Pr Bu,*i*-Bu,Bn (R–CH=CH–COOMe)	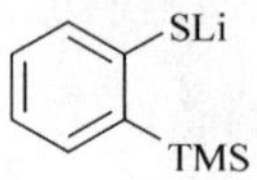 SLi, TMS	93%～ 97% ee	[51]
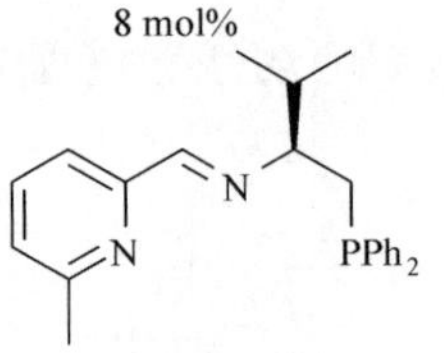 N, N, PPh_2 2.5 mol% + $Cu(OTf)_2$ 1 mol%		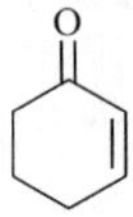 O	Et_2Zn	91% ee	[52]
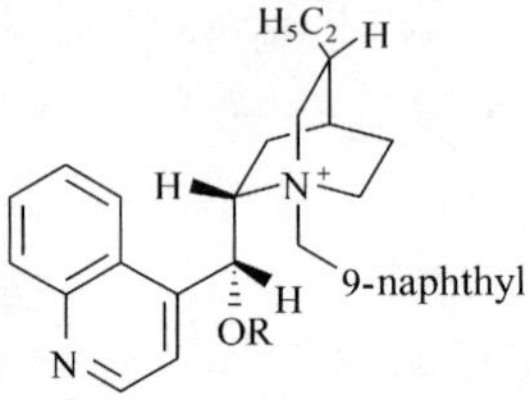 H_5C_2, H, H, N^+, 9-naphthyl, H, OR, N 10 mol%	R＝H	*p*-氯代查尔酮	CH_3NO_2	*R*∶*S* ＝85∶15	[53a]
	R＝Bn	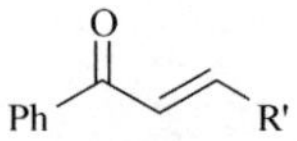 O, Ph, R' R'=1-萘基	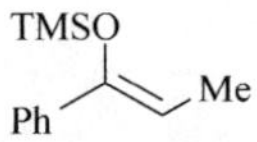 TMSO, Ph, Me	*anti*∶*syn* ＝20∶1 92% ee	[53b]
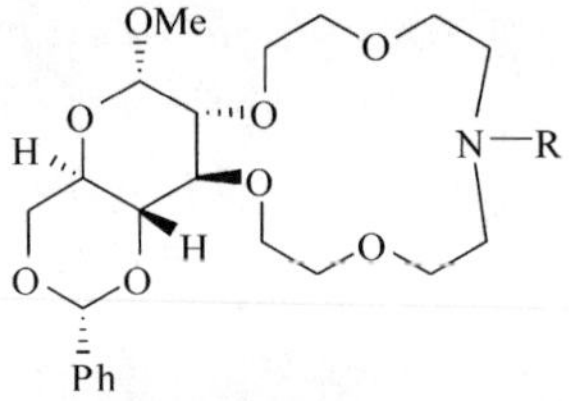 OMe, O, O, H, O, N—R, O, H, O, O, O, Ph R=$(CH_2)_nP(O)Ph_2$ *n*=3~5 7 mol% + 35 mol% Na*Ot*-Bu		查尔酮	Me_2CHNO_2	77%～ 95% ee	[54]
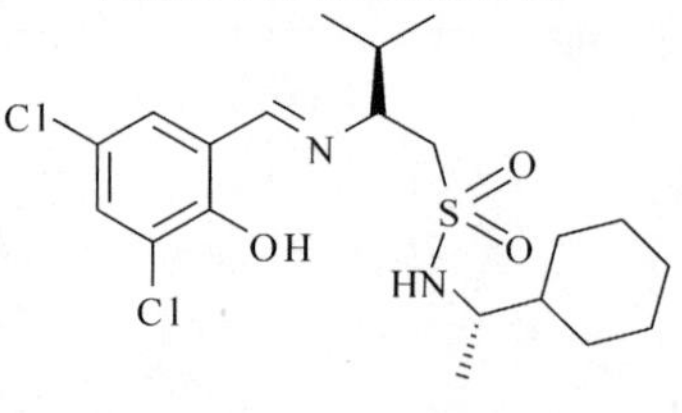 Cl, N, S, O, O, OH, Cl, HN 11 mol% + $Cu(OTf)_2$(10 mol%)		 O, *n* *n*=1,2	Et_2Zn	81%～ 82% ee	[55]
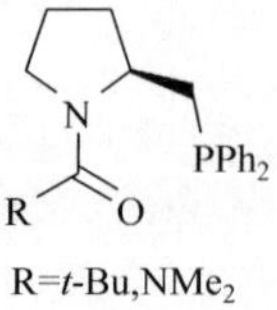 N, PPh_2, R, O R=*t*-Bu,NMe_2 1.5当量 + 2.4当量Cu(I)		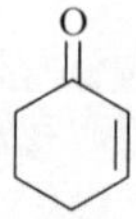 O	BuMgCl	79%～ 98% ee	[56]

续表

催化剂	反应底物	亲核试剂	产物选择性	文献
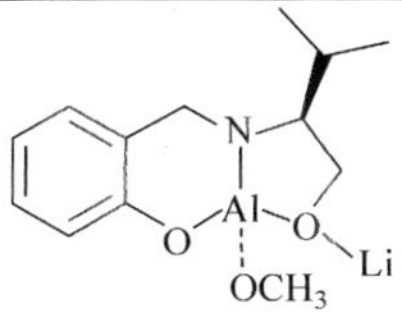 N, Al, O, O, Li, OCH_3 20 mol%	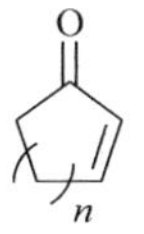 O, n n=1,2	RMgX R=i-Pr, Et, Bn	73%～ 84% ee	[57]
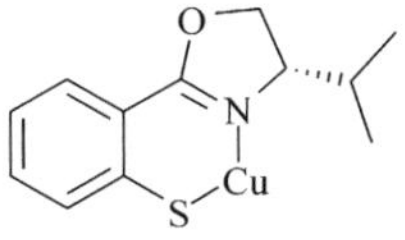 O, N, Cu, S 5~10 mol%	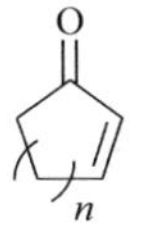 O, n n=1,2	RMgX R=i-Pr, n-Bu	72%～ 87% ee	[58]
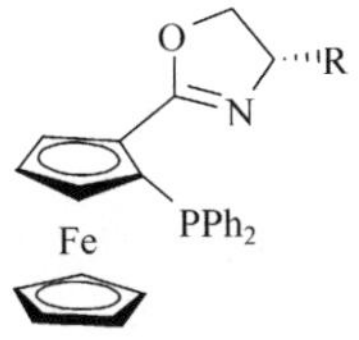 O, R, N, PPh_2, Fe R=i-Pr R=Ph R=Bn 12 mol% + CuI (10 mol%)	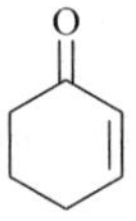 O	n-BuMgCl (1,4-加成/ 1,2-加成)	10∶1 83% ee >100∶1 83% ee >100∶1 82% ee	[59]
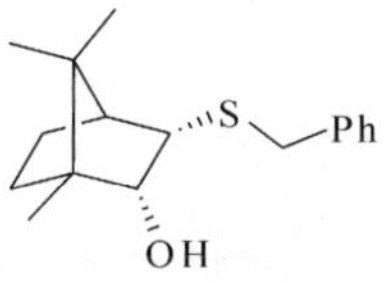 S, Ph, OH 20 mol% + $Ni(acac)_2$	查尔酮	Et_2Zn	80% ee	[60]
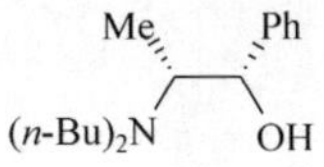 Me, Ph, $(n\text{-Bu})_2N$, OH 17 mol% + $Ni(acac)_2$(7 mol%) + 2,2′-联吡啶(7 mol%)	查尔酮	Et_2Zn	90% ee	[61]
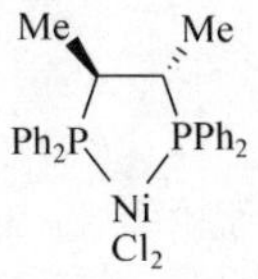 Me, Me, Ph_2P, PPh_2, Ni, Cl_2 5 mol%	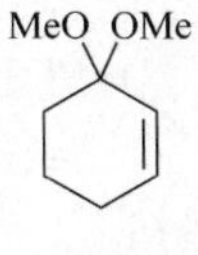 MeO OMe	RMgX R=Me, n-Bu, i-Bu, Ph, Bn	70%～ 85% ee	[62]
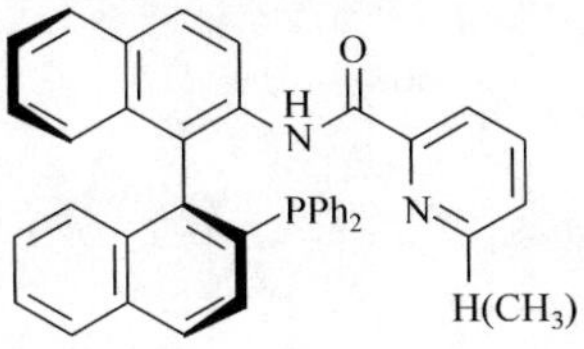 H, N, O, PPh_2, N, $H(CH_3)$ 2.5 mol% + 1 mol% Cu(I)	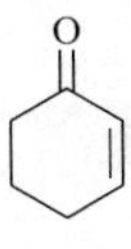 O	Et_2Zn	70%～ 92% ee	[63]

续表

催化剂	反应底物	亲核试剂	产物选择性	文献
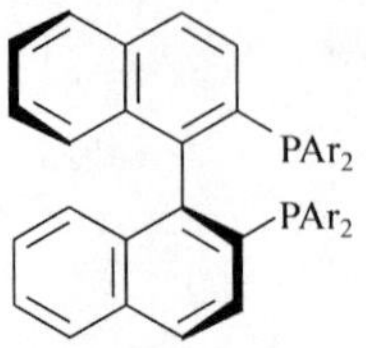 PAr_2, PAr_2 ($Ar=p$-MeC_6H_4) 5 mol% + 5 mol% NaO*t*-Bu + 5 mol% CuCl	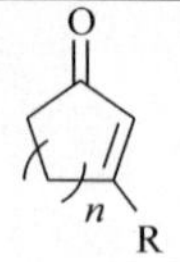 O, *n*, R; *n*=1, R=Me, *i*-Pr, *n*-Bu, Bn, CH_2Bn, $(CH_2)_3OBn$, allyl, $(CH_2)_2COOMe$; *n*=2, R=Me; *n*=3, R=CH_2Bn	H^- (PMHS)	92%～98% ee	[64a]
	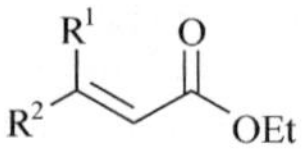 R^1, R^2, O, OEt	H^- (PMHS)	80%～92% ee	[64b]
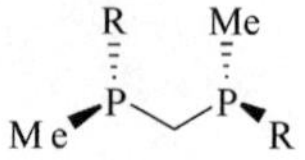 R, Me, Me, P, P, R; R=*t*-Bu, *c*-C_6H_{11}, *i*-Pr 0.2 mol%	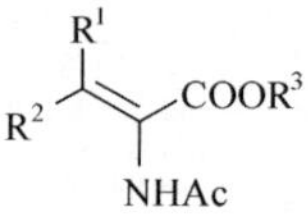 R^1, R^2, $COOR^3$, NHAc	H^- (H_2)	88%～99.9% ee	[65]
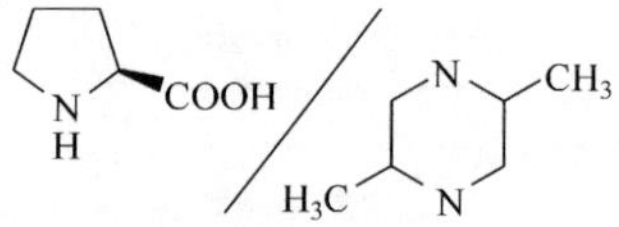 N H COOH / N, CH_3, H_3C, N	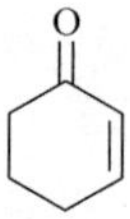 O (环己烯酮)	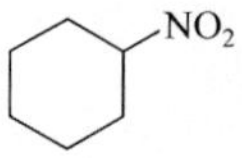 NO_2	93% ee	[66]
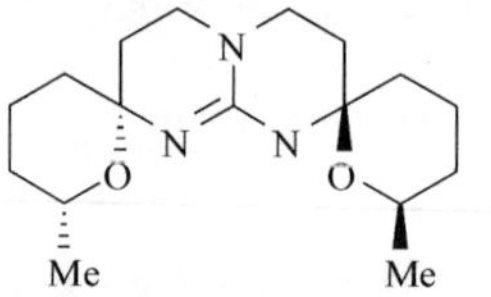 N, N, N, O, O, Me, Me	查尔酮	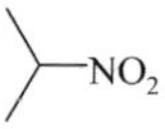 NO_2	86% ee	[67]
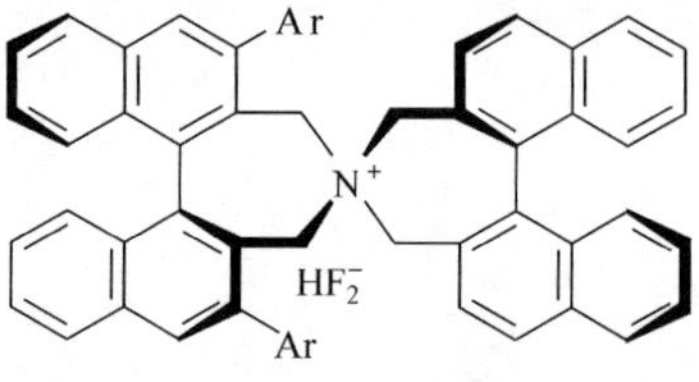 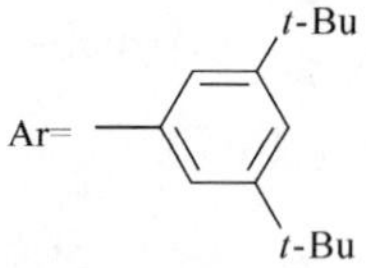 Ar, N^+, HF_2^-, Ar; Ar= (*t*-Bu, *t*-Bu)	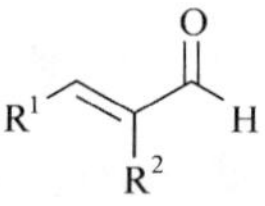 R^1, O, H, R^2; R^1=Ph, Ph, *n*-Pr, $(CH_2)_4$; R^1=H, Me, H 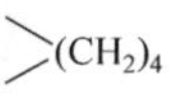	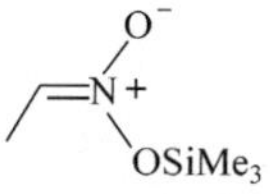 O^-, N^+, $OSiMe_3$; R=Me, Et	*anti* : *syn*= 76 : 24～97 : 3; 90%～97% ee (*anti*)	[68]
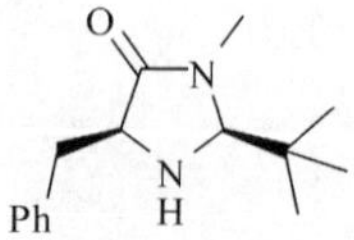 O, N, N H, Ph	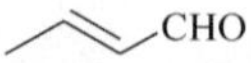 CHO; R=烷基，芳基	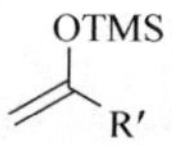 OTMS, R′; R′=烷基，芳基	85%～97% ee	[69]

7.6　Michael-Aldol 串联不对称反应

环状烯酮的 Michael 加成中间体烯醇盐可以作为亲核试剂，进一步与亲电试剂醛、原甲酸酯、缩醛或缩酮加 Lewis 酸、烯丙基或苄基卤化物等作用，实现串联的不对称反应。Feringa 等用手性亚磷酰胺(S,S,S)-**16** 催化二烷基锌对环己烯酮的 Michael 加成，生成的中间体不经分离，直接加入醛 R′CHO，得到两种非对映异构体羟基酮，经氧化，立体选择地得到一种 β-二酮。两步反应的对映选择性都达 90%以上，最终产物的 ee 达 91%～99%[74]。

R_2Zn/甲苯
$Cu(OTf)_2$ (1.2 mol%)
(S,S,S)-**16** (2.4 mol%)
−30℃, 18h
R′CHO
−30℃
[O]
(S,S,S)-**16**
91%~99% ee

Feringa 研究组还将环烯酮、Et_2Zn 和乙酸烯丙酯进行对映选择性三组分偶联，实现串联的不对称反应。用手性亚磷酸酰胺(S,S,S)-**16** 催化第一步反应，无论六元环或七元环，共轭加成的对映选择性都达 96%，第二步的烯丙基偶联选择性也很高，对六元环酮，*trans*∶*cis* 达 9∶1，而 7 元环则只生成反式产物[75]。烯丙基经 Wacker 氧化成甲基酮，再进行关环，立体选择性地得到两种稠环化合物，即

$+ Et_2Zn$
$Cu(OTf)_2$ (2 mol%)
(S,S,S)-**16** (4 mol%)
甲苯, −30℃
OZnEt
OAc
$Pd(PPh_3)_4$, 0℃
$CuCl_2$
$PdCl_2$
O_2
trans:*cis*=9:1
trans 100%
KO*t*-Bu

n=1	88%	96% ee
n=2	86%	96% ee

Alekakis 等则用环烯酮、Et_2Zn、手性缩醛在(S,S,S)-**16** 催化下，进行不对称三组分偶联，立体选择性一次形成三个手性中心，产物经两步处理，近乎定量地转

化成最终产物，只得到一种非对映异构体[76]。

$Cu(OTf)_2$ (0.5 mol%)
(*R,S,S*)-**16** (1 mol%)
CH_2Cl_2, −20℃
+ Et_2Zn
TMSOTf, 0℃

Shibasaki 等以环戊烯酮为原料，在(*S*)-ALB 催化下，进行三组分不对称偶联，立体选择性合成 11-脱氧-PGF_{1a}的关键手性中间体，并经多步转化，最终选择性合成 11-脱氧-PGF_{1a}[77]。

+ **52** + **53**
(*S*)-ALB (5 mol%)
NaO*t*-Bu, 4ÅMS, r.t.

51 a. R=H
b. R=OTBDMS
52.Me—$\bar{C}(COOBn)_2$
53.$HCO(CH_2)_5COOMe$

54a. 92% ee
54b. 97% ee

11-脱氧-PGF_{1a}

参 考 文 献

1 a) Perlmutter P. Conjugate Addition Reactions in Organic Synthesis. Pergamon Press: Oxford, 1992

b) Rossiter B E, Swingle N M. Chem. Rev., 1992, 92: 771

2 a) Krause N, Hoffmann R A. Synthesis, 2001, 171

b) Sibi M P, Manyem S. Tetrahedron, 2000, 56: 8033

3 Bolm C, Hildebrand J P, Hermanns N et al. Angew. Chem. Int. Ed. Engl., 2001, 40: 3284

4 a) Mizutani H, Degrado S J, Hoveyda A H. J. Am. Chem. Soc., 2002, 124: 779

b) Alexakis A, Behaim C, Rosset S et al. J. Am. Chem. Soc., 2002, 124: 5262

c) Arnold L A, Naasz R, Feringa B L et al. J. Am. Chem. Soc., 2001, 123: 5841

d) Alexakis A, Trevitt G P, Bernardinelli G. J. Am. Chem. Soc., 2001, 123: 4358

e) Degrado S J, Mizutani H, Hoveyda A H. J. Am. Chem. Soc., 2001, 123: 755

5 a) Yan M, Zhou Z-Y, Chan A S C. Chem. Commun., 2000, 115

b) Escher I H, Pfaltz A. Tetrahedron, 2000, 56: 2879

c) Feringa B L. Acc. Chem. Res., 2000, 33: 346

d) Chataigner I, Gennari C, Ceccarelli S et al. Angew. Chem. Int. Ed. Engl., 2000, 39: 916

6 Hayashi T. Chem. Rev., 2003

7 Takaya Y, Ogasawara M, Hayashi T. J. Am. Chem. Soc., 1998, 120: 5579

8 Takaya Y, Ogasawara M, Hayashi T. Tetrahedron Lett., 1998, 39: 8479

9 Takaya Y, Ogasawara M, Hayashi T. Tetrahedron Lett., 1999, 40: 6957

10 a) Takaya Y, Senda T, Hayashi T et al. Tetrahedron: Asymmetry, 1999, 10: 4047
b) Sakua S, Sakai M, Miyamura N et al. J. Org. Chem., 2000, 65: 5951
11 Senda T, Ogasawara M, Hayashi T. J. Org. Chem., 2001, 66: 6852
12 Hayashi T, Senda T, Ogasawara M. J. Am. Chem. Soc., 2000, 122: 10716
13 Hayashi T, Senda T, Takaya Y et al. J. Am. Chem. Soc., 1999, 121: 11591
14 Chong J M, Shen L-X, Taylor N J. J. Am. Chem. Soc., 2000, 122: 1822
15 Reetz M T, Moulin D, Gosberg A. Org. Lett., 2001, 3(25): 4083
16 Yan M, Yang L-W, Chan A S C et al. Chem. Commun., 1999, 11
17 Liang L, Chan A S C. Tetrahedron: Asymmetry, 2002, 13: 1393
18 Yan M, Chan A S C. Tetrahedron Lett., 1999, 40: 6645
19 a) Pàmies O, Diéguez M, Ruiz A et al. Tetrahedron: Asymmetry, 2000, 11: 4377
b) Pàmies O, Diéguez M, Ruiz A et al. Tetrahedron: Asymmetry, 2000, 11: 871
c) Diéguez M, Ruiz A, Claver C. Tetrahedron: Asymmetry, 2001, 12: 2895
20 Escher I H, Pfaltz A. Tetrahedron, 2000, 56: 2879
21 Arnold L A, Imbos R, Feringa B L et al. Tetrahedron, 2000, 56: 2865
22 Mandoli A, Arnold L A, Feringa B L et al. Tetrahedron: Asymmetry, 2001, 12: 1929
23 Feringa B L, Pineschi M, Arnold L A et al. Angew. Chem. Int. Ed. Engl., 1997, 36: 2620
24 Imbos R, Brilman M H, Feringa B L et al. Org. Lett., 1999, 1: 623
25 Sewald N, Wendisch V. Tetrahedron: Asymmetry, 1998, 9: 1341
26 Choi Y H, Choi J Y, Kim Y H et al. Tetrahedron: Asymmetry, 2002, 13: 801
27 Huttenloch O, Spieler J, Waldmann H. Chem. Eur. J., 2000, 6: 671
28 Alexakis A, Burton J, Vastra J et al. Eur. J. Org. Chem., 2000, 4011
29 Alexakis A, Benhaim C. Org. Lett., 2000, 2(17): 2579
30 Martorell A, Feringa B L, Pringle P G et al. Tetrahedron: Asymmetry, 2001, 12: 2497
31 Sasai H, Arai T, Shibasaki M et al. J. Am. Chem. Soc., 1995, 117: 6194
32 Funabashi K, Saida Y, Shibasaki M et al. Tetrahedron Lett., 1998, 39: 7557
33 Emori E, Arai T, Shibasaki M et al. J. Am. Chem. Soc., 1998, 120: 4043
34 Sasai H, Arai T, Shibasaki M. J. Am. Chem. Soc., 1994, 116: 1571
35 Kim Y S, Matsunaga S, Shibasaki M et al. J. Am. Chem. Soc., 2000, 122: 6506
36 Matsunaga S, Ohshima T, Shibasaki M. Tetrahedron Lett., 2000, 41: 8473
37 Arai T, Sasai H, Shibasaki M et al. J. Am. Chem. Soc., 1998, 120: 441
38 Manickam G, Sundararajan G. Tetrahedron, 1999, 55: 2721
39 Sundararajan G, Prabagaran N. Org. Lett., 2001, 3(3): 389
40 Narasaki K, Soai K, Mukaiyama T. Chem. Lett., 1974, 1223
41 Evans D A, Scheidt K A, Johnston J N et al. J. Am. Chem. Soc., 2001, 123: 4480
42 Evans D A, Willis M C, Johnston J N. Org. Lett., 1999, 1(6): 865
43 Kitajima H, Ito K, Katsuki T. Tetrahedron, 1997, 53: 17015
44 Kanemasa S, Oderaotoshi Y, Wada E. J. Am. Chem. Soc., 1999, 121: 8675
45 Zhuang W, Hazell R G, Jϕgensen K A. Chem. Commun., 2001, 1240
46 Evans D A, Rovis T, Kozlowski M K et al. J. Am. Chem. Soc., 1999, 121: 1994
47 Evans D A, Johnson D S. Org. Lett., 1999, 1(4): 595

48 Kobayashi S, Ogawa C, Kawamura M et al. Synlett 2001, SI: 983
49 Myers J K, Jacobsen J. Am. Chem. Soc., 1999, 121: 8959
50 Degrado S, Mizutani H, Hoveyda A H. J. Am. Chem. Soc., 2001, 123: 755
51 Nishimura K, Ono M, Tomioka K et al. J. Am. Chem. Soc., 1997, 119: 12974
52 Morimoto T, Yamaguchi Y, Suzuki M et al. Tetrahedron Lett., 2000, 41: 10025
53 a) Corey E J, Zhang F-Y. Org. Lett., 2000, 2(26): 4257
b) Zhang F-Y, Corey E J. Org. Lett., 2001, 3(4): 639
54 Novák T, Tatai T, Bakó P et al. Synlett, 2001, 3: 424
55 Chataigner I, Gennari C, Piarulli U et al. Angew. Chem. Int. Ed. Engl., 2000, 39: 916
56 a) Kanai M, Nakagawa Y, Tomioka K et al. Tetrahedron, 1999, 55: 3843
b) Nakagawa Y, Kanai M, Tomioka K et al. Tetrahedron, 1998, 54: 10295
c) Kanai M, Tomioka K. Tetrahedron Lett., 1995, 36: 4273
57 Narasimhan S, Velmathi S, Balakumar R et al. Tetrahedron Lett., 2001, 42: 719
58 a) Zhou Q-L, Pfaltz A. Tetrahedron, 1994, 50: 4467
b) Zhou Q-L, Pfaltz A. Tetrahedron Lett., 1993, 34: 7725
59 Stangeland E L, Sammakia T. Tetrahedron, 1997, 53: 16503
60 Yin Y-W, Li X-S, Yang T-K et al. Tetrahedron: Asymmetry, 2000, 11: 3329
61 Soai K, Hayasaka T, Ugajin S. J. Chem. Soc. Chem. Commun., 1989, 517
62 Bengoa E G, Heron N M, Hoveyda A H et al. J. Am. Chem. Soc., 1998, 120: 7649
63 Hu X-Q, Chen H-L, Zhang X-M. Angew. Chem. Int. Ed. Engl., 1999, 38: 3518
64 a) Moritani Y, Appella D H, Buchwald S L et al. J. Am. Chem. Soc., 2000, 122: 6797
b) Appella D H, Moritani Y, Buchwald S L et al. J. Am. Chem. Soc., 1999, 121: 9473
65 Yamanoi Y, Imamoto T. J. Org. Chem., 1999, 64: 2988
66 a) Hanessian S, Pham V. Org. Lett., 2000, 2: 2975
b) Tsogoeva S B, Jagtap S B, Ardemasova Z A et al. Eur. J. Org. Chem., 2004, 4014
67 Allingham M T, Howard-Jones A, Thomas D A et al. Tetrahedron Lett., 2003, 44: 8677
68 a) Ooi T, Maruoka K. Acc. Chem. Res., 2004, 37:526
b) Ooi T, Doda K, Maruoka K. J. Am. Chem. Soc., 2003, 125: 9022
c) Ooi T, Morimoto K, Doda K et al. Chem. Lett., 2004, 33: 824
69 Wang W, Li H, Wang J. Org. Lett., 2005, 7: 1637
70 Wang W, Wang J, Li H. Angew. Chem. Int. Ed., 2005, 44: 1369
71 Taylor M S, Zalatan D N, Jacobsen E N et al. J. Am. Chem. Soc., 2005, 127: 1313
72 Guo R-W, Morris R H, Song D-T. J. Am. Chem. Soc., 2005, 127: 516
73 Watanabe M, Ikagawa A, Ikariya T et al. J. Am. Chem. Soc., 2004, 126: 11148
74 Feringa B L et al. Angew. Chem. Int. Ed. Engl., 1997, 36: 2620
75 Naasz R, Arnold L A, Feringa B L et al. J. Am. Chem. Soc., 1999, 121: 1104
76 Alexakis A, Trevitt G P, Bernardinelli G. J. Am. Chem. Soc., 2001, 123: 4358
77 Yamada K, Arai T, Shibasaki M et al. J. Org. Chem., 1998, 63: 3666

第 8 章　不对称偶联反应

8.1　不对称频哪醇偶联

8.1.1　醛、酮的频哪醇偶联

醛或酮的频哪醇偶联是形成 C—C 键，同时生成邻二醇结构的重要有机反应[1,2]。这一反应虽然已有 140 多年历史，但由于其不断改进，至今仍是最有用的有机合成反应之一，已被用于许多重要的天然产物全合成的关键步骤[3~6]。发展既有高的非对映选择性(*dl*∶*meso*>10)，又有高的对映选择性(*RR* 或 *SS* 异构体>95%)的不对称频哪醇偶联反应，将是合成含邻二醇手性结构的天然产物或药物的有效途径，同时也是合成有重要用途的 C_2 对称性邻二醇手性配体或手性助剂的最简捷有效的方法。

早期的频哪醇偶联主要使用活泼金属 Na、Mg、Li 等作为还原剂，使羰基化合物还原偶联生成邻二醇。但随反应条件不同，这个反应常同时生成直接还原产物醇、偶联消除产物烯等副产物，因此邻二醇的产率常常不够理想，即

$$R^1C(O)R^2 \xrightarrow[2)\ H_3O^+]{1)\ M} R^1R^2C(OH)-C(OH)R^1R^2 + R^1CH(OH)R^2 + R^1R^2C=CR^2R^1 + \cdots$$

已有不少工作研究了这一反应的机理[7]，并取得一些共识，反应为

$$2\,M + 2\,R^1C(O)R^2 \longrightarrow R^1R^2\dot{C}-O^-M^+ + R^1R^2\dot{C}-O^-M^+ \longrightarrow R^1R^2C(OM)-C(OM)R^1R^2 \begin{cases} \xrightarrow{H_2O} R^1R^2C(OH)-C(OH)R^1R^2 + MOH \\ \longrightarrow 2\,MO + R^1R^2C=CR^2R^1 \end{cases}$$

活泼金属作还原剂的频哪醇偶联，除了邻二醇产率不够理想，也无法实现对产物的立体选择性控制。自 1973 年 Mukaiyama 首先发现过渡金属低价态试剂可以诱导这一反应以来[8]，已相继发展了许多有效的还原催化体系，如 $TiCl_4$/Zn/TMEDA[9a]、$TiCl_4$/n-Bu_4NI[9b]、TiX_2/Zn 或 Cu[10]、$TiCl_3$[11]、Bu_3SnH[12](*meso*∶*dl*=99∶1)和 SmI_2[13]等。不但使邻二醇的产率显著提高，同时获得很高的非对映选择性(75%～100% de)。这些反应的主要缺陷是，必须使用至少化学计量的“催化剂”。Cozzi 等第一次实现了真正意义上的“催化”的频哪醇偶联[14]。在仅用 3 mol%钛-席夫碱配合物的条件下，成功使芳香醛和 α,β-不饱和醛还原偶联，得到中等以上产率的邻二醇，且 *dl*∶*meso*>10。在此基础上，已有多个研究组试图将手性配

体用于这类偶联反应，以实现既是非对映选择性的，又是对映选择性的频哪醇偶联。

Matsubara 等最先用手性二胺 **1** 诱导 $TiCl_2$ 催化的苯甲醛的频哪醇偶联，得到了高非对映选择的邻二醇（*dl*∶*meso*＝11～15）。虽然在使用 2 当量手性二胺的情况下，ee 也只有 40％，但这是首例对映选择性的频哪醇偶联[15, 16]。

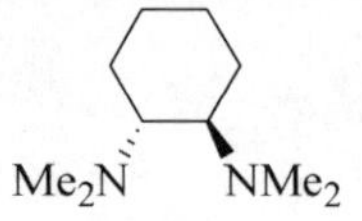

Me_2N NMe_2

1

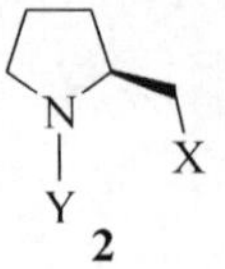

N X Y

2

a. X=OCH_3, Y=H
b. X=OCH_3, Y=NH_2
c. X=OH, Y=H

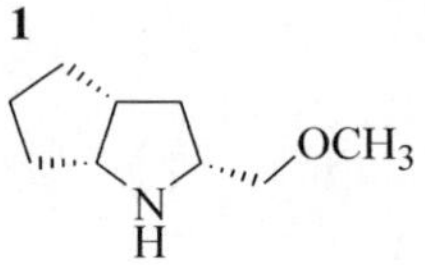

OCH_3 N H

3

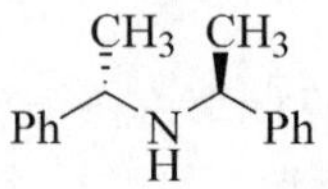

CH_3 CH_3 Ph N H Ph

4

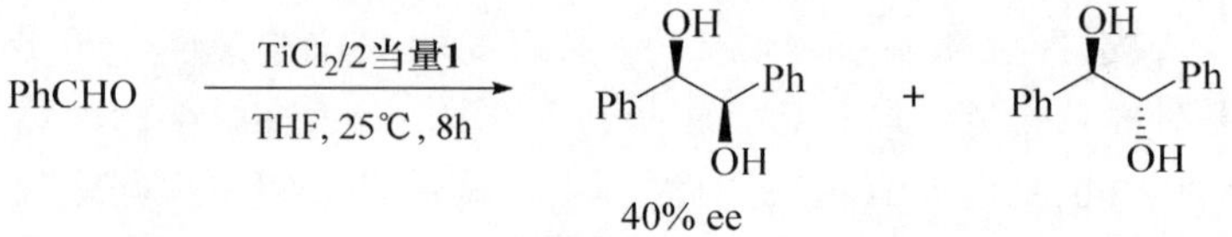

PhCHO $\xrightarrow[\text{THF, 25℃, 8h}]{TiCl_2\text{/2当量}\mathbf{1}}$ OH Ph Ph OH + OH Ph Ph OH

40% ee

Enders 等则用一系列手性二级胺或肼 **2**～**4** 催化同一反应，也取得很好的非对映选择性（*dl*∶*meso*＝71∶29～94∶6），其中配体 **2a** 的对映选择性最好，产物的 ee 达 65％[17]。用手性二胺 **5** 和 **6** 诱导 $TiCl_4(THF)_2$-Zn 催化一系列芳香醛的不对称频哪醇偶联，获得极高的非对映选择（*dl*∶*meso*＞300），而且对映选择性也达 34％～65％[18]。

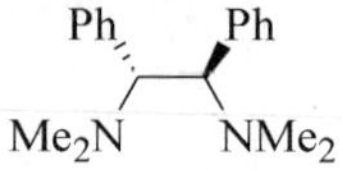

Ph Ph Me_2N NMe_2

5

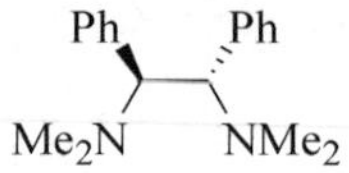

Ph Ph Me_2N NMe_2

6

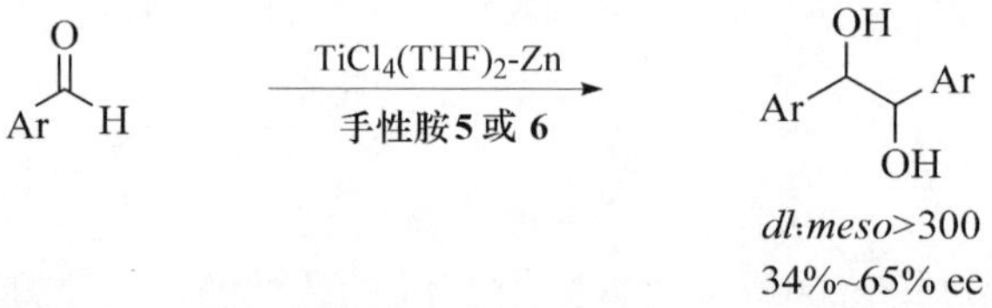

O Ar H $\xrightarrow[\text{手性胺}\mathbf{5}\text{或}\mathbf{6}]{TiCl_4(THF)_2\text{-Zn}}$ OH Ar Ar OH

dl:*meso*>300
34%~65% ee

Nicholas 等报道的手性二茂钛配合物（**7**）诱导的醛的不对称频哪醇反应，邻二醇产物的对映选择性也达 32％～60％[19]。

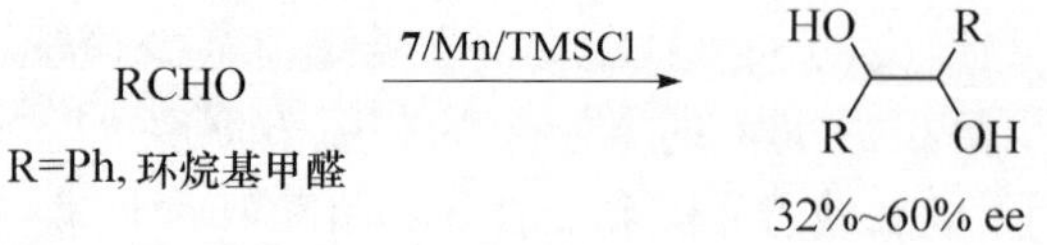

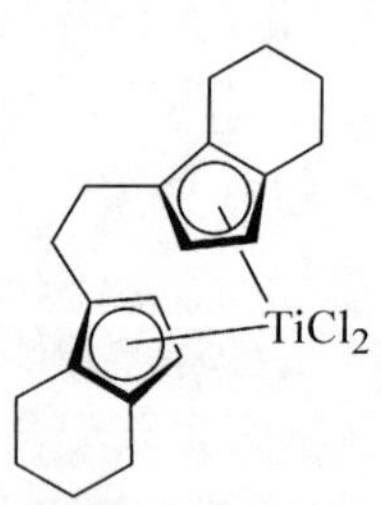

RCHO $\xrightarrow{\mathbf{7}\text{/Mn/TMSCl}}$ HO R R OH

R=Ph, 环烷基甲醛

32%~60% ee

$TiCl_2$

7

上述不对称偶联反应，都要求至少使用化学计量的手性配体，这降低了它们的吸引力。最重要的突破来自 Raint 等的发现[20]，他们合成了一系列手性席夫碱-钛(Ⅲ)配合物 **8a**～**c** 和 **9**，即

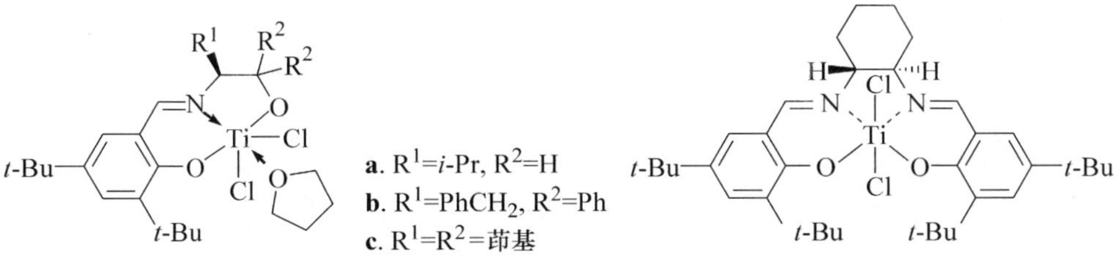

a. R^1=i-Pr, R^2=H
b. R^1=$PhCH_2$, R^2=Ph
c. R^1=R^2=茚基

8　　**9**

用这些手性配合物催化芳香醛的频哪醇偶联，获得了空前的好结果，其中 **8b** 的效果最好。当使用化学计量的 **8b**，产物的 ee 最高达 91%。最令人鼓舞的是仅用催化剂用量的(10 mol%)**8b**，ee 也达 64%，实现了"催化的"不对称偶联反应，即

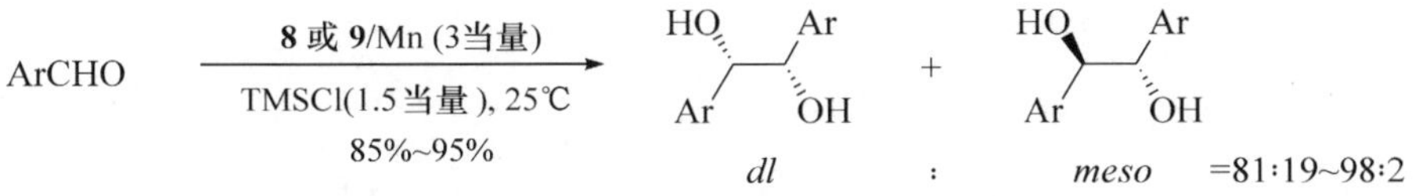

ArCHO —[**8** 或 **9**/Mn (3当量); TMSCl(1.5 当量), 25℃; 85%~95%]→ *dl* : *meso* =81:19~98:2

最近 Joshi 等进一步用 C_2 对称性的 Salen 配体 **10a** 和 **10b** 与 $Ti(O\textit{i}\text{-}Pr)_4$ 直接生成配合物，用于催化芳醛的不对称频哪醇偶联，获得了相当好的结果(表 8－1)[21]，其反应如下

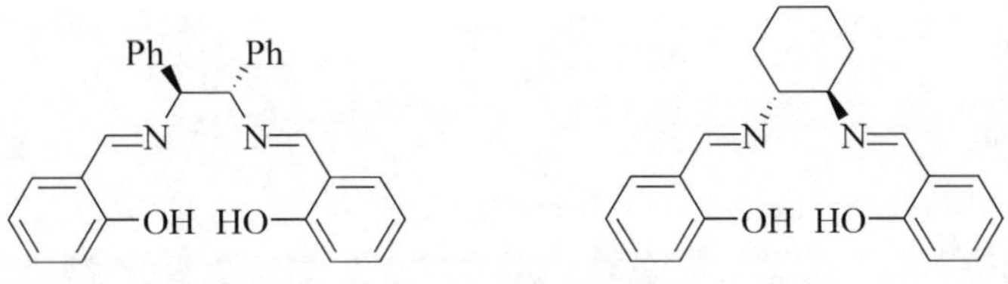

10a　　**10b**

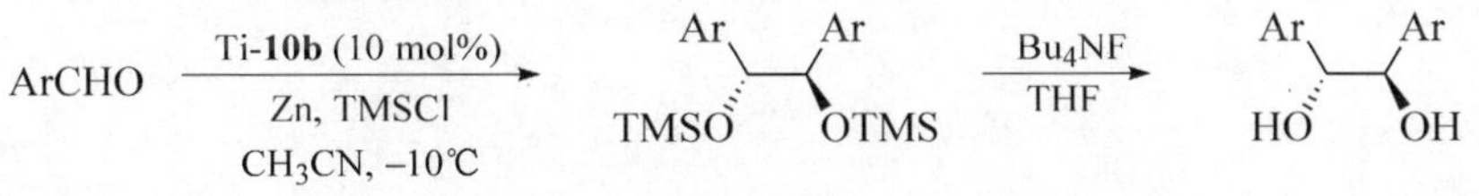

ArCHO —[Ti-**10b** (10 mol%); Zn, TMSCl; CH_3CN, −10℃]→ (TMSO, OTMS 产物) —[Bu_4NF; THF]→ (HO, OH 产物)

表 8－1　Joshi 等的反应结果

Ar	时间/h	产率/%	*dl* : *meso*	ee/%
Ph	4	94	98 : 2	95
p-甲苯基	4	84	91 : 9	96
o-甲苯基	4	75	96 : 4	82
p-AnTsyl	3	72	100 : 0	78
1-萘基	5	88	91 : 9	86
2-萘基	4	82	94 : 6	91

值得注意的是，Riant 也使用过与 **10b** 相似的 Salen 手性配合物 **9**。**9** 和 **10b** 结构上的主要差别是酚羟基的邻、对位分别有一个大体积的特丁基取代基，但即使用化学计量的 **9** 催化芳醛的不对称频哪醇偶联，产物的对映选择性仅 72% ee，比配合物 **10b** 差得多。说明酚羟基邻位有大体积取代基，反而不利于对映选择性。

由 Yamamoto 发展的具有联萘手性骨架且其 2,2′-位分别偶联一个 2-(7-特丁基-8 羟基喹啉)的手性配体 **11**(TBO_xH)，是迄今发现的用于催化不对称频哪醇偶联反应最有效的手性配体。它与铬形成的配合物 TBOxCr(Ⅲ)Cl 与共还原剂 Mn 一起组成的还原催化体系用于催化各种芳香醛的频哪醇偶联，仅用 3 mol%催化剂便获得极高非对映选择性和对映选择性的产物(表 8－2)[22]。

11 TBO*x*H ＋ $CrCl_2$ —1) 回流；2) O_2→ TBO*x*Cr(Ⅲ)Cl

ArCHO —TBO*x*HCr(Ⅲ)Cl (3 mol%)，Mn, TESCl，CH_3CN, r.t.→ —H_3O^+→ (HO, Ar, Ar, OH 邻二醇)

表 8－2　TBO_xCr(Ⅲ)Cl-Mn 催化体系对于芳香醛的频哪醇偶联反应

Ar	时间/h	产率/%	*dl*∶*meso*	ee/%
Ph	10	94	98∶2	97
o-MeC_6H_4	18	93	98∶2	98
p-MeC_6H_4	12	93	97∶3	97
m-$MeOC_6H_4$	12	92	98∶2	98
p-BrC_6H_4	10	91	97∶3	98
p-ClC_6H_4	9	94	97∶3	98
p-$CF_3C_6H_4$	20	89	92∶8	95
1-萘基	14	92	96∶4	98
2-萘基	14	88	97∶3	95

8.1.2　亚胺的频哪醇偶联

很早就发现 *N* 取代的芳香亚胺在适当的还原条件下也能偶联成邻二胺，即

$$ArCH{=}NR \xrightarrow[2)\ H_2O]{1)\ M/THF} RHN\text{-}CH(Ar)\text{-}CH(Ar)\text{-}NHR$$

Smith 等[23]报道用 Na 还原这一反应，二胺的产率达 81%～100%。Kalyanam 等[24]用 $In/NH_4Cl/H_2O$ 还原体系，Torri 等[25]用 $PbBr_2/Al/TMF$ 体系进行这一偶联反应，二胺的产率也达 62%～90%。

Mengeney 等首次引入低价过渡金属还原体系，$NbCl_4(THF)_2$，获得高非对映选择性邻二胺（*dl*：*meso*＝9：1）[26]。他们还用 RCN 与适当的还原剂 Bu_3SnH 直接偶联得到邻二胺，开创了一个全新的制备邻二胺的偶联方法。Zhang 等则用另一个低价过渡金属还原催化体系，Cp_2TiCl_2/Sm，也获得非对映选择性邻二胺（*dl*：*meso*＝3～9）[27]。Saidi 等[28]则用 $ArCH{=}NSiMe_3$ 作偶联底物，也获得高非对映选择性邻二胺产物。所不同的是占优势的产物不是 *dl* 异构体，而是 *meso* 异构体，*meso*：*dl* 最高达 97：3。这些工作都为实现催化的不对称亚胺偶联创造了条件。Kise 等[29, 30]率先用手性胺与芳醛生成的亚胺实现了底物诱导的分子内不对称亚胺偶联，反应如下

H_2N, O, $(CH_2)_n$ —— 2 ArCHO → Ar, N, $(CH_2)_n$ —— Zn, 0℃ / MeOH-THF → Ar, NH, $(CH_2)_n$

当 n＝3，Ar＝p-CH_3O-C_6H_4，立体识别效果最好，*dl*：*meso*＝97：3，ee 达 100%（*R*,*R*）。所得环状邻二胺衍生物经适当处理，可方便地获得游离的邻二胺。这为制备高光学纯度的手性邻二胺提供了一个切实可行的方法，反应如下

Ar, NH, $(CH_2)_n$ —— 1) NaOH(aq)/EtOH　2) $Pb(OAc)_4/H_2O$ → Ar, Ar, H_2N, NH_2 —— CbzCl → Ar, Ar, CbzNH, NHCbz　72%

林国强等则用 SmI_2 诱导 *N*-特丁亚磺酰化的手性芳基亚胺的自偶联反应获得极高对映体纯的 C_2 对称性邻二胺[31]。

2 (R=H, F, Cl, Br, Me, OAc, OMe) —— 2 SmI_2/THF, HMPA, −78℃ → 单一立体异构体 —— HCl/MeOH → H_2N, NH_2, R, R　ee >99%

该研究组又进一步用 SmI_2 诱导硝酮与手性 *N*-特丁亚磺酰化的芳基亚胺的交叉偶联反应，高非对映选择性获得非对称结构的邻二胺[32]。

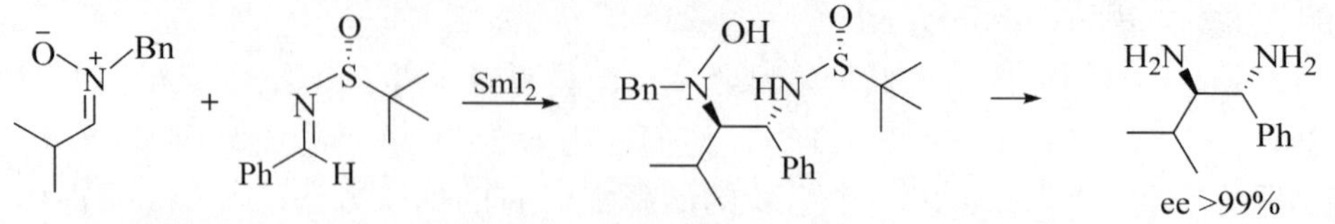

ee >99%

上述研究成果为制备高对映体纯的对称和非对称邻二胺手性配体、手性助剂和含这类结构的天然化合物提供了简便有效的方法。

由羰基化合物与亚胺之间的交叉偶联，由于可生成邻氨基醇结构，在有机合成方面有着重要的应用，已引起许多关注。理论上讲，羰基化合物与亚胺之间的交叉偶联可能生成三种化合物的混合物(羰基与羰基的偶联、亚胺与亚胺的偶联以及羰基与亚胺的偶联)。

尽管如此，已有几个小组报道成功进行了羰基化合物与亚胺之间交叉偶联[33~35]。Uemura 等[36]还报道了含二茂铁手性结构的羰基底物与亚胺之间的不对称交叉偶联，产物氨基醇的对映选择性达 92%～97%，反应为

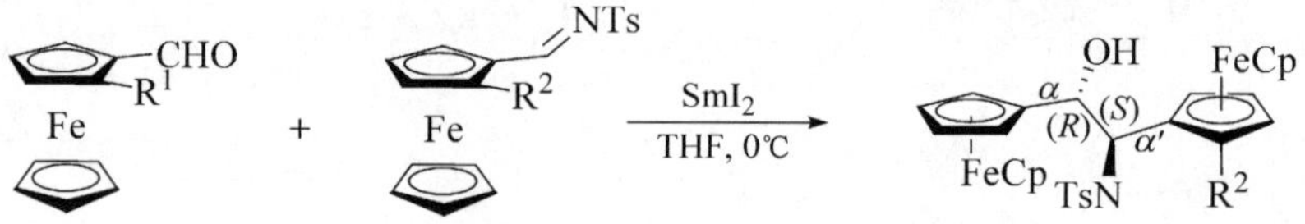

(*R*)-(+)-**12**   (*R*)-**13**   92%~97% ee

a. R^1=Me   **a**. R^2=Me

b. R^1=I   **b**. R^2=I

c. R^1=Br   **c**. R^2=Br

d. R^1=H

虽然真正过渡金属手性配合物催化的不对称亚胺偶联、亚胺与羰基化合物之间的交叉偶联至今未见报道，但随着对这些反应研究的深入，可以预期不久将有重要进展。

8.2 镍、钯催化的不对称交叉偶联

有机金属试剂(R—M)与芳基、烯基或烯丙基卤化物(R′—X)的交叉偶联反应可使两个小分子通过 C—C 键结合成结构较复杂的大分子(R—R′)，一直是有机化学家十分重视的重要合成反应。已知这一反应可被第Ⅷ族过渡金属特别是镍或钯有效催化[37]，反应为

$$\text{R—M} + \text{R}'\text{X} \xrightarrow{[\text{Ni}]或[\text{Pd}]} \text{R—R}'$$

M=Mg，Zn，Al，Zr，Sn，B，Hg，Li，Si 等

R′=aryl, alkenyl, allyl   X=Cl，Br，I，OSO_2CF_3，—O—$PO(OR)_2$ 等

对这一反应，一种普遍接受的反应机理认为，反应中催化剂的催化循环包括氧化加成、金属转移、还原消除三个步骤。首先用催化剂零价金属 $L_nM(0)$ 与卤化物 R′X 发生氧化加成，得中间体 R′-L_nM(Ⅱ)-X，接着从金属试剂 R—M 上转移一个烷基到这个中间体上，得到另一个中间体 R-L_nM(Ⅱ)-R′，最后从这个关键中间体释放出产物 R—R′(还原消除)，而留下零价金属 $L_nM(0)$，重新进入催化循环，如下图所示。

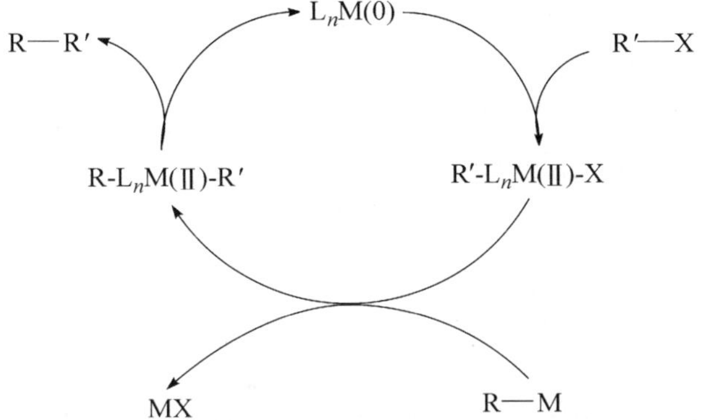

精确的历程可能不像上面描述的这么简单，但中间体 R′-L_nM(Ⅱ)-X 和 R-L_nM(Ⅱ)-R′已被检定是确实存在的[38, 39]。

可用于交叉偶联反应的金属试剂种类很多，但涉及不对称交叉偶联反应的金属试剂主要是格氏试剂或锌化物。通常用二级烃基的格氏试剂与芳基(或烯基)卤化物反应，生成含一个手性中心的偶联产物。由于 C—M 键不稳定，与镁原子直接相连的手性碳原子很容易发生外消旋化。外消旋化格氏试剂中的两个对映体之间始终存在一个动态平衡。如果不使用手性催化剂，外消旋化格氏试剂的两种对映体有同等的机会与 R′X 发生偶联反应，只能得到外消旋的偶联产物。当使用镍或钯与手性配体生成的配合物作催化剂，则对映体之一在手性催化剂影响下优先发生偶联反应，生成对映体之一富集的光活性产物。反应较慢而留下的另一种对映体格氏试剂迅速发生外消旋化，由于外消旋化速度比偶联反应速度快，反应体系中，格氏试剂的两种对映体始终保持接近等量，偶联产物的 ee 自始至终保持不变，直至一格氏试剂完全消耗完，反应为

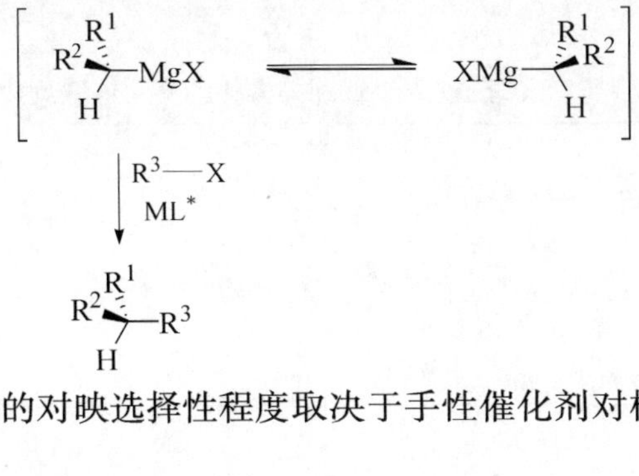

$$\left[R^1R^2CH\text{—MgX} \rightleftharpoons \text{XMg—}CHR^1R^2 \right] \xrightarrow[ML^*]{R^3\text{—X}} R^1R^2CH\text{—}R^3$$

因此，偶联产物的对映选择性程度取决于手性催化剂对格氏试剂两种对映体

偶联反应速度影响的差别，实际上是格氏试剂的动力学拆分。

Consiglio 等最先于 1973 年报道了格氏试剂的不对称交叉偶联[40]，用一种双膦手性配体(—)-DIOP **14**，与镍的配合物催化 1-苯基乙基氯化镁与氯乙烯的偶联反应。

Ph(Me)CH—MgCl + Cl—CH=CH₂ —(**14**/$NiCl_2$)→ Ph(Me)CH—CH=CH₂ (8-1)

13% ee(*R*)

此后，又有多种不同结构的双膦手性配体，如(*S*)-prophos **15**、*S*-naphos **16**、norphos **17** 等，被用于类似的偶联反应[41, 42]。但除了 norphos 获得较高的对映选择性(63% ee)外，其他几种双膦手性配体的对映选择性都不高(ee <17%)。

(–)-DIOP **14**　(*S*)-prophos **15**　(*S*)-naphos **16**　norphos **17**

Kumada 与 Hayashi 等从 1976～1982 年间相继合成一系列二茂铁膦配体与镍或钯的配合物，用于催化反应[式(8-2)]，产物的 ee 有明显提高(表 8-3)[43, 44]。

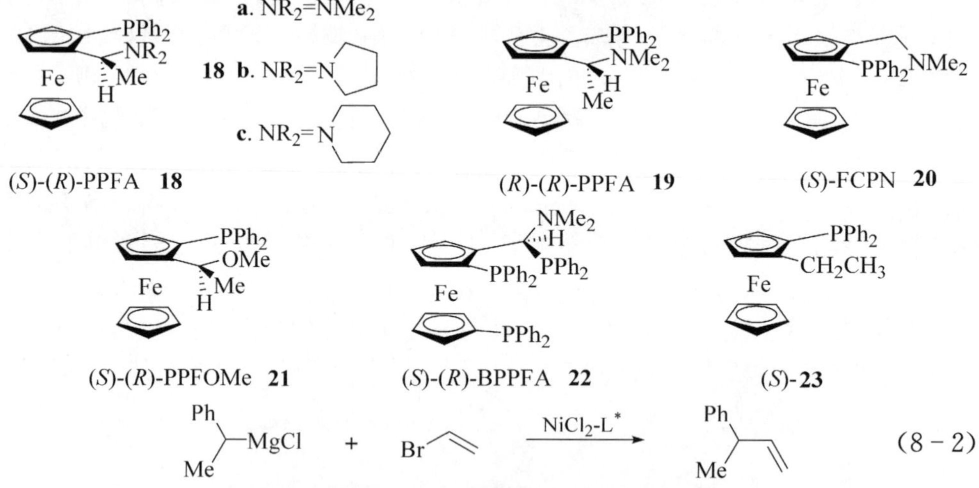

表 8-3　二茂铁类手性配体催化的交叉偶联反应

序号	L*	产率/%	ee/%	构型
1	(*S*)-(*R*)-PPFA **18a**	>95	68	*R*
2	(*S*)-(*R*)-PPFA **18b**	>95	62	*R*
3	(*S*)-(*R*)-PPFA **18c**	43	42	*S*
4	(*R*)-(*R*)-PPFA **19**	>95	54	*R*
5	(*S*)-FCPN **20**	>95	65	*S*

续表

序号	L*	产率/%	ee/%	构型
6	(*S*)-(*R*)-PPFOMe **21**	95	57	*R*
7	(*S*)-(*R*)-BPPFA **22**	93	65	*R*
8	(*R*)-PPEF **23**	86	5	*S*

从表 8－3 所列数据可以看出：①二茂铁的平面手征性对反应产物的对映选择性起决定作用，而侧链手性碳的手征性影响较小。配体 **18a** 和 **19**，侧链手性碳的构型相反，但产物的构型却相同(它们的二茂铁平面手征性相同)。**20** 侧链上没有手性碳，但产物的 ee 与 **18a**、**19** 相近。②侧链氮原子上的取代基结构对反应产物 ee 有显著影响(比较 **18a**～**c** 的数据)。③除了茂环上的 PPh_2 取代基，侧链上含有第二个配位基如 NR_2(**18a**、**18b**、**19**、**20**)或 OMe(**21**)等，对获得高的对映选择性至关重要，当侧链上不含这些配位基时，不对称诱导作用急剧下降(**23**)。偶联产物的光学纯度和构型可能主要决定于烃基从格氏试剂转移到金属催化剂上的金属转移步骤，从二茂铁膦手性配体侧链含有 NR_2 或 OMe 能产生高的反应对映选择性这一事实，化学家们推测可能存在一个如下的非对映异构的过渡态。

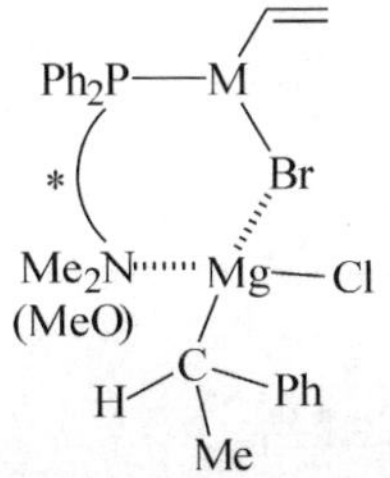

当格氏试剂靠近金属催化剂与溴乙烯的加成中间体时，二甲氨基先与镁原子配位。由于氨基膦手性配体手征性的影响，这种配位是对映选择性的，即氮原子优先与外消旋格氏试剂对映体之一的镁原子配位，使接下来的金属转移步骤容易进行，并就近与乙烯基偶联，生成光活性产物。

Brubaker 等用 SR 配位基代替 PPh_2，合成一系列含硫二茂铁手性配体 **24** 和 **25**[45]，用于催化烯丙基格氏试剂与 1-苯基-氯乙烷的偶联反应，但对映选择性远不如氨基膦二茂铁(21%～28% ee)。

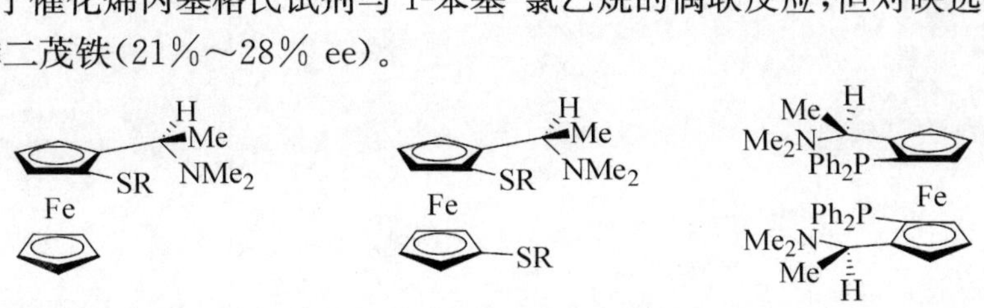

24　　**25**　　**26**

最有效的二茂铁类手性配体来自 Hayashi 等合成的一种 C_2 对称性的二膦、二氨基二茂铁手性配体 **26**[46]，用它催化反应(8－2)，获得 ee 高达 93%的偶联产物。

鉴于氨基膦手性配体在不对称交叉偶联反应中的良好表现，Hayashi 等又从 α-氨基酸出发，相继合成了一系列 β-氨基膦手性配体 **27a**～**g**、**28**[47, 48]。

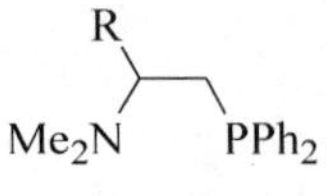

27: R-CH(NMe$_2$)-CH$_2$PPh$_2$

a. R=Me (*S*)-alaphos
b. R=*i*-Bu (*S*)-leuphos
c. R=Ph (*R*)-glyphos
d. R=CH$_2$Ph (*S*)-phephos
e. R=*sec*-Bu (*S*)-ileuphos
f. R=*i*-Pr (*S*)-valphos
g. R=*t*-Bu (*R*)-*t*-leuphos

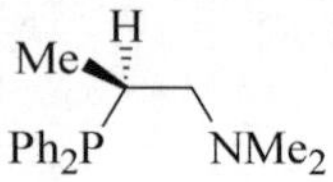

28: Me, H, Ph$_2$P, NMe$_2$

这些 β-氨基膦手性配体与 $NiCl_2$ 的配合物用于催化反应[式(8－2)]，结果见表 8－4。

表 8－4 β-氨基膦类手性配体催化的不对称交叉偶联反应

配体	产率/%	ee/%	构型
(*S*)-**27a**	>95	38	*S*
(*S*)-**27b**	>95	57	*S*
(*R*)-**27c**	>95	70	*R*
(*S*)-**27d**	>95	71	*S*
(*S*)-**27e**	>95	81	*S*
(*S*)-**27f**	>95	81	*S*
(*R*)-**27g**	>95	83(94[1)])	*R*
(*S*)-**28**	>95	7(25[1)])	*S*

1）由所用配体的光学纯度校正了的数据。

由表 8－4 列数据可以看出：这些 β-氨基膦手性配体比二茂铁膦配体更有效，且制备简单。这些配体具有如下特点：①与手性碳原子直接相连的 R 基团体积越大，产物的对映选择性也越高。②手性碳与二甲氨基相连的手性配体比与二苯膦相连的配体更有效(**27a**：**28**)。

Kellogg 等从甲硫氨酸出发合成一系列侧链 R 上含有甲硫基的 β-氨基膦手性配体 **29a**～**c**。这些手性配体与 $NiCl_2$ 的配合物用于催化反应(8－2)，发现侧链的长度对产物 ee 有很大影响[49]。

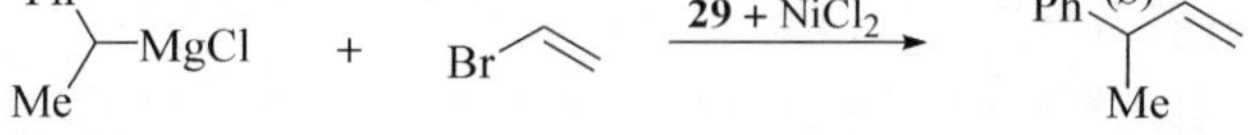

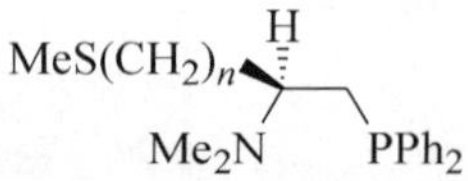

PhCH(Me)MgCl + Br-CH=CH$_2$ —(**29** + $NiCl_2$)→ PhCH(Me)-CH=CH$_2$ (*S*)

MeS(CH$_2$)$_n$-CH(NMe$_2$)-CH$_2$PPh$_2$ (**29**)

29 **a**. *n*=1 38% ee
b. *n*=2 65% ee
c. *n*=3 88% ee

Kellogg 等在解释这些研究结果时认为侧链上的硫原子在反应的过渡态与格氏试剂上的镁原子配位，参与了立体识别作用，因而显著地影响了产物的对映选择性。**29c** 中侧链的长度使它能弯折过来，让甲硫基在反应的过渡态与格氏试剂的镁原子有效地配位，故对映选择性最高；**29b** 和 **29a** 中随着侧链变短，甲硫基与镁原子配位形成环状过渡态的张力增大，配位作用渐弱，产物的 ee 依次下降。也就是说，手性配体除用两个配位基团与催化剂的中心金属离子形成螯合物外，如果分子的适当位置上还存在第三作用基团，可在反应的过渡态与底物或试剂作用，参与立体调控，便可有效提高反应的对映选择性的思想，对设计新的、更有效的手性催化剂配体有重要的参考价值。

已报道过的用于不对称交叉偶联反应的手性配体，最有效的当属氨基膦类手性配体。此外，分子中同时存在二苯膦基(PPh_2)和烷氧基(OR)的所谓“氧膦类”手性配体也很受关注。在介绍二茂铁类手性配体时，已经看到当(S)-(R)-PPEA 中的二甲氨基用甲氧基代替[(S)-(R)-PPEOMe]，其对映选择性很相近。这说明，氧膦类手性配体同样是很有效的。鉴于氧膦类手性配体更易合成，研制新的氧膦类手性配体引起广泛的兴趣。Brunner 等先后合成了一系列“氧膦类”手性配体 **30**～**33** 等[50]，这些手性配体与 $NiCl_2$ 的配合物用于催化反应(8-2)。

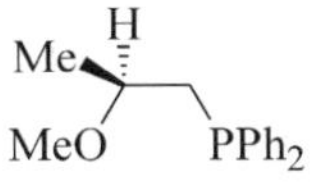

30 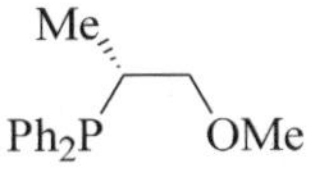　**31** 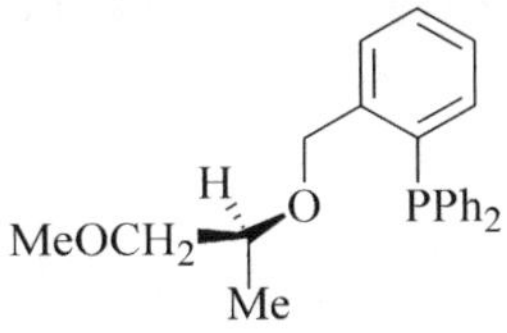　**32** 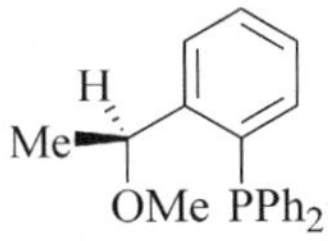　**33**

其中配体 **31** 的对映选择性高达 69% ee(R)，**32** 的 ee 也达 48%(S)。

Uemura 和 Hayashi 等合成另一结构新颖的含三羰基铬的手性配体 **34** 与 $NiCl_2$ 的配合物用于催化反应(8-2)，ee 也取得 61%的好结果[51]。此外，还有许多结构各异的手性配体如 **35**～**37** 等[52~54]，被相继合成并用于评价在不对称交叉偶联反应中的对映识别效果，但效果均不如前述几类氨基膦类手性配体。

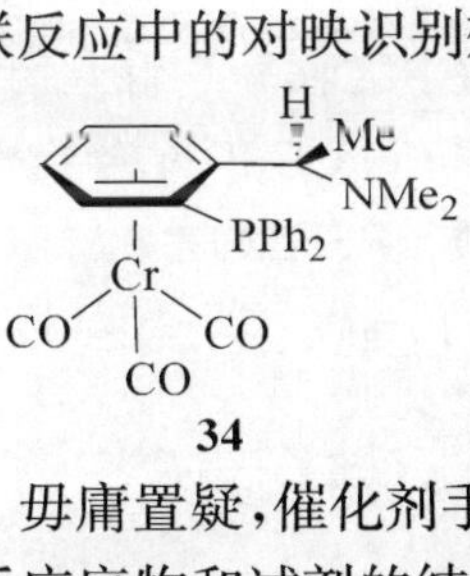

34 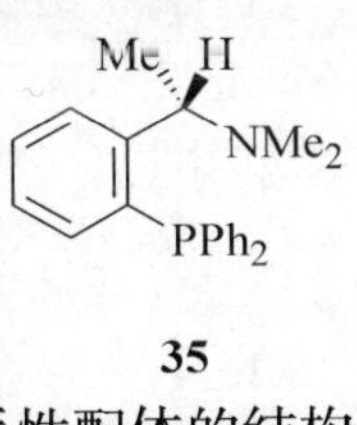　**35** 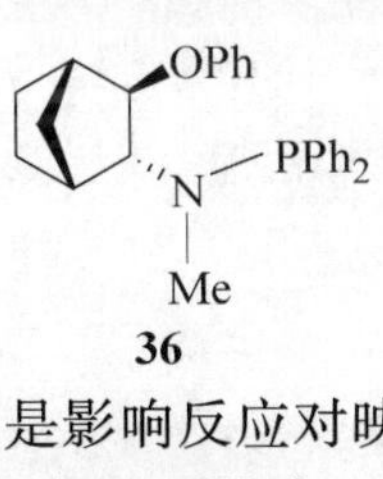　**36** 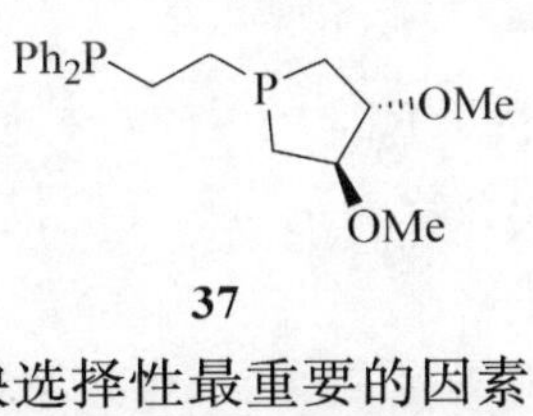　**37**

毋庸置疑，催化剂手性配体的结构，是影响反应对映选择性最重要的因素，此外反应底物和试剂的结构对产物的 ee 也有重要影响。前面比较各种不同结构的手性配体的效能时，都是用 1-苯乙基氯化镁与溴乙烯反应。Consiglio 等[55]曾考察了手性中心不含芳基的格氏试剂与卤苯(或卤乙烯)的偶联反应，即

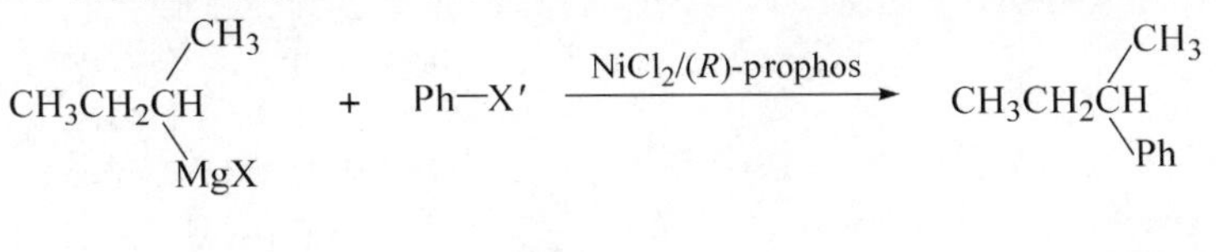

$$CH_3CH_2CH(CH_3)MgX + Ph{-}X' \xrightarrow{NiCl_2/(R)\text{-prophos}} CH_3CH_2CH(CH_3)Ph \qquad (8-3)$$

反应的对映选择性都较低(ee<44%),可能是因为这类格氏试剂的外消旋化速度较慢,因而反应的对映选择性较差。值得注意的是,这类反应产物的 ee 既与格氏试剂中的卤原子种类有关,也与卤化物中卤原子种类有关。当两种卤原子都为溴原子时,产物的 ee 最高(44%)。

效果最好的不对称交叉偶联底物是手性碳上连有三烷基硅基的格氏试剂与烯基卤的偶联反应,产物的对映选择性都很高[56, 57],反应如下

$$Me_3Si(Ph)CH{-}MgBr + BrCH{=}CR^1R^2 \xrightarrow[(R)\text{-}(S)\text{-PPFA}]{PdCl_2} Me_3Si(Ph)CH{-}CH{=}CR^1R^2 \quad (8-4)$$

$R^1=R^2=H$ 95% ee ; $R^1=Me, R^2=H$ 85% ee ; $R^1=Ph, R^2=H$ 95% ee

$$Et_3Si(Me)CH{-}MgBr + BrCH{=}CHPh \xrightarrow[(R)\text{-}(S)\text{-PPFA}]{PdCl_2} Et_3Si(Me)CH{-}CH{=}CHPh \quad (8-5)$$

93% ee

卤化炔与这类格氏试剂也成功实现偶联,尽管产物的 ee 不高[58],如

$$Me_3Si(Ph)CH{-}MgBr + Br{-}C{\equiv}C{-}Ph \xrightarrow[(R)\text{-}(S)\text{-PPFA}]{PdCl_2} Ph{-}C{\equiv}C{-}CH(SiMe_3)Ph \quad (8-6)$$

18% ee

格氏试剂和卤代丙二烯的不对称交叉偶联可用于合成丙二烯类手性轴化合物[59],如

$$PhZnCl + BrCH{=}C{=}CH\mathit{t}\text{-}Bu \xrightarrow[(-)\text{-DIOP}]{PdCl_2} PhCH{=}C{=}CH\mathit{t}\text{-}Bu \quad (8-7)$$

19%~26% ee

Tamao 等最先将不对称交叉偶联尝试用于合成联萘衍生物轴型手性化合物,但用(−)-DIOP **14**、(*S*)-(*R*)-BPPFA**22** 和(*S*)-naphos **16** 与 $NiCl_2$ 的配合物作催化剂时,反应的对映选择性都很差。但 Hayashi 用(*S*)-(*R*)-PPFOMe **21** 与 $NiCl_2$ 的配合物催化同一反应,却获得很高的对映选择性[60, 61],反应如下

$$\text{2-Me-1-naphthyl-MgBr} + \text{1-Br-2-Me-naphthalene} \xrightarrow[L^*]{NiCl_2} \text{2,2'-dimethyl-1,1'-binaphthyl} \quad (8-8)$$

L^*	ee
(−)-DIOP	2% ee
(*S*)-(*R*)-BPPFA	5% ee
(*S*)-NAPHOS	13% ee
(*S*)-(*R*)-PPFOMe	95% ee

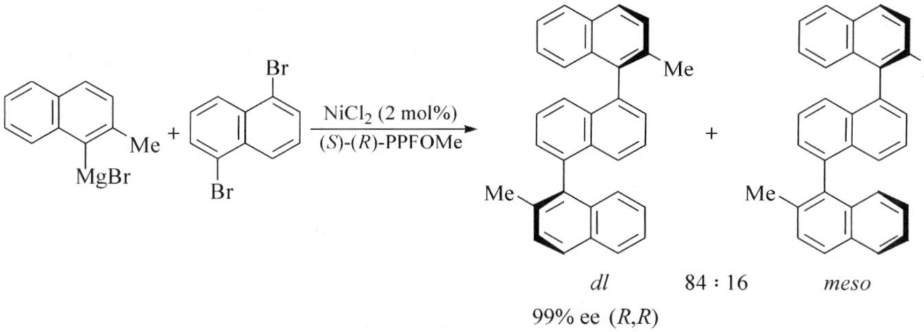

Br
Me
MgBr
Br
$NiCl_2$ (2 mol%)
(S)-(R)-PPFOMe
Me
Me
Me
Me
dl
84 : 16
meso
99% ee (R,R)

(8－9)

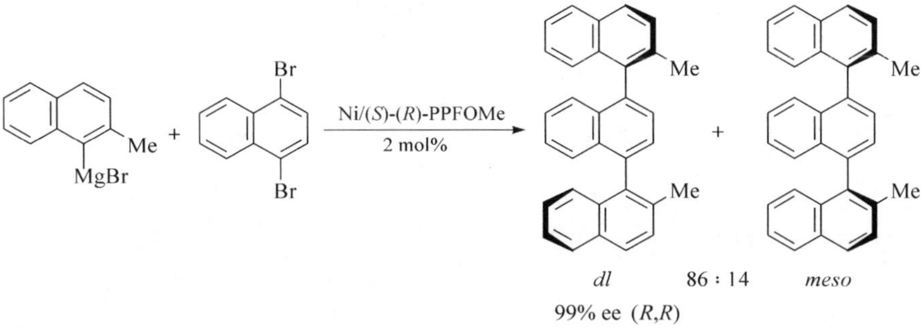

Br
Me
MgBr
Br
Ni/(S)-(R)-PPFOMe
2 mol%
Me
Me
Me
Me
dl
86 : 14
meso
99% ee (R,R)

(8－10)

对称的双三氟乙酰氧基联芳基化合物，在手性催化剂 Pd/(*S*)-phephos **27d** 作用下与苯基溴化镁格氏试剂的不对称交叉偶联也获得高对映选择性，生成单苯基取代轴型手性化合物[62, 63]，即

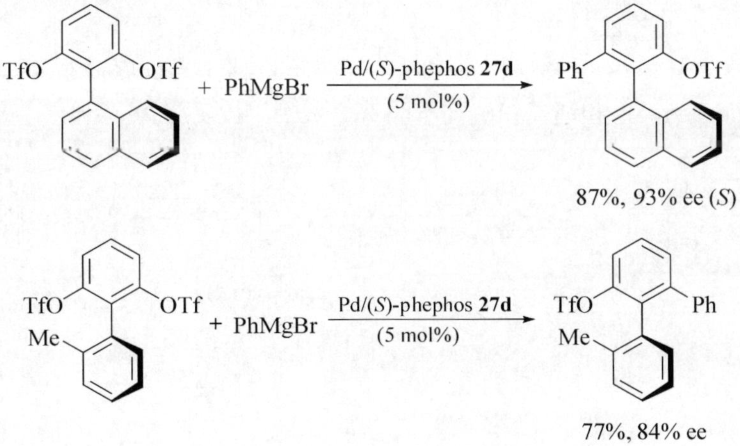

TfO
OTf
+ PhMgBr
Pd/(S)-phephos 27d
(5 mol%)
Ph
OTf
87%, 93% ee (S)
TfO
OTf
Me
+ PhMgBr
Pd/(S)-phephos 27d
(5 mol%)
TfO
Ph
Me
77%, 84% ee

若用 Pd/(*S*)-alaphos **27a** 为催化剂，对映选择性甚至更高[64]，即

TfO, OTf (biaryl naphthyl) + $Ph_3SiC\equiv CMgBr$ —Pd/(S)-alaphos **27a**, 5 mol%→ Ph_3Si, OTf

88%, 92% ee

TfO, OTf, Ph + $Ph_3SiC\equiv CMgBr$ —Pd/(S)-alaphos **27a**, 5 mol%→ TfO, Ph, $SiPh_3$

88%, 99% ee

此外,金属试剂的金属原子对反应的对映选择性也有影响。已经发现,用有机锌化物代替格氏试剂,常常可明显提高反应的对映选择性[65]。例如

Ph—CH(CH_3)—ZnCl + Br—CH=CH$_2$ —Pd/(R)-(S)-PPFA→ H_3C—C*H(Ph)—CH=CH$_2$

85% ee(S)

而用 Ph—CH(CH_3)—MgCl 进行同一反应,产物的 ee 仅 68%。

除了格氏试剂和锌化物,还有许多金属化合物如有机铝、有机锡、有机硼等在镍或钯的催化下,也可进行交叉偶联反应,尤其是有机锡和有机硼化物,由于这两种金属试剂的反应条件温和,对空气中的氧和湿气不敏感等优点,正受到越来越多的关注。

1-(4-取代苯基)乙基格氏试剂与溴乙烯的不对称交叉偶联已被用于抗肿瘤剂(R)-(—)-curcumene 和消炎镇痛药布洛芬合成[48, 66],反应为

Me—C$_6$H$_4$—CH(Me)MgCl + Br—CH=CH$_2$ —NiCl$_2$, (S)-(R)-PPFA **18a**, 90%→ 66% ee (R) → → (R)-(−)-curcumene(姜黄烯)

(iBu)—C$_6$H$_4$—CH(Me)MgCl + Br—CH=CH$_2$ —NiCl$_2$, (R)-t-leuphos **27g**, 94%→ 83% ee → → (S)-ibuprofen(布洛芬)

具有抗疟和抗艾滋病活性的光活性联萘衍生物(R)-O,O-dimethylkorupensamine A 也已成功地用底物诱导的不对称交叉偶联合成[67]。

5 mol% $Pd(PPh_3)_4$, Na_2CO_3-MeOH(aq.), 90%

100% ee (*S*)

(*R*)-*O*,*O*-dimethylkorupensamine A

参 考 文 献

1 McMurry J E. Chem. Rev.，1989，89：513

2 Robertson G M. Comprehensive Organic Synthesis，Pergamon，Oxford，1991，Vol. 3：365

3 a) Nicolaou K C，Yang Z et al. J. Chem. Soc. Chem. Commun.，1993，1024

b) Nicolaou K C，Yang Z. Nature，1994，367：630

4 a) Kammermeier B，Beck G et al. Chem. Eur. J.，1996，2：307

b) Kammermeier B，Beck G. Angew. Chem. Int. Ed. Engl.，1994，33：685

5 a) Guidot J P，Mioskowsk C et al. Tetrahedron Lett.，1994，35：6671

b) Swindell C S，Fan W，Kimko P G. Tetrahedron Lett.，1994，35：4959

6 a) Nicolaou K C，Liu，J-J，Yang Z et al. J. Am. Chem. Soc.，1995，117：634

b) Shiina I，Mukaiyama T et al. Chem. Lett. 1997，419

7 Dieter L. Chem. Rev.，1989，89：883

8 Mukaiyama T，Sato T，Hanna J. Chem. Lett. 1973，1041

9 a) Li T-Y，Cui W，Liu J-G，Zhao J-Z，Wang Z-M. Chem. Commun.，2000，139

b) Tsuritani T，Oshima K et al. J. Org. Chem.，2000，65：5066

10 Mukaiyama T，Yoshimura N et al. Tetrahedron，2001，57：2499

11 Clerici A，Clerici L，Porta O. Tetrehedron Lett.，1996，37：3035

12 David S H，Gregorg C F. J. Am. Chem. Soc.，1995，117：7283

13 a) Yanada R，Negoro N. Tetrahedron Lett.，1997，38：3271

b) Aspinall H C，Greeves N，Valla C. Org. Lett.，2005，7：1919

14 Bandini M，Giorgio P et al. Tetrahedron Lett.，1999，40：1997

15 Matsubara S，Hashimoto Y et al. Synlett，1999，9：1411

16 Hanshimoto Y, Mizuno U, Matsubara S et al. J. Am. Chem. Soc., 2001, 123: 1503

17 Enders D, Ullrich E C. Tetrahedron: Asymmetry, 2000, 11: 3861

18 Li Y-G, Jiang, C-S, You T-P et al. Chin. J. Chem., 2003, 21: 1369

19 Dunlap S M, Nicholas K M. J. Organomet. Chem., 2001, 630: 125

20 Bensari A, Renaud J L, Riant O. Org. Lett., 2001, 3: 3863

21 Chatterjee A, Benur T H, Joshi N N. J. Org. Chem., 2003, 68: 5668

22 Takenaka N, Xia G-Y, Yamamoto H. J. Am. Chem. Soc., 2004, 126: 13198

23 Smith J G, Ho I. J. Org. Chem., 1972, 37: 653

24 Kalyanam N, Rao G V. Tetrahedron Lett., 1993, 34: 1647

25 Tanaka H, Dhimane H, Torri S. Tetrahedron Lett., 1988, 29: 3811

26 Mangeney P, Tejero T, Alexaki A. Synthesis, 1988, 255

27 Liao P-H, Huang Y, Zhang Y-M. Synth. Commun., 1997, 27: 1483

28 Mojtahedi M M, Saidi M R et al. Synth. Commun., 2001, 31: 3587

29 Shono T, Kise N, Oike H et al. Tetrahedron Lett., 1992, 33: 5559

30 Kise N, Shono T et al. J. Org. Chem., 1995, 60: 3980

31 Zhong Y-W, Izumi K, Xu M-H, Lin G-Q. Org. Lett., 2004, 6: 4747

32 Zhong Y-W, Xu M-H, Lin G-Q. Org. Lett., 2004, 6: 3953

33 a) Roskamp E J, Pedersen S F. J. Am. Chem. Soc., 1987, 109: 6551
b) Imamoto S, Nishimura S. Chem. Lett., 1990, 1141

34 a) Shono T, Kise N, Fujimoto T. Tetrahedron Lett., 1991, 32: 525
b) Shono T, Kise N, Kunimi N. Chem. Lett., 1991, 2191

35 a) Hanamoto T, Inanaga T. Tetrahedron Lett., 1991, 32: 3555
b) Machrouhi T, Namy J-L. Tetrahedron Lett., 1999, 40: 1315

36 Taniguchi N, Uemura M. J. Am. Chem. Soc., 2000, 122: 8301

37 a) Kumada M. Pure Appl. Chem., 1980, 52: 669
b) Negishi E I. Acc. Chem. Res., 1982, 15: 340
c) Jolly P W. In Comprehensive Organometallic Chemistry, Academic: New York, 1982, Vol. 8: 799
d) Hayashi T. J. Organomet. Chem., 2002 653: 41

38 a) Kochi J K. Organometallic Mechanisms and Catalysis, Academic: New York, 1978
b) Heck R F. Palladium Reagents in Organic Synthesis, Academic: New York, 1985
c) Tamao K. In: Comprehensive Organic Synthesis, Vol. 3. Eds: Trost B M, Fleming I. New York: Pergamon, 1991, 435

39 Aliprants A O, Canary J W. J. Am. Chem. Soc., 1994, 116: 6985

40 Consiglio G, Botteghi C. Helv. Chim. Acta, 1973, 56: 460

41 Kiso Y, Tamao K, Kumada M et al. Tetrahedron Lett., 1974, 15: 3

42 Tamao K, Yamamoto H, Kumada M et al. Tetrahedron Lett., 1977, 18: 1389

43 Hayashi T, Tajika M, Kumada M et al. J. Am. Chem. Soc., 1976, 98: 3718

44 Hayashi T, Konishi M, Kumada M et al. J. Am. Chem. Soc., 1982, 104: 180

45 Naiini A A, Cai C-K, Brubaker C H. et al. J. Organomet. Chem., 1990, 390: 73

46 Hayashi T, Yamamoto A, Ito Y et al. J. Chem. Soc. Chem. Commun., 1989, 495

47 Hayashi T, Fukushima M, Kumada M et al. Tetrahedron Lett., 1980, 21: 79

48 Hayashi T, Konishi M, Kumada M et al. J. Org. Chem., 1983, 48: 2195

49 a) Viresema B K, Kellogg R M. Tetrahedron Lett., 1986, 27: 2049
b) Griffin J H, Kellogg R M. J. Org. Chem., 1985, 50: 3261

50 Terfort A, Brunner H. J. Chem. Soc. Perkin Trans. I, 1996, 1467

51 Uemura M, Miyake R, Matsumoto Y et al. Tetrahedron: Asymmetry, 1992, 3: 213

52 Dobler C, Kiritirag A. J. Organomet. Chem., 1991, 401: C23

53 Dobler C, Kereuzfeld H-J. J. Organomet. Chem., 1988, 344: 249

54 Brunner H, Limmer S. J. Organomet. Chem., 1991, 413: 55

55 Consiglio G, Piccolo O, Morandini F J. Organomet. Chem., 1979, 177: C13

56 Hayashi T, Konishi M, Kumada M et al. J. Am. Chem. Soc., 1982, 104: 4962

57 Morrison J D. Asymmetric Synthesis, Vol. 5, 1985, PP359

58 Hayashi T, Kanehira K, Kumada M. Tetrahedron Lett., 1983, 24: 807

59 a) Graaf W D, Boersima J, Koten G V. J. Organomet. Chem., 1989, 378: 115
b) Tamao K, Minato A, Kumada M et al. Chem. Lett., 1975, 133

60 Hayashi T, Hayashizaki K, Kiyoi T, Ito Y. J. Am. Chem. Soc., 1988, 110: 8153

61 Hayashi T, Hayashizaki K, Ito Y. Tetrahedron Lett., 1989, 30: 215

62 Gamaz P, Ariente C, Cazes B. Tetrahedron, 1998, 54: 14825

63 Hayashi T, Niizuma S, Kamikawa T. J. Am. Chem. Soc., 1995, 117: 9101

64 Kamikawa T, Hagihara T. Tetrahedron, 1999, 55: 3455

65 Hayashi T, Hagihara T, Kumada M et al. Bull. Chem. Soc. Jpn., 1983, 56: 363

66 Tamao K, Hayashi T, Matsumoto H et al. Tetrahedron Lett., 1979, 23: 2155

67 Watanabe T, Uemura M. Chem. Commun., 1998, 871

第 9 章　不对称环丙烷化

许多有重要生物活性的天然化合物和药物含有手性环丙烷结构，如重要的 β-内酰胺类抗生素 imipenem 的脱氢肽水解酶抑制剂西司他丁（cilastatin）Ⅰ[1]；新一代高效低毒农药拟除虫菊酯（permethrin）Ⅱ[2]、高血压蛋白原酶抑制剂Ⅲ[3]、具有抗癌活性的分子 curacin A Ⅳ[4]，结构式如图 9－1 所示。

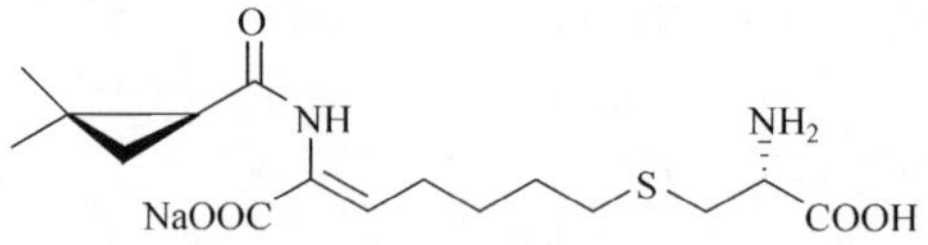

cilastain Ⅰ 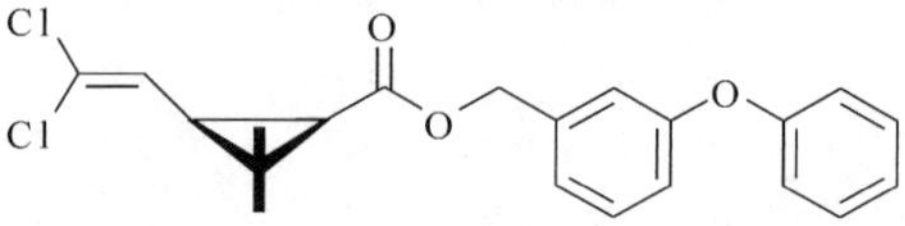　　permethrin Ⅱ

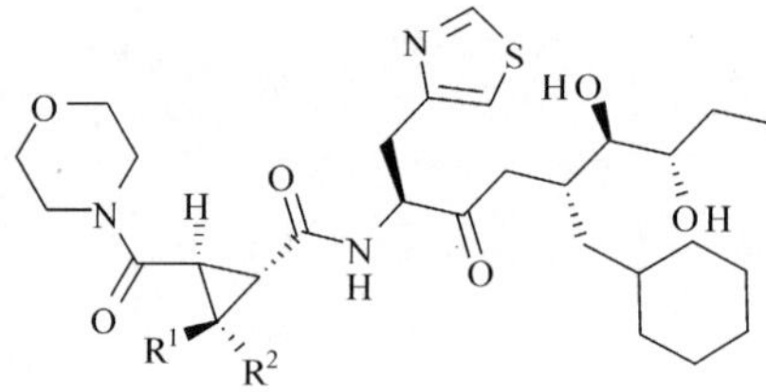

Ⅲ 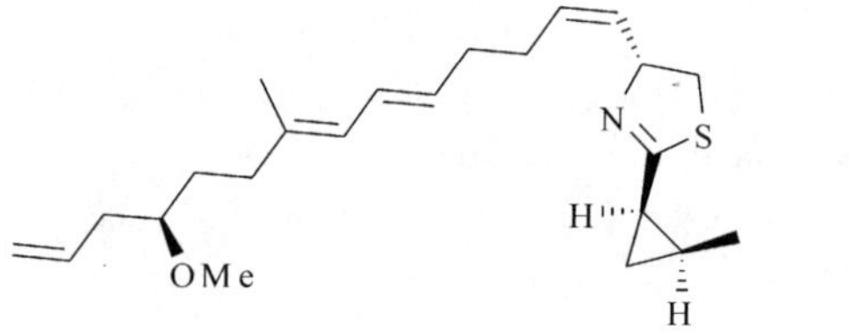　　curacin A Ⅳ

图 9－1　几种含手性环丙烷结构的药物或生物活性化合物

近年来，在许多海洋生物中又发现了一些具有环丙烷结构的活性分子，因此用不对称合成方法制备含手性环丙烷结构的化合物，引起了人们的极大关注[5~8]。

9.1　过渡金属催化的重氮酯与烯烃的环丙烷化

制备环丙烷化合物最常用的方法是金属催化的重氮乙酸酯与烯烃的环加成反应，即

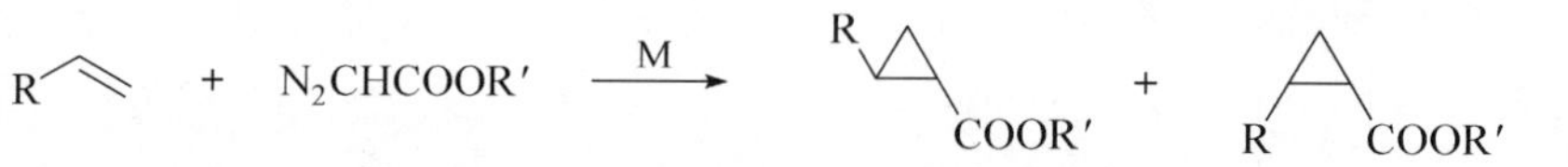

$$R\text{-CH=CH}_2 + N_2CHCOOR' \xrightarrow{M} \text{(R, COOR')-环丙烷} + \text{(R, COOR')-环丙烷}$$

这个反应本质上是重氮基分解后的卡宾对烯烃的加成反应。已知多种过渡金属 Cu、Rh、Ru、Co 等是这一反应的有效催化剂，将这些过渡金属与适当的手性配体配合，就能够有效控制环丙烷化产物的立体化学。其中铜络合物是最常用的不对称环丙烷化催化剂。近十年来，Rh 络合物催化的不对称环丙烷化也有不少成功

的报道。

9.1.1 铜催化的不对称环丙烷化

1. 铜催化的不对称环丙烷化反应

Nozaki 等 1966 年首次报道了用手性胺与水杨醛生成的席夫碱-铜(Ⅱ)络合物 **1** 催化苯乙烯与重氮乙酸乙酯的不对称环丙烷化反应（asymmetric cyclopropanation）[9, 10]，虽然对映选择性很低(ee<10%)，但却开创了催化的不对称反应的先河。

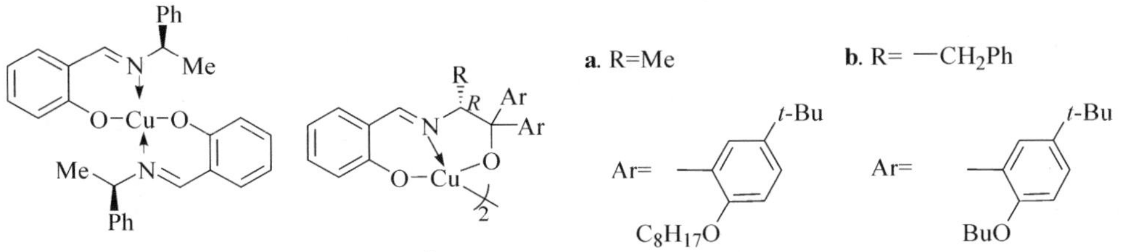

a. R=Me　**b.** R= —CH_2Ph

Ar= (t-Bu, $C_8H_{17}O$)　Ar= (t-Bu, BuO)

1　**2**

随后 Aratani 等优化了手性席夫碱的结构，用一系列手性 β-氨基酸与水杨醛缩合成席夫碱并与铜络合成新的催化剂，使对映选择性得到大幅度提高[11~14]。通过对这些新络合物的筛选，发现其中 **2** 的催化效果最好(图 9-2)。

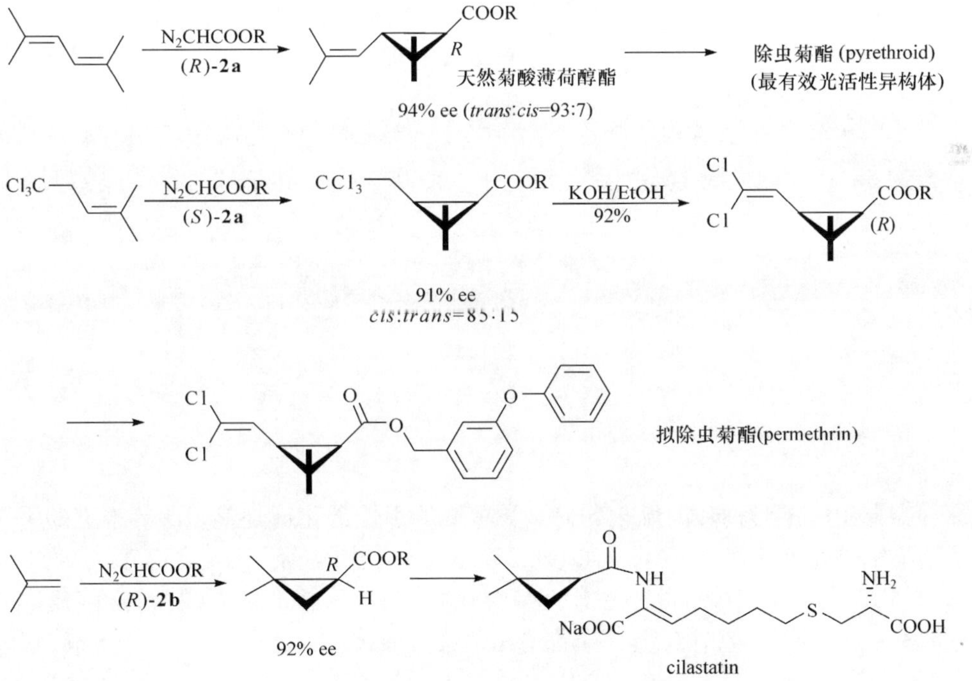

$N_2CHCOOR$, (R)-**2a** → 天然菊酸薄荷醇酯 94% ee (trans:cis=93:7) → 除虫菊酯 (pyrethroid)(最有效光活性异构体)

Cl_3C … $N_2CHCOOR$, (S)-**2a** → 91% ee cis:trans=85:15 → KOH/EtOH 92% → (R)

→ 拟除虫菊酯(permethrin)

$N_2CHCOOR$, (R)-**2b** → 92% ee → cilastatin

图 9-2 配体 **2** 与铜的配合物催化的几种烯烃的不对称环丙烷化

用(*R*)-**2a** 催化 2,5-二甲基-2,4-己二烯与 L-重氮乙酸薄荷醇酯的环丙烷化反应,生成反应式为主的天然菊酸薄荷醇酯,一种合成除虫菊酯(pyrethroid)最有效的光活性异构体的关键中间体,对映选择性达 94% ee[12,14]。而用(*S*)-**2a** 催化 5,5,5-三氯-2-甲基-2-戊烯与 L-重氮乙酸薄荷醇酯的环丙烷化,则生成顺式为主的环丙烷羧酸,对映选择性也达 91% ee[14],由这种光活性 3-(2,2-二氯乙烯基)-2,2-二甲基-环丙烷羧酸合成的拟除虫菊酯杀虫活性强,而对哺乳动物的毒性则较小。用(*R*)-**2b** 催化的 2-甲基-1-丙烯与氯乙酸乙酯的反应生成(*S*)-2,2-二甲基环丙烷甲酸乙酯,光学纯度达 92% ee, 是制备 cilastatin 的关键手性中间体,这一反应已实现工业规模的生产[14]。

我国学者陈惠林报道的席夫碱-铜催化剂 **3** 用于催化苯乙烯与 L-重氮乙酸薄荷醇酯的环丙烷化,也获得很好的对映选择性,产物 ee 最高达 98%[15]。本室最近合成的一系列含两个手性中心的席夫碱-铜配合物 **4a**~**e**,当连到两个手性中心上的大基团处于同侧时,也具有很高的对映识别能力。其中 **4b** 用于催化 1,1-二苯乙烯与重氮乙酸乙酯的环丙烷化,产物的对映选择性 ee 达 98.6%[16]。

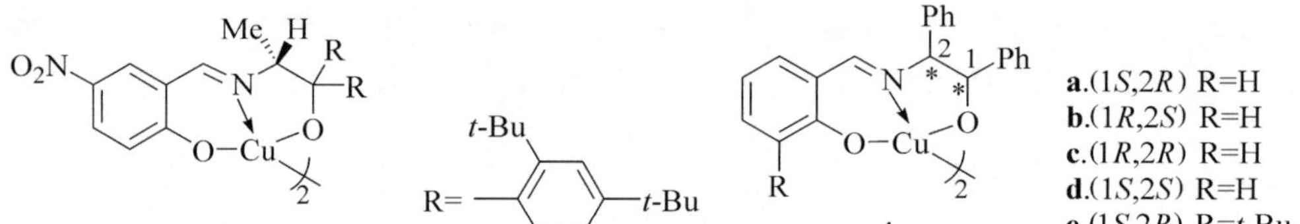

3　　**4**

a.(1*S*,2*R*) R=H
b.(1*R*,2*S*) R=H
c.(1*R*,2*R*) R=H
d.(1*S*,2*S*) R=H
e.(1*S*,2*R*) R=*t*-Bu

有意思的是,Cai 等报道的一个席夫碱类双核铜络合物 **5b**,比其相应的单核铜络合物 **5a**,在相同底物的环丙烷化反应中的对映选择性更好[17]。结构式如下

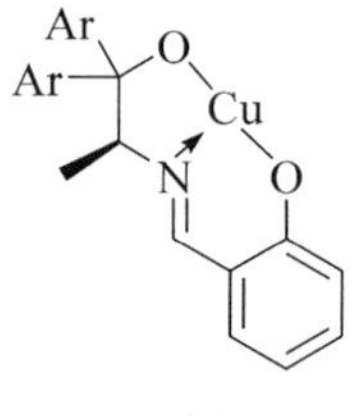

5a 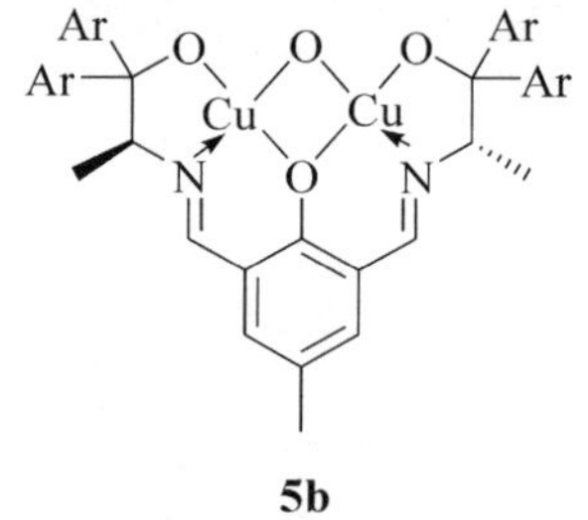　　**5b**

铜催化的不对称环丙烷化的另一类重要的手性催化剂是 Pfaltz 等报道的手性半咕啉铜催化剂 **6** 和 **7**,在催化重氮乙酸酯与单取代烯烃如苯乙烯、丁二烯、1-庚烯、4-甲基-1,3-戊二烯等的不对称环丙烷化中,均取得很高的对映选择性(反应式见图 9-3)[18~20]。但对双键二端都有取代基的烯烃,则选择性不太令人满意。**6** 和 **7** 结构式如下

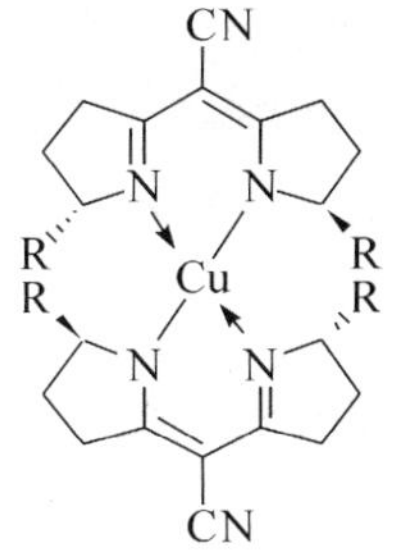

a. R=COOMe
b. R=$CH_2OTBDMS$
c. R=CMe_2OH

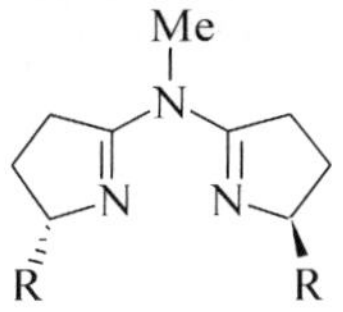

6

7

a. R=CMe_2OSiMe_3
b. R=CMe_2OSiMe_2t-Bu

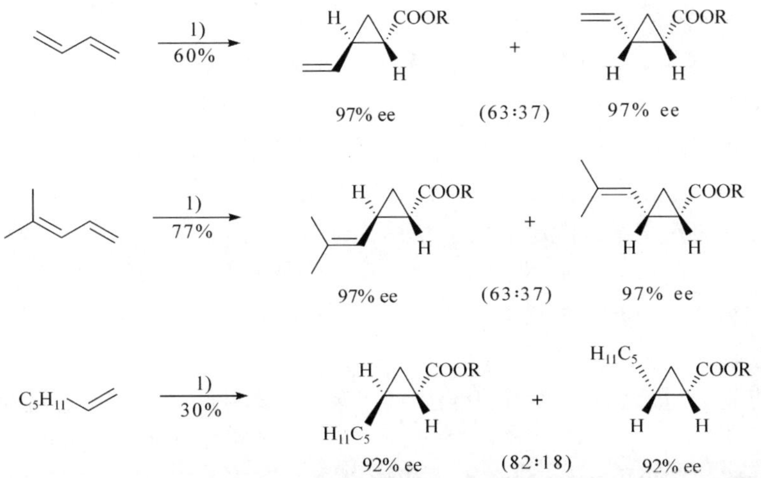

1) 60%　97% ee　(63∶37)　97% ee

1) 77%　97% ee　(63∶37)　97% ee

C_5H_{11}　1) 30%　92% ee　(82∶18)　92% ee

1) 1 mol%**6c**,$N_2CHCOOR$(R=*d*-menthyl),$ClCH_2CH_2Cl$,23℃[19]

图 9-3　配体 **6c** 催化的几种烯烃的不对称环丙烷化

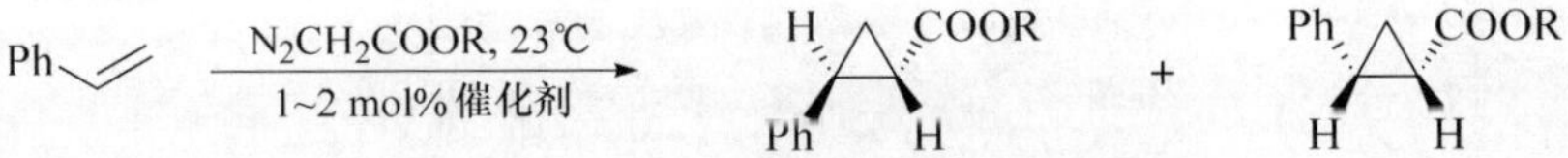

Ph　N_2CH_2COOR, 23℃　1~2 mol% 催化剂

表 9-1　苯乙烯的对映选择性环丙烷化

序号	催化剂	R	*trans* ∶ *cis*	*trans* ee/%	*cis* ee/%
1	**6c**	Et	73 ∶ 27	85	68
2	**6c**	*t*-Bu	81 ∶ 19	93	92
3	**6c**	*d*-▮基	82 ∶ 18	97	95
4	**7a**/Cu(Ⅰ)OTf	*t*-Bu	86 ∶ 14	96	90
5	**7a**/Cu(Ⅰ)OTf	*d*-▮基	84 ∶ 16	98	99
6	**7b**/Cu(Ⅰ)OTf	*t*-Bu	84 ∶ 16	94	95
7	**7b**/Cu(Ⅰ)OTf	*d*-▮基	84 ∶ 16	98	99

注:表中前 3 组数据和后 4 组数据分别源于参考文献[18,20]。

从表 9-1 可以看出，重氮乙酸酯中 R 基团的空间体积增加，既有利于提高反式产物的比例，也有利于提高对映选择性(序号 1、2、3)。为提高反式产物的比例，常使用大体积的三特丁苯基[21]、二环己甲基[22]的重氮乙酸酯，结构式如图 9-3 所示。

三特丁基苯重氮乙酸酯　　二环己甲基重氮乙酸酯

已有很多证据说明催化活性质点是半咕啉-Cu(Ⅰ)配合物。双半咕啉-Cu(Ⅱ)配合物 **6**，常温下对重氮乙酸酯并不显示催化活性，但在重氮乙酸酯存在下，先于 60℃下加热数分钟，使它的紫色变成淡黄棕色，这样生成的催化剂在氮气下冷至 23℃，仍能保持催化活性。也可将 **6** 用 1～2mol 的苯肼还原，生成的浅黄色悬浮液中加入重氮乙酸酯，可迅速观察到 N_2 放出。与在重氮乙酸酯存在下加热得到的铜质点具有相似的催化活性，并高产率地回收到原来的紫色双半咕啉-Cu(Ⅱ)配合物 **6**。半咕啉配体与等当量的一价铜盐 Cu(O*t*-Bu)，在氮气氛下直接生成催化活性的浅黄色悬浮物，与双半咕啉-Cu(Ⅱ)**6** 在重氮乙酸酯存在下加热或用苯肼处理得到的铜质点完全相同。这些观察都表明，Cu(Ⅰ)质点是活性催化成分。这与 Aratani 的发现:“双席夫碱-Cu(Ⅱ) **2** 必须先在重氮乙酸酯存在下加热或用苯肼处理活化后才能使用”是一致的。

20 世纪 90 年代以来，Masamune、Evans 和 Pfaltz 又分别报道了多种结构上与半咕啉相似的手性噁唑啉-铜配合物 **8**～**10**[23～28]。

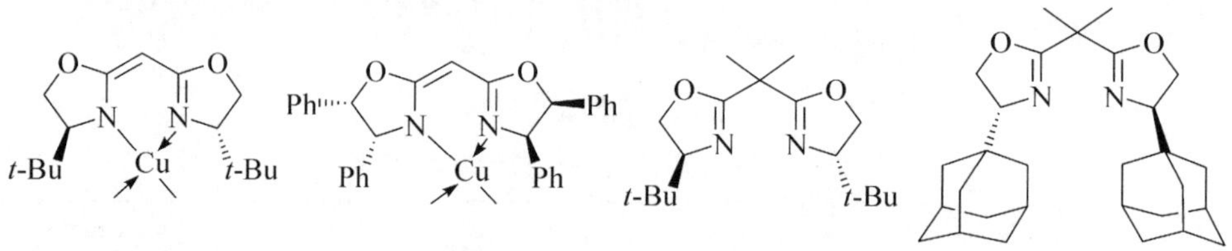

8a　**8b**　**9**　**10**

用这些手性配体与 Cu(Ⅰ)的配合物催化重氮乙酸酯与烯烃的环丙烷化反应，反式选择性和对映选择性均很高。

上述双噁唑啉类手性配体都可以由丙二酸衍生物与手性氨基醇缩合方便地制备，因此是很有吸引力的手性催化剂配体。

Corey[29] 和 Meyer[30] 则发展了另一类既含联苯(或联萘)轴型手性，又含双噁唑啉手性的新手性配体 **11** 和 **12**，其结构式如图 9-4 所示。

t-Bu
t-Bu
11

t-Bu
t-Bu
12

Ph⁄⁀ + $N_2CHCOOR$ —8a, 72%~80%→ (trans) COOR, Ph + Ph (cis) COOR [24]

	trans		cis
R=Et	90% ee	(75:25)	77% ee
R=t-Bu	94% ee	(80:20)	89% ee
R=L-薄荷基	98% ee	(86:14)	96% ee

+ $N_2CHCOOR$ —8b→ COOR + COOR [25]

R=二环己基甲基	94% ee	(95:5)
R=薄荷基	92% ee	(92:8)

Ph + $N_2CHCOOR$ —9, 75%~85%→ COOR, Ph + Ph, COOR [26]

R=Et	99% ee	(73:27)	97% ee
R=t-Bu	96% ee	(81:10)	93% ee
R=BHT	99% ee	(96:4)	

R, R + $N_2CHCOOEt$ —9→ R, R, COOEt

R=Ph	99% ee
R=Me	99% ee

Ph, Ph + $N_2CHCOOEt$ —2 mol% **10**, 75%→ Ph, Ph, COOEt [28]

98% ee

Ph + $N_2CHCOOEt$ —**10**, 56%→ COOEt, Ph + Ph, COOEt [28]

(75 : 25)

90% ee　　94% ee

图 9-4　双噁唑啉类手性配体-Cu 催化的不对称环丙烷化

11 已用于催化分子内环丙烷化以制备 Sirenin 的关键手性中间体，取得了 90% ee 的选择性。其反应为

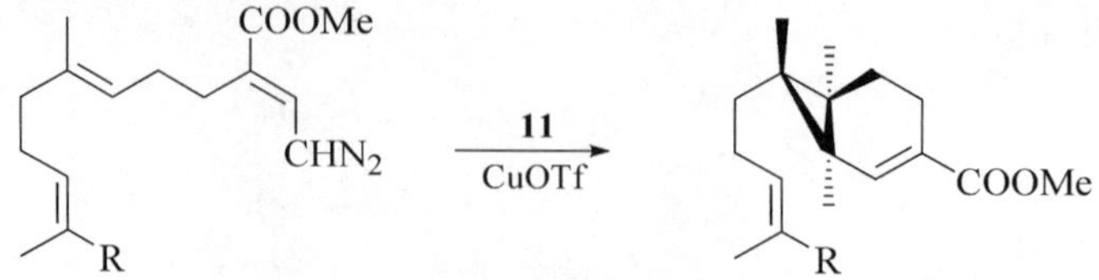

COOMe
CHN_2
11
CuOTf
COOMe
R
R

12 用于催化苯乙烯的环丙烷化，也取得 *cis* 90% ee、*trans* 67% ee 的好结果。还有许多研究小组也对噁唑啉类手性配体做了修饰改造，如以酒石酸为原料制得的双噁唑啉配体 **13**[31] 以及用(1*S*,2*S*)-2-氨基-1-苯基-1,3-丙二醇为原料制得的 **14**[32]，不过这些配体与 CuOTf 形成的配合物都只有中等以上对映选择性。

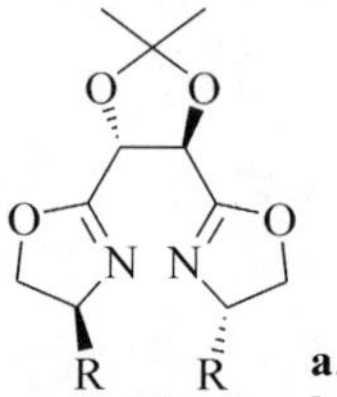

13 **a**. R=*i*-Pr **b**. R=Ph

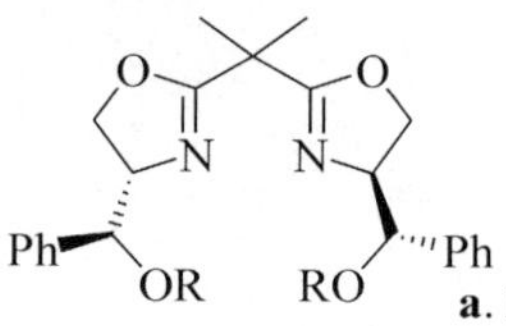

14 **a**. R=COPh **b**. R=H **c**. R=TBS

其他有代表性的铜催化剂手性配体还有 *β*-二酮 **15** 和 **16**、联吡啶 **17** 和 **18** 、手性二胺 **19** 等，结构式如下

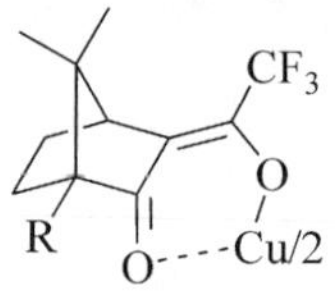

15 **a**. R= Me **b**. R= CH═CH_2

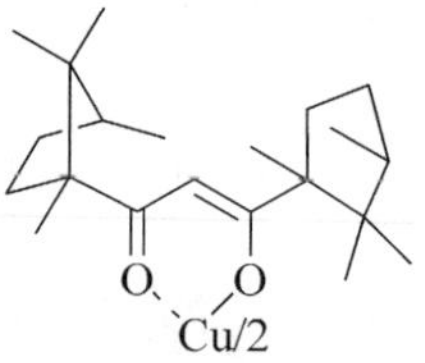

16

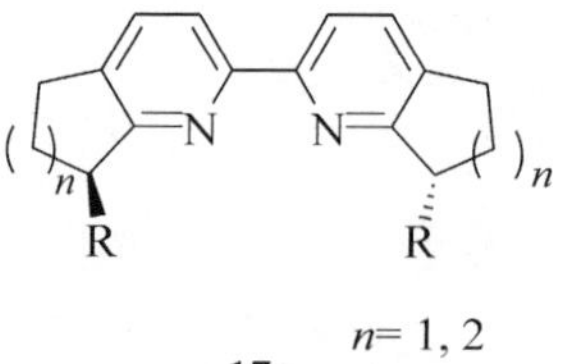

17a *n*= 1, 2 R=*i*-Pr, CMe_2OH, TMS

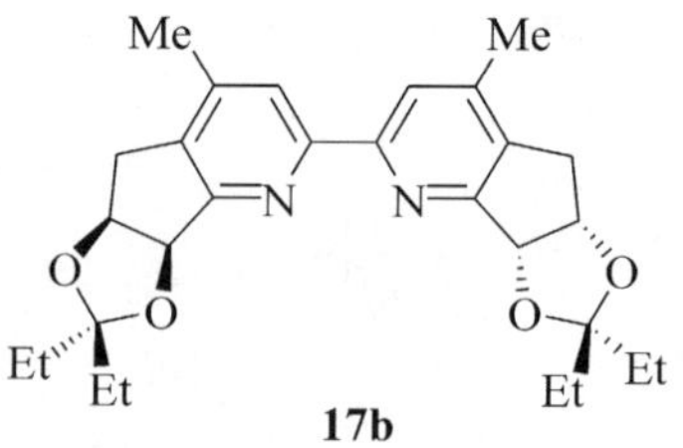

17b

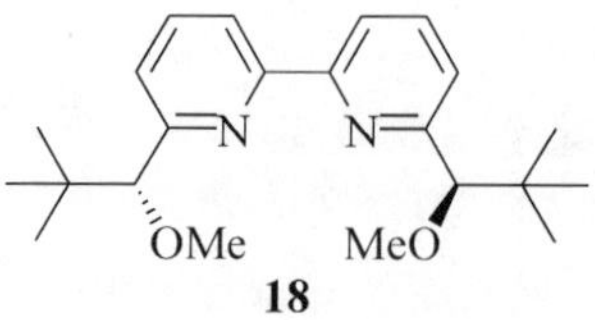

18

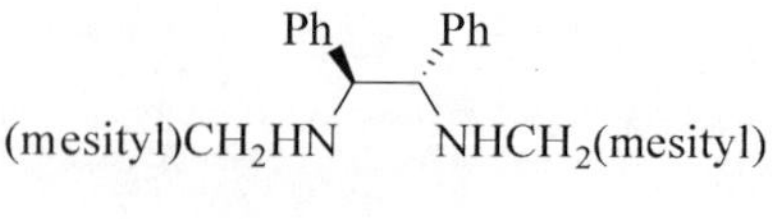

(mesityl)CH_2HN NHCH_2(mesityl)

19

15 用于催化苯乙烯与重氮环己二酮的环丙烷化反应，产物的对映选择性最高

达 100% ee[33]；本室制备的 **16**，用于催化苯乙烯与重氮乙酸乙酯的环丙烷化，ee 也达 90%[34]。Katsuki 报道的联吡啶类配体 **17a** 与铜的配合物，用于催化环丙烷化，产物以 *cis* 为主，*cis* 的最高 ee 达 99%[35~37]，这类催化剂对 1，2-二取代的反式烯烃的不对称催化效果好于噁唑啉类催化剂，但对单取代烯烃则效果不如噁唑啉类。**17b** 与铜的配合物用于催化芳基乙烯的环丙烷化，产物则以 *trans* 为主（*trans*：*cis*＝80～95：20～5），*trans* 最高 ee 也达 99%[38]。

手性二胺是多用途手性催化剂配体，但用于不对称环丙烷化的例子不多。Kanemasa 报道的二胺配体 **19** 与 $Cu(OTf)_2$ 的配合物经苯肼还原后，用于催化苯乙烯与重氮乙酸薄荷醇酯，*trans*：*cis* 达 91：9，*trans* ee 达 94%[39]。

2. 铜催化剂的不对称环丙烷化反应的机理

Aratani 曾系统研究过席夫碱-铜络合物催化的烯烃与重氮化合物环丙烷化反应的催化反应机理[14]，Pfaltz 对半咕啉-铜[19]、Evans 对联吡啶-铜[37]催化的不对称环丙烷化也提出了相似的催化机理。它们都有如下三个共同的步骤：①重氮化合物亲核进攻铜络合物，形成铜-卡宾络合物，同时放出氮气；②富电子的烯烃进攻铜-卡宾络合物，形成一个三元或四元的环状过渡态；③三元或四元过渡态分解生成环丙烷化产物，并再生出金属络合物催化剂，完成一个催化循环（图 9-5）。

$$R_2C^{-}-N^{+}\equiv N \xrightarrow[N_2]{CuLn} LnCu=CR_2 \longleftrightarrow Ln\overset{-}{Cu}-\overset{+}{C}R_2 \xrightarrow{H_2C=CH_2}$$

$$\text{[三元环过渡态]}-\overset{-}{C}uLn \text{ 或 } Ln\overset{-}{Cu}-\overset{+}{C}R_2\text{[四元环过渡态]} \longrightarrow \text{环丙烷}(R)(R) + CuLn$$

图 9-5　铜催化的不对称环丙烷化三步历程示意图

下面结合我室合成的一系列双手性中心的氨基醇制成席夫碱与铜的络合物 **4**，催化苯乙烯与重氮乙酸酯的环丙烷化结果[16]，更具体地探讨铜络合物的催化机理和立体识别机理。

4

a.(1*S*,2*R*) R=H
b.(1*R*,2*S*) R=H
c.(1*R*,2*R*) R=H
d.(1*S*,2*S*) R=H
e.(1*S*,2*R*) R=*t*-Bu

为了说明的方便，下面的讨论均以催化剂 **4a** 为例。**4a** 为双金属核配合物，在发生催化前先分解为有催化活性的单金属核配合物 A，A 中的铜离子以四面体的形式配位，其中一个配位点为空轨道。重氮化合物亲核进攻铜离子，形成卡宾-铜配合物，同时放出氮气。由于 **4a** 催化剂中两个手性中心 C-1 和 C-2 上的大基团苯基都向后伸展，重氮化合物将主要从空间障碍较小的前面进攻铜离子，形成 B 所示的卡宾-铜配合物。配位后的卡宾碳原子以 sp^2 形式杂化，为了减少空间障碍，酯基取向外方向。接下来，烯烃进攻卡宾-铜络合物，为了更有效成键，进攻时烯烃分子的 sp^2 平面应与卡宾碳原子的 sp^2 平面平行，以使烯烃 β-碳上的 p 轨道与卡宾碳原子上的 p 轨道能在轴向上最有效重叠成键。烯烃既可从 a 面、也可从 b 面平行接近卡宾，如图 9－6 所示，a 面的空间障碍要小于 b 面。因此烯烃将主要从 a 面进攻。另外，烯烃双键上 R 基的推电子作用，使 β-碳电子云密度较 α-碳大，故 β-碳应与带正电荷的卡宾碳成键，而由 R 稳定化的 α-碳正离子则与带负电荷的铜离子成键。于是形成 C 所示的四元过渡态。

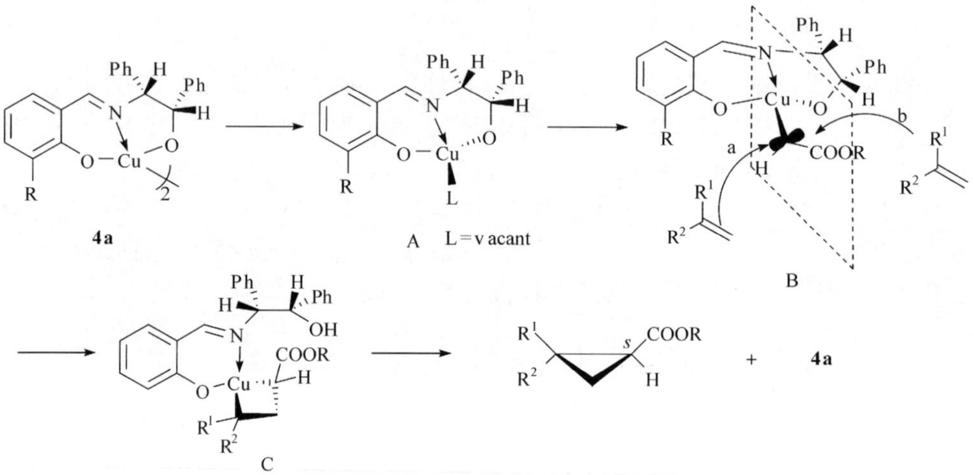

图 9－6　**4a**-Cu 催化的不对称环丙烷化机理

然后席夫碱 C-1 位上的羟基再度进攻铜离子，使四元环断开，形成环丙烷化产物，并再生出催化剂 **4a**，完成一个催化循环。这样生成的环丙烷产物占优势的构型应为 1*S*。如所用的烯烃为苯乙烯，那么烯烃进攻卡宾铜离子络合物 B 时，为了减少空间障碍，烯烃上的苯基将主要取向下，与卡宾上的酯基反向，即生成反式为主的产物，而且不管生成 *cis* 或 *trans* 产物，酯基连接的碳原子都是 *S* 构型。这些都与观察到的实验结果完全一致。

如果用构型与 **4a**(1*S*,2*R*)相反的 **4b**(1*R*,2*S*)为催化剂，则 C-1，C-2 两个手性中心上的苯基都向前伸展，则重氮化合物将从背面进攻铜离子，最终生成 1*R* 优势构型的环丙烷产物。若用 **4c** 或 **4d** 为催化剂，此时席夫碱两个手性中心 C-1 和 C-2 上的两个苯基，分别有一个向前，另一个向后伸展。因此，重氮化合物从前面或背面进攻铜离子空间障碍的差别不大，这将导致产物对映选择性大大降低，这些分析与观察到的实验结果也完全一致。

综上所述,不对称环丙烷化产物的构型以及对映选择性程度,主要与催化剂手性配体的构型,以及两个手性中心上伸向平面前方的基团较之伸向后方的基团空间体积的差别程度有关。产物的顺、反异构比例则主要由反应底物的结构决定,更具体地说,主要与重氮乙酸酯的酯基的体积、烯烃取代基的分布及体积有关。这些结果,对设计更有效的不对称环丙烷化手性催化剂有重要的参考价值。

9.1.2　铑催化的不对称环丙烷化

自从 Paulissen 等发现 Rh(Ⅱ)羧酸盐能促进重氮化合物的分解放氮[40],已相继报道许多 $Rh_2(R^*COO)_4$ 手性催化剂[40~42],如 **20**、**21** 和 **22** 等。

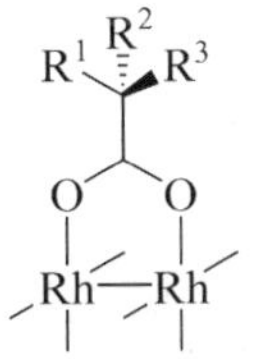

20 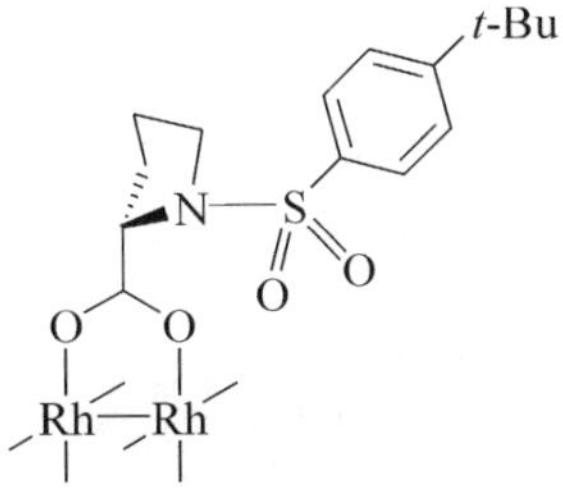　　**21** 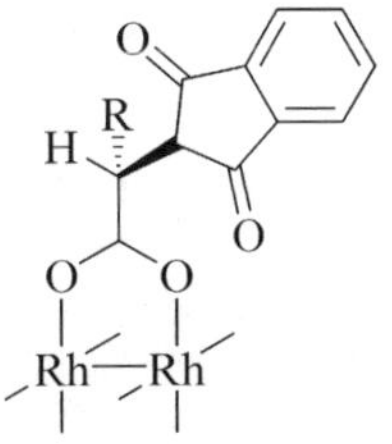　　**22**

除了 **21** 催化的苯乙烯基重氮乙酸酯对烯烃的不对称环丙烷化获得高的对映选择性外[43, 44],其余这些催化剂的对映选择性都只是一般。**21** 催化的反应如下

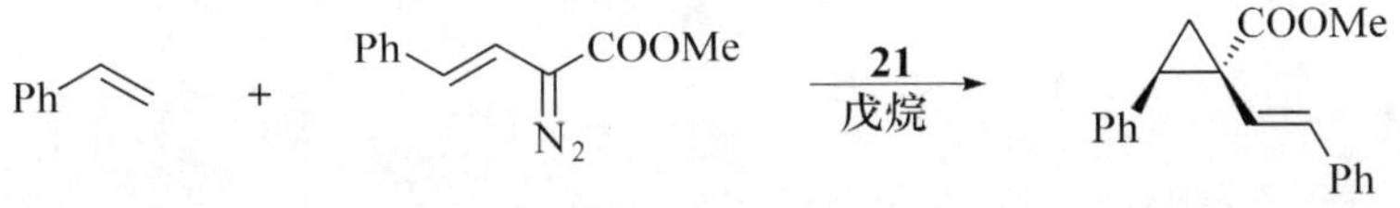

90% ee

ee >90%

手性铑催化剂的最重要突破是 Doyle 发展的一系列羧基酰胺(carboxamides)型铑双核催化剂 **23a**[45a]、**23b**[45b]、**24**[46] 和 **25**[47] 等,其结构如下

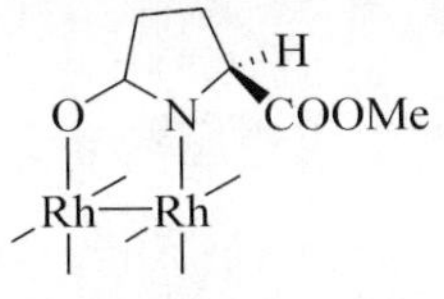

$Rh_2(5S\text{-MEPY})_4$　　$Rh_2(4S\text{-MPPIM})_4$　　$Rh_2(4S\text{-MEOX})_4$　　$Rh_2(4S\text{-IBAI})_4$

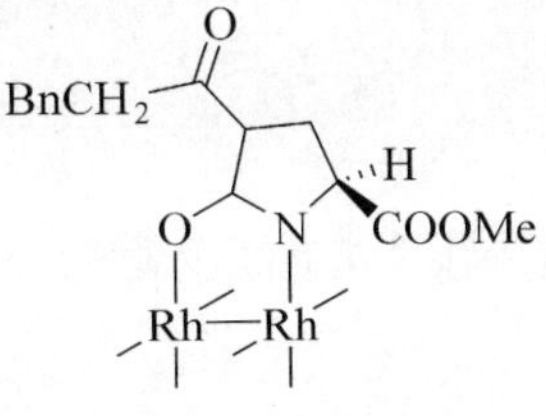

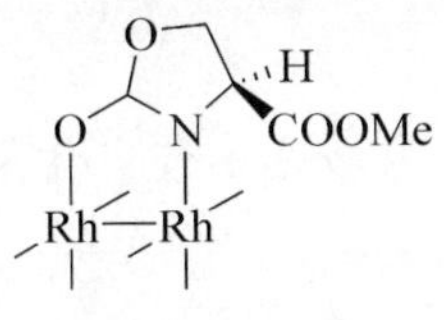

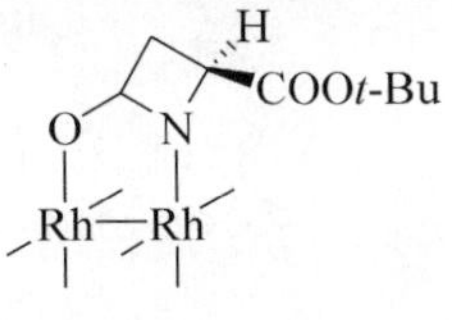

23a　　**23b**　　**24**　　**25**

虽然 **23**～**25** 在催化苯乙烯与重氮乙酸酯类型的不对称环丙烷化反应并不比Aratani催化剂更有效，但对重氮乙酸烯丙酯或 *N*-烯丙基重氮乙酰胺类化合物的分子内不对称环丙烷化却是迄今最有效的手性催化剂。仅用 0.1 mol% **23a**，便可催化重氮乙酸烯丙酯高产率地生成相应的分子内环丙烷化产物，光学产率高达95% ee[48]，反应如下

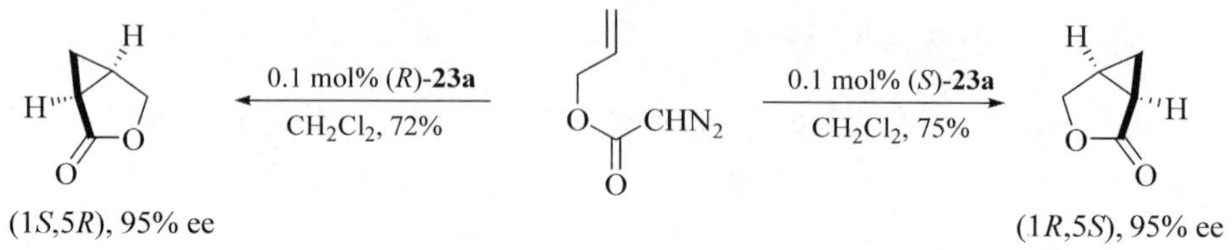

0.1 mol% (*R*)-**23a**, CH_2Cl_2, 72% → (1*S*,5*R*), 95% ee

0.1 mol% (*S*)-**23a**, CH_2Cl_2, 75% → (1*R*,5*S*), 95% ee

烯丙基不同位置上有取代基，或是双键构型不同，也能高对映选择性获得相应的分子内环丙烷化产物[48~51]。

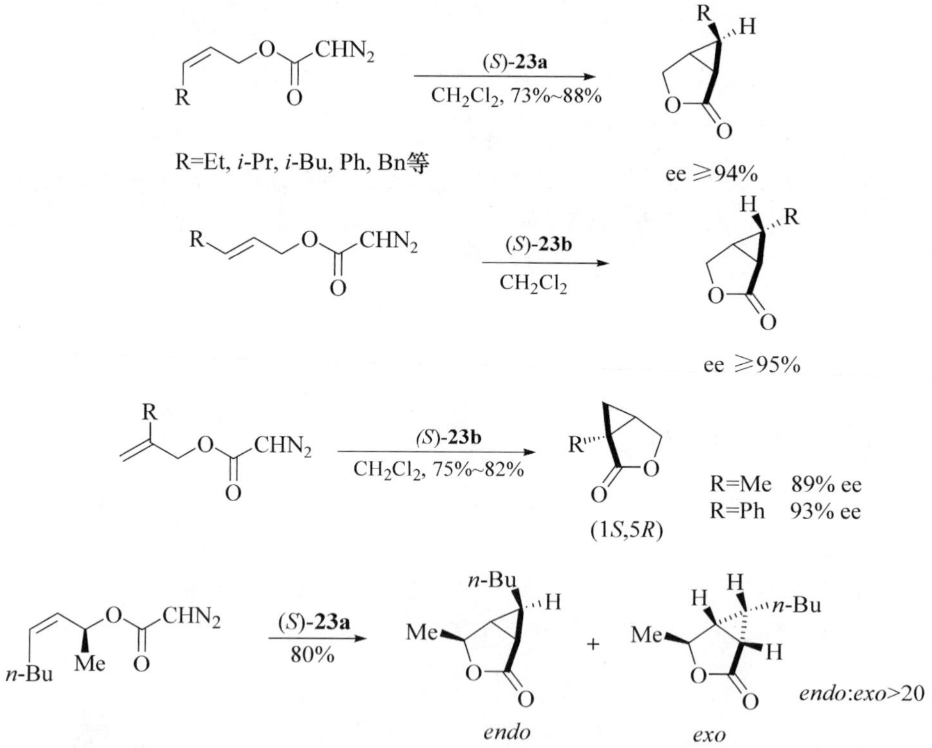

(*S*)-**23a**, CH_2Cl_2, 73%~88%

R=Et, *i*-Pr, *i*-Bu, Ph, Bn等

ee ≥94%

(*S*)-**23b**, CH_2Cl_2

ee ≥95%

(*S*)-**23b**, CH_2Cl_2, 75%~82%

(1*S*,5*R*)

R=Me 89% ee

R=Ph 93% ee

(*S*)-**23a**, 80%

endo + *exo*

endo:*exo*>20

N-烯丙基重氮乙酰胺在上述催化剂作用下，也能高选择性地生成相应的分子内环丙烷化产物[48, 52]。

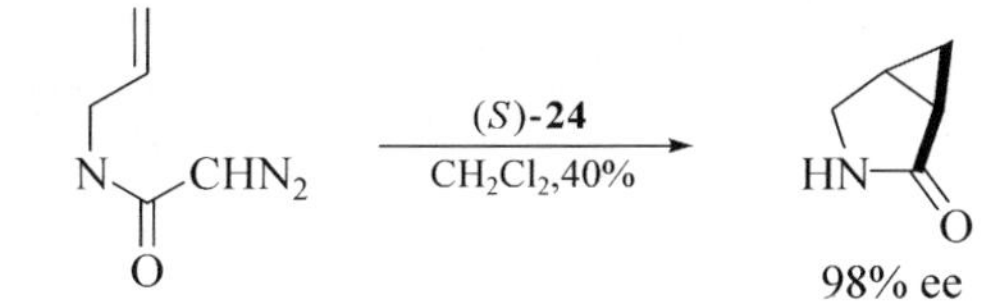

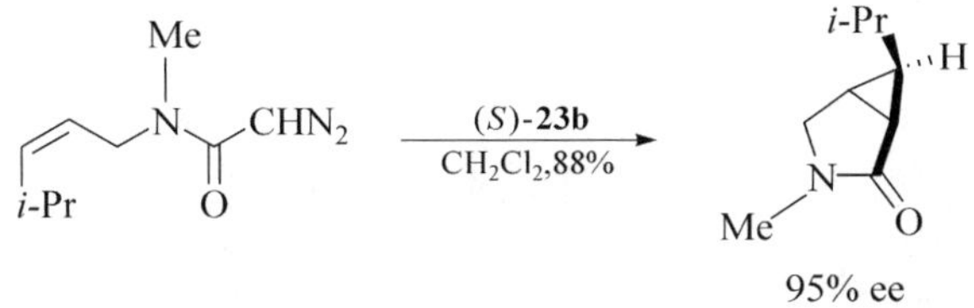

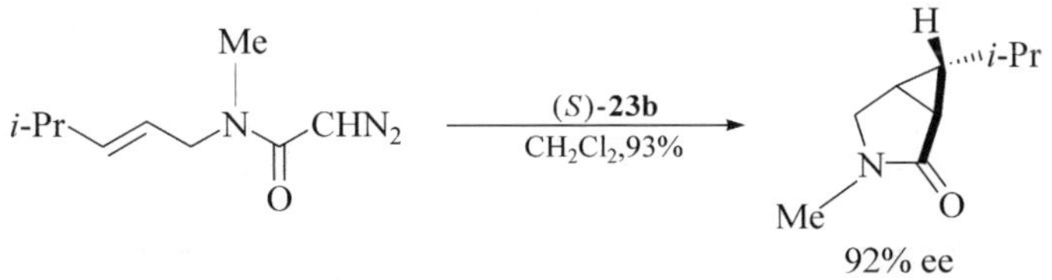

(S)-24, CH_2Cl_2, 40%　98% ee

(S)-23b, CH_2Cl_2, 88%　95% ee

(S)-23b, CH_2Cl_2, 93%　92% ee

上述高选择性分子内环丙烷化反应已被用于多种有重要生物活性的天然化合物或药物的关键手性中间体的合成[53~55]。

Corey 用 **26** 催化重氮乙酸酯对一系列端炔的不对称环丙烯化，以很高的对映选择性生成取代的环丙烯羧酸酯，这是首例见于报道的炔烃的不对称环丙烯化[56]。反应式如下

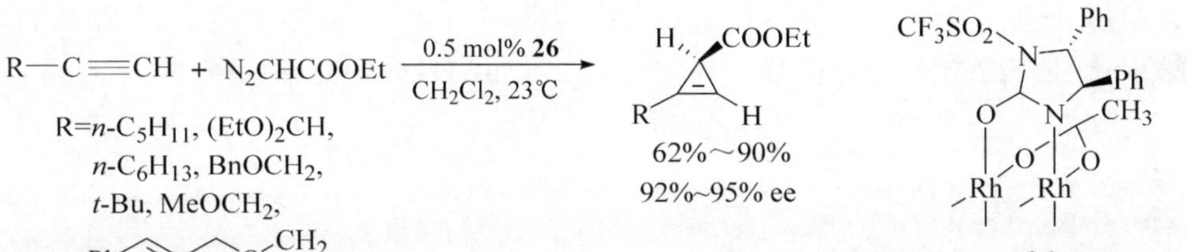

$$R-C\equiv CH + N_2CHCOOEt \xrightarrow[CH_2Cl_2,\ 23℃]{0.5\ mol\%\ 26}$$

R=n-C_5H_{11}, $(EtO)_2CH$, n-C_6H_{13}, $BnOCH_2$, t-Bu, $MeOCH_2$,

62%～90%

92%～95% ee

26

Davies 等报道的手性 carboxylate-Rh(Ⅱ) **27** 是另一类很有效的不对称环丙烷化催化剂[57~59]。该催化剂在低温下对分子间环丙烷化反应产生极高的对映选择性诱导效果(表 9-2)。

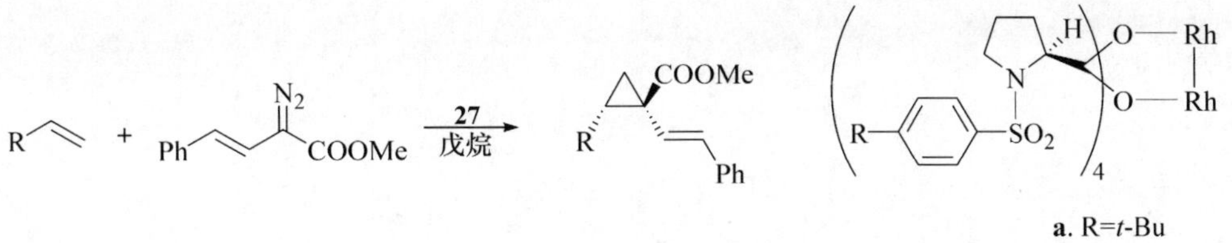

27, 戊烷

27　**a**. R=t-Bu　**b**. R=$C_{12}H_{25}$

表 9-2 27 催化的分子间不对称环丙烷化反应

R	催化剂	温度/℃	产率/%	ee/%	构型
Ph	**27a**	25	79	90	(1*S*,2*S*)
Ph	**27b**	−78	68	98	(1*S*,2*S*)
p-ClC_6H_4	**27b**	−78	70	>97	(1*S*,2*S*)
Et	**27a**	25	65	>95	

27b 也可用于催化取代乙烯基重氮乙酸酯对共轭二烯的不对称环丙烷化，高对映选择性地生成的顺式双乙烯基环丙烷经 Cope 重排，可得到同时含 2～3 个手性中心的各种环庚二烯衍生物[60]。例如

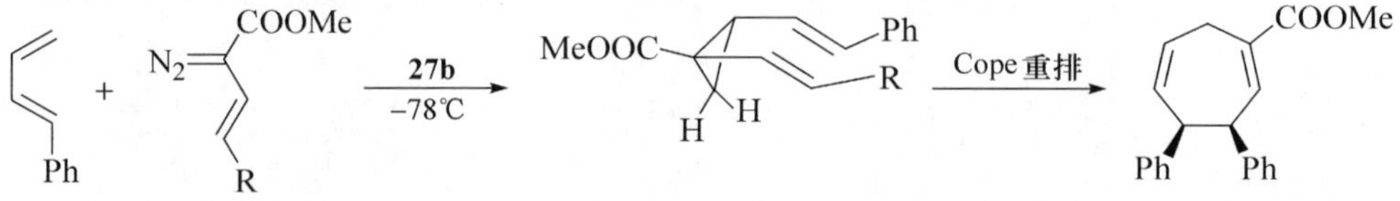

R	产率/%	ee/%
Me	87	98
Ph	83	98
CH═CHPh	84	93
$CH═CH_2$	56	96

另一个高效手性 carboxamide 铑(Ⅱ)催化剂是 **28**，用于催化重氮乙酸的 2,4-二甲基-3-戊酯与苯乙烯或 1,1-二取代乙烯的环丙烷化，ee 也取得高达 98%的好结果，这是端烯烃在不对称环丙烷化反应中取得的最好的对映选择性[61]。

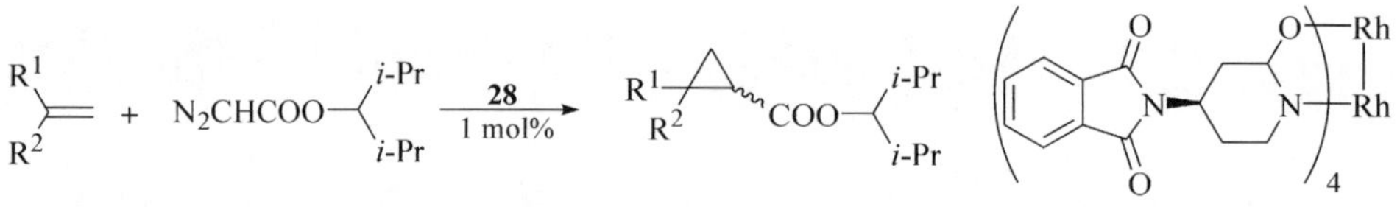

28

Achiwa 等报道的含轴手性的联苯类 carboxylate 配体的铑(Ⅱ)催化剂 **29**，用于催化苯乙烯与重氮乙酸薄荷醇酯的不对称环丙烷化，也取得极高的对映选择性。仅用 0.1 mol% **29**，*cis* 产物 ee 高达 99%，*cis*∶*trans*=6∶4，产率 100%[62]。

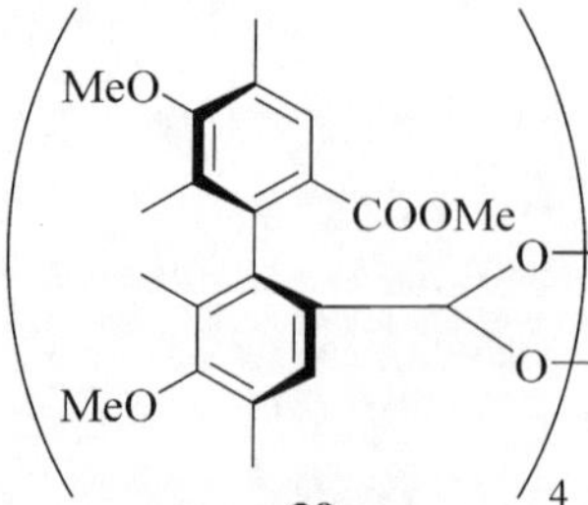

29

9.1.3 钌催化的不对称环丙烷化

自从发现钌(Ⅰ)配合物能有效催化重氮乙酸酯与烯烃的环丙烷化反应后[63]，手性钌催化剂在不对称环丙烷化反应中的应用逐渐引起人们的重视，其中Nishiyama等报道的具有 C_2 对称性的手性双噁唑啉吡啶(Pybox)为配体的钌(Ⅱ)催化剂 **30a** 在不对称环丙烷化反应中有很高的对映选择性[64a~c]。相应的 Cu(Ⅰ)配合物效果都较差，可见中心金属离子也扮演着很重要的角色。

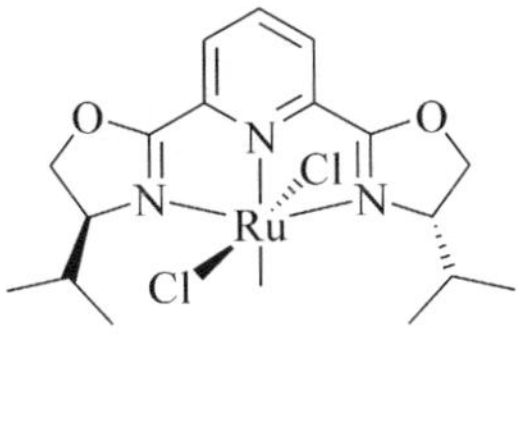

30a 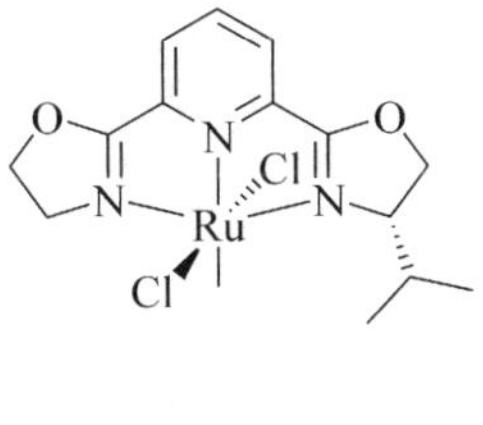 **30b** 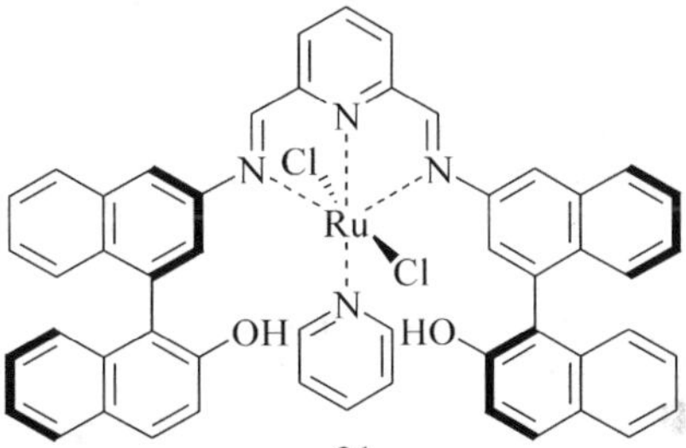 **31**

根据对不对称环丙烷手性识别机理的认识，Nishiyama 等认为，这类手性配体的 C_2 对称性并不是取得高的对映选择性和 *trans*∶*cis* 的必要条件。实际上这类配体可能只需要一个手性中心的诱导就可以了。为了证实这种推断，他们接着合成了含单个手性中心的双噁唑啉吡啶钌(Ⅱ)催化剂 **30b**，结果证明 **30b** 也能高对映选择地催化相应的反应[65](表 9-3)。

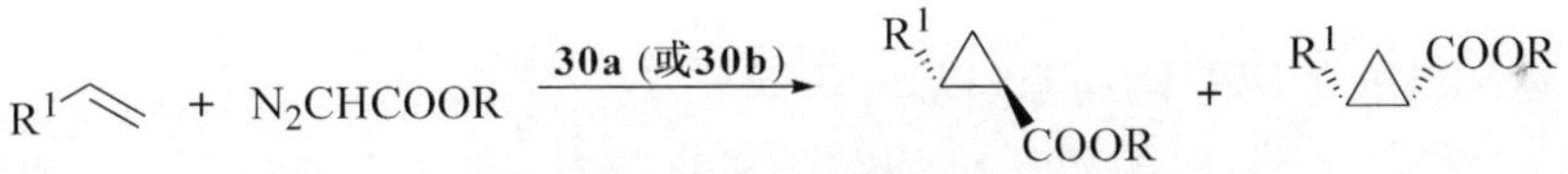

R^1CH=CH$_2$ + $N_2CHCOOR$ —30a (或30b)→ trans-环丙烷羧酸酯 (R^1, COOR) + cis-环丙烷羧酸酯 (R^1, COOR)

表 9-3 30a 和 30b 催化的烯烃不对称环丙烷化反应

催化剂	R^1	R	产率/%	*trans*∶*cis*	*trans* ee/%	*cis* ee/%
30a	n-C_5H_{11}	*l*-薹基	40	94∶6	99	95
30a	$Me_2C{=}CH$	*l*-薹基	86	79∶21	98	79
30a	Ph	Me	82	89∶11	92	97
30b	Ph	*l*-薹基	84	99∶1	94	64

31 催化的重氮乙酸酯对芳基乙烯的不对称环丙烷化，得到 *trans* 为主的产物(*trans*∶*cis*=85～97∶15～3)，*trans* 的选择性也达 86%～96% ee[66]。

用噻吩代替吡啶制得的手性双噁唑啉配体 **32** 与 Ru(Ⅱ)的配合物用于催化重氮乙酸酯对 1,1-二苯乙烯的不对称环丙烷化，也获得了很高的对映选择性[67]。

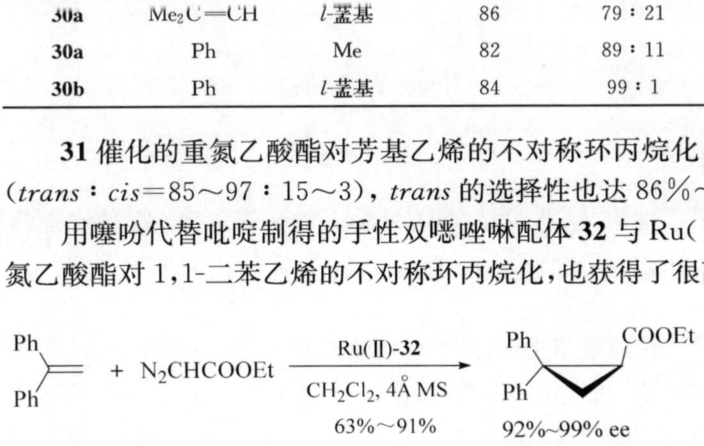

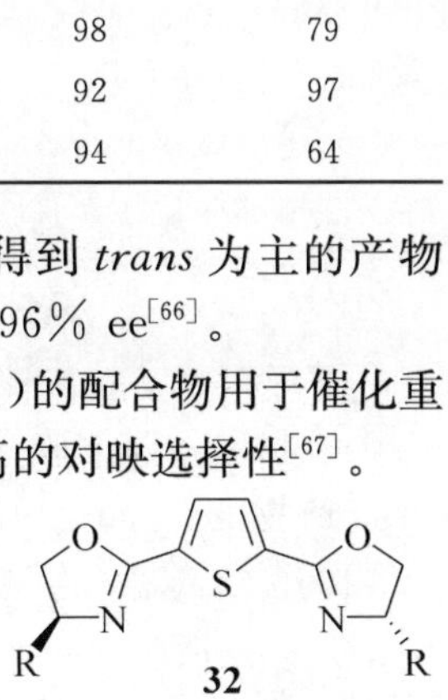

$Ph_2C{=}CH_2$ + $N_2CHCOOEt$ —Ru(Ⅱ)-**32**, CH_2Cl_2, 4Å MS, 63%～91%→ 2,2-二苯基环丙烷甲酸乙酯 (COOEt), 92%～99% ee

32

R=Et, *i*-Pr, Bn, *t*-Bu

Salen 型 Ru(Ⅱ)配合物手性催化剂 **33a**,在催化苯乙烯与重氮乙酸特丁酯的环丙烷化反应中显示了很高的 *cis* 选择性和对映选择性[68a],*cis*∶*trans*=97∶3,*cis* 产物的 ee>97%(1*S*,2*R*)。另一个手性 Salen-Ru(Ⅱ)配合物 **33b**,用于催化重氮乙酸酯对苯乙烯的环丙烷化反应则表现出很高的 *trans* 选择和极高的对映选择性[68b]。

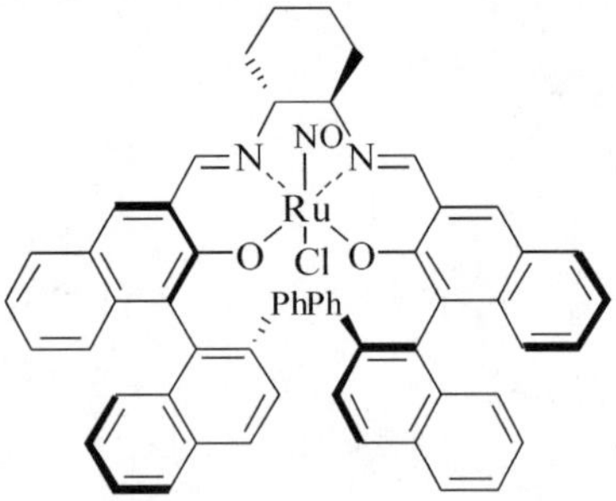

33a 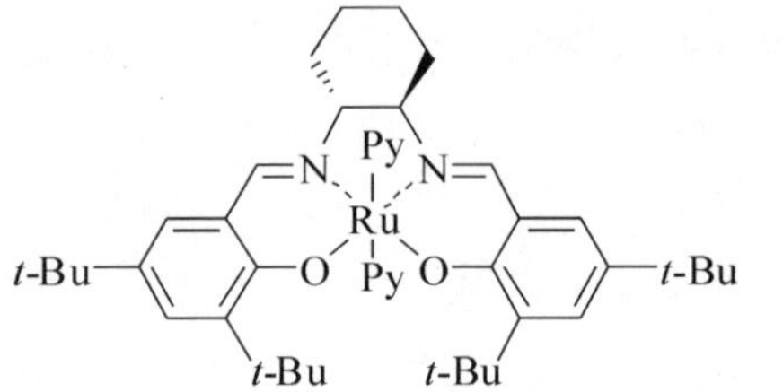 **33b**

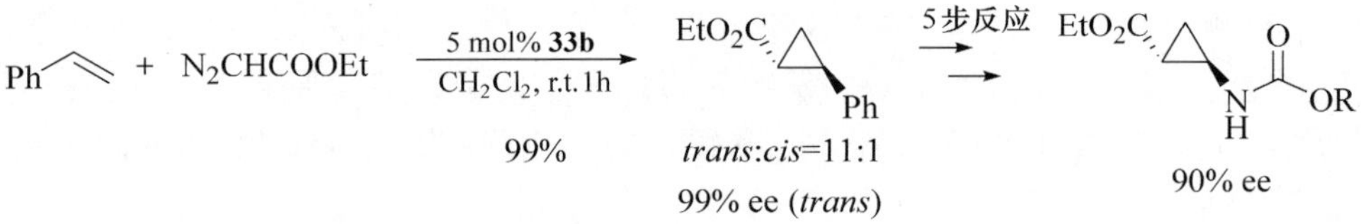

Ph + $N_2CHCOOEt$ 5 mol% **33b**, CH_2Cl_2, r.t. 1h, 99% → EtO_2C–cyclopropane–Ph *trans*:*cis*=11:1, 99% ee (*trans*) → 5步反应 → EtO_2C–cyclopropane–NHC(O)OR 90% ee

9.1.4 钴和其他金属催化的不对称环丙烷化

手性钴催化剂也是较早用于不对称环丙烷化反应的金属催化剂。Nakamura 用钴与樟脑二肟的配合物 **34** 催化苯乙烯与重氮乙酸新戊酯的环丙烷化反应,*cis*、*trans* 产物的光学收率分别达 81% ee 和 88% ee[69]。

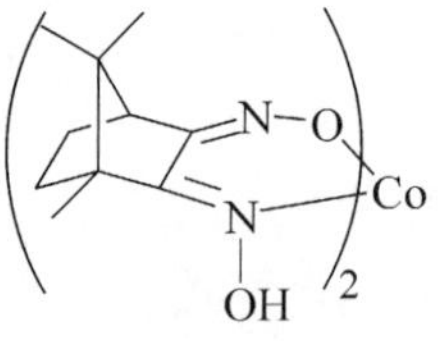

34 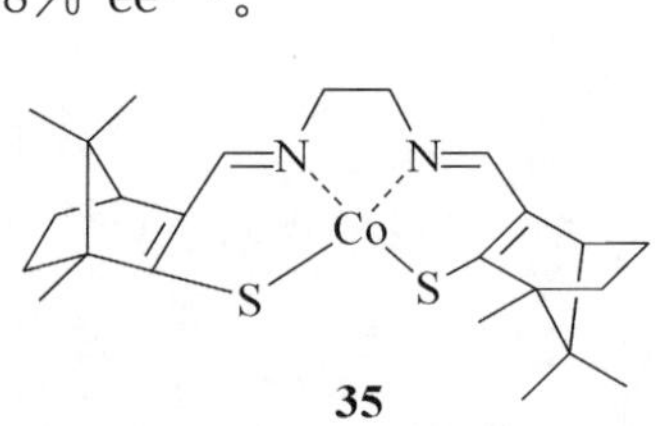 **35**

Jommi 等进一步改进手性配体,合成 C_2 对称性的手性钴催化剂 **35**,使底物的适用面更宽,光学收率又有大幅提高。用 **35** 催化 1-辛烯的不对称环丙烷化,*trans* 产物的 ee 高达 97%[70]。

1995 年,Katsuki 和 Fukuda 报道的钴的手性 Salen 催化剂 **36** 也是不对称环丙烷化反应非常有效的催化剂[71]。用 **36a** 催化苯乙烯与重氮乙酸酯的不对称环丙烷化反应,*trans* 产物的对映选择性达 94%～98% ee,但 *cis* 产物只有 69%～

75% ee。

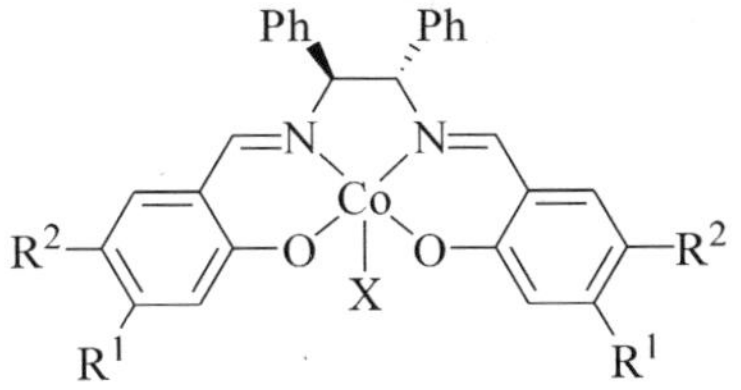

36　a. R^1=t-Bu, R^2=H, X=I
b. R^1=H, R^2=OMe, X=Br

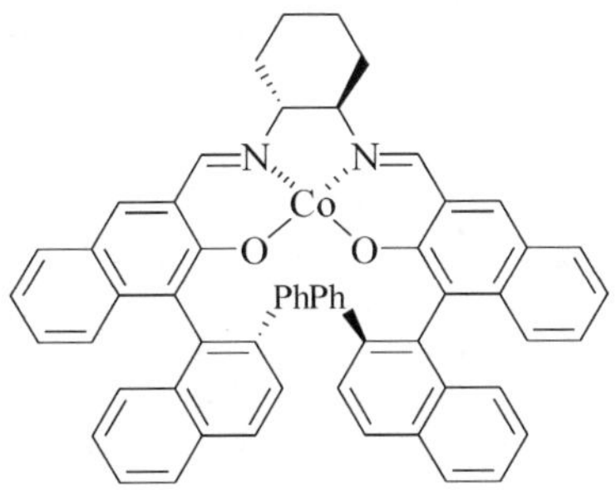

37

进一步的研究发现：将顶点配体碘换成溴可以降低配位后的卡宾的活性，并用供电子的甲氧基代替大基团特丁基，这样得到的 **36b** 具有更好的不对称诱导效果[72]。

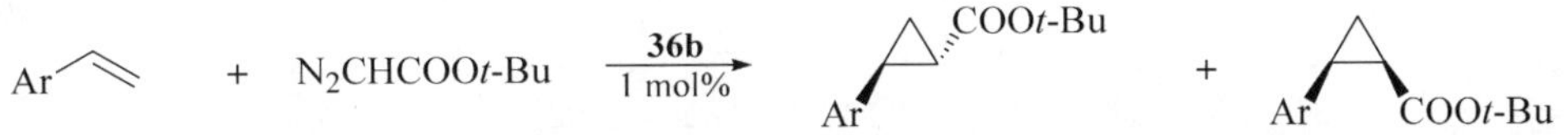

$$\text{Ar-CH=CH}_2 + \text{N}_2\text{CHCOO}t\text{-Bu} \xrightarrow[\text{1 mol\%}]{\textbf{36b}} \textit{trans}\text{-Ar-cyclopropane-COO}t\text{-Bu} + \textit{cis}\text{-Ar-cyclopropane-COO}t\text{-Bu}$$

表 9-4　36b 催化的芳基乙烯与重氮乙酸酯的不对称环丙烷化

Ar	产率/%	*trans* : *cis*	*trans* ee%	*cis* ee%
Ph	80	96 : 4	93	91
4-Cl-C_6H_4	86	97 : 3	96	—
2-萘基	87	95 : 5	92	—

类似的，Salen-钴催化剂 **37**，催化上述反应，无论配体中环已二亚胺的构型为 (R,R) 或 (S,S)，都生成 *cis* 占 97% 以上的产物，而且 *cis* 的光学纯度都高达 98% ee 以上[73]。

除了上述铜、铑、钌、钴的手性配合物外，也有用铁[74, 75]和锇[76]等金属的手性配合物催化烯烃与重氮乙酸酯的环丙烷化反应的报道，但都不及前者的效果好。

9.2　不对称 Simmons-Smith 反应

二碘甲烷在 Zn-Cu 合金催化下与烯烃环加成的 Simmons-Smith[77] 反应也是制备环丙烷的重要方法。在这种情况下，Cu 起了活化促进反应的作用，而本身并不参与反应。

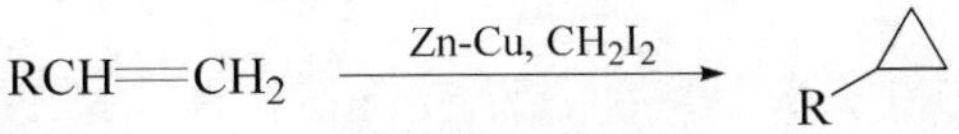

$$\text{RCH=CH}_2 \xrightarrow{\text{Zn-Cu, CH}_2\text{I}_2} \text{R-cyclopropane}$$

这个反应是 CH_2I_2 先与 Zn 作用生成反应活性试剂 ICH_2ZnI，再与双键进行环加成生成环丙烷化合物的[78]。

后来发现，用二烷基锌与二碘甲烷也可进行上述反应[79]。

已有多种过渡金属手性配合物用于上述不对称反应，获得较好的对映选择性，如磺酰化的手性二胺-锌配合物 **38**、酒石酸二酰胺-硼配合物 **39**、由酒石酸衍生的二醇-钛配合物 **40**。

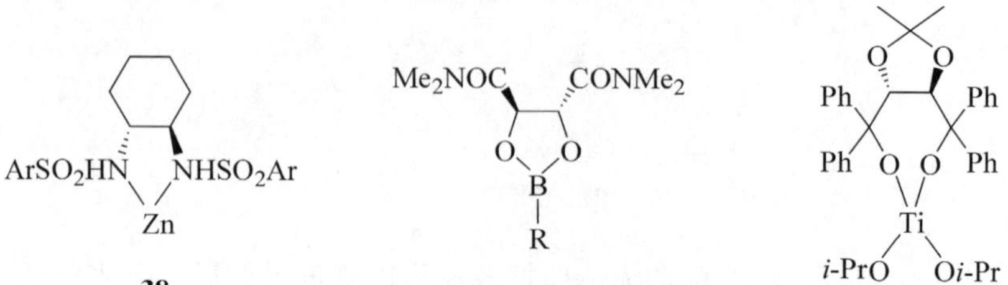

由磺酰化的手性二胺-Zn 配合物 **38** 催化的多种不同结构的烯丙醇的环丙烷化反应，均获得较好的对映选择性(表 9－5)[80]。

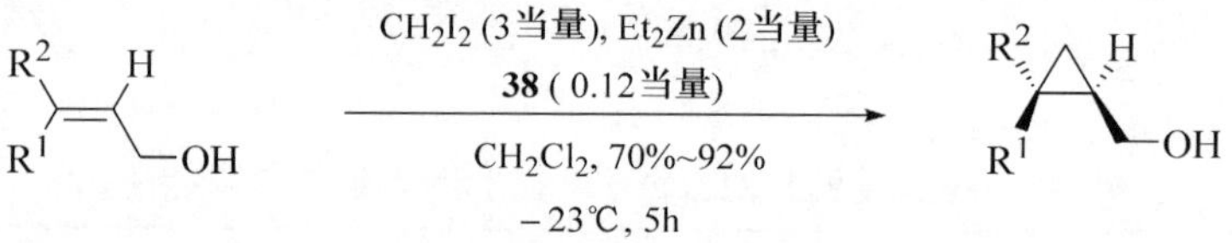

CH_2I_2 (3当量), Et_2Zn (2当量), **38** (0.12当量), CH_2Cl_2, 70%~92%, －23℃, 5h

表 9－5　38 催化的烯丙醇不对称 Simmons-Smith 反应

烯丙醇		配体 R	产物 ee/%
R^1	R^2		
H	Ph	Ph	68
H	Ph	*o*-NO_2-C_6H_4	75
H	Ph	*p*-NO_2-C_6H_4	76
H	$Ph(CH_2)_2$	*p*-NO_2-C_6H_4	82
Ph	H	*p*-NO_2-C_6H_4	75
H	$Me_2C_6H_3Si$	*p*-NO_2-C_6H_4	81
$Me_2C_6H_3Si$	H	*p*-NO_2-C_6H_4	59
H	Bu_3Sn	*p*-NO_2-C_6H_4	86
Bu_3Sn	H	*p*-NO_2-C_6H_4	66

烯丙醇中的游离羟基对产生有效的对映选择性是必需的。据此推测，在反应的过渡态，底物是通过烯丙醇游离羟基与手性配合物的锌配位，从而建立有利的手性识别环境(图 9－7)。

酒石酸二酰胺-硼配合物 **39** 催化的 Simmons-Smith 反应，化学产率几近定量，对映选择性也很高(表 9－6)[81]。

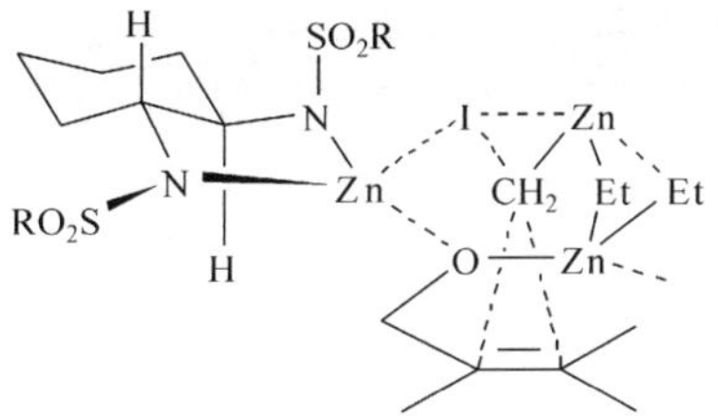

图 9-7　过渡态

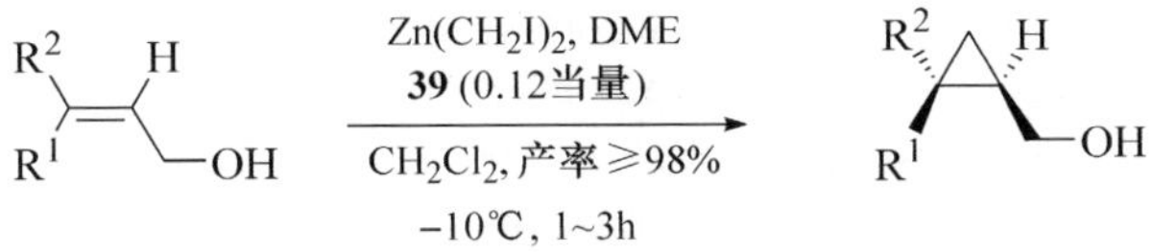

$Zn(CH_2I)_2$, DME, **39** (0.12当量), CH_2Cl_2, 产率≥98%, −10℃, 1~3h

表 9-6　39 催化的烯丙醇的 Simmons-Smith 反应

R^1	R^2	R	产物 ee/%
H	Ph	Bu	93
H	*i*-Pr	Bu	93
Me	Me	Bu	94
Et	H	Bu	93
TBDPSO	H	Bu	91

酒石酸衍生的手性二醇-钛配合物 **40** 催化肉桂醇的环丙烷化，也获得较高的化学产率和对映选择性[82]。

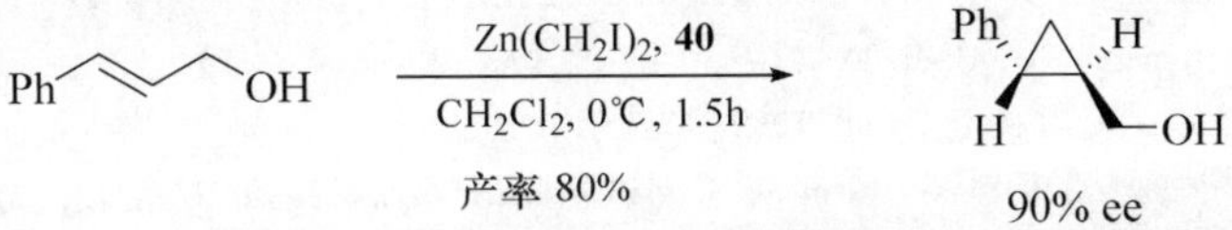

$Zn(CH_2I)_2$, **40**, CH_2Cl_2, 0℃, 1.5h, 产率 80%　　90% ee

用手性二醇[83]或其衍生物[84]作辅剂也能使环丙烷化反应获得优异的非对映选择性。

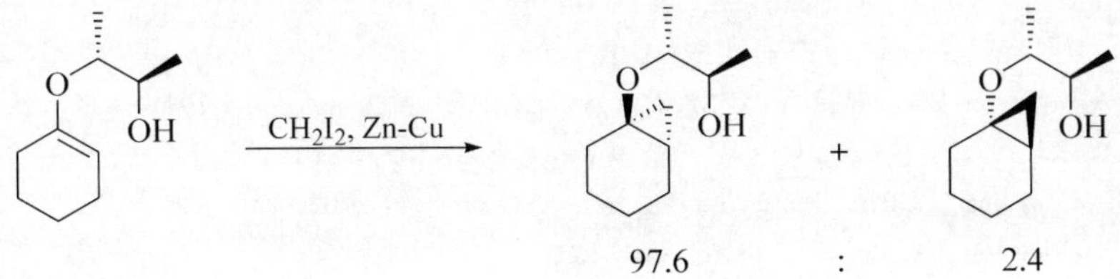

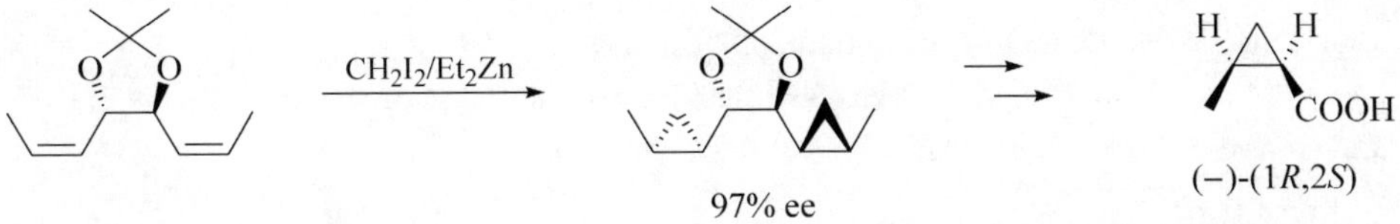

CH_2I_2, Zn-Cu　　97.6 : 2.4

CH_2I_2/Et_2Zn　　97% ee　　COOH　(−)-(1*R*,2*S*)

所得光活性 2-甲基-环丙烷羧酸是抗癌剂 curacin A 的关键手性环丙烷结构。

Simmons-Smith 反应可以把烯烃的双键转变成环丙烷结构而不在三元环上引入新的取代基，与重氮酯法形成互补。

参 考 文 献

1 Kahan F M, Kropp H et al. J. Antimicrob. Chemother., 1983, 12: 1

2 a) Elliott M, Janes N F. Chem. Soc. Rev., 1978, 7: 473
b) Arlt D, Jautelat M, Lantzsch R. Angew. Chem. Int. Ed. Engl., 1981, 20: 703

3 Martin S F, Austin R E, Oalmann C J et al. J. Med. Chem., 1992, 35: 1710

4 Onoda T, Shirai R et al. Tetrahedron, 1996, 52: 14543

5 Doyle M P. Chem. Rev., 1986, 86: 919

6 Padwa A, Hornbuckle S F. Chem. Rev., 1991, 91: 263

7 Doyle M P, Nprotopopova M. Tetrahedron, 1998, 54: 7919

8 徐明华，林国强. 有机化学，2000，20：475

9 Nazaki H, Moriuti S, Takaya H, Noyori R. Tetrahedron Lett., 1966, 7: 5239

10 Nazaki H, Takaya H, Moriuti S, Noyori R. Tetrahedron, 1968, 24: 3655

11 Aratani T, Yoneyoshi Y, Nagase T. Tetrahedron Lett., 1975, 16: 1707

12 Aratani T, Yoneyoshi Y, Nagase T. Tetrahedron Lett., 1977, 18: 2599

13 Aratani T, Yoneyoshi Y, Nagase T. Tetrahedron Lett., 1982, 23: 685

14 Aratani T. Pure Appl. Chem., 1985, 57: 1839

15 Li Z-N, Zheng Z, Chen H-L. Tetrahedron: Asymmetry, 2000, 11: 1157

16 Jiang C-S, Zhang M, Li Y-G, You T-P. Enantiomer, 2002, 7: 28.

17 Cai L, Mahmoud H, Han Y. Tetrahedron: Asymmetry, 1999, 10: 411.

18 Fritschi H, Leutenegger V, Pfaltz A. Angew. Chem. Int. Ed. Engl., 1986, 25: 1005

19 Fritschi H, Leutenegger V, Pfaltz A. Helv. Chim. Acta, 1988, 71: 1541

20 Leutegger V, Pfaltz A. Tetrahedron, 1992, 48: 2143

21 Doyle M P, Bagheri V, Wanless T J et al. J. Am. Chem. Soc., 1990, 112: 1906

22 Ito K, Katsuki T. Tetrahedron Lett., 1993, 34: 2661

23 Evans D A, Woerpel K A, Scott M J. Angew. Chem. Int. Ed. Engl., 1992, 31: 430

24 Lowenthal R E, Abiko A, Masamune S. Tetrahedron Lett., 1990, 31: 6005

25 Lowenthal R E, Masamune S. Tetrahedron Lett., 1991, 32: 7373

26 Evans D A, Woerpel K A, Hinman M M, Faul M M. J. Am. Chem. Soc., 1991, 113: 726

27 Temme O, Tai S A, Andersson P G. J. Org. Chem., 1997, 62: 2518

28 Clariana J, Comelles J, Mañas M M. Tetrahedron: Asymmetry, 2002, 13: 1551

29 Grant T G, Moe M C, Corey E J. Tetrahedron Lett., 1995, 36: 8745

30 Meyers A I, Price A. J. Org. Chem., 1998, 63: 412

31 Hoarau O, Aithaddou H, Castro M, Balaroine G A. Tetrahedron: Asymmetry, 1997, 8: 3755

32 Grant T G, Noe M C, Corey E J. Tetrahedron Lett., 1995, 36: 8745

33 Matin S A, Lough W J et al. J. Chem. Soc. Chem. Commun., 1984, 1038

34 Xu Y, Wang Z-Y, You T-P. Chin. Chem. Lett., 1998, 9: 607

35 a) Ito K, Katsuki T. Synlett, 1992, 575

b) Ito K，Katsuki T. Tetrahedron Lett.，1993，34：2661

36 a) Ito K，Katsuki T. Synlett，1993，638

b) Ito K，Katsuki T. Chem. Lett.，1994，1857

37 Didie L，Rupprecht S，Evans H S et al. Tetrahedron：Asymmetry，2000，11：4341

38 Lyle M P A，Wilson P D. Org. Lett.，2004，6：855

39 Kanemasa S，Hamura，S，Harada E，Yamamoto H. Tetrahedron Lett.，1994，35：7985

40 Paulissen R，Reimlinger H，Hayez E et al. Tetrahedron Lett.，1973，14：2233

41 Brunner M，Kluchanzoff H，Wutz K. Bull. Soc. Chem. Bely.，1989，93：63

42 Kennedy M，McKervey M A，Maguire A R et al. J. Chem. Soc. Chem. Commun.，1990，361

43 Davies H M，Hutcheson D K. Tetrahedron Lett.，1993，34：7243

44 Davies H M，Bruzinski P R，Lake D H et al. J. Am. Chem. Soc.，1996，118：6897

45 a) Doyle M P，Winchester W R，Hoorn J A A et al. J. Am. Chem. Soc.，1993，115：9968

b) Doyle M P，Zhou Q L，Raab C E et al. Inorg. Chem.，1996，35：6064

46 Doyle M P，Syatkin A B，Protopopova M N et al. Recl. Trav. Chim. Pays. Bas.，1995，114：163

47 Doyle M P，Zhou Q L，Simonsen S H et al. Synlett，1996，697

48 Doyle M P，Austin R E，Bailey A S et al. J. Am. Chem. Soc.，1995，117：5763

49 Doyle M P，Zhou Q L，Dyatkin A B et al. Tetrahedron Lett.，1995，36：7579

50 Doyle M P，Peterson C S，Zhou Q L et al. J. Chem. Soc. Chem. Commun.，1997，211

51 Martin S F，Spaller M R，Liras S et al. J. Am. Chem. Soc.，1994，116：4493

52 Doyle M P，Kalinin A V. J. Org. Chem.，1996，61：2179

53 Martin S F，Oalmann C J，Liras S. Tetrahedron，1993，49：3521

54 Martin S F，Austin R E，Oalmann C J et al. J. Med. Chem.，1992，35：1710

55 Rogers D H，Yi E，Poulter C D. J. Org. Chem.，1995，60：941

56 Lou Y，Horikawa M，Corey E J. J. Am. Chem. Soc.，2004，126：8916

57 Davies H M L. Tetrahedron，1993，49：5203

58 Davies H M L，Bruzinski P R，Lake D H，Kong N. J. Am. Chem. Soc.，1996，118：6897

59 Davies H M L，Bruzinski P R，Fall M J. Tetrahedron Lett.，1996，37：4133

60 Davies H M L，Stafford D G，Daan B D，Houser J H. J. Am. Chem. Soc.，1998，120：3326

61 Kitagaki S，Matsuda H et al. Synlett，1997，1171

62 Tshitani H，Achiwa K. Synlett，1997，781

63 Mass G，Werle T，Alt M，Mayer D. Tetrahedron，1993，49：886

64 a) Nishiyama H，Iton Y，Sugawera Y，Matsumoto H，Aoki K，Itoh K. Bull. Chem. Soc. Jpn.，1995，68：1247

b) Nishiyama H，Iton Y，Matsumoto H，Park S B，Itok K. J. Am. Chem. Soc.，1996，116：2223

c) Park S B，Sakata N，Nishiyama H. Chem. Eur. J.，1996，2：303

65 Nishiyama H，Soeda N，Naito T，Notoyama Y. Tetrahedron：Asymmetry，1998，9：2865

66 Tang W-J，Hu X-Q，Zhang X-M. Tetrahedron Lett.，2002，43：3075

67 Gao M-Z，Gong D-Y，Zingaro R A. Tetrahedron Lett.，2004，45：5649

68 a) Uchida T，Irie R，Katsuki T. Tetrahedron，2000，56：3501

b) Miller J A，Jin W，Nguyen S T. Angew. Chem. Int. Ed.，2002，41：2953

69 Nakamura A，Konishi A，Tatsuno Y，Otsuka S. J. Am. Chem. Soc.，1978，100：3443

70 Jommi G, Pagliarin R, Rizzi G, Sisti M. Synlett, 1993, 833
71 Fukuda T, Katsuki T, Synlett, 1995, 825
72 Fukuda T, Katsuki T. Tetrahedron, 1997, 53: 7201
73 Niimi T, Uchida T, Irie R. Tetrahedron Lett., 2000, 41: 3647
74 Wolt J R, Hamaket C G, Djikic J P, Kodaolek T, Woo L K. J. Am. Chem. Soc., 1995, 117: 9194
75 Wang Q W, Mayer M F, Brenan C et al. Tetrahedron, 2000, 56: 4881
76 Smith D A, Reynolds D N, Woo L K. J. Am. Chem. Soc., 1993, 115: 2511
77 Simmons H E, Cairns T L et al. Organic Reactions, 1973, 20: 1
78 Simmons H E, Blanchard E P, Smith R D. J. Am. Chem. Soc., 1964, 86: 1347
79 Nishimura J, Furukawa J et al. Tetrahedron, 1971, 27: 1799
80 a) Kobayashi S, Takahashi H et al. Tetrahedron Lett., 1992, 33: 2575
b) Imai N, Skamoto K, Takahashi S. Tetrahedron Lett., 1994, 35: 7045
81 Charette A B, Juteau H. J. Am. Chem. Soc., 1994, 116: 2651
82 Seebach D, Beck A K et al. Helv. Chim. Acta, 1987, 70: 954
83 Suguimura T, Futagawa T, Tai A. Tetrahedron Lett., 1988, 29: 5775
84 Onoda T, Shirai R, Koiso Y, Iwasaki S. Tetrahedron, 1996, 52: 14543

第 10 章　不对称氢化反应

催化氢化反应产率高(接近定量),产物后处理简单,是工业上广泛应用的合成反应。不对称催化加氢是研究最早、最有成效的不对称反应之一[1]。据估计,2000 年前,已工业化的不对称反应中,氢化反应约占 70%。本章讨论的不对称氢化反应包括 $>C=C<$ 、 $>C=O$ 、 $>C=N-$ 三类不饱和键的不对称加氢。

10.1　烯烃的不对称催化加氢

10.1.1　催化加氢的手性配体

传统的催化加氢都采用非均相反应,早期的不对称氢化反应也延用这一传统,但产物的对映选择性都很低(10%～15% ee)。1965 年,Wilkinson 发现有效的均相催化剂 $Rh(PPh_3)_3Cl$ 后,许多人便转向发展均相不对称催化加氢研究,合成各种手性膦配体与 Rh(Ⅰ)的配合物,用作不对称氢化反应的催化剂。Knowles 等首先报道了用化合物 **1** 这样的手性叔膦催化的不对称氢化,尽管 **1** 中磷原子上的三个取代基选择了多种不同的组合,但所得各种配体与 Rh(Ⅰ)的配合物在不对称氢化反应中的选择性都不高(3%～15% ee)[2]。后来发现,当取代基之一的适当位置上存在第二个配位点,如化合物 **2** 那样的配体,其对映选择性便大幅提高,由此认识到:有两个配位点的"二齿"配体可与 Rh(Ⅰ)形成更稳定的螯合物,有利于提高络合物的刚性、减少构象可变性,从而大幅提高对映选择性。1971 年,Kagan 等从天然酒石酸出发合成的双膦手性配体 DIOP **3**,用 DIOP-Rh(Ⅰ)配合物催化 α-乙酰氨基丙烯酸酯的不对称氢化反应,产物的对映选择性高达 80% ee,使该领域取得突破性进展[3]。

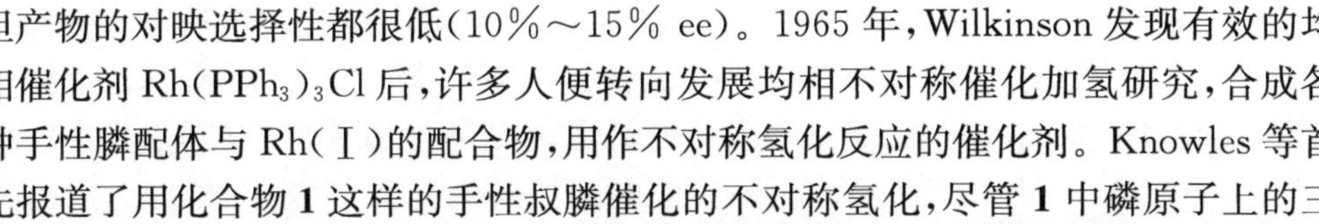

a. X=OR
b. $X=NR_2$
c. $X=PR^1R^2$

DIOP　　(*R*,*R*)-DIPAMP

1　　**2**　　**3**　　**4**

孟山多公司的 Knowles 等在 20 世纪 70 年代中经多年研究报道了另一种双膦手性配体(*R*,*R*)-DIPAMP **4**,Rh(Ⅰ)与 **4** 的配合物用于催化 α-乙酰氨基-3′,4′-

二羟苯基丙烯酸的不对称氢化反应，获得>96％ ee 的产物，并最终用于工业上制备 L-多巴(一种治疗帕金森病的重要药物)[4]。

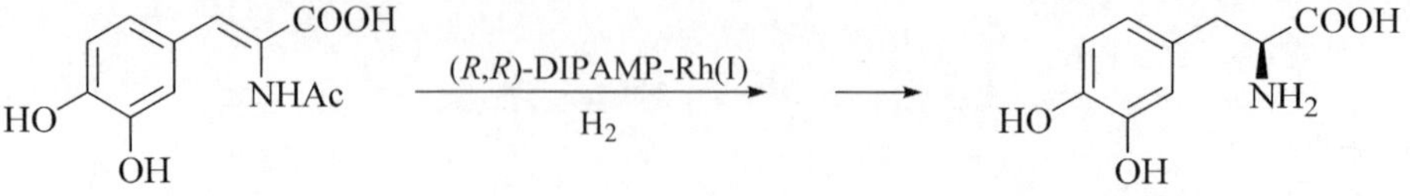

(R,R)-DIPAMP-Rh(I), H_2

L-多巴　>96% ee

DIOP 和 DIPAMP 的发现，再次证明了"二齿"配体的优越性。DIOP 的成功还说明手性中心并不一定要处在磷原子上。这一点认识，在含膦手性配体的研发史上有重要意义，因为手性膦中心的化合物没有天然资源可利用，都要经过合成和繁复的对映体拆分，其应用受到限制；而手性中心不在磷原子上的含膦手性配体则大多可从天然手性化合物衍生而来。

DIOP 的发现，激起了对研发双膦手性配体的极大热情，自那之后的 30 年间，已相继合成数百种不同结构的双膦手性配体，其中的许多配体在各种不同类型的不对称催化加氢中，都获得>95％ ee 的选择性。部分效果较好的双膦手性配体见图 10－1。

除了上述双膦配体(P 原子只与 C 原子相连)外，已经发现含有一个 C—O—P 或 C—N—P 键的双氧膦或双氨基膦也是各类不对称氢化的有效配体。与相应 C—P 连接的双膦配体比较，后两类配体的突出优点是容易制备，只要用相应的手性二醇或二胺与 $ClPPh_2$ 反应即可得到，但在大多数情况下，对反应操作有严格的

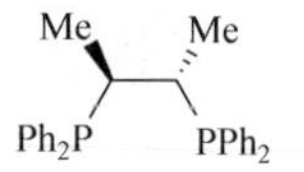

(S,S)-CHIRAPHOS[5]
5

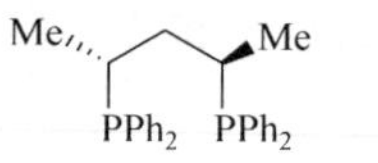

(R,R)-SKEWPHOS[6]
6

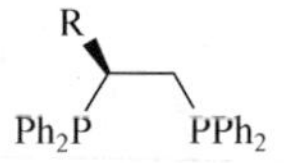

R=Me,(S)-PROPHOS[7]　**7**
R=c-C_6H_{11},(S)-CYCPHOS[8]　**8**

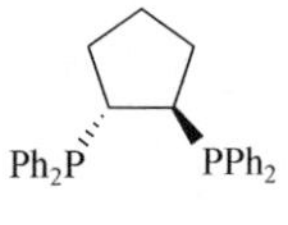

(R,R)-DPCP[9]
9

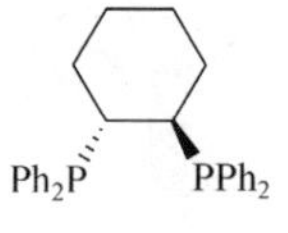

(+)-DIPMC
10

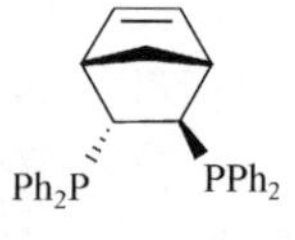

(R,R)-NORPHOS[10]
11

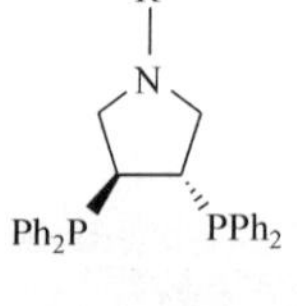

(S,S)-PYRPHOS[11]
12

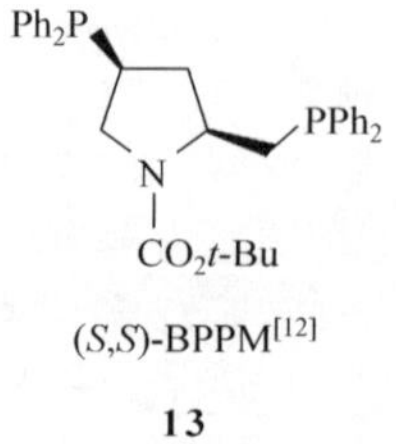

(S,S)-BPPM[12]
13

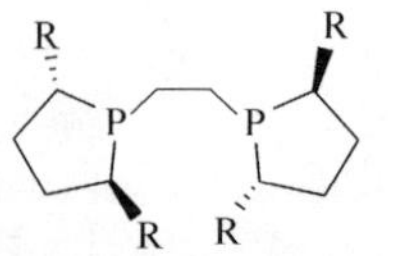

BPE(R=Me,Et,i-Pr)[13]
14

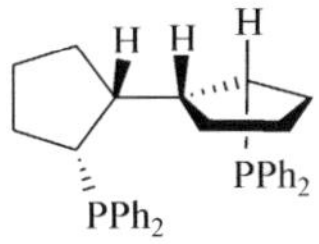

(R,R)-BICP[14]
15

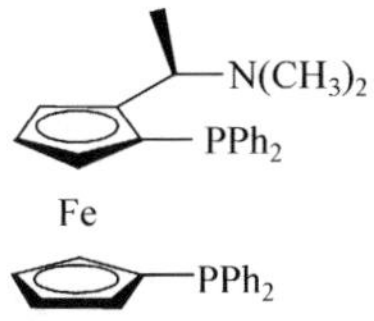

(R,S)-BPPFA[15]
16

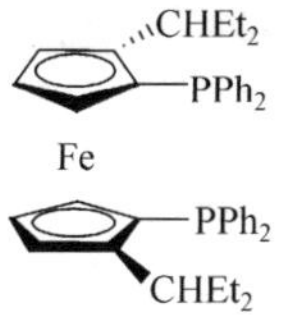

(S,S)-FerroPHOS[16]
17

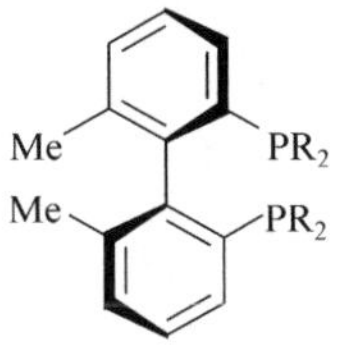

R=Ph,　(R)-BIPHEMP　**18**
R=c-Hex,　(R)-BICHEP　**19**

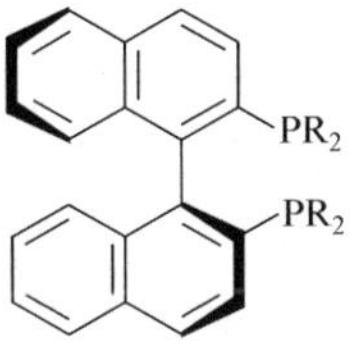

(S)-BINAP[17]
20

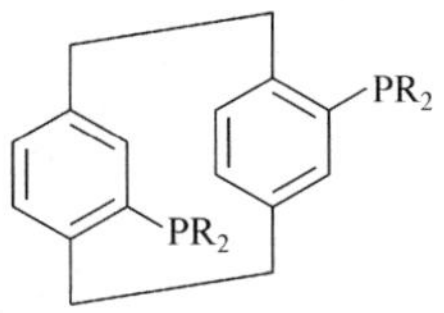

(S)-[2,2]PHANEPHOS[18]
21

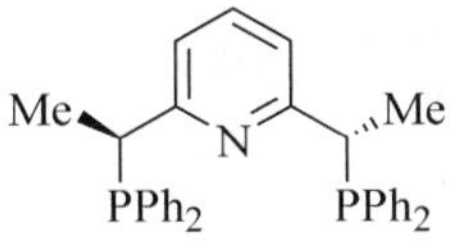

22

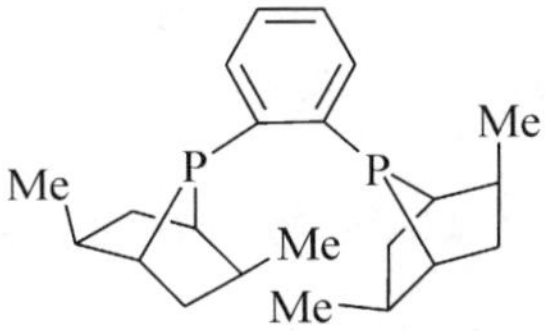

(R,S,R,S)-Me-Pennphos[19]
23

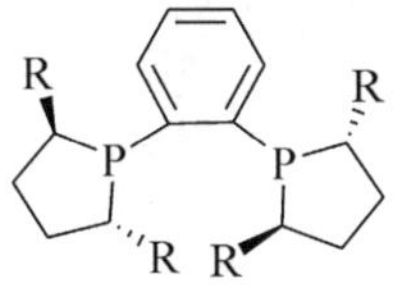

(R,R)-R-Duphos[20]
24

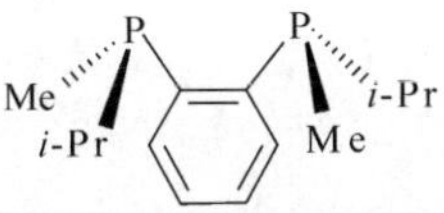

25[21]

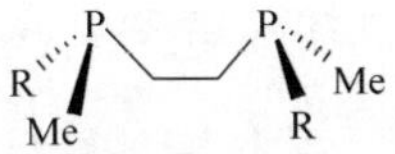

(S,S)-BisP*-R[22]
R=c-Hex,t-Bu,1-adamanty1
26

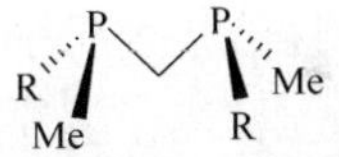

(R,R)-MiniPHOS-R[23]
R=Ph,i-Pr,t-Bu,c-Hex
27

图 10-1　用于不对称催化氢化的有效双膦配体

要求。图 10-2 列出部分代表性双氧膦和双氨基膦配体。

手性双氧膦配体：

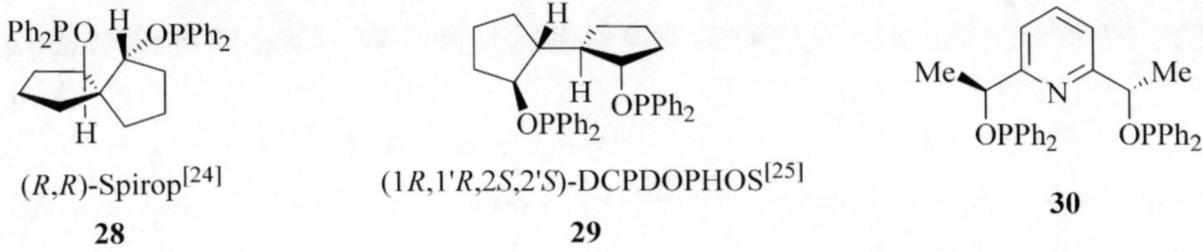

(R,R)-Spirop[24]
28

(1R,1'R,2S,2'S)-DCPDOPHOS[25]
29

30

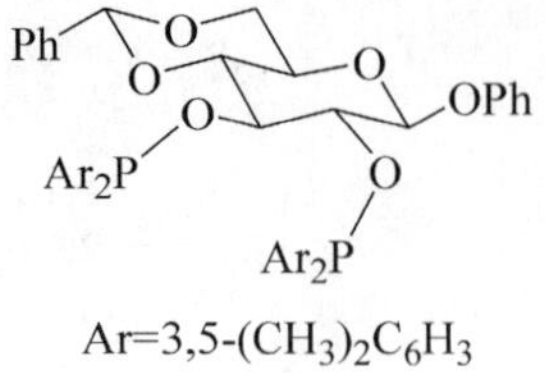

Ph-β-glup[26]

31

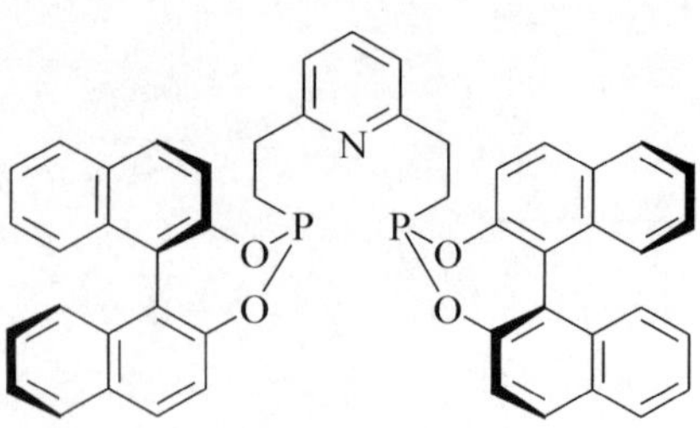

32

手性双氨基膦配体：

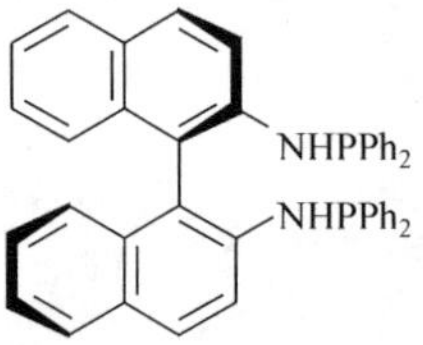

(R)-BDPAB[27,29]

33

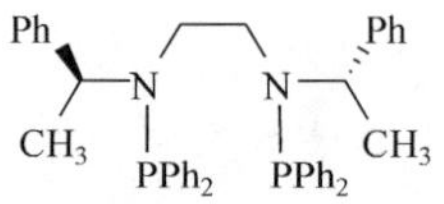

(S,S)-PNNP[28]

34

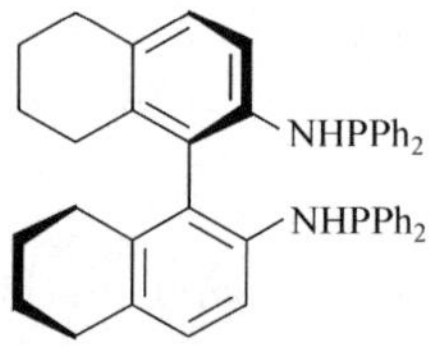

(R)-H_8-BDPAB[29]

35

图 10－2 用于催化氢化的双氧膦和双氨基膦手性配体

10.1.2 烯烃的不对称催化加氢

用手性催化剂将前手性的烯烃通过加氢转变成高光学纯的目标化合物，是不对称合成领域迄今取得的最重要的成就之一。通过大量研究，已发现双键上带有极性基团，如氨基、羟基、羰基、羧酸酯基、酰胺基等的烯烃在不对称催化氢化反应中通常可以获得较高的光学产率。可能因极性基团可与催化剂的金属配位，使烯烃处在确定的位置，按一定的取向进行加氢反应，从而提高了反应的对映选择性有关。

1. α-乙酰氨基丙烯酸类底物的不对称氢化反应

3-取代的α-乙酰氨基丙烯酸加氢得到的产物可以方便地转化成各种不同结构的α-氨基酸。这类底物的高对映选择性加氢反应是制备各种天然和非天然α-氨基酸的有效途径。因此以3-取代的α-乙酰氨基丙烯酸为底物的不对称催化氢化是最早被研究并获得成功的反应。迄今已有数十种不同的手性配体用于此类反应，取得＞95％ ee的选择性，表10－1列出部分取得突出选择性的例子。

除了上述双膦手性配体外，图10－2所列多种双氧膦手性配体，也是烯酰胺不对称催化氢化的有效配体(表10－2)。

$$\text{R-CH=C(NHAc)COOH} \xrightarrow{\text{L}^*\text{-Rh(I), H}_2} \text{RCH}_2\text{-CH(NHAc)COOH}$$

表 10-1 手性双膦配体-Rh(Ⅰ)催化的 α-乙酰氨基丙烯酸衍生物的不对称催化加氢

R	L*	ee/%	构型	文献
H	(*S*,*S*)-SKEWPHOS **6**	98	*R*	[6]
H	(*S*)-BINAP **20**	98	*R*	[17b]
H	(*S*,*S*)-BPPM **13**	95.5	*R*	[12]
H	(*S*,*S*)-Et-DuPHOS **24**	99.4	*S*	[20]
Ph	(*S*,*S*)-DPCP **9**	100	*R*	[9]
Ph	(*R*,*R*)-DIOP **3**	98.5	*S*	[30]
Ph	(*R*,*R*)-NORPHOS **11**	98	*S*	[31]
Ph	(*S*,*S*)-CHIRAPHOS **5**	99	*R*	[7]
Ph	(*R*,*R*)-DIPAMP **4**	96	*S*	[4]
Ph	(*R*,*R*)-FerroPHOS **17**	99.9	*S*	[32]
Ph	(*R*)-BINAP **20**	100	*S*	[17b]
Ph	(*S*,*S*)-BisP*-*t*-Bu **26**	99.9	*R*	[22]
Ph	(*R*,*R*)-MiniPHOS-*t*-Bu **27**	97	*R*	[23]

$$\text{R-CH=C(NHAc)COOR}' \xrightarrow[\text{H}_2]{\text{Rh(I)-L}^*} \text{RCH}_2\text{-C}^*\text{H(NHAc)COOR}'$$

表 10-2 手性双氧膦配体与 Rh(Ⅰ)的配合物催化的乙酰氨基丙烯酸的不对称氢化

序号	R	R′	L*	ee/%	文献
1	Ph	H	(*R*,*R*)-**28**	97	[24b]
2	H	H	(*R*,*R*)-**28**	99.9	[24b]
3	Ph	CH_3	(*S*,*S*)-**28**	95.7	[24b]
4	4-Br-C_6H_4	CH_3	(*S*,*S*)-**28**	96.3	[24b]
5	2-呋喃基(结构式)	CH_3	(*S*,*S*)-**28**	97.2	[24b]
6	H	H	(1*R*,1′*R*,2*S*,2′*S*)-**29**	94.8	[25]
7	Ph	H	(1*R*,1′*R*,2*S*,2′*S*)-**29**	94.7	[25]
8	Ph	CH_3	Ar-β-glup **31**	99	[33]

Halpern 等[34]用 X 射线衍射和核磁共振技术测定了以手性双膦配体(*S*,*S*)-chiraphos **5** 与 Rh 的配合物催化的 *Z*-α-乙酰氨基肉桂酸酯的不对称氢化反应中，催化剂与烯烃底物加合生成的关键中间体的结构和含量。结合详细的动力学研究结果，提出该氢化反应的机理(图 10-3)。由图 10-3 可见，首先，烯烃底物取代催化剂前体中的两个溶剂分子(S)，通过其烯键和羰基氧两点分别与铑形成螯合物 **I**。在双膦配体手性结构的影响下，烯烃与 Rh 的螯合是非对映选择性的，生成的 **I′**和 **I″**是一对非对映异构体。接下来氢气氧化加成到 **I** 中的 Rh(Ⅰ)中心形成 Rh(Ⅲ)二氢

化合物中间体 **II**,这是整个反应过程的速率决定步骤。然后 Rh 上的一个负氢就近加到烯烃缺电子的 β-位上得到中间体 **III**,最后 **III** 还原消除生成产物并再生出催化剂,完成一个催化循环。

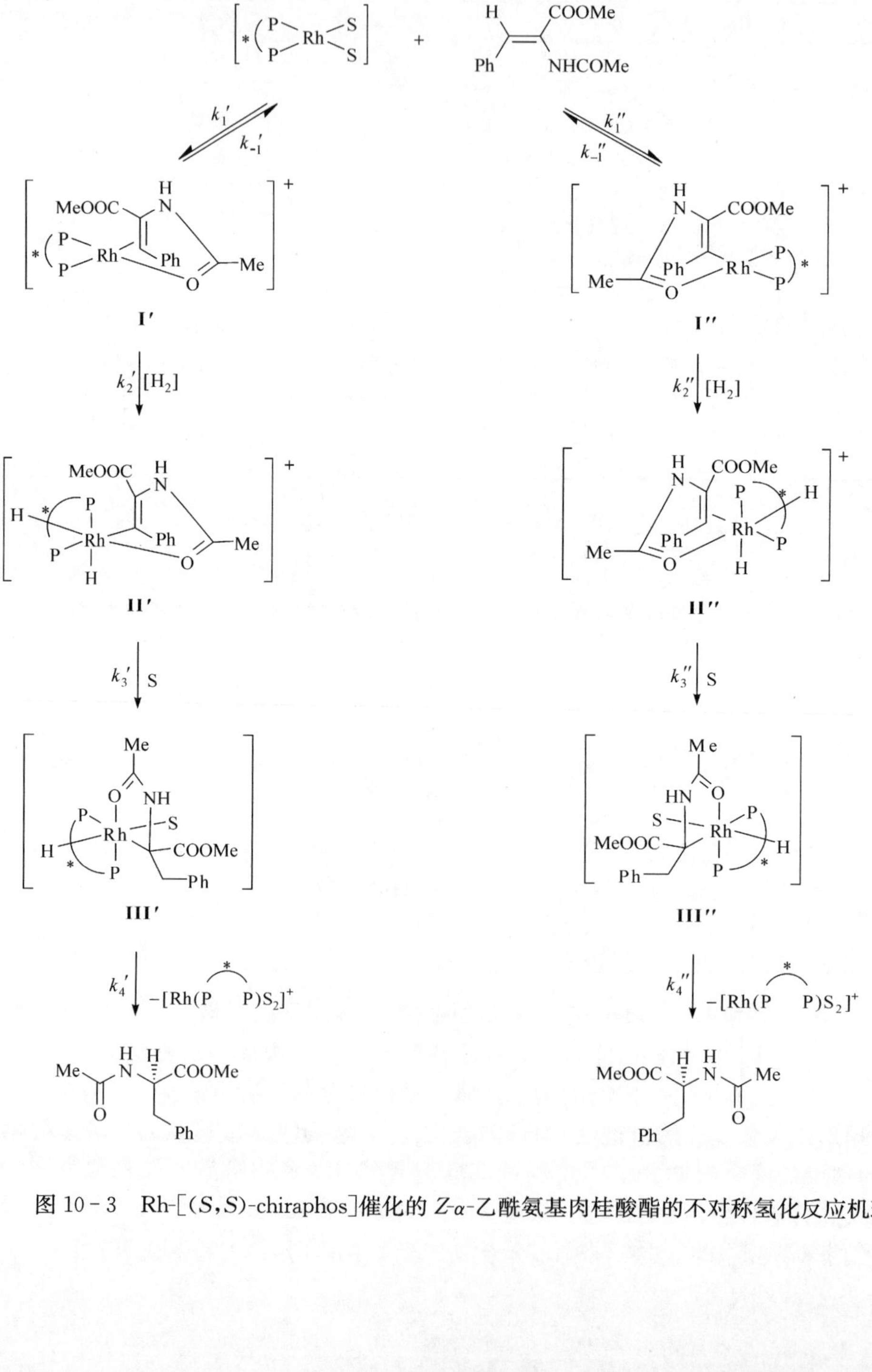

图 10-3　Rh-[(S,S)-chiraphos]催化的 Z-α-乙酰氨基肉桂酸酯的不对称氢化反应机理

值得特别注意的是，虽然第一步烯烃底物与催化剂金属中心 Rh 的螯合配位生成的中间体 **I″**比 **I′**含量大大占优(**I″**约占 90%，**I′**仅占约 10%)，但 **I′**接下来的氧化加氢速率却大大快于 **I″**的加氢速率($k_2{}' : k_2{}'' \approx 10^3$)。因此，**I′**经 **II′**→**III′**得到的加氢产物(*R*)-*N*-乙酰氨酸酯最终成为主要产物。Brown 等对这一反应机理也有类似的研究报道[35]。这一机理也适用于其他大多数催化加氢反应。只不过所用的手性配体的构型不同，生成的螯合物 **I** 的含量比例和随后的氧化加氢的速率不同，因而最终产物占优势的氨基酸酯的构型不同而已。上述机理目前已被普遍接受。

最近几年，又有许多新的双膦或双氧膦(氨膦)手性配体被合成，并用于催化烯烃的不对称氢化，获得极高的对映选择性[36~38]。

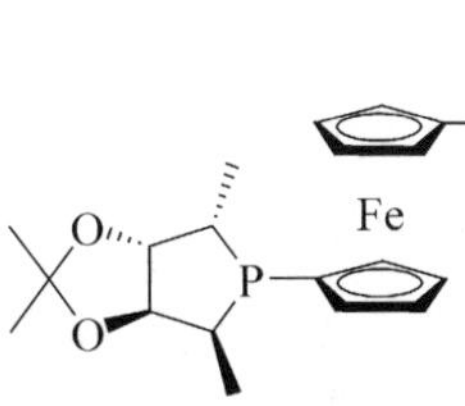

36a 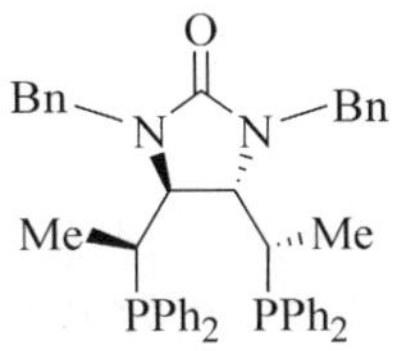　**36b** 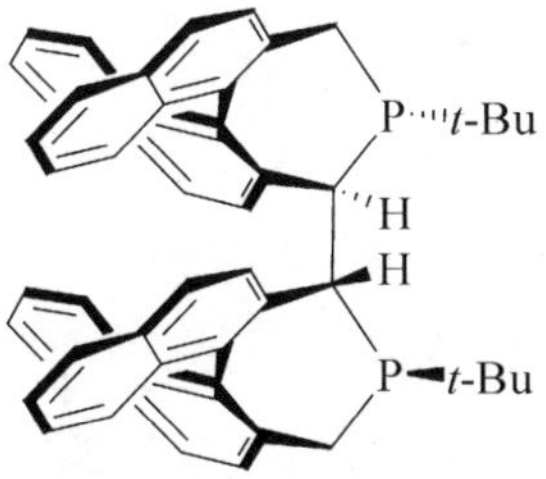　**36c**

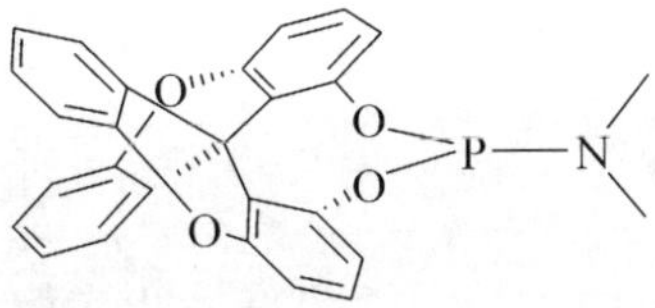

链接物 = , 等

37 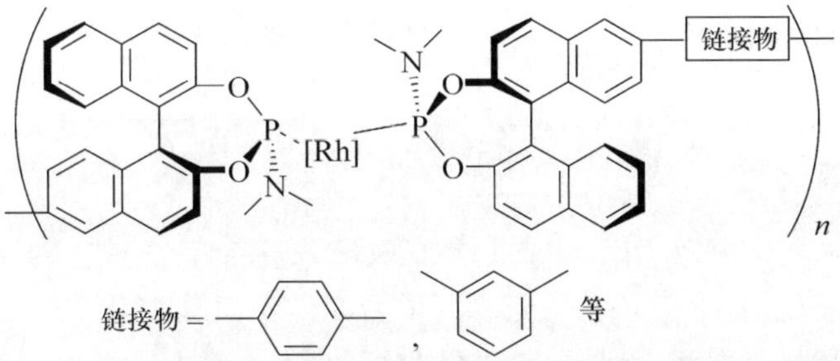　**38**

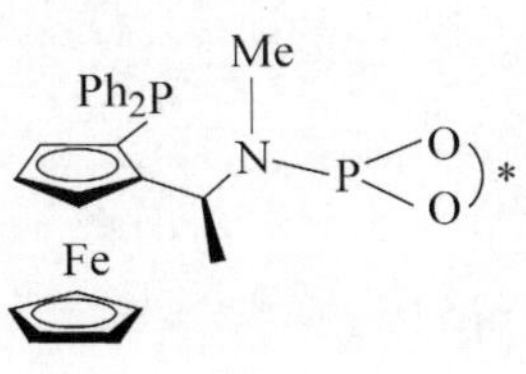

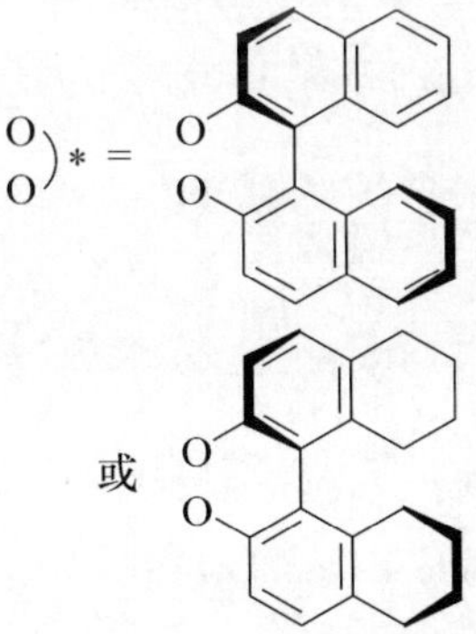

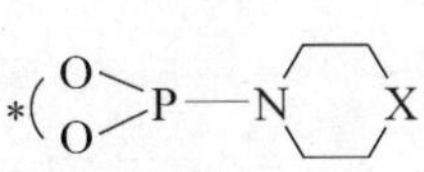

$X = CH_2, O$

39a　或　**39b**

36a 与 Rh 的配合物用于催化 α-乙酰氨基丙烯酸酯的不对称氢化，选择性＞98% ee[36a]。**37** 用于催化同样的反应，产物的选择性也达 98.2%～99.8% ee[37a]。

$$\text{R-CH=C(COOR')(NHAc)} \xrightarrow[\text{H}_2\text{ (15 psi), r.t.}]{\textbf{36a}\text{ (1.1 mol\%)},\ [\text{Rh(COD)}_2]\text{ (1 mol\%)}} \text{R-CH}_2\text{-CH(COOR')(NHAc)}$$

R=H, Ph, Naph, 4(或2, 3)-X-C_6H_4
R′=H, CH_3

98%~99.9% ee

乙酰氨基处在β-位的丙烯酸酯的不对称氢化，也是令人感兴趣的课题，它可用于制备难以从天然获得的光活性β-氨基酸衍生物。Heller 等报道用手性双膦 Et-DuPHOS 或 Et-FerroTANE 催化β-乙酰氨基丙烯酸酯的不对称氢化，产物的选择性都≥98% ee[37c]。

$$\text{R}^1\text{C(NHAc)=CHCOOR}^2 + \text{H}_2 \xrightarrow{(R,R)\text{-L}^*\text{-Rh}} \text{R}^1\text{CH(NHAc)CH}_2\text{COOR}^2$$

R^1= X-取代苯基, R^2=Me, Et

98%~99% ee

36b 与 Rh 的配合物用于催化α或β-酰氨基丙烯酸酯(包括 E 和 Z 构型)、烯胺、α,β-不饱和羧酸酯等多种不同类型的烯烃底物的不对称氢化，都能取得>95% ee 的选择性[36b]。**36c** 催化β-乙酰氨基-β-芳基丙烯酸酯的不对称氢化，产物的对映选择性都≥99% ee[36c]，为高选择性合成β-芳基-β-氨基酸提供了一条有效途径。

$$\text{Ar(AcHN)C=CHCOOMe} \xrightarrow[\text{H}_2\text{, THF, r.t.}]{\text{Rh-}\textbf{36c}} \text{Ar(AcHN)CH-CH}_2\text{COOMe}$$

ee ≥99%

38 这种用 1,4-或 1,3-双取代苯基将几个手性 Rh 配位单元链接起来的非均相催化剂，用于α-乙酰氨基丙烯酸酯的不对称催化氢化，产物的 ee 值都在 94.3%~96.6%之间，而催化剂可回收再用[37b]。

既含双膦氧手性结构，又含膦氨手性结构的配体 **39a** 与 Rh 的配合物用于催化多种不同类型烯烃的不对称氢化反应，均获得 99% ee 以上的高选择性[38a, b]。

$$\text{R}^2\text{-C}_6\text{H}_4\text{-CH=C(CO}_2\text{R}^1\text{)(NHAc)} \xrightarrow[\text{H}_2\text{ (10 bar)},\ \text{CH}_2\text{Cl}_2\text{, r.t., 24h}]{1\text{ mol\% Rh(COD)}_2\text{BF}_4,\ \textbf{39a}} \text{R}^2\text{-C}_6\text{H}_4\text{-CH}_2\text{-CH(COOR}^1\text{)(NHAc)}$$

R^1=Me, Et
R^2=H, 2-Cl, 4-Cl, 2-MeO, 4-MeO

99%~99.9% ee

$$\text{MeOOC-C(=CH}_2\text{)-CH}_2\text{COOMe} \xrightarrow[\text{H}_2\text{ (10 bar)},\ \text{CH}_2\text{Cl}_2\text{, r.t., 24h}]{1\text{ mol\% Rh(COD)}_2\text{BF}_4,\ \textbf{39a}} \text{MeOOC-CH(CH}_3\text{)-CH}_2\text{COOMe}$$

99.3%~99.9% ee

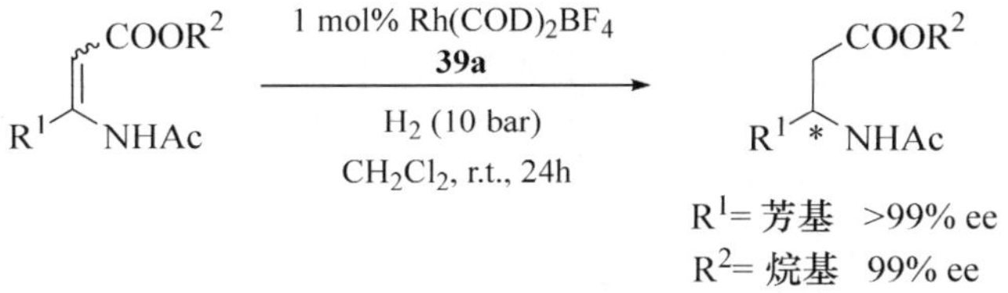

R^1=芳基　>99% ee
R^2=烷基　99% ee

只有双氧膦部分含手性结构，膦氨部分不含手性结构的配体 **39b**，催化不同烯烃的不对称氢化，同样能获得很高的选择性[38c]。

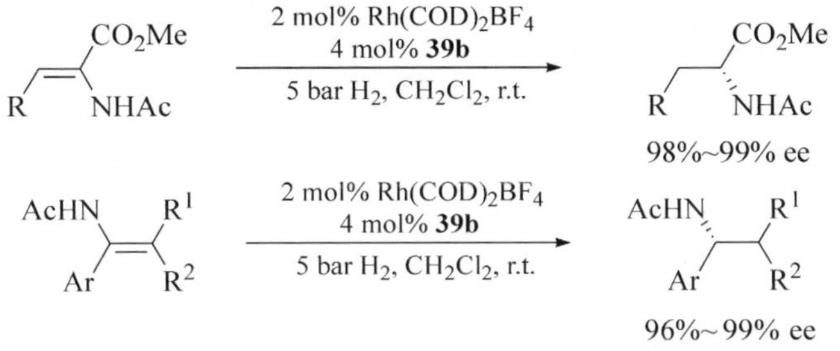

98%~99% ee

96%~99% ee

2. 不饱和羧酸及其衍生物的不对称氢化

α-芳基取代的丙烯酸衍生物，曾用多种手性配体与 Rh 或 Ru 的配合物催化氢化，获得很高的对映选择性。Ito 等用二茂铁双膦手性配体 **40** 与 Rh(Ⅰ)的配合物催化 α,β-不饱和羧酸的不对称氢化反应，产物的选择性>95% ee[39a]。

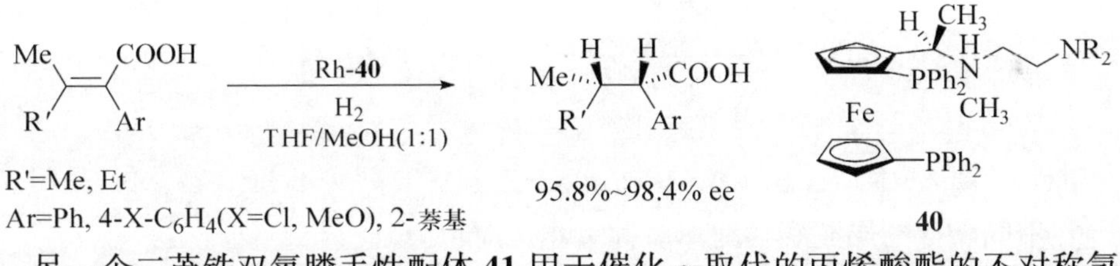

R'=Me, Et
Ar=Ph, 4-X-C_6H_4(X=Cl, MeO), 2-萘基

95.8%~98.4% ee

40

另一个二茂铁双氧膦手性配体 **41** 用于催化 α-取代的丙烯酸酯的不对称氢化反应，产率和选择性都接近定量[39b]。

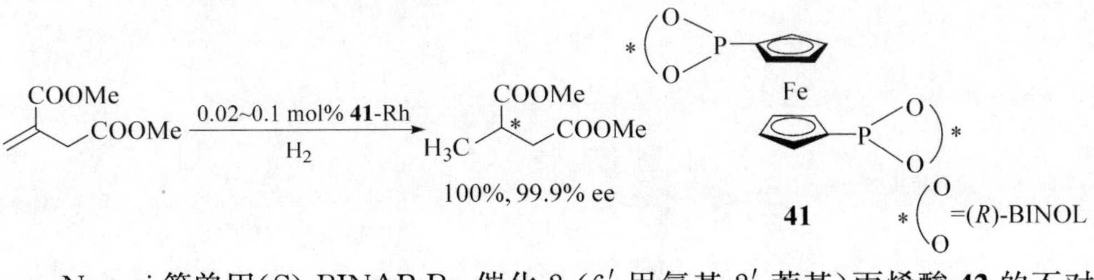

100%, 99.9% ee

41

Noyori 等曾用(S)-BINAP-Ru 催化 2-(6′-甲氧基-2′-萘基)丙烯酸 **42** 的不对称氢化，获得 97% ee 的(S)-萘普生[40]，为工业生产非甾体抗炎药(S)-萘普生奠定了基础。

42 —— (S)-BINAP-Ru(OAc)$_2$, H_2, 92% ——> (S) 97% ee

Pfaltz 等开发的半咕啉手性配体 **43**，与钴的配合物，在 $NaBH_4$ 参与的 α,β-不饱和酯[41]和酰胺[42]的不对称氢化反应中也有十分理想的效果。

0.1 mol% $CoCl_2$, 0.12 mol% **43**, $NaBH_4$, EtOH/DMF, 25℃

R=Ph$(CH_2)_2$, *i*-Pr, $(CH_3)_2C{=}CH(CH_2)_2$; Y=OH, OEt　　94%~96% ee

R=Ph$(CH_2)_2$, *c*-Hex, Ph; Y=$NHCH_3$　　92.4%~98.9% ee

R=CH_2OSiMe_2*t*-Bu

43

3．烯胺的不对称催化氢化

烯胺的不对称氢化是制备光活性胺的有效方法。Chan 等发展的手性双氨基膦配体 **33** 和 **35**（图 10－2）与 Rh（Ⅰ）的配合物，在 α-芳基烯胺的不对称加氢反应中是极其有效的催化剂，反应在 5℃，常压下，30min 内便定量完成，产物的 ee 高达 99%[29]。

Rh-**33**（或 Rh-**35**），1atm① H_2, 5℃, 30min，产率 100%　　99% ee

手性双膦配体（*R*，*S*，*R*，*S*）-Me-PennPHOS **23**[19] 和（*R*，*R*）-Me-DuPHOS **24**[43] 在不同类型的烯胺底物的不对称氢化反应也分别有出色催化效果。

$Rh(COD)_2PF_6$-(*R*,*S*,*R*,*S*)-**23**, H_2, MeOH, r.t.　　98% ee

$[Rh(COD)_2]OTf$-(*R*,*R*)-**24**, H_2　　97% ee

另一双膦手性配体（*R*，*R*）-BICP **15** 与 Rh（Ⅰ）的配合物，在催化 α-芳基烯胺的不对称加氢反应中，产物的 ee 也达 95%以上[44]。

---

① atm 为非法定单位，1atm＝1.013 25×10^5Pa，下同。

$$\text{Me}\sim\text{C(NHAc)=Ar} \xrightarrow[\text{H}_2\text{, 甲苯, r.t.}]{[\text{Rh(COD)}_2]\text{OTf (1mol\%)}, (R,R)\text{-BICP } \mathbf{15} \text{ (1.1 mol\%)}} \text{Me-CH}_2\text{-CH(NHAc)Ar}$$

Ar=Ph　95% ee
Ar=4-MeO-C_6H_4　95.2% ee
Ar=4-CF_3-C_6H_4　95.1% ee

Z-烯胺 **44** 在 0.5～1 mol% (*R*)-BINAP-Ru(OAc)$_2$ 催化下加氢，以定量的产率和大于 99.5% ee 的选择性得到产物 **45**[45]。

44 $\xrightarrow[\text{EtOH/CH}_2\text{Cl}_2\text{, 23℃}]{(R)\text{-BINAP-Ru(OAc)}_2/\text{H}_2}$ **45**　ee >99.5%

最近几年，又有许多新的手性配体(如 **46**～**49**)与 Rh 的配合物被用于催化不同类型的烯胺的不对称氢化，图 10-4 列出这些配体的结构及它们催化烯胺类型和结果。

4. 烯醇和其他不饱和醇的不对称氢化反应

与烯胺类似，烯醇在手性双膦配体(*R*,*R*)-Me-DuPHOS **24** 与 Rh(Ⅰ)的配合物催化下，也能以很高的对映选择性生成加氢产物。

$$\text{R-CH=CH-C(OAc)=CH}_2 \xrightarrow[\text{30 psi}^{①}\text{H}_2\text{, THF/MeOH; 产率 97\%}]{(R,R)\text{-Me-DuPHOS } \mathbf{24}\text{/Rh(I)}} \text{R-CH=CH-CH(OAc)CH}_3$$

R=Ph　94% ee
R=*n*-C_5H_{11}　94% ee

$$\text{R-C≡C-C(OAc)=CH}_2 \xrightarrow[\text{30 psi H}_2\text{, THF 或 MeOH; 产率 >97\%}]{(R,R)\text{-Me-DuPHOS } \mathbf{24}\text{/Rh(I)}} (Z)\text{-R-CH=CH-CH(OAc)CH}_3$$

R=Ph　97.8% ee
R=*n*-C_5H_{11}　98.5% ee

值得注意的是，前一反应的底物中，除了烯醇双键外还有另一双键，但只有烯醇双键选择性加氢，另一双键保持不变[50]；后一反应的底物中除烯醇双键外还有一个炔键，结果烯醇双键选择性加氢的同时，炔键也部分加氢生成 *cis* 烯烃，反应是高度选择性的[51]。

烯丙醇和高烯丙醇在 BINAP-Ru(OAc)$_2$ 催化下也能高对映选择性进行加氢反应。如果底物分子中还存在其他双键，则总是距离羟基较近的双键优先选择加

① psi 为非法定单位。1psi=6.895×10^3Pa，下同。

a. R=CH_3, (*R*)-BINOL
b. R=CH_3, (*S*)-BINOL
c. R= $-(CH_2)_5-$, (*R*)-BINOL
d. R= $-(CH_2)_5-$, (*S*)-BINOL

(*S*,*S*)-(*R*,*R*)-PhTRAP **47**　　**48**　　(S_c,R_p,S_a)-**49**

$[Rh(COD)_2]BF_4$+**46**, H_2　95%~98.5% ee [46]

Ar=4-X—C_6H_4(X=H,Cl,Me,MeO)
R=H,Et
$[Rh(COD)_2]BF_4$,H_2,**47**, CH_2Cl_2,r.t.,16h　94%~99% ee [47]

R=*i*-Pr,Ph,$(CH_2)_2X$
(X=OTBS,CO_2*t*-Bu,NHR')
Rh-**48**　95%~98% ee [48]

49, $[Rh(COD)_2]BF_4$(0.1 mol%), H_2(1 MPa),r.t.　99.6% ee [49]

图 10-4　几种新的手性配体-Rh 催化的烯胺不对称氢化

氢,其他双键既不发生加氢,也不发生双键移位或 *cis*、*trans* 异构化。这可以解释为:底物中的羟基在与中心金属配位时,与它较近的双键正处在合适的位置可以同时与中心金属配位,从而提高这个双键加氢的活性和反应的选择性。典型的例子如香叶醇 **50** 和橙花醇 **51** 的选择性加氢生成(*R*)或(*S*)-香茅醇 **52** 的反应(图 10-5)[52]。反应在室温下进行,仅用 0.002 mol%~0.1 mol%催化剂,便可获得 ee 高达 96%~99%和 100%区域选择性的相应产物。可以看出,产物的构型既与催化剂配体的构型有关,也与底物的烯丙双键的 *Z*、*E* 构型有关,选择适当的底物和催化剂配体便可获得所需构型的香茅醇,这为从天然易得的香叶醇或橙花醇制备较贵重的光活性香茅醇香料提供了一条可行的工业化路线[53]。

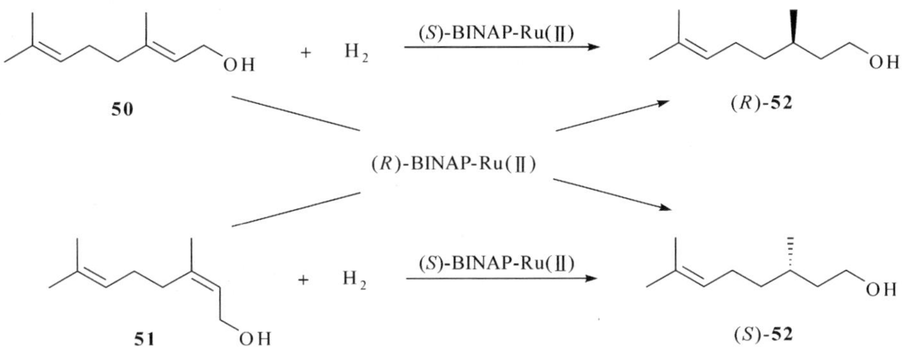

50 + H_2 —(S)-BINAP-Ru(Ⅱ)→ (R)-52

(R)-BINAP-Ru(Ⅱ)

51 + H_2 —(S)-BINAP-Ru(Ⅱ)→ (S)-52

图 10-5 **50** 和 **51** 的选择性加氢反应

5. 非功能基烯烃的不对称氢化反应

前面介绍的不对称氢化反应,烯烃底物分子中都含有极性基团。对于非功能基烯烃底物,相当长一段时间内,Rh(Ⅰ)或 Ru(Ⅱ)与各种手性配体催化的不对称氢化反应都没有获得理想的对映选择性,直到 Buchwald 等发现二茂铁类手性催化剂 **53**,该催化剂能高对映选择性地催化三取代非功能团烯烃的不对称氢化[54]。

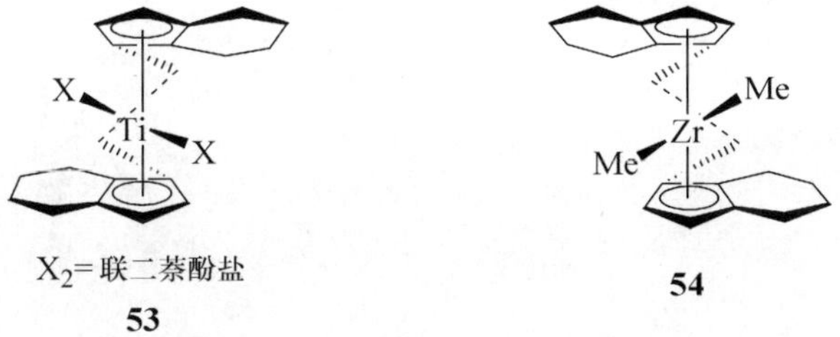

X_2= 联二萘酚盐

53

54

53/H_2 (135 atm), 65℃

83%~99% ee

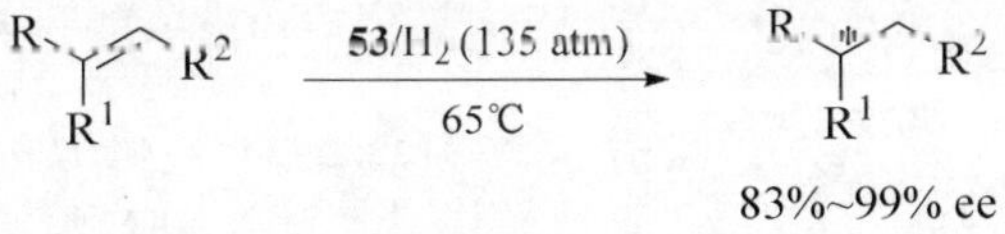

二茂锆手性配合物 **54** 与 $PhMe_2H\overset{+}{N}\overset{-}{B}(C_6H_5)_4$ 组成的催化剂,用于催化四取代的烯烃的不对称氢化,也取得很高的对映选择性[55]。

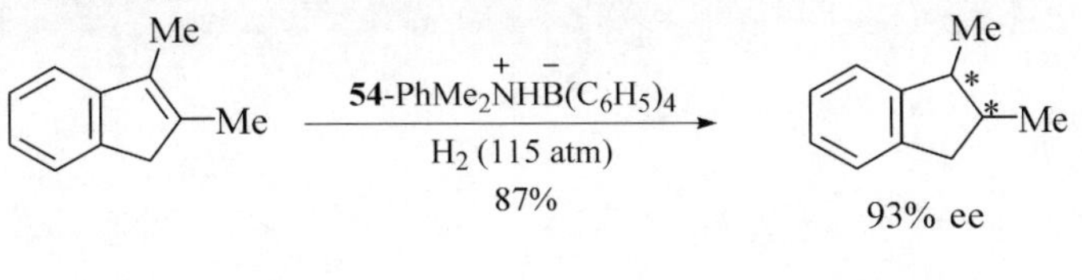

54-$PhMe_2\overset{+}{N}H\overset{-}{B}(C_6H_5)_4$, H_2 (115 atm), 87%

93% ee

10.2　羰基化合物的不对称加氢反应

酮的不对称加氢反应是制备光活性仲醇最重要的途径。在烯烃的不对称氢化反应中,已经知道 Rh(Ⅰ)或 $Ru(OAc)_2$ 与 BINAP 的配合物是非常有效的催化剂,但在酮的不对称氢化反应中,大量的研究工作表明,RuX_2(X=Cl, Br)与 BINAP 的配合物比 $Ru(OAc)_2$ 的配合物效果常常更好,尤其对 β-羰基酯类底物[56]。表明含卤络合物 RuX_2-BINAP 是优异的催化剂。

对于分子中同时存在 C═C 和 C═O 的不饱和酮,其加氢反应存在化学选择性问题。已知的多数催化加氢的催化剂体系,都优先选择 C═C 双键的加氢,虽然金属氢化物如 $NaBH_4$、$LiAlH_4$ 等优先选择 C═O 的加氢,但以这些氢化物为基础发展的选择性羰基不对称加氢反应,难以按"催化"的方式进行。手性配体与过渡金属的配合物催化的氢化反应,相当长一段时间内一直没有找到优先选择 C═O 加氢的通用催化剂体系,直到 Noyori 等发现由 $RuCl_2$、双膦手性配体和手性二胺三者以 1∶1∶1 组成的配合物 $RuCl_2$-DPDA **55**。

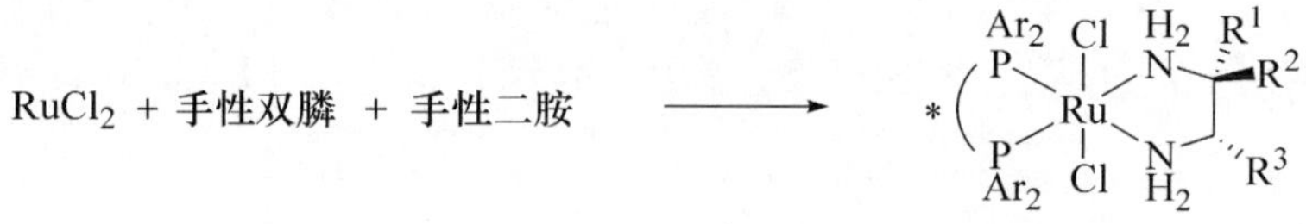

$RuCl_2$ + 手性双膦 + 手性二胺 ⟶

$RuCl_2$-DPDA　**55**

手性双膦

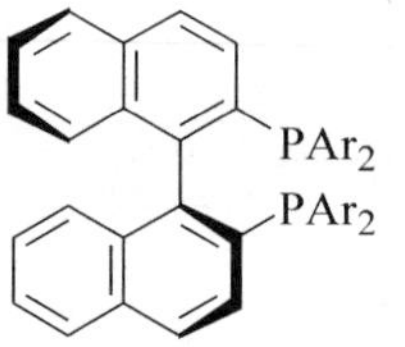

(*S*)-BINAP　：Ar=Ph
(*S*)-TolBINAP：Ar=4-MeC_6H_4
(*S*)-XylBINAP：Ar=3,5-$Me_2C_6H_3$

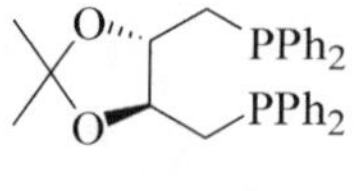

(*S*,*S*)-DIOP

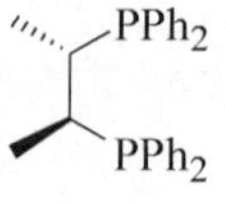

(*S*,*S*)-CHIRAPHOS

手性二胺

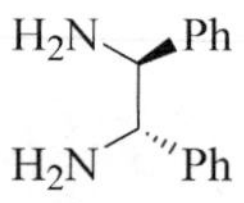

(*S*,*S*)-DPEN

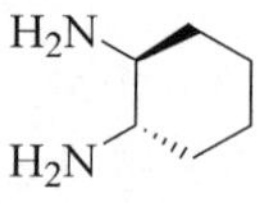

(*S*,*S*)-CHDA

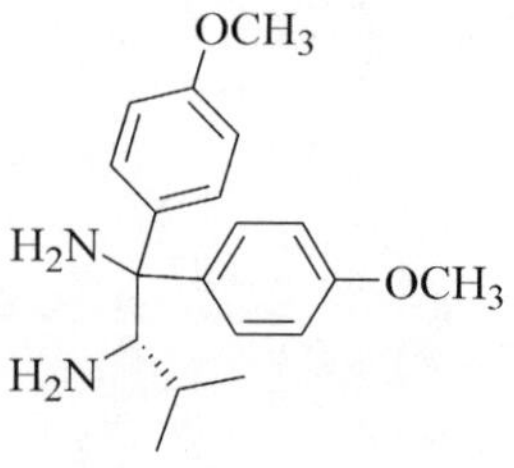

(*S*)-DAIPEN

对于 $RuCl_2$-DPDA 这类催化剂，手性双膦与手性二胺的构型匹配是获得高度对映选择性的关键。例如，用 $RuCl_2$-DPDA 催化萘乙酮的不对称氢化，当使用(*S*)-BINAP 与(*S*,*S*)-DPEN 配合，产物对映选择性高达 97% ee，而用(*R*,*R*)-DPEN 与(*S*)-BINAP 配合，ee 仅 14%[57]。

$RuCl_2$-DPDA, KOH; + H_2

(*S*)-BINAP + (*S*,*S*)-DPEN　97% ee
(*S*)-BINAP + (*R*,*R*)-DPEN　14% ee

$RuCl_2$-DPDA 不仅在不饱和烯酮的不对称氢化反应中表现出极高的化学选择性(C═O/C═C 达 450～1500)和极高的对映选择性(ee 大多＞90%，最高达 100%)，而且在其他各类酮的不对称氢化反应中都是选择性最好的催化剂之一[58]。Noyori 等的这一发现，是酮的不对称氢化反应领域最重要的进展。

与带有极性基团的烯烃的不对称氢化容易获得较高的对映选择性相似，酮羰基的 α、β 或 *r*-位上含有羟基、氨基、羰基、羧基及其衍生基团(酯、酰胺……)等极性基团时，在酮的不对称氢化反应中一般也能获得高的对映选择性。

(*R*)-BINAP-Ru(Ⅱ), H_2 ← → (*S*)-BINAP-Ru(Ⅱ), H_2

C=CH, CH_2, n=1~3
X=NR^1R^2, OR, C═O,
COOR, $CONR^1R^2$ 等

10.2.1　氨基酮的不对称氢化

Kumada 等最先开拓了二茂铁双膦手性配体与 Rh 的配合物催化的 α-氨基酮衍生物的不对称氢化[60]。此后相继有许多用 Rh 或 Ru 与不同手性配体催化的这类底物的不对称氢化并获得＞90% ee 的选择性的报道，相关的工作列于表 10-3[59, 60]，反应如下

$$R'C(O)CH_2NR_2 + H_2 \xrightarrow{cat.} R'C^*H(OH)CH_2NR_2$$

表 10-3　α-氨基酮的不对称氢化反应

R′	NR_2	cat.	醇的 ee/%	构型
Me	NMe_2	(*S*)-BINAP-Ru	99	*S*
Ph	NMe_2	(*S*)-BINAP-Ru	95	*S*
2-萘基	NEt_2	(*S*,*S*)-DIOP-Rh	95	(+)
3,4-$(OH)_2$-C_6H_3	NHMe · HCl	(*R*)-(*S*)-BPPFOH-Rh	95	*R*

续表

R′	NR_2	cat.	醇的 ee/%	构型
Me	$NMe_2 \cdot HCl$	(*S*)-Cy,Cy-OxoProNOP-Rh	97	*S*
Ph	$NH_2 \cdot HCl$	(*S*)-Cy,Cy-OxoProNOP-Rh	93	*S*
Ph	$NHBn \cdot HCl$	(2*S*,4*S*)-MCCPM-Rh	93	*S*
Ph	$NMe_2 \cdot HCl$	(*S*)-Cp,Cp-IndoNOP-Rh	>99	*S*
Ph	$NEt_2 \cdot HCl$	(2*S*,4*S*)-MCCPM-Rh	97	*S*

表 10-3 中所用部分双膦配体的结构如图 10-6 所示。

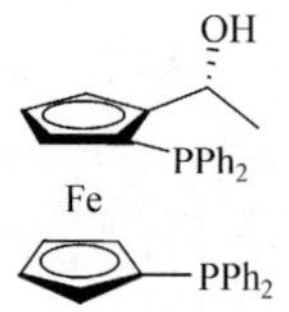

(*R*)-(*S*)-BPPFOH

56

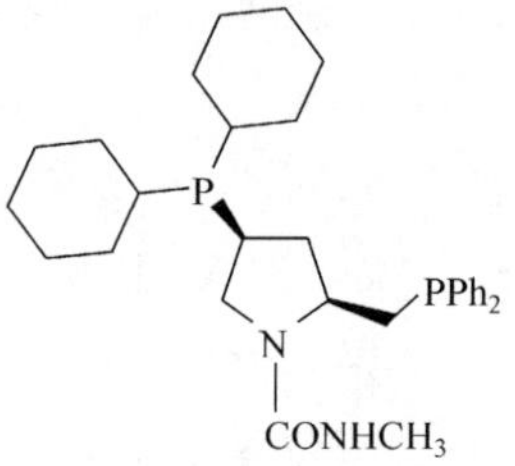

(2*S*,4*S*)-MCCPM

57

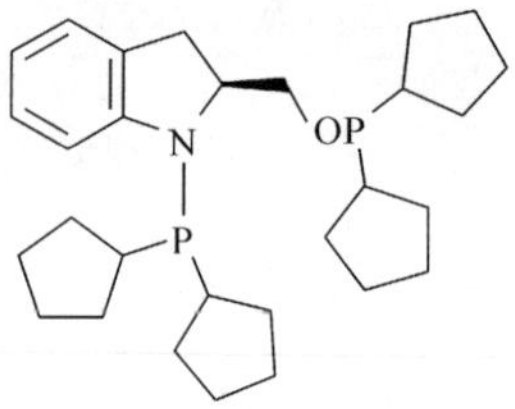

(*S*)-Cp,Cp-IndoNOP

58a

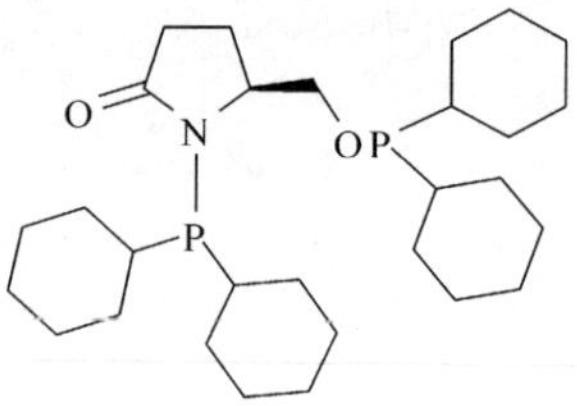

(*S*)-Cy,Cy-OxoProNOP

58b

图 10-6 部分双膦配体的结构

新近发展的双膦配体 **59** 与 Ru 的配合物用于催化苯二甲酰保护的 α-氨基芳香酮及 1,3-二芳基二酮的不对称氢化，都获得极高的选择性[61]。

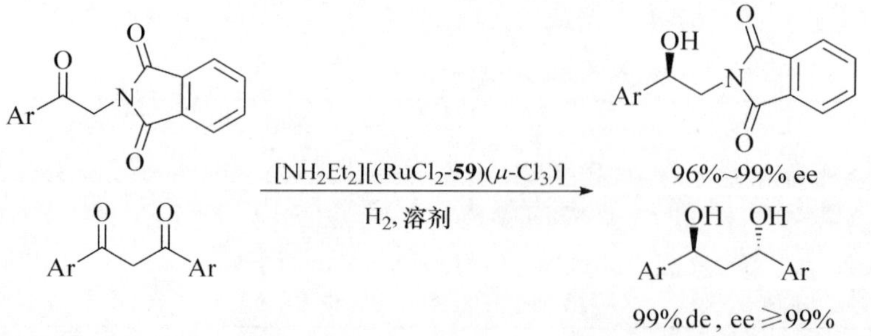

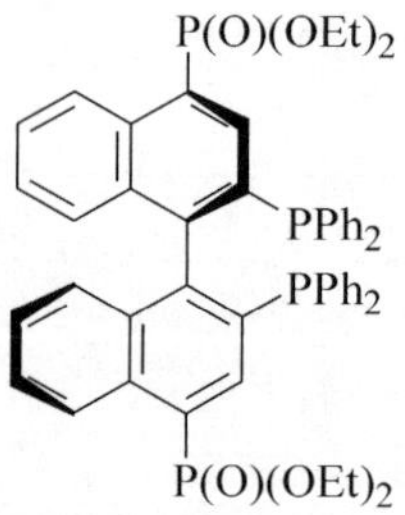

$[NH_2Et_2][(RuCl_2\text{-}\mathbf{59})(\mu\text{-}Cl_3)]$

H_2, 溶剂

96%~99% ee

99%de, ee≥99%

59

Noyori 等发明 $RuCl_2$-DPDA 型双配体催化剂，也是氨基酮不对称氢化极有效的催化剂，对大多数氨基酮底物，产物的对映选择性都达 90% ee 以上（表 10－4）[62～64]。

$$\mathrm{RC(O)CH_2NR^1R^2} + \mathrm{H_2} \xrightarrow{(R,R)\text{-}[\mathrm{Ru}]} \mathrm{R\overset{*}{C}H(OH)CH_2NR^1R^2}$$

表 10－4　用 $RuCl_2$-DPDA 型催化剂(*R*,*R*)-[Ru]催化的 *α*-氨基酮的不对称氢化

R	R^1	R^2	产物的 ee/%	构型
CH_3	CH_3	CH_3	92	*S*
Ph	CH_3	CH_3	93	*R*
Ph	Ac	CH_3	99	*R*
Ph	Bz	H	95	*R*
Ph	Bz	CH_3	99.8	*R*
Ph	*t*-BuOCO	CH_3	99	*R*

注：(*R*,*R*)-[Ru]＝$RuCl_2$[(*R*)-XylBINAP][(*R*)-DAIPEN]。

上述 *α*-氨基酮的不对称氢化方法已被用于(*R*)-denopamine（一种治疗充血性心衰的 *β*-受体拮抗剂）的合成。

BnO–C₆H₄–C(O)CH₂N(Bz)CH₂CH₂–C₆H₃(OMe)₂ →[(R,R)-[Ru], H₂] BnO–C₆H₄–CH(OH)CH₂N(Bz)CH₂CH₂–C₆H₃(OMe)₂

100%, 97% ee

→→ HO–C₆H₄–CH(OH)CH₂NHCH₂CH₂–C₆H₃(OMe)₂ · HCl

(*R*)-denopamine·HCl

$RuCl_2$-DPDA 催化剂体系用于 *β*-或 *γ*-氨基酮的不对称氢化同样有效(图 10－7)。上述 *β*-氨基酮的不对称氢化反应，已被 Lilly 公司用于合成选择抑制 5-羟色胺吸收的抗抑郁药(*R*)-fluoxetine 的合成[65]。而 *γ*-氨基酮的不对称氢化方法则被用于合成潜在抗精神病药 BMS 181100 的合成[66]。

这一催化体系比用手性铑配合物的催化体系更优越，其催化剂用量更低(S∶C＝2000/1～10 000/1，约为其他体系催化剂用量的 1/10)，而且 H_2 的压力要求较低(8 atm，其他要求 30～50 atm)[60d, 67]。

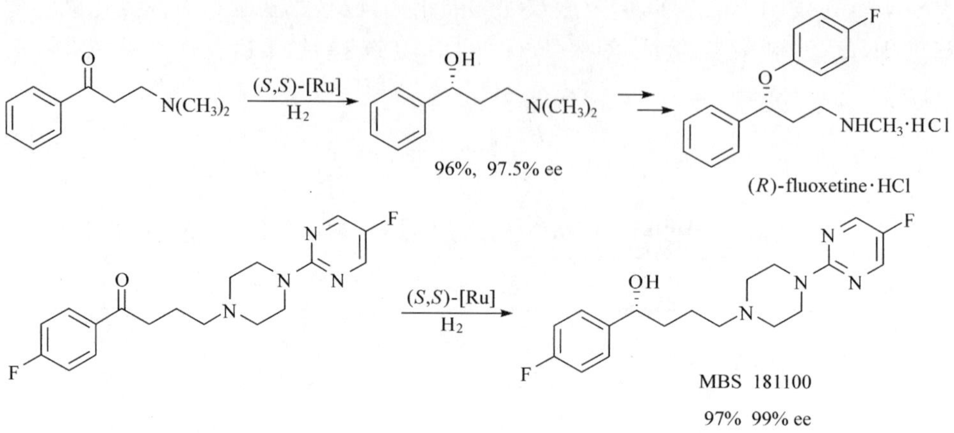

图 10－7　β-和 γ-氨基酮的不对称氢化用以合成 Fluoxetine 和 BMS 181100

Liu 等最近合成的一种新的双膦手性配体(*Sc*,*Rp*)-duanphos **60a** 与 Rh 的配合物用于催化 β-氨基酮的不对称加氢反应,也获得很高的对映选择性[68a]。Zhang 等报道用另一种新的手性双膦(*S*)-TunePHOS **60b** 与 $RuCl_2$ 的配合物催化 α-邻苯二甲酰亚胺酮的不对称氢化反应,获得很高的对映选择性[68b],提供了另一种制备高光学纯氨基醇的实际可行的方法。

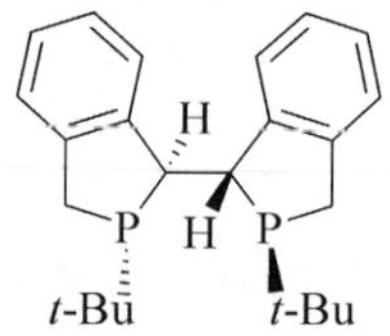

60a 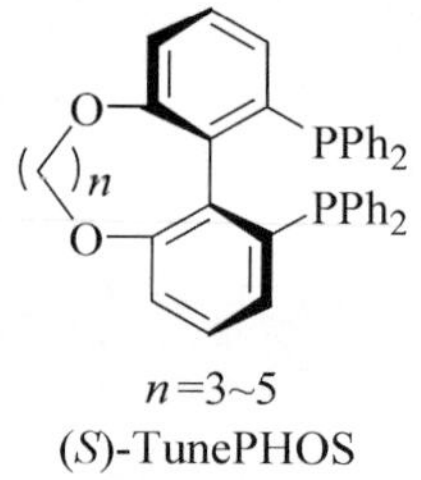　　**60b**

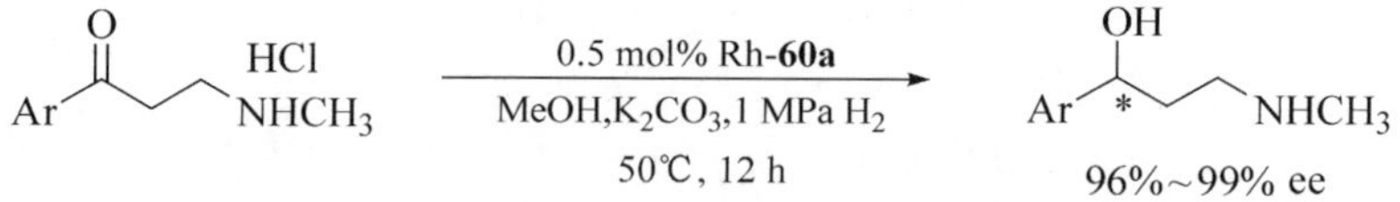

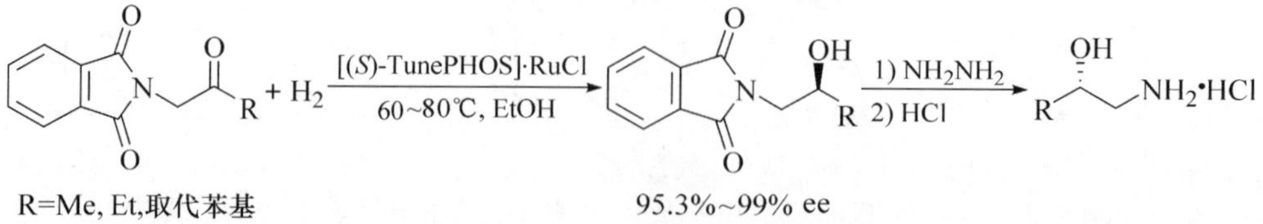

R=Me, Et,取代苯基

10.2.2　β-羰基(或酯基)酮的不对称氢化

Noyori 等很早就发现 BINAP-Ru$(OAc)_2$ 在多种不同的酮的不对称加氢反应中能给出良好的结果，但对 β-羰基丁酸甲酯的不对称氢化，选择性却很差，只有当加入强酸 HCl，才有明显改善，进一步的研究表明，改用 RuX_2（X＝Cl, Br 或 I）与 BINAP 配位，催化同一反应，效果更好，可获得 99％产率和＞99％ ee 的选择性[69]。此后 Jacobsen 等[70]也报道了相似的结果。

(R)-BINAP-RuX_2, H_2, 产率 99%：OCH_3 产物 99% ee；(S)-BINAP-RuX_2, H_2, 产率 99%：OCH_3 产物 99% ee

用同样的催化系统催化 β-羰基酰胺的不对称氢化，也获得很高的对映选择性[71]。

(R)-BINAP-$RuCl_2$, H_2：Ph (S) $NHCH_3$，ee>99.9%；(S)-BINAP-$RuCl_2$, H_2：Ph (R) $NHCH_3$，ee>99.9%

用外消旋的 $RuCl_2$-XylBINAP 与 0.5 当量的(S)-DM-DABN 配合，也能催化 β-羰基丁酸甲酯以定量的产率和＞99％的 ee 获得 3-羟基丁酸甲酯产物[72]。机理研究表明(S)-DM-DABN **61** 的作用是使外消旋 XylBINAP 中的(S)-对映体失活，而让(R)-对映体单独起催化作用，因为不加(S)-DM-DABN，单独用 0.5 当量(R)-Xyl-BINAP，效果几乎一样。

(±)-XylBINAP-$RuCl_2$, (S)-DM-DABN, H_2：OCH_3 产物 99.3% ee, 100% ee

(S)-DM-DABN **61**（NH_2, NH_2）

考虑到 BINAP 型配体以及 Rh、Ru 价格都很高，而均相催化的产品中容易被微量金属污染，因此已有许多研究工作，企图将这些有效的催化剂固载化，制成可回收再用的非均相催化剂。在 BINAP 的 6,6′-位引入两个膦酸基，并通过这两个膦酸基与含 Zr 无机多孔材料键合，制成无机多孔材料担载的 Zr_n(BINAP-$RuCl_2$)型催化剂 **62**(图 10-8)。

62 用于多种不同的 β-羰基酯的不对称氢化反应，都获得满意的催化效果(表 10-5)[73]，催化剂容易回收再用，具有很高的实用性。

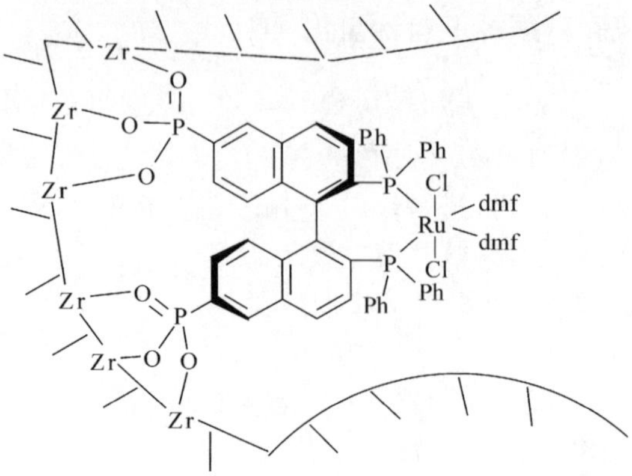

62

图 10-8 **62** 的结构式

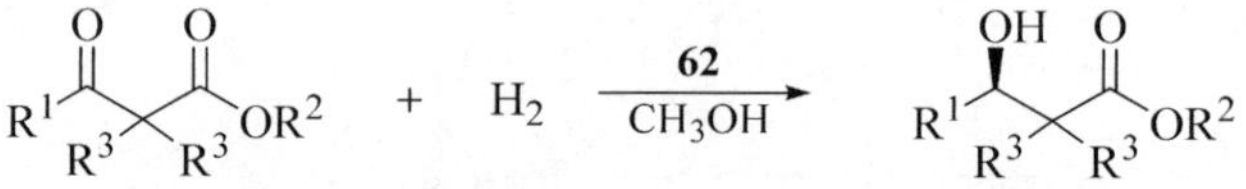

表 10-5 62 催化的 β-羰基酯的不对称氢化

R^1	R^2	R^3	催化剂/%	产率/%	ee/%
Me	Me	H	1	100	95
Me	Me	H	0.1	100	93.3
Et	Et	H	1	100	92
Me	*i*-Pr	H	1	100	91.7
Me	*t*-Bu	H	1	100	93.1
Me	Me	Me	1	100	93.3
Ph	Et	H	1	100	69.6

β-二酮的不对称催化氢化，与 β-羰基酯很相似，产率和对映选择性都很高。Chan 等用 Ru-BINAP 络合物催化 2,4-戊二酮的不对称氢化，以高于 95%的产率和>99.9% ee 得到 2,4-戊二醇[74]。

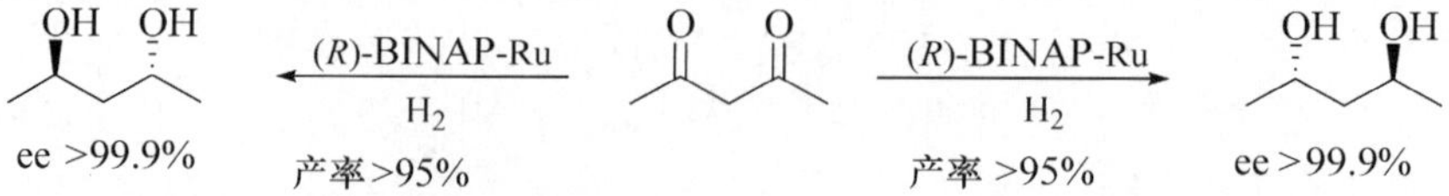

ee >99.9% ← (R)-BINAP-Ru, H_2, 产率>95% — 2,4-戊二酮 — (R)-BINAP-Ru, H_2, 产率 >95% → ee >99.9%

10.2.3 α,β-不饱和酮的不对称氢化

如前所述，Noyori 发明的 $RuCl_2$-DPDA 型催化体系对于分子中同时存在 C═C 和 C═O的底物的氢化，有很高的 C═O 选择性，许多 α,β-不饱和的烯酮在这一催化体系的催化下，可以高选择性生成取代的烯丙醇(图 10-9)[75,76]。

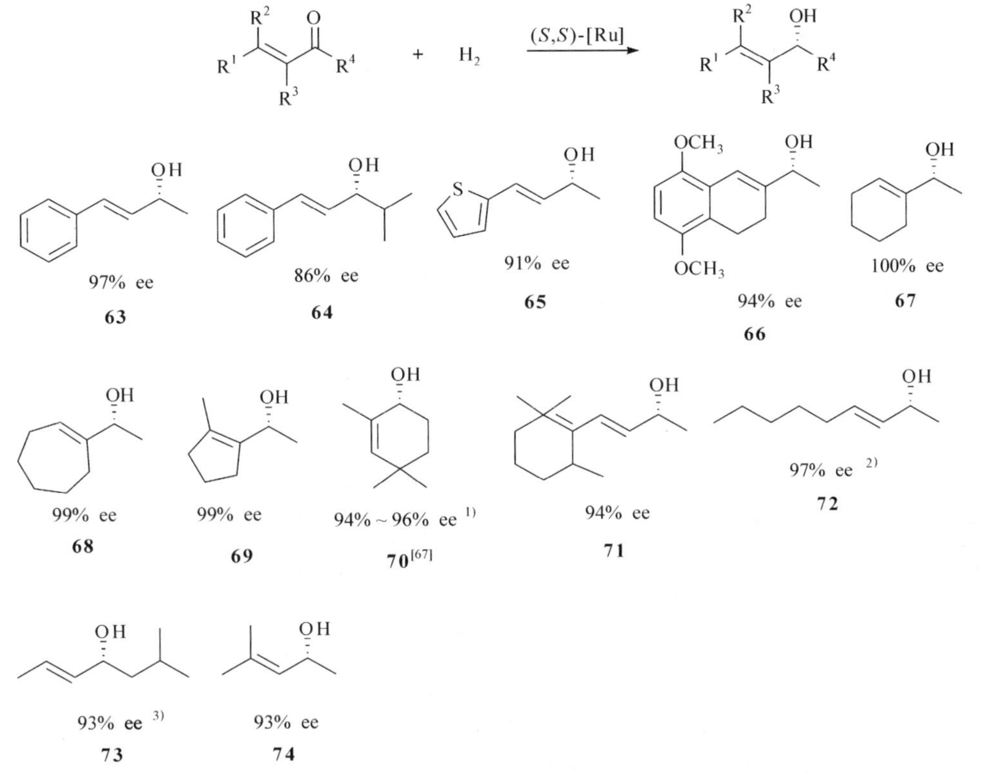
R2
O
R1
R4
R3
+ H2
(S,S)-[Ru]
R2
OH
R1
R4
R3
OH
97% ee
63
OH
86% ee
64
S
OH
91% ee
65
OCH3
OH
OCH3
94% ee
66
OH
100% ee
67
OH
99% ee
68
OH
99% ee
69
OH
94%～96% ee 1)
70[67]
OH
94% ee
71
OH
97% ee 2)
72
OH
93% ee 3)
73
OH
93% ee
74

图 10-9　α,β-不饱和烯酮的不对称氢化

由相应的烯酮生成上述产物的反应，产率≥96%，反应条件：(*S*,*S*)-[Ru]=*trans*-$RuCl_2$[(*S*)-XylBINAP][(*S*)-DAIPEN]，K_2CO_3 或 *t*-BuOK，*i*-PrOH，8～10 atm H_2(S/C=2000～13 000/1)。1）生成 **70** 的反应所用的催化剂是：*trans*-$RuCl_2$[(*S*)-TolBINAP][(*R*,*R*)-DPEN]。2）生成 **72** 的反应液要求稀释至 0.1mol/L，因为相应的烯酮对碱敏感，稀释可避免其自身聚合。3）生成 **73** 的反应，所用催化剂中的双膦和二胺构型都相反，即用(*R*,*R*) [Ru]

10.2.4　芳香酮的不对称氢化

Marko 等的先锋性工作刺激了简单芳香酮的不对称氢化研究，但未获得重要突破[77]。经过许多人的不断努力，现在已有多种催化体系可以使简单芳香酮的不对称氢化获得>90% ee 的对映选择性，其中最重要成果当推 Noyori 等发现的 $RuCl_2$、手性二膦、手性二胺三者组成的催化体系。虽然(*S*)-BINAP 与(*S*,*S*)-DPEN 结合的体系(C)选择性还不很理想，用(*S*)-TolBINAP 与(*S*)-DAIPEN 结合的体系(B)有了明显的改进，而用手性双膦(*S*)-XylBINAP 与手性二胺(*S*)-DAIPEN 结合的体系(A)效果最好(表 10-6)[78～80]。

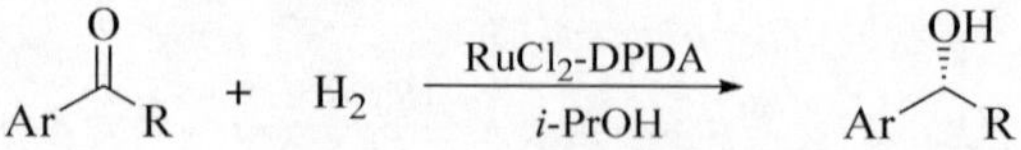

$$\text{ArC(O)R} + H_2 \xrightarrow[i\text{-PrOH}]{RuCl_2\text{-DPDA}} \text{ArCH(OH)R}$$

表 10-6　$RuCl_2$-DPDA 催化的芳香酮的不对称氢化的 ee 值

酮	R 或 X	手性双膦和手性二胺组合		
		A 组合	B 组合	C 组合
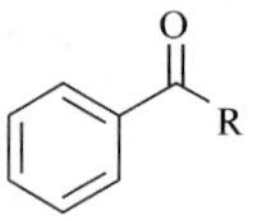 O, R	Me	99	91	87
	Et	99	92	
	n-Pr		94	
	n-Bu			90
	Bn		98	
	i-Pr	99		
	c-Pr	96	92	
	t-Bu			61
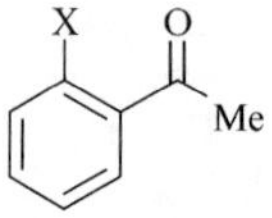 X, O, Me	Me	99	99	95
	Cl	98	94	
	Br	96	98	
	CF_3	99	99	
	MeO	92	82	
	AcNH	98	86	
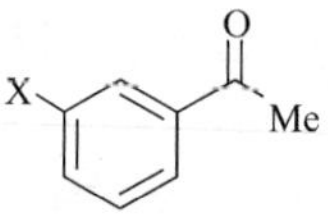 X, O, Me	Me	98	84	94
	n-Bu	98	93	
	t-Bu		96	
	Br	99.6		84
	NO_2	99.8		83
	NH_2	99		
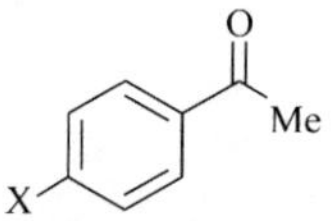 O, Me, X	Me		95	
	Cl	99	86	87
	MeO		95	
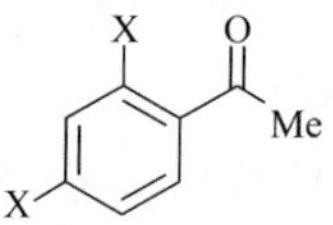 X, O, Me, X	Me	99	99	
	Cl	96	94	
	CF_3	99.5		
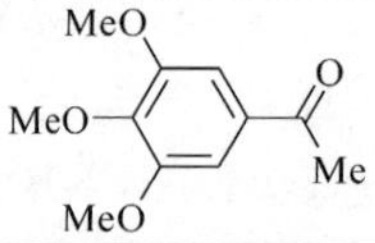 MeO, MeO, MeO, O, Me			99	
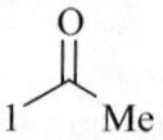 2-naphthyl, O, Me			98	

当二膦和二胺手性配体采用 A 组合时，无论是芳基烷基酮或芳环上邻、间、对位有取代基的苯乙酮，几乎都无一例外地取得很高的对映选择性，取代基无论是给电子或吸电子的、空间体积大或小，对氢化反应的对映选择性似乎都影响不大。

最近报道的几种新的二膦和二胺组合与 $RuCl_2$ 组成的催化体系 **75a**、**75b**、**75c**，在不同类型的酮的不对称氢化反应中有杰出的表现[81]。

Ar=3,5-$(CH_3)_2C_6H_3$

(*S*,*R*,*R*)-**75a**

Ar=3,5-$(CH_3)_2C_6H_3$, R=CH_3

(*S*,*R*)-**75b**

75c

(*S*,*R*,*R*)-**75a** 在 *t*-BuOK 存在下，室温，50 atm H_2，*i*-PrOH 为溶剂的条件下，催化各种芳酮和杂环芳酮，产率高达 98%～100%，选择性达 98%～99.5% ee[81a]。(*S*,*R*)-**75b** 与 *t*-BuOK 合用，在 25℃，9 atm H_2，*i*-PrOH 为溶剂的条件下，催化各种环酮，产物的对映选择性达 92%～99% ee，产率接近定量(98%～100%)(图 10－10)[81b]。

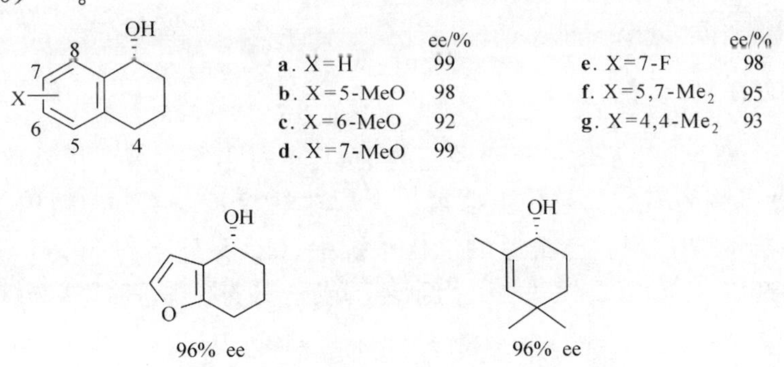

图 10－10　部分由(*S*,*R*)-**75b** 催化的环酮不对称氢化的产物、结构及 ee%值

75c 用于催化芳基酮的不对称加氢，产物的选择性也达 95% ee[81c]。

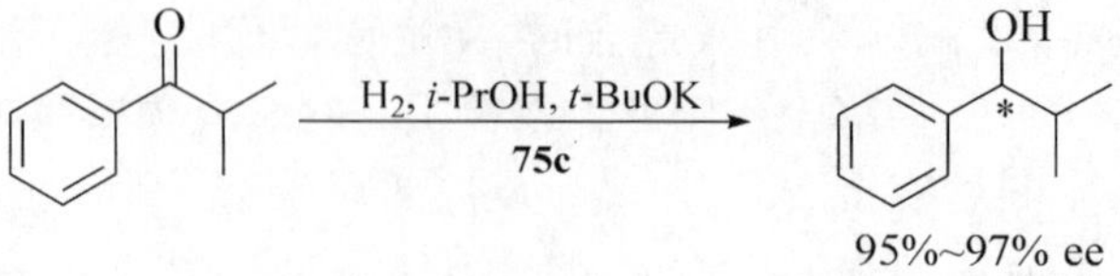

H_2, *i*-PrOH, *t*-BuOK
75c
95%~97% ee

trans-双氧膦-Ru-二胺-BH_3 配合物 **76** 用于芳香酮的不对称氢转移反应，产物二级醇的 ee 也达 94%[82]。

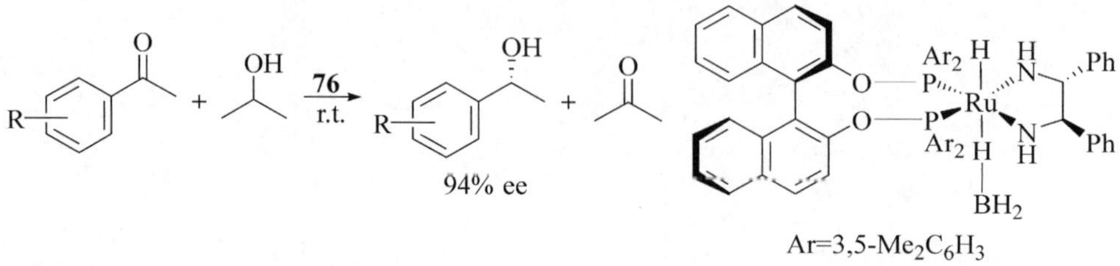

76
r.t.
94% ee
Ar=3,5-$Me_2C_6H_3$
76

Xiao 等报道的 PEG 担载的 $RuCl_2$-DPDA 型手性催化剂 **77**，在催化不同的芳香酮的不对称氢化中，产物的选择性均达 90%～97% ee，且可回收再用[83]。

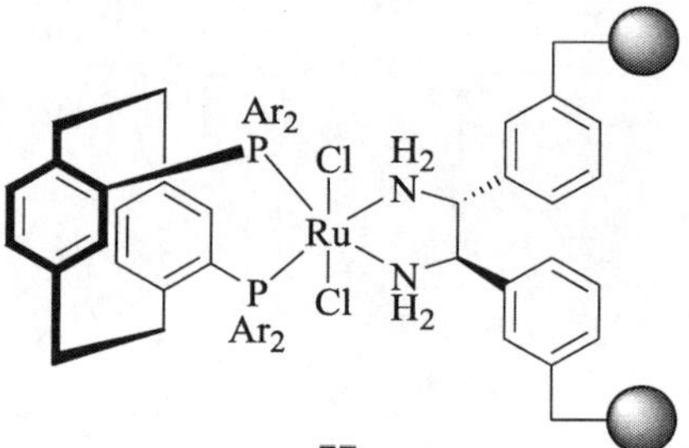

77

各种杂环芳酮，不管是贫电子杂环或富电子杂环，在 $RuCl_2$-DPDA 型配合物催化下的不对称氢化反应，都能获得极高的对映选择性。图 10-11 列出部分杂环酮还原的产物及 ee[84]。

10.2.5 脂肪酮的不对称氢化

羰基上的两个取代基均为脂肪烃基的酮，其不对称氢化至今仍是比较困难的课题，在其他类酮的不对称氢化上取得极大成功的 $RuCl_2$-DPDA 型催化剂，在脂肪酮上效果都不理想[78]。已报道的催化系统中，(*R*,*S*,*R*,*S*)-Me-PennPHOS-Rh 的催化效果最好，只有当取代基之一为脂环基或 α-支链的烷基时，其选择性才比较高(表 10-7)[85]。

(*S*,*S*)-[Ru]对大多数脂肪酮的不对称氢化催化效果虽然不理想，但对取代基之一为环丙基的脂肪酮却表现了很高的选择性(表 10-8)[78]。

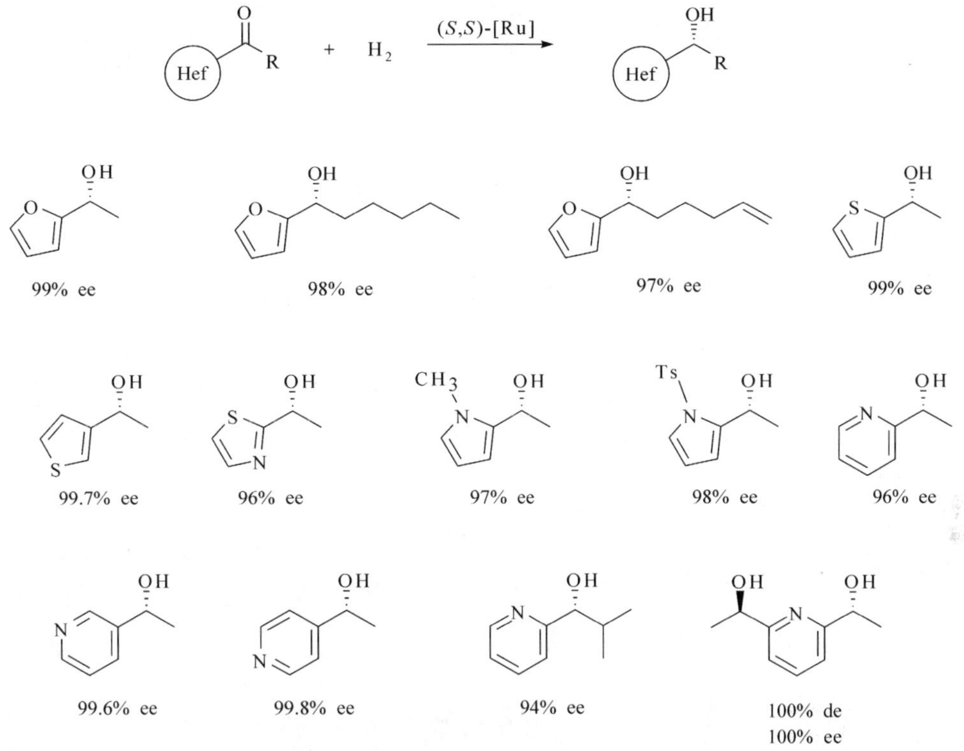

$$\text{Hef-C(=O)R} + H_2 \xrightarrow{(S,S)\text{-[Ru]}} \text{Hef-CH(OH)R}$$

99% ee　98% ee　97% ee　99% ee

99.7% ee　96% ee　97% ee　98% ee　96% ee

99.6% ee　99.8% ee　94% ee　100% de 100% ee

图 10-11　杂芳酮的不对称氢化

上述反应产率均>96%，反应条件：(*S*,*S*)-[Ru]=*trans*-$RuCl_2$[(*S*)-XylBINAP][(*S*)-DAIPEN]，$(CH_3)_3COK$，$(CH_3)_2CHOH$，8 atm H_2，25～30℃

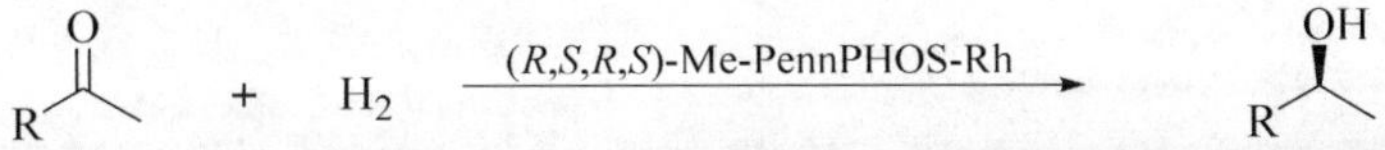

$$\text{RC(=O)CH}_3 + H_2 \xrightarrow{(R,S,R,S)\text{-Me-PennPHOS-Rh}} \text{RCH(OH)CH}_3$$

表 10-7　(*R*,*S*,*R*,*S*)-Me-PennPHOS-Rh 催化的脂肪酮的不对称氢化

R	S/C	产率/%	ee/%	构型
n-C_4H_9	100/1	96	75	*S*
$PhCH_2CH_2$	100/1	99	73	*S*
$(CH_3)_2CH$	100/1	99	84	*S*
c-C_6H_{11}	100/1	90	92	*S*
t-Bu	100/1	51	94	*S*

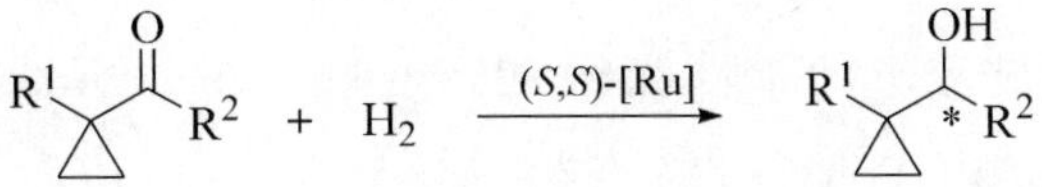

$$R^1\text{-cyclopropyl-C(=O)}R^2 + H_2 \xrightarrow{(S,S)\text{-[Ru]}} R^1\text{-cyclopropyl-}^*\text{CH(OH)}R^2$$

(*S*,*S*)-[Ru]=*trans*-$RuCl_2$[(*S*)-XylBINAP][(*S*)-DAIPEN]

表 10-8 环丙基取代的脂肪酮不对称氢化的立体选择性

R^1	R^2	ee/%	构型
H	CH_3	95	*R*
H	Ph	96	*R*
CH_3	CH_3	98	(—)

10.2.6 通过氢转移反应实现的酮的不对称氢化

酮的不对称加氢也可以通过氢转移反应来实现，即在手性催化剂作用下，用异丙醇为氢供体，对映选择性将一分子 H_2 转移到酮羰基上，生成光活性仲醇。Noyori等曾用手性催化剂 **78**，异丙醇为氢供体，催化炔酮的不对称氢转移反应，获得高对映选择性炔醇[86]。

78; $(CH_3)_2CHOH$; 产率>97%; 99% ee; η^6-arene; **78**

手性氨基醇与 $RuCl_2(\eta^6\text{-arene})$ 的配合物 **79** 也可高对映选择性催化芳香-脂肪酮的不对称氢转移反应[87]。

79; *i*-PrOH; $(\eta^6\text{-arene})$; **79**

Ar=Ph, 1-萘基
R=Me, Et, *n*-Pr, *n*-Bu, *n*-Hex

Will 等发现，通过 *N*-磺酰基上连有 η^6-arene 基团的手性 1,2-二苯基乙二胺与 $RuCl_2$ 形成的二聚配合物 **80**，用于催化几种芳香酮的不对称氢转移反应，也能取得>90% ee 的选择性[88]。

X=H, Cl, OMe
90%~96% ee

90% ee

98% ee

80

Tu 等将固载到硅胶上的手性配体 **81**，与 $RuCl_2$(*p*-cymene)配位，用于催化 HCOOH/NEt_3 为氢源的各种酮的不对称氢转移反应，产物的 ee 高达 99%，催化剂很容易分离，重复使用 10 次，其选择性不变[89]。

$$\text{R-C}_6\text{H}_4\text{COR}' \xrightarrow[\text{HCOOH/NEt}_3]{\textbf{81}/[\text{RuCl}_2(p\text{-cymene})]_2} \text{R-C}_6\text{H}_4\text{CH(OH)R}'$$

>99%, ee >99%

硅胶

81

10.3 亚胺的不对称加氢反应

C═N 双键的不对称加氢也是不对称氢化的重要研究内容，它是合成手性胺的重要途径，但至今这方面的研究相对较少。

Burk 等是最早实现高选择性 C═N 加氢的研究者之一，其做法是先将酮转变成酰基腙，再用 Rh-(*R*,*R*)-Et-DuPHOS 催化 C═N 双键的不对称氢化，产物的选择性达 96%～97% ee[90]。

X=H, Br, MeO, NO_2, COOEt

R=Me, Et, Ph

Rh-(*R*,*R*)-Et-DuPHOS, H_2

96%~97% ee

SmI_2

环状亚胺 **82**，在双膦配体(2*S*,4*S*)-BPPM 与 Ir 的配合物及 BiI_3 催化下，不对称氢化选择性生成环胺 **83**[91]。

(2*S*,4*S*)-BPPM-Ir

H_2, BiI_3

产率 96%

82

90% ee

83

(2*S*,4*S*)-DPPM

Oppolzer 等用磺酰化的 BDPP-Rh 水溶性催化剂催化亚胺 **84**，以 ee>95%的选择性生成相应的胺 **85**[92]。

$[RhCl(NBD)]_2$-BDPP

70 atm H_2

84

ee >95%

85

Ar= $C_6H_{5-n}(SO_3Na)_n$ (*n*=1~3)

BDPP

手性二茂钛配合物 **86**，用于催化环状亚胺的不对称氢化，可获得优异的对映选择性[93]。

n=1~3 → (86, $PhSiH_3$) → 95%~99% ee

86

参 考 文 献

1 a) Mosher H S, Morrison J D. Science, 1983, 221: 1013

b) Knowles W S. Acc. Chem. Res., 1983, 16: 106

c) Kagan H B. Bull. Chim, Soc. Fr., 1988, 846

d) Ojima I, Clos N, Bastos C. Tetrahedron, 1989, 45: 6901

e) Noyori R. Science, 1990, 248: 1194

2 Knowles W S, Sabacky M J, Vineyard B D. J. Chem. Soc. Chem. Commun., 1968, 445

3 a) Dang T P, Kagan H B. J. Chem. Soc. Chem. Commun., 1971, 481

b) Kagan H B, Dang T P. J. Am. Chem. Soc., 1972, 94: 6429

4 a) Knowles W S, Sabacky M J, Vineyard B D. US Patent 4,005,127, 1977

b) Vineyard B D, Knowles W S, Sabacky M J et al. J. Am. Chem. Soc., 1977, 99: 5946

5 a) Fryzuk M D, Bosnich B. J. Am. Chem. Soc., 1977, 99: 6262

b) Fryzuk M D, Bosnich B. J. Am. Chem. Soc., 1979, 101: 3043

6 McNeil P A, Roberts N K, Bosnich B. J. Am. Chem. Soc., 1981, 103: 2273

7 Fryzuk M D, Bosnich B. J. Am. Chem. Soc., 1978, 100: 5491

8 Riley D P, Shumate R E. J. Org. Chem., 1980, 45: 5187

9 Allen D L, Gibson V C, Green M L H et al. J. Chem. Soc. Chem. Commun., 1983, 895

10 Brunner H, Pieronczk W. Angew. Chem. Int. Ed. Engl., 1979, 18: 620

11 Nagel U, Kinzel E, Andrade J et al. Chem. Ber., 1986, 119: 3326

12 Achiwa K. J. Am. Chem. Soc., 1976, 98: 8265

13 Burk M J, Feaster J E, Harlow R L. Tetrahedron: Asymmetry, 1991, 2(7):569～592

14 a) Zhu G, Cao P, Jiang Q et al. J. Am. Chem. Soc., 1997, 119: 1799

b) Zhu G, Zhang X. Tetrahedron: Asymmetry, 1998, 9: 2415

15 Hayashi T, Mise T, Fukushima M et al. Bull. Chem. Soc. Jpn., 1980, 53: 1138

16 Kang J, Lee J-H, Choi J-S et al. Tetrahedron Lett., 1998, 39: 5523

17 a) Mayashita A, Yasuda A, Takaya H et al. J. Am. Chem. Soc., 1980, 102: 7932

b) Mayashita A, Takaya H, Souchi T et al. Tetrahedron, 1984, 40: 1245

18 Pye R J, Rossen K, Reider P J et al. Tetrahedron Lett., 1998, 39: 4441

19 Zhang Z, Zhu G, Jiang G et al. J. Org. Chem., 1999, 64: 1774

20 Burk M J, Casey G, Johnson N B. J. Org. Chem., 1998, 63: 6084

21 Miura T, Imamoto T. Tetrahedron Lett., 1999, 40: 4833

22 Imamoto T, Watanabe J, Yamaguchi K et al. J. Am. Chem. Soc., 1998, 120: 1635

23 Yamanoi Y, Imamoto T. J. Org. Chem., 1999, 64: 2988

24 a) Chan A S C, Lin C-C, Jiang Y-Z et al. Tetrahedron: Asymmetry, 1995, 6: 2953

b) Chan A S C, Hu W-U, Jiang Y-Z et al. J. Am. Chem. Soc., 1997, 119: 9570

25 a) Zhu G-X, Cao P, Zhang X-M et al. J. Am. Chem. Soc., 1997, 119: 1799

b) Zhu G-X, Zhang X-M. J. Org. Chem., 1998, 63: 3137

26 Selke R, Facklam C, Foken H et al. Tetrahedron: Asymmetry, 1993, 4: 369

27 Miyano S, Nawa M, Mori A et al. Bull. Chem. Soc. Jpn., 1984, 57: 2171

28 a) Fiorini M, Giongo G M. J. Mol. Catal., 1978, 4: 125

b) Fiorini M, Giongo G M. J. Mol. Catal., 1979, 5: 303

29 Zhang F-Y, Pai C-C, Chan A S C. J. Am. Chem. Soc., 1998, 120: 5808

30 Zikanova Z, Vaisarova V, Hetfleijs J. Coll. Czech. Chem. Commun., 1986, 51: 1287

31 Karim A, Mortreux A, Petit F. Tetrahedron Lett., 1986, 27: 345

32 Pye R J, Rossen K, Reider P J. J. Am. Chem. Soc., 1997, 119: 6207

33 a) RajanBabu T V, Ayers T A, Halliday G A et al. J. Org. Chem., 1997, 62: 6012

b) RajanBabu T V, Radetich B, You K K et al. J. Org. Chem., 1999, 64: 3429

34 a) Chan A S C, Pluth J J, Halpern J. J. Am. Chem. Soc., 1980, 102: 5952

b) Landis C R, Halpern J. J. Am. Chem. Soc., 1989, 109: 1746

c) Halpern J. Pure Appl. Chem., 1983, 55: 99

35 a) Brown J M, Chaloner P A. Tetrahedron Lett., 1978, 1877

b) Brown J M, Chaloner P A. J. Am. Chem. Soc., 1980, 102: 3040

c) Brown J M, Chaloner P A, Morris G A. J. Chem. Soc. Chem. Commun., 1983, 664

36 a) Liu D, Li W, Zhang X. Org. Lett., 2002, 4: 4471

b) Zhang Y-J, Song C-E, Lee S-G et al. Adv. Synth. Catal., 2005, 347: 563

c) Tang W-J, Wang W-M, Zhang X-M et al. Angew. Chem. Int. Ed., 2003, 42: 3509

37 a) Wu S-L, Zhang W-C, Zhang X-M et al. Org. Lett., 2004, 6: 3565

b) Wang X-W, Ding K-L. J. Am. Chem. Soc., 2004, 120: 10524

c) You J S, Drexler H J, Heller D et al. Angew. Chem. Int. Ed., 2003, 42: 913

38 a) Zeng Q-H, Hu X-P, Zhang Z et al. Tetrahedron: Asymmetry, 2005, 16: 1233

b) Hu X-P, Zhang Z. Org. Lett., 2005, 7: 419

c) Bennsmann H, Minnaard A J, Feringa B L et al. J. Org. Chem., 2005, 70: 943

39 a) Hayashi T, Kawamura N, Ito Y. J. Am. Chem. Soc., 1987, 109: 7876

b) Reetz M T, Gosberg A, Goddard R et al. J. Chem. Soc. Chem. Commun., 1998, 2077

40 Ohta T, Takaya H, Noyori R et al. J. Org. Chem., 1987, 52: 3174

41 Leutenegger U, Madin A, Pfaltz A. Angew. Chem. Int. Ed. Engl., 1989, 28: 60

42 Van Matt P, Pfaltz A. Tetrahedron: Asymmetry, 1991, 2: 691

43 Zhu G, Casalnuora A L, Zhang X. J. Org. Chem., 1998, 63: 8100

44 Zhu G, Zhang X. J. Org. Chem., 1998, 63: 9590

45 Noyori R, Ohta M, Hsiao Y et al. J. Am. Chem. Soc., 1986, 108: 7117

46 Huang H, Zheng Z, Luo H et al. Org. Lett., 2003, 5: 4137

47 Hoen R, Minnaard A J, Teringa B L et al. Org. Lett., 2004, 6: 1433

48 Kuwano R, Kaneda K, Ito Y et al. Org. Lett., 2004, 6: 2213

49 Hu X-P, Zheng Z. Org. Lett., 2004, 6: 3585

50 Burk M J. J. Am. Chem. Soc., 1991, 113: 8518

51 Boaz N W. Tetrahedron Lett., 1998, 39: 5505
52 Takaya H, Ohta T, Noyori R et al. J. Am. Chem. Soc., 1987, 109: 1596
53 Takaya H, Ohta T, Inoue S et al. Org. Synth., 1993, 72: 74
54 Broene R D, Buchwald S L. J. Am. Chem. Soc., 1993, 115: 12569
55 Troutman M V, Appella D H, Buchwald S L. J. Am. Chem. Soc., 1999, 121: 4916
56 Noyori R, Ohkuma T, Kitamura M. J. Am. Chem. Soc., 1987, 109: 5856
57 Ohkuma T, Ooka H, Noyori R et al. J. Am. Chem. Soc., 1995, 117: 2675
58 Noyori R, Ohkuma T. Angew. Chem. Int. Ed.., 2001, 40: 40
59 a) Takeda H, Tachinami T, Achiwa K et al. Tetrahedron Lett., 1989, 30: 363
b) Hayashi T, Katsumura A, Kumada M et al. Tetrahedron Lett., 1979, 20: 425
c) Hayashi T, Kumada M. Acc. Chem. Res., 1982, 15: 395
60 a) Törös S, Kollár L, Heil B et al. J. Organomet. Chem., 1982, 232: C17-18
b) Yoshikawa K, Yamamoto N, Achiwa K et al. Tetrahedron: Asymmetry, 1992, 3: 13
c) Devocelle M, Agbossou F, Mortreux A. Synlett, 1997, 1306
d) Pasquier C, Naili S, Agbossou F et al. Tetrahedron: Asymmetry, 1998, 9: 193
61 Hu A-G, Lin W-B. Org. Lett., 2005, 7: 455
62 Ohkuma T, Ooka H, Noyori R et al. J. Am. Chem. Soc., 1995, 117: 2675
63 Kawaguchi T, Saito K, Takeda M et al. Chem. Pharm. Bull., 1993, 41: 639
64 Naito K, Nagao T, Nakagima H et al. Jpn. J. Pharmacol., 1985, 38: 235
65 Robertson D W, Krushinski J H, Learder J D et al. J. Med. Chem., 1988, 31: 1412
66 Yevich J P, New J S, Temple D L et al. J. Med. Chem., 1992, 35: 4516
67 a) Sakuraba S, Achiwa K. Synlett, 1991, 689
b) Sakuraba S, Nakajima N, Achiwa K. Synlett, 1992, 829
68 a) Liu D, Gao W-Z, Zhang X-M et al. Angew. Chem. Int. Ed., 2005, 44: 1687
b) Lei A, Wu S, Zhang X et al. J. Am. Chem. Soc., 2004, 126: 1626
69 Noyori R, Ohkuma T, Kitamura M. J. Am. Chem. Soc., 1987, 109: 5856
70 Lebel H, Jacobsen E N. J. Org. Chem., 1998, 63: 9624
71 Huang H-L, Liu L-T, Chen S-F et al. Tetrahedron: Asymmetry, 1998, 9: 1637
72 Mikami K, Yusa Y, Korenaga T. Org. Lett., 2002, 4: 1643
73 a) Hu A, Ngo H L, Lin W. Angew. Chem. Int. Ed., 2003, 42: 6000
b) Hu A, Ngo H L, Lin W. J. Am. Chem. Soc., 2003, 125: 11490
74 Fan Q-H, Yeung C-H, Chan A S C. Tetrahedron: Asymmetry, 1997, 8: 4041
75 Ohkuma T, Koizumi M, Noyori R et al. J. Am. Chem. Soc., 1998, 120: 12529
76 a) Mori K, Puapoomchareon P. Liebigs Ann. Chem., 1991, 1053
b) Mori K, Synlett, 1995, 1097
77 a) Törös S, Heil B, Markó L et al. J. Organomet. Chem., 1980, 197: 85
b) Bakos J, Tóth I, Markó L et al. J. Organomet. Chem., 1985, 279: 23
78 Ohkuma T, Koizumi M, Noyori R et al. J. Am. Chem. Soc., 1998, 120: 13529
79 Doucet H, Ohkuma T, Noyori R et al. Angew. Chem., 1998, 110: 1792
80 Doucet H, Ohkuma T, Noyori R et al. Angew. Chem. Int. Ed., 1998, 37: 1703
81 a) Xie J-H, Wang L-X, Zhou Q-L et al. J. Am. Chem. Soc., 2003, 125: 4404

b) Ohkuma T, Hattori T, Noyori R et al. Org. Lett., 2004, 6: 2681

c) Grasa G A, Antonio Z-G, Hems W P et al. Org. Lett., 2005, 7: 1449

82 Guo R-W, Chen X-H, Morris R H et al. Org. Lett., 2005, 7: 1757

83 Li X-G, Chen W-P, Xiao J-L et al. Org. Lett., 2003, 5: 4559

84 Ohkuma T, Koizumi M, Noyori R et al. Org. Lett., 2000, 2: 1749

85 a) Jiang Q, Jiang Y, Zhang X et al. Angew. Chem. 1998, 110: 1203;. Angew. Chem. Int. Ed., 1998, 37: 1100

b) Nagel U, Roller C. Z. Naturforsch. B, 1998, 53: 267

86 a) Matsumura K, Hashiguchi S, Noyori R et al. J. Am. Chem. Soc., 1997, 119: 8738

b) Haack K J, Hashiguchi S, Noyori R et al. Angew. Chem. Int. Ed. Engl. 1997, 36: 285

87 Alonso D A, Guijarro D, Evans D A et al. J. Org. Chem., 1998, 63: 2749

88 Hannedouche J, Clarkson G J, Wills M. J. Am. Chem. Soc., 2004, 126: 986

89 Liu P-N, Gu P-M, Tu Y-Q et al. Org. Lett,, 2004, 6: 169

90 Burk M J, Feaster J E, Harlow R L et al. J. Am. Chem. Soc., 1993, 115: 10125

91 Satoh K, Inenaga M, Kanai K. Tetrahedron: Asymmetry, 1998, 9: 2657

92 Oppolzer W, Wills M, Bernardinelli G et al. Tetrahedron Lett., 1990, 31: 4117

93 Verdaguer X, Lange U E W, Buchwald S L. J. Am. Chem. Soc., 1996, 118: 6784

第 11 章　烯烃的不对称氧化

11.1　烯烃的不对称环氧化

烯烃在多种不同氧化剂的作用下都能转变成环氧化物，如式(11-1)所示。

$$\text{R}_2\text{C=CR}_2 \xrightarrow{[O]} \text{环氧化物} \qquad (11-1)$$

使用较多的氧化剂主要有过氧酸、过氧醇和过氧化氢等。早期的不对称环氧化研究曾用手性过氧酸直接诱导环氧化反应，但产物的选择性不高[1]，可能是过氧酸中的手性结构距离反应中心太远的缘故。

许多过渡金属，特别是以最高氧化态 d^0 存在的过渡金属，如 Ti(Ⅳ)、V(Ⅴ)、Mo(Ⅵ)、W(Ⅵ)等都能催化烯烃的环氧化。Ti(Ⅳ)是其中催化活性最低的，但它与手性配体的配合物后来却成为最有效的不对称环氧化的手性催化剂。早期曾用活性较高的钒(Ⅴ)、钼(Ⅵ)和钨(Ⅵ)与手性配体结合催化这类反应，虽然能获得不错的产率，但对映选择性一直不理想，主要是这些金属离子容易与 1～3 个氧形成 M═O、O═M═O 、O═M(═O)—O 型配合物，中心金属离子只能留下 1～3 个配基与手性配体及底物或试剂之一形成配合物，无法将手性配体、底物与试剂三者同时与中心金属配位，从而使试剂与底物在手性环境中实现反应。Ti(Ⅳ)虽然催化活性不高，但它不与氧配位形成 Ti═O，而能与四个烷基结合形成 $Ti(OR)_4$，当与二齿手性配体混合时，两个 RO 被手性配体交换，另外两个 RO 分别被底物(烯丙醇)和氧化剂(过氧化特丁酯)交换，达到了在手性环境下加速环氧化的要求，从而成为最有效的手性催化剂。

11.1.1　烯丙醇的 Sharpless 环氧化

1. Sharpless 环氧化的基本衍生化特点

在经历许多不太成功的探索后，Sharpless 等于 1980 年报道了第一个突破性发现[2]。他们用酒石酸二酯与 $Ti(O\textit{i}\text{-}Pr)_4$ 的配合物催化过氧化叔丁醇(TBHP)对烯丙伯醇的不对称环氧化，以 70%～90%的化学产率和大于 90%的光学产率得到烯丙伯醇的环氧化物(表 11-1)。

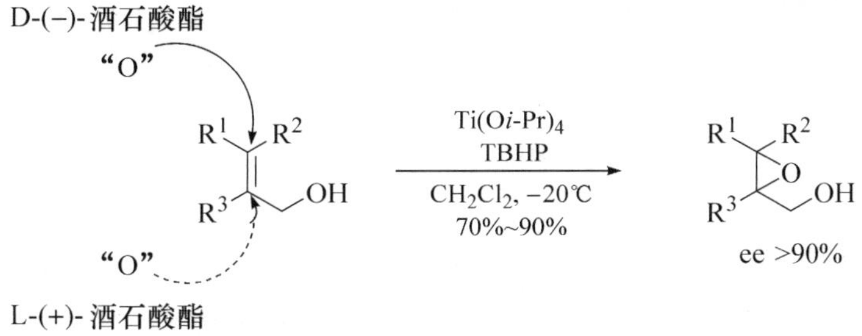

D-(−)-酒石酸酯

"O"

R^1 R^2 R^3 OH

$\xrightarrow[\text{CH}_2\text{Cl}_2,\ -20^\circ\text{C};\ 70\%\sim90\%]{\text{Ti(O}i\text{-Pr)}_4,\ \text{TBHP}}$

R^1 R^2 O R^3 OH

ee >90%　　(11－2)

"O"

L-(+)-酒石酸酯

表 11－1　酒石酸二酯-Ti(O*i*-Pr)$_4$ 催化的烯丙醇的不对称环氧化

序号	烯丙醇			酒石酸二酯	产率/%	ee/%	构型	参考文献
	R^1	R^2	R^3					
1	Me	H	H	(+)-异丙酯	70	92	(*S*,*S*)	[3]
2	*n*-$C_{10}H_{21}$	H	H	(+)-乙酯	79	>95	(*S*,*S*)	[2]
3	*t*-Bu	H	H	(+)-乙酯	52	>95	(*S*,*S*)	[4]
4	CH_2═CH	H	H	(+)-乙酯	56	91	(*S*,*S*)	[5]
5	H	Me	H	(+)-异丙酯	68	92	(2*S*,3*R*)	[3]
6	H	*n*-$C_{11}H_{23}$	H	(+)-异丙酯	83	92	(2*S*,3*R*)	[6]
7	H	Ph	H	(+)-异丙酯	61	78	(2*S*,3*R*)	[7]
8	H	H	Me	(+)-乙酯	32	94	(*R*)	[4]
9	H	H	*n*-Pr	(+)-乙酯	88	95	(*S*)	[3]
10	H	H	*c*-C_6H_{11}	(+)-乙酯	81	>95	(*S*)	[2]
11	Me	Me	H	(+)-苄酯	25	90	(*R*)	[8]
12	$(CH_3)_2C$═CH—CH_2	Me	H	(+)-乙酯	67	95	(*S*,*S*)	[9]
13	Et	H	Me	(+)-甲酯	79	95	(*S*,*S*)	[10]
14	Ph	H	Me	(+)-异丙酯	79	>98	(*S*,*S*)	[3]
15	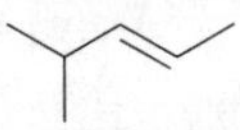	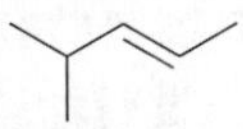	Me	(+)-乙酯	59	91	(*R*,*R*)	[11]

根据大量的实验事实，已知 Sharpless 环氧化反应具有如下特点：

(1) 很高的对映选择性，ee 一般大于 90%，经常可以达到 95%，最高达 99.5%。

(2) 底物适用面宽，不管烯丙醇双键上有什么取代基，基本上都能取得成功，仅当下列个别情况例外：①与羟甲基处于顺式的取代基(R^2)C-4 上有大的取代基，此时反应速度慢，ee 降低(如表 11－1 中序号 7)；②C-4 是手性中心，有时 ee 也较低。其他几乎无一例外可取得好结果。

(3) 产物的绝对构型可以预测[根据式(11－2)所示的方式]。

(4) 所有的反应组分都能买到且价廉。

(5) 生成的环氧醇产物可以选择性开环，生成多种不同功能团的多用途合成中间体。

Sharpless 环氧化的反应机理可用图 11－1 表示。

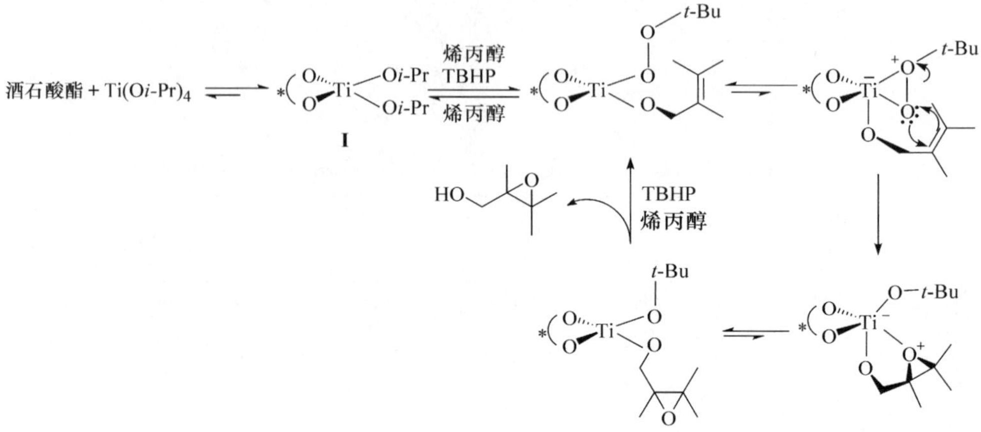

图 11－1　Sharpless 环氧化反应机理

反应时，酒石酸酯先与 $Ti(Oi\text{-}Pr)_4$ 混合，酒石酸酯中的两个羟基分别置换两个异丙氧基，生成稳定性更高的络合物 **I**，然后烯丙醇和过氧化特丁醇进一步置换 **I** 中的另两个异丙氧基，使过氧化特丁醇中的一个氧原子得以在手性环境下按确定的方向加到烯丙醇的双键上。生成的特丁氧基和烯丙氧基环氧化物分别被 TBHP 和烯丙醇置换，生成烯丙醇环氧化产物，完成了一个催化循环[12]。

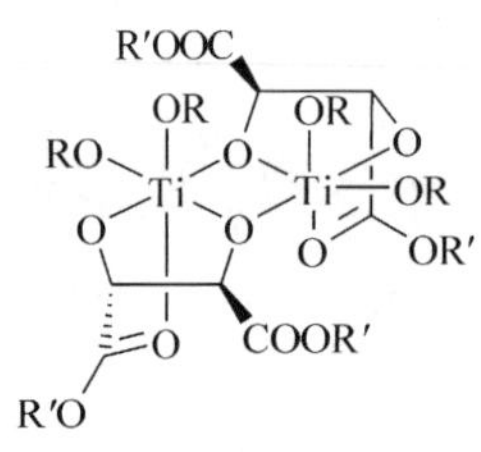

图 11－2　双核钛-酒石酸络合物

反应体系中存在多种形式的 Ti-酒石酸络合物，但相对分子质量测定、IR 和 ^{1}H、^{13}C 和 ^{17}O NMR 谱都提示溶液中以图 11－2 所示的双核钛-酒石酸络合物占主导地位[13]。当 $Ti(Oi\text{-}Pr)_4$ 与酒石酸酯等摩尔时，体系的催化活性最高，比单独使用 $Ti(Oi\text{-}Pr)_4$ 反应快得多，这表明酒石酸酯不但提供手性识别环境，而且显示了配体加速作用[14]。从反应机理可以看出，在整个反应循环体系中，消耗的仅是过氧叔丁醇和烯丙醇底物，因此可以实现催化量的 $Ti(Oi\text{-}Pr)_4$、酒石酸酯的反应。

2. Sharpless 环氧化反应条件讨论

1) 催化剂

Sharpless 环氧化反应使用酒石酸二酯与 $Ti(Oi\text{-}Pr)_4$ 就地混合作催化剂，两者的最佳比例为酒石酸酯：Ti(O*i*-Pr)$_4$＝1.2：1，酒石酸酯的比例少了，产物的 ee 下降(因为部分催化剂不含手性配体)；酒石酸酯多了，则反应速度慢(中心离子 Ti(Ⅳ)都被酒石酸酯饱和了，阻滞反应的进行)。

2) 氧化剂

所有的 Sharpless 型不对称环氧化都用 TBHP 作氧化剂，因为纯 TBHP 不稳定，在受热或撞击时，容易发生分解爆炸，因此商品 TBHP 通常含 30％水分，用时需先行除水，因为水不但延缓反应，且使 ee 降低。TBHP 的用量通常为 1.5～2.0 当量。

3) 溶剂

最常用的溶剂为 CH_2Cl_2。如果底物不溶于 CH_2Cl_2，也可改用其他溶剂，但应避免使用醇、酮、酯等有竞争配位基的溶剂。

4) 反应温度

反应可在－78～－20℃条件下进行，常用－20℃。

3. Sharpless 环氧化反应的改进

Sharpless 环氧化反应虽然能获得很高的选择性和满意的产率，但存在反应时间太长的问题。Zhou 等发现当加入催化量的氢化钙和硅胶时，反应时间可以大大缩短[15]。

Sharpless 等进一步改进该反应，通过在反应体系中加入适量的 4Å 分子筛，可使原来需用化学计量的酒石酸酯-Ti(Ⅳ)络合物的反应变成只需使用催化量(5mol％～10mol％)的配合物[16]。4Å 分子筛的作用是尽量除去反应体系中的水分，避免催化剂的失活，氢化钙可能也起类似的作用。

4. 2,3-环氧醇的选择性开环

Sharpless 环氧化方法的意义不仅在于能高选择性生成环氧化物，还在于生成的环氧醇可以进行区域和立体选择性开环反应，从而生成多种多样具有不同功能团的对映体纯目标化合物。

1) Ti(O*i*-Pr)$_4$ 存在下，亲核试剂对 2,3-环氧醇的选择性开环

Sharpless 等发现，在 1.5 当量的 Ti(O*i*-Pr)$_4$ 存在下，多种亲核试剂(仲胺、醇、硫醇和叠氮化合物)都倾向于进攻 C-3，生成反式 3-取代 1,2-二醇开环产物[17]。

Nu / Ti(O*i*-Pr)$_4$

OH Nu OH OH + OH OH Nu

C-3 开环　　C-2 开环

(11－3)

表 11－2　Ti(O*i*-Pr)$_4$ 存在下，亲核试剂对 2,3-环氧醇的选择性开环

亲核试剂	Ti(O*i*-Pr)$_4$/当量	区域选择性(C-3/C-2)	产率/%
Et_2NH	0	3.7∶1	4
	1.5	20∶1	90
i-PrOH	0	—	0
	1.5	100∶1	88
PhSH	0	—	0
	1.5	6.4∶1	95
Me_3SiN_3	1.5	14∶1	74

从表 11－2 中的数据可知，没有 Ti(O*i*-Pr)$_4$ 的参与，开环反应不发生。Ti(O*i*-Pr)$_4$的作用不仅是增大了反应速度，还大大提高了亲核试剂进攻 C-3 的区域选择性。

在 Ti(O*i*-Pr)$_4$ 存在下，卤素(Br_2 和 I_2)也以同样的方式主要得到反式 3-卤-1,2-二醇[18]，如

OH　I_2-Ti(O*i*-Pr)$_4$，0℃ → OH, OH, I　(11－4)

OH, O　Br_2-Ti(O*i*-Pr)$_4$，20~25℃ → OH, OH, Br　(11－5)

2) 选择进攻 C-2 的开环反应

Red-Al 对 2,3-环氧醇的开环反应，H^- 主要进攻 C-2，生成 1,3-二醇，如

BnO, O, OH　Red-Al/THF，0℃ → BnO, OH, OH　(11－6)

并非所有的金属氢化物对 2,3-环氧醇的开环反应都是优先进攻 C-2，事实上，DIBAL 和 $LiAlH_4$ 对 2,3-环氧醇的开环反应，H^- 主要进攻 C-3，生成 1,2-二醇[19]。

金属有机试剂(如有机铜试剂)对 2,3-环氧醇的开环，主要也选择进攻 C-2，生成 1,3-二醇，如

BnO, O, OH　$LiCu(CH_3)_2$，Et_2O, −20℃, 95% → BnO, OH, OH　(11－7)

关于 2,3-环氧醇选择性开环的反应更详细的情况读者可参阅文献[20]。

5. 烯丙仲醇的动力学拆分

烯丙伯醇用 Sharpless 环氧化方法可以高对映选择性生成相应的环氧醇，而烯丙仲醇存在两种对映体，它们进行环氧化反应的速度差别很大(可达几十至一百多倍)。哪一种对映体的环氧化速度更快，这与所用的酒石酸酯的构型有关。当用 D-(－)-酒石酸酯作催化剂配体，*R*-异构体烯丙仲醇反应较快；而用 L-(＋)-酒石酸酯则相反，*S*-异构体烯丙仲醇的环氧化反应较快。利用这一性质控制反应使约 50％的底物转化成环氧化物(只用 0.6 当量的 TBHP)，这样，反应快的那种构型的底物几乎完全转化成环氧醇，而反应慢的异构体几乎完全不变，实现了动力学拆分[21]。

D-(−)-酒石酸酯, Ti(O*i*-Pr)$_4$, TBHP, CH_2Cl_2, −20℃　(11－8)

L-(+)-酒石酸酯, Ti(O*i*-Pr)$_4$, TBHP, CH_2Cl_2, −20℃　(11－9)

利用动力学拆分方法，许多情况下，可以同时得到高对映体纯的烯丙醇(40％～45％，ee≥96％)和高对映体纯的环氧醇(40％～45％，ee≥96％)[22, 23]。

烯丙仲醇的动力学拆分(KR)反应的非对映选择性存在两种倾向：

(1) 优先进攻烯烃 α-面的倾向(与烯丙伯醇一样，当选用 D-(－)-酒石酸酯时，“O”选择从烯烃平面的上方加到双键上，而当选用 L-(＋)-酒石酸酯时，“O”选择从烯烃平面的下方加到双键上[如式(11－2)所示]，这种选择性我们称之为优先进攻 α-面的倾向)。

(2) 优先生成赤式产物的倾向(即环氧基与醇羟基在同一面)。

当底物的构型与催化剂酒石酸酯的构型匹配时，优先进攻 α-面与优先生成赤式产物的倾向相一致，产物有很高的非对映选择性，如

(+)-DIPT/Ti(O*i*-Pr)$_4$, TBHP, CH_2Cl_2, 快　　98 : 2

(11－10)

当底物的构型与选用的酒石酸酯的构型不匹配时，两种倾向不一致，优先进攻

α-面生成的环氧醇占优,但非对映选择性较差[24],如

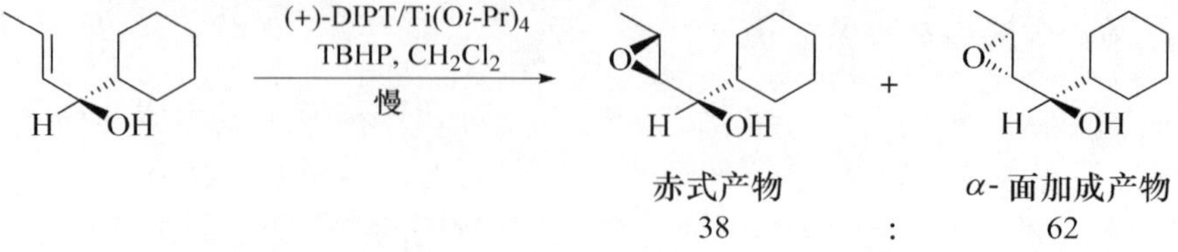

(+)-DIPT/Ti(O*i*-Pr)$_4$
TBHP, CH_2Cl_2
慢

赤式产物 38 : α-面加成产物 62

(11-11)

11.1.2 非官能化烯烃的不对称环氧化

Sharpless 环氧化方法虽然十分有效,但仅适用于烯丙醇类底物,如果没有烯丙位上的羟基,则选择性显著下降。为了发展适用于其他类型烯烃的不对称环氧化方法,Jacobsen 等系统研究了席夫碱类手性配体在不对称环氧化反应中的应用,发现具有 C_2 对称性的双席夫碱(Salen)手性配体与五价锰的配合物 **1** 和 **2** 效果最好。

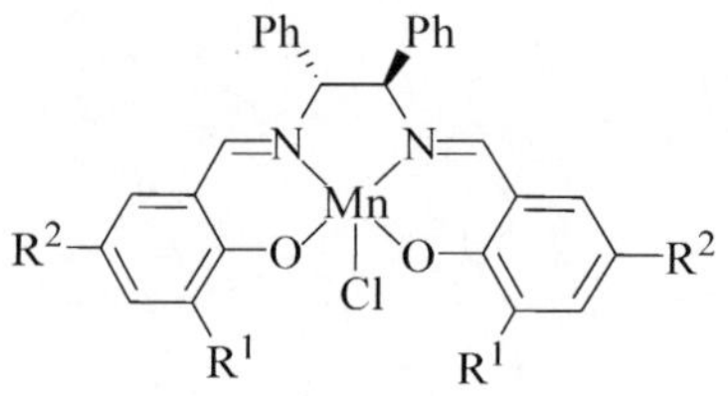

1 R^1=*t*-Bu, R^2=H或*t*-Bu

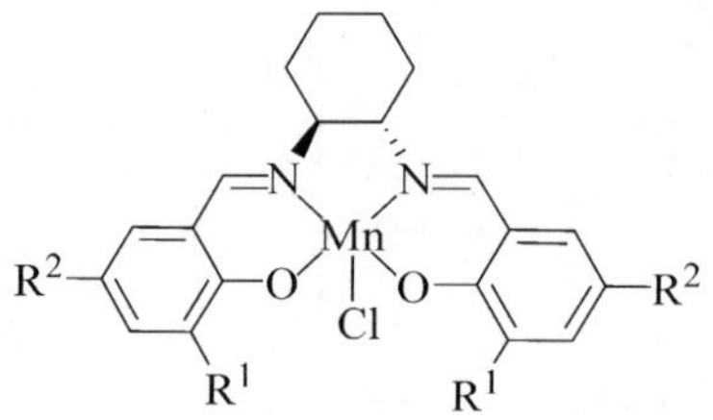

2 R^1=R^2=*t*-Bu

用 NaOCl 为氧化剂,**1** 和 **2** 催化多种烯烃,特别是顺式二取代烯烃的环氧化反应,首次取得 ee 大于 90%的高选择性,配合物 **1** 中 3 和 3′-位引入位阻大的取代基,对于获得高的对映选择性至关重要。例如当 R^1 为特丁基,比 R^1 为 H 时产物的 ee 有大幅度提高。若将手性二胺改变为 1,2-环己二胺,同时在 3,3′和 5,5′-位引入大位阻的叔丁基(配体 **2**),对大多数顺式二取代烯烃的环氧化,选择性更高[25~29]。

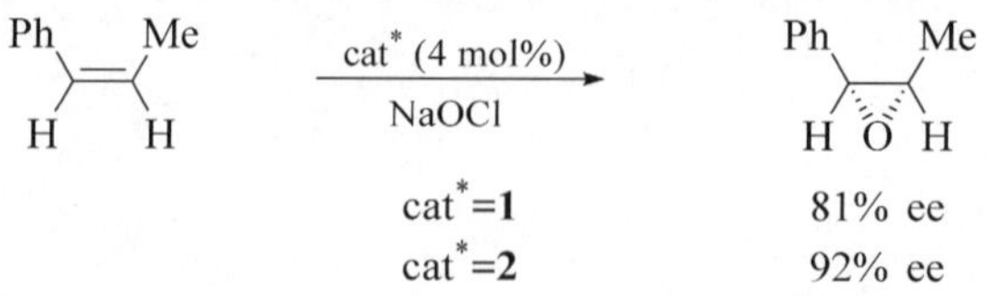

cat* (4 mol%), NaOCl (11-12)

cat*=**1** 81% ee
cat*=**2** 92% ee

2 (8 mol%), NaOCl (11-13)

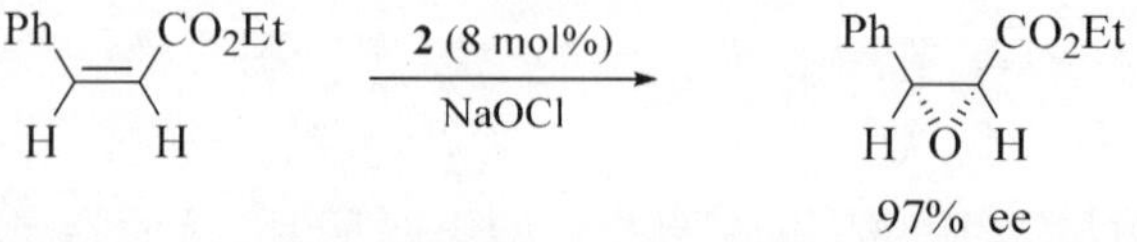

97% ee

$$\text{茚} \xrightarrow[\text{NaOCl}]{\mathbf{2}\ (1\ \text{mol\%})} \text{环氧化物}\quad 88\%\ \text{ee} \tag{11-14}$$

$$\text{2,2-二甲基色烯} \xrightarrow[\text{NaOCl}]{\mathbf{2}\ (2\ \text{mol\%})} \text{环氧化物}\quad 98\%\ \text{ee} \tag{11-15}$$

$$Me_3Si\text{-炔基顺式烯烃(环己基)} \xrightarrow[\text{NaOCl}]{\mathbf{2}\ (4\ \text{mol\%})} \text{环氧化物}\quad 98\%\ \text{ee} \tag{11-16}$$

Jacobsen 环氧化方法是继 Sharpless 方法之后，不对称环氧化领域的又一个重要进展，它使非功能化烯烃，特别是许多顺式二取代烯烃的不对称环氧化，也能取得 ee 大于 90％的对映选择性。反应中使用的氧化剂 NaOCl 也比 TBHP 价廉易得、操作方便，且适用于大批量制备反应。Salen 配体看起来结构比较复杂，但实际制备并不难，用取代的水杨醛与相应的手性二胺缩合便可高产率生成 Salen 配体，进一步用 $Mn(OAc)_3$ 和 LiCl 处理便可立即生成 Salen-Mn(Ⅲ)配合物，反应式为

$$2\ \text{(CHO, OH, }R^1, R^2\text{-取代苯)} + H_2N\text{-CHR-CHR-}NH_2 \xrightarrow[\text{ref.}]{EtOH/H_2O} \text{Salen 配体} \xrightarrow[\text{LiCl}]{Mn(OAc)_3} \text{Salen-Mn(Cl) 配合物}$$

配合物的中心离子除了锰，也可以是钴[30]、铜[31]、钌[32]等。与中心金属结合的负离子除 Cl，也可以是 OAc、PF_6 等[33]。Salen-Mn(Ⅲ) 配合物的催化和对映识

别机理已有不少研究[34, 35]，其中代表性的看法可以大致表述如下：氧化剂 NaOCl 将一个氧原子转移到中心金属 Mn(Ⅲ)上，形成氧合锰(Ⅴ)活性中间体，它是使双键环氧化的直接氧化剂。由于 Salen-Mn 配合物的 3 和 3′-位大位阻基团(R^1)的位阻，以及手性二胺上 R 基团的取向的影响，烯烃底物在向氧合锰(Ⅴ)中间体接近时，双键上取代基只能按一定的取向并从有利的方向向"氧"靠近，因而决定了随后发生的对映面选择性氧转移，如图 11－3 所示。

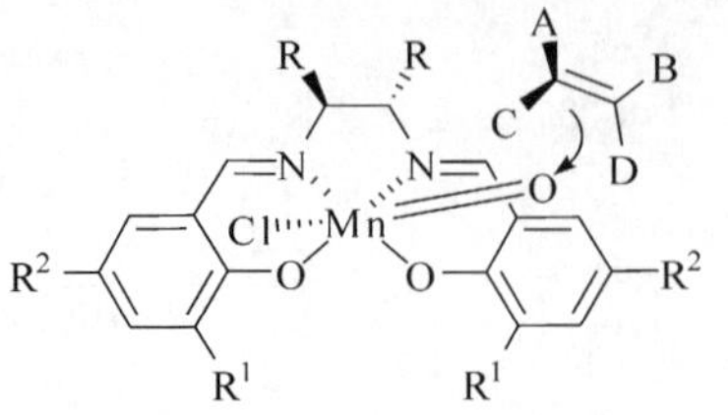

图 11－3　烯烃向氧合锰侧向接近

11.1.3　手性酮催化的非官能化烯烃的不对称环氧化

酮本身并不能使烯烃环氧化，但酮经过氧硫酸氢钾($KHSO_5$，商品名 oxone)处理后原位生成的二氧杂环丙烷(dioxane)却是烯烃很好的氧化剂。利用这一性质，Cusci 率先用手性酮和 $KHSO_5$ 共同催化烯烃的不对称环氧化，但这些早期的研究工作 ee 一直很低[36]。直到 20 世纪 90 年代中期，Yang 等合成了含联萘骨架的手性酮 **3**，发现由它与 oxone 原位生成的 C_2 对称性的二氧杂环丙烷，用于催化反式二取代的烯烃或三取代的烯烃的不对称环氧化反应，其对映选择性比以往用过的手性酮有了大幅度提高(33%～87% ee)[37]。

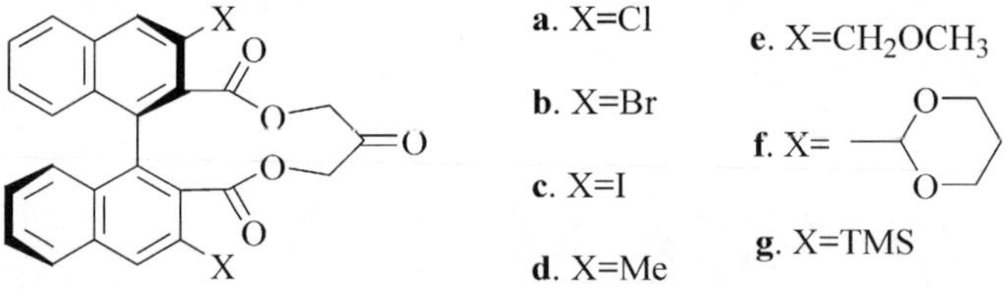

a. X=Cl
b. X=Br
c. X=I
d. X=Me
e. X=CH_2OCH_3
f. X=
g. X=TMS

3

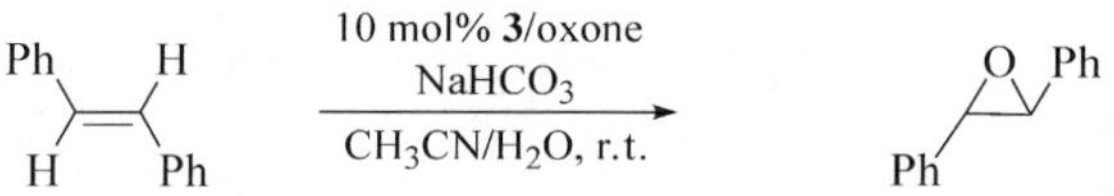

10 mol% **3**/oxone, $NaHCO_3$, CH_3CN/H_2O, r.t.

其中 **3a**、**3b**、**3f** 与 oxone 原位生成的二氧杂环丙烷用于催化反式二苯乙烯的不对称环氧化反应，产物的 ee 都在 70%以上，化学产率大于 90%。

Shi 等则报道了另一种由 D-果糖衍生的手性酮 **4**，即

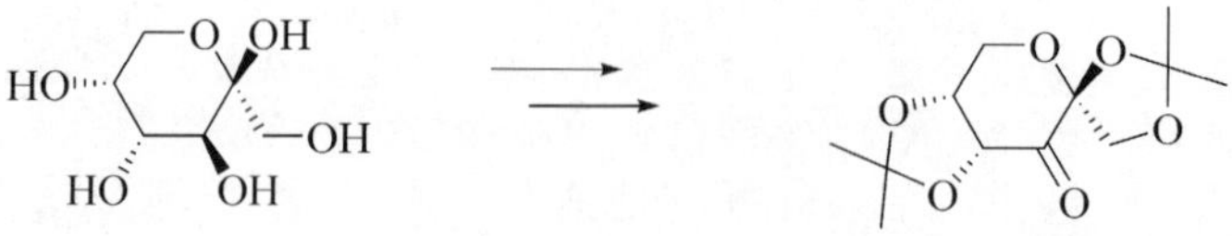

4

由 **4** 原位生成的二氧杂环丙烷用于催化各种二取代反式烯烃或三取代烯烃的不对称环氧化，都表现出很高的催化活性和对映选择性(表 11－3)[38]，反应如下

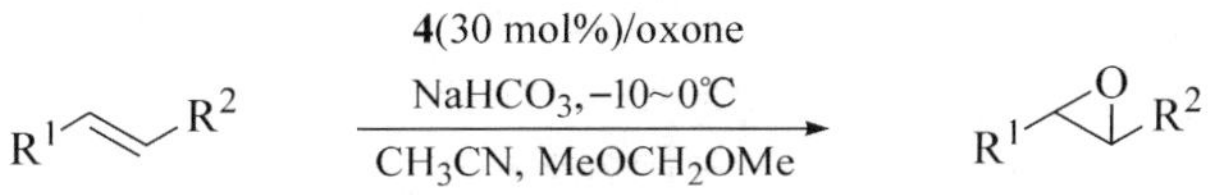

$$R^1\text{CH=CH}R^2 \xrightarrow[\text{CH}_3\text{CN, MeOCH}_2\text{OMe}]{\mathbf{4}(30\text{ mol\%})/\text{oxone},\ \text{NaHCO}_3, -10\sim0℃} R^1\text{-epoxide-}R^2 \quad (11-17)$$

表 11－3　酮 4 催化的反式二取代烯烃的不对称环氧化

底物		产率/%	ee/%	构型
R^1	R^2			
Ph	Ph	73	95	(*R*,*R*)
Ph	Me	81	88	(*R*,*R*)
Ph	CH_2Cl	61	93	(2*S*,3*R*)
Ph	CH_2OTBS	74	93	(*R*,*R*)
Ph	CH_2OCPh_3	55	95	(*R*,*R*)
o-MeC_6H_4	Me	91	93	(*R*,*R*)
o-MeC_6H_4	*i*-Pr	78	96	(*R*,*R*)
Bn	$(CH_2)_2CO_2Me$	76	91	(*R*,*R*)
n-C_6H_{13}	*n*-C_6H_{13}	70	91	(*R*,*R*)
Et	$(CH_2)_2OTBS$	84	87	(*R*,*R*)
n-Pr	CH_2OTBS	80	93	(*R*,*R*)

手性酮 **4**，对于像 **5** ～**7** 那样的三取代烯烃和 **8**、**9** 那样的烯醇硅醚和 2,2-二取代的乙烯硅烷也是很有效的不对称环氧化催化剂，产物的 ee 基本上都在 90% 以上[39, 40]。

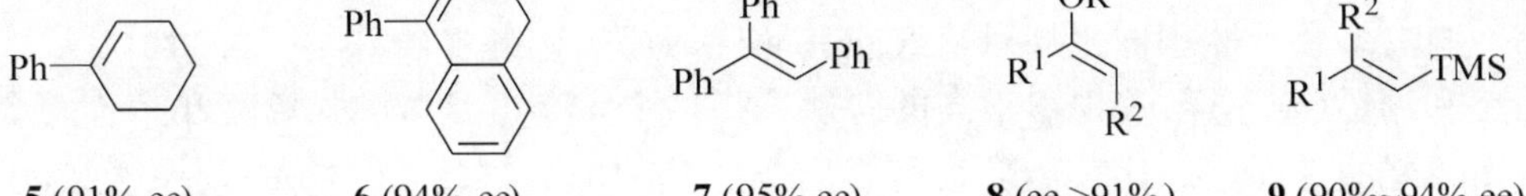

Ph　Ph　Ph　Ph　OR　R^1　R^2　R^2　TMS　R^1

5 (91% ee)　**6** (94% ee)　**7** (95% ee)　**8** (ee >91%)　**9** (90%~94% ee)

手性酮 **3** 和 **4**，通过二氧杂环丙烷，用于催化反式和三取代烯烃的不对称环氧化的成功，使烯烃的高对映选择性环氧化的底物的适用面大大扩宽，成为不对称环氧化研究领域继 Sharpless 和 Jacobsen 方法之后的又一重要进展，这一进展引起

人们的高度重视。但该体系仍有局限性，如催化剂用量(20 mol%～30 mol%)仍偏高；对端烯、缺电子烯烃以及某些三取代烯烃，产物的 ee 仍有待进一步提高。因此寻找新的更有效的手性酮催化剂以解决上述不足，成为新的研究热点。

受手性酮 **4** 优异性能的鼓舞，Shi 等又相继设计合成一系列 **4** 的碳环类似物 **10** ～**14**，但这些新的手性酮对各种不同结构的烯烃的环氧化反应的选择性都明显比 **4** 低(4%～60% ee)[41]，说明六元环上的氧对手性识别有重要影响。

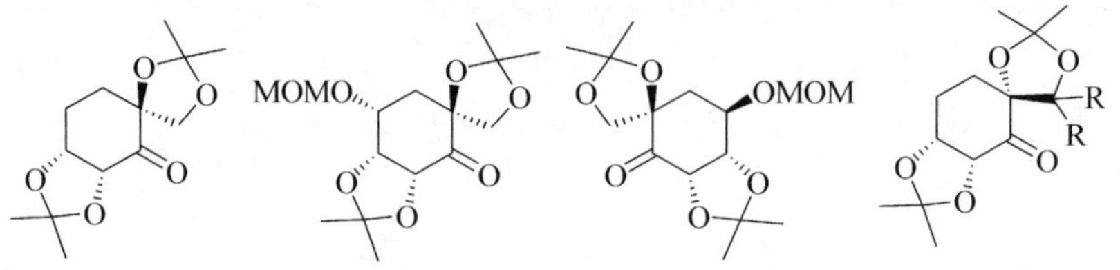

10　**11**　**12**　**13** R=H　**14** R=Me

此后，Shi 等又设计合成了一系列用一个嗯唑烷酮环代替一个缩酮环 **4** 的类似物 **15** ～**17**，并深入考察了它们在各种烯烃的不对称环氧化反应中的表现，结构式如下

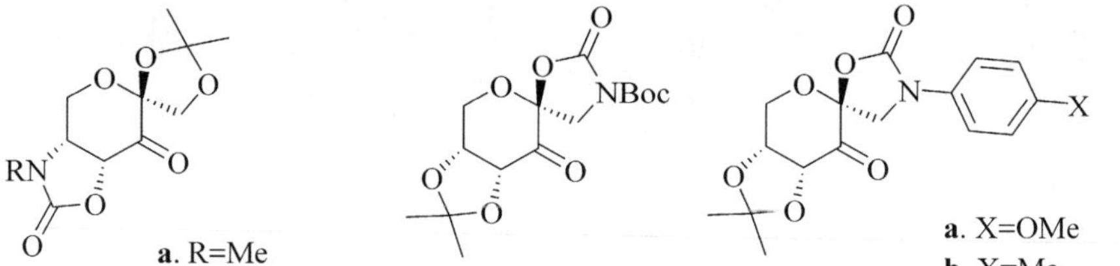

15 **a**. R=Me **b**. R=Bn **c**. R=CH_2CO_2*t*-Bu　**16**　**17** **a**. X=OMe **b**. X=Me **c**. X=SO_2Me **d**. X=NO_2

手性酮 **4**，虽然对反式或三取代烯烃的不对称环氧化有很高的对映选择性，但在反应条件下发生部分分解，因此酮的用量较大(20 mol%～30 mol%)，针对这一问题，Shi 等合成的 **15**，在反应条件下比较稳定，其中 **15c** 的效果最好，在仅用 1 mol%～5 mol%时，就能达到与 **4** 相当的效果(87%～97% ee)[42]。

与大多数手性酮催化剂对反式或三取代烯烃的选择性较好不一样，**16** 对顺式烯烃和端烯(苯乙烯)表现出很高的对映选择性[43]，**17** 也是对顺式烯烃和苯乙烯表现出较好的选择性。比较芳环上有不同取代基的情况，**17a** 和 **17b** 的效果最好，说明 X^- 为给电子基团时，有利于提高反应的选择性[44]。

从轴手性的酮 **3** 出发，手性酮 **18**[45] 和手性亚胺盐 **19**[46] 也被用于不对称环氧化反应研究。

18 对反式二取代烯烃的选择性较好(68%～94% ee)，但对其他类型的烯烃，产物的 ee 并不高。**19a**～**d** 这类手性亚胺盐，用于烯烃的不对称环氧化，也是令人感兴趣的手性配体，其中 **19a** 效果较好，仅用 0.1 mol%～5 mol% **19a**，对某些三取代的烯烃，如 **20** 和 **21** 也有较好的选择性。

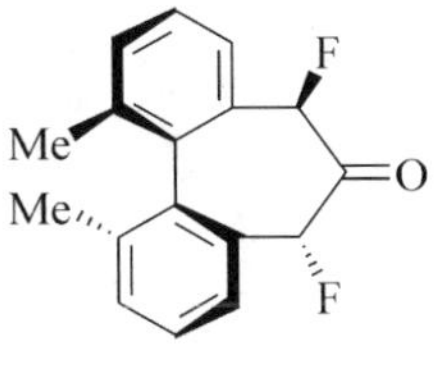

18 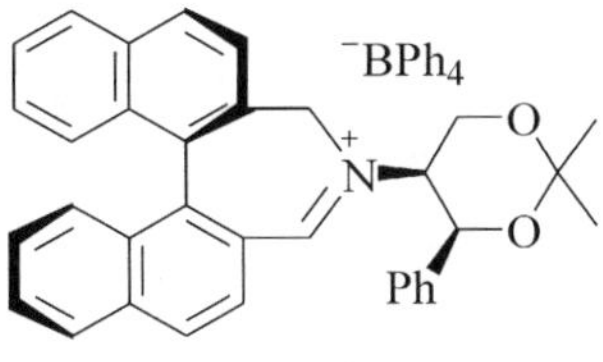　**19a** 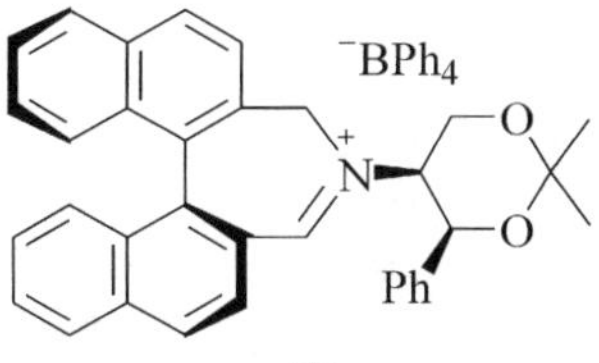　**19b** 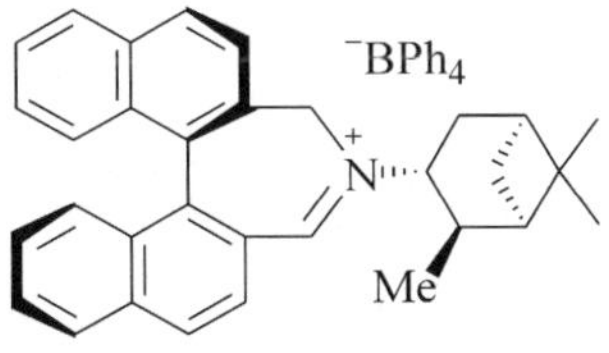　**19c** 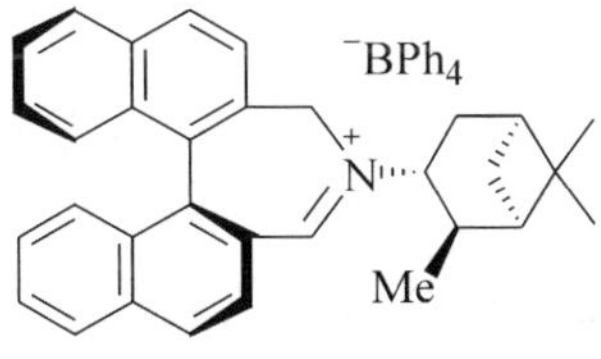　**19d**

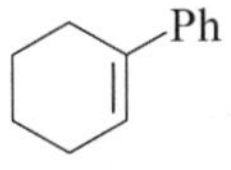

91% ee **20**　　95% ee **21**

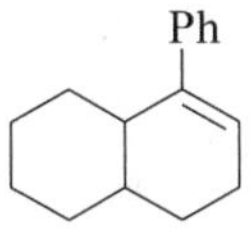

11.1.4　稀土金属-BINOL-Ph_3PO 配合物对缺电子烯烃的不对称环氧化

α,β-不饱和醛、酮、羧酸及其衍生物的双键反应活性较低，这类底物的高选择性环氧化是一个挑战性的课题．Shibasaki 等曾用 La-(R)-BINOL-Ph_3PO 配合物对 α,β-不饱和酮选择性环氧化，获得高产率、高对映选择性环氧酮[47]。

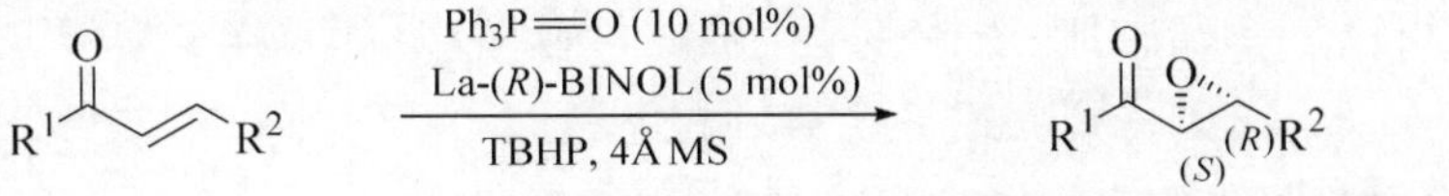

$Ph_3P=O$ (10 mol%)，La-(R)-BINOL (5 mol%)，TBHP, 4Å MS　　(11－18)

产率 89%~99%, 92%~99% ee

Shibasaki 等进一步发展了一种适用于 α,β-不饱和酰胺的串联不对称环氧化-钯催化选择性开环的一锅反应法，可高选择性合成 α-或 β-羟基酰胺[48a]。反应的第一步先用 Sm-(S)-BINOL-$Ph_3As=O$ 配合物催化 α,β-不饱和酰胺的不对称环氧化，产物的 ee 大部分≥99%(表 11－4)。

$$\text{R-CH=CH-C(O)-NR}^1\text{R}^2 \xrightarrow[\text{THF, 4Å MS, r.t.}]{\text{Sm-(}S\text{)-BINOL-Ph}_3\text{AsO (10 mol\%)},\ \text{TBHP (1.2当量)}} \text{环氧酰胺} \quad (11-19)$$

表 11-4 α,β-不饱和酰胺的催化不对称环氧化

R	NR^1R^2	产率/%	ee/%
$Ph(CH_2)_2$	$NHCH_3$	99	>99
$Ph(CH_2)_2$	NHBn	97	>99
$Ph(CH_2)_2$	NHAllyl	95	98
$Ph(CH_2)_2$	NH*c*-Hex	97	>99
$Ph(CH_2)_2$	NH*t*-Bu	91	99
$Ph(CH_2)_2$	$N(CH_3)_2$	96	99
$Ph(CH_2)_2$	$N(CH_2)_4$	94	>99
$Ph(CH_2)_4$	$NHCH_3$	81	>99
C_3H_7	NHBn	94	94
c-Hex	NHBn	90	>99
Ph	$NHCH_3$	89	>99
Ph	NHBn	91	>99
Ph	$N(CH_3)_2$	96	>99
4-F-C_6H_4	$NHCH_3$	94	99
4-Me-C_6H_4	$NHCH_3$	89	>99
Ph	3-苯基吡咯-1-基 (—N, Ph)	>85	99

在第一步反应的混合物中直接加入 5 mol% Pd/C、H_2 和 MeOH，继续搅拌 2～4 h，便可高产率、高对映选择性地生成 α-羟基酰胺；如果在反应混合物中直接加入的是 Me_3SiN_3，则得到反式-β-叠氮-α-羟基酰胺，总产率达 99%，叠氮对环氧化物开环的区域选择性完全在 β-位，最终产物的对映选择性为 98%～99% ee[48b]。

$$\text{R-CH=CH-C(O)-NR}^1\text{R}^2 \xrightarrow{(S)\text{-}\mathbf{22}\ (10\ \text{mol\%})} \xrightarrow[\text{MeOH}]{\text{Pd/C (5 mol\%)},\ H_2} \text{R-CH}_2\text{-CH(OH)-C(O)-NR}^1\text{R}^2 \quad (11-20a)$$

(*S*)-**22** = Sm-(*S*)-BINOL-Ph_3As=O

82%～97%, 97%～99% ee

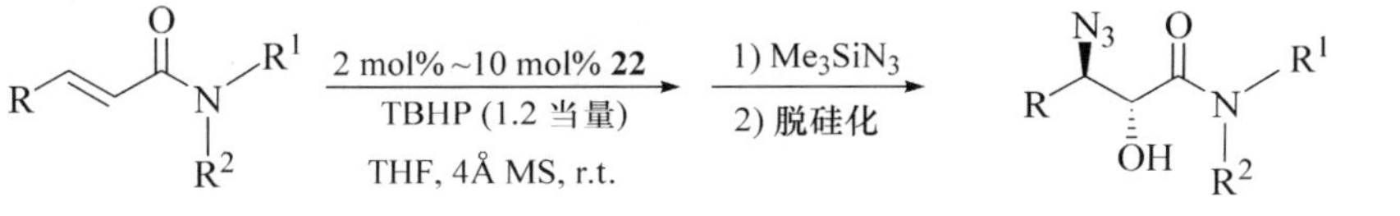

(11-20b)

71%~99%, 98%~>99% ee

如果第一步反应中使用的手性配体是(*R*)-BINOL,第二步再用 Pd/C-H_2 还原开环,则最终选择性生成 *β*-羟基酰胺。

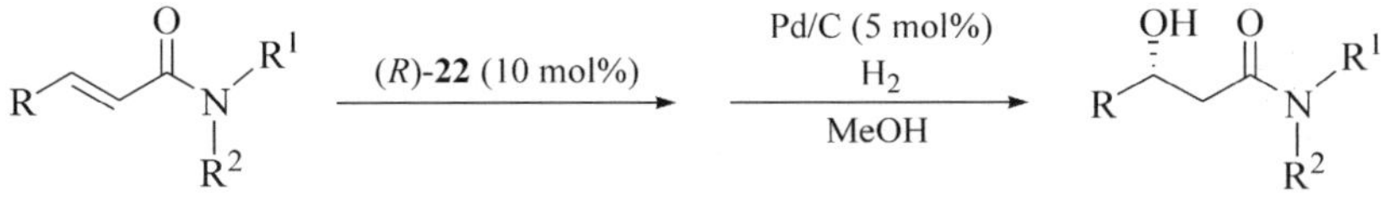

大于85%,97%~99% ee

(11-21)

为了增加上述方法的实用性,Shibasaki 等进一步用更容易制备的 *α*,*β*-不饱和酰吡咯代替酰咪唑作反应底物,用更稳定的氧化剂 CMHP(cumene hydroperoxide)代替 TBHP,用 Sm-(*R*)-H_8-BINOL-Ph_3PO 作催化剂,环氧化产物的选择性也很高(94%~99.5% ee),而且催化剂用量仅为原来的一半(5 mol%)[49],反应如下

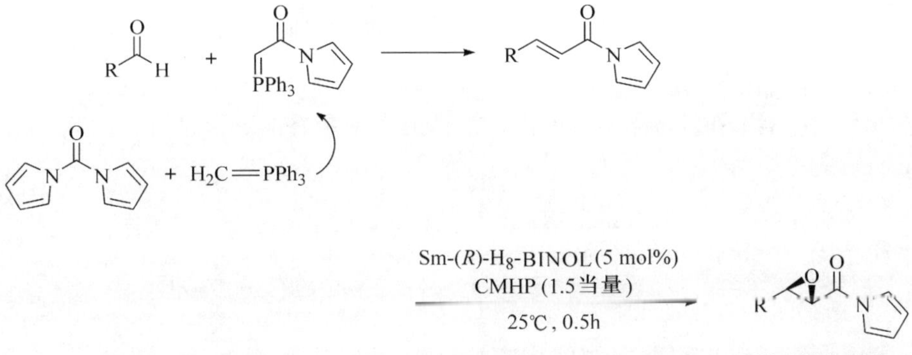

72%~100%, 94%~99.5% ee

α,*β*-不饱和酮的不对称环氧化,也是广受重视的研究课题。Julia[50a] 和 Colonna[50b] 曾用聚氨基酸催化过氧化氢对查尔酮的不对称环氧化,得到高产率、高对映选择性的环氧化产物。

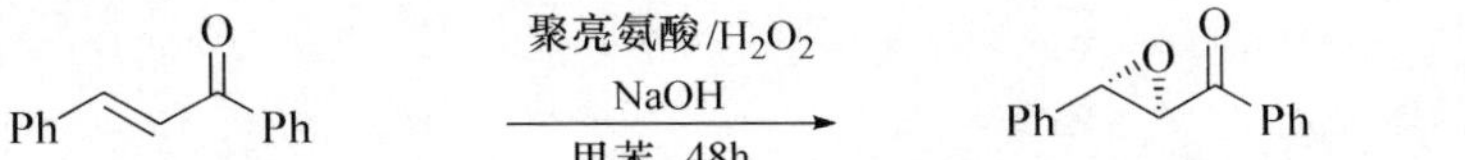

(11-22)

92%, 96% ee

Jew 等用二聚金鸡纳碱的四级铵盐 **23** 作为催化剂,同时兼作 PTC,用于催化

二芳基烯酮的不对称环氧化，当选用 1 mol％表面活性剂 Span 20 时，产物的选择性达 97％～99％ ee[51]。

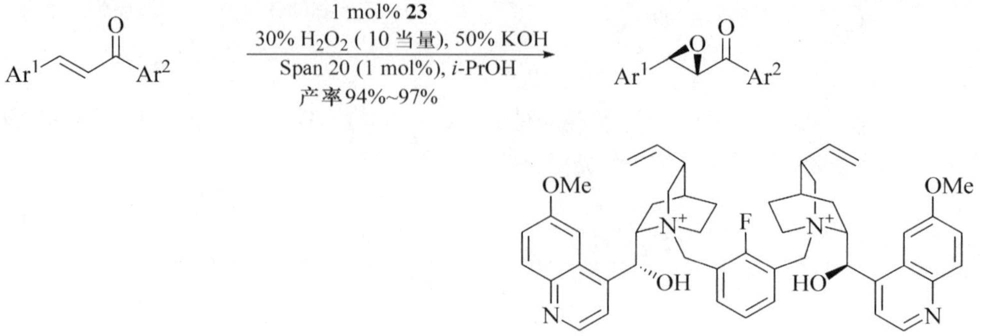
1 mol% 23
30% H_2O_2 (10 当量), 50% KOH
Span 20 (1 mol%), i-PrOH
产率94%~97%
OMe
F
OH
HO
N

23

Adam 等用(*S*)-(－)-1-苯基过氧乙醇直接使 α,β-不饱和酮 **24** 选择性环氧化，产物的选择性也达 90％ ee[52]。

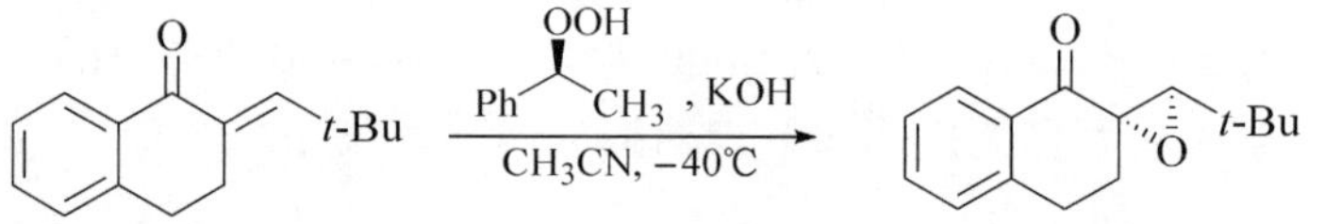
OOH
Ph CH$_3$, KOH
CH_3CN, −40℃
t-Bu

(11－23)

24

90%, 90% ee

用分子氧作氧化剂，在二乙基锌和(*R*,*R*)-*N*-甲基假麻黄碱 **25** 存在下，多种不同结构的 α,β-不饱和酮的环氧化也获得很高的产率和好的选择性[53]。

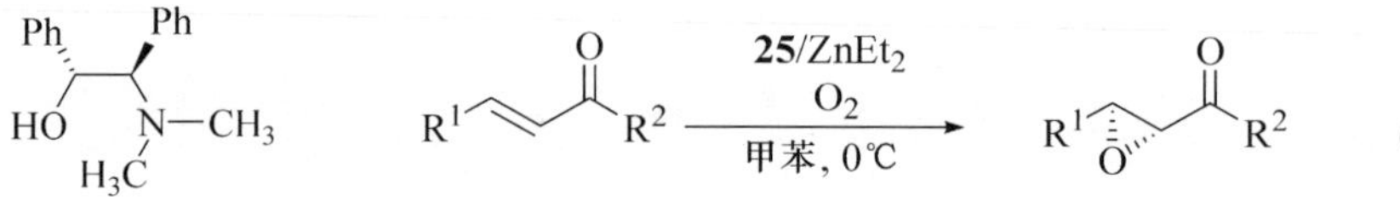
Ph
Ph
HO
N—CH_3
H_3C
25/$ZnEt_2$
O_2
甲苯, 0℃

(11－24)

25

94%~99%, 62%~92% ee

Pu 等用光活性聚联萘衍生物催化这类反应，也获得相当好的选择性[54]。还有用非手性的过氧化脂肪醇结合光活 La-BINOL 配合物[55]或(＋)-酒石酸酯[56]作为手性助剂催化这一反应的，都取得过相当好的选择性。

11.1.5 不对称环氧化反应的"绿色"化

烯烃的不对称环氧化，至今已发展出多种有效的催化体系，都能获得相当高的产率和对映选择性，但所使用的氧化剂，有的价格很贵、使用不安全、剩余的氧化剂后处理有麻烦，有的试剂本身或生成的副产物有毒或对环境有害，认真考虑各种试剂的"原子经济性"，以及对环境的友好度，已成为继续深入开展不对称环氧化研究的重要课题。过氧化氢是廉价易得的氧化剂，反应的副产物只有水，是符合绿色化学要求的环境友好的理想氧化剂，特别适于药用、农用或作电子材料的化学品的合成。发展可用 H_2O_2 作氧化剂的不对称环氧化反应的手性催化体系，自然引起人们的重视。

Shi 等用 D-果糖衍生的手性酮用于三取代或反式二取代烯烃的环氧化获得成功后，也曾尝试用 H_2O_2 代替 $KHSO_5$ 作氧化剂研究相应的反应，当用 CH_3CN 作溶剂时，多种反式二取代烯烃的 AE 反应确能顺利进行，得到中等至较好的产率和 89%～95% ee 的选择性；但用 DMF、THF、CH_2Cl_2、Et_2O 和二噁烷作溶剂时，反应几乎完全不能进行[57]。认为 CH_3CN 不仅起溶剂的作用，而且能与 H_2O_2 作用生成活性更高的氧化剂——亚氨过氧乙酸，即有

$$CH_3{-}C{\equiv}N + H{-}OOH \rightleftharpoons H_3C{-}C({=}NH){-}OOH$$

最近 Beller 等系统研究了六配位的手性钌配合物为催化剂 **26**，用 30% H_2O_2 为氧化剂的烯烃不对称环氧化，考虑到过渡金属能迅速分解 H_2O_2[58]，这种六配位的手性钌配合物由两部分构成，一部分由非手性的 2，6-二羧基吡啶与 Ru 形成三个配位，用以稳定 H_2O_2，控制反应的速度，另一部分为手性 2，6-二噁唑基吡啶，用以控制反应的立体选择性，如图 11-4 所示。

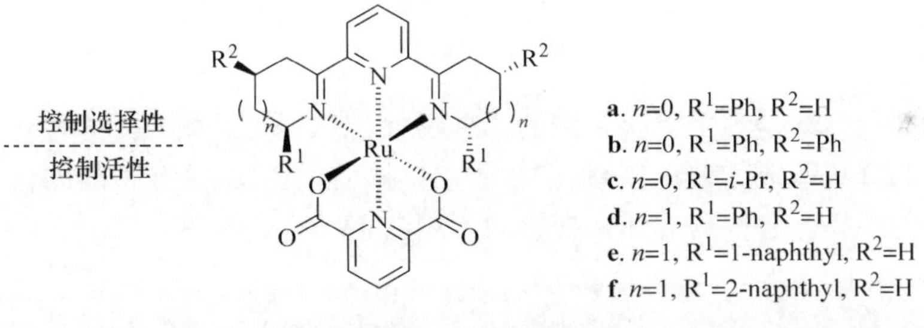

图 11-4　六配位的钌催化剂

26 用于催化 H_2O_2 对烯烃的不对称环氧化，多种不同结构的烯烃，包括端烯、顺式二取代烯烃及三取代烯烃，反应都能顺利进行，产率大多达 80%以上，ee 最高达 84%，即使选择性较差的端烯，ee 也在中等。尽管产物的选择性还有待进一步提高，但已有一个很好的开端。

11.2　烯烃的不对称双羟基化反应（AD 反应）

早在 20 世纪初，Hoffmann 就发现，在四氧化锇催化下，氯酸钾（或钠）作次级氧化剂，可使烯烃同时加上两个羟基生成邻二醇，反应的立体化学是“顺式加

成”[59]。此后又发现三级胺能加速该反应[60]。这些前期工作为开展不对称双羟化(AD)研究准备了必要的条件。

11.2.1 金鸡纳碱类手性配体在 AD 反应中的应用

1980 年，Sharpless 首次报道，在 L-薄荷基吡啶(**27**)诱导下，OsO_4 催化的烯烃的 AD 反应[61]，配体中预设的吡啶碱与锇配位可兼起三级胺加速反应的作用，但反应的产物选择性很低(3%～18% ee)，可能是单配位点的 **27** 与 OsO_4 结合不牢的缘故。此后改用能形成稳定配合物的金鸡纳碱(即奎宁和奎尼定)作手性配体(分子中也含三级胺)，产物的对映选择性有了显著的提高，进一步将二氢奎宁(DHQ)或二氢奎尼定(DHQD)9-位上的羟基乙酰化得到手性配体 **28** 和 **29**，结合使用 *N*-甲基吗啉-*N*-氧化物(NMO)作氧化剂，使多种烯烃的不对称双羟化反应，既实现“催化性”，又获得很高的产率和相当好的选择性，取得了突破性的进展[62]。

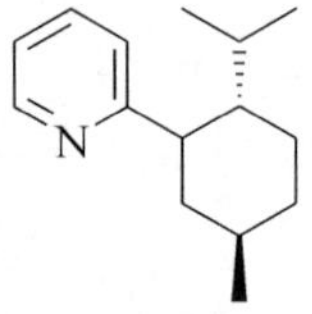

27 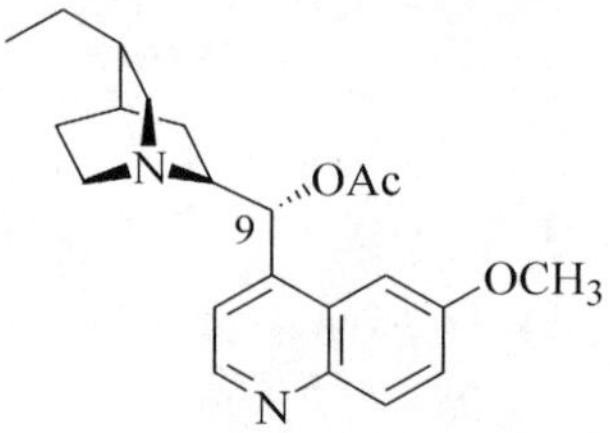　　DHQ-OAc **28** 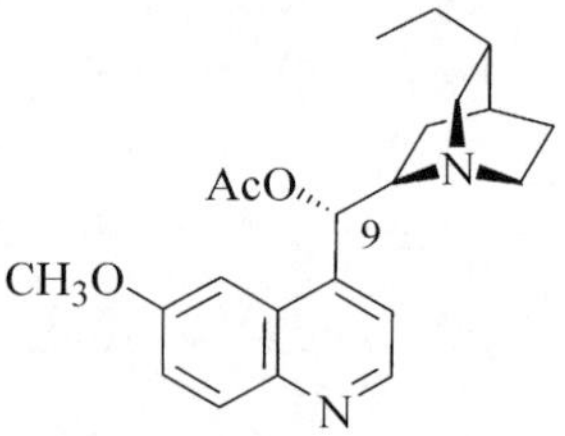　　DHQD-OAc **29**

由于 **28** 和 **29** 是近乎对映关系的两种手性配体(除乙基的取向不是对映关系外)，由它们分别组成的催化体系，产物的立体构型正相反，这为不同的合成要求提供了所需的选择。它们的立体选择倾向可用图 11－5 表示。

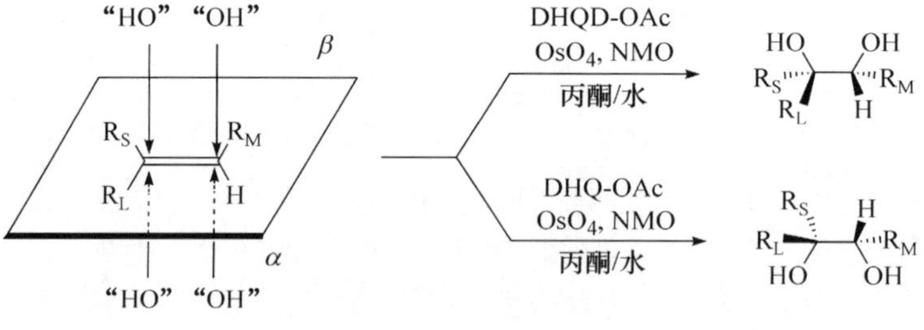

图 11－5　DHQD 和 DHQ 催化的 AD 反应的选择性倾向

DHQD 衍生的配体组成的催化体系，倾向于选择将两个“OH”加到烯烃的 β-面，而 DHQ 选择 α-面加成。

DHQ 和 DHQD 在烯烃的 AD 反应中的出色表现，激起人们对金鸡纳碱衍生物手性配体的极大兴趣，已先后合成多种 9-位羟基修饰成芳香羧酸酯或芳香醚的

DHQD 衍生物 **30a～d**,即

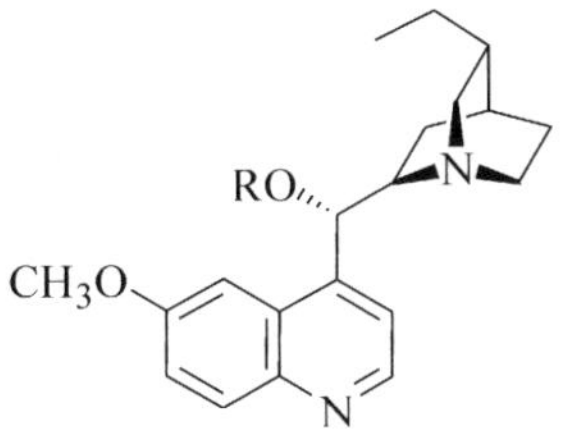

a. R = Cl-C₆H₄-CO-　DHQD-CLB

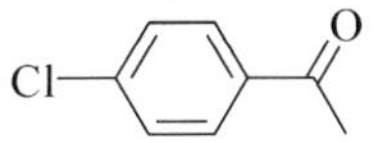

b. R = 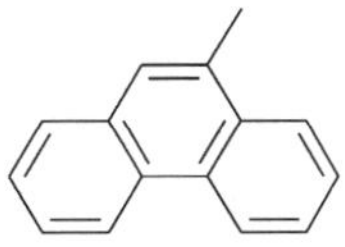　DHQD-PHN

c. R = 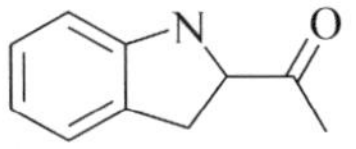　DHQD-IND

d. R = 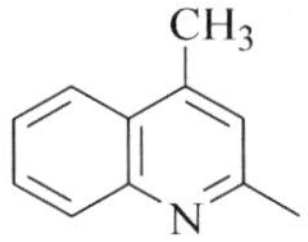　DHQD-MEQ

30

这些手性配体分别在不同类型烯烃底物的 AD 反应中表现出很高的对映选择性[63～65]。

在进一步开发更有效的金鸡纳碱类手性配体的研究中,发现用一个对称的芳香(特别是二氮芳杂)基团与 DHQD(或 DHQ)9-位羟基通过醚键(或酯键)将两分子 DHQD(或 DHQ)桥联起来的 C_2 对称性手性配体 **31** ～**35** 是 AD 反应最有效的手性催化剂。这些配体适用的底物范围更广,在大多数烯烃的 AD 反应中都获得满意的结果[66～70],其结构为

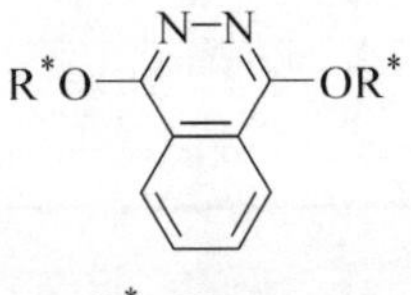

R^*_2-PHAL **31** 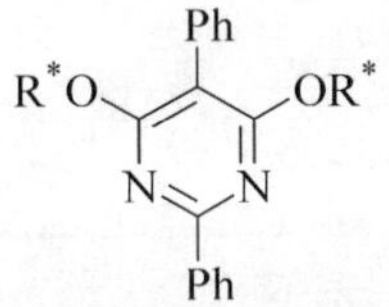　　R^*_2-PYR **32** 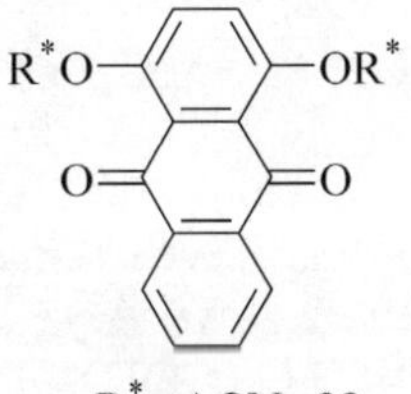　　R^*_2-AQN **33**

R^*=DHQD或DHQ

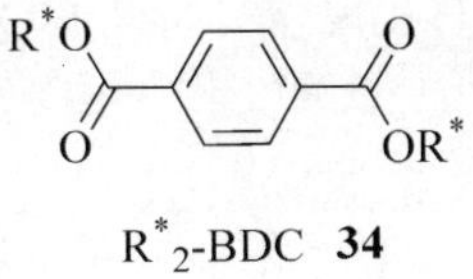

R^*_2-BDC **34** 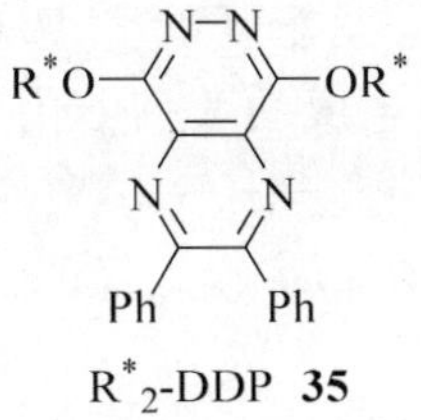　　R^*_2-DDP **35**

其中尤其以$(R^*)_2$-PHAL、$(R^*)_2$-AQN 和$(R^*)_2$-PYR 效果最好。$(R^*)_2$-PHAL 是研究和使用最多的用于 AD 反应的手性配体,多种不同类型的烯烃特别

是反式二取代烯烃和三取代烯烃都有优异的选择性(表 11－5)[66, 67]。

表 11－5 $(R^*)_2$-PHAL 催化的烯烃的 AD 反应

序号	烯烃	R*	ee/%	构型
1	PhO⁀CH=CH₂ (PhOCH₂CH=CH₂)	DHQD	88	(*S*)
2	c-C_6H_{11}CH=CH₂	DHQD	88	(*R*)
3	PhCH=CH₂	DHQD	97	(*R*)
		DHQ	97	(*S*)
4	*n*-BuCH=CH*n*-Bu	DHQD	97	(*R*,*R*)
5	C_5H_{11}CH=CHCO_2Et	DHQD	99	(2*S*,3*R*)
		DHQ	96	(2*R*,3*S*)
6	$ClCH_2$CH=CHCH_2Cl	DHQD	94	(*S*,*S*)
7	PhCH=CHCH₃	DHQ	97	(*S*,*S*)
8	PhCH=CHPh	DHQD	99.8	(*R*,*R*)
		DHQ	>99.5	(*S*,*S*)
9	PhCH=CHCO_2Et	DHQD	97	(2*S*,3*R*)
		DHQ	95	(2*R*,3*S*)
10	1-苯基环戊烯 (Ph-cyclopentene)	DHQD	97	(*R*,*R*)
11	1-苯基环己烯 (Ph-cyclohexene)	DHQD	99	(*R*,*R*)
		DHQ	97	(*S*,*S*)

由于$(DHQD)_2$-PHAL 和$(DHQ)_2$-PHAL 配体的广泛用途，它们与改进的锇源 $K_2OsO_2(OH)_4$、氧化剂 $K_3Fe(CN)_6$ 三者按一定比例混合做成的 AD 反应催化剂已有商品出售。由$(DHQD)_2$-PHAL 组成的催化体系倾向于选择将两个“OH”加到烯烃的 β-面，而$(DHQ)_2$-PHAL 选择 α-面加成(图 11－5)，因此常将$(DHQD)_2$-PHAL 组成的商品催化剂称为“AD-mix β”，而$(DHQ)_2$-PHAL 组成的催化剂称为“AD-mix α”。

$(R^*)_2$-AQN 对脂肪族烯烃的 AD 反应常常表现出比$(R^*)_2$-PHAL 更好的选择性(表 11－6)[69]。

表 11－6　某些脂肪族烯烃 AD 反应的选择性(ee%)

序号	烯烃	配体(R^*＝DHQD)	
		$(R^*)_2$-PHAL	$(R^*)_2$-AQN
1	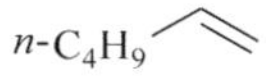 n-C_4H_9	80	87
	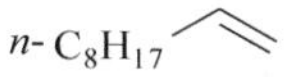 n-C_8H_{17}	84	92
	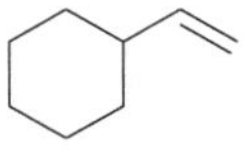	88	86
2	 Cl	63	90
	 Br	66	89
	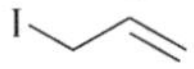 I	63	83
3	 Cl_3C	70	77
	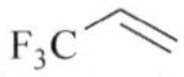 F_3C	63	81
4	 TsO	40	83
5	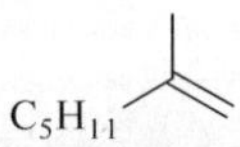 C_5H_{11}	78	85

$(R^*)_2$-AQN、$(R^*)_2$-PYR、$(R^*)_2$-DPP 等配体在各类烯烃的特定化合物上也有表现出比$(R^*)_2$-PHAL 更好的选择性的，可以补充$(R^*)_2$-PHAL 的不足。就底物烯烃的适用面而言，上述各种手性配体，对反式二取代烯烃和三取代烯烃效果最好(90%～99%ee)；端烯(包括单取代或 1,1-二取代)大多数也有较好的选择性(60%～97% ee)；顺式二取代烯烃普遍选择性较差，大多数配体的选择性 ee 都小于 60%，只有$(R^*)_2$-IND 较好，尤其对含芳香取代基的顺式二取代烯烃，选择性可达 70%～85% ee；四取代烯烃的选择性也不理想，除少数结构比较特殊的化合物，ee 大多小于 60%。

11.2.2 AD 反应的催化机理和反应条件的优化

用金鸡纳碱衍生物手性配体与 OsO_4 催化 AD 反应，最初用次氯酸钾（或钠）为次级氧化剂时，手性配体和 OsO_4 都要求化学计量，由于 OsO_4 价格贵且毒性很大，使这一方法的应用性大受影响。后来改用 NMO 为氧化剂，才使这一反应变成“催化性”的[62]。但对相同的反应，使用催化量的手性配体和 OsO_4，产物的 ee 还是明显低于使用化学计量的相应试剂，其原因可用图 11－6 所示的双循环机理解释。

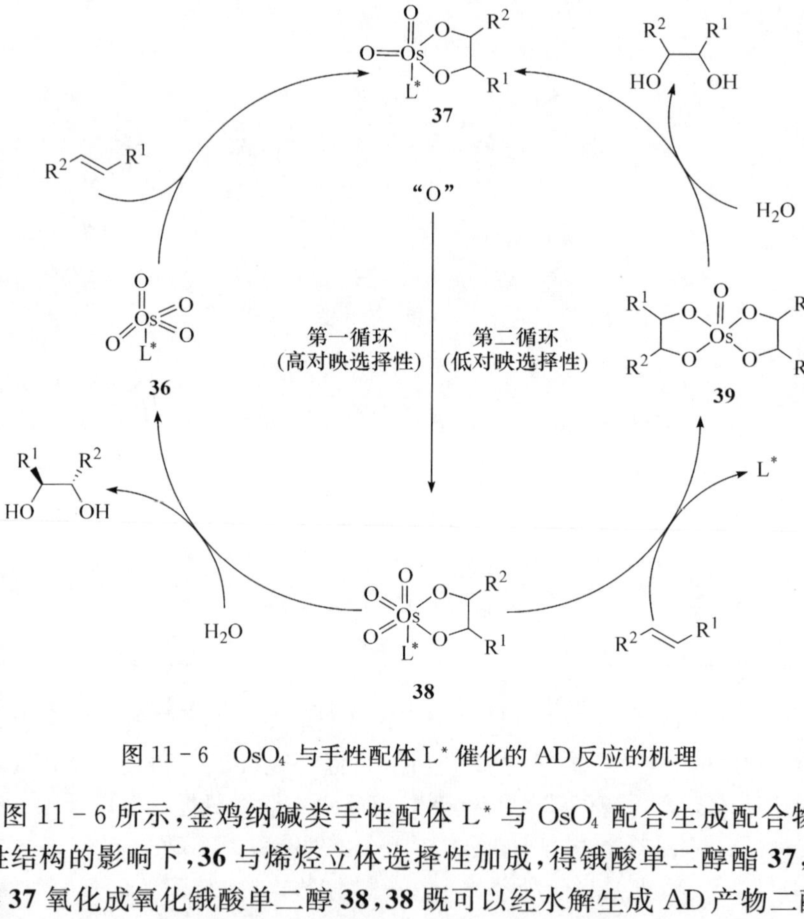

图 11－6　OsO_4 与手性配体 L* 催化的 AD 反应的机理

如图 11－6 所示，金鸡纳碱类手性配体 L* 与 OsO_4 配合生成配合物 **36**，在 L* 手性结构的影响下，**36** 与烯烃立体选择性加成，得锇酸单二醇酯 **37**，接着氧化剂将 **37** 氧化成氧化锇酸单二醇 **38**，**38** 既可以经水解生成 AD 产物二醇，同时还原出配体 **36**，完成催化循环；也可以与体系中多余的烯烃加成得锇酸双二醇酯 **39**，而进行第二循环。在第一循环中，烯烃与锇-L* 配合物的加成是在高选择性手性配体的介导下进行的，因此生成的产物有很高的对映选择性；而在第二循环中，第二分子烯烃与 **38** 的加成，同时取代了手性配体 L*，没有高选择性手性配体 L* 的介导，使最终生成的产物对映选择性明显下降[71]。NMO 能加速 **37** 至 **38** 的氧化过程，加快反应循环的完成，使 **36** 再生，重新投入反应，使反应按"催化"的方式进行，但 NMO 并不能阻止第二循环的进行，若仅加催化剂用量的 OsO_4- L* 配合物，烯烃的量大大超过催化剂，部分多余的烯烃便可能沿第二循环的方向进行反应，使产物的选择性降低，但若使用化学计量的催化剂，则没有多余的烯烃可参与第二循环，产物的选择性自然要高。有两种途径可以抑制第二循环的进行：一是降低反应体系中烯烃的浓度，这可以通过缓慢滴加烯烃的方式达到；二是加速 **38** 的水解。已知加入等当量的甲磺酰胺，可使 **38** 的水解速度提高约 50 倍[66, 67]。用 $K_3Fe(CN)_6 + K_2CO_3$ 作氧化剂，配合 t-BuOH/H_2O 作溶剂，也可以使 **38** 的水解速度大大超过 **38** 与第二分子烯烃的加成速度，从而抑制第二循环的进行。

双金鸡纳碱基手性配体与 OsO_4 的配合物，在 AD 反应中的高度对映选择性，使这一反应成为极其有用的合成工具。为了理解它的手性识别机理，经一系列的机理研究，已经给出一个手性识别的前过渡态模型(图 11－7)。

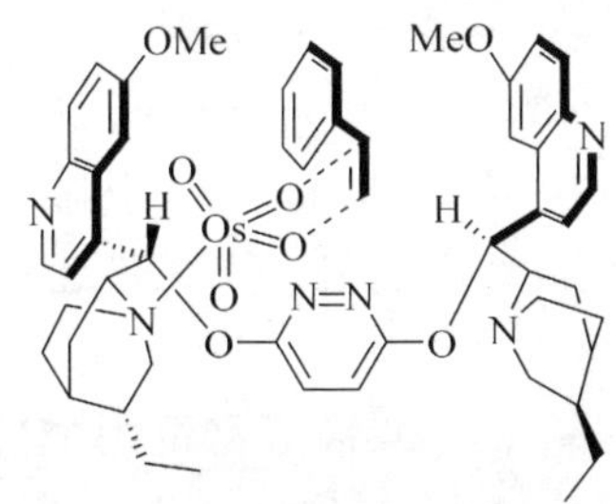

图 11－7　双金鸡纳碱配体在 AD 反应中的前过渡态

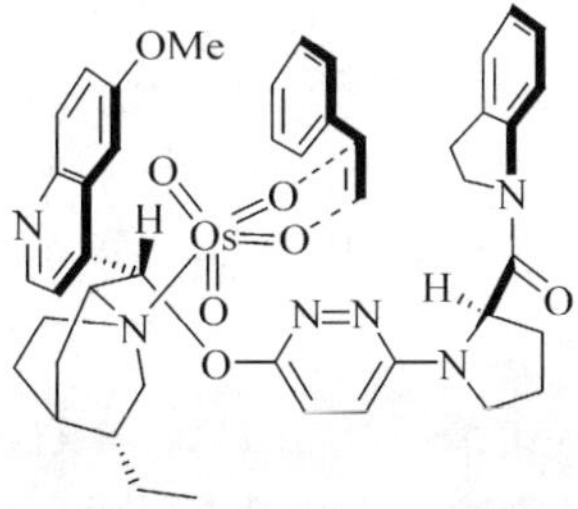

图 11－8　(R)-脯氨酸衍生的配体 **40** 在 AD 反应中的前过渡态

这个过渡态模式已成为推理和预言反应结果的有力工具。根据这一手性识别机理，Corey 等设计合成了由(R)-脯氨酸衍生的新手性配体 **40**(图 11－8)，在 AD 反应中的识别效果比含两个 DHQD 或 DHQ 的相应配体还好，对取代基之一为芳基的烯烃，产物的选择性达 93%～99.5% ee，产率 76%～99%。这一配体合成容易，用量少(0.7 mol%)，容易回收再用，故值得推荐使用[72]。

11.2.3　其他手性配体和反应

多种手性二胺如 **41** ～**46**，曾与 OsO_4 配合用于催化 AD 反应，对多种不同类型的烯烃获得 90% ee 以上的对映选择性[73～78]。

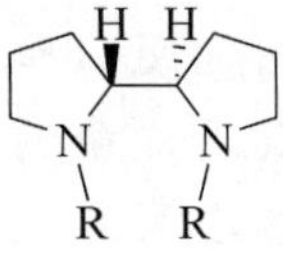

41 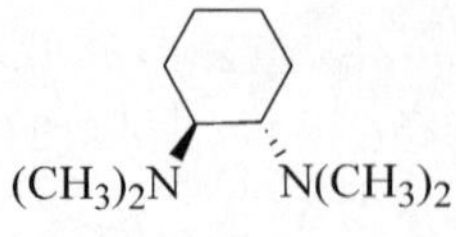　42 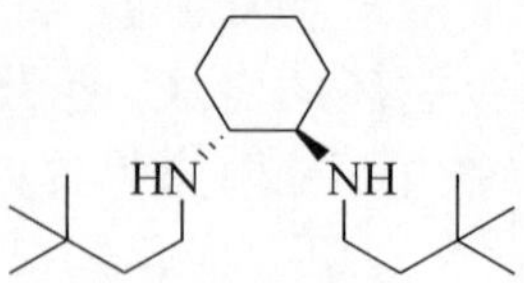　43 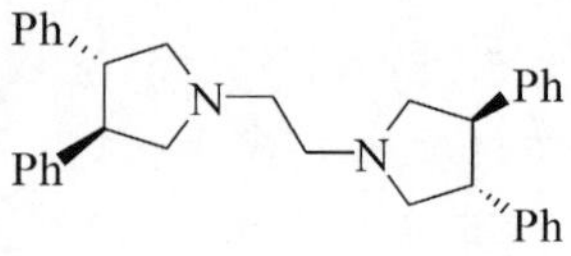　44

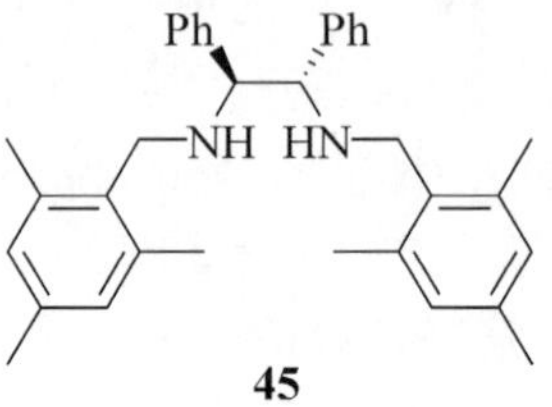

45 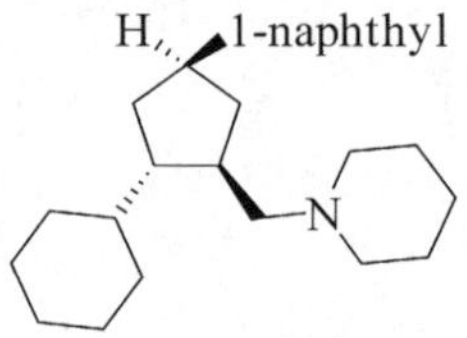　46

这些手性二胺都是二齿配体与 OsO_4 形成稳定的锇酸单二醇酯螯合物，难以水解，使 OsO_4 与二胺的配合物无法循环使用，因此这些二胺类手性配体及 OsO_4 在 AD 反应中都要求使用化学计量，使它们在合成上的应用受到限制。

端烯的 AD 反应，有时选择性较差，像烯丙醇这种底物的 AD 反应是制手性甘油醛多用途光学纯中间体的重要方法。设法将烯丙醇的羟基保护起来，再用 AD-mix 催化 O-保护的烯丙醇的 AD 反应，已获得极大的成功。Sharpless 等将游离羟基变成 4-取代的苯基醚，在 AD-mix-β 催化下进行 AD 反应，产物的选择性达 89%～95% ee[79]。Corey 等将羟基转变成苯胺基甲酸酯，然后用通用的方法进行 AD 反应，生成的手性甘油单酯，ee 高达 98%[80]。Kawashima 等将烯丙醇转变成苯胺基甲酸烯丙酯，然后分别用 AD-mix-α 和 AD-mix-β 催化其 AD 反应，都以 99%的产率和大于 99% ee 的选择性生成两种对映体纯的产物[81]。

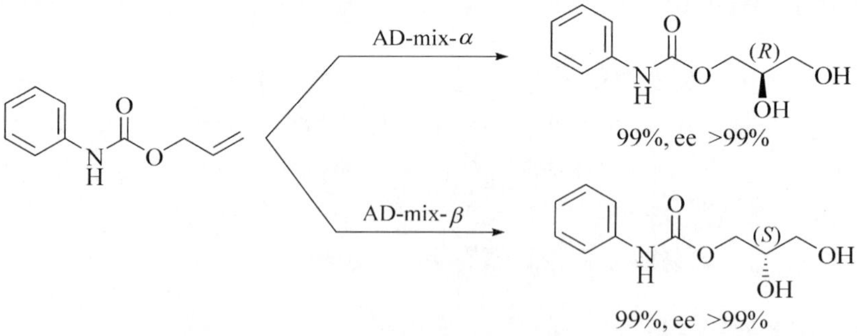

AD-mix-α → (R) 99%, ee >99%　(11 - 25)

AD-mix-β → (S) 99%, ee >99%　(11 - 26)

这些方法为制备多用途手性中间体提供了理想的途径。

11.2.4　AD 反应的合成应用

AD 反应在合成上的成功应用已有许多报道，下面是近几年来这方面报道的几个新的例子。

Panaxytriol 是亚洲红参中的重要活性成分，Yun 和 Danishefsky 在 panaxytriol 全合成的关键步骤中用 AD-mix-β 催化烯烃 **47** 的 AD 反应，以定量的产率和 99% ee 的选择性获得关键手性中间体 **48**[82a]，反应如下

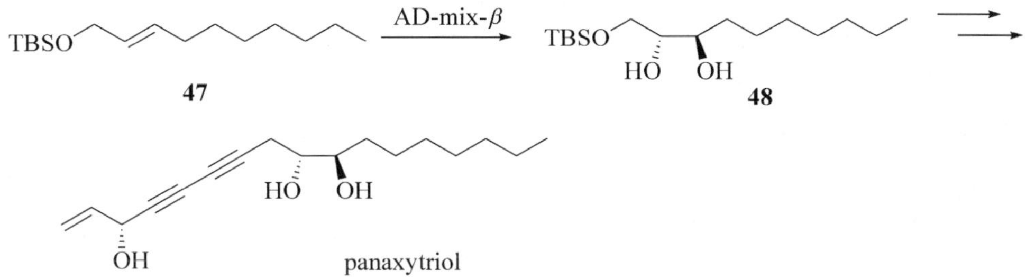

TBSO　**47**　AD-mix-β　TBSO　HO　OH　**48**

HO　OH　OH　panaxytriol

Rollicosin 是一种有重要生物活性的多内酯环天然产物，其全合成的关键手性中间体也可用 AD 反应合成[82b]。

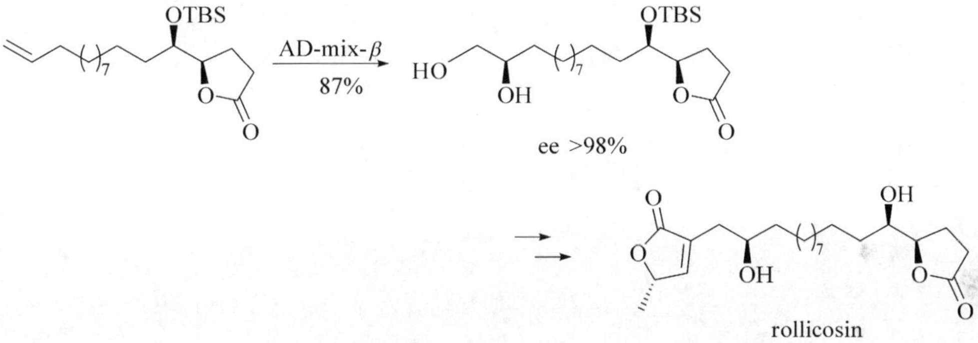

OTBS　7　O　O　AD-mix-β　87%　HO　OH　OTBS　7　O　O　ee >98%

O　O　OH　7　OH　O　O　rollicosin

Secosyrin 是从西红柿中分离出的有重要生物活性的天然产物之一，Donohoe 等在其全合成的关键步骤也成功地用 AD 反应获得高对映体纯的中间体 **49**[83a]，即

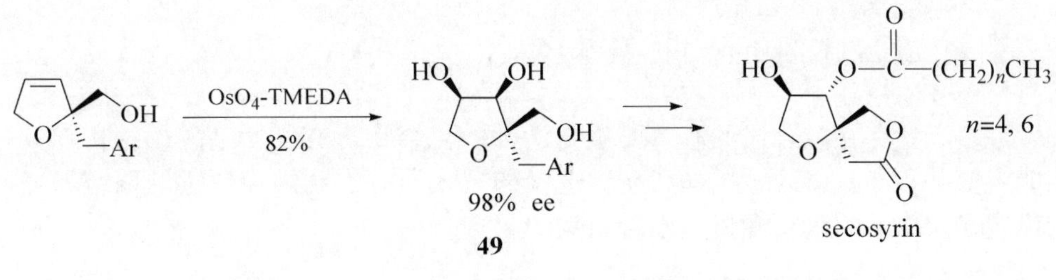

O　OH　Ar　OsO_4-TMEDA　82%　HO　OH　O　OH　Ar　98% ee　**49**

HO　O　O—C—$(CH_2)_nCH_3$　O　O　O　n=4, 6　secosyrin

Sudalai 等则用芳基烯丙基醚的 AD 反应，合成了一系列 β-肾上腺功能阻断剂的关键手性中间体[83b]。

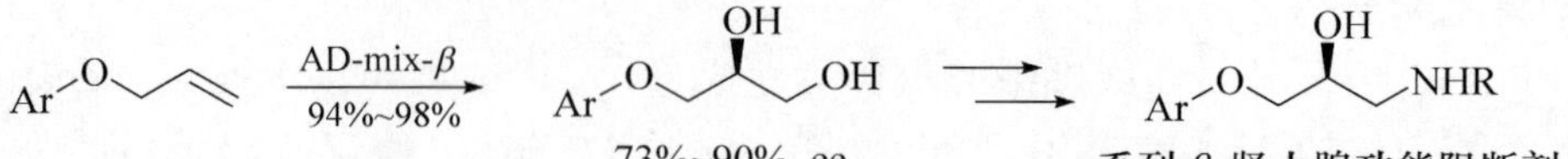

AD-mix-β
94%~98%
73%~90% ee
一系列β-肾上腺功能阻断剂

Percy 等在合成二氟代糖衍生物 **51** 时，也用 AD 反应成功获得高对映体纯的邻二醇中间体 **50**[84a]，如

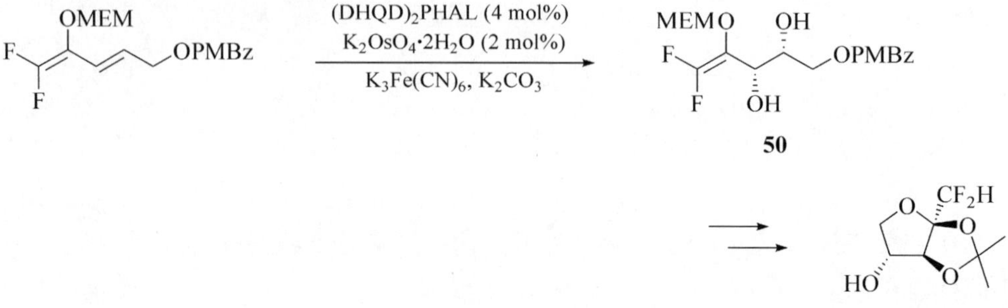

$(DHQD)_2PHAL$ (4 mol%)
$K_2OsO_4·2H_2O$ (2 mol%)
$K_3Fe(CN)_6$, K_2CO_3

50

51

O'Doherty 等由共轭二烯酸酯，连续使用 AD 反应，对映选择性合成了半乳糖衍生物[84b]。

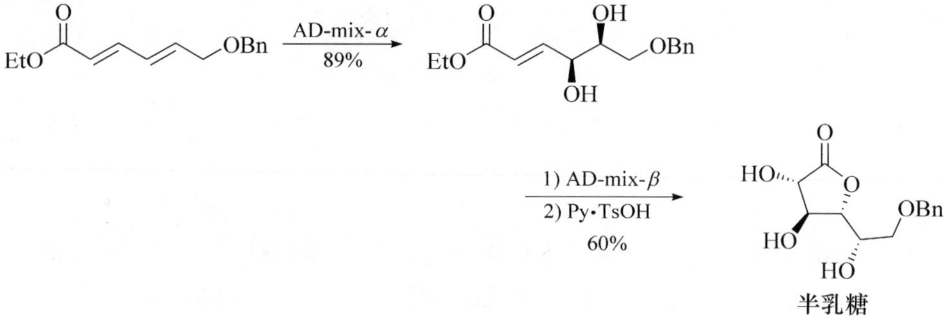

AD-mix-α
89%

1) AD-mix-β
2) Py·TsOH
60%

半乳糖
dr 5:1

11.3 不对称氨基羟基化反应(AA 反应)

许多天然存在或合成的有重要生物活性的化合物含有 β-氨基醇的结构单元，如能将氨基和羟基以区域选择和立体选择的方式同时加到烯烃双键的两端，这样的反应在合成上的重要性将是不言而喻的。

11.3.1 以氯胺-T 为氮源氧化剂的 AA 反应

早在 1976 年，Sharpless 等[85]就发现，在催化量 OsO_4 存在下，以 N-氯代对甲苯磺酰胺钠盐（简称"氯胺-T"）为氮源/氧化剂，水为羟基源，能将烯烃转变成外消

旋的 β-N-对甲苯磺酰氨基醇，如

$$\underset{\text{Na}^+\ \text{Cl}}{\text{Ts}-\text{N}^-}\ \ \text{R}^1\text{CH}{=}\text{CHR}^2\ \ \text{H}_2\text{O} \xrightarrow{\text{OsO}_4\ (1\ \text{mol}\%)} \text{R}^1\text{CH(NHTs)}-\text{CH(OH)R}^2 \qquad (11-27)$$

AA 反应有两点与 AD 反应不同：①在 AA 反应中，当烯烃为非对称的烯烃，产物便有两种位置异构体；②除了生成氨基醇外，同时也生成邻二醇副产物。由于这个反应使用的 OsO_4 是化学计量的，结果也不是很理想，因此当时并未引起人们的重视。此后很长一段时间，由于 Sharpless 等忙于当时看起来更有前景的不对称烯丙醇环氧化和 AD 反应的研究，氨羟化反应被暂时搁置。直到 1987 年，Sharpless 在 AD 反应方面获得突破后，才又重新开始 AA 反应的研究，他把在 AD 反应中有优异表现的手性配体$(DHQD)_2$-PHAL 或$(DHQ)_2$-PHAL 加到原来进行外消旋氨羟化反应的体系中，获得 50%～92% ee 的产物(表 11－7)。

$$\text{R}^1\text{CH}{=}\text{CHR}^2 + \text{TsNClNa}\cdot 3\text{H}_2\text{O} \xrightarrow[\text{4 mol\% OsO}_4]{\text{5 mol\% (DHQD)}_2\text{-PHAL}} \text{R}^1\text{CH(NHTs)}\text{CH(OH)R}^2 \qquad (11-28)$$

$$\text{R}^1\text{CH}{=}\text{CHR}^2 + \text{TsNClNa}\cdot 3\text{H}_2\text{O} \xrightarrow[\text{4 mol\% OsO}_4]{\text{5 mol\% (DHQ)}_2\text{-PHAL}} \text{R}^1\text{CH(NHTs)}\text{CH(OH)R}^2 \qquad (11-29)$$

表 11－7　TsNClNa 为氮源的 AA 反应

序号	R^1	R^2	溶剂	产率/%	产物 ee/%	
					$(DHQD)_2$-PHAL	$(DHQ)_2$-PHAL
1	Ph	$COOCH_3$	t-BuOH/H_2O	60	—	82
2	Ph	Ph	t-BuOH/H_2O	78	—	64
3	Ph	$COOCH_3$	CH_3CN/H_2O	64	71	81
4	CH_3	$COOCH_3$	CH_3CN/H_2O	52	60	74
5	$COOCH_3$	$COOCH_3$	CH_3CN/H_2O	65	53	77
6	Ph	Ph	CH_3CN/H_2O	52	50	62

手性配体不但可产生手性识别，而且大大提高了区域选择性。例如，肉桂酸甲酯的氨羟基化反应，在未加手性配体时，磺酰胺基加到 C-3 的与加到 C-2 的位置异构体比例为 2∶1；但当加入手性配体时，这一比例便提高到≥5∶1。手性配体的加入，还可抑制伴生的 AD 反应，减少副产物邻二醇的生成[86]。

如式(11－28)和式(11－29)所示，AA 反应的面选择性与 AD 反应一致，即 DHQD 衍生的手性配体，氨基和羟基从 β-面加成，而 DHQ 从 α-面加成。AA 反应与 AD 反应也有明显的差别，如：①对严重缺电子的烯烃例如富马酸二甲酯，AD 反应

很慢，且 ee 很低（≤40%），但在同样的底物下，AA 反应能迅速进行，并获得高达 77%ee（序号 5）的选择性。②在 AD 反应中，$(DHQD)_2$-PHAL 常比 $(DHQ)_2$-PHAL 有更高的选择性，而在 AA 反应中正相反，$(DHQ)_2$-PHAL 常表现更好。③在 AD 反应中，无论 $(DHQD)_2$-PHAL 获 $(DHQ)_2$-PHAL，对顺式烯烃的选择性都较差（ee <55%），但即使是顺式烯烃，AA 反应也能获得较好的选择性，如

$$\text{环烯（X）} + \text{TsNClNa (3当量)} \xrightarrow[\text{CH}_3\text{CN/H}_2\text{O, r.t.}]{(\text{DHQ})_2\text{-PHAL (5 mol\%)},\ \text{K}_2\text{OsO}_2(\text{OH})_4\text{ (4 mol\%)}} \text{TsNH, OH 取代环（X）},\ ee > 77\% \tag{11-30}$$

X=$(CH_2)_n$, O, NH

用氯胺-T 作氮源/氧化剂的 AA 反应，产物的对映选择性还有相当大的提升空间，但即使是这样的光学纯度，已有较好的应用前景，因为产物磺酰胺基醇很容易结晶，经简单的重结晶，其光学纯度便可提高至 99% ee。

11.3.2 以氯胺-M 为氮源的 AA 反应

为进一步提高 AA 反应的选择性，发现用氯胺-M（*N*-氯代甲磺酰胺钠）代替氯胺-T 为氮源/氧化剂，并以正丙醇/H_2O 为溶剂，进行 AA 反应，产物的对映选择性和区域选择性都大大提高，同时减少邻二醇副产物的生成（表 11－8）[87]，反应为

$$R^1\text{CH=CH}R^2 + CH_3SO_2\bar{N}ClNa^+ \begin{cases} \xrightarrow[\text{丙酮/水, r.t.}]{5\text{ mol\% (DHQD)}_2\text{-PHAL},\ 4\text{ mol\% K}_2\text{OsO}_2(\text{OH})_4} R^1CH(NHSO_2CH_3)CH(OH)R^2 \\ \xrightarrow[\text{丙酮/水, r.t.}]{5\text{ mol\% (DHQ)}_2\text{-PHAL},\ 4\text{ mol\% K}_2\text{OsO}_2(\text{OH})_4} R^1CH(NHSO_2CH_3)CH(OH)R^2 \end{cases} \tag{11-31}$$

表 11－8 以氯胺-M 为氮源的 AA 反应

序号	R^1	R^2	产物的 ee/%	
			$(DHQD)_2$-PHAL	$(DHQ)_2$-PHAL
1	Ph	CO_2CH_3	95	95
2	Ph	CO_2*i*-Pr	95	94
3	CO_2CH_3	CO_2CH_3	94	95
4	Ph	Ph	82	75
5	CH_3	CO_2*t*-Bu^t	82	80

用氯胺-M 代替氯胺-T 作氮源/氧化剂，不但对映选择性大幅提高，区域选择

性也有显著提高。以肉桂酸甲酯的 AA 反应为例，使用氯胺-T 的区域选择性为 76∶24，而用氯胺-M，则提高到 90∶10。使用氯胺-M 的另一个优点是通过简单的水洗便可完全除去残留的过量甲磺酰胺（反应中的主要副产物）。

用磺酰基作为胺的保护基，其脱除反应条件较剧烈，需在苯酚存在下，用含 33% HBr 的乙酸作溶剂于 75℃下反应 10 h 才能脱除，对于这样苛刻的条件，许多官能团都难以耐受，从而限制了 AA 反应的应用。发展新的氮源试剂，使其胺基上的保护基更易脱除，是 AA 反应的另一重要研究方向。

11.3.3　以 *N*-卤代氨基甲酸酯盐为氮源的 AA 反应

Sharpless 等在寻找可以代替氯胺-T 和氯胺-M，N 上取代基容易脱除的新的氮源试剂时发现，*N*-卤代氨基甲酸酯盐作为 AA 反应的氮源/氧化剂，不但产物中的 N 上保护基易除去，而且反应的对映选择性和区域选择性更好（表 11-9 和表 11-10）[88, 89]，反应式为

$$R^1\text{CH=CH}R^2 + \text{ROC(O)—NClNa (3当量)} \xrightarrow[n\text{-PrOH/H}_2\text{O (1:1), 0℃}]{\text{5 mol\% L}^*,\ \text{4 mol\% K}_2\text{OsO}_2\text{(OH)}_4}$$

R=Bn, Et

$$\xrightarrow{\text{L}^*=\text{(DHQD)}_2\text{-PHAL}} R^1\text{CH(NHCO}_2\text{R)CH(OH)}R^2$$

$$\xrightarrow{\text{L}^*=\text{(DHQ)}_2\text{-PHAL}} R^1\text{CH(NHCO}_2\text{R)CH(OH)}R^2$$

表 11-9　BnOCONClNa 为氮源/氧化剂的 AA 反应

序号	R^1	R^2	产物 ee/%	
			$(DHQ)_2$-PHAL	$(DHQD)_2$-PHAL
1	Ph	CO_2CH_3	94	97
2	2,6-$(CH_3)_2$-C_6H_3	CO_2CH_3	94	86
3	CO_2CH_3	CO_2CH_3	84	87
4	Ph	Ph	91	88
5	H	CO_2CH_3	84	87
6	2-萘基	H	99	99
	Ph	H	93	90

表 11-10　EtOCONClNa 为氮源/氧化剂的 AA 反应

序号	R^1	R^2	产物 ee/%	
			$(DHQ)_2$-PHAL	$(DHQD)_2$-PHAL
1	Ph	CO_2CH_3	99	99
2	4-CH_3O-C_6H_4	CO_2CH_3	98	99
3	4-NO_2-C_6H_4	CO_2CH_3	97	98
4	1-萘基	CO_2CH_3	97	96

在 *N*-卤代磺酰胺盐作氮源/氧化剂的 AA 反应中，苯乙烯型端烯是一类极差的底物，两种区域异构体比例约为 2∶1，每个异构体的 ee 为 50%～70%，且反应很慢，产率极低。但用 *N*-卤代氨基甲酸酯盐为氮源时，都是 AA 反应的极好底物，从表 11－9 中可见，无论用$(DHQD)_2$-PHAL 或 $(DHQ)_2$-PHAL 为手性配体，产物的 ee 都≥90%，其中 2-萘基乙烯 ee 高达 99%，产率也在中等以上。

用 *N*-卤代氨基甲酸乙酯盐作氮源/氧化剂，比苄酯盐选择性更好，但由于苄基保护基经催化氢化便可方便地除去，*N*-氯代氨基甲酸苄酯盐作氮源似乎更受欢迎。

用 *N*-氯代氨基甲酸酯盐作氮源/氧化剂的 AA 反应，体系中水的含量有重要影响，当用 50%的正丙醇水溶液，反应可以顺利进行，并获得理想的结果，但若水的含量只有几个当量，则完全不反应。

用作氮源的试剂，分子的位阻较小，既有利于提高反应的速度也有利于提高区域和立体选择性(例如，氯胺-T 与氯胺-M 相比；*N*-氯代氨基甲酸乙酯盐与 *N*-氯代氨基甲酸苄酯盐相比)。这一事实推动了位阻较小的新氮源/氧化剂 *N*-氯代氨基甲酸三甲硅乙基酯盐(TeocNClNa)的开发。TeocNClNa 用于多种芳基取代的端烯的 AA 反应，都获得很高的区域和对映选择性(表 11－11)，且 Teoc 基团可在温和的条件下用氟化物裂解除去[89]，反应如下

R^1–CH=CH–R^2 + Me_3Si–CH_2CH_2–O–C(=O)–$\bar{N}$–Cl Na^+

$\xrightarrow[n\text{-PrOH}/H_2O\ (1:1)]{K_2OsO_2(OH)_4}$

(DHQ)$_2$-PHAL → R^1CH(NHTeoc)CH(OH)R^2 (*S*)-**52** + R^1CH(OH)CH(NHTeoc)R^2 (*S*)-**53**

(DHQD)$_2$-PHAL → R^1CH(NHTeoc)CH(OH)R^2 (*R*)-**52** + R^1CH(OH)CH(NHTeoc)R^2 (*R*)-**53**

表 11 - 11　TeocNClNa 为氮源/氧化剂的 AA 反应

序号	R^1	R^2	**52/53**	**52** 的产率/%	(*S*)-**52** 的 ee/%	(*R*)-**52** 的 ee/%
1	2-萘基	H	86∶14	76	97	96
2	1-萘基	H	>98∶2	86	95	91
3	3-MeO-4-BnO-C_6H_3	H	78∶28	70	99	99
4	3-BnO-4-MeO-C_6H_3	H	91∶9	81	98	97
5	Ph	CO_2*i*-Pr	>98∶2	70	99	99
6	3-$NO_2C_6H_4$	CO_2*i*-Pr	>98∶2	74	99	98

N-溴乙酰胺是另一氧化供氮试剂，除了能获得高度的对映选择性外(表 11 - 12)，它的最大优点是仅需等当量的 *N*-溴乙酰胺(而其他氮源/氧化剂都要求 3 当量)，这使 AA 反应的后处理及产物的分离纯化大大简化，同时也使反应更符合“原子经济性”原则。

R^1-CH=CH-R^2 + AcNBrNa $\xrightarrow{K_2OsO_2(OH)_4}$ (DHQD)$_2$-PHAL → R^1CH(NHAc)CH(OH)R^2；(DHQ)$_2$-PHAL → R^1CH(NHAc)CH(OH)R^2（对映体）

表 11 - 12　AcNBrNa 为氮源/氧化剂的 AA 反应

序号	R^1	R^2	产物的 ee/%	
			(DHQ)$_2$-PHAL	(DHQD)$_2$-PHAL
1	Ph	CO_2*i*-Pr	99	99
2	H	CO_2CH_3	89	90
3	Ph	Ph	94	93

除氮源/氧化试剂的改进，手性配体的实用化，也是关注的重点。Song 等报道，将双金鸡纳碱固载到硅胶上的催化剂，在(*E*)-肉桂酸酯的非均相 AA 反应，当使用 EtOCONClNa 为氮源/氧化剂时，产物的对映选择性高达 92%～99% ee，反应后，催化剂经简单过滤便可回收再用，且对映选择性不变[90]。

林国强等最近报道，用聚乙二醇(8000)将两分子金鸡纳碱键联起来的聚合物手性配体 **54**，在 AcNHBr 为氮源/氧化剂，苯基上有不同取代的苯基丙烯酸异丙酯的 AA 反应中，ee 高达 91%～99%，产率 65%～93%。这种催化剂很容易回收，重复使用 5 次，其活性无明显变化[91]。

54

为了避免价格贵且有毒性的 OsO_4 的流失，污染产品或环境，有人将 OsO_4 与内壁上有许多乙烯残基的大孔树脂形成锇酸酯作为锇源，如图 11－9 所示。AcNHBr·LiOH 作氮源/氧化剂，在 t-BuOH/H_2O 溶剂中，用 5 mol% $(DHQ)_2$-PHAL 催化 (E)-肉桂酸异丙酯（或苯基取代的肉桂酸异丙酯）等烯烃的 AA 反应，产物的区域选择性达 20∶1，对映选择性大于 99%，产率 80%～93%[92]。

OsO_4

t-BuOH/H_2O (体积比=1:1)

图 11－9　固载到大孔树脂内的锇酸酯

参 考 文 献

1　a) Ewins R C, Henbest H B, McKervey M A. J. Chem. Soc. Chem. Commun., 1967, 1085
　b) Pirkle W H, Rinaldi P L. J. Org. Chem., 1977, 42: 2080
2　Katsuki T, Sharpless K B. J. Am. Chem. Soc., 1980, 102: 5974
3　a) Hanson R M, Sharpless K B. J. Org. Chem., 1986, 51: 1922
　b) Gao Y, Hanson R M, Klunder J M et al. J. Am. Chem. Soc., 1987, 109: 5765
4　Adam W, Braun M, Griesbeck A et al. J. Am. Chem. Soc., 1989, 111: 203
5　Wershofen S, Scharf H D. Synthesis, 1988, 854
6　Ebata T, Mori K. Agric. Biol. Chem., 1989, 53: 801
7　Denis J N, Greene A E, Serra A A et al. J. Org. Chem., 1986, 51: 46
8　Yamada S, Shiraishi M, Ohori M et al. Tetrahedron Lett., 1984, 25: 3347
9　Mori K, Okada K. Tetrahedron 1985, 41: 557
10　Boeckman R K, Pruitt J R. J. Am. Chem. Soc., 1989, 111: 8286
11　Mori K, Ueda H. Tetrahedron, 1981, 37: 2581
12　Sharpless K B, Woodard S S, Finn M G. Pure Appl. Chem., 1983, 55: 1823

13 Finn M G, Sharpless K B. J. Am. Chem. Soc., 1991, 113: 117
14 Woodard S S, Finn M G, Sharpless K B. J. Am. Chem. Soc., 1991, 113: 106
15 Wang Z-W, Zhou W-S, Lin G-Q. Tetrahedron Lett., 1985, 26: 6221
16 Gao Y, Hanson R M, Sharpless K B et al. J. Am. Chem. Soc., 1987, 109: 5765
17 Caron M, Sharpless K B. J. Org. Chem., 1985, 50: 1557
18 Alvarez E, Nunez M T, Martin V S. J. Org. Chem., 1990, 55: 3429
19 Dai L-X, Lou B-L, Zhang Y-Z et al. Tetrahedron Lett., 1986, 27: 4343
20 林国强，陈新滋，陈耀全等. 手性合成. 北京：科学出版社，2000，159～168
21 Martin V S, Woodard S S, Karsuki T et al. J. Am. Chem. Soc., 1986, 108: 1323
22 Kitano Y, Matsumoto T, Takeda Y et al. J. Chem. Soc. Chem. Commun., 1986, 1323
23 Kitano Y, Matsumoto T, Sato F. Tetrahedron, 1988, 44: 4073
24 a) Martin V S, Woodard S S, Sharpless K B et al. J. Am. Chem. Soc., 1981, 103: 6237
b) Gonnella N C, Nakanishi K, Sharpless K B et al. J. Am. Chem. Soc., 1982, 104: 3775
25 Zhang W, Leobach J L, Jacobsen E N et al. J. Am. Chem. Soc., 1990, 112: 2801
26 Jacobsen E N, Zhang W, Güler M L. J. Am. Chem. Soc., 1991, 113: 6703
27 Zhang W, Muci A R. J. Am. Chem. Soc., 1991, 113: 7063
28 Deng L, Jacobsen E N. J. Org. Chem., 1992, 57: 4320
29 Brandes B D, Jacobsen E N. J. Org. Chem., 1994, 59: 4378
30 Hinterding K, Jacobsen E N. J. Org. Chem., 1999, 64: 2164
31 Li Z, Lonser K R, Jacobsen E N. J. Am. Chem. Soc., 1993, 115: 5326
32 End N, Pfaltz A. J. Chem. Soc. Chem. Commun., 1998, 589
33 Zhang W, Jacobsen E N. J. Org. Chem., 1991, 56: 2296
34 Jacobsen E N. J. Am. Chem. Soc., 1990, 112: 2801
35 Bolm H. Angew. Chem. Int. Ed. Engl., 1991, 30: 403
36 Cusci R, Fiorentino M, Serio M R. J. Chem. Soc. Chem. Commun., 1984, 155
37 a) Yang D, Wang X-C, Wong M-K et al. J. Am. Chem. Soc., 1996, 118: 11311
b) Yang D, Yip Y-C, Tang M-W et al. J. Am. Chem. Soc., 1996, 118: 491
38 Tu Y, Wang Z-X, Shi Y. J. Am. Chem. Soc., 1996, 118: 9806
39 Zhu Y-M, Tu Y, Shi Y et al. Tetrahedron Lett., 1998, 39: 7819
40 Warren J D, Shi Y. J. Org. Chem., 1999, 64: 7675
41 Wang Z-X, Miller S M, Shi Y et al. J. Org. Chem., 2001, 66: 521
42 Tian H-Q, She X-G, Shi Y. Org. Lett., 2001, 3: 715
43 a) Tian H-Q, She X-G, Shi Y et al. J. Am. Chem. Soc., 2000, 122: 11551
b) Tian H-Q, She X-G, Shi Y et al. Org. Lett., 2001, 3: 1929
c) Tian H-Q, She X-G, Shi Y et al. J. Org. Chem., 2002, 67: 2435
d) Shu L-H, Shen Y-M, Shi Y et al. J. Org. Chem., 2003, 68: 4963
44 Shu L-H, Wang P-Z, Shi Y et al. Org. Lett., 2003, 5: 293
45 Denmark S E, Marsuhashi H. J. Org. Chem., 2002, 67: 3479
46 Page P C B, Buckley B R, Blacker A J. Org. Lett., 2004, 6: 1543
47 Nemoto T, Ohshima T, Shibasaki M et al. J. Am. Chem. Soc., 2001, 123: 2725
48 a) Nemoto T, Kakei H, Shibasaki M et al. J. Am. Chem. Soc., 2002, 124: 14544

b) Tosaki S-Y, Ohshima T, Shibasaki M. J. Am. Chem. Soc., 2005, 127: 2147
49 Kinoshita T, Okada S, Shibasaki M et al. Angew. Chem. Int. Ed. Engl., 2003, 42: 4680
50 a) Julia S, Masana J, Vega J C. Angew. Chem. Int. Ed. Engl., 1980, 19: 929
b) Banfi S, Colonna S, Molinari H et al. Tetrahedron, 1984, 40: 5207
51 Jew S-S, Lee J-H, Park H-G et al. Angew. Chem. Int. Ed., 2005, 44: 1383
52 Adam W, Rao P B. J. Am. Chem. Soc., 2000, 122: 5654
53 Enders D, Zhu J, Liebigs K L. Ann. Recl., 1997, 1101
54 Yu H-B, Zhang X-F, Pu L et al. J. Org. Chem., 1999, 64: 8149
55 Bougauchi M, Watanabe S, Shibasaki M et al. J. Am. Chem. Soc., 1997, 119: 2329
56 Elston C L, Jackson R F, Murray R J et al. Angew. Chem. Int. Ed. Engl., 1997, 36: 410
57 Shi L, Shi Y. Tetrahedron Lett., 1994, 40: 8721
58 Tse M K, Döbler C, Beller M et al. Angew. Chem. Int. Ed., 2004, 43: 5255
59 Hoffmann K A. Chem. Ber., 1912, 45: 3329
60 Criegee R, Marchand B, Wannowius H J. Liebigs. Ann. Chem., 1942, 550: 99
61 Hentges S G, Sharpless K B. J. Am. Chem. Soc., 1980, 102: 4263
62 Jacobsen E N, Marko I, Sharpless K B. J. Am. Chem. Soc., 1988, 110: 1968
63 Wang L, Sharpless K B. J. Am. Chem. Soc., 1992, 114: 7568
64 Shibata T, Gilheany D G, Sharpless K B. et al. Tetrahedron Lett., 1990, 31: 3817
65 Sharpless K B, Amberg W, Beller M et al. J. Org. Chem., 1991, 56: 4585
66 Sharpless K B, Amberg W, Bennani Y L et al. J. Org. Chem., 1992, 57: 2768
67 Amberg W, Bennani Y L, Sharpless K B et al. J. Org. Chem., 1993, 58: 844
68 Crispino C A, Jeong K S, Sharpless K B et al. J. Org. Chem., 1993, 58: 3785
69 Becker H, Sharpless K B. Angew. Chem. Int. Ed. Engl., 1996, 35: 448
70 Lohray B B, Bhushan V. Tetrahedron Lett., 1992, 33: 5113
71 Wai J S M, Marko I, Svendsen J S et al. J. Am. Chem. Soc., 1989, 111: 1123
72 Huang J K, Corey E J. Org. Lett., 2003, 5: 3455
73 Oishi T, Hirama M. J. Org. Chem., 1989, 54: 5834
74 Tokles M, Snyder J K. Tetrahedron Lett., 1986, 27: 3951
75 Hanessian S, Meffre P, Girard M et al. J. Org. Chem., 1993, 58: 1991
76 Nakaijima M, Tomioka K, Likata Y et al. Tetrahedron, 1993, 49: 10793
77 Corey E J, Jardine P D, Virgil S et al. J. Am. Chem. Soc., 1989, 111: 9243
78 Yamada T, Narasaka K. Chem. Lett., 1986, 131
79 Wang Z-W, Zhang X-L, Sharpless K B. Tetrahedron Lett., 1993, 34: 2267
80 a) Corey E J, Guzman P A, Noe M C. J. Am. Chem. Soc., 1994, 116: 12109
b) Corey E J, Guzman P A, Noe M C. J. Am. Chem. Soc., 1995, 117: 10805
81 Kawashima E, Naito Y K, Ishido Y. Tetrahedron Lett., 2000, 41: 3903
82 a) Yun H, Danishefsky S J. J. Org. Chem., 2003, 68: 4519
b) Quinn K J, Isaacs A K, DeChristopher B A et al. Org. Lett., 2005, 7: 1243
83 a) Donohoe T J, Fisher J W, Edwards P J. Org. Lett., 2004, 6: 465
b) Sayyed I A, Thakur V V, Sudalai A et al. Tetrahedron, 2005, 61: 2831
84 a) Cox L R, DeBoos G A, Perey J M et al. Org. Lett., 2003, 5: 337

b) Ahmed M M, Berry B P, O'Doherty G A et al. Org. Lett., 2005, 7: 745

85 a) Sharpless K B, Chong A O, Oshima R J. Org. Chem., 1976, 41: 177

b) Herranz E, Sharpless K B. J. Org. Chem., 1978, 43: 2544

c) Backvall J E, Oshima R, Sharpless K B. J. Org. Chem., 1979, 44: 1953

86 Li G, Chang T H, Sharpless K B. Angew. Chem. Int. Ed. Engl., 1996, 35: 456

87 Rudolph J, Sennhann P C, Vlaar C P et al. Angew. Chem. Int. Ed. Engl., 1996, 35: 2810

88 Li G G, Angert H H, Sharpless K B. Angew. Chem. Int. Ed. Engl., 1996, 35: 2813

89 Reddy K L, Dress K R, Sharpless K B. Tetrahedron Lett., 1998, 39: 3667

90 Song C E, Oh C R, Less S W et al. J. Chem. Soc. Chem. Commun., 1998, 2435

91 Yang X-W, Liu H-Q, Lin G-Q et al. Tetrahedron: Asymmetry, 2004, 12: 1915

92 Jo C H, Han S-H, Song C-E et al. Chem. Commun., 2003, 1312

第 12 章　不对称 Diels-Alder 反应

Diels-Alder 反应是构筑六元环最重要的方法，同时也是形成新的碳-碳键的重要方法。由于它在合成上的重要应用，一直受到广泛的研究。这个反应理论上最多可形成四个新的手性中心，且反应时通常以同面-同面方式成环，有很强的立体选择性。若反应中引入适当的手性环境（手性底物或催化剂），则可得到高对映选择性产物。

12.1　底物诱导的不对称 Diels-Alder 反应

早期的不对称 Diels-Alder 反应，多以手性底物（亲双烯体或双烯本身）诱导反应，以实现产物的立体选择性。其中在亲双烯体上连接手性辅基较容易，故研究较多。如用手性醇与丙烯酸形成的手性丙烯酸酯 **1** 或用手性胺与丙烯酸形成的手性丙烯酰胺 **2** 作亲双烯体，都有不少报道。

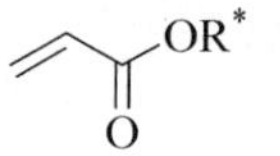

OR^*　　NR^*_2

O　　O

1 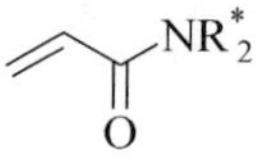　　**2**

Oppolzer 等[1] 用樟脑衍生的手性醇与丙烯酸形成的手性酯 **3**，在 Lewis 酸 $TiCl_2(O\textit{i}\text{-}Pr)_2$ 催化下与环戊二烯进行 Diels-Alder 反应得到的产物不但有很高的 *endo*∶*exo* 值，且 *endo* 产物中的对映选择性极高，即

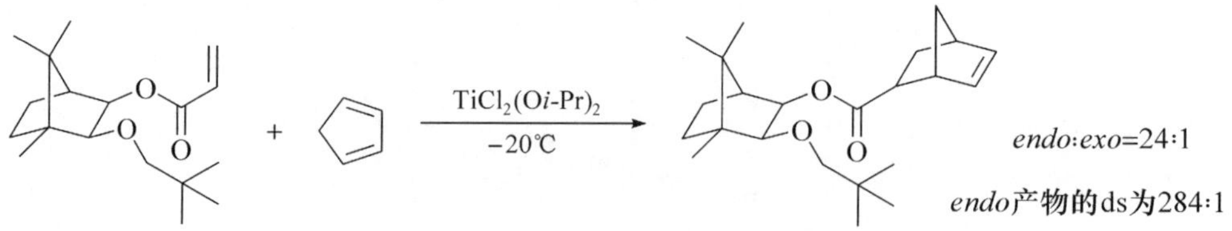

$TiCl_2(O\textit{i}\text{-}Pr)_2$，−20℃

endo:*exo*=24:1

*endo*产物的ds为284:1

3　　**4**

还有多种手性醇，如 **5** ～**9**，曾被用于与各种不同的 α,β-不饱和羧酸成酯，作为亲双烯体与不同的双烯进行不对称 Diels-Alder 反应，也获得很好的立体选择性[2～6]。

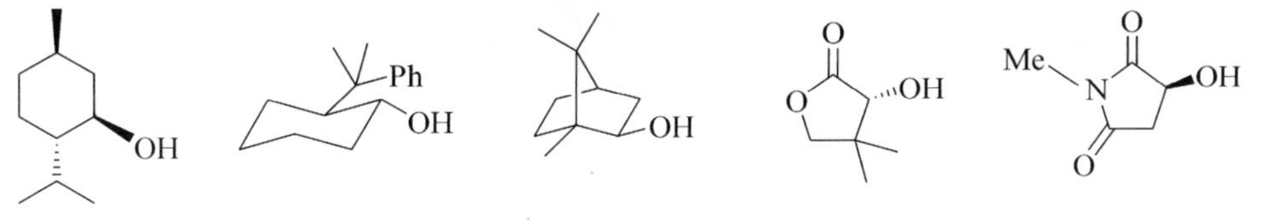

5　6　7　8　9

N 上连有手性基团的 α,β-不饱和酰胺作为亲双烯体的 Diels-Alder 反应，也取得过许多好的成果。Cipiciani 等[7]用 α,β-不饱和的 *N*-手性噁唑烷酮 **10**，作亲双烯体与环戊二烯进行 Diels-Alder 反应，产物的非对映选择性和对映选择性都很高，其反应如下

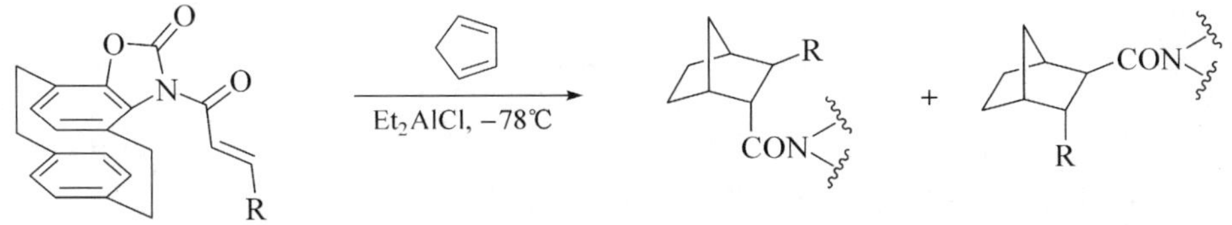

Et_2AlCl, −78℃

10　**11** *endo*　**12** *exo*

R	*endo*:*exo*	ee/% (*endo*)	产率/%
H	100:0	72	70
CH_3	43.4:1	93.4	90

还有许多其他手性噁唑烷酮[8,9]或手性环胺[10]，如

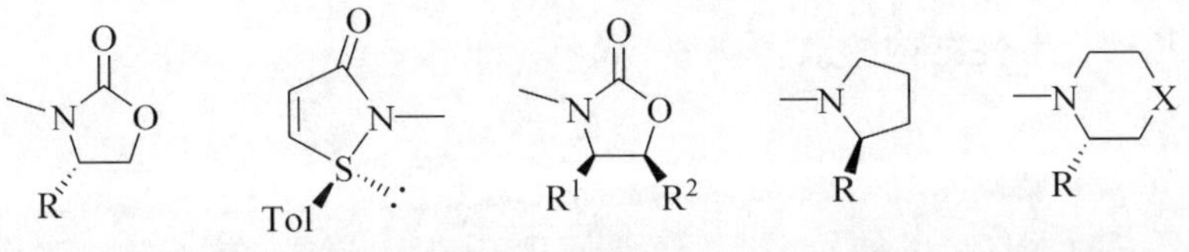

13　**14**　**15**　**16**　**17**

形成的 α,β-不饱和酰胺参与的该类反应，也曾获得很好的立体选择性。

连接手性结构的二烯组分较难制备，研究较少。但从为数不多的报道可以看到，反应的立体选择性也很高。Raphae 等[11]用手性双烯(**18**)与多种亲双烯体进行 Diels-Alder 反应，均取得很好效果(表 12－1)。反应如下

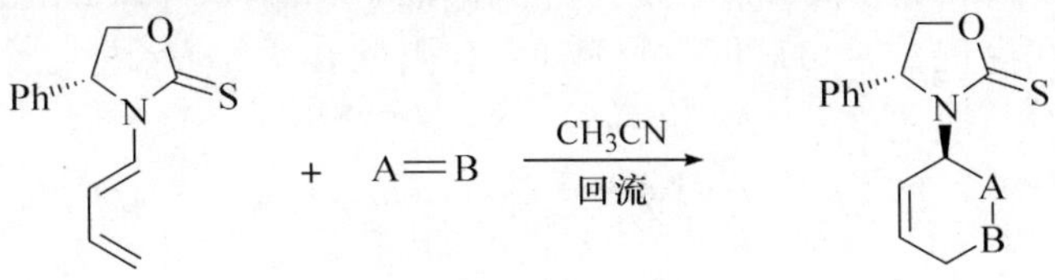

CH_3CN 回流

18　**19**

表 12-1　18 与多种亲双烯体进行的 Diels-Alder 反应

A=B	时间/h	转化率/%	*endo* ∶ *exo*	de/%
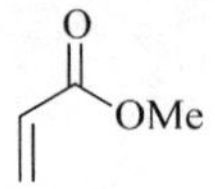 丙烯酸甲酯（OMe）	48	89	95 ∶ 5	96
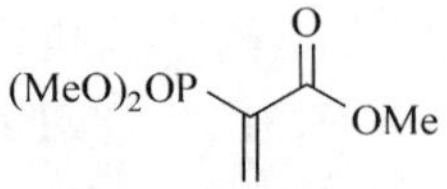 $(MeO)_2OP$–C(=CH$_2$)–COOMe	15	100	84 ∶ 16	>99
 MeOOC–C≡C–COOMe	15	100	—	90

Trost 等[12]用连接手性酰氧基的二烯(**20**)与 5-羟基-1,4-萘醌(**21**)进行 Diels-Alder 反应,也取得很高的立体选择性,如

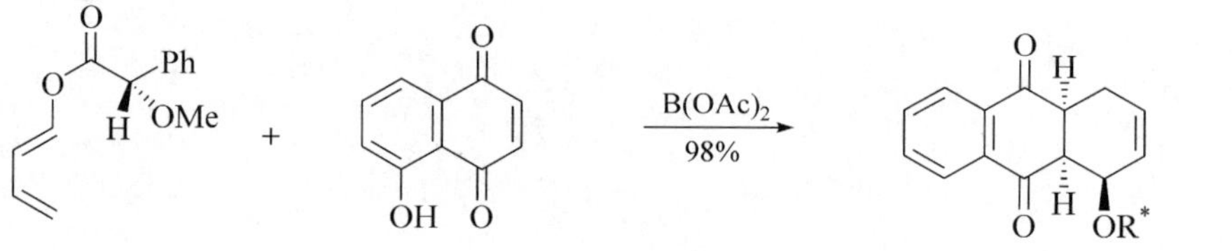

B(OAc)$_2$ 98%

20　**21**　**22** de >97%

下面几种含手性结构的二烯:

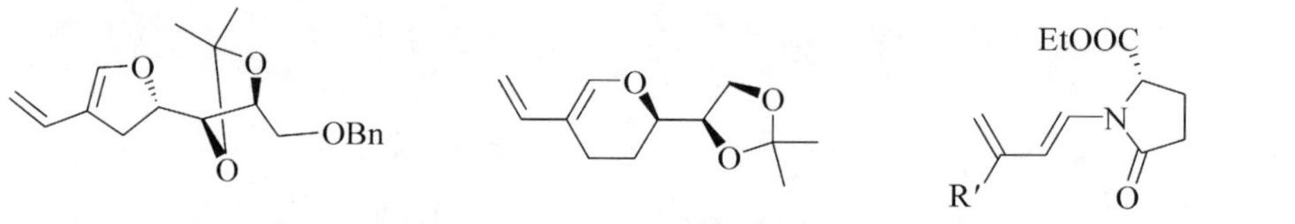

23　**24**　**25** R′=H, Me

也曾报道与亲双烯体反应,取得很好的立体选择性[13, 14]。

底物手性结构诱导的不对称 Diels-Alder 反应,尽管存在底物适用面有限,需用化学计量的手性化合物等缺点,但在许多情况下,常能取得满意的立体选择性,而且手性结构在反应后常可脱除并回收再用,因此在大批量制备含六元环的手性化合物上仍然有其应用性。

12.2　手性 Lewis 酸催化的 Diels-Alder 反应

最近十几年来,手性 Lewis 酸催化剂的研制及其在不对称 Diels-Alder 反应中的应用,取得巨大进展。已报道的这类催化剂中,有许多催化效率高、用量少、立体选择性好,且不难制备,逐渐成为本领域的主要研究方向。手性 Lewis 酸催化剂通常由手性二醇、二酚、氨基醇、双噁唑啉、席夫碱、二磺酰胺等配体与 B、Ti、Cu、Zr、Cr 和镧系金属 Eu、Yb 等配位而成。近几年,Ru、Rh、Pd 的配合物报道也不少。

12.2.1　手性二酚或二醇配合物作为 Lewis 酸催化剂

联二萘酚(*R*)-**26** 是一种多用途手性配体,它与不同金属的配合物在各类不同的不对称反应中都有杰出的对映识别效果。**26** 与 B、Ti、Zr、Yb 等过渡金属或镧系金属的配合物在不对称 Diels-Alder 反应中同样有上乘表现。

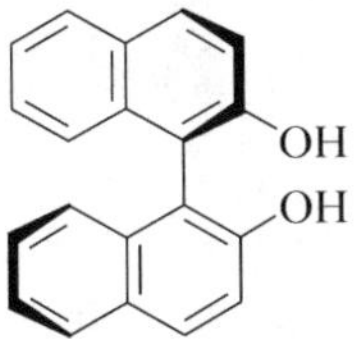

(*R*)-**26**

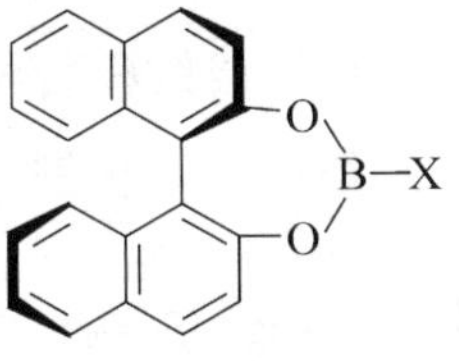

(*R*)-**27**　X=H
(*R*)-**28**　X=Br

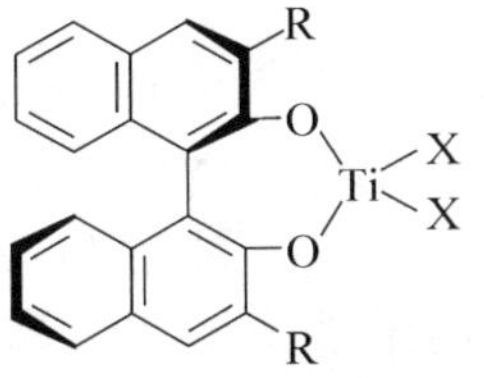

R=H, Ph　X=Cl, Br
(*R*)-**29**

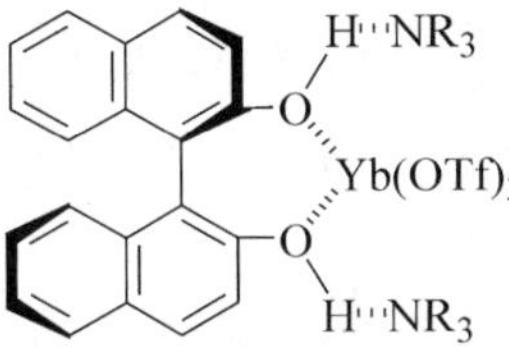

(*R*)-**30**

Narasaka 用(*R*)-**27**(手性联二萘酚与 BH_3 的配合物)催化 5-羟基萘醌 **21** 与二烯 **31** 的环加成反应,获得很高的对映选择性产物 **32**[15]。另一个联二萘酚与 H_2BBr 的配合物(*R*)-**28** 用于催化环戊二烯与 α-甲基丙烯醛 **33** 的不对称 Diels-Alder 反应,同样获得很好的对映选择性[16, 17],即

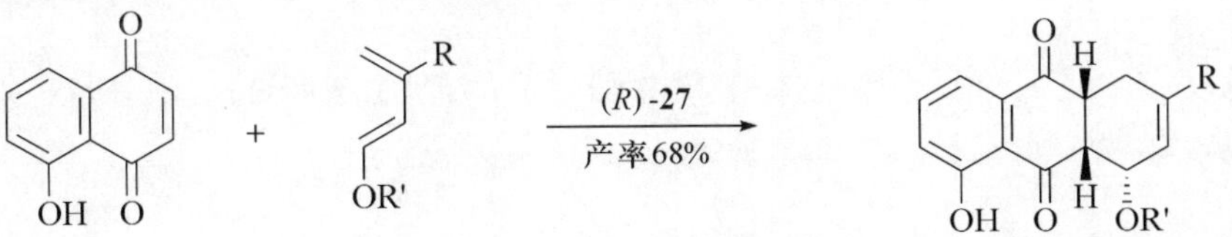

21 + **31** —(*R*)-**27**, 产率68%→ **32**　90%~98% ee

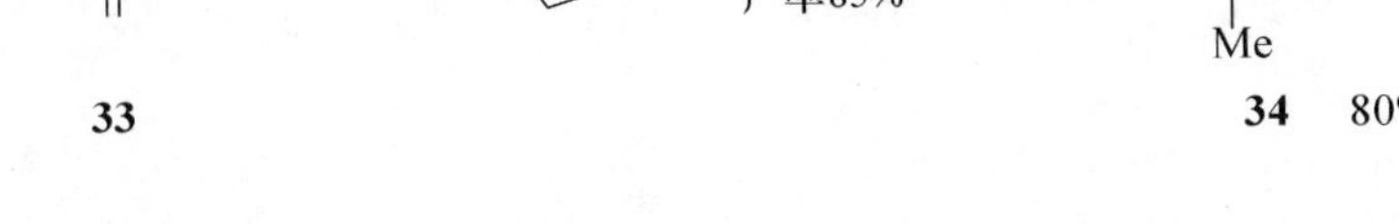

33 + 环戊二烯 —(*R*)-**28**, 产率85%→ **34**　80%~90% ee

联二萘酚与 Ti 的配合物(R)-**29** 被用于催化环戊二烯与丙烯酰噁唑烷酮反应，产物的对映选择性高达 96%～98% ee[15]，用于催化二烯 **35** 与甲基丙烯醛 **33** 或二烯 **37** 与萘醌之间的环加成，也获得很好的区域、立体和对映选择性[18]，如

OCOR + Me CHO —(R)-**29**, 产率70%~80%→ OCOR Me CHO 94%~99% de 80%~86% ee

35　**33**　**36**

+ O O —(R)-**29**, 0℃, 产率80%→ O H H O OMe de >90% 85% ee

OMe **37**　**38**

镧系金属的三价离子与手性配体通常能形成六配位的配合物，中心金属离子还有空的 f 轨道可接受电子给体的配位，因此是很好的 Lewis 酸；它们的手性配合物是 Diels-Alder 反应的有效催化剂。例如镧系金属盐 $Yb(OTf)_3$ 在少量叔胺存在下与联二萘酚(R)-**26** 形成的配合物(R)-**30**，用于环戊二烯与丙烯酰胺 **39** 的环加成反应，当反应中加入少量非手性的配体 **41a** 时，产物 **40** 的立体选择性很好，反应为

O O N O + —(R)-**30**, CH_2Cl_2, 0℃; O O N O, 产率77%→ O O N O

39　**41a**　**40**　*endo*∶*exo*=89∶1:1　93% ee (endo)

若反应中使用的非手性配体是 **41b**，则生成的产物是 **40** 的对映体 **42**，立体选择性也很好[19]。反应为

O O N O + —R-**30**, CH_2Cl_2, 0℃; O O Ph, 产率85%→ O O N O

39　**41b**　**42**　*endo*∶*exo*=93∶7　81% ee (*endo*)

(R)-**30** 也可用于催化反电子的不对称 Diels-Alder 反应(富电子的亲二烯体与缺电子的二烯之间的环加成),同样获得很高的对映选择性[20]。

43 + **44** → (R)-**30**, CH_2Cl_2, 91% → **45** ee >95%

46　**47**　**48**

a. X=Ph
b. X=$SiPh_3$
c. X=Sii-Pr_3
d. X=$SiPh_2i$-Bu
e. X=Si(o-MeC_6H_4)$_3$

含有联二芳基轴手性结构的二酚与 Et_2AlCl 作用生成的手性配合物 **46** 和 **47**,用于催化环戊二烯与 α-甲基丙烯醛之间的 Diels-Alder 反应,**47** 的对映选择性高达 90%以上,远比 **46**(ee <30%)高得多[21]。可以看出,**47** 中的手性基团距中心金属更近,因而能更有效地影响反应的选择性。由联二萘酚的衍生物与 Ti(Oi-Pr)$_4$作用生成的配合物 **48**,用于催化环戊二烯与 α,β-不饱和醛 **49** 的 Diels-Alder 反应,主要生成 *endo* 产物 **50**,对映选择性一般≥90%,其中 **48e** 效果最好,*endo* 主产物的对映选择性达 98%,次要产物 exo 的对映选择性也达 93%[22]。

环戊二烯 + **49** → (R)-**48** (10 mol %), CH_2Cl_2 → **50** ee >90%

49
a. $R^1=R^2=H$
b. $R^1=R^2=Me$
c. $R^1=Me$, $R^2=H$

如上所述,联二萘酚型手性配体与各种金属的配合物作为 Lewis 酸催化不同的 Diels-Alder 反应,已取得不少好的结果,但这类催化剂的手性识别,主要靠亲二烯体与手性配体之间的空间相互作用产生的,这种作用有时还不足以产生足够高的对映选择性。

Hawkins[23]、Corey[24]和 Yamamoto[25]发现亲二烯体与手性配体间、缺电子芳环与富电子芳环的 π-π 电子给体-电子受体相互作用可以作为手性识别的另一有效因素。根据这一发现，Yamamoto 等[26]设计合成了一系列 Brönsted 酸协助的手性 Lewis 酸(BLA)催化剂 **51** ～**54**，反应式及结构式如下

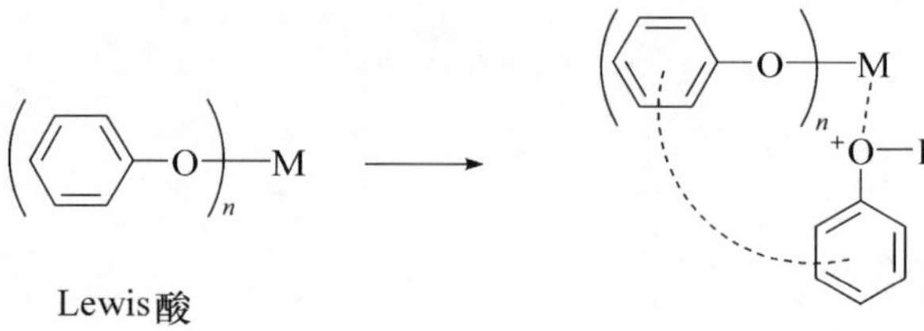

Lewis酸

Brönsted酸协助的手性Lewis酸 (BLA)

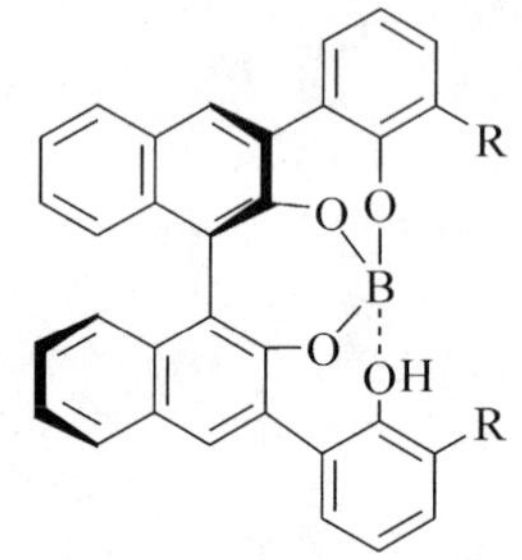

BLA **51** **a**. R=H **b**. R=Ph

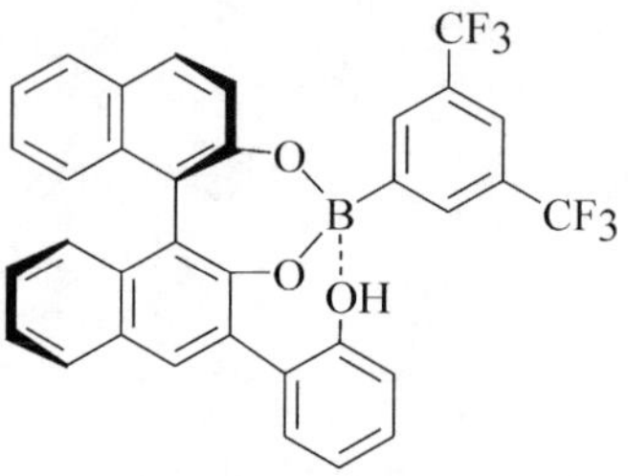

BLA **52**

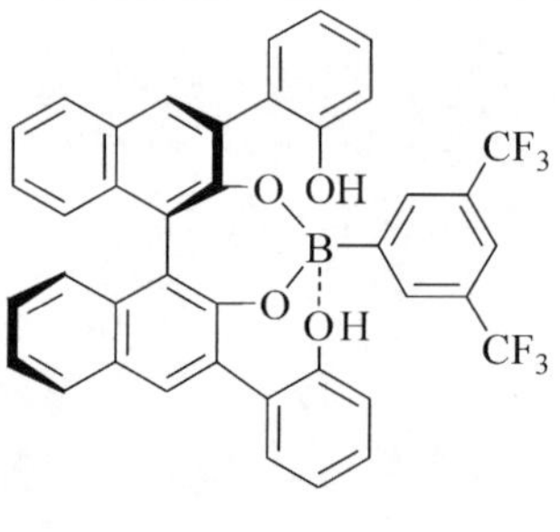

BLA **53**

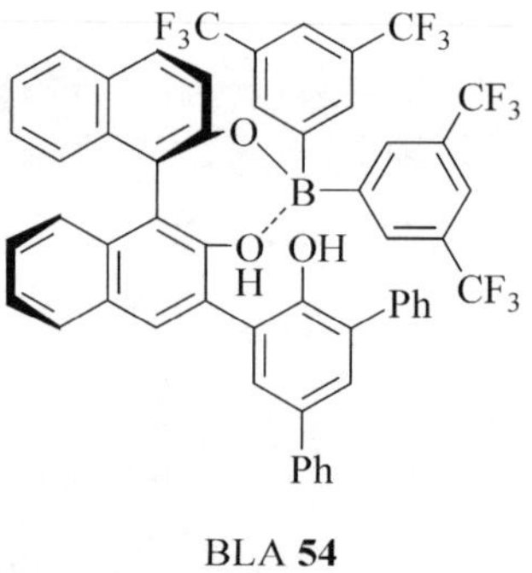

BLA **54**

BLA **51** 分子中的四个酚羟基，有三个羟基的氢原子被 B 取代，形成 O—B 共价键，第四个羟基的 O 原子提供一对电子与 B 形成配价键，其氧原子带有正电荷，与之相连的芳环成为缺电子的芳环。BLA **51** ～**54** 三个分子中除了酚羟基与 B 形成配价键的芳环是缺电子的，还连接有一个与 B 相连的芳环，其 3，5-位上有两个强吸电子的 CF_3 取代，这个芳环缺电子的程度更高，同时它们的强吸电子效应可通过 B

原子影响到与之配位的芳环。因此，这些 BLA 分子可以通过与反应底物形成氢键，或形成 π-π 供体-受体相互作用，提供新的手性识别因素，从而高对映选择性催化 Diels-Alder 反应。例如，用 **51** 和 **52** 催化 α-取代的丙烯醛与环戊二烯的环加成反应，得到很高的 *exo* 选择性和对映选择性的产物。

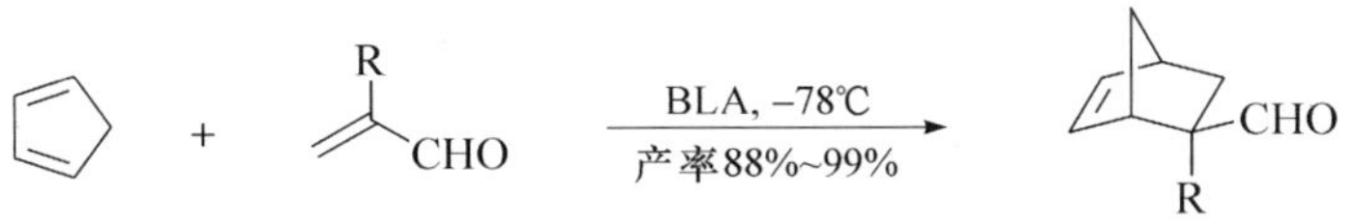

BLA, −78℃
产率88%~99%
R
CHO
CHO
R

R=Br, Me, Et　　BLA=**51a**　　de >99%，92%~99% ee
R=Br, Me　　BLA=**52**　　90%~98% de，95%~99% ee

更令人感兴趣的是，用构型相同的 BLA **51a** 和 **53** 催化同一个 Diels-Alder 反应，却得到构型相反的产物，即

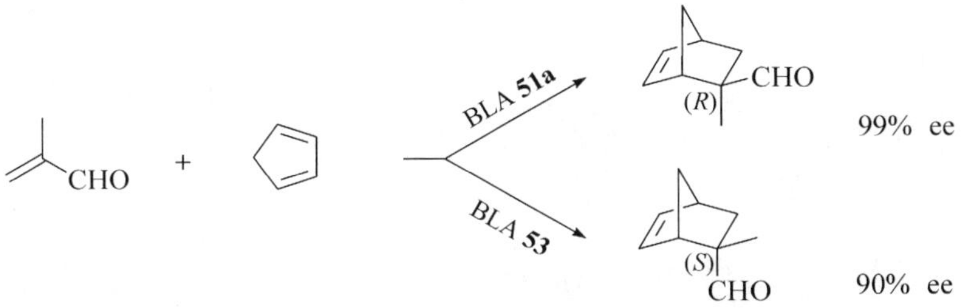

CHO
BLA 51a
CHO
(R)
99% ee
BLA 53
(S)
CHO
90% ee

手性二醇是最早用于不对称 Diels-Alder 反应的催化剂配体[27~29]。由酒石酸衍生的各种手性二醇(**55** ～**58**)与不同金属形成配合物都曾在这类不对称反应中获得显著的对映选择性。

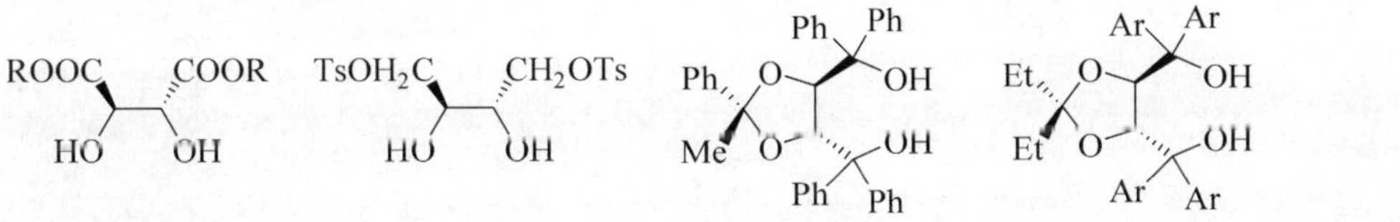

ROOC　COOR
HO　OH
(R,R)-**55**

$TsOH_2C$　CH_2OTs
HO　OH
(S,S)-**56**

Ph　Ph
Ph　O　OH
Me　O　OH
Ph　Ph
57

Ar　Ar
Et　O　OH
Et　O　OH
Ar　Ar
58　Ar=3,5-$Me_2C_6H_3$

56 与铝的络合物用于催化，环戊二烯与 α，β-不饱和酰胺的环加成，可获得很高的对映选择性[15]，反应如下

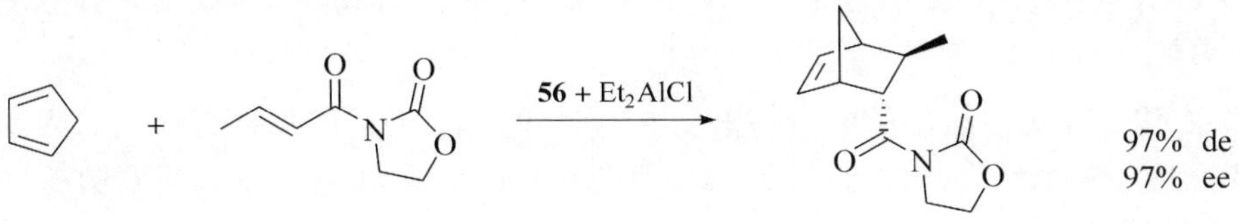

O　O
N　O
56 + Et_2AlCl
O
O　N　O
97% de
97% ee

二醇 **57** 与 Ti 的配合物用于催化环戊二烯和其他二烯与 α,β-不饱和酰胺的反应，也获得满意的立体选择性[30]，即

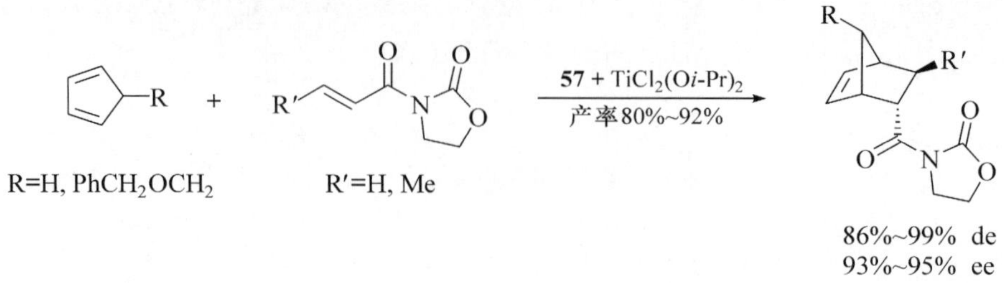

$57 + TiCl_2(Oi\text{-}Pr)_2$，产率80%~92%

R=H, $PhCH_2OCH_2$；R′=H, Me

86%~99% de
93%~95% ee

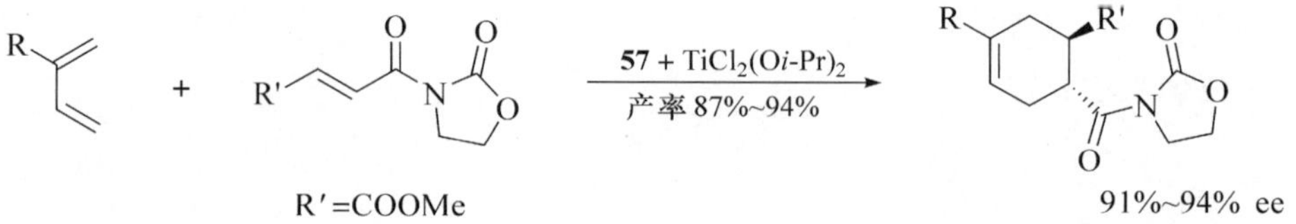

$57 + TiCl_2(Oi\text{-}Pr)_2$，产率 87%~94%

R′=COOMe

91%~94% ee

Corey 等用 **58** 与钛的配合物催化环戊二烯与 α,β-不饱和酰胺的环加成反应，也获得很好的选择性[32]。

12.2.2 手性双噁唑啉为配体的 Lewis 酸催化剂

双噁唑啉作为手性配体与 Cu(Ⅱ)或镧系金属的配合物，在不对称环丙烷化、不对称 Michael 加成、不对称频哪醇偶联反应等多种不对称反应中，都有出色的表现。除了铜与镧系金属，它们与镁、铁、钴、镍、锌等的配合物在不对称 Diels-Alder 反应中也是很好的催化剂，其结构式如下

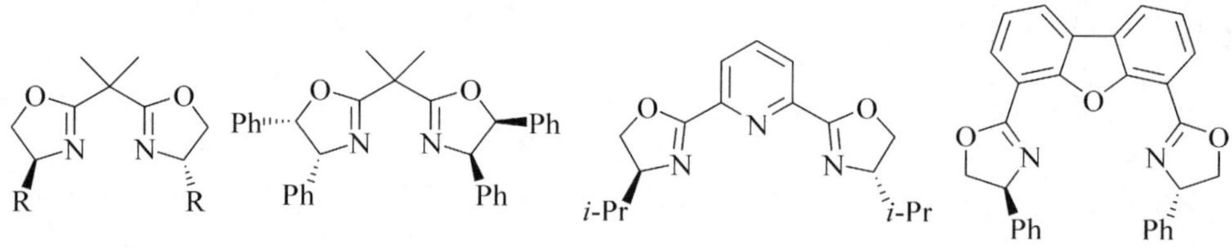

59 **60** **61** **62**

a. R=Ph
b. R=*i*-Pr
c. R=*t*-Bu
d. R=Bn

用 **59** 与 $Cu(OTf)_2$ 的配合物催化 **63** 那样的 α,β-不饱和酰胺与环戊二烯的环加成反应，高对映选择性地生成 *endo* 为主的产物，尤其是 **59c** 效果最好[31]（表 12-2），反应式为

63

a. R=H, X=O
b. R=Me, X=O
c. R=Ph, X=O
d. R=CO_2Et, X=O
e. R=Me, X=S
f. R=Ph, X=S
g. R=COOEt, X=S

59c, $Cu(OTf)_2$

表 12-2　(*S*)-59c-$Cu(OTf)_2$ 催化的不对称 Diels-Alder 反应

亲二烯体	反应温度/℃	时间/h	产率/%	(*endo*∶*exo*)	ee (*endo*)/%
63a	−78	18	86	98∶2	>98
	−50	18	87	97∶3	96
63b	−15	30	85	96∶4	97
63c	25	24	85	90∶10	90
63d	−55	20	92	94∶6	95
63e	−45	36	82	96∶4	94
63f	−35	72	86	92∶8	97
63g	−55	20	98	84∶16	96

Corey 等用 **59a** 与铁或镁的络合物催化环戊二烯与丙烯酰胺的 Diels-Alder 反应，其选择性也相当好[32]，反应式为

59a-$FeCl_2I$
−50℃, 80%

endo:*exo*=99:1
ee >99%

59c 与 $Cu(OTf)_2$ 或 $Cu(SbF_6)_2$ 的配合物用于催化 α'-羟基烯酮与各种共轭二烯的 Diels-Alder 反应，也获得极高的选择性[33]。

n=1, 2

10% **59c** + $Cu(OTf)_2$
产率93%~99%

endo:*exo*>99:1
ee > 98%

10% **59c** + $Cu(SbF_6)_2$

产率 80%~95%

R^1=Me, R^2=R^3=H

R^1=H, R^2=R^3=Me

R^1=R^2=H, R^3=Me

94%~99% ee

59～62 各手性配体还被用于多种不同的杂 Diels-Alder 反应，也获得非常好的结果，具体情况将在 12.3 节中介绍。

62 与多种不同的金属的配合物，用于催化环戊二烯与丙烯酰胺的环加成，大多获得优异的对映选择性(表 12-3)[34]，反应式为

10 mol% **62** + 10 mol% 金属盐

CH_2Cl_2, 40℃

表 12-3 配体 62 与金属盐络合物催化的 Diels-Alder 反应

金属盐	反应时间/h	产率/%	*endo* : *exo*	ee/%
$Mg(ClO_4)_2$	10	100	97 : 3	91
$Ni(ClO_4)_2 \cdot 6H_2O$	14	96	97 : 3	>99
$Mn(ClO_4)_2 \cdot 6H_2O$	96	96	97 : 3	83
$Fe(ClO_4)_2$	48	90	99 : 1	98
$Co(ClO_4)_2 \cdot 6H_2O$	48	97	97 : 3	99
$Cu(ClO_4)_2 \cdot 3H_2O$	15	99	97 : 3	96
$Zn(ClO_4)_2$	48	99	98 : 2	97

Giovanni 等用双噁唑啉配体 **64** 与镧系金属 Eu、Ce、La 的配合物催化环戊二烯与丙烯酰胺的环加成反应，获得极高的对映选择性，但化学产率不太理想[35]，反应式为

64 **65a** **65b**

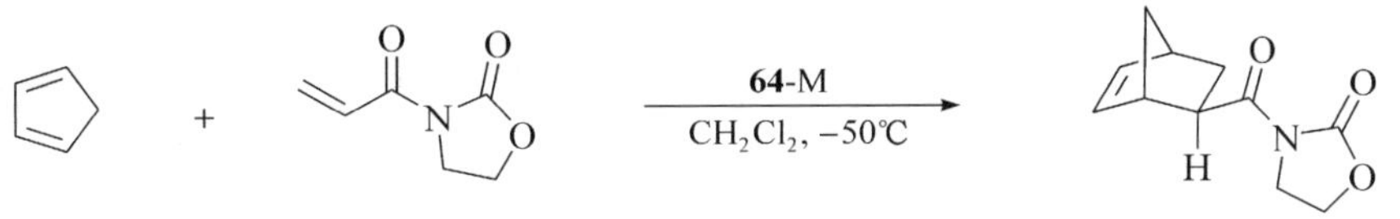

64-M
CH_2Cl_2, −50℃

M=Eu^{+3}　化学产率 52%, >99% ee
M=Ce^{+4}　化学产率 33%, >99% ee
M=La^{+3}　化学产率 29%, >99% ee

配体 **65a** 与钌形成的双正离子复合物，用于催化 α-甲基-丙烯醛与环戊二烯的环加成反应，也获得较好的选择性，在 −24℃ 下反应，产物的 de 可达 96%，ee 也达 91%[36a]。**65b** 与铜的配合物用于催化类似的反应，也获得很高的选择性（*endo*：*exo*＝91∶9，94% ee）[36b]。

12.2.3 其他手性配体的 Lewis 酸催化剂

1. 手性氨基醇及其衍生物

由 L-脯氨酸衍生的脯氨醇制备容易，且在多种不对称反应中也是很有效的催化剂配体，这类配体在 Diels-Alder 反应中也有出色的表现，反应式为

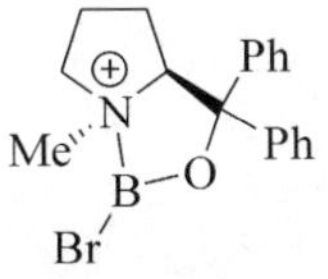

66a 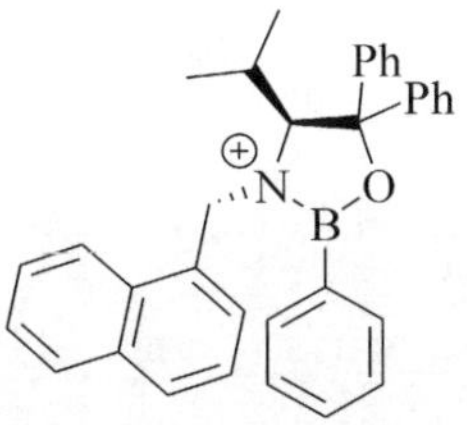　　**66b**

Kobayashi 等报道用 *N*-甲基脯氨醇的衍生物与 BBr_3 配位形成的催化剂 **66a**，用于催化环戊二烯与 α,β-不饱和醛的环加成反应，其中对甲基内烯醛的催化效果最好，产物的 ee 达 97%[37a]。

由缬氨酸衍生的手性配体 **66b** 与 $SnCl_4$ 配合用于催化多种不同类型的 Diels-Alder 反应，均获得很好的选择性（表 12-4）[37b]。

表 12-4　66b 与 $SnCl_4$ 催化的 Diels-Alder 反应[1)]

(**66b**∶$SnCl_4$)/mol%	产物	产率	*endo*∶*exo*	ee(*endo*)/%
10∶10	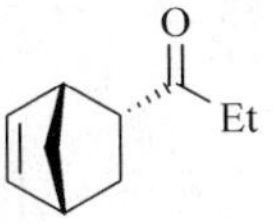	90	99∶1	96

续表

(**66b**∶$SnCl_4$)/mol%	产物	产率	*endo*∶*exo*	ee(*endo*)/%
10∶10	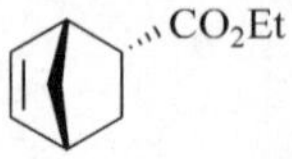 CO_2Et	96	99∶1	95
10∶10	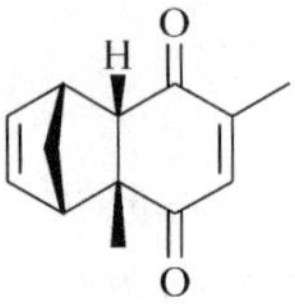 H, O, O	94	>99∶1	99
10∶5	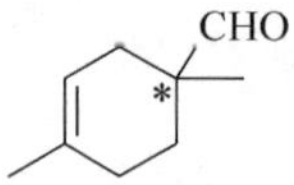 CHO, *	>99		90[2)]
5∶5	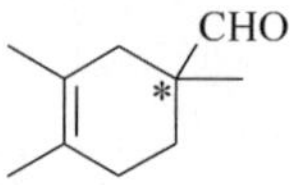 CHO, *	80		93[2)]

1）反应在－78℃下进行。

2）绝对构型未确定。

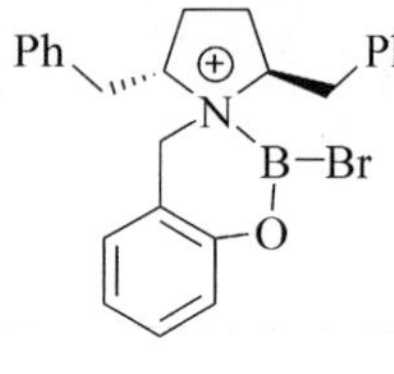

Ph　Ph　N　B—Br　O

67

R　H　R　R　$X^{\ominus}$　H　N　B　O　R

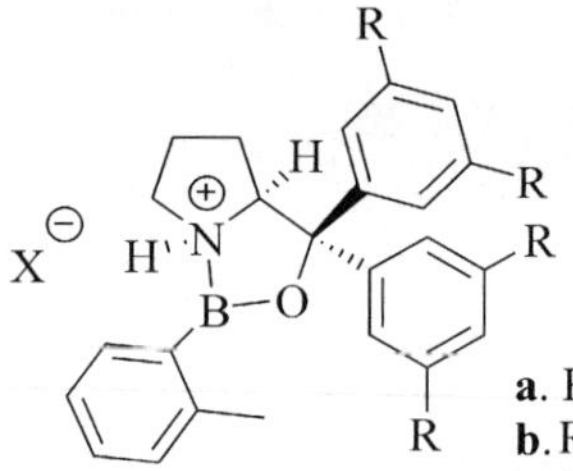

a. R=H　X=TfO
b. R=Me　X=TfO
c. R=H　X=Tf_2N

68

Corey 等[38]用三氟乙酸活化后的脯氨醇制备的催化剂 **67** 和 **68**[38a, 38b]，催化环戊二烯对 α-甲基丙烯醛的环加成，有非常高的对映选择性。**68c** 用于催化其他不同类型的 Diels-Alder 反应，同样获得很高的对映选择性(91%～>99% ee)[38c]。

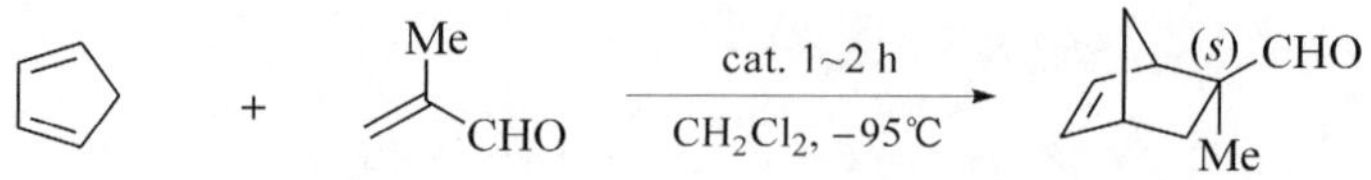

Me　CHO　cat. 1~2 h　CH_2Cl_2, −95℃　(*s*) CHO　Me

	产率	*exo*:*endo*	ee
cat.=**67**	96%	>99:1	96%
cat.=**68a**	99%	91:9	91%
cat.=**68b**	97%	91:9	96%

由脯氨酸衍生的氨基膦配体与钯的配合物 **69** 用于催化环戊二烯与丙烯酰胺的不对称 Diels-Alder 反应，得到 *endo* 构型为主的产物，选择性也达 97% ee

以上[39]。

R=H, CH_3, CO_2Et

5 mol% **69**

−45℃, CH_2Cl_2

endo:*exo*=94:6~97:3

97%~98% ee

$2\ SbF_6^-$

69

事实上，Corey 等此前已经发现，若手性氨基醇的氨基为三级胺，与 BBr_3 配位后，将成四级铵阳离子，**70a** 和 **70b** 是两个代表性的例子，这种阳离子型氨基醇与硼的配合物是一种活性极高的 Lewis 酸催化剂。使活性较低的双烯如 1，3-丁二烯、1，3-环己二烯等也能在 −94℃的极低温度下顺利与亲双烯体进行环加成反应，而且产率和对映选择性都很高（表 12 − 5 和表 12 − 6）[40]。

Br^-

$B[C_6H_3\text{-}3,5\text{-}(CF_3)_2]_4^-$

70a　　**70b**

cat.

−94℃

表 12 − 5　阳离子 Lewis 酸催化的环戊二烯与 α，β-不饱和醛的不对称 Diels-Alder 反应

亲二烯体	催化剂	产率/%	*exo*∶*endo*	ee/%
R=H，X=Br	**70a**	79	94∶6	95
	70b	79	91∶9	98
R=H，X=Me	**70a**	99	88∶12	90
	70b	98	89∶11	87
R=Me，X=Br	**70a**	99	98∶2	91
	70b	99	98∶2	96
R=Me，X=Me	**70a**	86	98∶2	89
	70b	97	98∶2	89
$-(CH_2)_4-$	**70a**	99	98∶2	96
	70b	97	98∶2	82

表 12-6　阳离子 Lewis 酸 70b 催化的 1,3-二烯与 2-溴丙烯醛的不对称 Diels-Alder 反应

二烯	产物	反应温度/℃	时间/h	产率/%	ee/%	构型
	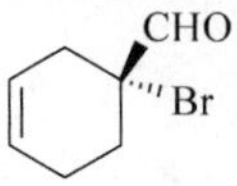 CHO, Br	−94	1	99	94	*R*
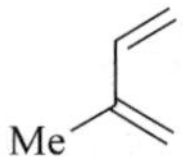 Me	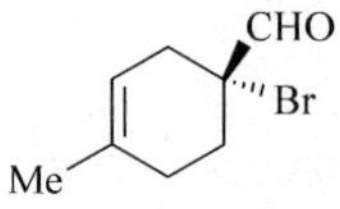 CHO, Br, Me	−94	1	99	98	*R*
	 Br, CHO	−94	2	99 *endo*∶*exo*=96∶4	93	(2*R*)
	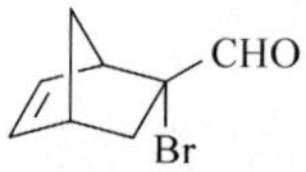 CHO, Br	−94	0.5	99 *endo*∶*exo*=9∶91	98	(2*R*)

席夫碱类手性配体，特别是 Salen 型 C_2 对称性的席夫碱，在不对称 Diels-Alder 反应中也有重要用途[41, 42]。

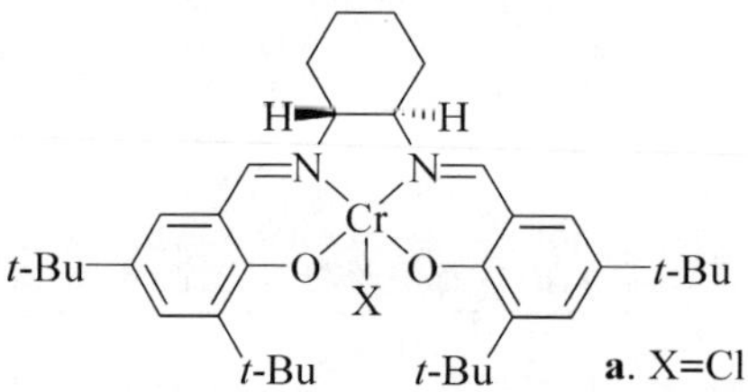

a. X=Cl
b. X=BF_4
c. X=SbF_6

71　　　　72

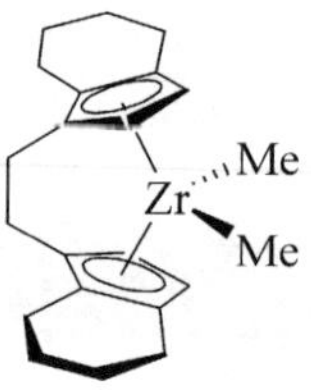

Huang 等[43]用 **71** 催化二烯 **73** 与一系列 2-取代的丙烯醛的环加成反应，都获得极高的对映选择性(表 12-7)。反应式如下

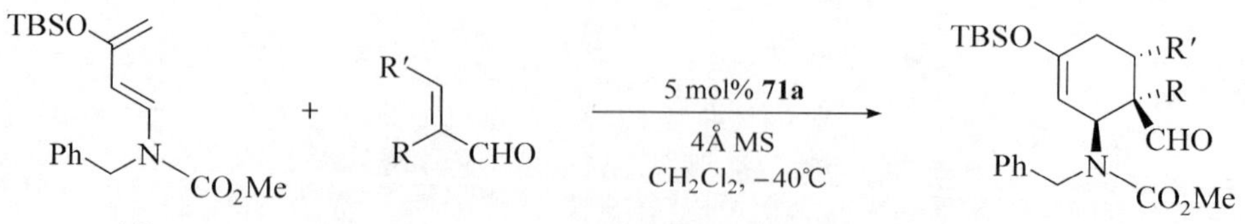

5 mol% **71a**
4Å MS
CH_2Cl_2, −40℃

73

表 12－7 71a 催化的 73 与一系列 2-取代丙烯醛的环加成反应

亲二烯体		时间/d	产率/%	ee/%
R	R′			
Me	H	2	93	97
Et	H	2	91	97
i-Pr	H	5	92	>97
TBSO$(CH_2)_2$	H	2	93	95
TBSO	H	2	86	>97
$-(CH_2)_3-$		5	76	96

72 这种手性二茂与锆的配合物，在催化环戊二烯与 α,β-不饱和酰胺的环加成中获得不错的结果。反应的结果受溶剂种类和催化剂用量的影响很大。2-硝基丙烷是最好的溶剂，有意思的是，催化剂用量越少，产物的 ee 反而高(表 12－8)[44]，反应式为

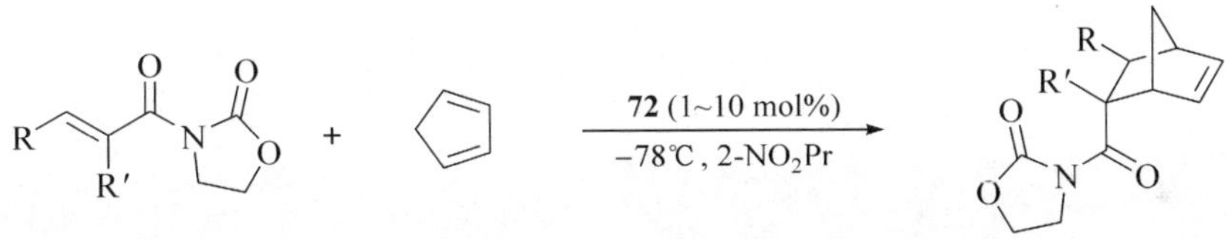

表 12－8 72 催化的环戊二烯与 *α*,*β*-不饱和酰胺的环加成反应

取代基	催化剂/mol%	温度/℃	时间/h	*endo*∶*exo*	ee/%
R=R′=H	10	−78	1	21.9∶1	88
R=R′=H	5	−78	1	22.1∶1	94
R=R′=H	1	−78	1	22.4∶1	94
R=Me, R′=H	1	−40	31	8.1∶1	95
R=H, R′=Me	5	−40	34	1.3∶1	83

钌、铑、钯和某些含膦手性配体的配合物也是不对称 Diels-Alder 反应的有效催化剂，**74** 和 **75** 是代表性的例子，即

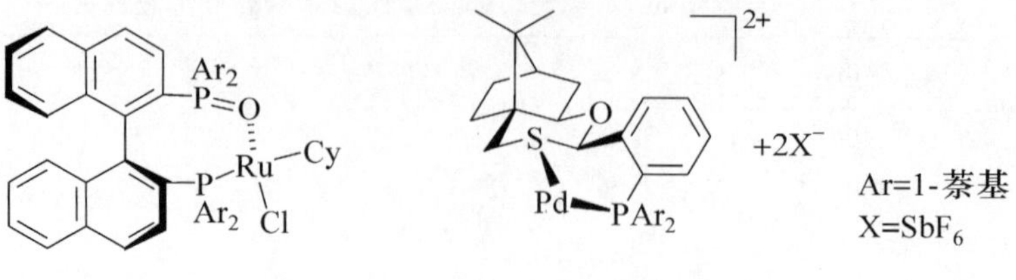

(S)-74　　75

$+2X^-$
Ar=1-萘基
$X=SbF_6$

Faller 等[45]用(S)-BINOP 与钌的配合物(S)-**74** 催化 2-甲基丙烯醛与环戊二烯的环加成反应,de 最高达 99%,ee 最高也达 99%(表 12-9),反应为

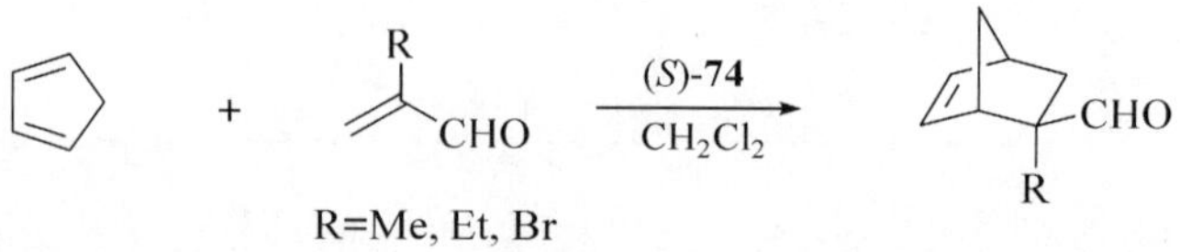

R=Me, Et, Br

表 12-9　(S)-74 催化的 2-甲基丙烯醛与环戊二烯的加成反应

取代基 R	催化剂/mol%	温度/℃	转化率/%	de/%	ee/%	构型
Me	10	−78	100	93	99	*S*
Me	1	−78	100	91	92	*S*
Me	10	−24	100	99	94	*S*
Me	1	−24	100	95	85	*S*
Et	10	−78	100	99	95	
Et	10	−24	100	99	93	
Br	10	−78	100	96	76	
Br	10	−24	100	88	50	

Nakano 等[46]用手性膦与 Pd 的配合物 **75** 催化环戊二烯与 α,β-不饱和酰胺的 Diels-Alder 反应,ee 最高也达 93%,反应式为

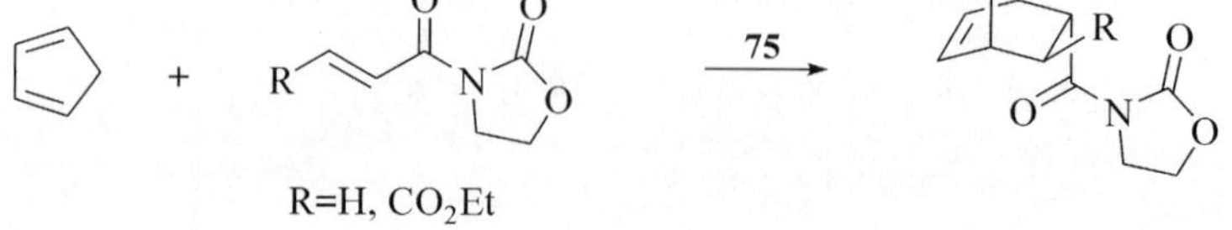

R=H, CO_2Et

12.3　不对称杂 Diels-Alder 反应

早先 Diels-Alder 反应通常是富电子的共轭二烯与缺电子的亲二烯体之间发生的反应，生成的六元环通常是全碳原子的六元环。后来发现，事实上，C═O、C═N、—N═O、—N═S 等类型的不饱和键，在一定条件下，也可作为亲双烯体；而共轭二烯也可以含有杂原子。这样的 Diels-Alder 反应称为杂 Diels-Alder 反应。生成的六元环化合物可含有 O、N、S 等杂原子，或同时含有 N 和 O 或 N 和 S 等两个杂原子。不对称杂 Diels-Alder 反应是制备含杂原子六元环手性化合物的重要途径，已经受到越来越多的重视和研究。

由于一般含 C═O、C═N 双键的化合物与双烯进行 Diels-Alder 反应的活性比缺电子 C═C 差，因此只有当 C═O、C═N 连有强吸电子基团如 HCOCOOR、HCOCOR、$CO(COOR)_2$ 等，或共轭双烯的 1,3-位上同时连有 RO、R_3SiO—等强给电子基团如 Danishefsky 二烯或使用催化活性很高的强 Lewis 酸催化剂，这类杂 Diels-Alder 反应才能顺利进行。

12.3.1　手性二酚、二醇配合物催化的杂 Diels-Alder 反应

如前一节介绍的那样，手性二酚和二醇与各种不同金属的配合物是 Diels-Alder 反应的一类重要催化剂，对杂 Diels-Alder 反应也是如此。

Terada 等[47]用联二萘酚与 Ti 的配合物(*R*)-BINOL-$TiCl_2$[(*R*)-**29**]催化 1-甲氧基-1,3-丁二烯和 1,3-戊二烯与乙醛酸酯的杂 Diels-Alder 反应，分别得到非对映选择性和对映选择性都好的产物，即

OMe　Me　+　O　H　COOMe　(*R*)-**29** (10 mol%)　CH_2Cl_2, −55℃　产率53%　OMe　O　COOMe　Me　+　OMe　O　COOMe　Me

90% ee　97:3

OMe　+　O　H　COOMe　(*R*)-**29** (10 mol%)　CH_2Cl_2, −55℃　产率72%　OMe　O　COOMe　+　OMe　O　COOMe

96% ee　87:13　ee >90%

Du 等[48]用(*R*)-BINOL 的衍生物与 Zn 的配合物 **76**，催化 Danishefsky 型二烯与不同的醛的环加成反应，经过优化条件，产物的 ee 最高达 98%，反应式为

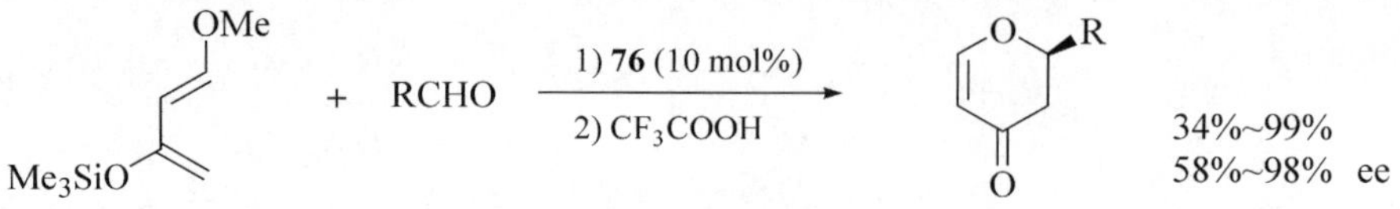

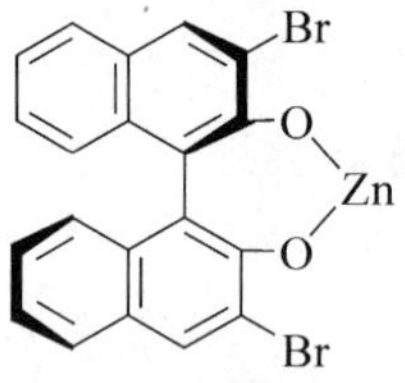

76

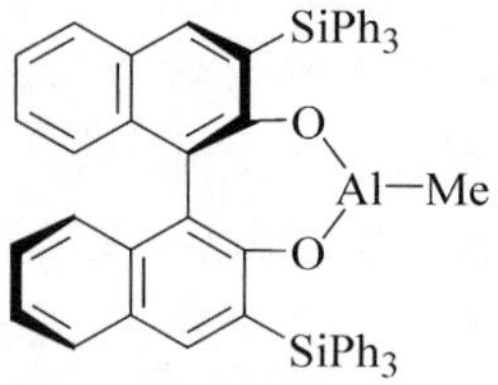

77

Yamamoto[49]也曾用类似 BINOL 衍生物与铝的配合物 **77**，催化 Danishefsky 型二烯与苯甲醛的环加成反应，也获得较高的非对映选择性。

前面介绍过，Danishefsky 二烯与醛的反应用 BINOL 的衍生物与钛的配合物作催化剂，效果特别好。Ding 等[50]用一系列 BINOL 型二酚或手性二醇，按不同的组合，两分子配体与一分子 $Ti(O\textit{i}\text{-}Pr)_4$ 形成 2∶1 的配合物，并分别用于催化各种醛与 Danishefsky 二烯的加成，通过实验发现，这些配合物对各种醛的反应都有显著的对映选择性，其中 ee 最高可达 99.8%，反应式为

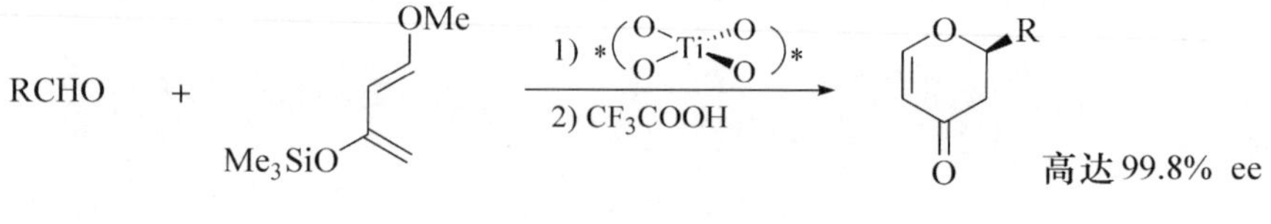

Ding 等所用的配体如下

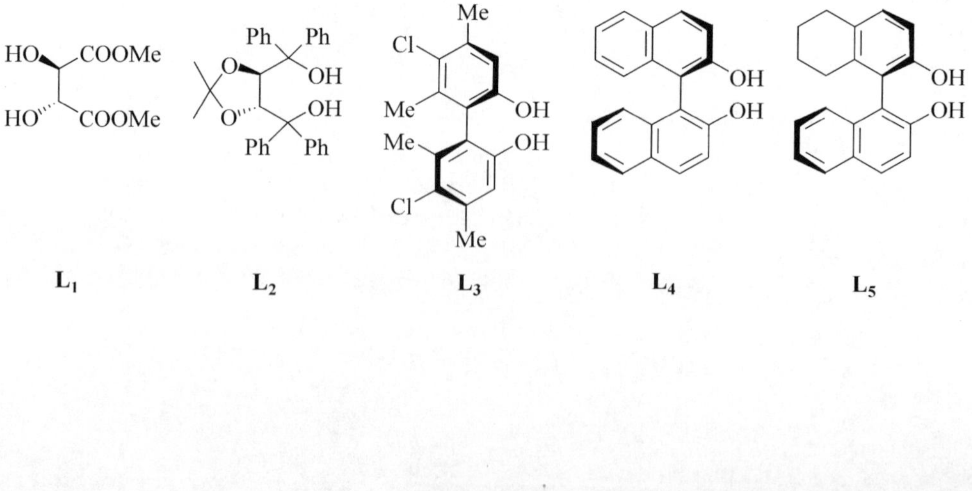

L_1　　L_2　　L_3　　L_4　　L_5

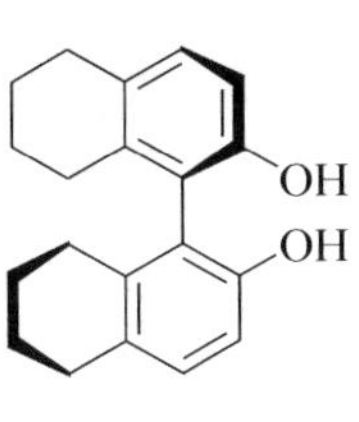

L_6 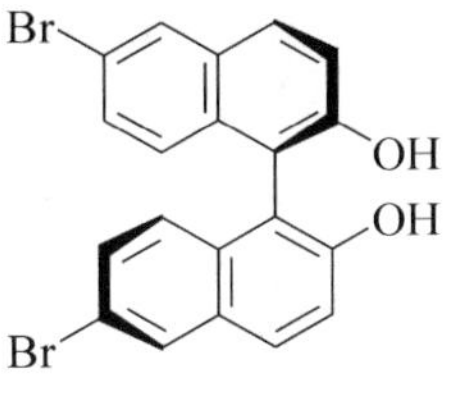　L_7 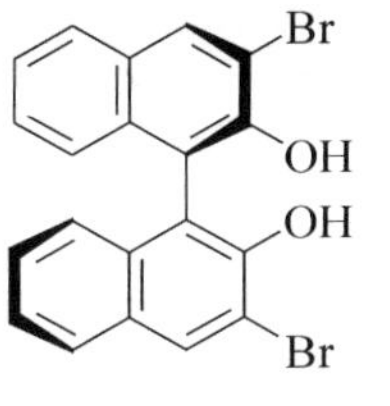　L_8 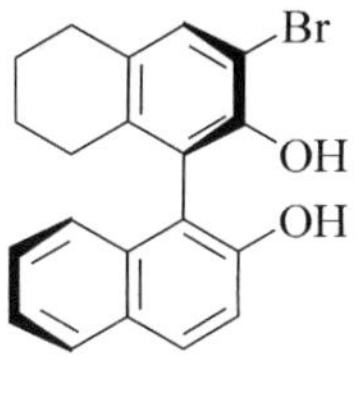　L_9

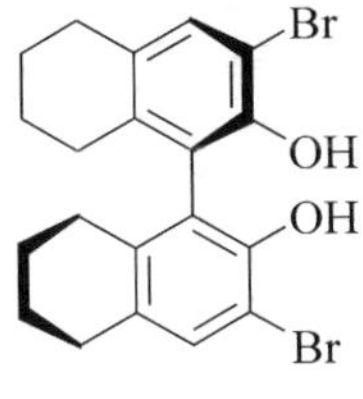

L_{10} 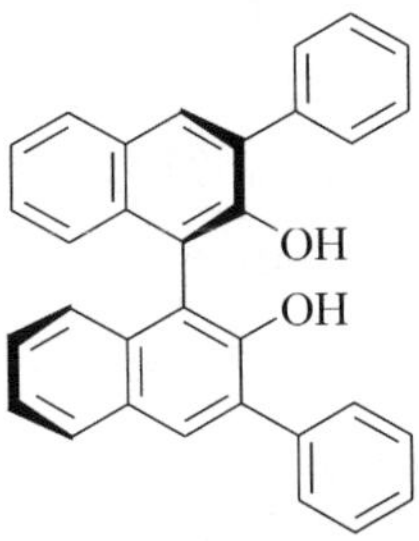　L_{11} 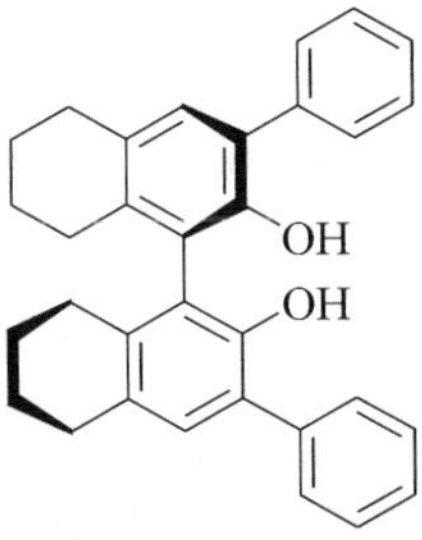　L_{12} 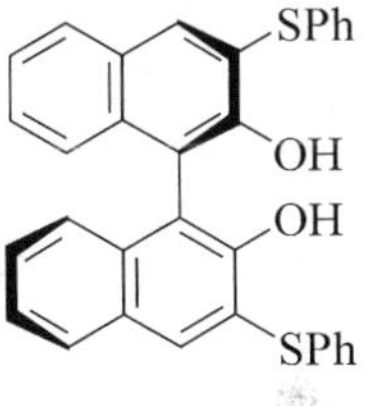　L_{13}

由酒石酸衍生的手性二醇与钛的配合物 **78** 也曾用于催化 1-苯磺酰基取代的 α,β-不饱和酮(作为共轭二烯)与乙烯基醚(作为亲双烯体)的杂 Diels-Alder 反应，取得很高的对映选择性[51]，反应式为

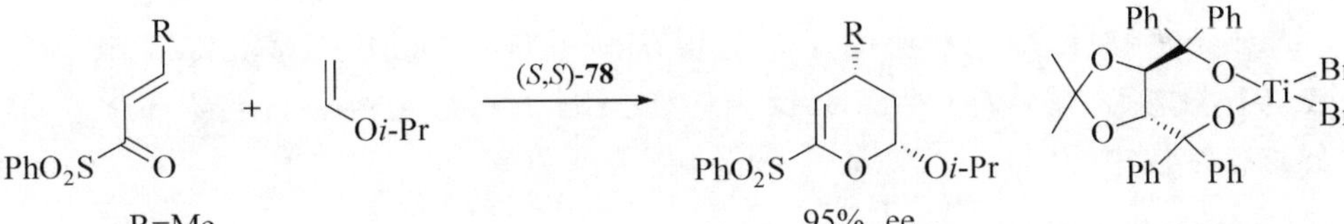

R=Me　95% ee
R=Ph　97% ee

(*S,S*)-**78**

(*R*)-BINOL [(*R*)-**26**]与 $B(OPh)_3$ 的配合物也被用于催化亚胺与 Danishefsky 二烯的不对称杂 Diels-Alder 反应，获得的含 N 六元环产物的对映选择性相当不错[52]，反应式如下

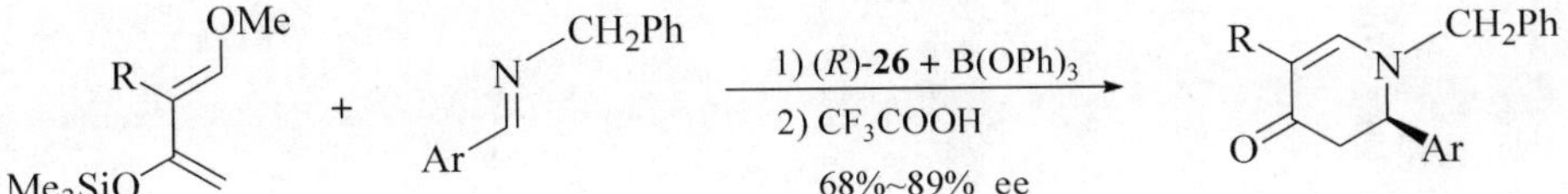

1) (*R*)-**26** + $B(OPh)_3$
2) CF_3COOH
68%~89% ee

82%~90% ee

另一个 BINOL 的衍生物 **79** 与锆的配合物用于催化类似的含氮杂 Diels-Alder 反应，产物的对映选择性也比较好[53]，反应式为

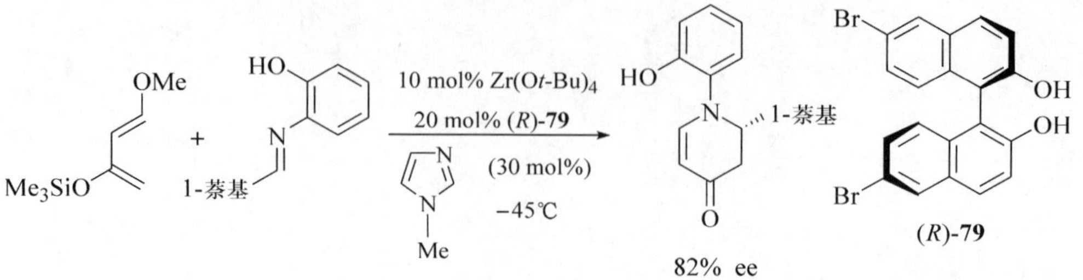

Kobayashi 等[54]用 BINOL 的衍生物与锆的配合物 **80** 催化不对称氮杂 Diels-Alder 反应，通过选择合适的取代基 R^1、R^2、R^3、R^4，以优化催化剂的结构，可以做到使反应的产率高、选择性好，且催化剂用量少。其结构如下

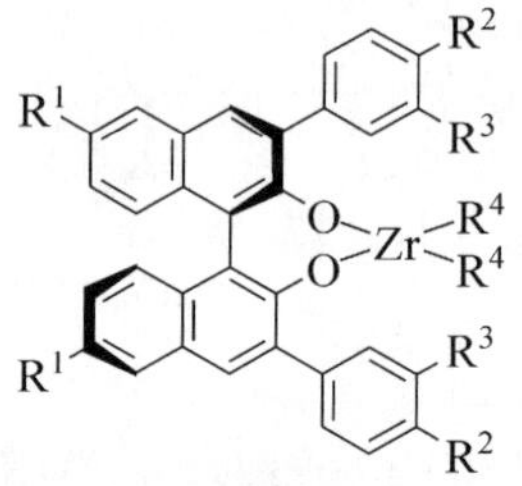

(*R*)-**80**

Bayer 等[55]用一系列手性二醇或二酚与 Me_2TiCl_2 络合作 Lewis 酸，可以催化一类特殊的 N、S 双杂的 Diels-Alder 反应，该反应用 *N*-亚磺酰胺基甲酸酯(*N*-sulfinylcarbamate，**81a**)和 *N*-亚磺酰基对甲苯磺酰胺(*N*-sulfinyl-*p*-toluen-sulfonamide，**81b**)作亲二烯体与环己二烯反应，生成了环上同时含 N 和 S 的桥环化合物，虽然选择性仅中等(*endo* 产物最高 69%，ee 最高 76%)，反应式为

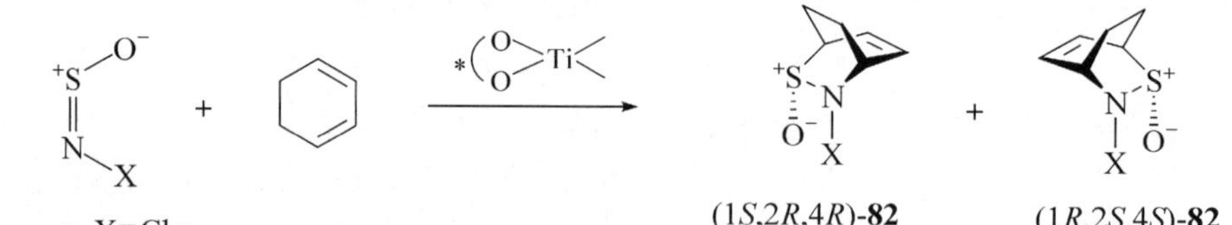

81　**a**. X=Chz　**b**. X=Ts

(1*S*,2*R*,4*R*)-**82**　(1*R*,2*S*,4*S*)-**82**

endo 产物(主产物)

所用的手性配体为

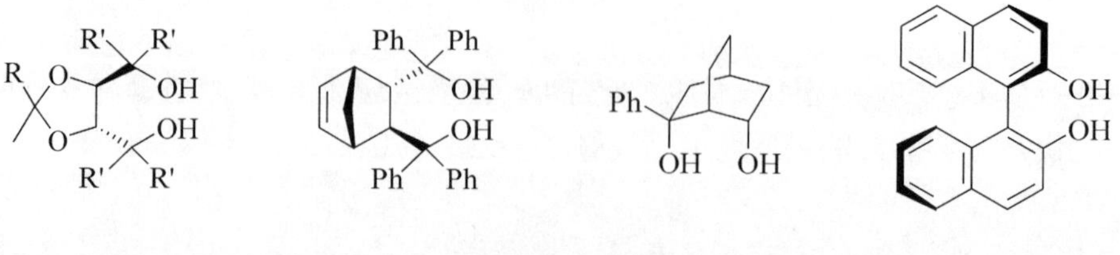

Ph OH / Ph OH　　OH / OH　　N N / t-Bu OH HO t-Bu / t-Bu t-Bu

12.3.2　手性双噁唑啉配合物催化的杂 Diels-Alder 反应

手性双噁唑啉与铜的配合物是杂 Diels-Alder 反应的有效催化剂。Yao 等[56]用双噁唑啉配体 **59a** 与 $Cu(OTf)_2$ 和 $Zn(OTf)_2$ 的配合物分别催化 2-羰基-丙二酸二乙酯与 1,3-环己二烯的环加成反应，都取得很好的对映选择性，反应式为

EtO_2C–CO–CO_2Et + 1,3-环己二烯 → (**59a** + $Cu(OTf)_2$；Et_2O, −20℃, 89 h；产率64%) → COOEt / COOEt　93% ee

EtO_2C–CO–CO_2Et + 1,3-环己二烯 → (**59a** + $Zn(OTf)_2$；CH_2Cl_2, r.t.,l 44 h；产率94%) → COOEt / COOEt　91% ee

59a（O N Ph / O N Ph）

Evans 等[57]用类似的双噁唑啉 **59** 与 $Cu(OTf)_2$ 的配合物催化另一类杂 Diels-Alder 反应，产物的非对映选择性和对映选择性都极高，反应式为

Me / $(MeO)_2P$(O)–C(O)–CH=CH–Me + OEt → (10 mol% **59** + $Cu(OTf)_2$；CH_2Cl_2, −78℃) → $(MeO)_2P$(O) / Me / O / OEt

endo:*exo*=32~99:1　90%~99% ee

59
a. R=Ph
b. R=*i*-Pr
c. R=*t*-Bu

在已研究的 C_2 对称性双噁唑啉手性配体中，**83** 那样的吡啶双噁唑啉与 $Cu(OTf)_2$的配合物是 Danishefsky 二烯与 α-酮酸酯或 α-二酮之间不对称杂 Diels-Alder 反应最有效的催化剂，在仅用 0.05 mol%催化剂的情况下，反应就能完成，且生成接近对映体纯的产物（见表 12－10）[58]，其反应式为

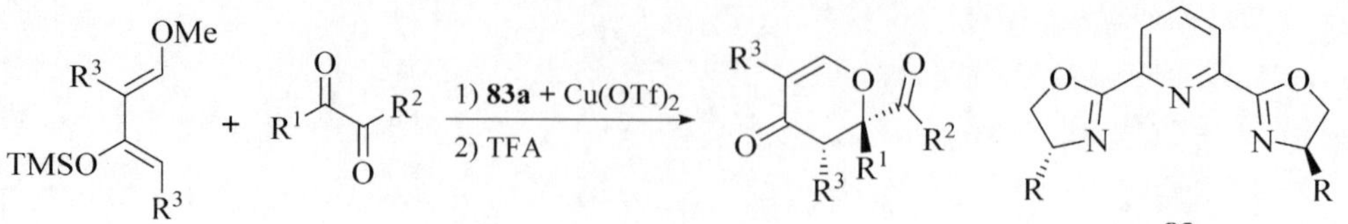

表 12-10　由 83a-Cu(OTf)$_2$ 催化的 α-羰基(酯基)酮与二烯的杂 Diels-Alder 反应

酮		二烯	催化剂/%	产率/%	ee/%
R^1	R^2	R^3			
Me	OMe	H	0.05	90	98.4
Me	Me	H	0.05	88	93.9
Me	Et	H	0.05	76	97.8
Me	Ph	H	0.05	25	96.4
Et	OMe	H	0.5	70	96.8
Me	OMe	Me	2.5	85	97.4
Ph	OEt	Me	2.5	65	98.7
Me	Me	Me	2.5	81	97.1

用 Lewis 酸催化的不对称 Diels-Alder 发应，获得如此高的对映选择性，催化剂用量这么低，这是少见的，这种催化剂的效能已接近酶的功能。

Motoyama 等[59]和 Doyle 等[60]曾用类似的双噁唑啉手性配体 **84** 和 **85** 与铑的配合物催化 Danishefsky 二烯与乙醛酸或对硝基苯甲醛的杂 Diels-Alder 反应，但对映选择性大多在 80%～90%之间，其结构式如下

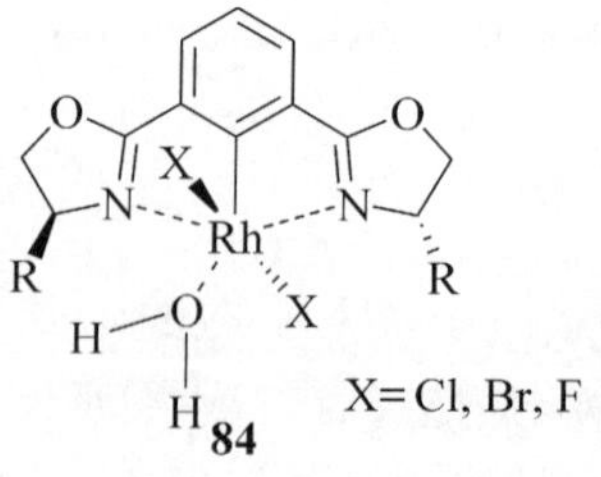

X= Cl, Br, F

84 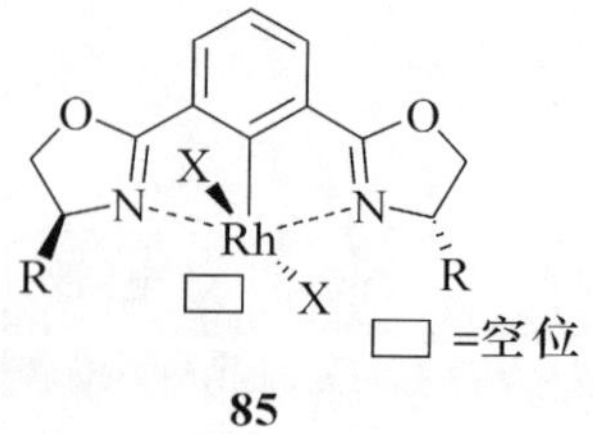　　**85**

□ =空位

12.3.3　手性席夫碱配合物催化的杂 Diels-Alder 反应

手性席夫碱在不同的不对称反应中都是重要的手性配体。Joly 等[61]用几种手性席夫碱 **86**、**87** 等与铬的配合物催化多种手性醛与 Danishefsky 二烯的环加成反应，获得相当好的结果(表 12－11)，反应物及反应式如下

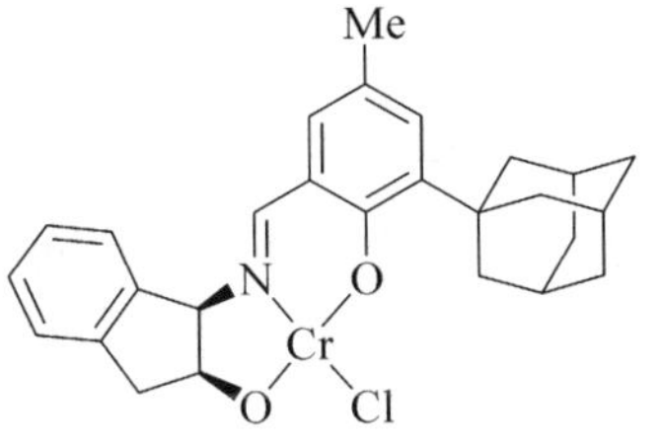

(1*R*,2*S*)-**86** 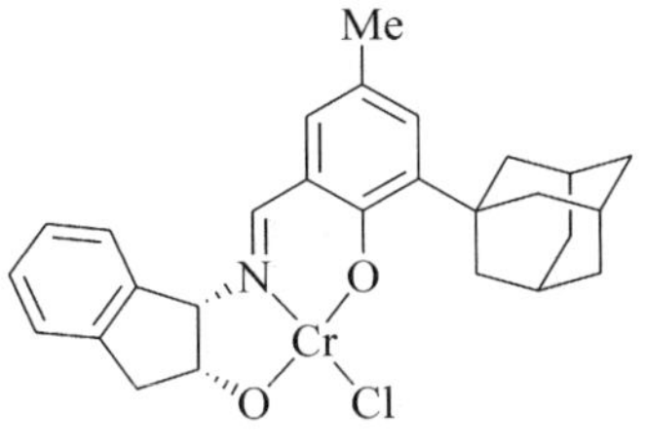　　(1*S*,2*R*)-**86** 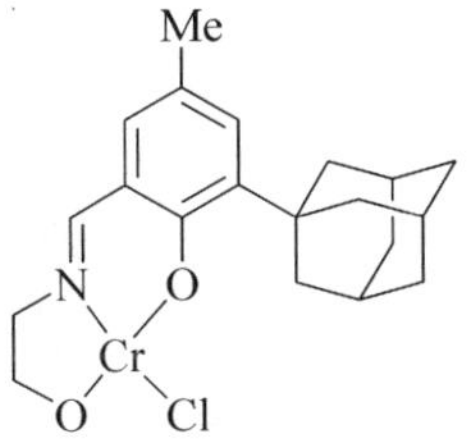　　**87**

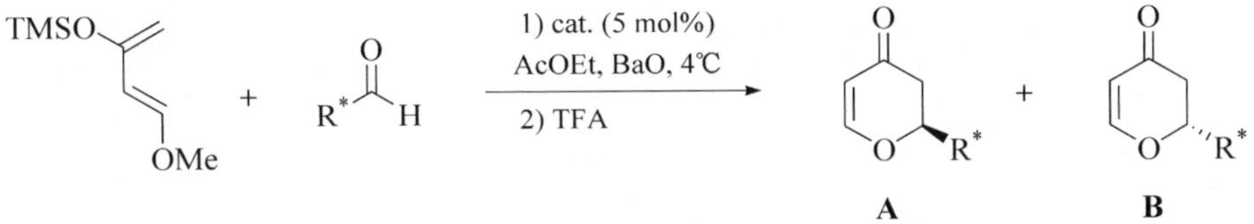

TMSO… + R*CHO —1) cat. (5 mol%) AcOEt, BaO, 4℃; 2) TFA→ **A** + **B**

表 12－11　手性席夫碱-Cr(Ⅲ)催化的不对称杂 Diels-Alder 反应

手性醛、亲双烯体	产物	催化剂	产率/%	dr (A∶B)	主要非对映异构体的 ee/%	主要非对映异构体的构型
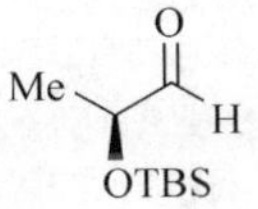 Me-CH(OTBS)-CHO	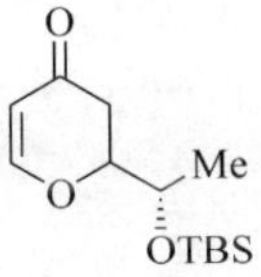	**87**	81	1∶2	nd	(2*R*,1′*S*)
		(1*R*,2*S*)-**86**	96	1∶12	>99	(2*R*,1′*S*)
		(1*S*,2*R*)-**86**	97	15∶1	>99	(2*S*,1′*S*)
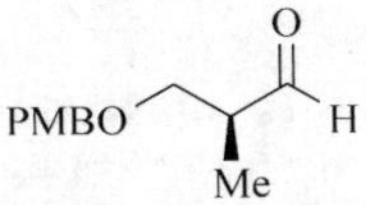 PMBO-CH₂-CH(Me)-CHO	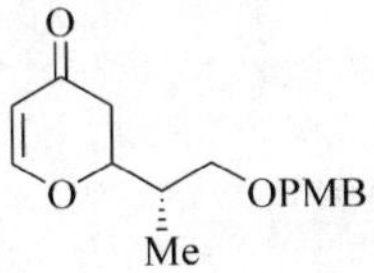	**87**	50	1∶1.1	nd	(2*R*,1′*S*)
		(1*R*,2*S*)-**86**	90	1∶11	>99	(2*R*,1′*S*)
		(1*S*,2*R*)-**86**	86	9.3∶1	99	(2*S*,1′*S*)
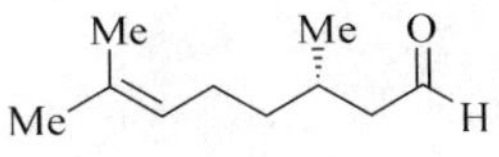 香茅醛	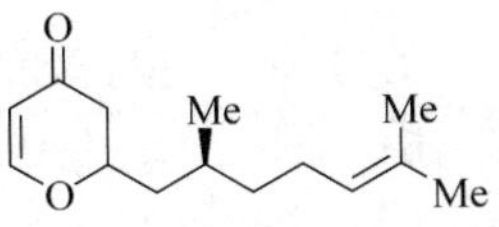	**87**	85	1∶1.3	nd	(2*R*,2′*S*)
		(1*R*,2*S*)-**86**	98	16∶1	nd	(2*S*,2′*S*)
		(1*S*,2*R*)-**86**	99	1∶11	nd	(2*R*,2′*S*)

续表

手性醛、亲双烯体	产物	催化剂	产率/%	dr (A∶B)	主要非对映异构体的 ee/%	主要非对映异构体的 构型
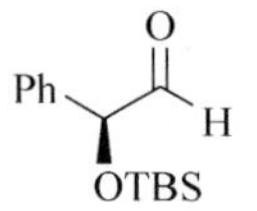	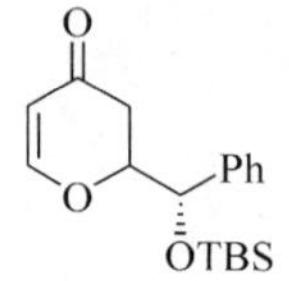	**87**	58	1.7∶1	nd	(2*R*,1′*S*)
		(1*R*,2*S*)-**86**	58	3.6∶1	99	(2*R*,1′*S*)
		(1*S*,2*R*)-**86**	44	1∶2.6	97	(2*S*,1′*S*)
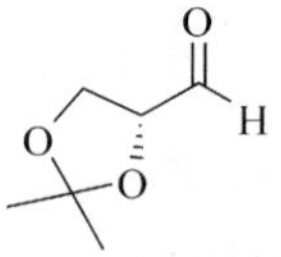	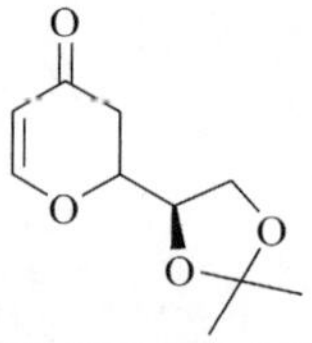	**87**	68	1∶4.5	>99	(2*S*,4′*R*)
		(1*R*,2*S*)-**86**	76	1∶1.2	98	(2*S*,4′*R*)
		(1*S*,2*R*)-**86**	84	1∶33	99	(2*S*,4′*R*)

Aikawa 等[62]用阳离子手性(*R*,*R*)-Salen + Mn(Ⅲ) **88a** 作催化剂催化 Danishefsky二烯与醛的杂 Diels-Alder 反应，效果也很好，反应式为

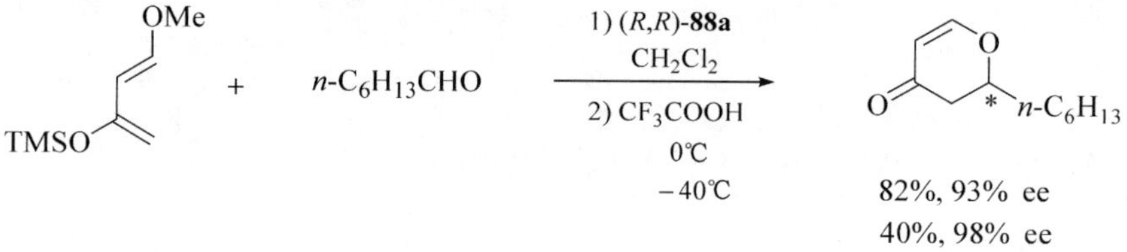

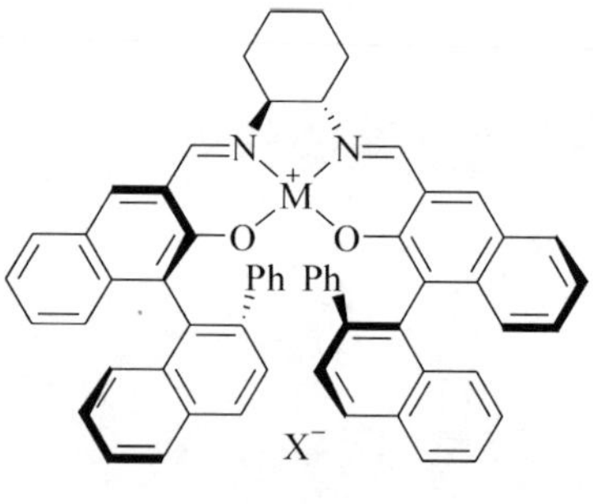

OMe; TMSO + n-$C_6H_{13}CHO$ → 1) (*R*,*R*)-**88a**, CH_2Cl_2; 2) CF_3COOH → O; O; * n-C_6H_{13}

0℃: 82%, 93% ee

−40℃: 40%, 98% ee

88 **a**. M=Mn, X=PF_6; **b**. M=Cr, X=BF_4

12.3.4 手性双膦及其他配体的配合物催化的杂 Diels-Alder 反应

双膦手性配体是不对称催化氢化和其他多种不对称反应的重要催化剂，在杂 Diels-Alder 反应中也有重要用途。Oi 等[63]用(S)-BINAP 与 Pd、Pt 形成的阳离子络合物催化 2,3-二甲基丁二烯与苯甲酰甲醛的杂 Diels-Alder 反应，当有 3Å 分子筛存在下，产物的对映选择性高达 93%～99%ee，但不用分子筛时，ee 仅 79%，反应式如下

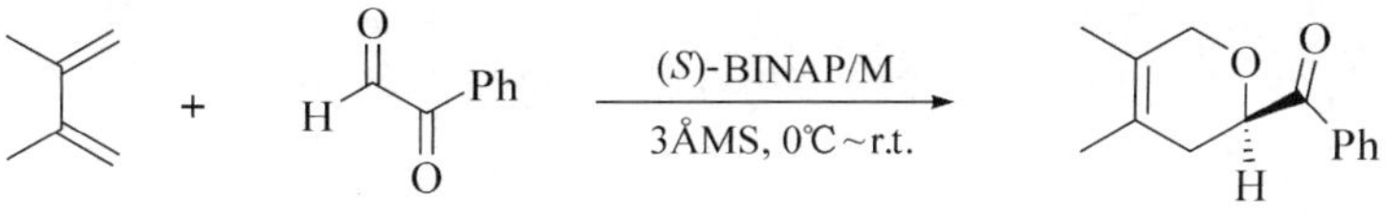

(S)-BINAP/M
3ÅMS, 0℃~r.t.
93%~99% ee

Yamamoto 等[64]用多种不同的手性双膦配体 **89～93** 与铜形成的配合物催化亚硝基化合物与双烯的杂 Diels-Alder 反应，可以合成同时含 N、O 双杂的六元环化合物，产物的对映选择性较好，反应式为

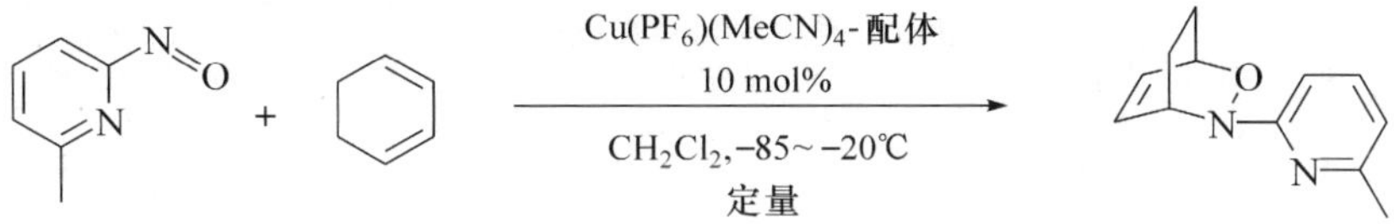

$Cu(PF_6)(MeCN)_4$-配体
10 mol%
CH_2Cl_2, −85～−20℃
定量

配体：

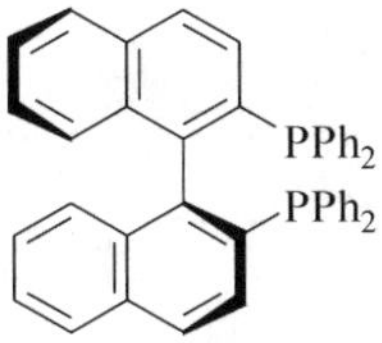

PPh_2
PPh_2
89 (S)-BINAP 87% ee

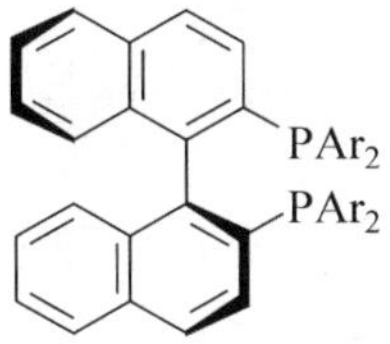

PAr_2
PAr_2
Ar=4-Me-C_6H_4
90 (R)-p-Tol-BINAP 86% ee

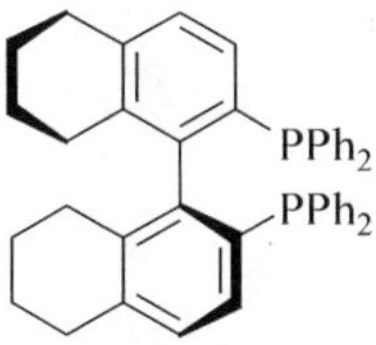

PPh_2
PPh_2
91 (R)-H_8-BINAP 67% ee

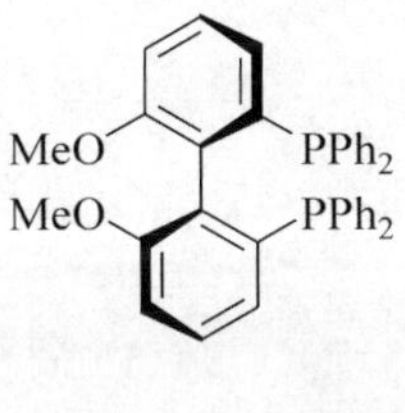

MeO　PPh_2
MeO　PPh_2
92 (R)-MeO-BIPHEP 90% ee

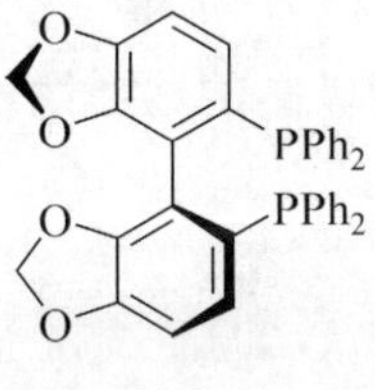

PPh_2
PPh_2
93 (S)-SEQPHOS 92% ee

Furuno 等[65]用一种 BINOL 磷酸酯与 Yb 的配合物 **94** 催化 Danishefsky 二烯与醛的环加成反应，也取得较好的对映选择性，如

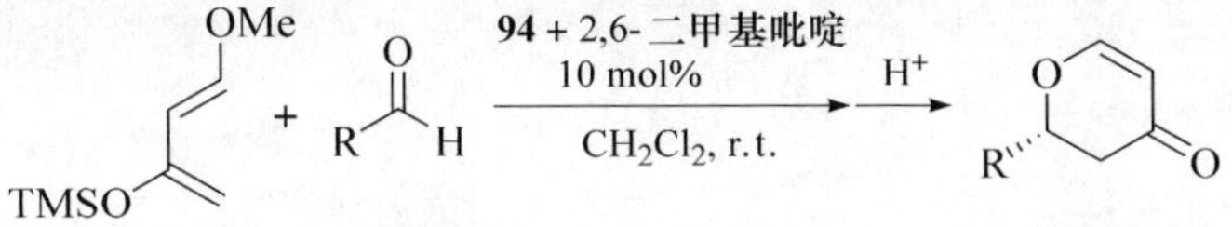

OMe
TMSO
94 + 2,6-二甲基吡啶
10 mol%
CH_2Cl_2, r.t.
H^+

R=Ph　89% ee
R=4-MeO-C_6H_4　93% ee

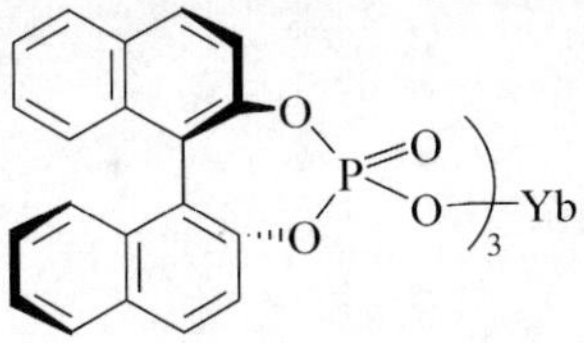

94

含有二茂金属手性结构的配体在不对称反应中也占有重要地位。Carretero等[66]报道一种S、P配基的二茂铁**95**与铜形成的配合物**96**,用该配合物催化氮杂Diels-Alder反应,也取得相当好的效果,其中**96f**效果最好,反应式为

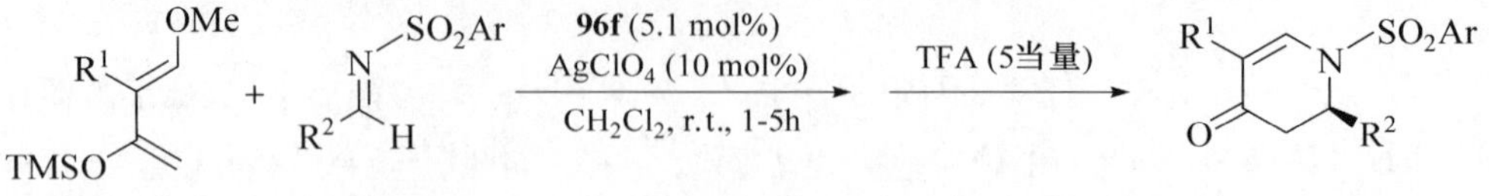

96f (5.1 mol%), $AgClO_4$ (10 mol%), CH_2Cl_2, r.t., 1-5h；TFA (5当量)

R^1=H, Me　Ar=*p*-Tol 或 *p*-$MeOC_6H_4$　R^2= 苯基、萘基(或其衍生物)　82%~97% ee

R^2= PhCh=CH_2, *n*-Pr　73%~88% ee

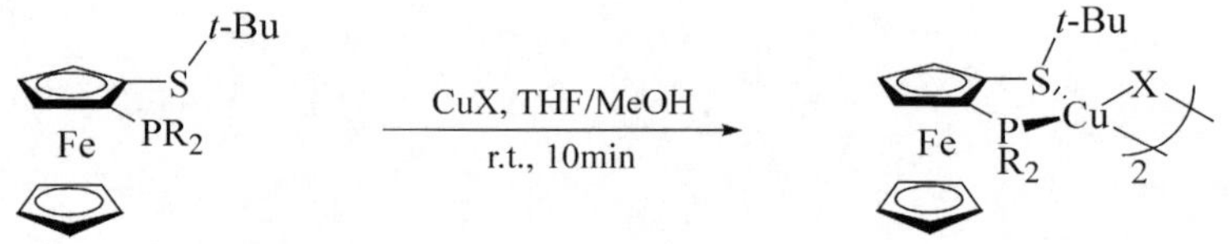

CuX, THF/MeOH, r.t., 10min

95: **a**. R=Ph　**b**. R=4-F-C_6H_4　**c**. R=2-furyl　**d**. R=Cy　**e**. R=*o*-Tol　**f**. R=1-萘基

96a~f　X=Cl, Br

Bolm等[67]报道的两种C_2对称性的双亚磺酰亚胺手性配体**97**和**98**是一类新颖的手性配体,其中**98**与铜的配合物用于催化1,3-环己二烯与乙醛酸酯的不对称环加成,取得极高的选择性,如

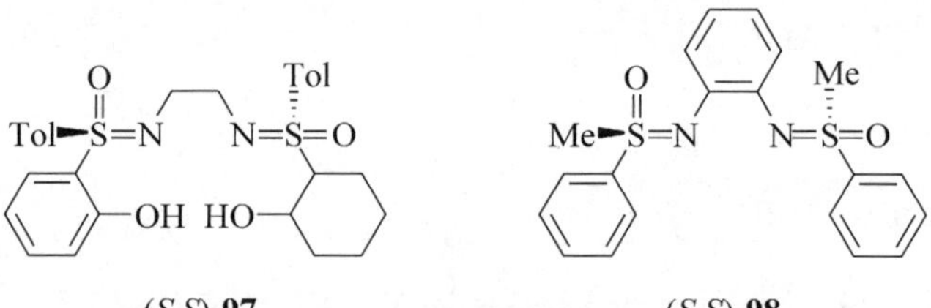

(*S*,*S*)-**97**　(*S*,*S*)-**98**

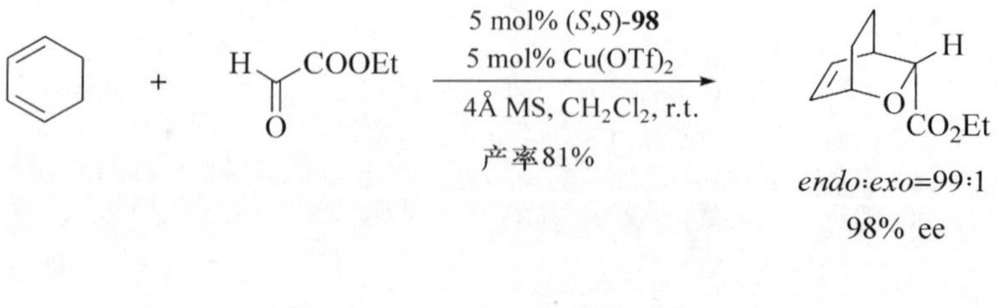

5 mol% (*S*,*S*)-**98**, 5 mol% $Cu(OTf)_2$, 4Å MS, CH_2Cl_2, r.t., 产率81%

endo∶*exo*=99∶1　98% ee

12.4　不对称 1,3-偶极环加成

1,3-偶极化合物简称 1,3-偶极体，其分子中含有一个三原子四电子的共轭体系，可以用偶极共振的极限式来表示，如

名称	分子式	电子结构	偶极共振极限式
重氮甲烷	CH_2N_2	$H_3C—N═N$	$H_2\bar{C}—\overset{+}{N}≡N \longleftrightarrow H_2\bar{C}—\ddot{N}═\overset{+}{N}:$
叠氮化物	RN_3	$R—\ddot{N}—N═N:$	$R—\ddot{\bar{N}}—\ddot{N}═\overset{+}{N}: \longleftrightarrow R—\ddot{\bar{N}}—\overset{+}{N}≡N$

1,3-偶极体分子轨道的 HOMO 对称性与普通双烯相同，因此可以代替双烯与亲双烯体进行类似 Diels-Alder 的环加成反应。如果用前线轨道理论来处理 1,3-偶极环加成，基态时，其反应过渡态的分子轨道对称性是允许的，如

可以看出，无论是 1,3-偶极体的 HOMO 与亲偶极体的 LUMO 或 1,3-偶极体的 LUMO 与亲偶极体的 HOMO，轨道的位相都是匹配的，可以交叠成键，生成五元环化合物。

1,3-偶极体的种类很多，例如，氧化腈（$—C≡\overset{+}{N}—\ddot{O}:^-$）、氧化甲亚胺（$>C═\overset{+}{N}(—)—\ddot{O}:^-$）、腈叶立德（$—C≡\overset{+}{N}—\bar{C}<$）、亚胺叶立德（$>C═\overset{+}{N}(—)—\bar{C}<$）、腈亚胺（$—C≡\overset{+}{N}—\ddot{\bar{N}}—$）、亚胺亚胺（$>C═\overset{+}{N}(—)—\ddot{\bar{N}}$）等。

亲偶极体可以是含 C、N、O、S 重键，如 $>C═C<$、$—C≡C—$、$C═S$、$C═N$、$C═O$、$—N═O$等的化合物。

底物诱导的不对称 1,3-偶极环加成已有报道，如用 $Cr(CO)_3$ 配位的手性氧化苯甲亚胺与富电子的苯乙烯或乙烯基醚进行环加成反应，可以高选择性地生成顺式异噁唑烷加成物[68]，反应式如下

1) CH₂=CHX → 2) CAN

96%~98% ee

用(R,R)-酒石酸二异丙酯(DIPT)和 $ZnEt_2$ 作手性辅剂,催化氧化腈与烯丙醇的1,3-偶极环加成,也获得相当高的对映选择性[69],反应式为

1) $ZnEt_2$
2) (R,R)-DIPT (10 mol%)
3) $ZnEt_2$
4) RC(Cl)═NOH

R=4-MeO-C_6H_4, t-Bu, n-C_7H_{15}

64%~92%, 90%~96% ee

最近已发现,手性席夫碱与过渡金属的配合物,用于催化硝酮与不同亲双烯体的不对称1,3-偶极环加成获得很大成功。仅用5 mol%催化剂便可获得极高的非对映选择性和相当高对映选择性的加成产物。例如,Suga等报道用联二萘胺双席夫碱(R)-BINIM-DCOH **99** 与Ni(Ⅱ)的配合物催化硝酮与丙烯酰胺的1,3-偶极环加成,结果令人鼓舞[70]。

(R)-BINIM-DCOH
99

KINC-Co^{+}(Ⅲ)-SbF_6^{-}
100

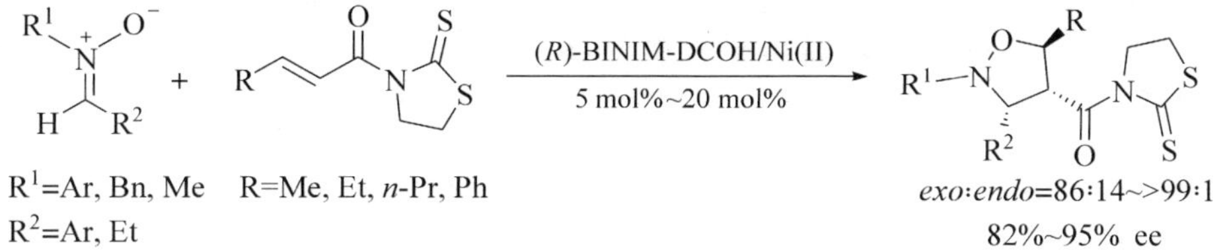

R^1=Ar, Bn, Me　R=Me, Et, *n*-Pr, Ph
R^2=Ar, Et

(*R*)-BINIM-DCOH/Ni(II)
5 mol%~20 mol%

exo:*endo*=86:14~>99:1
82%~95% ee

Yamada 等先前报道的另一个双席夫碱与 Co(Ⅲ)的配合物 **100**,用于催化硝酮与环戊烯基甲醛的不对称 1,3-偶极环加成,也获得相当不错的结果[71]。

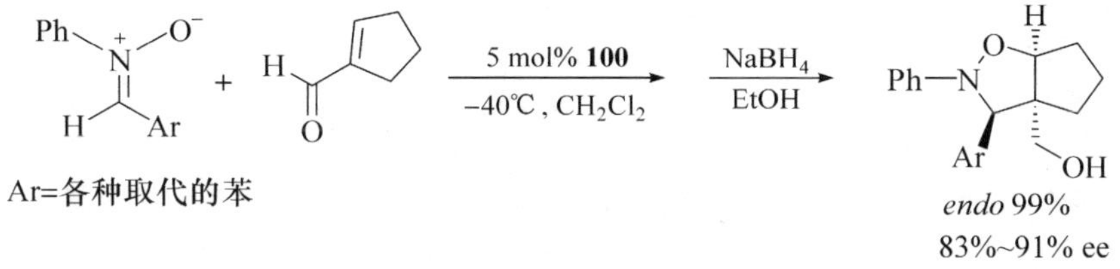

5 mol% **100**, −40℃, CH_2Cl_2; $NaBH_4$, EtOH

Ar=各种取代的苯

endo 99%
83%~91% ee

Chan 等用 α,β-不饱和磺酸丙内酯与硝酮的 1,3-偶极环加成,高选择性得顺式稠合的四杂戊二环化合物,经一系列转换在磺酰胺 N 上引入 α,β-不饱和酰基,然后与环戊二烯进行 Diels-Alder 反应,获得很高 de 的加成产物[72]。

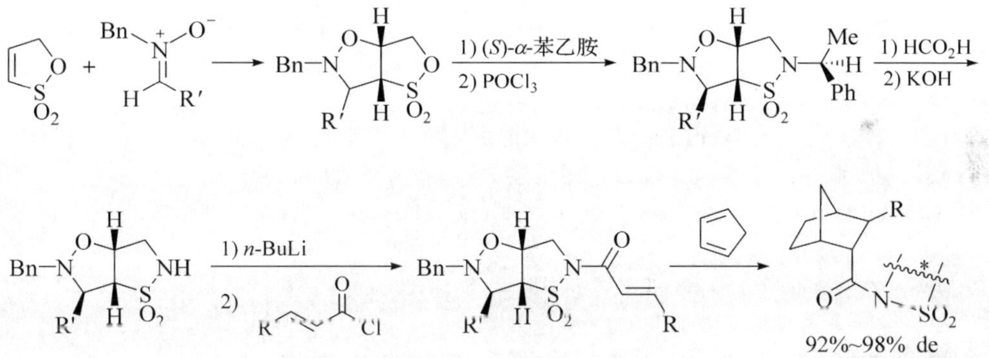

1) (*S*)-α-苯乙胺 2) $POCl_3$; 1) HCO_2H 2) KOH; 1) *n*-BuLi 2) R-CH=CH-COCl

92%~98% de

不对称 1,3-偶极环加成虽然研究报道还不多,但由于它能生成许多极有价值的五元杂环化合物,是一个极待深入研究的领域。

参 考 文 献

1 Oppolzer W, Chapuis C, Dao G M et al. Tetrahedron Lett., 1982, 23: 4781
2 Lautens M, Lautens J C, Smith A C. J. Am. Chem. Soc., 1990, 112: 5627
3 Corey E J, Ensley H E. J. Am. Chem. Soc., 1975, 97: 6908
4 Oppolzer W. Angew. Chem. Int. Ed. Engl., 1984, 23: 876
5 Tanaka K, Uno H, Suzuki H et al. Tetrahedron: Asymmetry, 1994, 4: 629
6 Linz G, Weetman J, Helmchen G et al. Tetrahedron Lett., 1989, 30: 5599

7 Cipiciani A, Fringuelli F, Piermatti O et al. J. Org. Chem., 2002, 67: 2665
8 Evans D A, Chapman K T, Bisaha J J. Am. Chem. Soc., 1988, 110: 1238
9 Ruano J L G, Alemparte C, Clemente F R et al. J. Org. Chem., 2002, 67: 2919
10 Jung M E, Vaccaro W, Buszek K R. Tetrahedron Lett., 1989, 30: 1893
11 Raphae I R, Karima CB, Jaquelin MB et al. J. Org. Chem., 2003, 68: 9809
12 Trost B M, O'Krongly D, Belletire J L. J. Am. Chem. Soc., 1980, 102: 7595
13 Huang H-L, Liu RS. J. Org. Chem., 2003, 68: 805
14 Imamoto T, Watanabe J, Yamaguchi K et al. J. Am. Chem. Soc., 1998, 120: 1635
15 Narasaka K. Synthesis, 1991, 1
16 Kaufmann D, Boese R. Angew. Chem. Int. Ed. Engl., 1990, 29: 545
17 Tomioka K. Synthesis, 1990, 541
18 Mikimi K, Terada M, Motoyama Y et al. Tetrahedron: Asymmetry, 1991, 2: 643
19 Kobayashi S, Ishitani M. J. Am. Chem. Soc., 1994, 116: 4083
20 Marko I E, Evans E R. Tetrahedron Lett., 1994, 35: 2771
21 Bao J, Wulff W D, Rheingold A L. J. Am. Chem. Soc., 1993, 115: 3814
22 Maruoka K, Murase N, Yamamoto H. J. Org. Chem., 1993, 58: 2938
23 a) Hawkins J M, Loren S. J. Am. Chem. Soc., 1991, 113: 7794
b) Hawkins J M, Loren S, Nambu M J. Am. Chem. Soc., 1994, 116: 1657
24 a) Corey E J, Loh TP. J. Am. Chem. Soc., 1991, 113: 8966
b) Corey E J, Loh TP, Roper T D et al. J. Am. Chem. Soc., 1992, 114: 8290
25 Ishihara K, Gao Q, Yamamoto H. J. Am. Chem. Soc., 1993, 115: 10412
26 Ishihara K, Kurihara H, Yamamoto H et al. J. Am. Chem. Soc., 1998, 120: 6920
27 a) Devine P N, Oh T. Tetrahedron Lett., 1991, 32: 883
b) Devine P N, Oh T. J. Org. Chem., 1992, 57: 396
28 Furuta K, Miwa T D, Yamamoto H et al. J. Am. Chem. Soc., 1988, 110: 6254
29 Narasaka K, Iwasawa N, Inoue M et al. J. Am. Chem. Soc., 1989, 111: 5340
30 Corey E J, Matsumura Y. Tetrahedron Lett., 1991, 32: 6289
31 Evans D A, Millar S J, Leetka T. J. Am. Chem. Soc., 1993, 115: 6460
32 a) Corey E J, Imai N, Zhang H Y. J. Am. Chem. Soc., 1991, 113: 728
b) Corey E J, Ishihara K. Tetrahedron Lett., 1992, 45: 6807
33 Palomo C, Oiarbid M, Garcla J M et al. J. Am. Chem. Soc., 2003, 125: 13942
34 Kanemasa S, Oderaotoshi Y, Sakaguchi S I et al. J. Am. Chem. Soc., 1998, 120: 3074
35 Giovanni D, Giuseppe F, Carmela P et al. Tetrahedron, 2002, 58: 2929
36 a) Faller J W, Grimmond B J, D'Alliessi D G. J. Am. Chem. Soc., 2001, 123: 2525
b) Sibi M P, Matsunaga H. Tetrahedron Lett., 2004, 45: 5925
37 a) Kobayashi S, Murakami M, Harada T et al. Chem. Lett., 1991, 1341
b) Futatsugi K, Yamamoto H. Angew. Chem. Int. Ed., 2005, 44: 1484
38 a) Sprott K T, Corey E J. Org. Lett., 2003, 5: 2465
b) Corey E J, Shibata T, Lee T W. J. Am. Chem. Soc., 2002, 124: 3808
c) Ryu D H, Corey E J. J. Am. Chem. Soc., 2003, 125: 6388
39 Nakano H, Takahashi K, Kabuta C et al. J. Org. Chem., 2004, 69: 7092

40 Hayashi Y, Rohde J J, Corey E J. J. Am. Chem. Soc., 1996, 118: 5502
41 Li L-S, Wu YK, Wu YL et al. Tetrahedron: Asymmetry, 1998, 9: 2271
42 Schaus S E, Brandt J, Jacobsen E N. J. Org. Chem., 1998, 63: 403
43 Huang Y, Iwama T, Rawal V H. J. Am. Chem. Soc., 2000, 122: 7843
44 Bondar G V, Aldea R, Collins S et al. Organometallics, 2000, 19: 948
45 Faller J W, Grimmond B J, Organometallics, 2001, 20: 2454
46 Nakano H, Suzuki Y, Kabuto C et al. J. Org. Chem., 2002, 67: 5011
47 Terada M, Mikami K, Nakai T. Tetrahedron Lett., 1991, 32: 935
48 Du H-F, Long J, Ding KL et al. Org. Lett., 2002, 4: 4349
49 Maruoka K, Itoh T, Yamamoto H et al. J. Am. Chem. Soc., 1998, 110: 310
50 Long J, Hu JY, Ding KL et al. J. Am. Chem. Soc., 2002, 124: 10
51 a) Wada E, Yasuoka H, Kanemasa S. Chem. Lett., 1994, 1637
b) Wada E, Pei W, Yasuoka H et al. Tetrahedron, 1996, 52: 1205
52 Hottori K, Yamamoto H. J. Org. Chem., 1992, 57: 3264
53 Kobayashi S, Komiyama S, Ishitani H et al. Angew. Chem. Int. Ed. Engl., 1998, 37: 979
54 Kobayashi S. Kusakabe K, Ishitani H. Org. Lett., 2000, 2: 1225
55 Bayer A, Hansena L K, Gautunb O R. Tetrahedron: Asymmetry, 2002, 13: 2407
56 Yao S, Roberson M, Reichel F et al. J. Org. Chem., 1999, 64: 6677
57 Evans D A, Johnson J S, Olhava E J. J. Am. Chem. Soc., 2000, 122: 1635
58 Yao S, Johannson M, Audrain H et al. J. Am. Chem. Soc., 1998, 120: 8599
59 Motoyama Y, Koga Y, Nishiyama H. Tetrahedron, 2001, 57: 853
60 Doyle M P, Phillips I M, Hu W-H. J. Am. Chem. Soc., 2001, 123: 5366
61 Joly G D, Jacobsen E N. Org. Lett., 2002, 4: 1795
62 Aikawa K, Iric R, Katsuki T. Tetrahedron, 2001, 57: 845
63 Oi S, Tetrada E, Ohuchi K et al. J. Org. Chem., 1999, 64: 8660
64 Yamamoto Y, Yamamoto H. J. Am. Chem. Soc., 2004, 126: 4128
65 Furuno H, Hanamoto T, Inanaga J et al. Org. Lett., 2000, 2: 49
66 Mancheno O G, Arraya's R O, Garretero J C. J. Am. Chem. Soc., 2004, 126: 456
67 Bolm C, Simic O. J. Am. Chem. Soc., 2001, 123: 3830
68 Mukai C, Kim I J, Hanaoka M et al. J. Chem. Soc. Perkin Trans., 1993, 2495
69 Ukaji Y, Sada K, Inomata K. Chem. Lett., 1993, 1847
70 Suga H, Nakajima T, Itoh K et al. Org. Lett., 2005, 7: 1431
71 Mito T, Ohtsuki N, Yamada T et al. Org. Lett., 2002, 4: 2457
72 Zhang HK, Chan WH, Lee A W M et al. Tetrahedron: Asymmetry, 2005, 16: 761

第 13 章　酶催化的不对称合成

13.1　概　　述

利用酶或含酶的动植物组织、细胞作为催化剂实现有机合成的生物合成和生物催化，是一门以有机合成为主，与生物学密切联系的交叉学科，是当今有机化学研究的热点，也将是 21 世纪生物有机化学和生物技术研究的新生长点。

酶催化的反应可以提供许多常规化学合成不能或不易获得的化合物，而且这种反应常具有比纯化学方法明显的优点，如

(1) 反应条件温和。在常温、常压和 pH 接近中性的条件下以很快的速度进行，因此能耗少，对设备的腐蚀轻，生产过程的安全性高。

(2) 反应的选择性强。生物催化剂具有很强的专一性，包括化学、结构、区域和立体专一性，因此产率高，产物的分离纯化容易。其中立体专一性是高选择性不对称合成的基础。

(3) 本质上对环境友好。不像大多数化工生产过程都会对环境产生不同程度的污染，由于酶无毒、易降解，而且反应的副产物少，酶催化的反应正是人们追求的绿色化学过程。

上述特点，使酶催化的有机合成，特别是不对称合成，已经并将继续成为各国十分重视、广泛开展的研究课题。

据不完全统计，已发现并定性的酶已经超过 3000 种，主要分为六大类。

(1) 水解酶(hydrolases)。用于催化酯、酰胺、多肽、糖苷等化合物的水解。

(2) 氧化-还原酶(oxidoreductases)。用于催化氧化-还原反应，如

$$-\overset{|}{\underset{|}{C}}-H \longrightarrow -\overset{|}{\underset{|}{C}}-OH$$

$$>C=C< \longrightarrow >\overset{O}{C-C}<$$

$$>C=O \longrightarrow >CH-OH$$

(3) 转移酶(transferases)。催化各种基团的转移或转化，如催化醛、酮、酰基、糖、磷酰基等基团的转移或转化。

(4) 裂解酶(lyases)。催化双键的加成或形成，如 C═C、C═O、C═N 等双键的加成。

(5) 异构化酶(isomerases)。催化各种异构化反应，包括消旋化，双键转移、顺反异构化等。

(6) 连接酶(ligases)。又称合成酶，能催化 C—O、C—N、C—S 和 C—C 等化学键的形成。

这几大类酶中，氧化还原酶、水解酶和裂合(加成)酶与不对称合成关系较大，下面分别简要介绍。

13.2　水解和酯化酶在不对称合成与拆分中的应用

酯和酰胺的酶催化水解或醇、胺的酶催化酰基化反应是不对称合成中应用最广的反应。水解酶是这类反应的催化剂，它包括脂肪酶、酯酶、蛋白(水解)酶三大类。与其他酶相比，水解酶更受欢迎，因为它的底物适用面宽，除常见的酯、酰胺外，也可以是腈、环氧化物、糖苷、肽类等。通过酶促外消旋体的动力学拆分或内消旋体的失对称性可方便获得对映体纯的手性化合物。

脂肪酶和酯酶都能催化酯的水解，但二者选择的化合物不同，其一般规律如下所示

$$RC(=O)OR' + H_2O \xrightarrow{\text{酶}} RC(=O)OH + R'OH$$

$R^*C(=O)OR'$　(Ⅰ)型　(手性)大　小　酯酶

$RC(=O)OR'^*$　(Ⅱ)型　小　大(手性)　脂肪酶

酯酶选择水解(Ⅰ)型；即含大的手性羧酸和小的醇的酯，而脂肪酶选择水解(Ⅱ)型即含小的羧酸和大的手性醇的酯。这类反应受酶的类型、底物结构及反应条件的影响，通过系列实验比较，可找出最佳条件，实现反应的最优化。下面是酶催化不对称水解和酯化的一些实例：

Liang 等[1a]用外消旋萘普生甲酯在圆柱状假丝酵母脂肪酶的催化下水解，高选择性制得非甾体抗炎药(S)-萘普生，产物的对映选择性达 100%，其反应式为

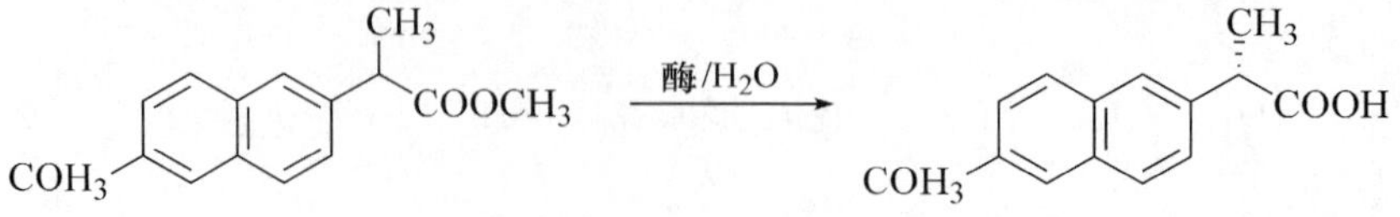

CH_3 / $COOCH_3$ / COH_3 　酶/H_2O　→　CH_3 / COOH / COH_3

1　　2　100% ee

Schneider 等利用酶的选择性水解，合成血小板活化因子(PAF)的类似物(analogues)，这是一种有广泛生物活性的化合物[1b]。

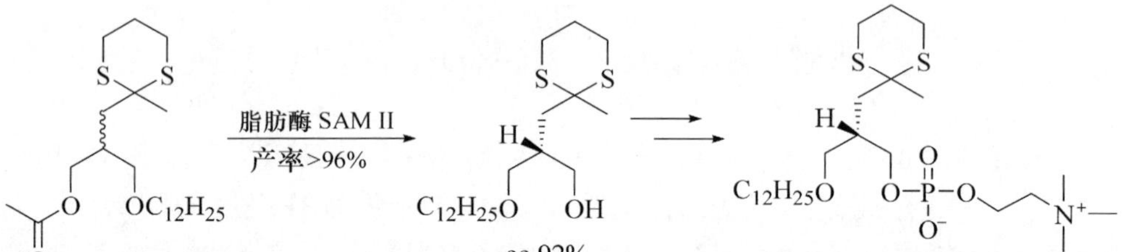

S S / O / $OC_{12}H_{25}$ / O　脂肪酶 SAM II / 产率>96%　→　S S / H / $C_{12}H_{25}O$ / OH / ee 92%　→ →　S S / H / $C_{12}H_{25}O$ / O-P-O / N^+ / PAF 类似物

Wegman 等[2]用氨解酶 SP435 催化外消旋苯甘氨酸甲酯的氨解拆分，反应式如下

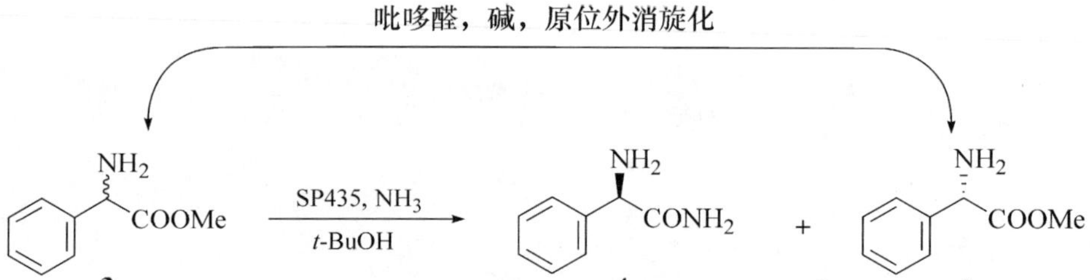

吡哆醛，碱，原位外消旋化

NH_2 / COOMe　SP435, NH_3 / t-BuOH　→　NH_2 / $CONH_2$　+　NH_2 / COOMe

3　　4 D-酰胺 39% 91% ee　　5 L-酯

氨解得到的 D-苯甘酰胺可进一步转变成工业上半合成抗生素氨苄西林、阿莫西林、头孢氨苄的重要中间体 D-苯甘氨酸。未反应的 L-酯可原位外消旋化，重新用来拆分，理论上全部原料都可被利用。

另一酶促选择性酰胺水解反应[3]，同样可用于制备 D-4-羟苯甘氨酸，反应式如下

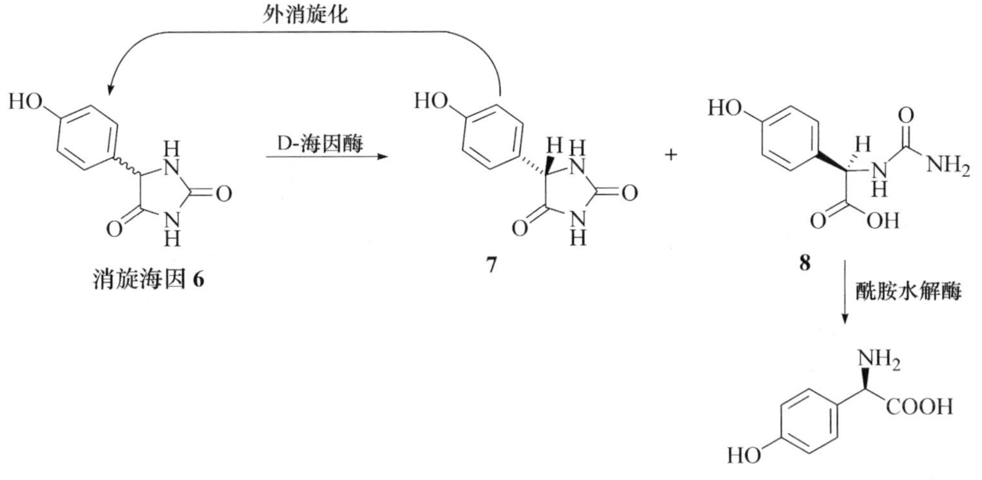

外消旋化

D-海因酶

消旋海因 **6**　　　**7**　　　**8**

酰胺水解酶

D-4-羟苯甘氨酸 **9**

酶促水解也可以用于内消旋二酯的失对称水解制备光活性化合物。Banfi 等[4]用脂肪酶 PPL 选择性水解含烯键的内消旋二酯 **10**，高对映选择性获得单酯 **11**，反应式如下

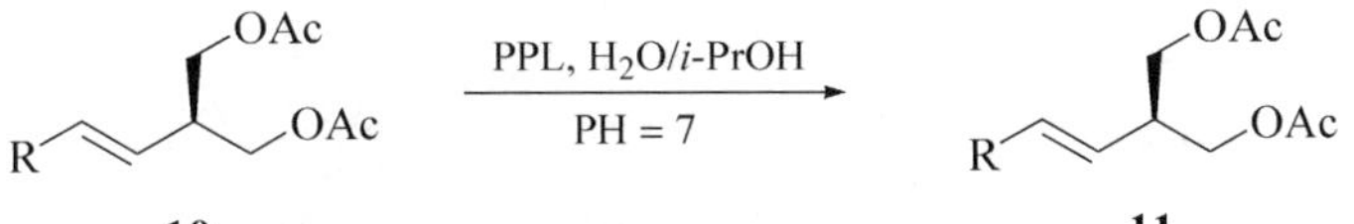

PPL, H_2O/*i*-PrOH

PH = 7

10　　　**11**

R	产率/%	ee/%
n-Pent	63	95
n-Pr	46	94
i-Pr	75	97

Liang 等[1a]也报道一种内消旋的二酯 **12**，在一系列不同的脂肪酶和一种蛋白水解酶的联合作用下选择性水解其中一个酯基，产物的对映选择性大多≥90%（表 13 1）。反应式如下

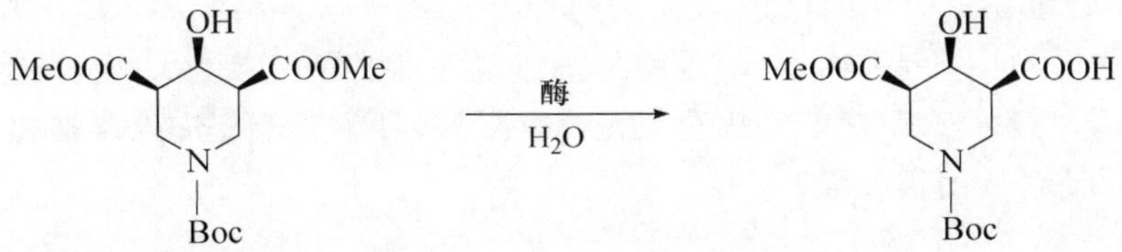

酶

H_2O

12　　　(3*R*)-**13**

表 13-1　12 在不同酶作用下的水解反应

	脂肪酶						
	SP523	F	lipozym	AY	N	D	M
ee/%	91	93	93	94	94	98	99

Kalkote 等[5]用 *trichosporon beigelii*（NCIM 3326）培养溶液中所含的酶催化内消旋二酯 **14** 的失对称水解，也获得很高的对映选择性。

OAc / OAc **14** —酶, 磷酸(盐)缓冲液/10%乙醇(体积分数), 74%→ OAc / OH **15** ee>96%

Wel 等用腈转化酶 *rhodococus* sp.（GMCC 0497）催化丙二酰胺衍生物的水解，高对映选择性生成 *R*-构型单酰胺化合物。

H_2NOC $CONH_2$ —酶→ HOOC $COONH_2$ ee>99%

酶促外消旋醇的酯化拆分，也是制备光活性醇的有效方法。

Pai 等[6]用脂肪酶 MY 选择性酯化外消旋醇 **16**，对不同的底物都有很高的对映选择性。

R^1, SPh, SPh, R^2, OH **16** —$CH_3COOCH{=}CH_2$, MY,己烷→ R^1, SPh, SPh, *R*, R^2, OAc **17**

R^1=H, R^2=*i*-Pr　93% ee

R^1=CH_3, R^2=*i*-Pr　96% ee

R^1=CH_3, R^2=Ph　98% ee

Hungerhoff 等[7]在南极洲假丝酵母脂肪酶 B(*candida antarctica* lipase B, CAL-B)催化下，用一种含氟羧酸酯将外消旋的 *α*-苯乙醇选择性酯化，高选择性生成(*R*)-酯和(*S*)-醇。反应产物用全氟正己烷提取，(*R*)-酯全部进入含氟相，而(*S*)-醇进入有机相，从而很好分开。

OH, Ph, Me **18** —$RCOOCH_2CF_3$ (1.5当量), CAL-B/CH_3CN, r.t.→ OR, Ph, *R*, Me **19** 98% ee 含氟相 + OH, Ph, *S*, Me **20** ee>99% 有机相

13.3　酶催化的不对称还原-氧化反应

13.3.1　不对称还原反应

羰基化合物的不对称还原是获得手性二级醇的主要途径，其中酶催化是实现该类反应的一种有效手段。若用离析的酶作催化剂，则必须加入催化量的辅酶NADPH；若用生物全细胞，则无须添加辅酶，这方面已有许多报道，下面是部分成功的反应实例。

王佳亮等[8a]用蛛菌属(*Arachnia* sp.)P163 作催化剂，选择性还原氨基苯乙酮 **21**，只得到 *R*-构型的 1-苯基-2-氨基乙醇 **22**，反应式如下

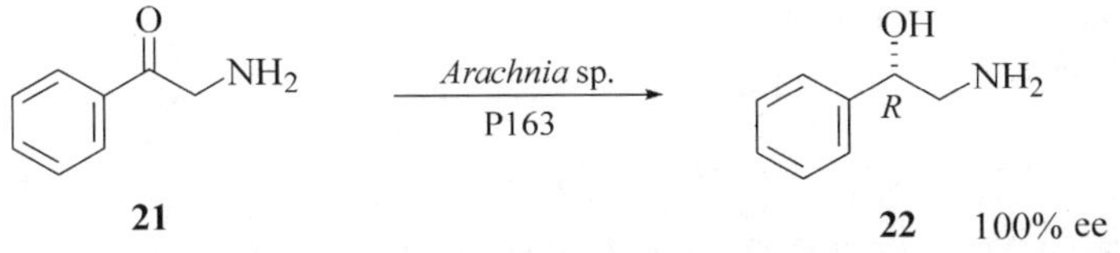

21 —*Arachnia* sp. P163→ **22**　100% ee

用 *S. paucimobilis* 菌属 SC16113 催化 *α*-溴代苯乙酮 **23** 的选择性还原，产物 **24** 的 ee 高达 99.5%，**24** 是合成 β_3-受体激动剂 BMS-210620 的重要中间体[8B]，反应式为

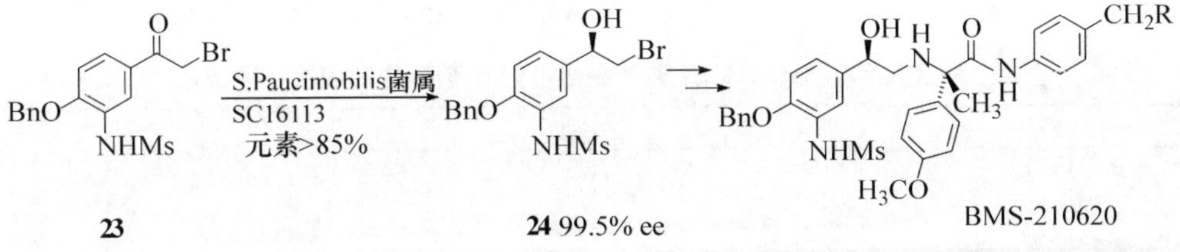

23 —S.Paucimobilis菌属 SC16113 元素>85%→ **24** 99.5% ee →→ BMS-210620

Dao 等[9a]用面包酵母催化 4-芳基-2-丁酮酸酯的选择性还原，当添加少量氯乙酰基苯时，反应产率和选择性都提高，根据芳环上的取代基的不同，产率在 70%～100%，ee 达到 69%～96%。反应式如下

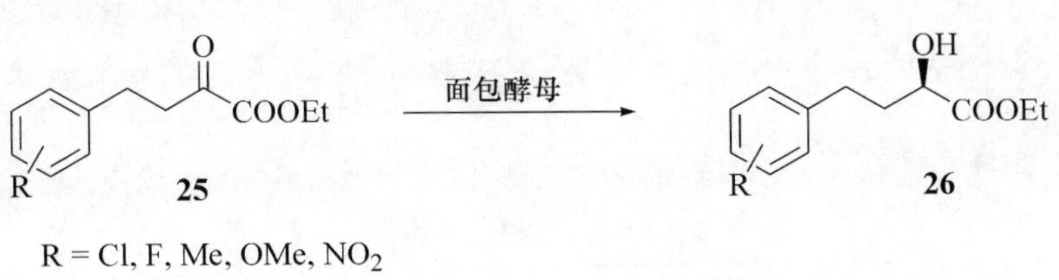

25 —面包酵母→ **26**

R = Cl, F, Me, OMe, NO_2

Yamamoto 等[9b]用一系列不同的微生物作催化剂，试验了 *β*-羟基酮的选择性还原。选用不同的微生物，既可选择得 *R*-构型的二醇，也可以选择得 *S*-构型的二醇，且光学纯度 ee 大多>90%(表 13-2)。反应式如下

27 → (微生物) → 28

表 13-2　不同微生物催化的 β-羟基酮的选择性还原反应

微生物	产率/%	ee/%	构型
Candida utilis IFO 1086	88	81	*R*
Candida utilis IAM 4246	82	85	*R*
Candida utilis IAM 4277	82	95	*R*
Candida arborea IAM 4147	37	99	*R*
Kltryveromyces lactis IFO 1267	99	93	*R*
Issatchenkia scutulate IFO 10070	48	99	*R*
Candida parapsilosis IFO 1396	60	98	*S*
Gevirlchum candidum IFO 4601	78	88	*S*

Kawai 等[10a]用系列 GKIR 酶催化 α-取代的 β-酮酯的选择性还原，同时形成两个手性碳，不但有很高的对映选择性，同时有很高的非对映选择性(表 13-3)，反应式如下

29 → (酶, NAD(P)H) → *syn*-(2*R*,3*S*)-**30** + *anti*-(2*S*,3*S*)-**30**

表 13-3　用系列 GKIR 酶催化 α-取代的 β-酮酯的选择性还原反应

酶	辅酶	构型	ee/%	de/%
GKIR-Ⅰ	NADH	2*R*,3*S*	>99	88
GKIR-Ⅱ	NADH	2*R*,3*S*	>99	84
GKIR-Ⅲ	NADPH	2*S*,3*S*	95	>99

如果酯中醇部分也含手性，则可用酶催化还原同时在分子中立体选择性引入三个手性中心[10b, 10c]，如表 13-4 所示。反应式如下

31 → (L-酶, NADPH) → (1′*S*)-**32** + (2*R*,3*S*,1′*R*)-**33**

表 13-4　酶催化还原 31

R	(1′*S*)-**32**		(2*R*,3*S*,1′*R*)-**33**		
	产率/%	ee/%	产率/%	ee/%	de/%
Hex	64	32	34	>99	66
Ph	52	68	48	>99	74
2-Cl-C_6H_4	64	39	36	>99	70

续表

R	(1′S)-**32**		(2R,3S,1′R)-**33**		
	产率/%	ee/%	产率/%	ee/%	de/%
4-Cl-C_6H_4	59	36	41	>99	75
4-Me-C_6H_4	56	58	44	>99	75
4-NH_2-C_6H_4	59	55	41	>99	80

简单酮、苯乙酮及其衍生物，也已发现能被 *Fungus trichothecium* 全细胞选择还原成 *R*-醇，ee 高达 90%～98%[10d]，即

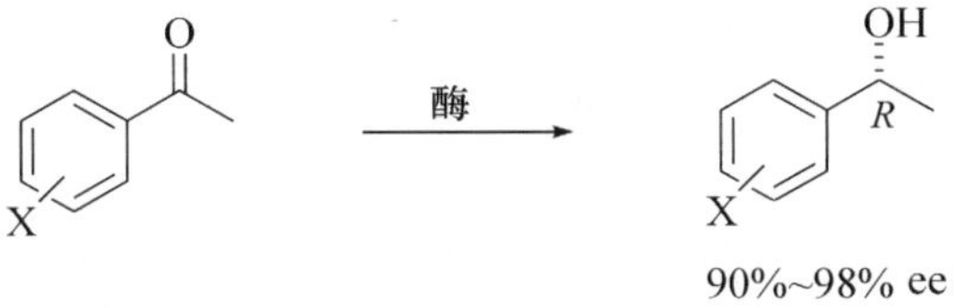

酶

90%~98% ee

Yang 等用面包酵母催化 α,γ-二酮酸酯的选择不对称还原，合成了抗高血压药 Benazepril · HCl 的关键手性中间体[11a]。

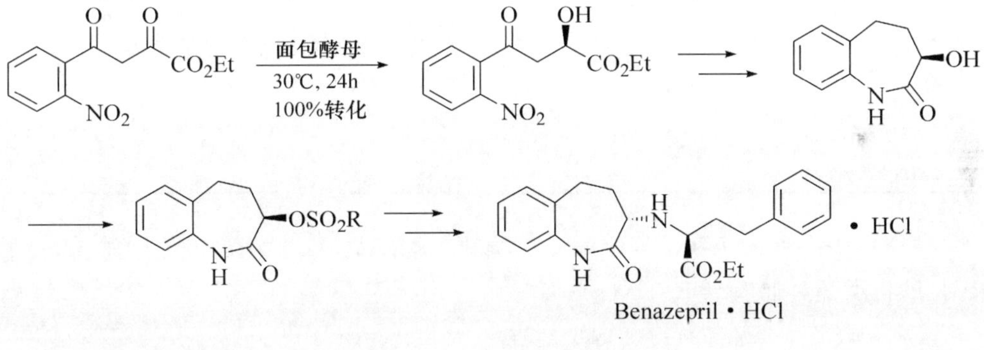

面包酵母 30℃, 24h 100%转化

Benazepril · HCl

Gröger 等发展了一种与酶相容的两相溶剂体系(水∶正庚烷＝1∶4)，水溶性差的酮在此溶剂中能顺利用醇脱氢酶(ADH，R · erythropolis)催化还原。反应中用甲酸酯脱氢酶(FDH)使辅酶 NADH 就地再生，这样，反应底物浓度可提至 10～200 mmol/L，产物选择性 ee 大于 99%[11b]。

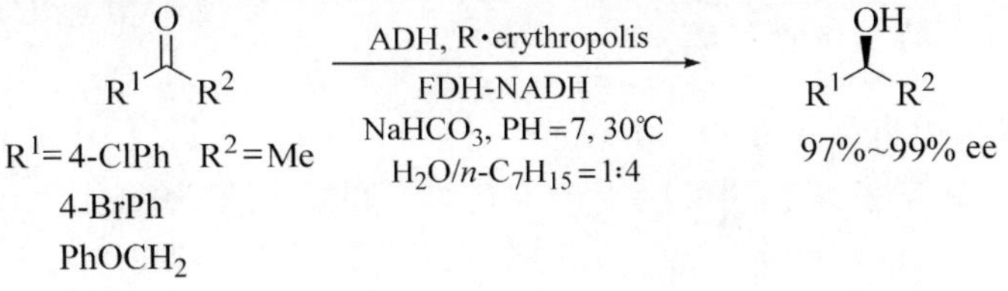

ADH, R·erythropolis FDH-NADH $NaHCO_3$, PH＝7, 30℃ H_2O/n-C_7H_{15}＝1∶4

R^1＝4-ClPh　R^2＝Me
4-BrPh
$PhOCH_2$

97%~99% ee

超临界 CO_2 在各种酶促有机反应中的应用日益受到重视。Matsuda 等在一篇综述中详细介绍了这方面情况，其中许多芳基烷基酮在超临界 CO_2 中，用脱氢酶催化不对称还原，产物的选择性都在 ee 96％～99％[12]。

含硅烷基的新类型酮-酰基硅烷也已成功用酶促还原，高选择性获得光活性有机硅烷基醇[13]。

$$Me_3Si\text{-}CO\text{-}R \xrightarrow[\text{pH}=8,\ 30^{\circ}\text{C};\ H_2O/n\text{-}C_6H_{14}=1:2]{\textit{Saccharomyces cerevisiae}\ \text{II Cells}} Me_3Si\text{-}CH(OH)\text{-}R \quad 97.4\%,\ 95.4\%\ \text{ee}$$

Kawai 等[14]还研究了酶催化的三取代硝基烯的选择性加氢反应，生成的两种非对映异构体也有很高的 ee，但 de 选择性较差（表 13－5）。反应式为

$$\mathbf{34} \xrightarrow{\text{Bakers 酵母}} \textit{anti}\text{-}\mathbf{35} + \textit{syn}\text{-}\mathbf{35}$$

表 13－5　酶催化的三取代硝基烯的选择性加氢反应

酶	辅酶	ee(*anti*)/％	ee(*syn*)/％	de/％
YNAR-Ⅰ	NADPH	＞98	97	31
YNAR-Ⅰ	NADH	＞98	97	29
YNAR-Ⅱ	NADPH	＞98	97	35
YNAR-Ⅱ	NADH	＞98	97	34

这个反应的立体选择性受底物几何构型的影响较大，*Z*-构型的取代烯产物的 ee 比 *E*-构型高，例如，当 R＝Ph 时，有

98% ee　　　　87% ee

13.3.2　不对称氧化反应

1. 生物催化的不对称环氧化

早已发现氯代过氧化物酶(chloroperoxidase, CPO)可以用于氧化醇、醛、胺等多种有机物，后来又发现它还可以用于催化烯烃的不对称环氧化。Hager 等[15]研究了多种不同结构的烯烃的环氧化，发现双取代烯，特别当取代基之一是甲基时，立体选择性相当高。例如

烯烃	环氧化产物	ee/%
	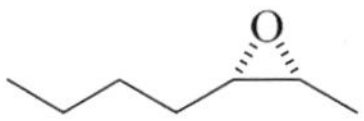	96
		97
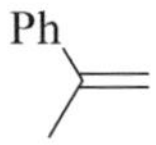	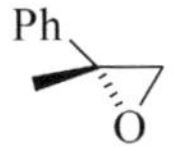	89
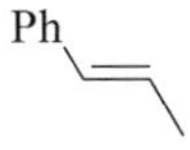	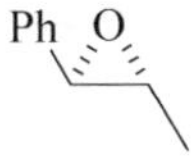	96
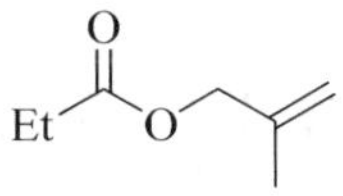	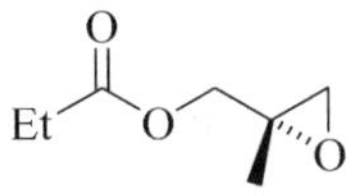	94
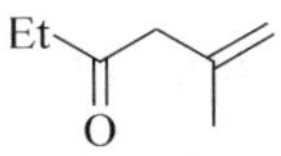	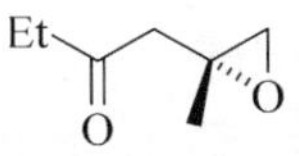	93

但当取代基体积很大或链长超过 9 个 C 原子时，CPO 的反应活性和产物的 ee 都很低。像 **36** 那样的 ω-溴-2-甲基-1-烯烃也能被 CPO 催化环氧化，且对映选择性与链长有关见表 13－6。反应式如下

TBHP/CPO

36　　**37**

表 13－6　CPO 催化的 36 的环氧化反应

n	1	2	3	4	5
ee/%	62	88	95	87	50
产率/%	61	93	89	33	42

随着链的增长，产率和选择性都升高，n＝3 时效果最好，ee 最高达 95%，但链继续增长时，ee 和产率都下降。

Hu 等[16]还发现一系列烯丙位或高烯丙位含乙酰氧基溴或羧酸乙酯基的顺式 2-烯烃在 CPO 催化下的不对称环氧化，产率都在中等以上，而 ee 都大于 99%（表 13－7）。反应式如下

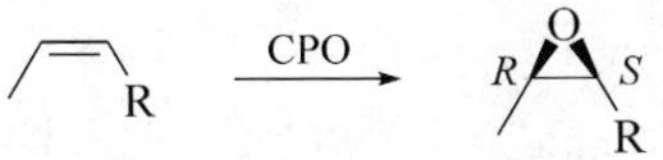

CPO

38　　(2R,3S)-**39**

表 13-7 CPO 催化的 38 的不对称环氧化反应

R	产率/%	ee/%
CH_2OAc	64	95
$(CH_2)_2OAc$	78	90
$(CH_2)_3OAc$	51	91
$(CH_2)_2Br$	53	91
$(CH_2)_3Br$	50	90
CH_2COOEt	95	96

2. α-C—H 键的氧化

芳环、双键或三键的 α-位 C—H 键在酶的催化下容易氧化成 C—OH，从而在这些功能团的 α-位立体选择性引入一个羟基。

Kitayama[17]用恶臭假细胞菌催化芳环的 α-氧化，使化合物 **40** 氧化成内酯 **41**，产物的 ee 高达 99%，反应式如下

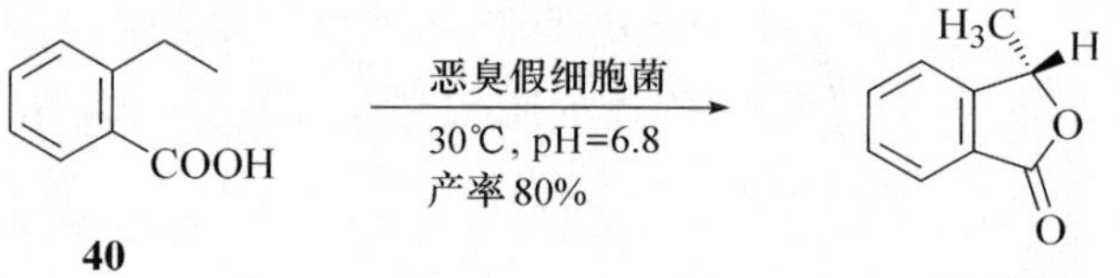

COOH
40
恶臭假细胞菌
30℃, pH=6.8
产率 80%
H_3C H O O
41 99% ee

Zaks[18]则用 CPO 催化，将烷基苯 **42**，选择性氧化成 *R*-构型的苯基烷基二级醇 **43**，产物的 ee 也很高。Hu[19]用 CPO 催化 3-炔基羧酸酯 **44** 的不对称 α-氧化，也在三键的 α-位高对映选择性的引入一个羟基，反应式为

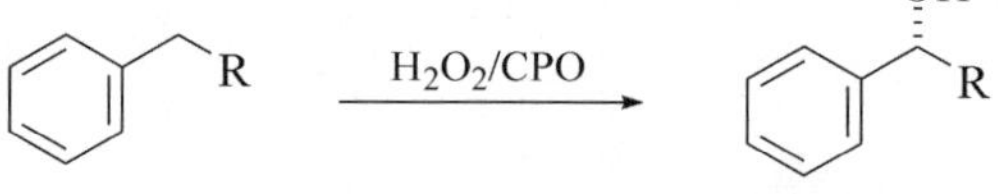

R
42
H_2O_2/CPO
OH R
43

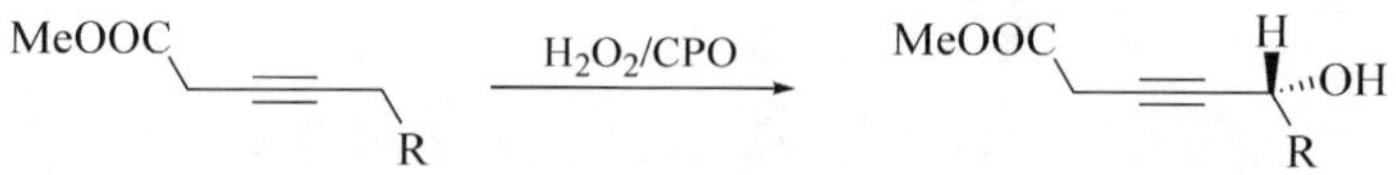

MeOOC R
44
H_2O_2/CPO
MeOOC H OH R
45

3. 醇的选择性氧化拆分

Lazarus[20]用来自菠菜的过氧化物酶 GOX，选择性氧化外消旋 α-羟基羧酸，高选择性地获得(*R*)-2-羟基酸，即

$$\text{46} \xrightarrow[\;O_2 \;\to\; H_2O_2\;]{\text{GOX}} (R)\text{-46} + \text{47}$$

(R)-46：98%~99% ee

R = $CH_3(CH_2)_n$, $CH_3(CH_2)_4O(CH_2)_2$, $H_3C(CH_2)_4$（顺式烯基）, $H_3C(CH_2)_4$（反式烯基）

4. 其他选择性氧化

用假单胞菌 *Pseudomonas putida* 选择性地将苯及其衍生物氧化成手性环己二烯邻二醇，是由酶催化的重要反应，这个反应已被用于合成多种重要的天然和非天然手性化合物[21, 22]，即

$$\text{R-C}_6\text{H}_5 + O_2 \xrightarrow[\;NADH \;\to\; NAD^+\;]{} \text{手性环己二烯邻二醇}$$

另一个广泛研究的酶催化反应是用单加氢酶催化取代环酮的 Baeyer-Villiger 氧化。Stewart 等[23~25]用不动杆菌 *Acinetobacter* sp. NCIB 9871 催化一系列 2-取代外消旋环己酮(表 13－8)。

$$\text{48} \xrightarrow[O_2]{\text{不动杆菌}} \text{49} + \text{48}'$$

表 13－8　不动杆菌催化的 48 的选择性氧化反应

R	49		48′	
	产率/%	ee/%	产率/%	ee/%
Et	79	95	69	≥98
n-Pr	54	97	66	92
i-Pr	41	≥98	46	96
烯丙基（结构式）	59	≥98	58	≥98
n-Bu	59	≥98	64	98

13.4 酶促裂合加成反应

13.4.1 加成反应

腈醇酶催化的羰基化合物与 HCN 的加成反应是最重要的酶促加成反应，选用不同的腈醇化酶，可分别获得 *R*-构型或 *S*-构型的加成产物，ee 都在 95%以上[26~28]。一般而言，(*R*)-腈醇酶来源于植物，而(*S*)-腈醇酶可由细菌源获取。

$$R^1C(=O)R^2 + HCN \xrightarrow[R^2=H,\ CH_3]{(R)\text{-腈醇酶}} (R)\text{-}R^1R^2C(OH)CN$$

$$R^1C(=O)R^2 + HCN \xrightarrow[R^2=H]{(S)\text{-腈醇酶}} (S)\text{-}R^1R^2C(OH)CN \quad ee>95\%$$

Gerrits 等[29a]用(*R*)-腈醇酶催化一系列不同结构的醛与 HCN 的加成反应，高选择性的获得(*R*)-腈醇(见表 13-9)，反应式如下

$$RCHO + HCN \xrightarrow{(R)\text{-腈醇酶}} RCH(OH)CN$$

表 13-9 (*R*)-腈醇酶催化的不同结构的醛与 HCN 的加成反应

R	pH	反应温度/℃	时间/h	产率/%	ee/%
$CH_2=CH—$	5.0	1	12	72	86
$CH_2=CHCH_2—$	5.0	1	24	90	97
Pr	5.5	5	24	99	99
$CH_3CH=CHCH=CH—$	5.5	5	24	91	98
$PhCH=CH—$	5.5	5	168	97	98
2-OH-C_6H_4	5.5	5	96	90	91
4-OH-C_6H_4	5.5	1	96	97	98

Griengl 等[29b]则用腈醇酶催化一系列不同结构的甲基酮与 HCN 的加成，该反应不但转化率很高(大多>90%)，而且产物的 ee 极高(大多大于等于 98%)。反应式如下

$$RC(=O)CH_3 + HCN \xrightarrow[pH=5.5]{\text{腈醇酶}} RC(OH)(CN)CH_3 \quad \geq 98\%$$

R═Ph, *E*-PhCH═CH, 3-PhOPh, *c*-C_6H_{11}, 2(或3)-furyl, *n*-C_5H_{11}, CH_2═CH, C_5H_{11}CH═CH, C_3H_7C═C 等

Zong 等最近报道了一个有趣的、用杏仁粉中的(*R*)-氧腈酶催化的乙酰基硅烷与羟腈化丙酮之间的立体选择性转移 HCN 反应，含硅烷基的腈醇产物的 ee 高达 99%，反应的转化率接近定量[30]。

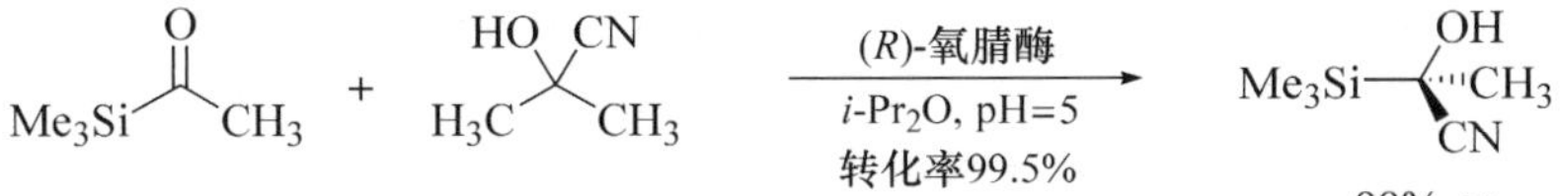

(R)-氧腈酶
i-Pr_2O, pH=5
转化率99.5%
99% ee

Fronza 等[31]则报道，用面包酵母催化取代的巴豆醛衍生物中 C═C 双键的选择性加水，同时使醛还原，当底物取代基中含有苄氧基或苯甲酰氧基时，产物的立体选择性很高，反应式如下

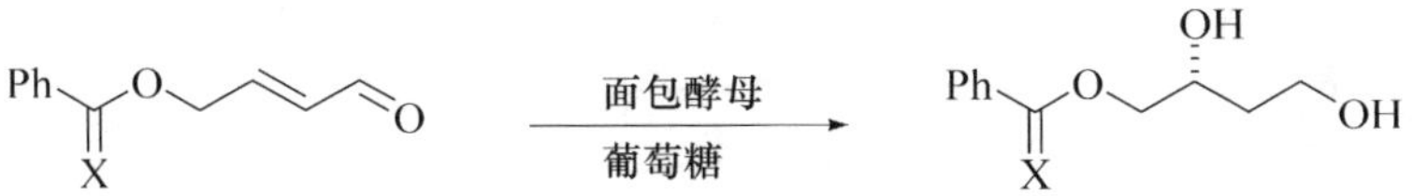

面包酵母
葡萄糖
50
$X=H_2$, X=O
51
90%~95% ee

13.4.2　裂合(缩合)反应

醛缩酶能催化不对称 C—C 键的形成，使醛酮分子链增长 2～3 个 C 原子，在有机合成中极为有用[32]。Yamamoto 等[33]用草生欧文氏菌(ATCC 21433)的酪氨酸-苯酚裂合酶将邻苯二酚、丙酮和氨三者缩合成帕金森病的有效治疗药 L-多巴，即

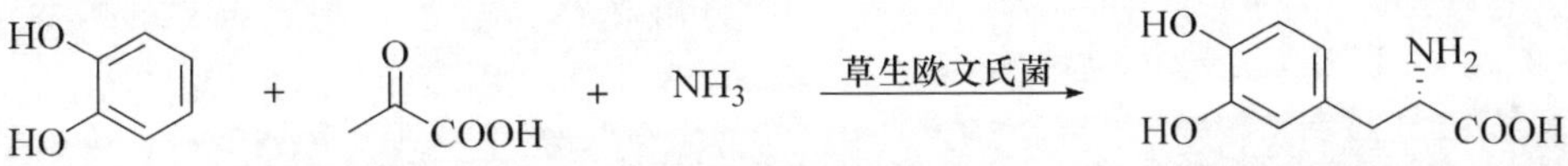

草生欧文氏菌
L-多巴 **52**

Shibata 等[34]用 Threonin 醇醛酶(aldolase)催化甘氨酸与醛的缩合反应，立体选择性地生成(2*R*,3*S*)-*β*-羟基-*α*-氨基酸 **52**，反应式为

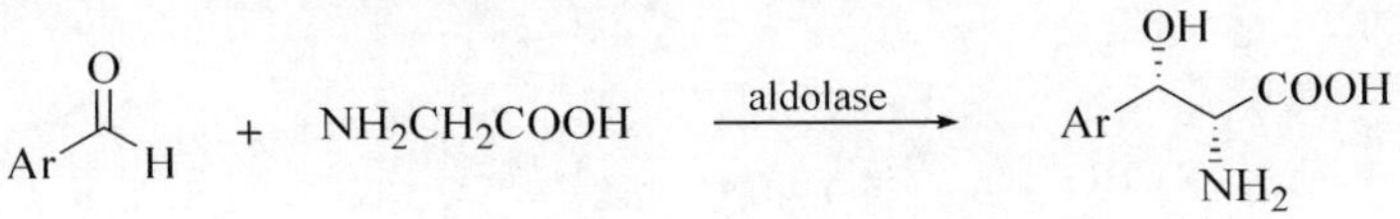

aldolase
(2*R*,3*S*)-**53**

外消旋的 *β*-羟基-*α*-氨基酸在 aldolase 催化下可先分解成甘氨酸和醛，然后在 aldolase 催化下重组成(2*R*,3*S*)-*β*-羟基-*α*-氨基酸。因此 Aldolase 可用于将外消旋 *β*-羟基-*α*-氨基酸转变成光活 *D*-苏式-*β*-羟基-*α*-氨基酸。

13.4.3　脱羧缩合反应

Nicholas 等[35]用转移酶 TK，TPP β-羟基丙酮酸 **55** 脱羧并与外消旋 α-羟基醛 **54** 的一个对映体选择性缩合生成 *syn*-2-羰基-1，3，4-三醇 **56** 和光活性的醛(*S*)-**54**，即

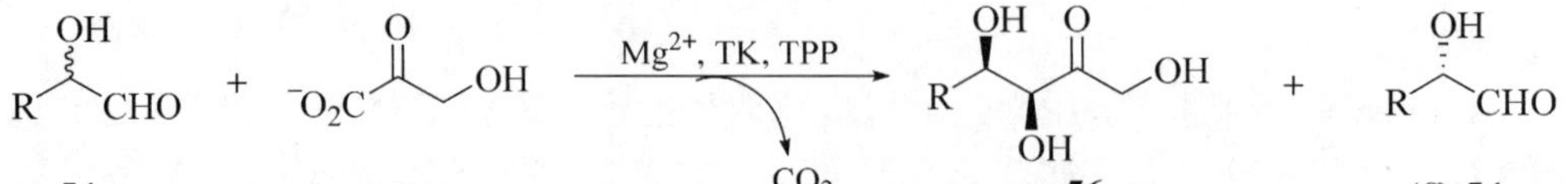

Mg^{2+}, TK, TPP；CO_2

54　**55**　*syn*-**56**　(*S*)-**54**

Ward 等[36]用丙酮酸脱羧酶催化丙酮酸的脱羧再与醛缩合，立体选择性地生成 L-苯基乙酰基甲醇(L-phenylacetyl carbinol，L-PAC，**57**)或芳环上取代的 L-芳基乙酰基甲醇(L-aracetyl carbinol，**58**)。

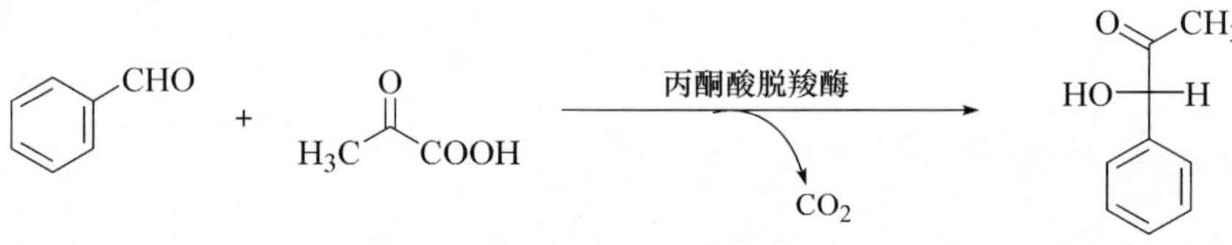

丙酮酸脱羧酶；CO_2

L-芳基乙酰基果醇 **57**

发面酵母

L-芳基乙酰基甲醇 **58**

Demir 等[37]用苯甲酸脱羧酶催化苯甲醛的不对称缩合，高对映选择性地生成(*R*)-安息香 **59**。

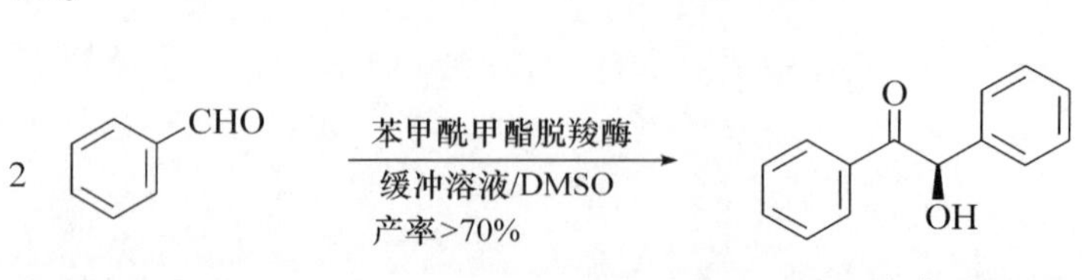

苯甲酰甲酯脱羧酶；缓冲溶液/DMSO；产率>70%

(*R*)-安息香 **59**　ee>99%

13.5　酶与过渡金属联合催化的动态动力学拆分

如上所述,酶催化的不对称反应已经在许多不同类型的反应中得到广泛应用。其中酶催化的选择性水解或酯化占有重要地位,已用于工业生产的许多酶催化的反应属于这类反应。这类反应大多是利用外消旋体的动力拆分,使对映体之一选择性转化成光学纯化合物的。很显然,这种方法存在两大缺点:首先是原料的利用率最高仅 50%;其次是产物与未反应的对映体的分离困难。因此无论从反应的原子经济性角度还是环保角度考虑,如何将未反应的对映体原位消旋化,是这类反应实用化必须解决的重要问题,从而成为当前的研究焦点。

Zwanenburg 等[38]将消旋化方法分为六类:①碱催化消旋化;②通过席夫碱中间体的消旋化;③热消旋化;④酶催化消旋化;⑤酸催化消旋化;⑥通过还原和自由基反应的消旋化。其中前四种较常用,方法Ⅰ适用于手性中心含酸性质子的化合物;Ⅱ仅限于手性中心含自由伯胺基的化合物;Ⅲ可用于旋转能量不高的某些轴手性化合物;而Ⅳ仅限于氨基酸和某些羟基酸。

新近发展起来的酶与过渡金属联合催化的动态动力学拆分方法是这一领域的重要成果。该方法利用过渡金属络合物催化底物的外消旋化,同时用酶将其中对映体之一转化成所需光活化合物,使外消旋化在酶的动力学拆分过程中同步连续进行,实现了动态的动力学拆分(dynamic kinetic resolution,DKR)。这一方法的显著优点是:①外消旋化与动力学拆分在同一反应中完成,产物无须先分离;②可以使反应物都转化成一种对映体产物,原料的利用率接近 100%;③无须另加碱性催化剂。

过渡金属催化的外消旋化主要通过两种途径:

1) 氢转移外消旋化

$$R^1CH(XH)R^2 \underset{}{\overset{M}{\rightleftharpoons}} R^1C(=X)R^2 + MH_2 \overset{M\text{-}H_2}{\rightleftharpoons} R^1CH(XH)R^2$$

X=O, NH

2) 形成 π-烯丙基络合物

$$R^1CH{=}CHCH(Nu)R^2 \overset{M}{\rightleftharpoons} [R^1(\pi\text{-allyl})R^2]M \overset{Nu^-}{\rightleftharpoons} R^1CH{=}CHCH(Nu)R^2$$

途径 1)最近已被成功用于多种仲醇和胺的外消旋化[39],以下表示一种含钌络

合物催化剂 **60** 催化仲醇外消旋化的过程[40]。

Ph Ph Ph O H O Ph Ph Ph Ph Ph Ru Ru OC CO OC H CO **60** ⇌ Ph Ph OH Ph Ph OC Ru H OC **60a** + Ph Ph O^- Ph Ph OC Ru^+ OC **60b**

60b + OH R^1 R^2 H* ⇌ **60a** (Ru–H*) + O R^1 R^2

⇌ **60b** + OH R^1 H R^2

过渡金属络合物催化的反应和酶催化的反应常有不同的环境要求，要使它们在同一反应器中协同进行，有许多问题需要协调，如反应溶剂、反应温度、酰基化供体的性质以及消旋化过程与动力学拆分过程反应速率的匹配等。大量的研究工作已得到许多积极的结果。下面介绍酶与过渡金属联合催化的 DKR 反应的部分成功例子。

Bäckvall 等[41]用钌催化剂 **60** 结合酶 CALB 的 DKR 方法将一系列不同结构的外消旋仲醇高对映选择性转化成(R)-乙酸酯。

OH R (R=aryl, alkyl) —— CALB, 4-Cl-C_6H_4-OAc (3当量) / (R)-Cat. 1 (2 mol%) ——→ OAc R (78%~92%, ee>99%)

Kim 和 Park 等[42]用另一种钌催化剂 RuCl-(η^5-Indenyl)(PPh_3)$_2$ **61** 联合脂肪酶(lipase)的 DKR 方法将外消旋芳基甲基甲醇转变成(R)-乙酸酯，产率和 ee 也很高，反应式为

$$\text{Ar-CH(OH)-CH}_3 \underset{\text{61}}{\overset{\text{CH}_2\text{Cl, O}_2}{\rightleftharpoons}} \text{Ar-CH(OH)-CH}_3 \xrightarrow[\text{脂肪酶}]{\text{Cl-C}_6\text{H}_4\text{-OAc, 61}} \text{Ar-CH(OAc)-CH}_3$$

85%, 96% ee

Sheldon[43]和 Park[44]也报道用不同的钌催化剂与酶联合催化 α-苯乙醇的 DKR 反应，产物的 ee 都达 99%，化学产率最高达 95%。

钌催化剂 **60** 与固载酶催化剂 CALB 联用还可以用于外消旋二仲醇的 DKR，同样获得很好的结果[45]，反应式为

$$\xrightarrow[\text{Ru-cat. 60 (4 mol\%), 甲苯, 70℃}]{\text{CALB, 61 (3 当量)}}$$

X=CH　产率 76%　ee >99%

X= N　产率 78%　ee >99%

酶与过渡金属联合催化的 DKR 反应还用于各种功能基取代的二级醇，如卤代醇[46]、烷氧基醇[47]、叠氮醇[48]、羟基腈[49]、羟基酯[50]、羟基磷酸[51]的拆分，都获得很好的结果。

卤代醇：

$$\text{R-CH(OH)-CH}_2\text{X} \xrightarrow[\text{Ru-cat. 60 (4 mol\%)}]{\text{PS-C, 61 (1.7 当量)}} \text{R-CH(OAc)-CH}_2\text{X}$$

X=Cl, Br　R=苯，取代苯　产率 69%~99%　93%~97% ee

烷氧基醇：

$$\text{R-CH(OH)-CH}_2\text{OTr} \xrightarrow[\text{Ru-cat. 60 (15 mol\%)}]{\text{PS-C, 61 (1.7 当量)}} \text{R-CH(OAc)-CH}_2\text{OTr}$$

R=Me　产率 95%　>99% ee

R=Et　产率 91%　99% ee

叠氮醇：

$$\text{R-CH(OH)-CH}_2\text{N}_3 \xrightarrow[\text{Ru-cat. 60 (4 mol\%), 甲苯}]{\text{CALB, 61 (3 当量)}} \text{R-CH(OAc)-CH}_2\text{N}_3$$

R=Ph, 4-Br-C_6H_4, 4-MeO-C_6H_4, 2-萘基　72%~93%　ee >99%

羟基腈：

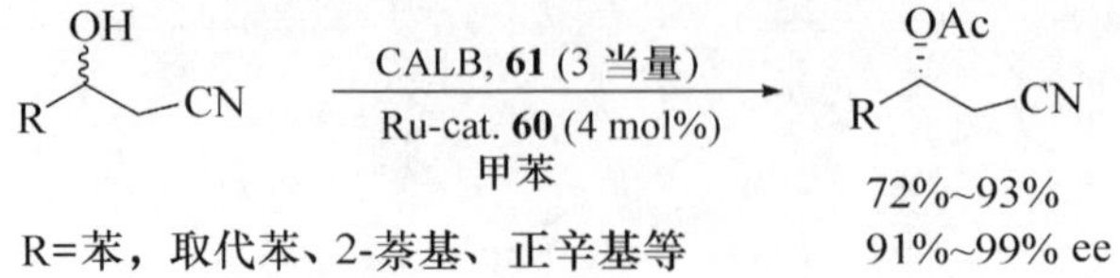

R=苯，取代苯、2-萘基、正辛基等

CALB, **61** (3 当量)；Ru-cat. **60** (4 mol%)；甲苯

72%~93%
91%~99% ee

羟基酯：

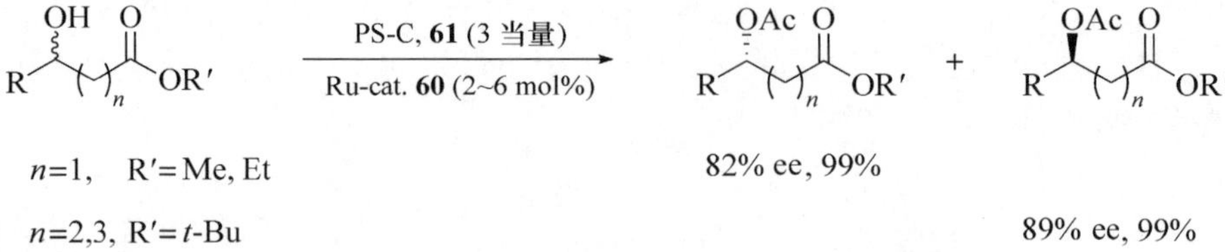

PS-C, **61** (3 当量)；Ru-cat. **60** (2~6 mol%)

n=1,　R′=Me, Et　　　82% ee, 99%

n=2,3, R′=t-Bu　　　89% ee, 99%

羟基磷酸：

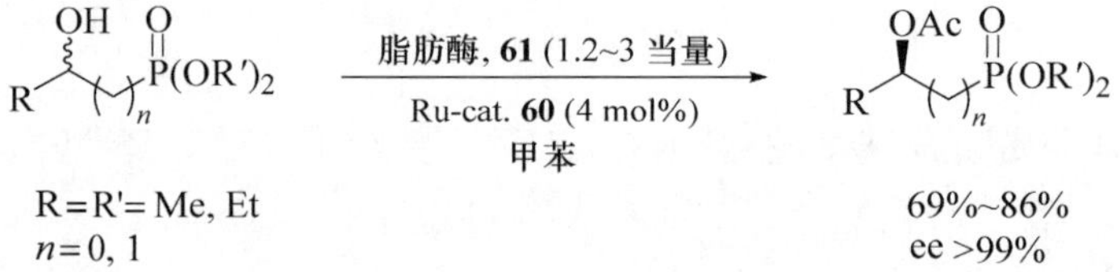

脂肪酶, **61** (1.2~3 当量)；Ru-cat. **60** (4 mol%)；甲苯

R=R′=Me, Et
n=0, 1

69%~86%
ee >99%

此外，酶与过渡金属联合催化的 DKR 反应还被用于丙烯基酯[52]、胺[53]、酮肟[54]等化合物，也取得良好的效果。显示出该方法是不对称合成的一种十分有效的手段，具有广泛的应用前景。

13.6　酶催化不对称合成的发展方向

尽管酶催化的有机合成具有许多优点，酶催化的不对称合成在实验室或工业上的应用也已取得长足进步，但目前真正能用这种方法制备的化合物还不多，还没有成为一种普遍使用的方法。主要限制是：①可以利用的酶制剂品种有限，用于手性化合物工业制备的更少。②酶易被破坏，保存和使用过程要特别注意。由于酶是有生物活性的高级蛋白质，凡能使蛋白质变性的条件都会使酶失活，蛋白质的三级结构尤其容易遭到破坏：高温、酸碱、某些重金属离子、甚至某些有机溶剂都有可能使酶失活。③酶制剂的价钱还比较贵，生产成本比起许多技术已高度发展的化工过程还无法与之竞争。

针对上述问题，酶催化的不对称合成研究还有许多工作有待大力开展，下列几方面的研究特别值得关注：

(1) 利用已知的酶种，进一步探讨在各种立体选择性反应中的新应用，发展新的反应类型。

（2）发展非水溶剂体系中的酶促反应。以往的酶催化反应都是在水相中进行的，因为酶的活性在水中才能保持。但许多反应底物在水中的溶解度很小，造成设备利用率低（大容量的反应器中，只含少量反应物），反应时间长，产品分离困难，成本高。还有一些反应（如酯化）不宜在水中进行，因此发展非水溶剂体系中的酶催化反应，已经引起人们的重视，如：①加入与水互溶的有机溶剂形成均一反应体系；②非均相反应体系；③胶束体系；④超临界流体体系；⑤微水有机溶剂体系；都已有许多研究报道，并将继续受到重视，尤其是微水有机溶剂体系，由于它具有有机溶剂的各种优点，已取得不少成果[55,56]。

（3）利用生物科学和生物技术的新成果：如基因重组工程、蛋白质工程，根据蛋白质结构的研究成果，按既定的蓝图，利用定点诱变技术，改造编码蛋白质基因中的 DNA 顺序，设计、合成具有特定的 DNA 序列的新基因，经过寄生细胞的表达，产生出具有特定氨基酸顺序高级结构、理化性质和生物功能的新蛋白质，并将这一技术用于酶的生产，以提供种类更多、数量更大、性能更好的酶制剂。

（4）研究多酶联合的组合生物转化和串联生物转化的控制。

（5）从新的植物来源筛选有新颖和独特催化性能的新生物催化剂。

（6）发展固定化床、膜技术等与酶化工结合的新技术，以提高酶的催化效力，简化产物的分离纯化，以及酶制剂的回收利用。

相信随着这些研究的深入开展并结出硕果，酶催化的不对称合成将迎来无限光明的明天。

参考文献

1 a) Liang X-F, Lohse A, Bols M. J. Org. Chem., 2000, 65: 7432

b) Lange K, Schneider M P. Tetrahedron: Asymmetry, 2004, 15: 2811

2 Wagman M A, Hacking M P, Sheldon R A. Tetrahedron: Asymmetry, 1999, 10: 1739

3 Yamanaka H, Kawamoto T. J. Ferment. Bioeng., 1997, 84: 181

4 Banfi L, Guanti G. Eur. J. Org. Chem., 1998, 745

5 a) Kalkote U, Ghorpade S et al. Tetrahedron: Asymmetry, 2000, 11: 2965

b) Wu Z-L, Li Z-Y, J. Org. Chem., 2003, 68: 2479

6 Pai Y-C, Fang J-M. J. Org. Chem., 1994, 59: 6018

7 Hungerhoff H, Sonnenschein H, Theil F. J. Org. Chem., 2002, 67: 1781

8 a) 王佳亮，王建军，杨柳等. 生物工程学报，2001，17(4)：7

b) 魏志亮，李祖义，林国强. 有机化学，2001，21(6)：402

9 a) Dao D H, Okamura M, Akasaka T et al. Tetrahedron Lett., 1998, 39: 67

b) Matsuyama A, Yamamoto H. J. Mol. Catal. B: Enzym., 2001, 11: 513

10 a) Kawai Y, Takanobe K, Ohno A. Bull. Chem. Soc. Jpn., 1997, 70: 1683

b) Kawai Y, Hida K, Ohno A et al. Tetrahedron Lett., 1995, 36: 591

c) Kawai Y, Hida K, Ohno A et al. Tetrahedron Lett., 1998, 39: 9219
d) Mandal D, Ahmad A, Kumar R et al. J. Mol. Catal. B: Enzym., 2004, 27: 61
11 a) Chang C-Y, Yang T- K. Tetrahedron: Asymmetry, 2003, 14: 2234
b) Gröger H, Hummel W, Buchholz S et al. Org. Lett., 2003, 5: 173
12 Matsuda T, Watanabe K, Harada T et al. Catal. Today, 2004, 96: 103
13 Lou W-Y, Zong M-H, Zhang Y-Y et al. Enzyme Microb. Technol., 2004, 35: 390
14 a) Kawai Y, Inaba Y, Hayashi H et al. Tetrahedron Lett., 2001, 42: 3367
b) Kawai Y, Inaba Y, Tokiton N et al. Tetrahedron: Asymmetry, 2001, 12: 309
15 Hager L P, Lakner F J. J. Mol. Cat. B: Enzym., 1998, 5: 95
16 Hu S, Hager L P. Tetrahedron Lett., 1999, 40: 1641
17 Kitayama T. Tetrahedron: Asymmetry, 1997, 8: 3765
18 Zaks A, Dodds D R. J. Am. Chem. Soc., 1995, 117: 10419
19 Hu S, Hager L P. J. Am. Chem. Soc., 1999, 121: 872
20 Lazarus M. International Congress Series, 2002, 45-49: 1233
21 Nugent T C, Hudlicky T. J. Org. Chem., 1998, 63: 510
22 Johnson C R, Golebiowski A, Sundraw H et al. Tetrahedron Lett., 1995, 36: 653
23 Stewart J D, Reed K W, Kayser M M. J. Chem. Soc. Perkin Trans., 1996, 755
24 Stewart J D, Reed K W, Zhu J et al. J. Org. Chem., 1996, 61: 7652
25 Stewart J D, Reed K W, Martinez C A et al. J. Am. Chem. Soc., 1998, 120: 3541
26 Roos J, Effenberger F. Tetrahedron: Asymmetry, 1999, 10: 2817
27 Willeman W F, Strathof A J, Heijnen J. J. Enzym. Microb. Technol., 2002, 30: 200
28 Han S, Chen P, Lin G et al. Tetrahedron: Asymmetry, 2001, 12: 843
29 a) Gerrits P, Marcus J, Birikaki L et al. Tetrahedron: Asymmetry, 2001, 12: 971
b) Griengl H, Klempier N, Pochlauer P et al. Tetrahedron, 1998, 54: 14477
30 Li L, Zong M-H, Peng H-S et al. J. Mol. Catal. B-Enzym., 2003, 22: 7
31 a) Fronza G, Fuganti C, Grasselli P et al. J. Org. Chem., 1998, 53: 6154
b) Fronza G, Fuganti C, Grasselli P et al. Biocatalysis, 1990, 3: 51
32 Machajewski T D, Wong C-H. Angew. Chem. Int. Ed. Engl., 2000, 39: 1352
33 Yamamoto A, Yokozeki K, Kubota K. Japanese Patent 01010995
34 Shibata K, Shingu K, Vassilev V et al. Tetrahedron Lett., 1996, 37: 2791
35 Nicholas J, Jurner H. Cur. Opi. Biotech., 2000, 11: 527
36 Ward O P, Singh A. Cur. Opi. Biotech., 2000, 11: 520
37 Demir A S, Dumwald T et al. Tetrahedron: Asymmetry, 1999, 10: 4796
38 Ebbers E J, Zwanenburg B et al. Tetrahedron, 1997, 53: 9417
39 Huerta F F, Minidis A B E, Bäckvall J E. Chem. Rev., 2001, 30: 321
40 Pamies O, Bäckvall J E. J. Chem. Eur., 2001, 7: 5052
41 a) Larsson A L E, Persson B A, Bäckvall J E. Angew. Chem. Int. Ed. Engl., 1997, 36: 1211
b) Persson B A, Larsson A L E, Bäckvall J E et al. J. Am. Chem. Soc., 1999, 121: 1645
42 Koh J H, Jung H M, Park J et al. Tetrahedron Lett., 1999, 40: 6281
43 Dijksman A, Elzinga J M, Sheldon R A et al. Tetrahedron: Asymmetry, 2002, 13: 879
44 Choi J H, Kim Y H, Park J et al. Angew. Chem. Int. Ed. Engl., 2002, 41: 2373

45 Persson B A, Huerta F F, Bäckvall J E. J. Org. Chem., 1999, 64: 5237

46 Pamies O, Bäckvall J E. J. Org. Chem., 2002, 67: 9006

47 Kim M J, Choi Y K, Park J et al. J. Org. Chem., 2001, 66: 4736

48 Pamies O, Bäckvall J E. J. Org. Chem., 2001, 66: 4022

49 a) Pamies O, Bäckvall J E. Adv. Synth. Caltal., 2001, 343: 726
b) Pamies O, Bäckvall J E. Adv. Synth. Catal., 2002, 344: 947

50 a) Huerta F F, Laxmi Y R S, Bäckvall J E. Org. Lett., 2000, 2, 1037
b) Huerta F F, Bäckvall J E. Org. Lett., 2001, 3: 1209
c) Runmo A B L, Pamies O, Bäckvall J E et al. Tetrahedron Lett., 2002, 43: 2983
d) Pamies O, Bäckvall J E. J. Org. Chem., 2002, 67: 1261

51 Pamies O, Bäckvall J E. J. Org. Chem., 2003, 68: 4815

52 Allen J V, Williams J M. Tetrahedron Lett., 1996, 37: 1859

53 Reetx M T, Schimossek K. Chimia, 1996, 50: 668

54 Choi Y K, Kim M J, Ahn Y et al. Org. Lett., 2001, 3: 4099

55 Lin G-Q, Han S-Q, Li Z-Y. Tetrahedron, 1999, 55: 3531

56 Chen P-R, Han S-Q, Lin G-Q et al. J. Org. Chem., 2002, 67: 8251

第 14 章　不对称合成在药物合成上的应用

药物对映体在生物活性上的广泛差异是推动不对称合成研究的重要动力，而不对称合成研究成果最重要的应用，也是在手性药物的合成上，这一点在介绍各类不对称合成反应的章节中已有叙述。这里重点介绍几种代表性的手性药物的各种不同的不对称合成方法，以使读者对此有更深入的了解。

14.1　(*S*)-芳基丙酸的不对称合成

α-芳基丙酸 **1** 是一类疗效很好的非甾体消炎镇痛药，代表性的品种有萘普生 **1a**、布洛芬 **1b**、酮洛芬 **1c** 等。即

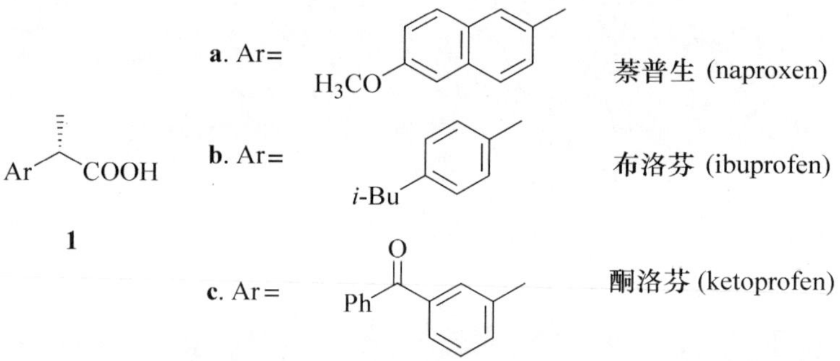

Ar–CH(CH$_3$)–COOH　**1**

a. Ar= 6-甲氧基-2-萘基（H_3CO）　萘普生 (naproxen)

b. Ar= 4-异丁基苯基（*i*-Bu）　布洛芬 (ibuprofen)

c. Ar= 3-苯甲酰基苯基（PhCO）　酮洛芬 (ketoprofen)

如前所述，其对映体之间的生理活性差别很大，(*S*)-异构体通常比(*R*)-异构体活性高得多，因此药品要求以(*S*)-异构体 ee 大于 95%的形式上市。生产与应用上的需求促进了(*S*)-芳基丙酸不对称合成研究的广泛开展，并已取得丰硕成果。

14.1.1　底物诱导的不对称合成

1. 手性 *α*-磺酰氧基缩酮重排法

Tuchihashi 等[1]由 *α*-甲氧甲基保护的 *N*,*N*-二甲基-(*S*)-乳酰胺与 6-甲氧基-2-萘基溴化镁反应制得化合物 **2**，经脱羟基保护，生成缩酮，转化成甲磺酸酯，重排得(*S*)-萘普生甲酯，水解后得(*S*)-萘普生，产物的 ee 达 98%。反应式为

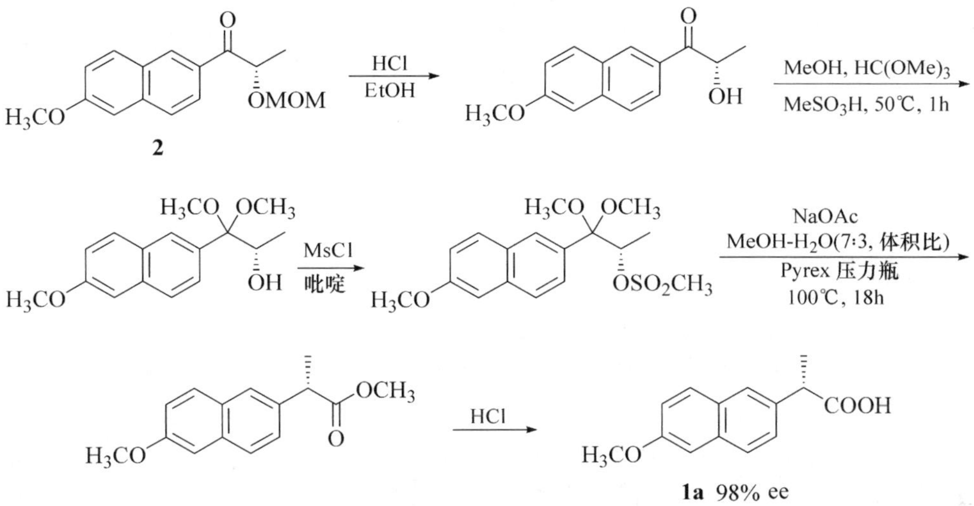

此法虽然产物的光学纯度很高，但反应步骤多，总产率不高，成本高，尚难用于实际生产。

Zhao 等[2]报道用天然酒石酸的二酯与 6-甲氧基-2-丙酰基萘生成缩酮，然后进行不对称 α-溴代，重排后即得(S)-萘普生。此法看起来比较简捷，手性原料廉价易得且可回收，但产物的光学纯度还有待进一步提高，反应式如下

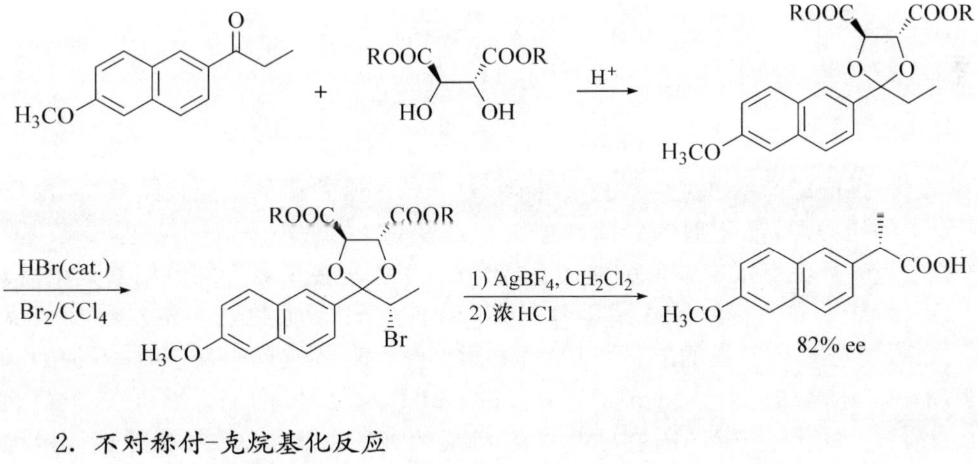

2. 不对称付-克烷基化反应

用 Friedel-Crafts 反应合成 2-芳基丙酸是最直接的方法。Piccolo 等[3]用(S)-2-甲磺酰氧基乳酸甲酯与异丁苯在 $AlCl_3$ 催化下进行 Friedel-Crafts 反应，然后水解得到 ee 为 98％的(S)-布洛芬，产率 50％。虽然产率还不够理想，但它是布洛芬最简捷的不对称合成方法。

COOCH₃ AlCl₃ r.t. H OSO₂CH₃ COOCH₃ 水解 COOH 98% ee

14.1.2 催化的不对称合成

1. 不对称催化加氢

自从以 BINAP 为代表的一系列高对映选择性的双膦手性配体发现以来，Rh 或 Ru 与双膦手性配体的配合物催化的烯烃的不对称加氢反应已获得很高的对映选择性。1987 年 Noyori 等[4a]将 2-(6-甲氧基-2-萘基)丙烯酸 **3** 在(*S*)-BINAP-Ru(OAc)$_2$催化下进行加氢反应，得到 ee 为 97%的(*S*)-萘普生，首次提出了一条很有创意的、用催化不对称加氢方法合成(*S*)-萘普生的路线，即

COOH　H_2 (13.7MPa), 30℃　cat.,产率92%　COOH
H_3CO　**3**　H_3CO　97% ee

cat. = Ph Ph P O O Ru O O P Ph Ph

4

这一反应的产率和光学纯度都很高，是一条很有希望的工业化路线，但因反应要求的压力高，催化剂的分离回收尚未解决，加之原料 2-(6-甲氧基-2-萘基)丙烯酸当时还没有成本较低的实用合成方法，使该法在工业上的应用受到限制。此后又发展了多种有效的双膦手性配体(**5a**,**5b**)，用于催化这一不对称加氢反应，如陈新滋等[4b]开发的 H_8-BINAP-Ru(Ⅱ)催化剂，催化同一反应时，产物的 ee 比 BINAP 还高(98%)。Sayo 等[4c]开发的 BIPHEN 与 Ru 的配合物，在各类溶剂中的溶解性均优于 BINAP，在较高的 S/C 或较高的温度下，其对映选择性也优于 BINAP。最近报道的几种新双膦手性配体 **6a**[4d]、**6b**[4e]等用于催化这一反应，也取得很好的效果。Chan 等[4f]还发展一条经济实用的制备起始原料 2-(6-甲氧基-2-萘基)丙烯酸的路线，使这一不对称催化加氢制备(*S*)-萘普生的方法更加经济实用。

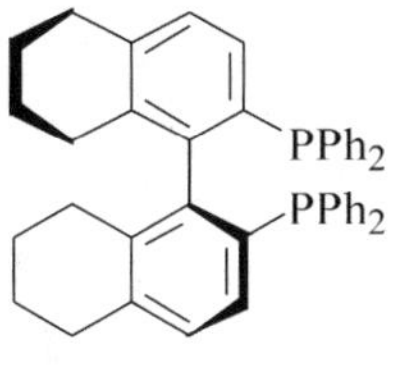

(S)-H_8-BINAP
5a

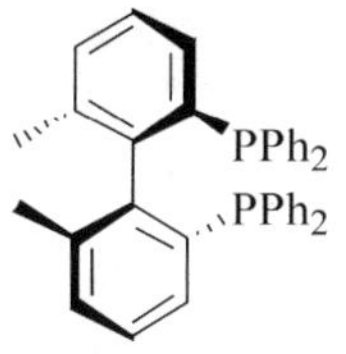

(S)-BIPHEN
5b

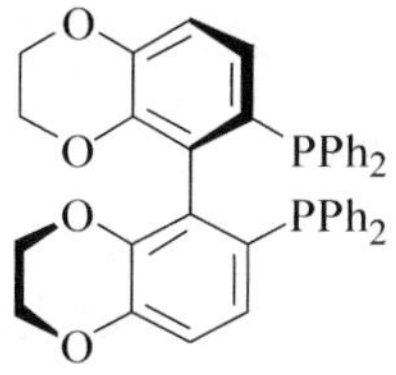

6a

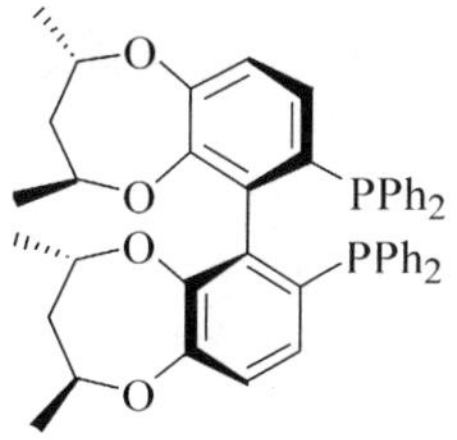

6b

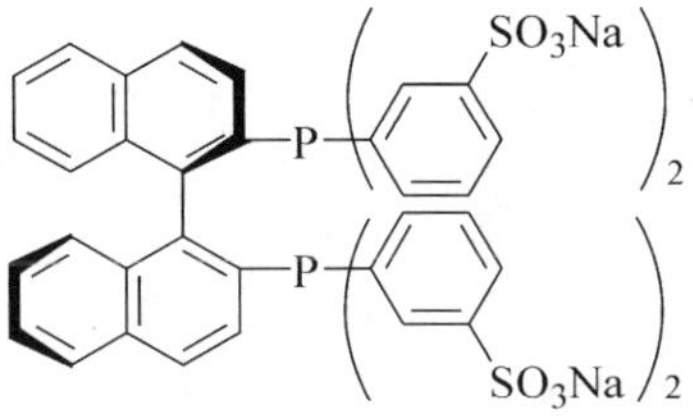

7a

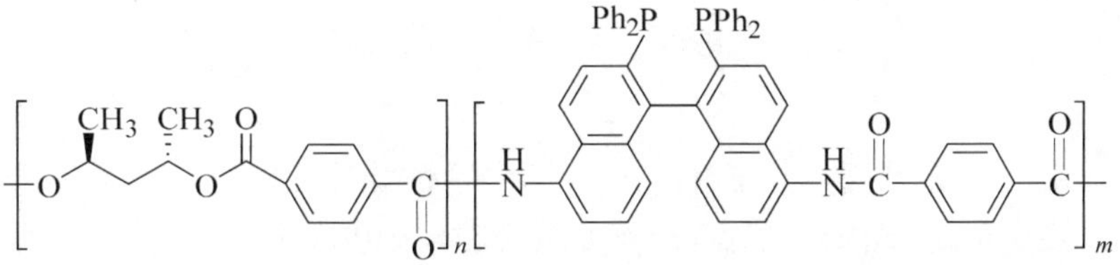

7b

Davis 等[4g]发展的水溶性双膦手性配体 4-磺酸钠基 BINAP **7a** 与 Ru 的配合物用于催化 **3** 的不对称加氢，可得 ee 96%的(S)-萘普生，产率达 100%，反应后催化剂可从水相分离，使催化剂的回收再用成为可能。Chan 等[4f]开发的高聚物担载的 BINAP 型催化剂 **7b** 与 Ru 的配合物，也是不对称加氢制备(S)-萘普生的有效催化剂。该聚合物配体可溶于甲苯、THF、CH_2Cl_2 等多种有机溶剂，反应后加入甲醇可使催化剂沉淀，定量回收，且循环使用 10 次后，催化剂的活性和选择性不降低。Chan 等在 BINAP 的 5,5′-位分别引入树状取代基(dentrimer)制成的树状高分子配体 **8**，用于催化 **3** 的不对称加氢反应，也获 90%以上的 ee，并实现催化剂的回收再用。[4h]这些可喜的进展，已为上述不对称加氢制备(S)-芳基丙酸的工业化铺平道路。

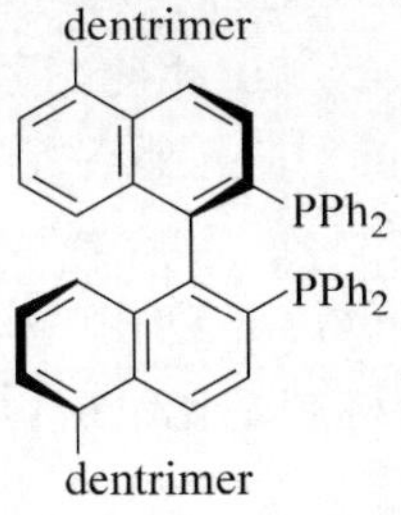

8

2. 不对称羰基化

Parinello 等[5]用 6-甲氧基-2-乙烯基萘为原料，$PtCl_2$-$SnCl_2$ 为催化剂，在手性配体(−)-BPPM **9** 存在下进行氢甲酰化反应，其中的支链产物经脱乙氧基、氧化即得(*S*)-萘普生，ee 大于 96%。可惜第一步氢甲酰化反应的区域选择性太差(支链：直链＝0.6：1)。其反应式如下

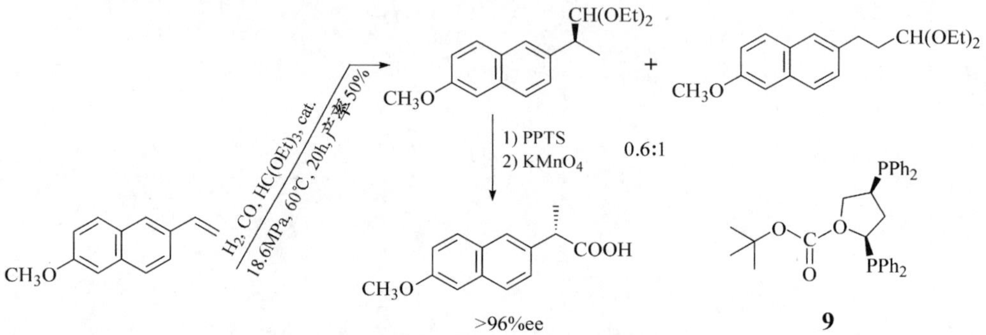

Alper 等[6]用芳基乙烯在 $PdCl_2$、$CuCl_2$ 和手性配体 BNPPA **10** 催化下与 CO，O_2 反应直接生成芳基丙酸，化学产率都在 85%以上，(*S*)-布洛芬的光学纯度达 83% ee，而(*S*)-萘普生达 91% ee。反应在常温常压下进行，催化剂用量仅 5 mol%，反应式为

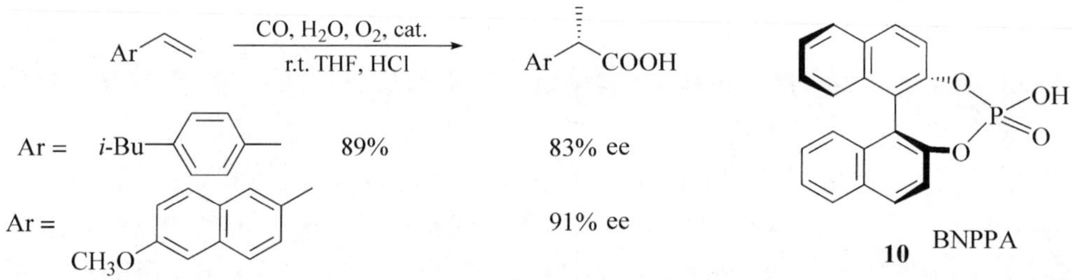

α-芳基乙醇的羰基化是近年来不对称合成芳基丙酸的另一研究热点。主要有下面两个原因：一是 α-芳基乙醇很容易由相应的芳基乙酮制备；二是催化反应既涉及 C—OH 键的活化，又涉及 CO 的对映选择性插入，反应条件和对催化剂的要求都很高，具有重要的基础研究价值。

已有报道在无水 HCl 存在下，用 1-(6-甲氧基-2-萘基)乙醇在 $PdCl_2$-$CuCl_2$-DDPPI **11** 催化下与 CO 发生不对称羰基化反应，得到 81%～100% ee 的(*S*)-萘普生甲酯，化学产率达 90%～100%。

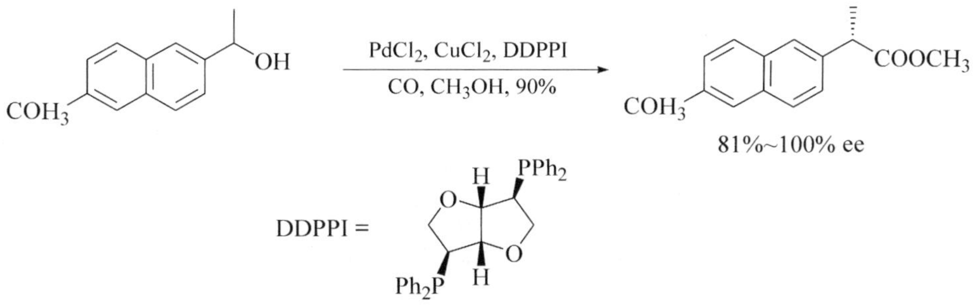

OH
COH3
PdCl2, CuCl2, DDPPI
CO, CH3OH, 90%
COOCH3
COH3
81%~100% ee
DDPPI =
H
PPh2
O
O
Ph2P
H

11

3. 不对称环氧化

Takano 等由肉桂醇经 Sharples 环氧化，三甲基铝开环，在苯环对位引入异丙基，然后在邻二醇之间氧化开环得到(S)-布洛芬，即有

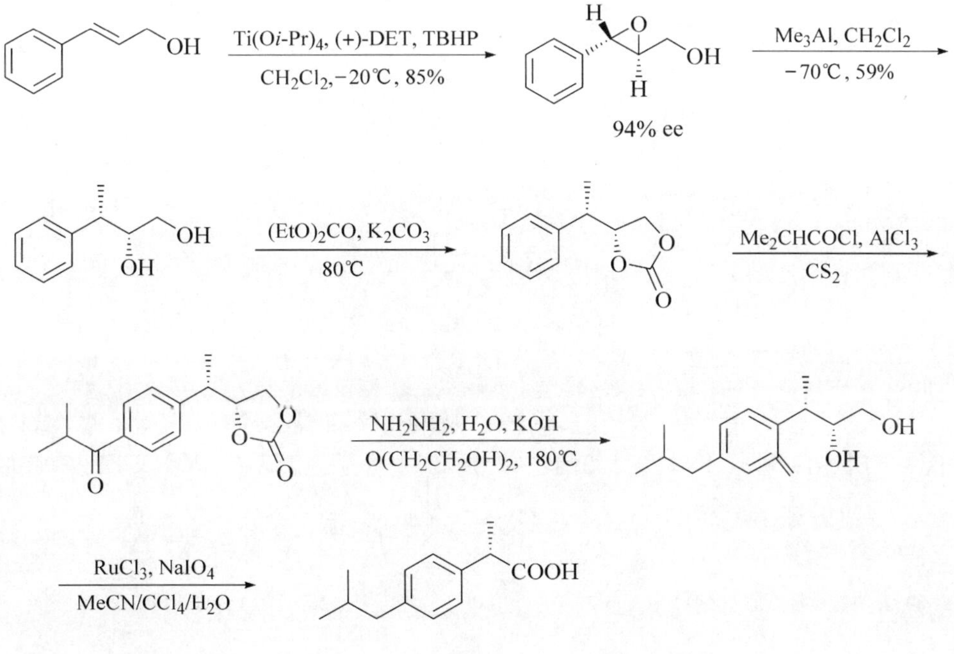

OH
Ti(Oi-Pr)4, (+)-DET, TBHP
CH2Cl2,−20℃, 85%
H
O
OH
H
94% ee
Me3Al, CH2Cl2
−70℃, 59%
OH
OH
(EtO)2CO, K2CO3
80℃
O
O
O
Me2CHCOCl, AlCl3
CS2
O
O
O
O
NH2NH2, H2O, KOH
O(CH2CH2OH)2, 180℃
OH
OH
RuCl3, NaIO4
MeCN/CCl4/H2O
COOH

此路线的起始原料便宜易得，关键步骤的对映选择性较高，但反应步骤太多，是其缺点。Harmona 等[7a]发展了这一方法，由 3-芳基-3-甲基烯丙醇进行 Sharpless 环氧化，经钯-碳还原和邻二醇的氧化断裂，得芳基丙酸，ee 达 100%。合成路线简捷，产物的 ee 也更高，但需解决原料经济实用的制备方法，反应为

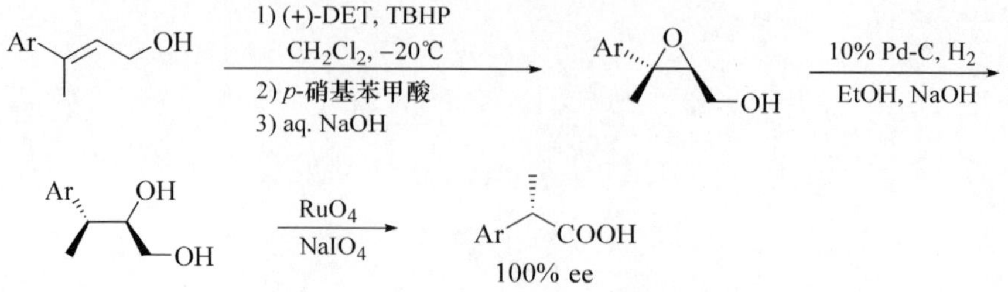

Ar-CH=CH-CH2OH → 1) (+)-DET, TBHP, CH_2Cl_2, −20℃; 2) p-硝基苯甲酸; 3) aq. NaOH → 环氧醇 → 10% Pd-C, H_2, EtOH, NaOH → 二醇 → RuO_4, $NaIO_4$ → Ar-CH(CH3)-COOH 100% ee

Hamon 等[7b]则由 2-芳基丙烯，进行 Sharpless 不对称双羟化，并经几步转移，高选择性制得(*S*)-芳基丙酸。

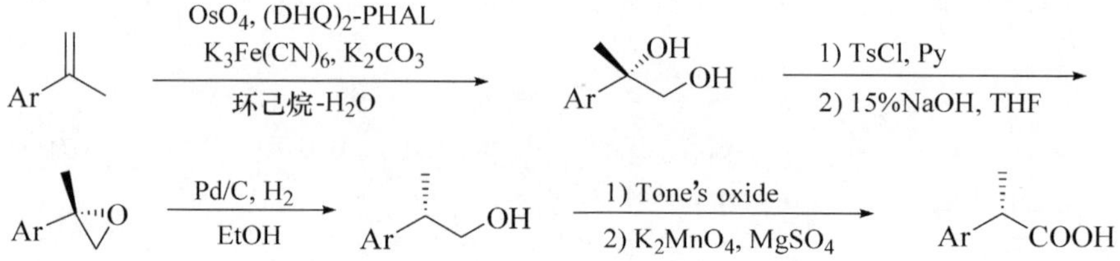

Ar-C(CH3)=CH2 → OsO_4, $(DHQ)_2$-PHAL, $K_3Fe(CN)_6$, K_2CO_3, 环己烷-H_2O → 二醇 → 1) TsCl, Py; 2) 15%NaOH, THF → 环氧化物 → Pd/C, H_2, EtOH → Ar-CH(CH3)-CH2OH → 1) Tone's oxide; 2) K_2MnO_4, $MgSO_4$ → Ar-CH(CH3)-COOH

$(DHQ)_2$-PHAL：

Ar = 6-CH_3O-2-萘基 96% ee

Ar = 4-*i*-Bu-苯基 98% ee

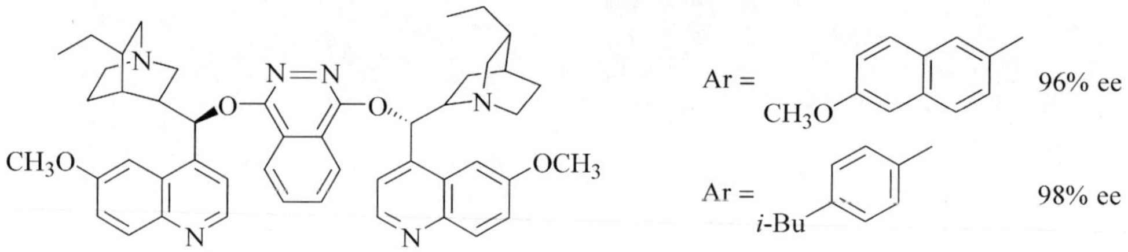

4. 不对称偶联反应

Hayashi 等[8a]用 1-(4-异丁基苯基)乙基溴化镁与溴乙烯在 Ni(Ⅱ)-手性氨基膦配体的催化下进行不对称交叉偶联，得到 3-(4-异丁基苯基)丁烯，双键经氧化断裂得(*S*)-布洛芬，产物的 ee 达 94%，反应式为

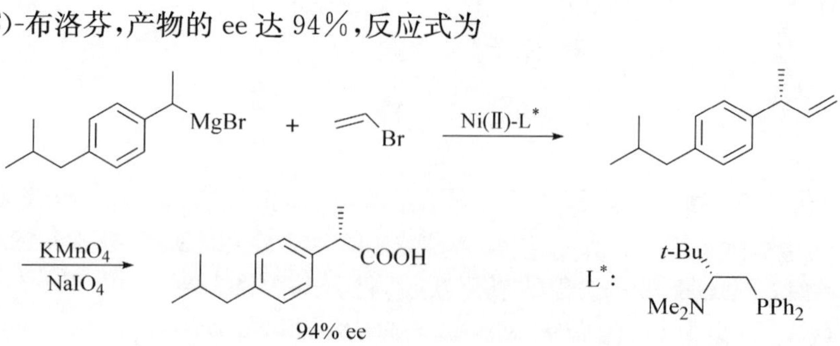

1-(4-异丁基苯基)乙基-MgBr + CH_2=CHBr → Ni(Ⅱ)-L* → 3-(4-异丁基苯基)丁烯 → $KMnO_4$, $NaIO_4$ → (*S*)-布洛芬 (COOH) 94% ee

L*: *t*-Bu-CH(NMe_2)-CH_2PPh_2

Purandetti 等[8b]则由 6-甲氧基-2-溴化萘与 α-氯代丙酸酯在镍化物催化下进行电化学还原偶联，得萘普生酯，水解后得萘普生，当氯代丙酸酯的酯烷基为手性基团时，(*S*)-萘普生的 ee 也可达 85%，反应式为

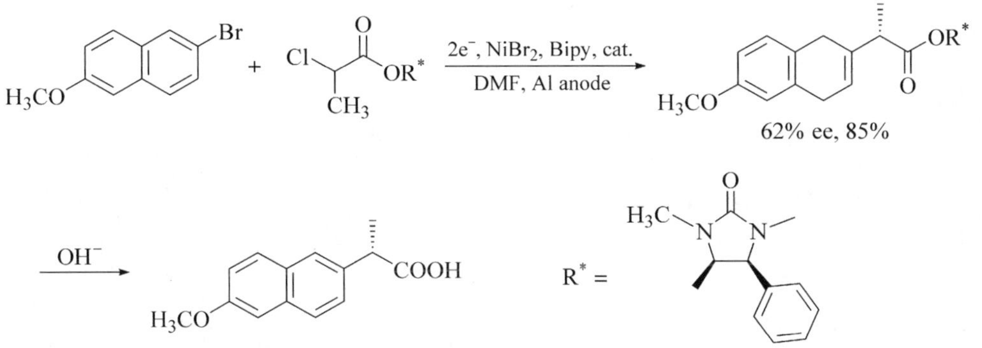

$2e^-$, $NiBr_2$, Bipy, cat.

DMF, Al anode

62% ee, 85%

OH^-

$R^* =$

5. 烯酮缩醇的不对称质子化

Yamamoto 等最近报道一种制备光学纯(*S*)-萘普生的新途径：先将外消旋萘普生转化为二硅烷基烯缩酮，再用手性 Lewis 酸协助的 Brönsted 酸(LBA)对映选择性质子化，获得高光学纯的(*S*)-萘普生[9a]。

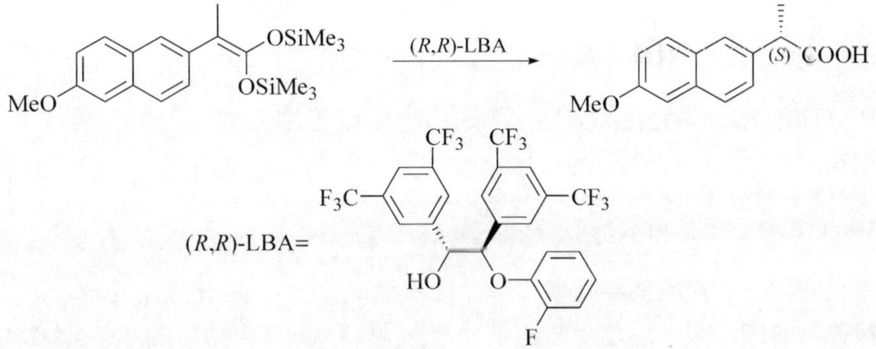

(*R*,*R*)-LBA

(*R*,*R*)-LBA=

Juaristi 等用 LDA 将外消旋萘普生转化成烯醇锂盐；再用手性 Brönsted 酸处理也获得高对映体纯的(*S*)-萘普生酯[9b]。

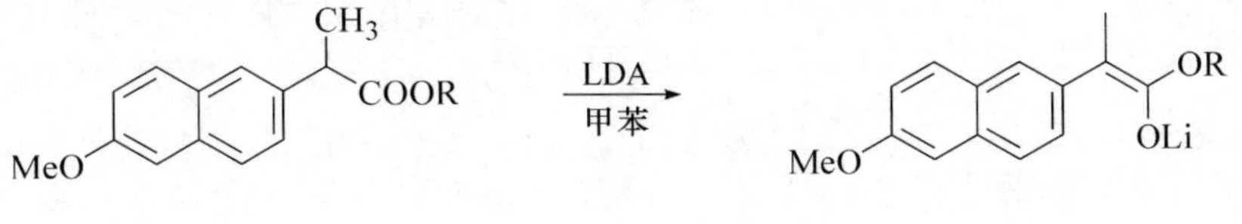

LDA

甲苯

$\xrightarrow{A^*\text{-H}}$ 6-MeO-萘-2-基-CH(CH_3)COOR

R=CH_3 78% ee
i-Pr 90% ee
t-Bu 93% ee

A^*-H= (2-羟基苯乙酰基)N[CH(CH_3)Ph]$_2$

6. 由三甲基铝对硝基烯的不对称 Michael 加成

最近由 Alexakis 等报道的由三甲基铝对硝基烯的不对称 Michael 加成，然后将硝基甲烷氧化成羧基的方法，为不对称合成 α-芳基丙酸提供了一条新思路[10]。

4-*i*-Bu-C_6H_4-CH=CH-NO_2 + $AlMe_3$ $\xrightarrow[\text{乙醚}]{2\%\ \text{CuTC/C}^*}$ 4-*i*-Bu-C_6H_4-CH(CH_3)CH_2NO_2 81% ee

$\xrightarrow[\text{DMSO, 35℃, 24h, 75\%}]{NaNO_2,\ AcOH}$ 4-*i*-Bu-C_6H_4-CH(CH_3)COOH 82% ee (*S*)-布洛芬

14.1.3 酶催化的不对称合成

用酶催化的选择性生成(*S*)-2-芳基丙酸的反应也已被广泛研究，主要有下列几种途径。

1. 外消旋 α-芳基丙酸酯的酶促水解

由相应的芳基丙酸酯经酶催化选择性水解成 *S*-芳基丙酸研究最多。例如，外消旋萘普生的酯用假丝酵母脂肪酶催化水解，只有(*S*)-构型的酯水解，产物的 ee 接近 100%[11]，即有

6-CH_3O-萘-2-基-CH(CH_3)COOR $\xrightarrow[50\%]{\text{圆柱状假丝酵母脂肪酶}}$ 6-CH_3O-萘-2-基-CH(CH_3)COOH ~100% ee

\+ 6-CH_3O-萘-2-基-CH(CH_3)COOR

也可以由酰胺在酶催化下选择性水解制备(*S*)-*α*-芳基丙酸。Effenberger 等[12]用酰胺水解酶(*Rhodococcus erythropolis* MP 50)将外消旋的酰胺在水饱和了的有机溶剂中选择性水解得(*S*)-萘普生,产物的 ee 大于 99%,收率 84%,反应为

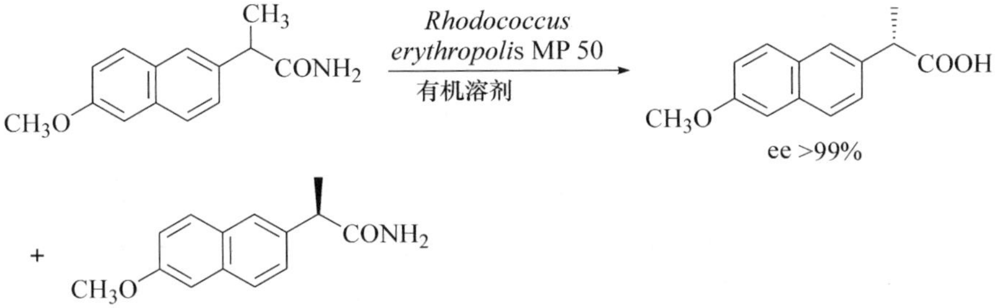

Rhodococcus erythropolis MP 50 / 有机溶剂; ee >99%

2. 酶催化不对称氧化

Bertole 等[13]曾在一篇欧洲专利中介绍过用酶催化 2-(6-甲氧基-2-萘基)戊烷的氧化制备光活性萘普生,收率达 100%,即

微生物

Rossi 等则用氧化还原酶(如假单胞菌 *Pseudomonas*、气单胞菌 *Aeromonas* 等)将外消旋的醛氧化成单一对映体的布洛芬,反应如下

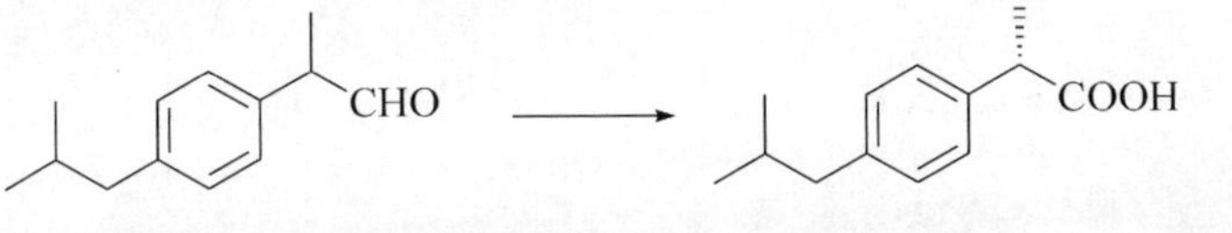

上面介绍了 *α*-芳基丙酸各种比较成功的不对称合成方法,其中,酶催化法尚难达到化学方法的生成规模,Lewis 酸催化下,1,2-芳基重排法是比较成熟的方法,已用于工业生产,但因需使用化学计量的手性二醇,且路线较长,受到一定限制。Noyori 等报道的由芳基丙烯酸不对称催化加氢的路线,经陈新滋等在催化剂和起始原料制备上的改进,工业化应用日趋成熟,可能成为最有潜力的不对称合成方法。羰基化法路线简捷、经济性高、对环境友好,目前的主要问题是区域选择性不够高,若能开发出既有高的区域选择性,又有高的对映选择性的催化剂,也是极有潜力的方法。化学拆分法虽然存在费时、原料消耗多等缺点,但其工艺成熟、成本相对较低,目前仍是生产(*S*)-芳基丙酸的重要方法。

14.2　HMG-CoA 还原酶抑制剂关键手性结构单元的不对称合成

3-羟基-3-甲基戊二酰辅酶 A(HMG-CoA)是人类体内胆固醇生物合成的限速剂，可有效降低体内胆固醇的生物合成量，从而降低血浆里总胆固醇和低密度脂蛋白胆固醇(LDL-C)，且可升高高密度脂蛋白的胆固醇(HDL-C)水平，已经成为治疗冠心病和动脉粥样硬化的一类十分重要的药物。

普伐他汀、洛伐他汀等最先是由真菌分离得到的 HMG-CoA 类药物，此后人们又先后开发多种人工合成他汀类药物。已上市的他汀类药物主要有 simvastatin(辛伐他汀Ⅰ)、fluvastatin(氟伐他汀Ⅱ)、atorvastatin(阿伐他汀Ⅲ)和cerivastatin(塞伐他汀Ⅳ)，其结构如下

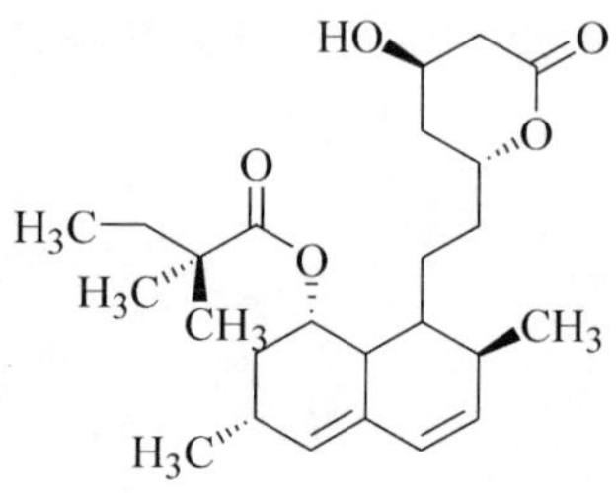

simvastatin Ⅰ

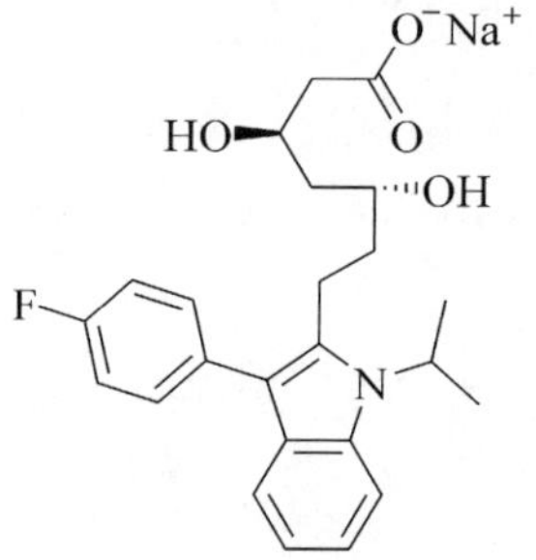

fluvastatin Ⅱ

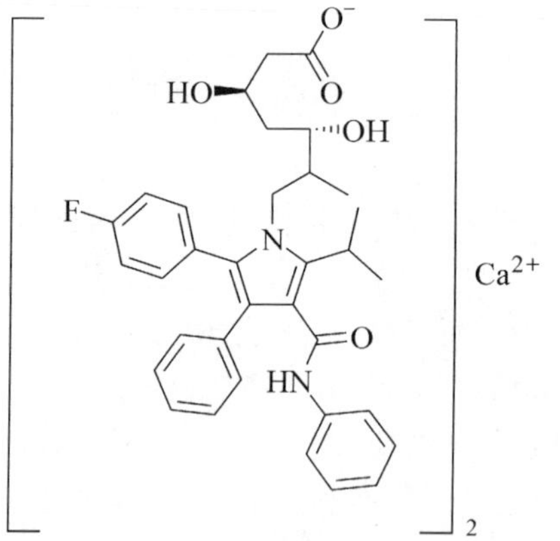

atorvastatin Ⅲ

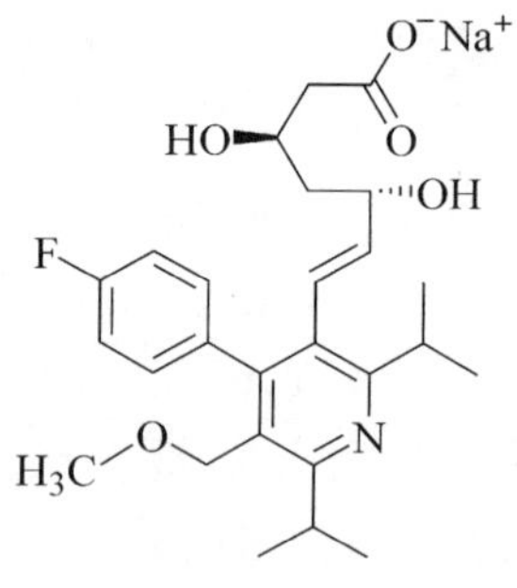

cerivastatin Ⅳ

这些药物的效果显著，不良反应很小，一上市就畅销各国，销售量不断攀升。其中辛伐他汀、阿伐他汀和氟伐他汀这 3 个品种销售总额超过 51 亿美元[14]，此外还有许多新品种刚上市或正处于各期临床试验。

HMG-CoA 还原酶抑制剂都有一个共同的手性结构单元：3-羟基-戊内酯 **12** 或其开链等价物 **12′**，即

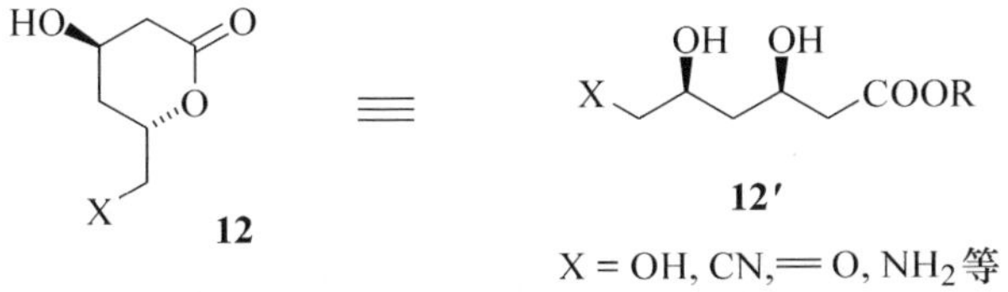

X = OH, CN, =O, NH_2 等

根据他汀类药物品种的不同以及手性结构单元与芳杂环之间连接方式的不同，X 可为 OH、=O、CN 或 NH_2 等。这一手性结构单元的构筑是他汀类药物合成的关键。鉴于他汀类药物的巨大市场需求，自 20 世纪 80 年代以来，开发 **12** 或 **12′**的实用合成方法就一直是不对称合成研究的重要课题，迄今已有多种有效的合成方法被报道，下面将有代表性的重要方法做一简要介绍。

14.2.1　以 D-葡萄糖为起始原料的合成路线

仔细分析我们的目标化合物，可以看出它是一个 3，5，6-三羟基己酸的衍生物，其中 3，5-两个羟基连接的 C 原子有特定的立体构型要求。人们很自然会想到廉价易得的天然手性化合物，葡萄糖——多羟基己醛，即

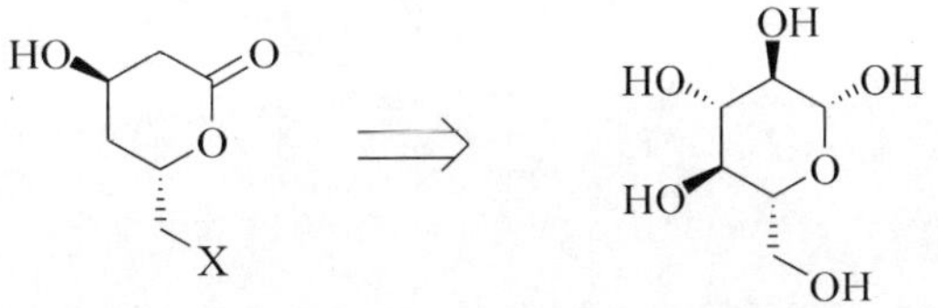

12　　D-葡萄糖

由反推分析可以看出，由 D-葡萄糖制备内酯 **12**，需实现二个主要转变：①脱去 2，4 位的羟基；②C-3 构型翻转；③1-位的缩醛氧化成内酯。

Heathcock 等[15]最早提出一条由古罗糖 γ-内酯制备(3*R*，5*S*)-3，5，6-三羟基己酸酯 **16** 的路线，即

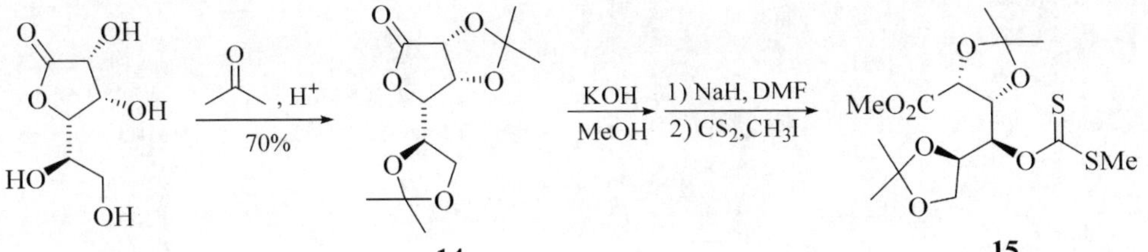

13　→（丙酮, H^+, 70%）→　**14**　→（KOH/MeOH；1) NaH, DMF　2) CS_2, CH_3I）→　**15**

n-Bu$_3$SnH / 甲苯 → 16 → Li, 4NH$_3$ / Et$_2$O, −78℃ (10%) → 12′

由于古罗糖3-位的构型已与目标化合物一致，无须改变3-位的构型，因此只需实现2,4-位脱氧，即可达到目的。4-位的脱氧是通过内酯环的碱性开环，使4-位羟基游离出来，然后将4-位OH转化为OCOSCH$_3$，再用n-Bu$_3$SnH还原，实现4-位脱氧，但2-位的脱氧却遇到困难，即使用Li/NH$_3$，产率也仅10%。此外，古罗糖物稀价昂，也使本路线缺乏实用性。

Falek等[16]提出一条基于D-葡萄糖原料的合成路线，如下所示

D-葡萄糖 →(5步) 17 → LiAlH$_4$ / Et$_2$O, 0℃ 95% → 18 → 1) NaH, THF 2) DBTS-Cl 产率92% → 19

→ cat. TsOH / MeOH 89% → 20 → 1) AcOH, THF/H$_2$O 2) PCC, CH$_2$Cl$_2$ 60%~70% → 12

起始原料环氧化物**17**可用Corey方法[17]由D-葡萄糖出发制备。**17**经LiAlH$_4$还原开环得3-羟基缩醛**18**为主的产物(同时生成约8%的4-羟缩醛)。3-位羟基用二苯基特丁基硅基保护，然后脱去6-位的保护，并用PCC氧化得内酯化合物**12**。本路线的起始原料**17**的制备方法经Nowton等[18]的改进，更加简捷实用，已可以进行数公斤级的制备。这一路线的原料相对便宜易得，反应条件温和，各步反应的产率较高，但步骤仍然较多。Valverde等[19]后来又提出一条更加简捷的路线如下

D-葡萄糖 → 1) C$_2$H$_5$SH, HCl 2) 丙酮, H$^+$ 75% → 21 → 1) NaH, CS$_2$, CH$_3$I 2) Bu$_3$SnH 85% → 22

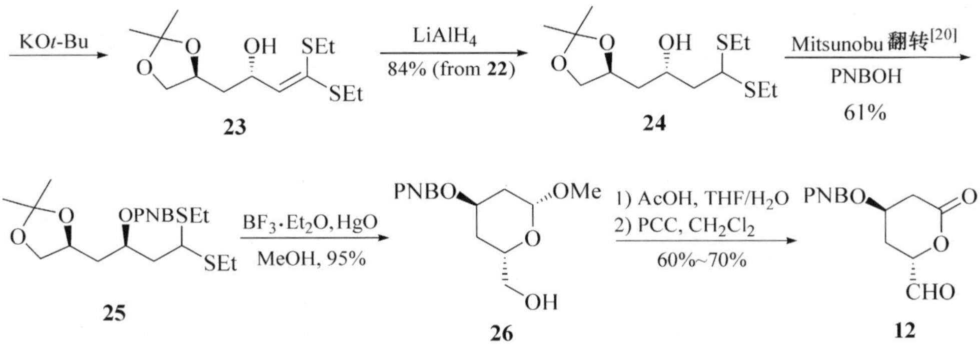
KOt-Bu
OH
SEt
SEt
23
LiAlH4
84% (from 22)
24
Mitsunobu 翻转[20]
PNBOH
61%
OPNBSEt
25
BF3·Et2O, HgO
MeOH, 95%
PNBO
OMe
OH
26
1) AcOH, THF/H2O
2) PCC, CH2Cl2
60%~70%
CHO
12

D-葡萄糖用乙硫醇保护醛基，并用丙酮保护 2，3，5，6 四个羟基，使 4-位的羟基游离得 **21**，然后用 Barton 还原实现 4-位脱氧得 **22**，接下来用 KO*t*-Bu 进行 1，2-消除，并用 $LiAlH_4$ 加氢得 **24**，实现了 2-位脱氧。用 Mitsunobu 方法[20]实现 3-位构型翻转，并用对硝基苯甲酰基(PNB)保护 3-位的羟基得 **25**。用 HgO 脱去醛基保护，用 PCC 将醛氧化成内酯 **12**。如果以 D-葡萄糖为原料算起，本路线比 Falck 路线简捷，但用 Barton 还原法脱去 4-位羟基以及醛基的保护、去保护步骤使用硫醇和 HgO 都不宜用于工业生产。

14.2.2 以 L-苹果酸为原料的合成路线

L-苹果酸本身已含有一个符合要求的手性中心，只要在 4-位上增加一段含两个 C 原子的乙酸酯链，并将 4-位的羧基转变成羰基，然后进一步将这个羰基立体选择性还原成正确构型的二级醇，便形成了 HMG-CoA 还原酶抑制剂所需手性合成子的基本结构，即

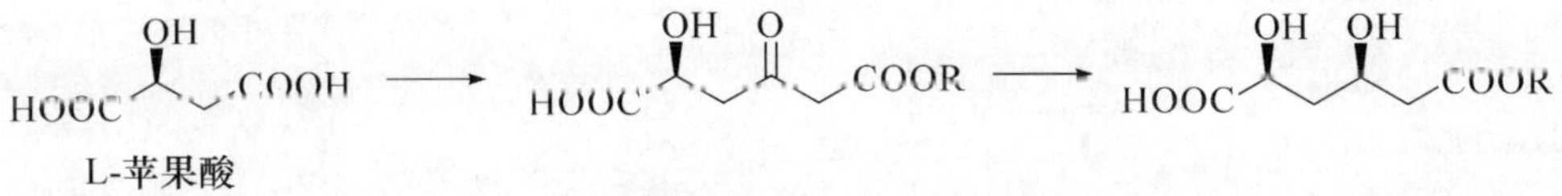
OH
HOOC
COOH
L-苹果酸
OH
O
COOR
OH
OH
COOR

因此 L-苹果酸这个天然手性化合物便成了合成该手性合成子 **12** 或 **12′** 的理想原料。

Heethcock 等[15]首先报道了一条由 L-苹果酸衍生的(*S*)-1，2，4-丁三醇 **27** 为原料合成 **12** 的路线，如

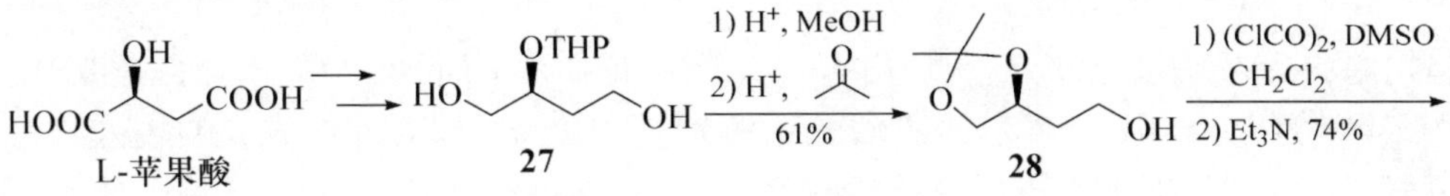
OH
HOOC
COOH
L-苹果酸
OTHP
HO
OH
27
1) H+, MeOH
2) H+,
61%
28
1) (ClCO)2, DMSO
CH2Cl2
2) Et3N, 74%

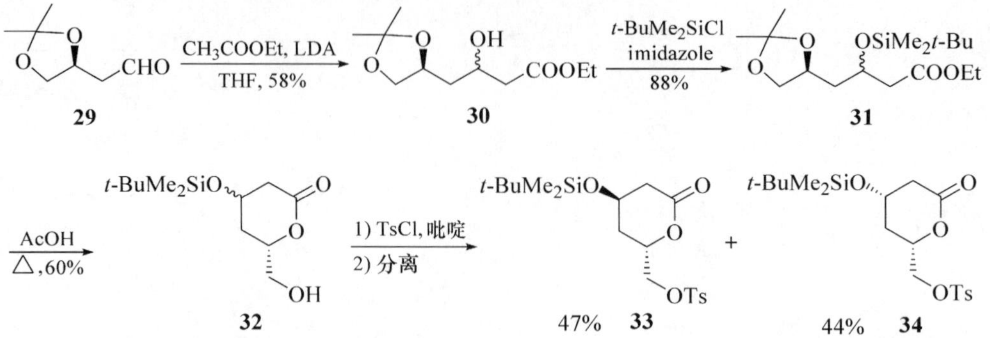

由 Corey 等[21]报道过的方法将 L-苹果酸转变成(*S*)-1,2,4-丁三醇 **27**,用异丙叉保护 1,2-位的羟基,并用 Swern 氧化将 4-位羟基转化成醛 **29**,由乙酸酯负离子与醛缩合得 5,6-保护的三羟基己酸酯 **30**[两种非对映异构体,(3*R*,5*S*)∶(3*S*,5*S*)≈1∶1],用特丁二甲硅基保护 3-位羟基,并脱 5,6-位羟基的保护,形成内酯 **32**,**32** 的两种非对映异构体分离十分困难,因此将 6-位羟基转化成对甲苯磺酸酯,此时两种异构体用重结晶法可方便地分离,其中正确构型的内酯 **33** 产率为 47%,另一个异构体 **34** 产率为 44%。此法的主要缺点是形成 3-位手性中心的反应步骤没有立体选择性,因此最终产物约有一半不能利用。此后,Wess 等[22a]改进了这一路线,在形成 3-位手性中心的关键步骤,用 Et_3B 将 3-位羰基与 5-位羟基形成环状过渡态,利用 5-位 C 的手性,使 $NaBH_4$ 对映选择性将 3-位羰基还原,从而确立了所需的手性结构,即

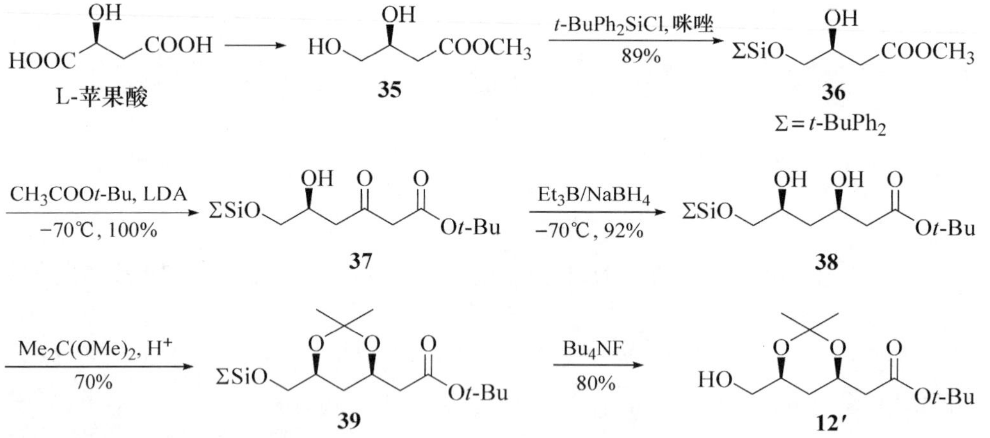

起始原料 **35** 可用 Saito 方法[22b]由 L-苹果酸制得。用 *t*-$BuPh_2SiCl$ 选择保护 **35** 中 4-位上的羟基,再用3.5当量的乙酸特丁酯锂盐与之缩合,定量生成 *β*-羰基酯 **37**,用 $Et_3B/NaBH_4$ 选择性还原 3-位羰基得(3*R*,5*S*)-6-硅氧基-3,5-二羟基己酸特丁

酯 **38**，用异丙叉保护 3，5-位两个羟基，并脱去 6-位保护，便得开链型手性合成子 **12′**。这一路线步骤少，产率较高。实际上，以这一路线为核心的技术已经广泛用于制备他汀类药物的工业生产。

Hayashi 等[23]对上述路线在基团保护和链增长方式上做了进一步改进，使之更简捷，便于大批量生产，如下所示

L-苹果酸 → **40** —$Mg(O_2CCH_2CO_2t\text{-}Bu)$, CDI, 0℃, 96.1%→ **41** —1) NaOMe/HOMe 2) HCl, 0℃, 89.6%→ **42** —$Et_3B/NaBH_4$, −78℃, 87%→ **43** —$Me_2C(OMe)_2$, H^+, 85%→ **44** —$NaBH_4$/THF/MeOH, 95%→ **12′**

在上述路线中，用异丙叉直接保护一端羧基和 2-位羟基，然后用丙二酸单特丁酯镁盐与羰基二咪唑(CDI)实现碳链增长，最后用 $NaBH_4$ 选择性将两个羧酸酯基中邻近羟基的甲酯基还原为羟基，得最终化合物 **12′**。

Kumar 等最近报道的一条以(*S*)-苹果酸为原料的合成路线，也经过由(*S*)-苹果酸转化成手性醛 **29** 的过程，不同的是通过 Wittig 反应，加上乙酸酯链段，并形成一个双键，关键步骤用 Sharpless 不对称双羟化反应使双键转变成邻二醇，提供 3-位(*S*)-构型的羟基，接下来脱去 2-位羟基得到目标化合物[24]。

HOOC–CH(OH)–CH₂–COOH → → **29** (CHO) —Wittig反应→ (COOEt) —AD反应→ (OH, OH, COOEt) —$SOCl_2$→ —$NaBH_4$/THF→ (OH, COOEt) → (内酯, OH)

14.2.3　含手性结构的 *β*，*δ*-二酮酸酯的连续还原法

Hiyama 等[25]报道一条由酒石酸二酯与乙酰乙酸乙酯的二价负离子缩合成含

酒石酸手性结构的β,δ-二羰基羧酸酯。在酒石酸手性结构诱导下先还原靠近酒石酸的δ-羰基，再用$Et_2BOMe/NaBH_4$还原β-羰基成顺式二醇，最后氧化断裂酒石酸的邻二醇之间，得**12′**目标化合物的路线，如下所示

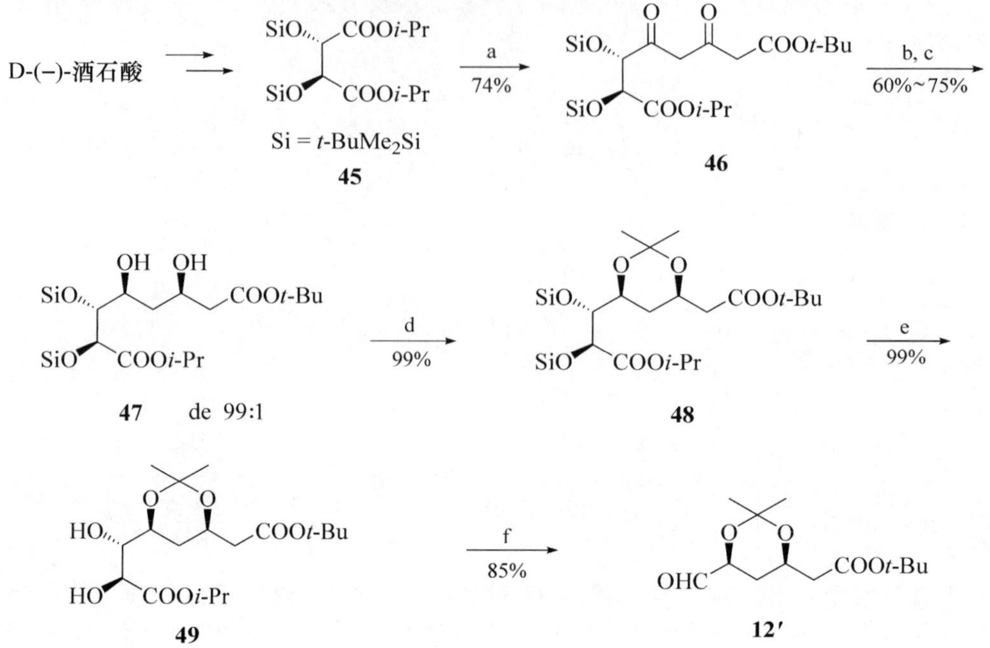

D-(−)-酒石酸 → → **45** (Si = t-BuMe$_2$Si) $\xrightarrow[74\%]{a}$ **46** $\xrightarrow[60\%\sim75\%]{b,\ c}$ **47** (de 99:1) $\xrightarrow[99\%]{d}$ **48** $\xrightarrow[99\%]{e}$ **49** $\xrightarrow[85\%]{f}$ **12′**

a. $[\bar{C}H_2CO\bar{C}HCOO\textit{t}\text{-}Bu]Li^+Na^+$, −78℃
b. $HAl(\textit{i}\text{-}Bu)_2$, −78℃
c. $Et_2BOMe/NaBH_4$, −78℃至 r.t.
d. $Me_2C(OMe)_2$, p-TsOH
e. Bu_4NF, r.t.
f. $NaIO_4$, Et_2O/H_2O, r.t.

作者原来期望酒石酸的两个酯基都可以与乙酰乙酸酯的二价负离子缩合，这样，最后在酒石酸的两个羟基之间氧化断裂便可得到两分子目标化合物，以实现最大的原子经济性，即

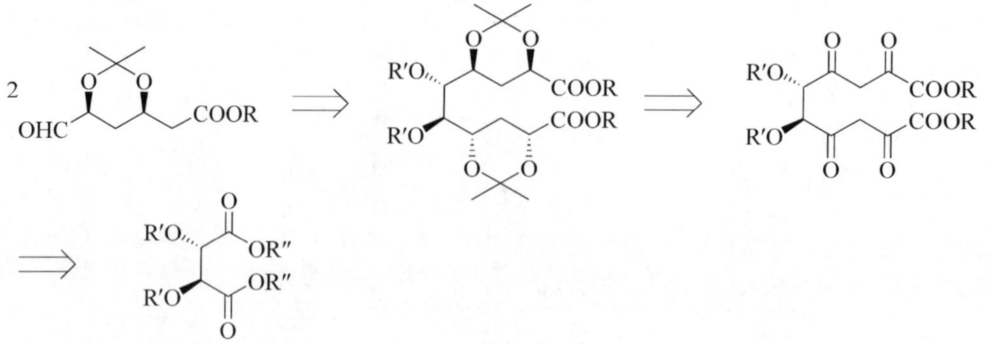

2 OHC–(acetonide)–COOR ⟹ R′O/R′O bis-acetonide COOR ⟹ R′O/R′O bis(β,δ-dioxo) COOR ⟹ R′O/R′O tartrate diester (COOR″)

但实际反应时，只有一个酯基可发生缩合。在这条合成路线中，目标分子的两个手性中心的构型都是通过不对称反应构建的。有多步反应要求在－78℃低温下进行，此外要消耗化学计量以上的手性酒石酸原料，而且只有非天然的 D-(－)-酒石酸才能生成所需构型的目标分子，因此用于工业生产还有局限性。

Hiyama 等此前曾报道另一种以手性 Taber 醇的 β,δ-二羰基酸酯两步还原制 (3*R*,5*S*)-6-氧-3,5-二醇己酸酯的方法[26]如下

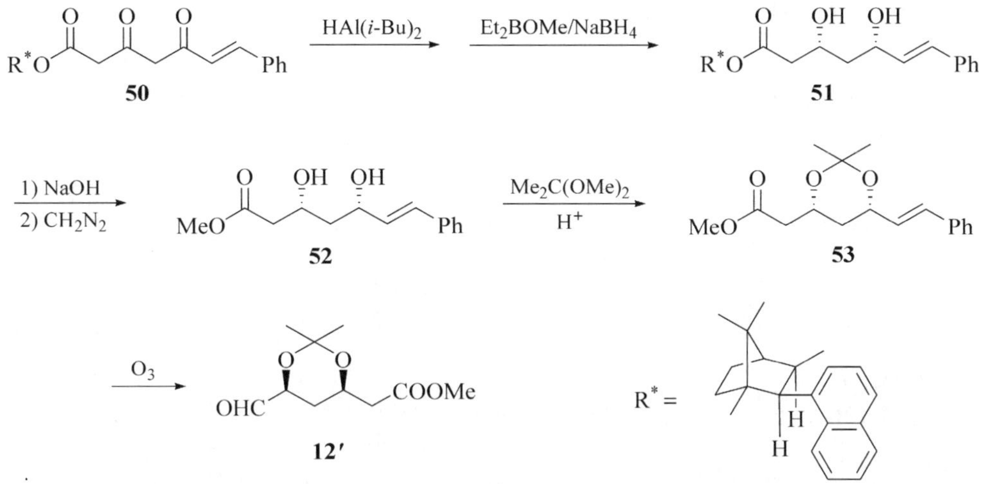

50 可由乙酰乙酸 taber 醇酯与 *N*-甲基,*N*-甲氧基-肉桂酰胺缩合制备[27]。

14.2.4　用全不对称合成方法由非手性原料合成

上面介绍的合成方法都是由手性化合物或含手性结构的原料开始的合成方法，Thottathil 等[28a]首先开发了一条由非手性原料出发的全不对称合成路线，即

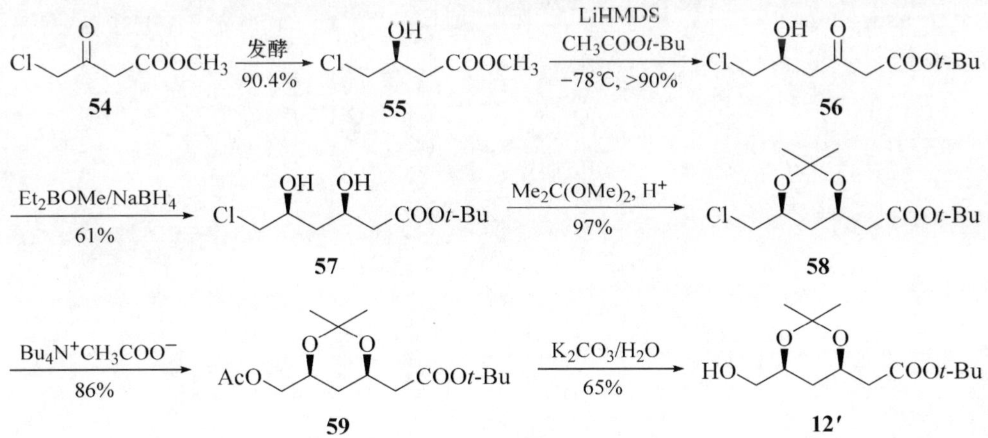

4-氯-乙酰乙酸甲酯 **54** 用酶催化的不对称还原[28b]转变成(*S*)-4-氯-3-羟基丁酸甲酯 **55**，再与乙酸特丁酯的锂盐缩合成 **56**，经 $Et_2BOMe/NaBH_4$ 还原成顺式二羟化合物 **57**，用异丙叉保护两个羟基，然后将 6-位的氯转变成 OH 得最终产物 **12′**。

Beck 等[29]报道了一种相似的全不对称合成法，也是从氯代乙酰乙酸酯出发，但第一个羰基的还原是采用手性催化剂(*R*)-BINAP-Ru 配合物催化得不对称加氢完成的，如下所示

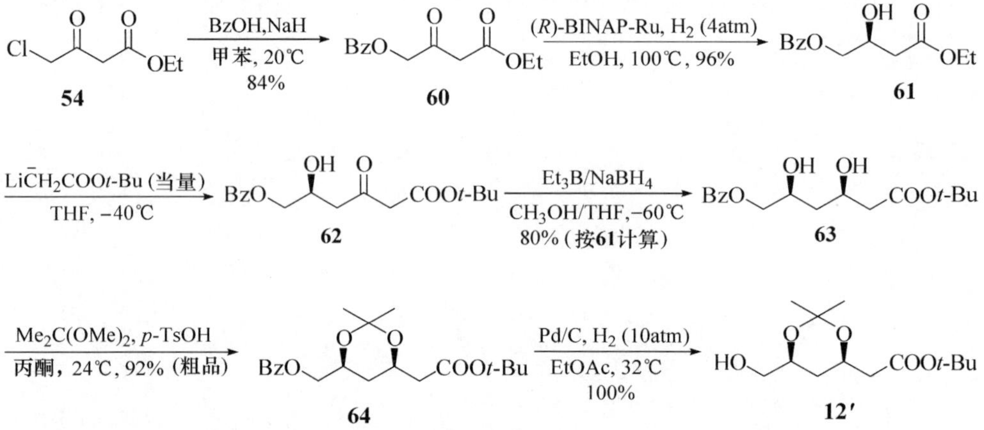

54 —BzOH, NaH; 甲苯, 20℃; 84%→ **60** —(*R*)-BINAP-Ru, H_2 (4atm); EtOH, 100℃, 96%→ **61**

—$Li\bar{C}H_2COO$*t*-Bu (当量); THF, −40℃→ **62** —$Et_3B/NaBH_4$; CH_3OH/THF, −60℃; 80% (按**61**计算)→ **63**

—$Me_2C(OMe)_2$, *p*-TsOH; 丙酮, 24℃, 92% (粗品)→ **64** —Pd/C, H_2 (10atm); EtOAc, 32℃; 100%→ **12′**

上述两种全不对称合成方法，均已用于大批量制备。

Nanninga 等[30a]报道了一条合成端基为 CN 或 NH_2 的手性合成子 **12′**的路线，即

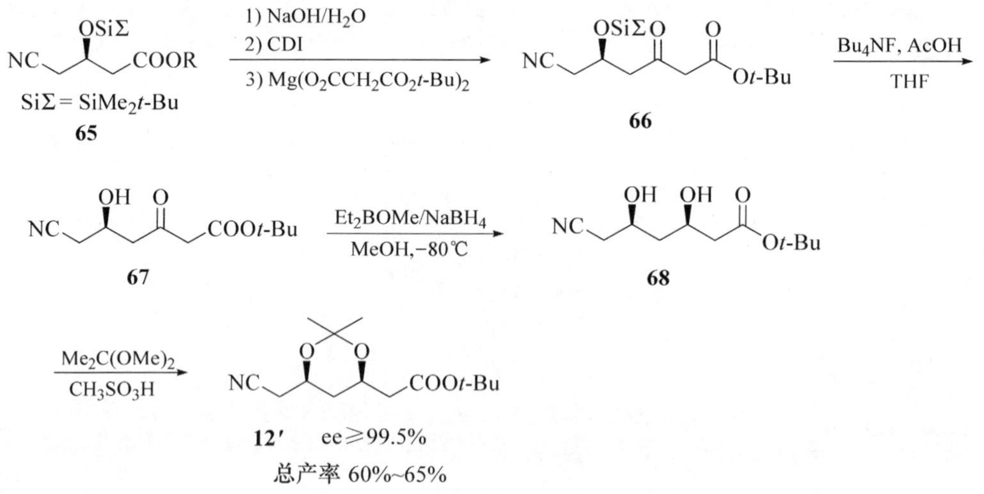

65 (SiΣ = $SiMe_2$*t*-Bu) —1) NaOH/H_2O; 2) CDI; 3) $Mg(O_2CCH_2CO_2$*t*-Bu$)_2$→ **66** —Bu_4NF, AcOH; THF→

67 —$Et_2BOMe/NaBH_4$; MeOH, −80℃→ **68**

—$Me_2C(OMe)_2$; CH_3SO_3H→ **12′**　ee≥99.5%

总产率 60%~65%

起始化合物 **65** 可由(*S*)-4-氯(或溴)-3-羟基丁酸酯 **55** 制备[30b]，**65** 经碱性水解使酯基转变为羧基，再用丙二酸单酯的镁盐在 CDI 存在下与之缩合实现碳链增长，得 **66**，用 Bu_4NF 脱去羟基的保护，然后还原成顺式二醇 **68**，这一步的立体选择性很高，二醇的顺式比反式达 100∶1，经重结晶可提高至 350∶1，用异丙叉保护两个羟基得目标化合物 **12′**，最终产物的 ee≥99.5%，整条路线的总产率为 60%～65%。进一步改进上述路线，用乙酸特丁酯在 LDA 存在下直接与未保护羟基的起始原料缩合，则路线更简捷，总产率可提高至 65%～70%，反应式如下

65 → 67: CH_3COOt-Bu, LDA(3～4当量), THF/乙烷; 67 → 68: $Et_2BOMe/NaBH_4$, MeOH, −90℃; 68 → 12′: $Me_2C(OMe)_2$, CH_3SO_3H

最近，Lee 等[31]发展了另一条基于(*S*)-4-氯-3-羟基丁酸酯的不对称合成路线，即

69 → 70: MgBr/THF, CuI, −20℃; 70 → 71: *n*-BuLi, $(Boc)_2O$/THF, −20℃; 71: 56% (base on **69**)

71 → 72: IBr,甲苯, −30℃, ~71%; 72 → 73: K_2CO_3,/MeOH, −30℃, 80%; 73 → 12′: a, b, c; 73 → 12″: d, e, f

a. $Bu_4N^+AcO^-$, $BF_3 \cdot Et_2O$, 苯, 68%
b. $Me_2C(OMe)_2/H^+$, 88%
c. K_2CO_3/MeOH, 92%
d. KCN/18-冠-6, $Ti(Oi\text{-}Pr)_4$
e. $Me_2C(OMe)_2/H^+$, 83%
f. H_2/Ni, 92%

R = *t*-Bu

起始原料(*S*)-3,4-环氧丁酸酯 **69** 可由(*S*)-4-卤-3-羟基丁酸酯制备[32]。**69** 用乙烯基溴化镁开环加成得 **70**，3-位羟基用特丁氧甲酰基保护，用 IBr 对双键加成并转化成 3,5-二羟基碳酸酯 **72**，主要生成 *cis* 产物(*cis*∶*trans*＝20～24∶1)。用 K_2CO_3 脱去 3,5-位羟基保护，形成 3-羟基-5,6-环氧已酸特丁酯 **73**。**73** 是这一合成路线得关键手性中间体，用两种不同的方式处理 **73**，既可得到端基为含氧基团(CH_2OH、CHO 等)的手性合成子 **12′**(a, b, c)，也可以得到端基为含氮基团

(CH_2CN、$CH_2CH_2NH_2$)的手性合成子 **12″**,因此这一路线可用于合成各种不同的他汀类药物及不同的缩合方法。此外这一方法在构建 3-位手性中心时无须使用有毒易燃的 Et_3B(或 Et_2BOM)试剂和极低温(−90～−70℃)条件,但生成的 **72** 含有少量(2.8%～3.3%)的 *trans* 异构体,需用柱层析分离。如能找到更方便的分离方法,这将是一个很有吸引力的路线。

最近几年,又陆续报道了多种不对称合成手性中间体 **12** 及其变体的方法,提供了多种新颖的思路。例如,Uang 等由手性苄氧基环氧丙烷出发,用乙烯基格氏试剂对环氧乙烷的亲核加成,接上乙烯基,羟基溴乙酰化,氧化双键得醛,然后在 SmI_2 催化下进行分子内 Reformatsky 反应,以大于 90% de 的选择性获得目标化合物[33a]。

BnO-(epoxide) —[vinyl-MgBr, CuCN, −10℃]→ BnO-CH(OH)-allyl (94%) —[Br—C(=O)—CH_2Br, 2,6-二甲基吡啶, 0℃]→ BnO-CH(OC(=O)CH_2Br)-allyl —[O_3, DMS]→ BnO-CH($OOCCH_2Br$)-CH₂CHO —[SmI_2, THF, 0℃]→ lactone (OH, OBn) >90% de

Jacobsen 等由同样的原料,同时加上一个羰基和乙酯基,然后将 3-位羰基选择性还原,最终获得目标化合物,路线更为简捷[33b]。

RO-(epoxide) —[1) $[Co_2(CO)_8]$, 1 atm CO, Me_3Si—N(morpholine); 2) H_3C—C(=O)—O*t*-Bu, LDA, Et_2AlCl, −40℃; 3) HCl]→ RO-CH(OH)-CH₂-C(=O)-CH₂-C(=O)-O*t*-Bu (63%～70%) → RO-(acetonide)-CH₂-C(=O)-O*t*-Bu

Brown 等报道了另一条有创意的路线,即由手性烯丙硼试剂对醛的不对称加成,以 96% ee 得高烯丙醇产物。经丁烯酰氯的酰基化,再用 Grubbs'钌催化剂催化环化,双键选择性环氧化,还原开环,得目标化合物[33c]。

BnO-CH₂-CHO —[(Ipc)$_2$B-allyl]→ —[[O]]→ BnO-CH(OH)-allyl (92%～96% ee) —[CH_2=CH-CH₂-C(=O)Cl, Et_3N]→ BnO-CH(O-C(=O)-CH=CH₂)-allyl

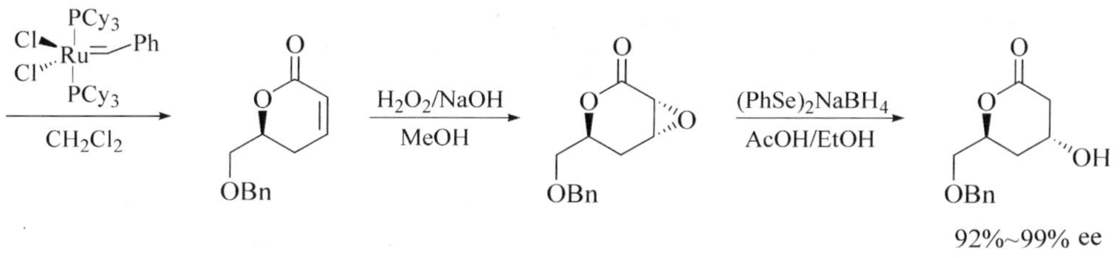

92%~99% ee

Gruttadauria 等报道了由外消旋高烯丙醇经酶拆分得光学纯高烯丙醇，再经相似的酰基化，Grubbs'催化环化，环氧化，选择还原开环等步骤合成目标化合物的开链形式[33d]。

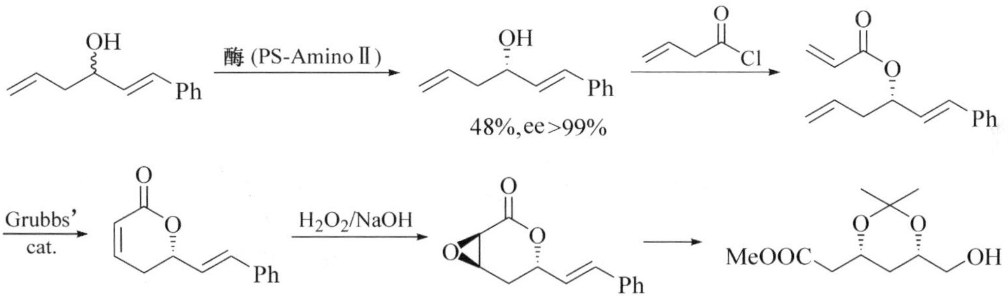

48%,ee>99%

Ghosh 等报道了一条以手性甘油醛为原料的合成路线，醛先与硝基化合物缩合，消去 4-位羟基，并将硝基转化成羰基，再选择性还原成羟基，最后将端羟基氧化成羧基[34a]。

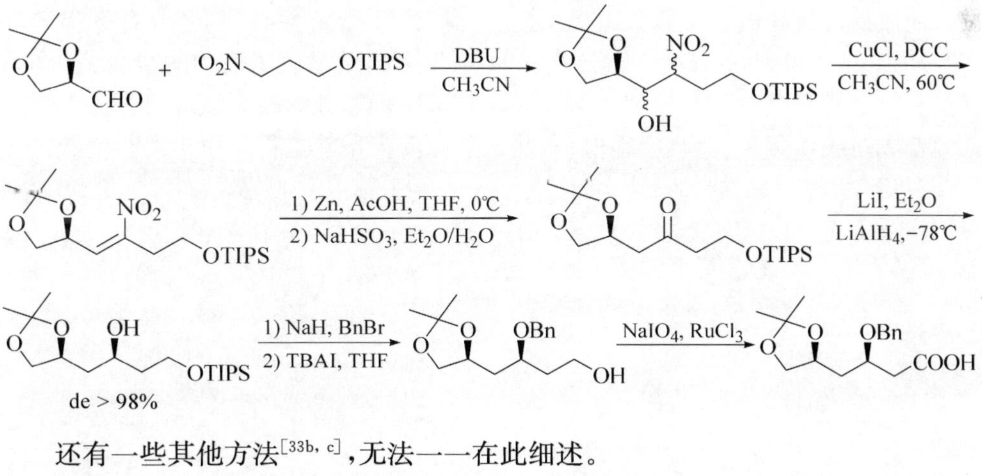

de > 98%

还有一些其他方法[33b, c]，无法一一在此细述。

前面介绍的各种不对称合成方法中，以 L-苹果酸为原料，经链增长，3-位羰基顺式还原为基本内容的路线及其各种变体，已经广泛用于工业制备。几种不同的全不对称合成路线随着昂贵的手性催化剂制备方法的改进，以及回收再用问题的解决，已展现出很好的工业应用前景。

14.3　紫杉醇手性侧链的不对称合成

紫杉醇(taxol)是一种从短叶红豆杉(*Taxus brevifolia*)树皮中分离得到的具有很强的抗肿瘤活性的化合物[35]，对转移性卵巢癌和乳腺癌有显著疗效，此外对肺癌也有确定的疗效，是迄今三种最重要的植物来源的抗癌药之一，受到各国医药界的高度重视，已广泛用于临床治疗。可惜红豆杉树的资源有限，该树生长很慢，且植物中紫杉醇含量很低，很难满足迅速增长的需求，而剥皮取药这种毁灭性采集方式很有可能使有限的植物资源迅速灭绝。因此紫杉醇的人工合成成了 20 世纪最后十几年有机合成的重大研究课题。

紫杉醇及其母核 baccatin Ⅲ的结构如下图 14 - 1。

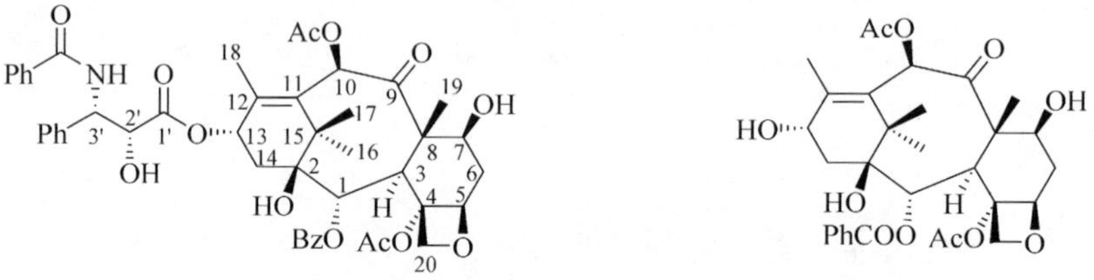

taxol **74**　　baccatin Ⅲ **75**

图 14 - 1　紫杉醇及其母核的结构

从上式可以看出，紫杉醇的分子由两个六元环、一个八元环和一个含氧四元环稠合而成的母核和侧链两部分组成，分子中共含 11 个手性碳，其合成有一定的难度。Holton[36]和 Nicolaeu[37]分别于 1994 年几乎同时报道了成功的全合成，这无疑是有机合成研究的重大成就。但这并没有解决紫杉醇的药品供应问题。因为报道的合成路线步骤多、总收率很低，有些试剂和反应条件也很难用于工业生产。

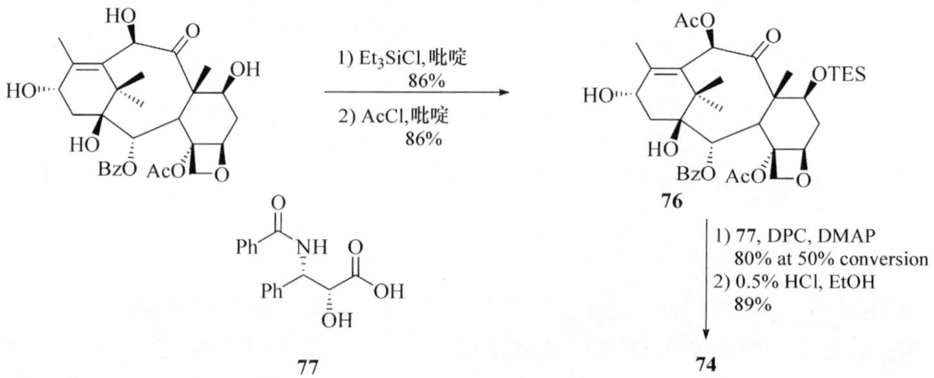

1) Et_3SiCl,吡啶 86%
2) AcCl,吡啶 86%

76

1) **77**, DPC, DMAP 80% at 50% conversion
2) 0.5% HCl, EtOH 89%

77　　**74**

图 14 - 2　紫杉醇的 Greene-Potier 半合成法

目前比较现实的解决办法是半合成路线(图 14－2),即手性侧链由人工合成取得,而母核由来源较丰富的其他植物的叶子提取,然后用 Greene-Potier 酯化法[38]将母核与侧链缩合成 taxol。

下面重点介绍紫杉醇侧链的不对称合成方法。

14.3.1　由 *β*-苯基环氧丙酸酯合成

taxol 的侧链 *N*-苯甲酰-(2*R*,3*S*)-3-苯基异丝氨酸 **77** 最早是由 *cis*-*β*-苯基环氧丙酸酯 **82** 合成的(图 14－3)[39]。

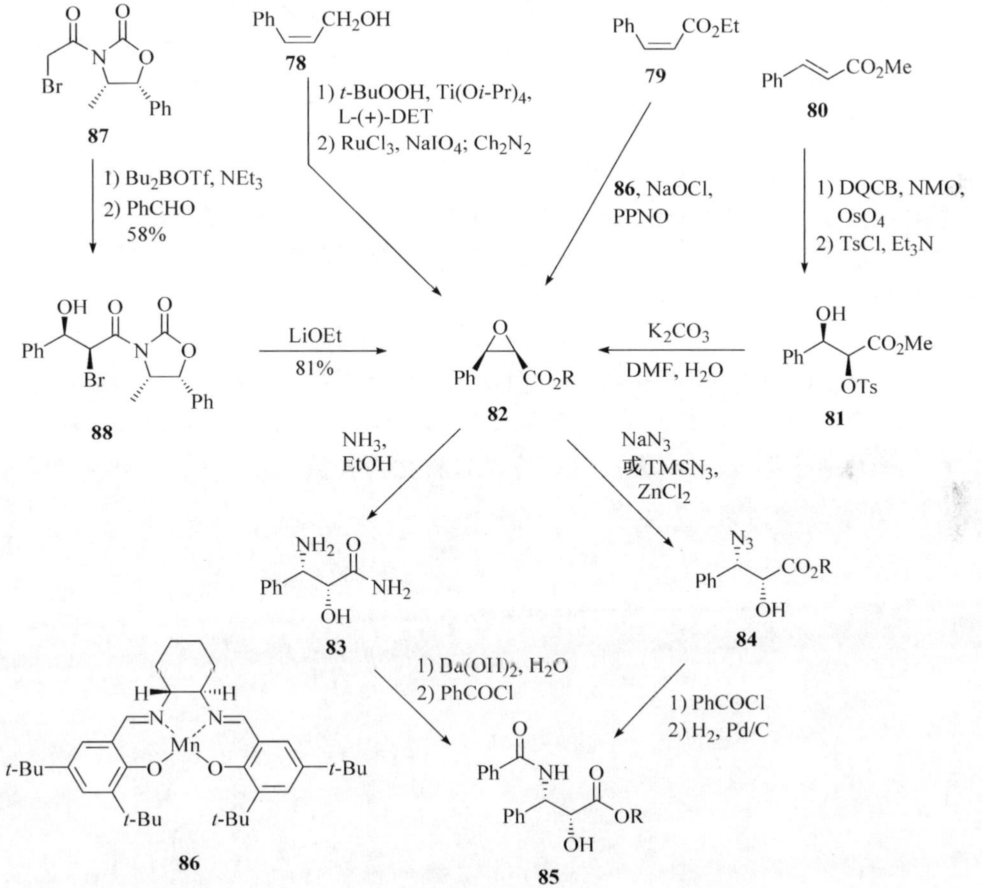

图 14－3　由 *cis*-*β*-苯基环氧丙酸酯 **82** 合成紫杉醇侧链

有四种途径可立体选择性合成 **82**:Greene 等[40]最先由 *cis* 肉桂醛 **78** 经 Sharpless 不对称环氧化,$RuCl_3$-$NaIO_4$ 氧化端羟基成羧基,并用 CH_2N_2 变为甲酯,得到 **82**,关键的不对称环氧化步骤产率 61%,ee 仅 78%。

Jacobsen 等[41]改进了环氧化方法，用顺式肉桂酸乙酯 **79** 为原料，在手性 Salen 锰催化下，NaOCl 和 4-苯基吡啶 *N*-氧化物（PPNO）进行环氧化得 **82**，产率 56%，产物的 ee 高达 95%～97%。

Greene 等[42]由不对称双羟化，经两步反应也能高对映选择性合成 **82**。这一路线用 *trans* 肉桂醛酯 **80** 为原料，DQCB 为手性催化剂，OsO_4 为氧化剂，进行不对称双羟化反应，得到的(2*S*，3*R*)-二醇 **81**，先将 α-羟基选择性转化为甲磺酸酯，然后在 K_2CO_3 作用下环化成 **82**。关键的不对称双羟化步骤二醇的产率为 51%，产物经重结晶后，ee 可达 100%，环化步骤的产率为 88%。

Commercon 等[43]则报道了另一种由手性底物诱导的羟醛缩合制备 **82** 的方法：含手性结构的溴代乙酰胺 **87** 在 Bu_2BOTf/NEt_3 催化下与苯甲醛缩合得 2-溴-3-羟基苯丙酰胺 **88**，用 LiOEt 处理 **88**，同样得到关键手性中间体 **82**。

上述不同方法获得的 *cis*-苯基环氧丙酸酯 **82**，可通过两种途径转化成 taxol 侧链 **77**：①用 NaN_3[44]或 $TMSN_3$[40]在 Lewis 酸催化下开环得(2*R*，3*S*)-2-羟基-3-叠氮基苯丙酸酯 **84**。再用 Pd/C 催化氢化将叠氮基转化成氨基，苯甲酰化得手性侧链 **77**。②直接将 82 氨解成(2*R*，3*S*)-2-羟基-3-氨基苯丙酰胺 **83**，将酰胺基碱性水解，并将氨基苯甲酰化得侧链 **77**。

Sharpless 等[45]改进了 Greene 的不对称双羟化方法（图 14－4），用新开发的 $(DHQ)_2$-PHAL 为手性催化剂，得到的二醇(2*R*，3*S*)-**81**，产率提高到 69%～76%，无须经重结晶，产物的 ee 即达 99%，构型与用 Greene 方法正相反。得到的二醇不经环氧化物步骤，可直接将 3-位羟基转化为叠氮基化合物 **89**，再经 Na 还原，苯甲酰基交换便得手性侧链 **77**。

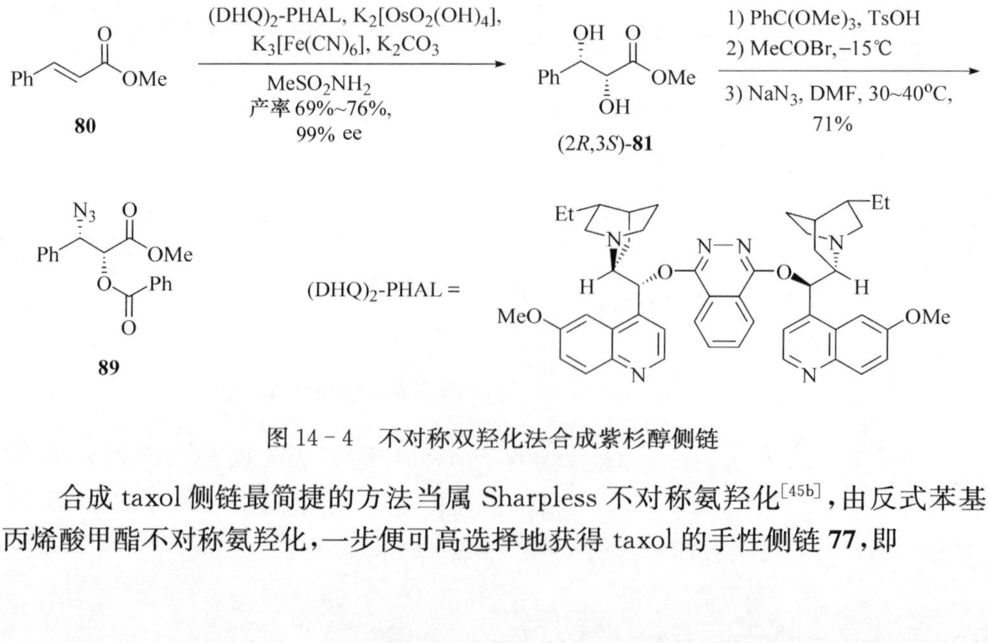

图 14－4　不对称双羟化法合成紫杉醇侧链

合成 taxol 侧链最简捷的方法当属 Sharpless 不对称氨羟化[45b]，由反式苯基丙烯酸甲酯不对称氨羟化，一步便可高选择地获得 taxol 的手性侧链 **77**，即

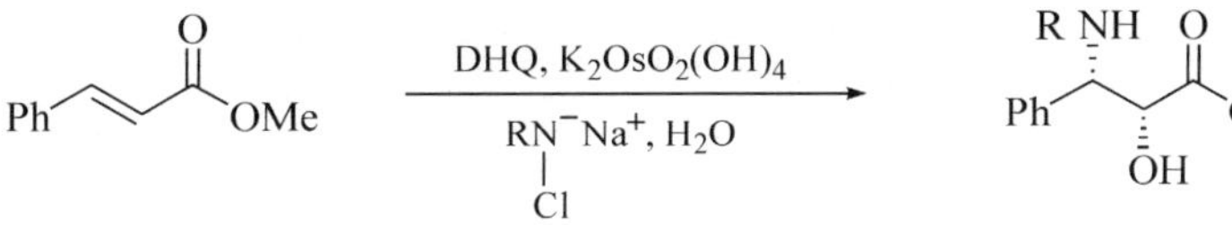

taxol的手性侧链也可以从外消旋反式苯基环氧丙酸酯 **90** 出发合成[46]，如图 14－5。

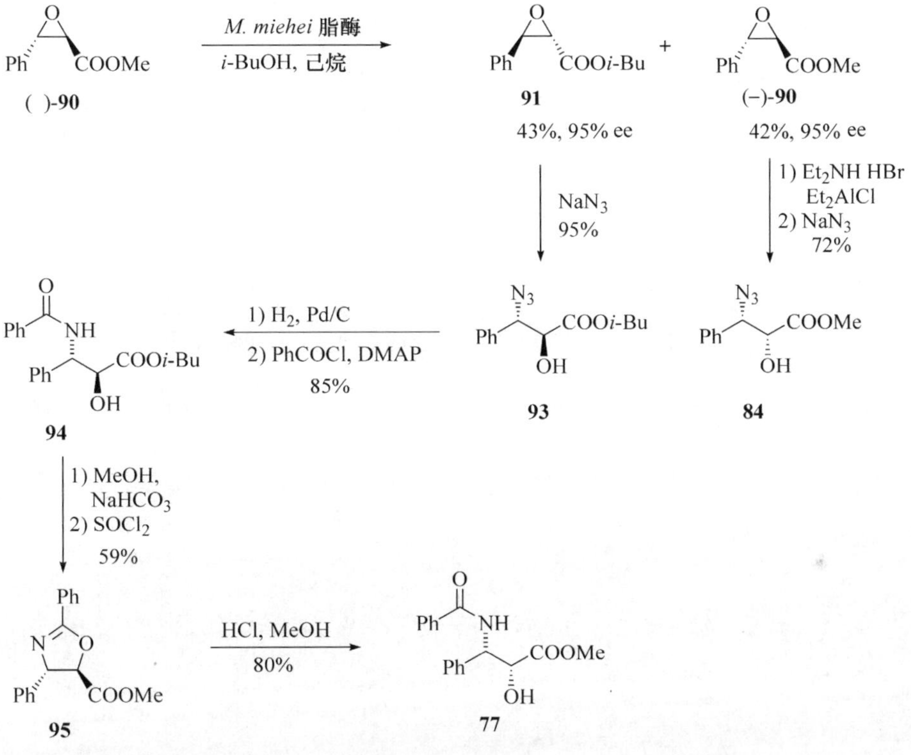

图 14－5　由反式-β-苯基环氧丙酸酯 **90** 合成紫杉醇侧链

反式外消旋苯基环氧丙酸酯经酶拆分得(2S,3R)和(2R,3S)-苯基环氧丙酸酯 **91** 和**92**，**91** 经 NaN_3 开环得 **93**，然后叠氮基还原并苯甲酰化得 **94**，酯交换将异丁酯变成甲酯，然后用 $SOCl_2$ 缩合得噁唑啉化合物 **95**，酸性开环得侧链 **77**。**92** 经 NaN_3 开环、还原、苯甲酰化直接可得侧链 **77**。

14.3.2　由 α-羟基乙酸酯(或乙酰胺)与苯甲醛(或苯甲亚胺)的不对称缩合合成

由 α-羟基乙酸酯(或乙酰胺)与苯甲亚胺缩合可最直接地在苯基丙酸酯的 2，3-位同时引入希望的羟基和氨基。2，3-位的构型控制可由底物的手性结构诱导生成，也可用手性催化剂控制形成，或二者兼施。

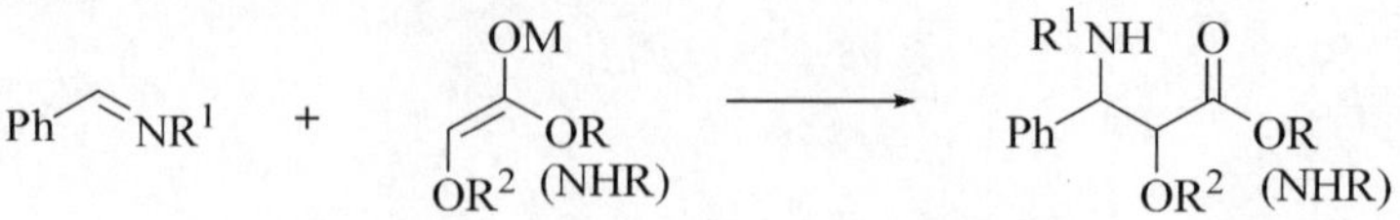

Swindell 等[47]用含手性酯基的苄氧乙酸酯生成的 *Z*-三乙基硅氧烯酯 **96** 与苯甲酰基苯甲亚胺 **97** 缩合，生成非对映异构体混合物中，我们需要的具有(2*R*，3*S*)构型的 *syn* 异构体 **98** 约占 90%，大大超过 *anti* 异构体 **99**，化学产率也达 50%～75%(图 14-6)。

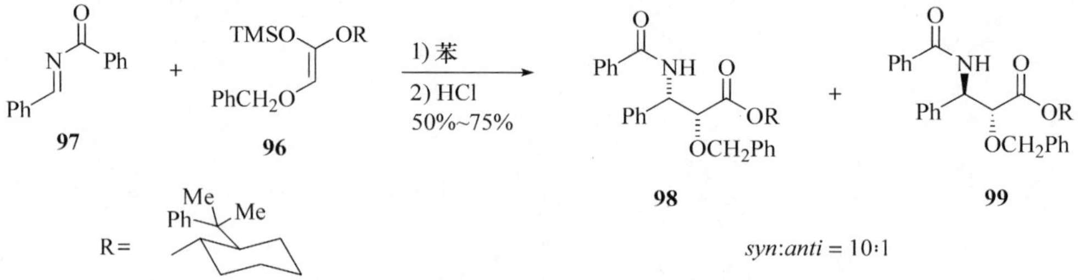

1) 苯
2) HCl
50%~75%

syn:*anti* = 10:1

图 14-6 由硅氧烯酯与亚胺合成紫杉醇侧链

Greene 等[48a]用 N 上含手性基团的苄氧乙酰胺 **100** 与 *N*-特丁基甲酰基苯甲亚胺 **101** 于−78℃下缩合得到**102**，产率为 66%，de≥99%。**102** 在 LiOH，H_2O_2 协助下水解以 70%产率生成苄基保护的 taxotere(taxol 的衍生物，抗癌活性比 taxol 还高)的侧链酸 **103**(图 14-7)。

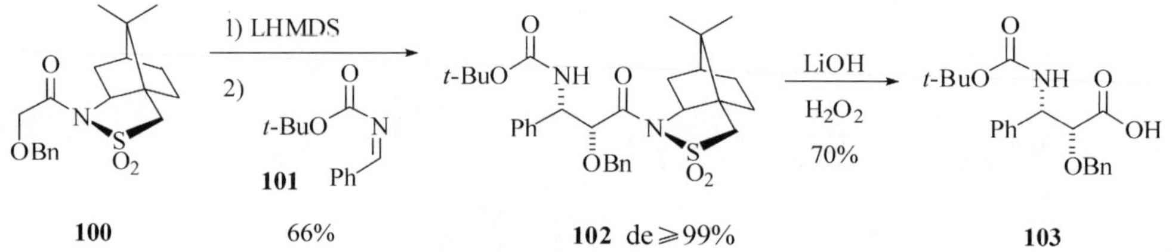

1) LHMDS
2) **101**
66%
102 de≥99%
LiOH, H_2O_2, 70%

图 14-7 苄氧酰胺-亚胺缩合法合成 taxotere 侧链

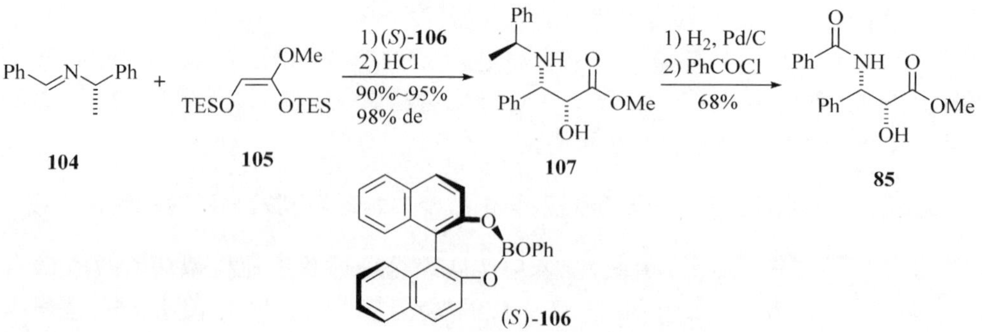

1) (*S*)-**106**
2) HCl
90%~95%
98% de

1) H_2, Pd/C
2) PhCOCl
68%

图 14-8 由烯缩酮和亚胺合成紫杉醇侧链

Yamamoto 等[48b]用(*S*)-*α*-苯乙胺与苯甲醛缩合而成的手性亚胺 **104** 与 *Z*-三乙基硅氧基烯缩酮 **105** 缩合，同时用手性硼试剂 **106** 诱导该反应，产物经 HCl 水解后得 **107**，产率达 90%～95%，de 达 98%。经氨解、苯甲酰化得 taxol 手性侧链 **85**，产率为 68%(图 14-8)。

Hanaoka 等[49a]用 2-三乙基硅基苯甲醛和三羰基铬形成的手性醛 **108** 与苄氧乙酸硫酯 **109** 之间的 Aldol 反应，以 93%的产率得硫酯 **110**，90% de(*anti*∶*syn*＝95∶5)，经脱硅基和脱配位得 **111**；用叠氮基取代 *β*-羟基，同时构型转化，然后将叠氮基还原，苯甲酰化得含硫酯的 taxol 侧链 **112**，用硝酸铊(TTN)和甲醇将 **112** 转化为甲酯，再用钯碳氢化脱去苄基保护，以 78%产率得 taxol 侧链 **85**(图 14-9)。

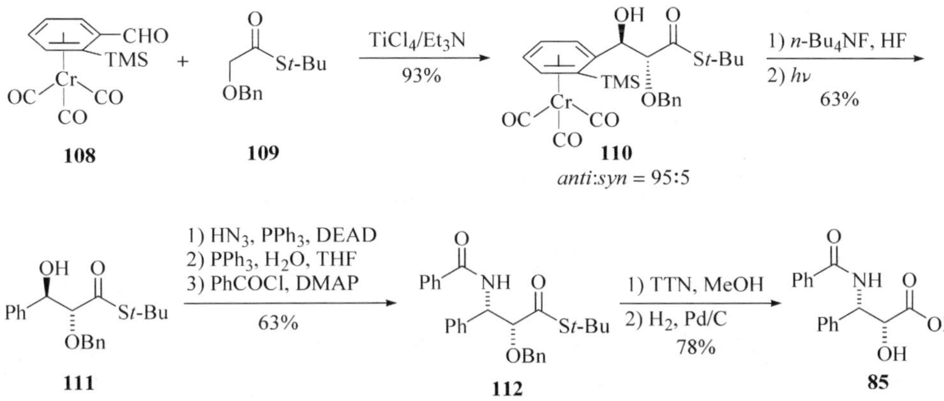

CHO, TMS, Cr, OC, CO, CO　**108**　+　O, S*t*-Bu, OBn　**109**　—$TiCl_4/Et_3N$, 93%→　OH, O, S*t*-Bu, TMS, OBn, Cr, OC, CO, CO　**110** *anti*:*syn* = 95:5　—1) *n*-Bu_4NF, HF 2) *hν* 63%→

OH, O, Ph, S*t*-Bu, OBn　**111**　—1) HN_3, PPh_3, DEAD 2) PPh_3, H_2O, THF 3) PhCOCl, DMAP 63%→　O, Ph, NH, O, Ph, S*t*-Bu, OBn　**112**　—1) TTN, MeOH 2) H_2, Pd/C 78%→　O, Ph, NH, O, Ph, OMe, OH　**85**

图 14-9　醛醇缩合法合成紫杉醇侧链

Mukaiyama 等[49b]不用手性底物，而用手性二胺催化类似的 Aldol 缩合，同样高产率、高立体选择性地获得 2,3-*anti* 取代的苯丙酸硫酯 **114**，用 Mitsunobu 转化将 *β*-羟基转变为相反构型的 NH_2 得 **115**，然后用与上例相似的方法脱去苄基保护，并将乙硫酯转变成甲酯便得 taxol 手性侧链 **85**，如图 14-10。

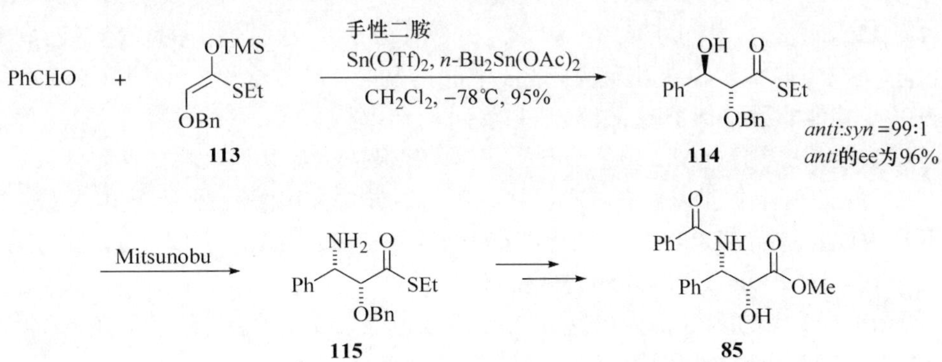

PhCHO　+　OTMS, SEt, OBn　**113**　—手性二胺 $Sn(OTf)_2$, *n*-$Bu_2Sn(OAc)_2$ CH_2Cl_2, −78℃, 95%→　OH, O, Ph, SEt, OBn　**114**　*anti*:*syn* =99:1 *anti*的ee为96%

—Mitsunobu→　NH_2, O, Ph, SEt, OBn　**115**　——→　O, Ph, NH, O, Ph, OMe, OH　**85**

图 14-10　由手性二胺催化的醛醇缩合法合成紫杉醇侧链

14.3.3　由 *β*-内酰胺合成

β-内酰胺可以作为 taxol 侧链很好的前体，合成外消旋形式的 *β*-内酰胺，并将其变成 taxol 侧链。方法如图 14－11 所示。

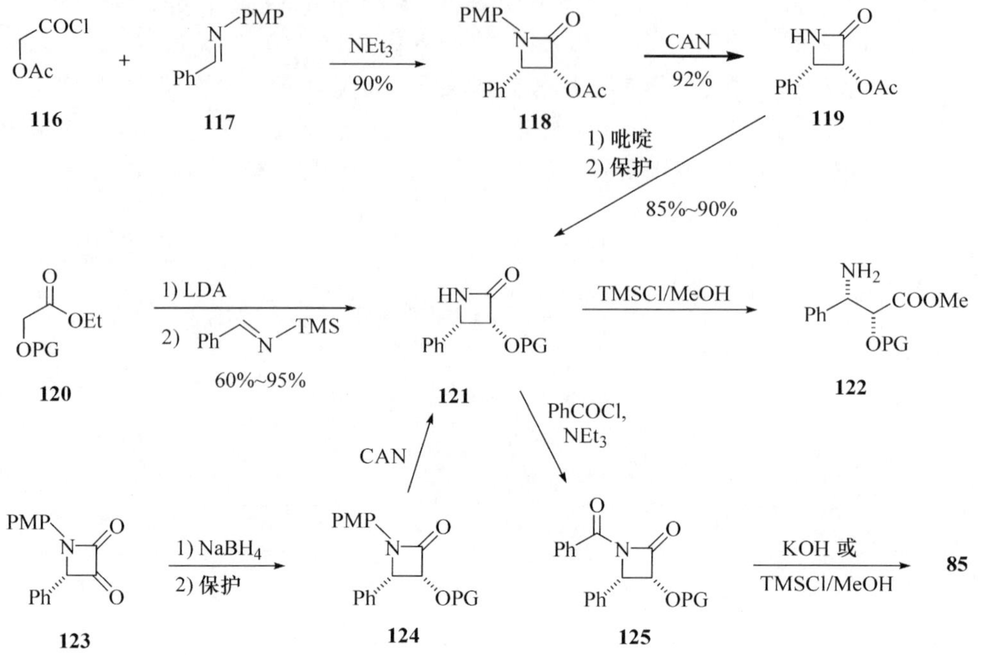

图 14－11　由 *β*-内酰胺合成紫杉醇侧链

乙酰氧基乙酰氯 **116** 在三乙胺存在下与亚胺 **117** 进行 Staudinger 反应以 90％的产率生成 *cis*-*β*-内酰胺 **118**，用硝酸铈铵(CAN)除去 N 上的保护基(对甲氧基苯基，PMP)，得 **119**，产率 92％。用吡啶选择性除去乙酰基，再换上适当保护基 PG，得 **121**，两步总产率达 85％～90％。另一种方法是用 O 保护的 *α*-羟基乙酸酯 **120** 与 *N*-三甲硅基苯甲亚胺反应，直接生成内酰胺 **121**。这里的保护基 PG 可以是硅基或其他非酰基保护基，根据 PG 的不同，产率在 60％～95％之间。第三种方法是用 *α*-羰基-*β*-内酰胺 **123** 经 $NaBH_4$ 还原，并保护 *α*-羟基得全顺式产物 **124**[50]，用 CAN 脱去 N 上保护基也得 **121**。在三甲基氯硅烷和甲醇存在下，*β*-内酰胺 **121** 可开环生成氨基酯 **122**，经苯甲酰化即得 taxol 侧链 **85**。如果将 **121** 先苯甲酰化，再用 TMSCl/MeOH 开环，同样得侧链 **85**。

图 14－11 中的多个 *β*-内酰胺化合物都已制备出光活性形式。Holton 等[51a]将 **121** 制成 Mosher 酯[PG＝(*R*)-(＋)-Mosher 酯]，经重结晶拆分，水解后便得光活性纯 *β*-内酰胺，同时回收拆分剂 Mosher 酸。大规模拆分则是用(*R*)-(－)-*O*-苯

基乳酸酯[51b]。Sih 等[52a]系统研究了图 14－11 中多个 β-内酰胺化合物的酶动力学拆分，例如用酶法拆分 **118**（产率 49%，ee>99.5%）；拆分 **119**（产率 39%，96% ee）；拆分 **125**（PG=Ac，产率 46%，99.8% ee）。

对应于图 14－11 表示的合成路线，已发展出多种不同的不对称合成方法，图 14－12 代表的是在底物亚胺或乙酰氯中引入手性结构，以诱导不对称的 Staudinger 环合的两种策略。

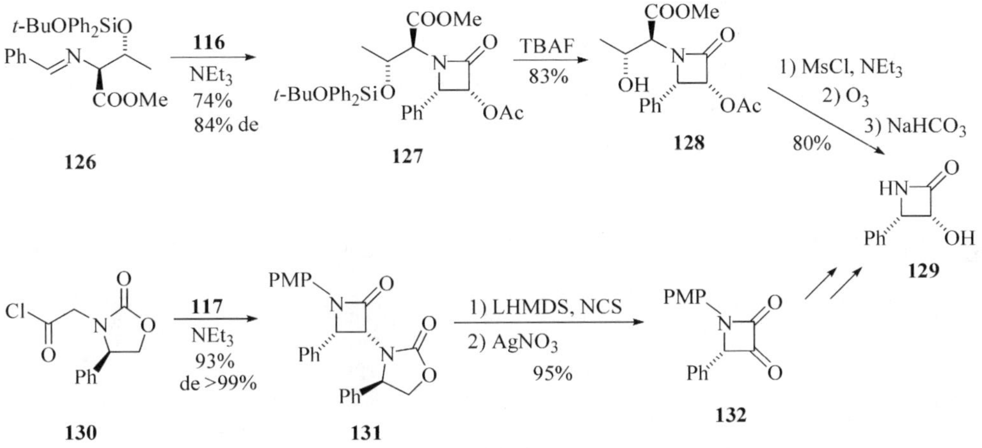

图 14－12　由 Staudinger 环合法合成 β-内酰胺

Lassaletta 报道的手性亚胺与苄氧乙酰氯环合制备 β-内酰胺的方法更简便有效[52b]。

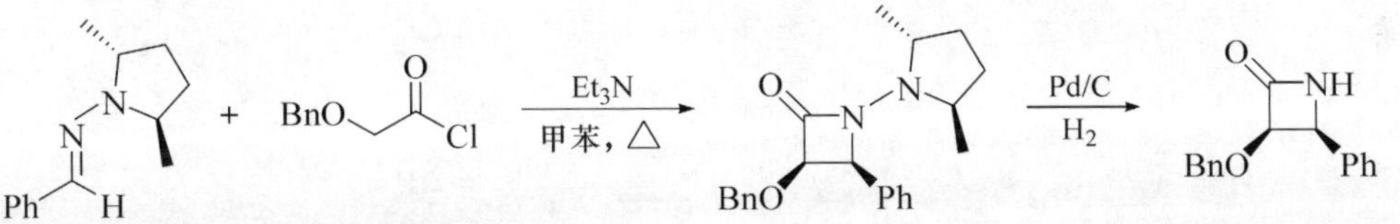

Ojima 和 Georg 则深入研究了一系列 α-羟基由三烷基硅基保护的乙酸与手性醇形成的酯同 N-三甲硅基苯甲亚胺在 LDA 协助下的不对称环化反应，其中两个反应实例获得很好的化学产率和极高立体选择性[53~57]（图 14－13）。

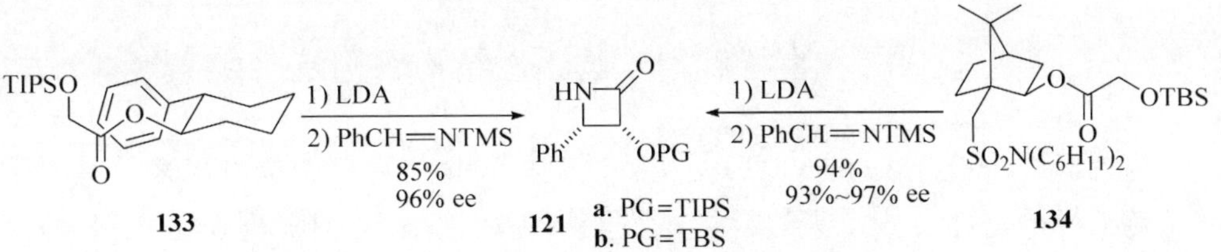

图 14－13　烯醇酯-亚胺环合法合成 β-内酰胺

14.3.4 其他合成方法

由苯基硝基甲烷与苄氧基乙醛之间的不对称 Henry 反应，是新近报道的很有吸引力的合成 Taxol C_{13}-侧链的新方法[58]。

Ph⁀NO_2 + OHC⁀OBn —(R)-BINOL/La, 80%→ Ph–CH(NO_2)–CH(OH)–CH_2OBn —Ac_2O, 93%→

Ph–CH(NO_2)–CH(OAc)–CH_2OBn —Pd/C, H_2→ Ph–CH(NH_2)–CH(OAc)–CH_2OH (80%, 98% ee) ⟶ 目标化合物

用手性硫叶立德介导的氮杂环丙烷化反应，是制备 Taxol 侧链的另一种新方法[59]。

SES, N, O + Na, N—Ts, N, Ph —$Rh_2(OAc)_4$ (S, O)→ O, Ph, N, SES (dr=8:1, 98% ee)

—1) $PhCOCl/Et_3N$; 2) $BF_3 \cdot Et_2O$→ O, Ph, O, N, Ph ⟶ O, Ph, NH, Ph, CO_2Me, OH

还有许多其他方法[60]，不能在此一一赘述。

14.4 喜树碱衍生物手性结构的构筑

喜树碱(camptothecin, CPT)是从我国珙桐科植物喜树中提取出来的具有很强抗癌活性的化合物[61]。天然喜树碱虽然抗癌活性很高，但毒副作用也很大，因而限制了它的临床使用。所幸，已从它的衍生物中筛选出数十种活性比 CPT 更高而毒性小得多的候选新药，其中有十几种已进入各期临床试验[62~70]，有三种已批

准用于临床治疗，成为疗效很好的抗癌药。大量构效关系研究表明：喜树碱及其衍生物的抗癌活性与 20-位手性碳的构型有密切关系，只有当 20-位的羟基朝前(对喜树碱及其大部分衍生物，20-位羟基朝前为 *S*-构型)才有抗癌活性，其对映体完全没有活性。许多喜树碱的类似物不能或不宜由喜树碱出发合成，而需用总合成解决，因此，对映选择性合成 20-位具有正确构型的喜树碱衍生物成为重要的研究课题。

从分子式 **135** 可以看出：喜树碱及其衍生物的母核是由 A、B、C、D、E 五个环骈合而成的。根据构环方式的不同，总合成分两种路线。

1) 由含 A、B 环的喹啉衍生物 **136** 与含吡啶酮骈合六元环内酯的 D、E 环化合物 **137**，通过 Heck 反应构成 C 环的路线[71]，即

(OR) Br　Br　N　**136**　+　O N O O OH　**137**　Heck 反应 →　N N O O HO O　**135**　(14-1)

2) 由含 A 环的 α-氨基苯甲醛(或苯甲亚胺)**138** 与含 C、D、E 环的化合物 **139**，通过 Friedlander 喹啉合成法构建 B 环的路线[72]，即

(CHNAr) CHO NH_2　**138**　+　O N O O O OH　**139**　Friedlander 关环 →　N N O O O HO O　**135**　(14-2)

因对映选择性合成正确构型的 CPT 及其衍生物的课题便简化成合成光学纯 **137** 或 **139** 的问题。

Yabu 等[73]报道用酮的不对称羟腈化反应可合成高光学纯度 **137** 的类似物 **144**，即

OCH_3 N OTBS TMS O　**140**　+　TMSCN　**141**　$Sm(Oi\text{-}Pr)_3/L^*$ 91% →　OCH_3 N OTBS CN TMS OH　**142**　90% ee

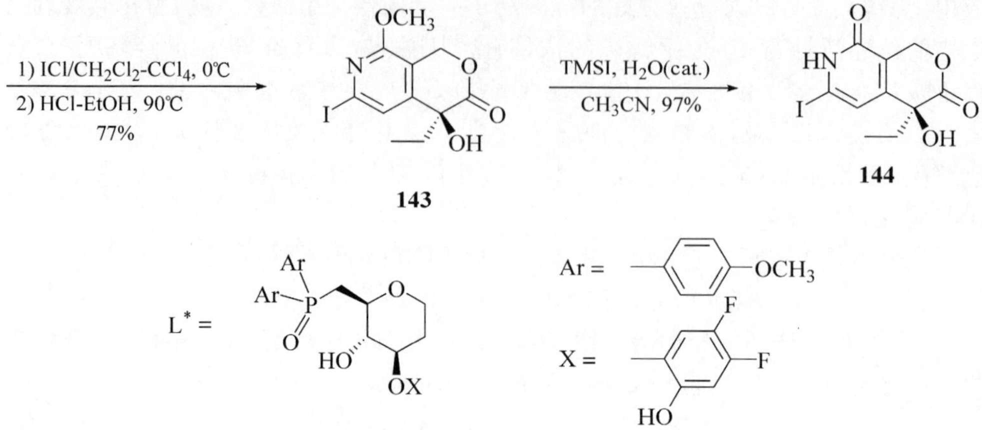

1) ICl/CH_2Cl_2-CCl_4, 0℃
2) HCl-EtOH, 90℃
77%

143

TMSI, H_2O(cat.)
CH_3CN, 97%

144

L^* = Ar = X =

关键的不对称合成步骤的对映选择性达 90%，最终产物 **144** 经在 $CHCl_3$-Et_2O-己烷混合溶剂中重结晶后，ee 可达 99%以上。

Comins 等[74]用底物诱导的不对称合成，也能立体选择性地合成 **137**，即

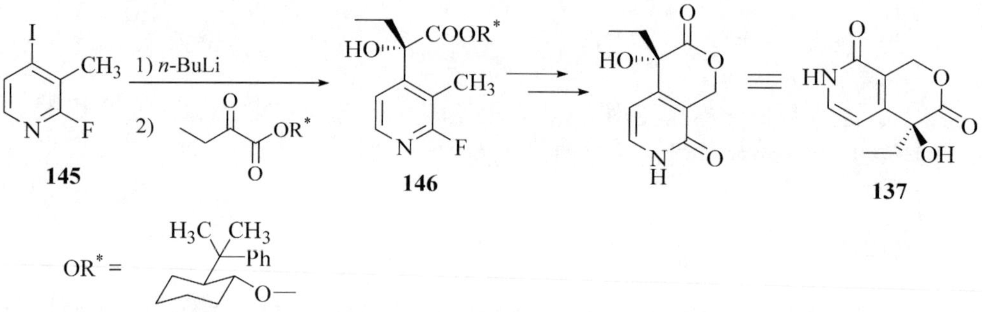

1) n-BuLi
2)

145 146 137

OR^* =

Fang、Kim 和 Hecht 等[75]则报道了用不对称双羟化构筑 **139** 的手性结构，反应式为

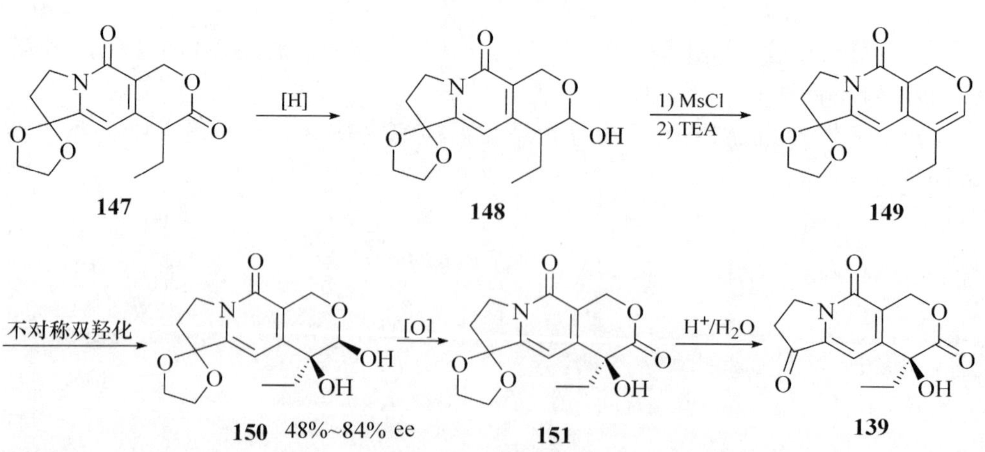

[H]

1) MsCl
2) TEA

147 148 149

不对称双羟化

[O]

H^+/H_2O

150 48%~84% ee

151

139

内酯化合物 **147** 用 DIBAL 还原成半缩醛 **148**，将半缩醛的游离羟基转变成甲磺酸酯，再用三乙胺处理得烯醚 **149**。关键的不对称反应步骤用 Sharpless 双羟化，产物 **150** 的 ee 最高达 84%，然后将半缩醛重新氧化成内酯 **151**，脱去羰基保护便得手性中间体 **139**。

Boger 等[76]在另一条合成 CPT 路线的关键步骤也使用 Sharpless 不对称双羟化反应，即

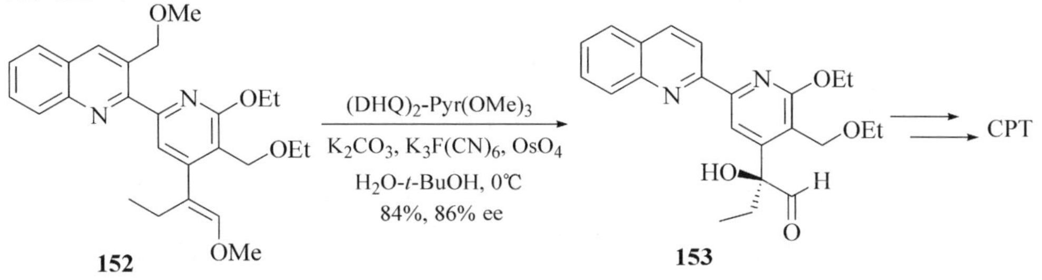

$(DHQ)_2$-Pyr$(OMe)_3$; K_2CO_3, $K_3F(CN)_6$, OsO_4; H_2O-*t*-BuOH, 0℃; 84%, 86% ee

152 → **153** → CPT

$(DHQ)_2$-Pyr$(OMe)_3$ =

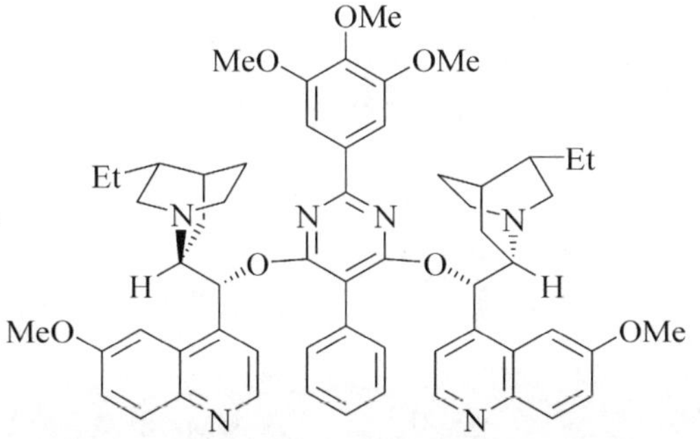

用改进的手性配体和反应条件，反应产率达 84%，对映选择性达 86%。

以上介绍的几种不对称合成方法，或因反应底物不容易获得或因催化剂制备难，或是产率和对映选择性还不够高，都还未能用于大批量制备。目前，用于制备光学纯 CPT 及其衍生物的实用方法还是拆分中间体或最终产物。

Imura 等[77]用酶拆分法制备光学纯合成中间体 **139**，即

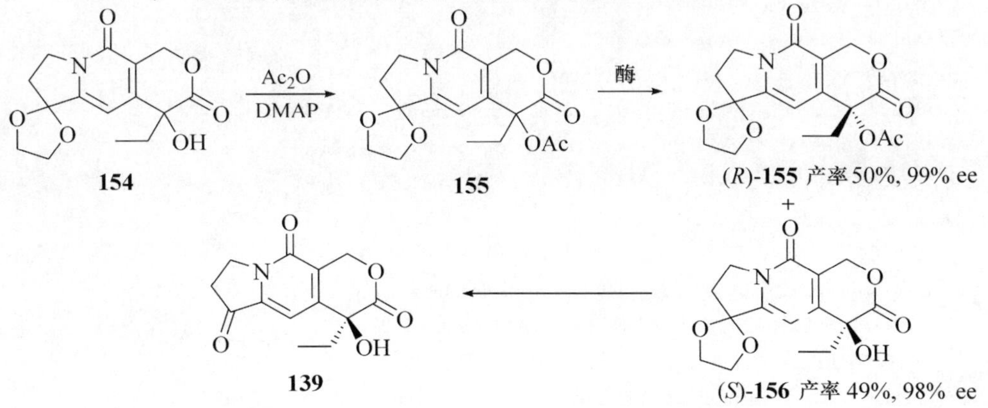

154 —(Ac_2O, DMAP)→ **155** —(酶)→ (*R*)-**155** 产率 50%, 99% ee + (*S*)-**156** 产率 49%, 98% ee

(*S*)-**156** → **139**

先将(±)-**154** 乙酰化得外消旋 **155**,再用酶 papain 选择性水解,得(*S*)-**156** 和未水解的(*R*)-**155**。目的化合物(*S*)-**156** 的产率 49%,ee 达 98%。(*S*)-**156** 可以很方便地转化成手性合成中间体 **139**。

Lavergne 等[78]用奎尼定(quinidine)拆分合成 HCPT 的中间体,即

quinidine, *i*-PrOH, 40%

157 **158** **159**, ee≥99%

用 quinidine 拆分外消旋的 **157**,得 **158**,然后用 Pd/C 氢化脱苄基保护,并用 TMSI 处理环合得 HCPT 的合成中间体 **159**,经重结晶纯化,**159** 的 ee 可达 99% 以上。

Lavergne 等还用 L-(−)-α-苯乙胺成功直接拆分外消旋 HCPT[79],最终获得的(*R*)-HCPT 的光学纯度也达 98% ee。

(*R*)-HCPT

参 考 文 献

1 Tsuchihashi G, Ori A, Honda Y. Bull. Chem. Soc. Jpn., 1987, 60: 1027

2 Hu A-X, Fang G-Z, Zhao H-T. 药学学报, 1999, 34: 290

3 Piccolo O, Azzena U, Melloni G et al. J. Org. Chem., 1991, 56: 183

4 a) Ohta T, Takaya H, Noyori R et al. J. Org. Chem., 1987, 52: 3174
b) Chan A S C et al. J. Org. Chem., 1995, 60: 742
c) Sayo N, Taketomi T, Kumobayashi H et al. Eur. Patent, 271311,1987
d) Pai C-C, Li Y-M, Chan A S C et al. Tetrahedron Lett., 2002, 43: 2789
e) Qiu L, Qi J, Chan A S C et al. Org. Lett., 2002, 4: 4599
f) Fan Q-H Ren C-Y, Chan A S C et al. J. Am. Chem. Soc., 1999, 121: 7407
g) Wan K T, Davis M E. Nature, 1994, 370: 449
h) Deng G-J, Fan Q-H, Chan A S C et al. Chem. Commun., 2002, 1570

5 Parrinallo G, Stelle J K. J. Am. Chem. Soc., 1987, 109: 7122

6 Alper H, Nathalia H. J. Am. Chem. Soc., 1990, 112: 2803

7 a) Coghlan D R, Harmond P G, Slobadman D et al. Tetrahedron: Asymmetry, 1990, 1: 299

b) Griesbach R C, Hamon D P G, Kennedy R J. Tetrahedron: Asymmetry, 1997, 8: 507

8 a) Hayashi T, Kawaura N, Ito Y. J. Am. Chem. Soc., 1987, 109: 7876

b) Durandetti M, Perichon J, Nedelec J V. J. Org. Chem., 1997, 62: 7914

9 a) Ishihara K, Nakashima D, Yamamoto H et al. J. Am. Chem. Soc., 2003, 125: 24

b) Omar M-M, Juaristi E. Tetrahedron Lett., 2003, 44: 2023; 2005, 46: 1221

10 Polet D, Alexakis A. Tetrahedron Lett., 2005, 46: 1529

11 Schmid R, Verger R. Angew. Chem. Int. Ed. Engl., 1998, 37: 1608

12 Effenberger F, Graef B W, Osswald S. Tetrahedron: Asymmetry, 1997, 8: 2749

13 Bertole M A, Marx A F, Koger H S et al. Process for the preparation of 2-arylpropionic acids [P]. EP: 274146, 1989. (CA 1989, 110: 113203b)

14 丁洪，吴林森，陈永乐. 药学进展，1999，23：65

15 Mueller R H, Gillick J G. J. Org. Chem., 1978, 43: 4647

16 a) Yang Y-L, Falck J R. Tetrahedron Lett., 1982, 23: 4305

b) Rosen T, Taschner M J, Heathcock C H. J. Org. Chem., 1984, 49: 3994

17 Corey E J, Wiegel L O, Chamberlin A R et al. J. Am. Chem. Soc., 1980, 102: 1439

18 France C J, Newton C G, Pitchen P et al. Tetrahedron Lett., 1993, 34: 1635

19 Valverde S, López J C, Gómez A M et al. J. Org. Chem., 1992, 57: 1613

20 Mitsunobu O. Synthesis, 1981, 1

21 Corey E J, Shirahama H, Yamamoto H et al. J. Am. Chem. Soc., 1971, 93: 1490

22 a) Wess G, Kesseler K, Baader E et al. Tetrahedron Lett., 1990, 31: 2545

b) Saito S, Hasegawa T, Moriwake T et al. Chem. Lett., 1984, 1389

23 Hayashi S et al. Eur. Patent 0464817, 1991

24 Fernandes R A, Kumer P. Eur. J. Org. Chem., 2002, 2921

25 a) Minami T, Takahashi K, Hiyama T. Tetrahedron Lett., 1993, 34: 513

b) Hiyama T, Minami T, Takihashi K. Bull. Chem. Soc. Jpn., 1995, 68: 372

26 Hiyama T, Reddy G B, Minami T et al. Bull. Chem. Soc. Jpn., 1994, 67

27 Taker D F, Ramam K, Gaul M D. J. Org. Chem., 1987, 52: 28

28 a) Thottathil J K, Pendri Y, Li W-S et al. US Patent 5278313, 1994

b) Patel et al. US Patent 071693,893, 1991

29 Beck G, Jendralla H, Kesseller K. Synthesis, 1995, 1014

30 a) Philip L, Brower D E, Nanninga T N et al. Tetrahedron Lett., 1992, 33: 2279

b) Sletzinger M, Berhoeven T R, Liu T M et al. Tetrahedron Lett., 1985, 26: 2951

31 Lee I, Lee S et al. International Patent: WO 03/053950, 2003

32 Choongwae Pharma. Co. Science, 1997, 277: 936. J. Am. Chem. Soc., 2000, 122: 1235

33 a) Reddy P P, Yen K-F, Uang B-J. J. Org. Chem., 2002, 67: 1034

b) Goodman S N, Jacobsen E N. Angew. Chem. Int. Ed., 2002, 41: 4703

c) Reddy M V R, Brown H C, Ramachandran P V. J. Organomet. Chem., 2001, 624: 239

d) Gruttadauria M, Meo P L, Noto R. Tetrahedron Lett., 2004, 45: 83

34 a) Ghosh A K, Lei H. J. Org. Chem., 2002, 67: 8783

b) Ohrlein R, Baisch G. Adv. Synth. Catal., 2003, 345: 713

c) Bode S E, Muller M, Wolberg M. Org. Lett., 2002, 4: 619

35 Wani M C, Taylor H L, Wall M E et al. J. Am. Chem. Soc., 1971, 93: 2325

36 a) Holton R A, Somoza C, Kim K B et al. J. Am. Chem. Soc., 1994, 116: 1597
b) Holton R A, Kim H B, Somoza C et al. J. Am. Chem. Soc., 1994, 116: 1599

37 Nicolaeu K C, Yang Z, Liu J J et al. Nature, 1994, 367: 630

38 Denis J N, Greene A E, Potier P A et al. J. Am. Chem. Soc., 1988, 110: 5917

39 Harada K, Nakajima Y. Bull. Chem. Soc. Jpn., 1974, 47: 2911

40 Denis J N, Greene A E, Serra A A et al. J. Org. Chem., 1986, 51: 46

41 Deng L, Jacobsen E N, J. Org. Chem., 1992, 57: 4320

42 Denis J N, Correa A, Greene A E. J. Org. Chem., 1990, 55: 1957

43 Commercon A, Bézard D, Bernard F et al. Tetrahedron Lett., 1992, 33: 5185

44 Honig H, Seufer W P, Weber H. Tetrahedron, 1990, 46: 3841

45 Kolb H C, Van Niewenhze M S, Sharpless K B. Chem. Rev., 1994, 94: 2483 (ref. 28～58)

46 Gou D-M, Liu Y-C, Chen C-S. J. Org. Chem., 1993, 58: 1287

47 Swindell C S, Tao M. J. Org. Chem., 1993, 58: 5889

48 a) Kanazawa A M, Denis J N, Greene A E. J. Org. Chem., 1994, 59: 1238
b) Hattori K, Yamamoto H. Tetrahedron, 1994, 50: 2785

49 a) Mukai C, Kim I J, Hanaoka M. Tetrahedron: Asymmetry, 1992, 3: 1007
b) Mukaiyama T, Shiina I, Iwadare H et al. Chem. Eur. J., 1999, 5: 121
c) Mukaiyama T, Tetrahedron, 1999, 55: 8609

50 Palomo C, Arrieta A A, Cossio F P et al. Tetrahedron Lett., 1990, 31: 6429

51 a) Holton R A, U. S. Patent No. 5 175 315, 1992
b) Liu J H. Ph. D. dissertation, Florida State University, 1991

52 a) Farina V, Huack S I, Walker D G. Synlett, 1992, 761
b) Fernandez R, Ferrete A, Lassaletta J M et al. Angew. Chem. Int. Ed., 2002, 41: 831

53 Ojima I, Habus I. Tetrahedron Lett., 1990, 31: 4289

54 Ojima I, Habus I, Zhao M et al. J. Org. Chem., 1991, 56: 1681

55 Ojima I, Habus I, Zhao M et al. Tetrahedron, 1992, 48: 6895

56 Georg G I, Cheruvallath Z S, Himes R H et al. J. Med. Chem., 1992, 35: 4230

57 Georg G I, Cheruvallath Z S, Harriman G C B et al. Bioorg. Med Chem. Lett., 1993, 3: 2467

58 Borah J, Gogoi S, Barua N C et al. Tetrahedron Lett., 2004, 45: 3689

59 Aggarwal V K, Vasse J-L. Org. Lett., 2003, 5: 3987

60 a) Oshitari T, Mandai T. Synlett, 2003, 15: 2374
b) Aoyagi Y, Jain R P, Williams R M. J. Am. Chem. Soc., 2001, 123: 3472
c) Reddy H K, Lee S, Georg G I et al. J. Org. Chem., 2001, 66: 8211

61 Wall M E, Wani M C, Cook C E et al. J. Am. Chem. Soc., 1968, 88: 3888

62 Mitsui I, Kumazawa E, Hirota Y et al. Jpn. J. Cancer Res., 1995, 86: 776

63 Luzzio M J, Besterman J M, Emerson D L et al. J. Med. Chem., 1995, 38: 395

64 Lee J H, Lee J M, Kim K H et al. Ann. NY. Acad. Sci., 2000, 922: 324

65 Verschraegen C F, Gupta E, Loyer E et al. Anticancer Drugs, 1999, 10: 375

66 Takimoto C H, Thomas R. Ann. NY. Acad. Sci., 2000, 922: 224

67 Penco S, Zunino F, Merlini L et al. J. Med. Chem., 2001, 44: 3264

68 Dallavalle S, Ferrari A, Biasotti B et al. J. Med. Chem., 2001, 44: 3264

69 Lavergn O, Laurence I G, Rodas F P et al. J. Med. Chem., 1998, 41: 5410

70 Broom C, Ann. NY. Acad. Sci., 1996, 803: 264

71 Comins D L, Baersky M E, Hong H. J. Am. Chem. Soc., 1992, 114: 10971

72 a) Curran D P, Liu H. J. Am. Chem. Soc., 1992, 114: 5863

b) Shen W, Coburn C A, Bornman W G et al. J. Org. Chem., 1993, 58: 611

73 a) Yabu K, Masumoto S, Shibasaki M et al. Tetrahedron Lett., 2002, 43: 2923

b) Yabu K, Masumoto S, Shibasaki M et al. J. Am. Chem. Soc., 2001, 123: 9908

74 a) Comins D L, Saha J K. Tetrahedron Lett., 1995, 36: 7995

b) Comins D L, Nolan J M. Org. Lett., 2001, 3: 4255

75 a) Fang F-G, Xie S, Lowery M W. J. Org. Chem., 1994, 59: 6142

b) Jew S S, Kid K, Kim H J et al. Tetrahedron: Asymmetry, 1995, 6: 1245

c) Rehier N J, Cheng K, Hecht S M et al. Org. Lett., 2005, 7: 835

76 Blagg B S J, Boger D L. Tetrhedron, 2002, 58: 6343

77 Imura A, Itoh M, Miyadera A. Tetrahedron: Asymmetry, 1998, 9: 2285

78 Lavergne O, Harnett J, Bigg C H et al. Bioorg. Med. Chem. Lett., 1999, 9: 2599. J. Med. Chem., 2000, 43: 2285

79 Lavergne O, Rodas F P, Bigg D C H et al. J. Med. Chem., 1998, 41: 5410

第 15 章　手性催化剂实用化研究进展

不对称合成研究经过近二三十年的迅猛发展，已经达到这样的程度：范围广泛的不同类型的化学反应过程已经实现有效的立体控制；各式各样结构新颖的手性催化剂被设计、合成，并用于催化不同类型的化学反应。其中有许多反应的立体选择性达 95%以上，产品的对映体纯度完全达到各种用途的实际要求。但这些不对称合成方法至今实际用于大批量工业制备的却非常有限，其中最主要的障碍是手性催化剂的回收再用。如所周知，迄今比较成功的催化不对称反应都是“均相催化”，即，催化剂溶于反应体系，这固然有利于提高催化剂的催化活性和立体选择性，但反应后催化剂不易从反应混合物中分离。由此产生三个方面的问题：①合成困难、价格昂贵的手性配体及贵金属难以回收再用，使生产成本太高，缺乏竞争力；②产品受催化剂污染，纯化困难；③污染环境。

这些问题引起学术界和工业界的高度重视，为解决这一问题进行了广泛的努力，并已取得丰硕的研究成果。

手性催化剂的分离主要采用两种策略：①催化剂固载化，即将催化活性结构单元固载于高聚物或无机氧化物上，使反应在非均相体系中进行，反应后将催化剂滤出而被分离；②采用液多相分离反应体系，即催化剂做成水溶性的，反应在水中或水/有机混合相中进行，反应后产物进入有机相而催化剂从水相中分出。反应在“离子液体”中进行，或采用全氟催化剂等，也属液多相分离策略。下面分别做简要介绍。

15.1　聚合物担载的手性催化剂

聚合物担载的催化剂由于昂贵的手性催化剂易回收再利用而非常吸引人，这种催化剂也使采用流动系统进行连续生产成为可能。大分子中催化活性点被刚性结构隔离开，避免活性配体通过金属发生二聚，因而有可能增强催化活性和延长催化剂寿命。

聚合物固载化的手性催化剂主要分三类：①手性配体锚定在高聚物上；②主链是手性的聚合物催化剂；③树状(dendritic)手性催化剂。

15.1.1　手性配体锚定在高聚物上的催化剂

Fréchet、Itsuno 和 Soai 等最先研究手性配体锚定在高聚物上的催化剂在二烷基锌对醛的不对称加成反应上的应用[1,2]。多数情况下，手性配体锚定在高聚物上的催化剂的催化活性和对映选择性都要比相应的单体催化剂低。

Watanabe 和 Soai 研究了几种氨基醇类手性配体及其相应聚苯乙烯担载的手性催化剂 **1** ～**4** 在二乙基锌对苯甲醛的加成反应中的应用效果(表 15－1)[3]，发现固载后催化剂的对映选择性都有不同程度的下降。其中催化剂 **1** 和 **3** ，固载化后，对映选择性仍然相当高，而且反应后催化剂很容易经过滤回收，回收的催化剂其对映选择性不变，其结构式如下

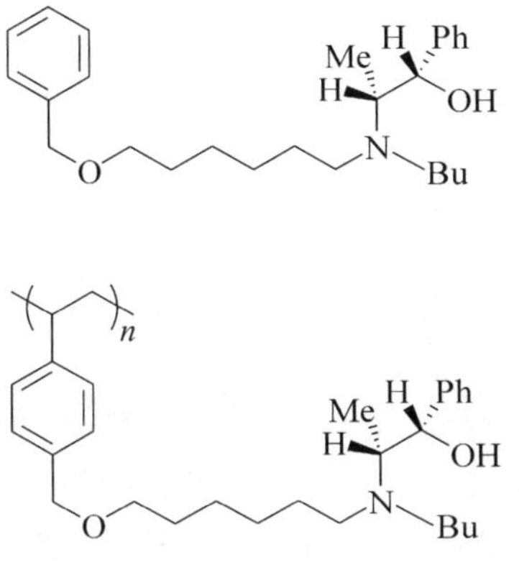

1 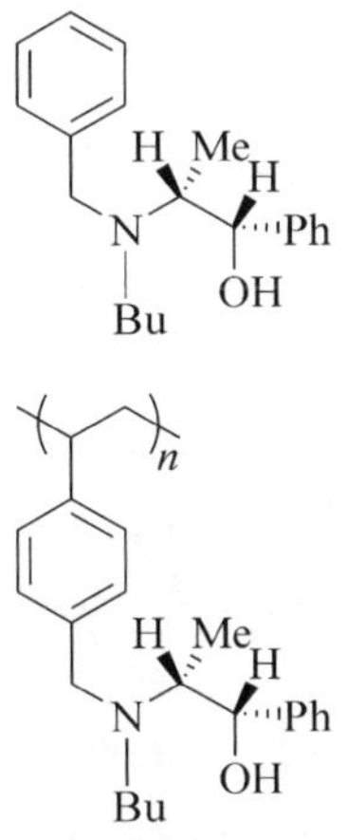　　**2**

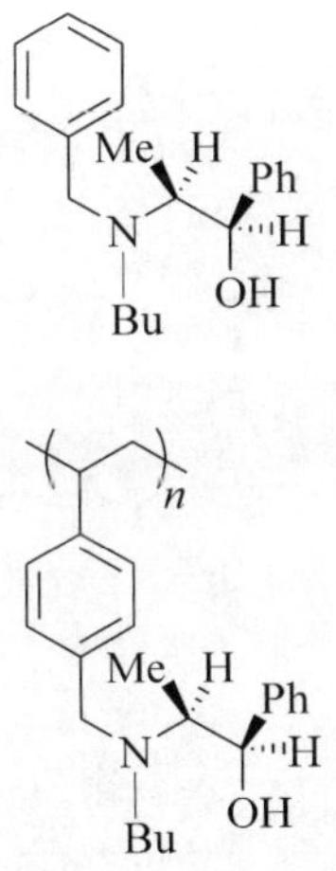

3 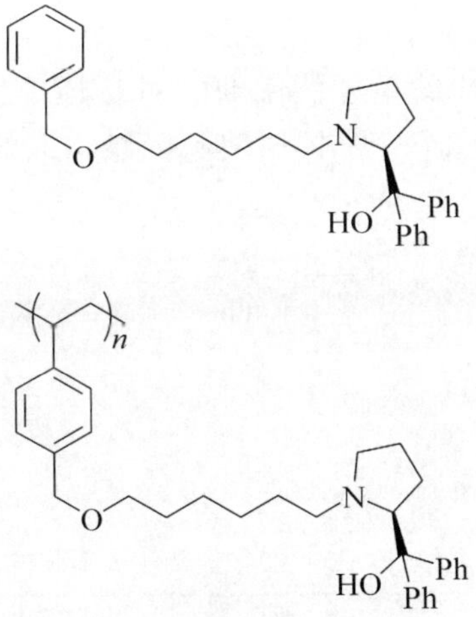　　**4**

表 15－1　手性催化剂 1～4 催化二乙基锌对苯甲醛的加成反应

cat*	**1**	**2**	**3**	**4**
ee/%	82 (99)	17 (89)	89 (92)	61 (81)

注：括号中的数据是使用相应的单体催化剂所得的对映体过量。

Hodge 等制备了聚苯乙烯担载的手性催化剂 **5** 和 **6**,并在流动体系中催化反应[式(15-1)][4],获得很高的化学产率和对映选择性,即

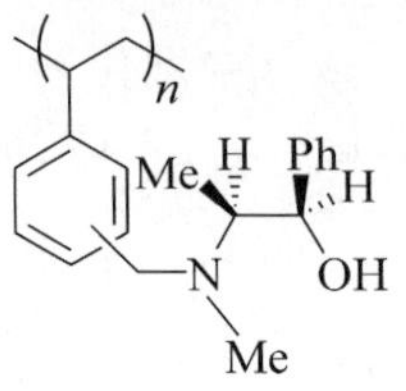

5 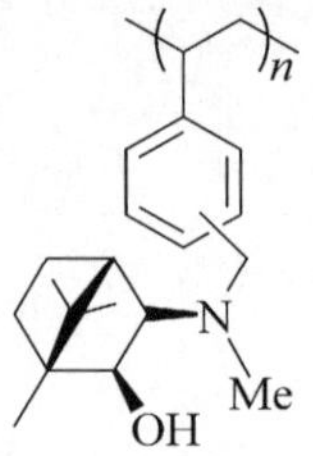 **6**

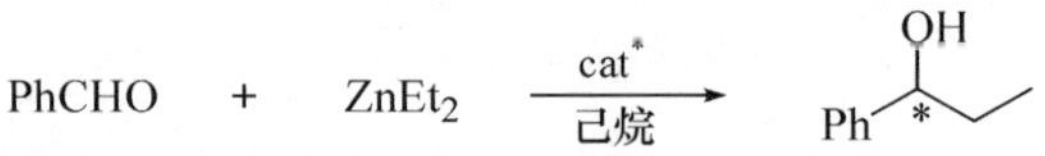

$$\text{PhCHO} + \text{ZnEt}_2 \xrightarrow[\text{己烷}]{\text{cat}^*} \text{Ph}\overset{*}{\text{CH}}(\text{OH})\text{CH}_2\text{CH}_3 \qquad (15-1)$$

使用催化剂 **5** 时,产物的 ee 高达 97%,比相应的单体催化剂还高。作者认为,这可能是因为:①流动体系中,催化剂对底物的比率增高;②流动体系中,产物被连续移去,这些产物本身也能催化反应(1),产生低 ee 的产物。用 **6** 催化反应[式(15-1)],起初化学产率(95%)和对映选择性(94% ee)也很高,但连续使用 275h 后,化学产率降至 50%~60%,对映选择性也有一定下降(81%~84% ee),这与催化活性中心的缓慢化学降解有关。

Zwanenbrug 等[5]报道的高聚物担载的催化剂 **7** 和 Pericàs 等[6]报道的 **8**,用于催化二乙基锌对芳香醛或脂肪醛的不对称加成都获得很高的对映选择性(表 15-2),与相应的单体催化剂的对映选择性很接近。反应后聚合物催化剂容易回收,且对映选择性基本不下降,其结构式如下

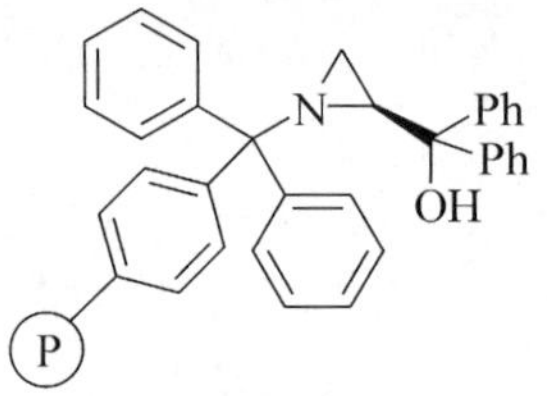

7 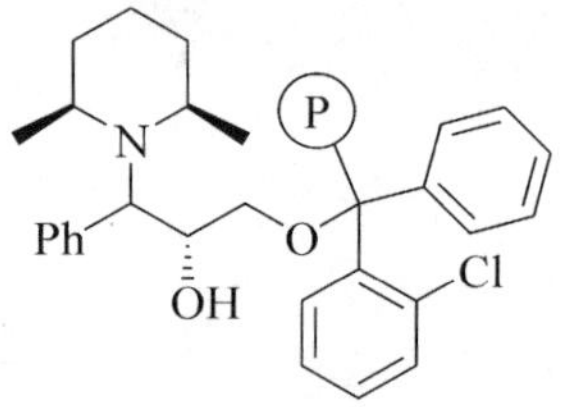 **8**

表 15-2 催化剂 7 和 8 催化的二乙基锌对醛的加成反应

序号	醛	用催化剂 7			用催化剂 8		
		产率/%	ee/%	构型	产率/%	ee/%	构型
1	苯甲醛	92	96	*S*	99	94	*S*
2	对甲氧基苯甲醛	88	95	*S*	86	94	*S*
3	环己基甲醛	90	97	*S*	86	98	*S*
4	异戊醛	77	81	*S*	99	90	*S*

Seebach 等由 Ti-TADDOL 配合物锚定到聚合物上制成的手性催化剂 **9** ～**12**，用于催化二乙基锌对醛的不对称加成，当使用 20 mol%催化剂，并使反应在甲苯中于 −30℃下进行时，产物的 ee 均达 93%～98%，且化学产率也很高[7]，其结构式如下

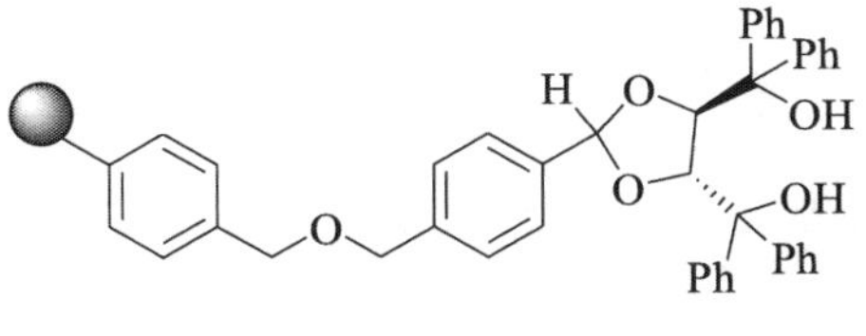

9

= merrifield树脂

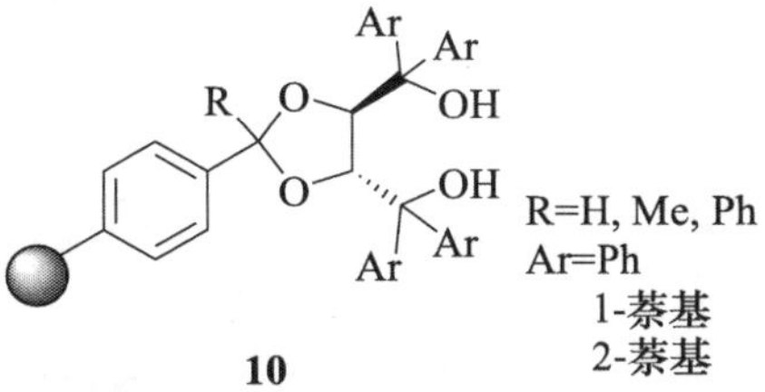

10

R=H, Me, Ph
Ar=Ph
1-萘基
2-萘基

= 苯乙烯二乙烯苯共聚物

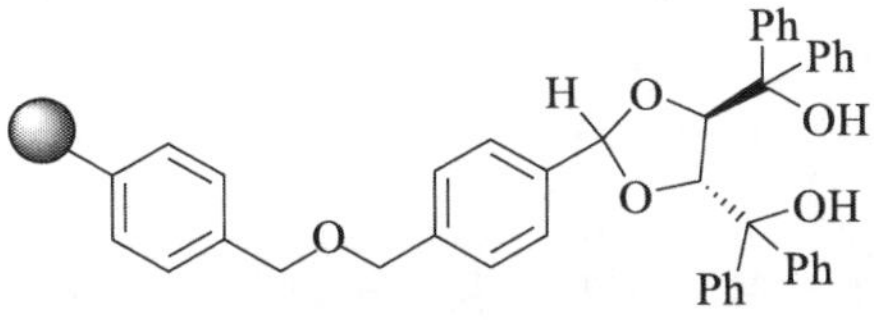

11

=交联聚苯乙烯

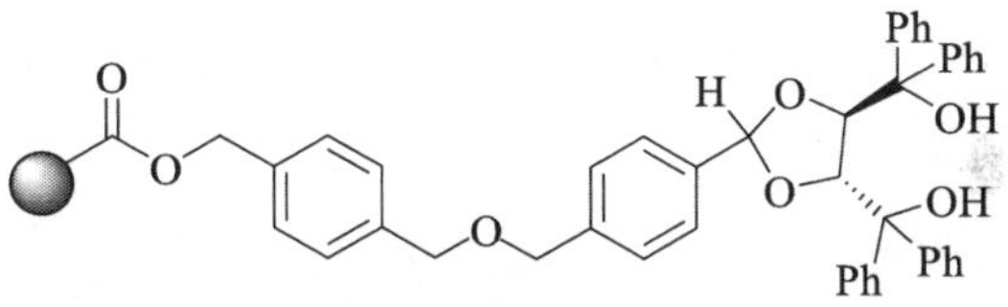

12

=聚丙烯酸酯

Wang 等由光活性 BINOL 通过酰胺键与聚苯乙烯交联，得到一系列聚合物担载的 BINOL 手性催化剂，用于催化二乙基锌对芳香醛的不对称加成。其中具有 C_2 对称性的手性催化剂 **13** 给出最好的对映选择性。当用 20mol %**13**，在过量$Ti(O\textit{i}\text{-}Pr)_4$存在下进行反应，产物的 ee 高达 99%[8]（表 15－3）。

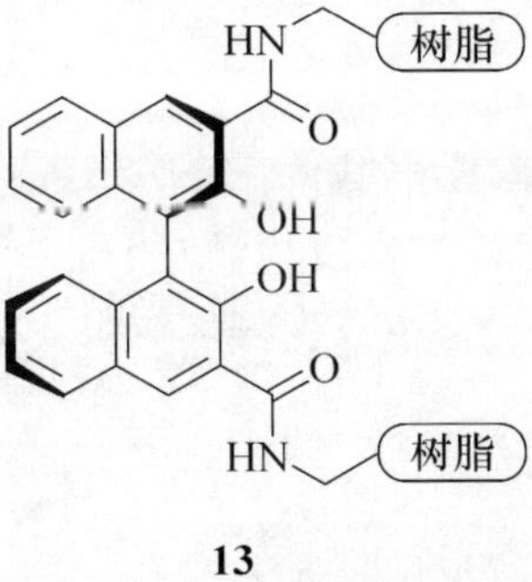

13

表 15－3　催化剂 13 催化的二乙基锌对醛的不对称加成

序号	醛	产率/%	ee/%
1	苯甲醛	93	97
2	对氯苯甲醛	88	92
3	对硝基苯甲醛	90	96

续表

序号	醛	产率/%	ee/%
4	间硝基苯甲醛	88	99
5	对-*N*,*N*-二甲氨基苯甲醛	97	57
6	3，5-二甲氧基苯甲醛	93	95
7	2-萘甲醛	89	94
8	2-甲氧基-1-萘甲醛	87	99
9	异丁醛	65	78

注：反应在 0℃，CH_2Cl_2 中进行，使用 20 mol%的催化剂 **13** 和 1.8 当量的 Ti(O*i*-Pr)$_4$。

聚合物担载的 BINAP 配体，用于催化 C═C 或 C═O 的不对称加氢反应，也已有许多成功的报道。Bayston 等报道的 BINAP 衍生物固定到聚苯乙烯上的催化剂 **14**，用于催化 *β*-羰基酯的不对称加氢反应，产率达 99%，产物的 ee 达 97%[9]。Noyori 进一步制成固载的催化剂 **15**[10]，用于催化同一反应，产率和选择性比自由 BINAP 还要好，而且经使用 10 次后，转化率降低很少，对映选择性基本不变。反应式为

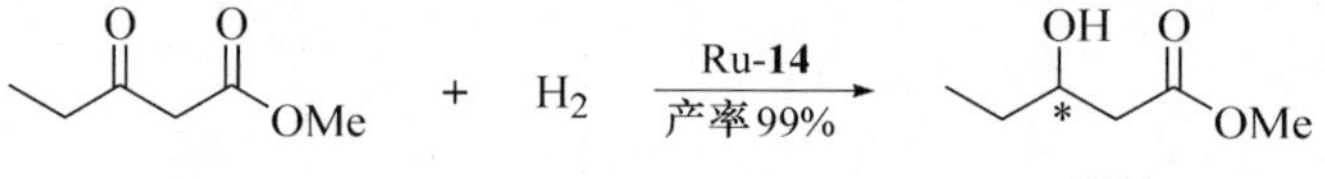

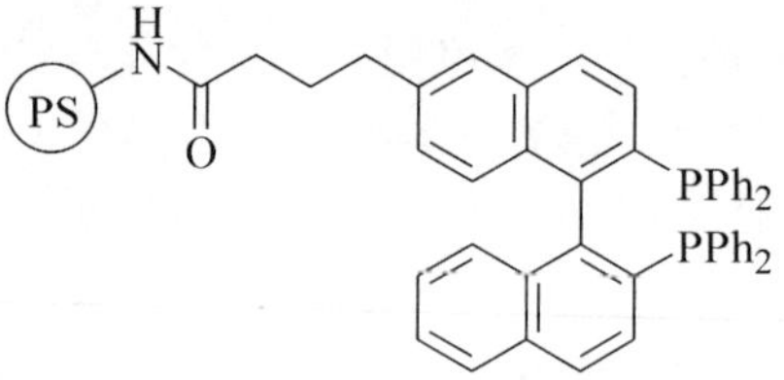

OMe + H_2 —Ru-**14**，产率99%→ OH * OMe

97% ee

PS H N O PPh$_2$ PPh$_2$

14

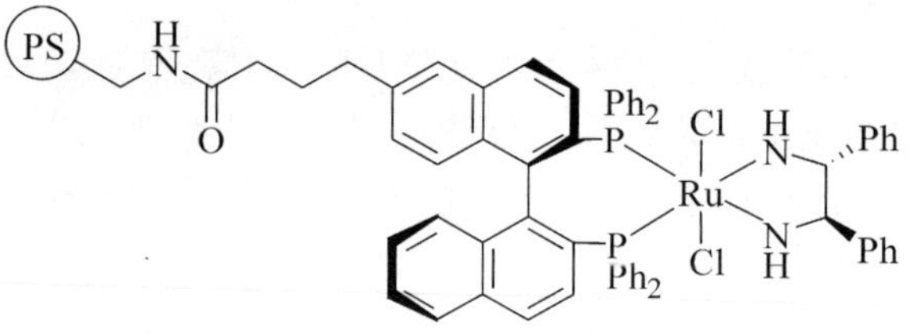

PS H N O Ph_2 P Cl H N Ph Ru P Cl N H Ph Ph_2

15

Guerreiro 等[11]合成的 PGE 担载的 BINAP 配体 **16**，仅用 0.01% **16**-$RuBr_2$ 催化1-苯基-1，3-丁二酮的不对称加氢反应，也得到 ee 高达 99%的产物，且催化剂循环使用 4 次后，活性和选择性基本不变，其结构式为

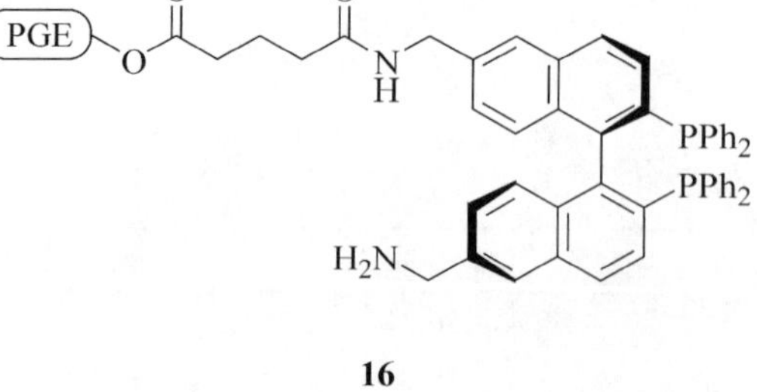

PGE O O O N H PPh$_2$ PPh$_2$ H_2N

16

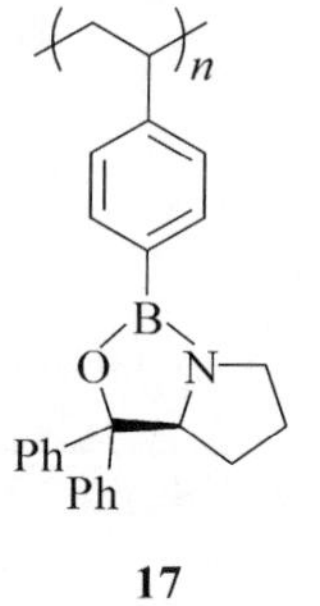

n B O N Ph Ph

17

Hu 等[12]用(*S*)-α,α-二苯基-2-吡咯烷甲醇交联到 1% DVB 交联的聚对苯乙烯硼酸制得的催化剂 **17**,在 **17** 催化下,苯乙酮被硼烷还原成(S)-苯乙醇,产率 93%,ee 高达 98%,即

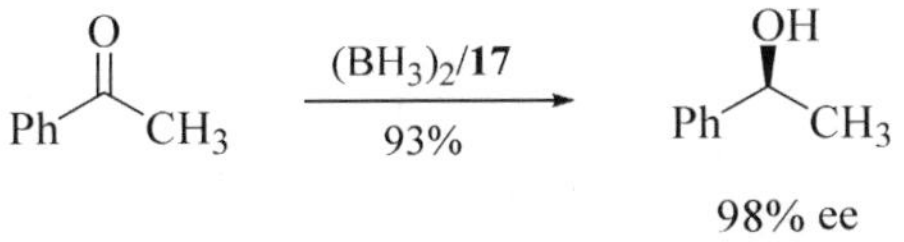

$$\text{PhCOCH}_3 \xrightarrow[93\%]{(\text{BH}_3)_2/\mathbf{17}} \text{PhCH(OH)CH}_3 \quad (98\%\ \text{ee})$$

Kragl 等[13]用可溶为均相的 **17** 的类似物催化酮的不对称还原,反应在配有纳米过滤膜、可连续操作的反应器中进行,产物醇的 ee 接近 100%,产率几乎定量,而且可连续操作,有很好的应用前景。

用天然手性化合物锚定到高聚物上形成的固载催化剂已被广泛研究。Najera 等报道了一系列固载化的金鸡纳碱手性催化剂[14, 15],**18** 和 **19** 是其中使用效果较好的两种,其结构为

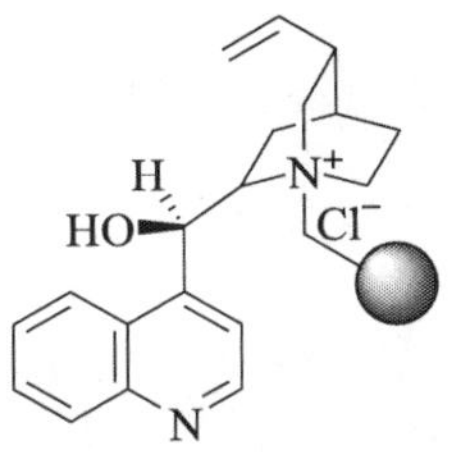

18 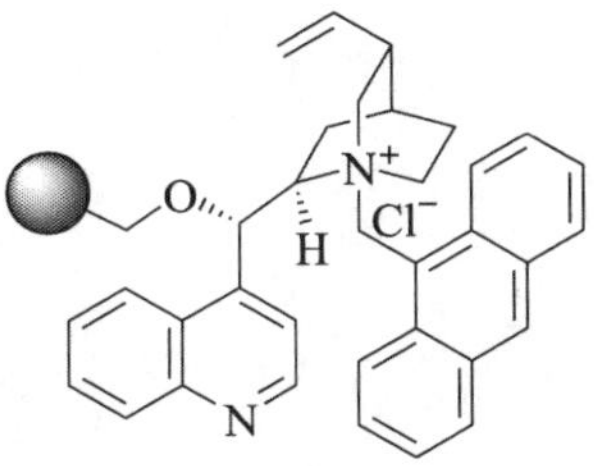 **19**

用 **18** 或 **19** 催化二苯甲亚胺乙酸酯的 α-烷基化反应,产物的 ee 均在 90%以上(表 15-4)。

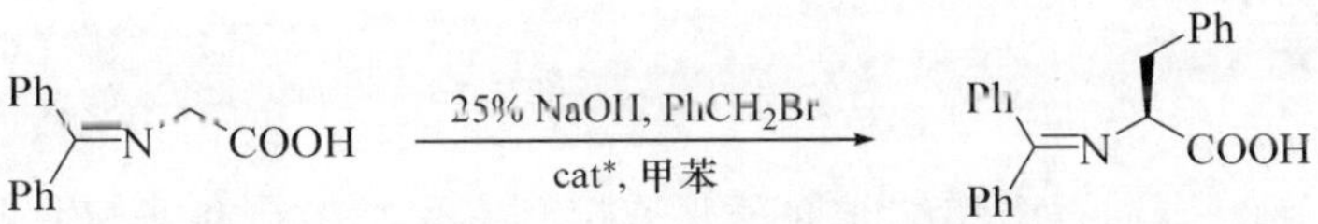

$$\text{Ph}_2\text{C=NCH}_2\text{COOH} \xrightarrow[\text{cat}^*,\ \text{甲苯}]{25\%\ \text{NaOH},\ \text{PhCH}_2\text{Br}} \text{Ph}_2\text{C=NCH(CH}_2\text{Ph)COOH}$$

表 15-4 18 或 19 催化的二苯甲亚胺乙酸酯的不对称 α-烷基化

序号	R	cat*	*t*/℃	产率/%	ee/%	构型
1	*i*-Pr	18	0	90	90	S
2	*t*-Bu	19	−50	67	94	S

Song 等[16]合成了高聚物担载的双金鸡纳碱催化剂 **20**,用它催化 1,2-二苯乙烯的不对称二羟基化反应,产物的光学产率达 98% ee 以上。这类催化剂的机械和热稳定性都很好,在多次重复使用后,产物的对映体过量降低很少,其结构如下

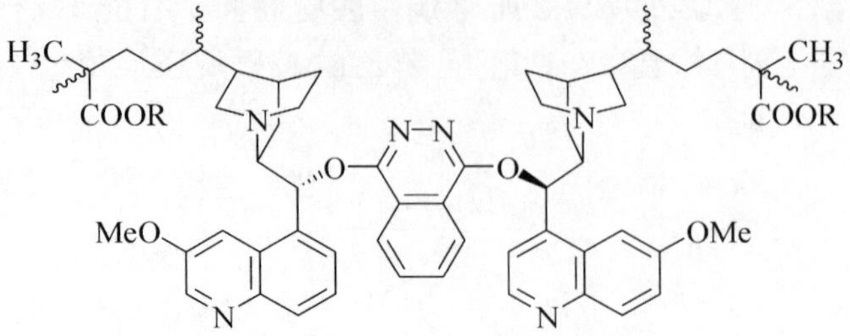

20 **a**. R=CH_3
b. R=PGE

d'Angelo 等[17]通过在金鸡纳碱双键末端导入一个羟基，再连接到高聚物上，发展出另一类聚合物担载的手性催化剂 **21**，用它催化不对称 Michael 加成，也取得很好的效果。即

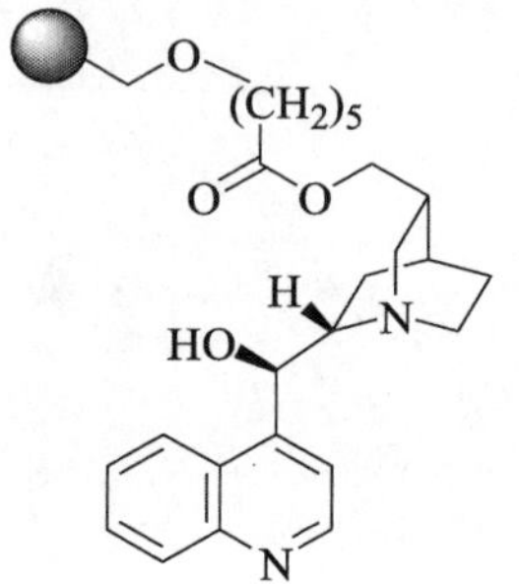

21

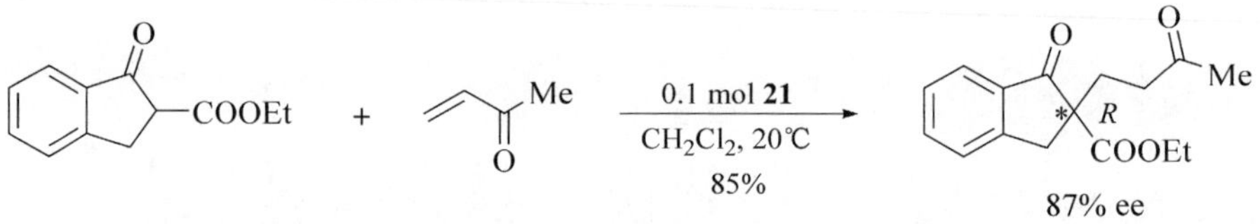

0.1 mol **21**
CH_2Cl_2, 20℃
85%
87% ee

Lectka 等[18]则通过金鸡纳碱的羟基连接到高聚物上制备了又一类聚合物担载的催化剂 **22**，即

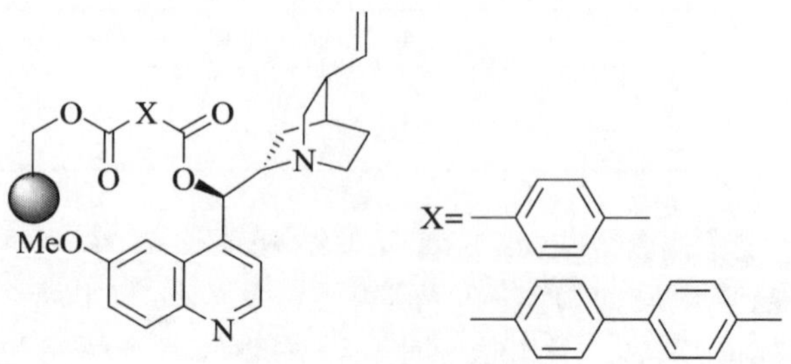

22

用它催化烯酮与亚胺的[2+2]环加成，获得了 *cis* 为主且 *cis* 中对映选择性达 90% ee 以上的 β-内酰胺产物，其反应式为

Ph(H)C=C=O + EtOOC–CH=NTs —22→ β-内酰胺（Ph, COOEt, N–Ts）

ee>90% (*cis*)
cis:*trans*=93:7

L-氨基酸是一类便宜易得的天然手性化合物，将氨基酸连接到高聚物上，作为聚合物担载的手性催化剂是另一个极受关注的研究课题。Cozzi 等[19, 20]将羟基脯氨酸连接到聚乙二醇(PGE)上制备的催化剂 **23** 和 **24**，用于催化不对称 Aldol 反应，取得很大的成功，生成的产物不但有很高的非对映选择性，且有很高的对映选择性(表 15-5)，反应式为

●=MeO$+$CH$_2$CH$_2$O$\frac{}{}_n$CH$_2$CH$_2$，*n*=大约110

23

●= $+$CH$_2$CH$_2$O$\frac{}{}_n$CH$_2$CH$_2$，*n*大约为101

24

cat* (0.3 mol)
DMF, rt

R=H, OH
R′=Ar, Alk

表 15-5　23 和 24 催化的不对称 Aldol 反应

序号	cat*	R	R′	产率/%	*anti*/*syn*	*anti* 的 ee/%
1	23	H	Ar	80	>20	>98
2	23	OH	*c*-Hex	48	>20	96

注：若用 **24** 为催化剂，仅用一半量，即可取得与 **23** 相当的效果。

用亚胺代替醛进行上述反应，产率最高也达 80%，对映选择性最高达 97%，即

cat*

R=H, OH
R′=Ar, Alk

Doyle 等发现手性吡咯烷酮羧酸与钌的配合物在催化不对称环丙烷化反应中，具有很高的对映选择性后，进一步将这一手性配体与低聚乙烯和 merrifield 树脂键合得聚合物担载的 **25a** 和 **25b**[21, 22]，其结构如下

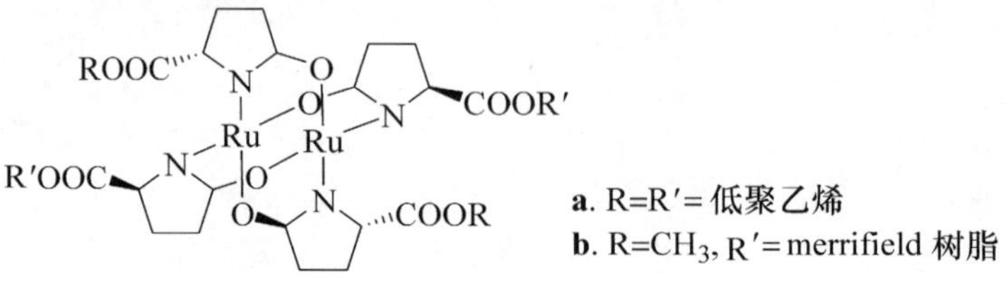

a. R=R′= 低聚乙烯
b. R=CH_3, R′=merrifield 树脂

25

25a 用于催化 3-甲基-2-丁烯-1-醇重氮乙酸酯的不对称分子内环丙烷化，循环使用两次，产物的对映选择性仍达 98%，第 7 次才降至 61% ee，但产率基本不变。**25b** 使用 8 次后，催化活性和选择性未见显著降低(ee，91%→76%)(表 15－6)。

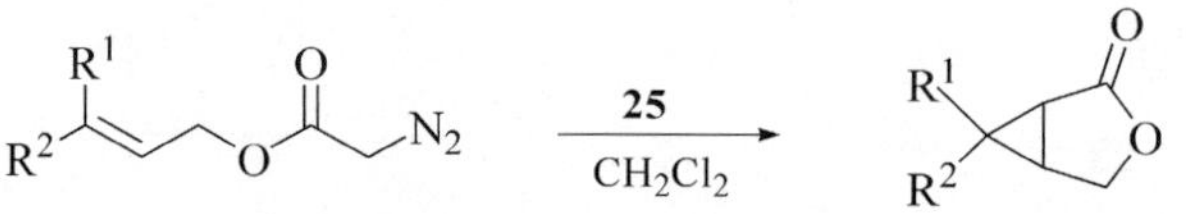

表 15－6　25 催化的不对称分子内环丙烷化反应

序号	R^1	R^2	cat*	产率/%	ee/%
1	Me	Me	25a	58	98
2	H	H	25b	75	91

Cozzi 等将手性双嗯唑啉配体通过一个隔离臂与聚乙二醇单甲醚(MeOPGE)连接形成聚合物担载的手性催化剂 **26**[23]。**26** 与铜的配合物用于催化苯乙烯与叠氮乙酸酯的不对称环丙烷化，得到反式为主的产物，选择性达 91% ee，反应式为

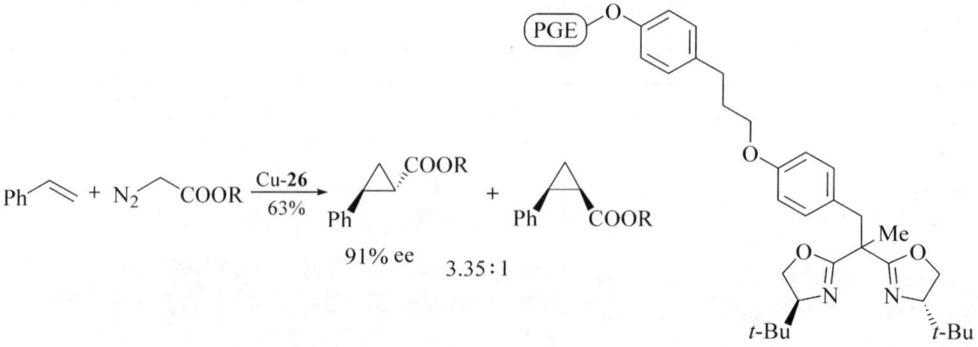

91% ee　3.35∶1

26

Song 等[24]将 Salen 催化剂通过酰胺键合到高聚物上得到的聚合物担载的催化剂 **27**,用于催化顺式烯烃的不对称环氧化,也获得很好的效果。

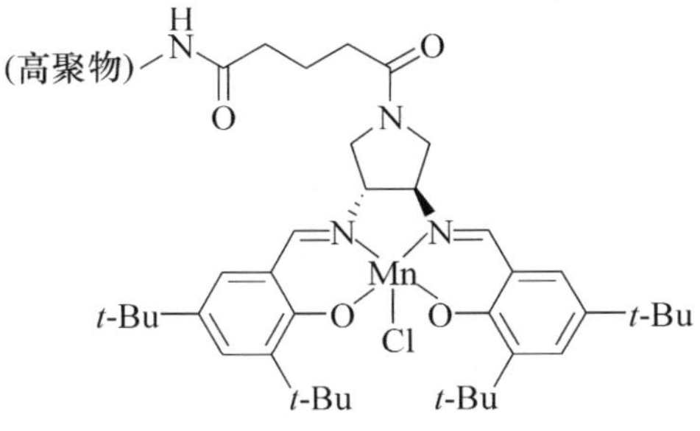

27

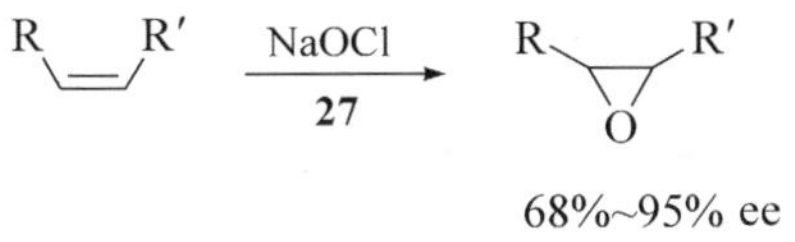

15.1.2 主链是手性的聚合物催化剂

由光活性单体聚合而成的主链是手性的高聚物,由于其结构刚性和立体规整性,比起传统的主链柔顺、立体无规的高聚物担载的催化剂,应当有更均一的手性识别的微环境,因此有可能通过系统的结构和功能团的修饰,发展出更有效的手性催化剂。

由光活性联萘衍生物单体聚合成的聚合物是这类手性催化剂的典型代表,Pu 等由光活性 BINOL 合成了一系列主链手性的高聚物 **28** ~**32**,如

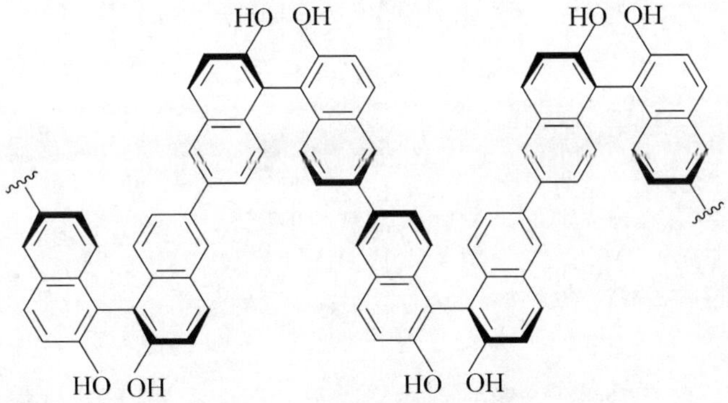

(*R*)-**28**

(*R*)-**28** 用于催化二乙基锌对苯甲醛的加成反应,由于催化剂不溶于溶剂,产物的 ee 仅 13%[25, 26]。在链间引入二烷氧基苯基制成柔性高聚物(*R*)-**29**,成为可溶性催化剂。(*R*)-**29** 用于催化同一反应,产物的 ee 升至 40%,如果用

20 mol%(*R*)-**29**,配合使用过量的 Ti(O*i*-Pr)$_4$，则产物的 ee 达 86%,若底物改用 1-萘甲醛,则产物 ee 高达 92%[27]。(*R*)-**29** 与钛的配合物虽能高选择性地催化二乙基锌对芳香醛的不对称加成,但需使用比底物过量很多的 Ti(O*i*-Pr)$_4$,为避免使用大量 Ti(O*i*-Pr)$_4$，并发展更有效的催化剂，Pu 等又先后合成多种不同的联二萘酚手性主链的高聚物。其中(*R*)-**30** 具有更突出的对映选择性,在完全不用 Ti(O*i*-Pr)$_4$ 的情况下,仅用 5mol%的(*R*)-**30** 催化二乙基锌对苯甲醛的加成,产物的 ee 便高达 92%,用这一催化剂催化其他对位取代的苯甲醛或脂肪醛,同样取得相当高的对映选择性[25, 26]。

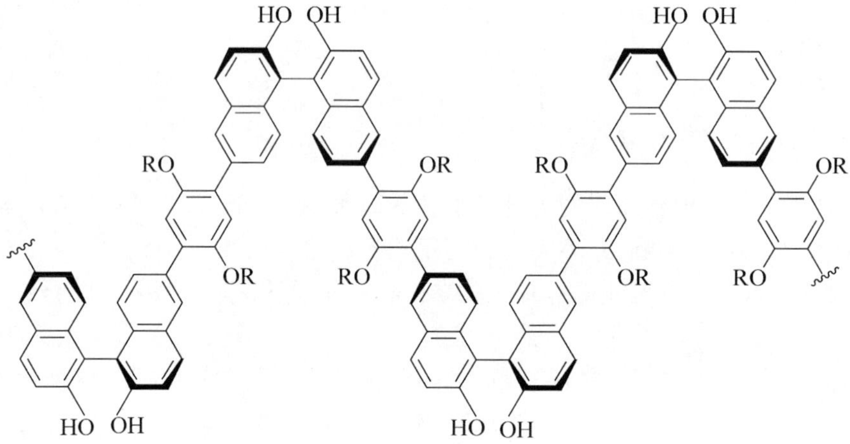

(*R*)-**29** R=C_6H_{13}

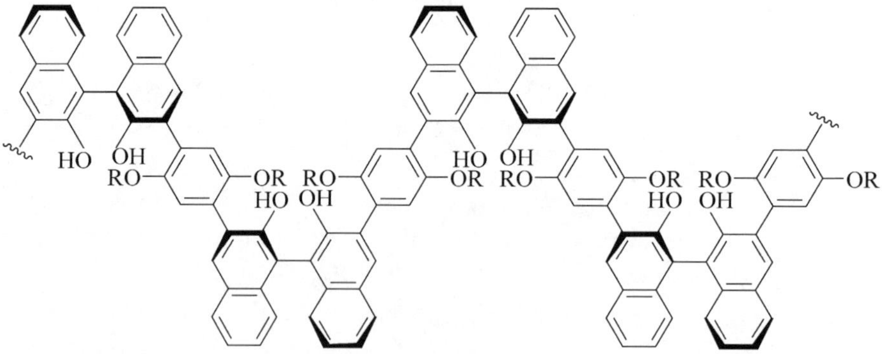

(*R*)-**30** R= *n*-C_6H_{13}

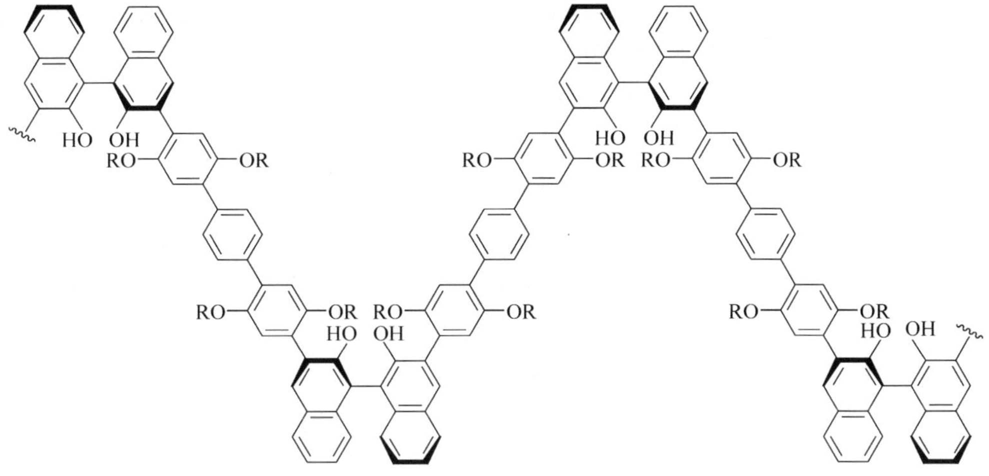

(*R*)-**31** R= *n*- C_6H_{13}

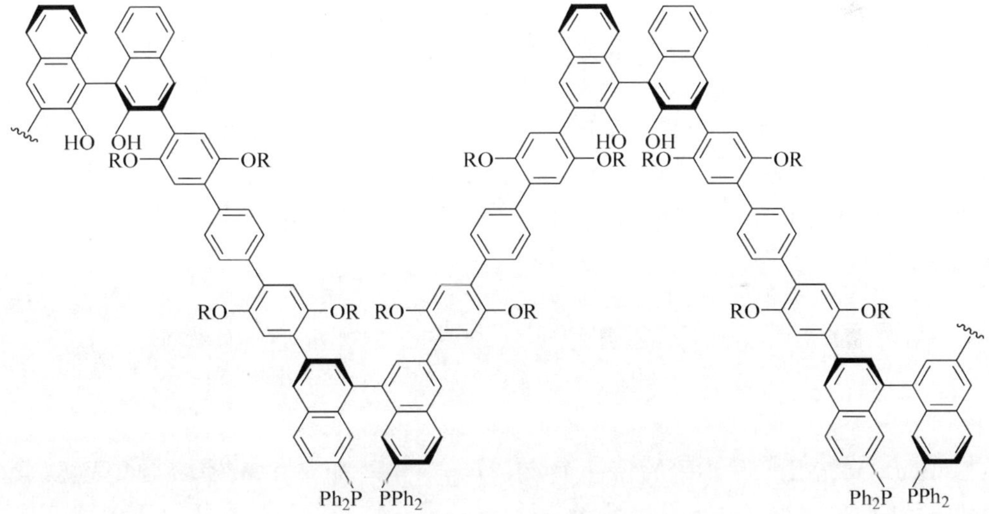

(*R,R*)-**32** R= *n*-C_6H_{13}

(*R*)-**30** 与前述两种聚合物催化剂(**28** 和 **29**)的显著差别是聚合反应发生在联二萘酚单体的 3,3′-位,使两个配位基团处于相对拥挤的手性环境中,手性结构对催化活性中心周围的环境影响较大。这很自然使人想到:若增大二烷氧基苯中 R 基团的空间体积,或许能进一步提高聚合物的对映选择性。但 R 由正己基变成更大空间体积的异丙基,对映选择性并没有提高,相反有轻微下降。研究还表明,插在两个联二萘酚单元之间的二烷氧基苯,可以起双配基的作用,与两个相邻的锌金属中心配位,使两个催化活性点之间存在相互影响,不利于手性识别微环境的均一化。因此,用长得多的联三苯链将两个联二萘酚结构单元隔开的聚合物(*R*)-**31** 便应运而生[28,29]。正如人们所期望的,这个链手性的聚合物显示了极高的对映选择性,用它催化二烷基锌对各种不同的醛的不对称加成反应,产物的 ee 均达 89%~98%(表 15-7)。

表 15-7 (*R*)-31 催化的二烷基锌对醛的加成反应

序号	R_2Zn	醛	产率/%	ee/%	构型
1	Et_2Zn	苯甲醛	92	98	*R*
2	Et_2Zn	对氯苯甲醛	94	98	*R*
3	Et_2Zn	对甲氧基苯甲醛	89	97	*R*
4	Et_2Zn	邻甲氧基苯甲醛	90	93	*R*
5	Et_2Zn	间甲氧基苯甲醛	93	98	*R*
6	Et_2Zn	2-萘甲醛	95	96	*R*
7	Et_2Zn	壬醛	88	97	*R*
8	Et_2Zn	环己基甲醛	81	98	*R*
9	Me_2Zn	苯甲醛	92	93	*R*
10	Me_2Zn	辛醛	78	89	*R*

注:反应在甲苯中,0℃下,5 mol% (*R*)-**31** 存在下进行。

Pu 等合成的(*R*,*R*)-**32** 是最令人感兴趣的多功能手性链聚合物。(*R*,*R*)-**32** 同时含有 BINOL 和 BINAP 两种截然不同的配位单元。BINOL 配位中心用于催化二烷基锌对醛的加成反应,而 BINAP 与 Ru(Ⅱ)配位中心可用于催化加氢反应,这一多功能手性聚合物催化剂已被用于对化合物 **33** 醛基的不对称烷基加成,同时对酮羰基进行不对称加氢的串联反应。第一步烷基加成的 ee 达 94%,第二步加氢反应的 de 为 87%[30],反应式如下

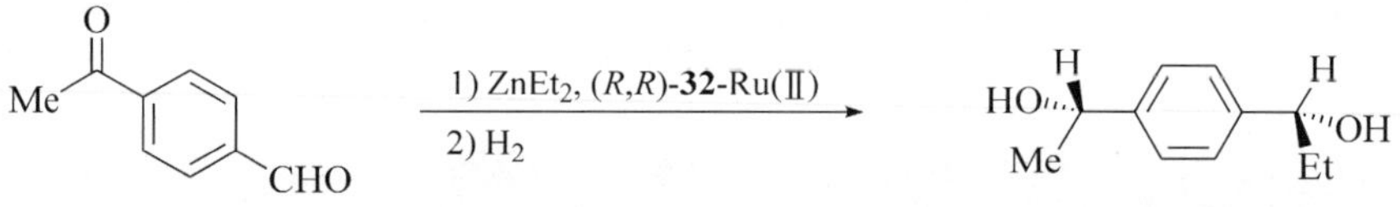

1) $ZnEt_2$, (*R*,*R*)-**32**-Ru(Ⅱ)
2) H_2

33 **34**

Lemaire 等用 BINAP 的衍生物与 2,5-二异氰酸基甲苯缩聚制得主链含 BINAP手性单元的聚合物催化剂 **35**[31]。这一聚合物与铑的配合物用于多种 *β*-羰基酯或芳基酮的不对称加氢反应,产物的 ee 大于 95%。

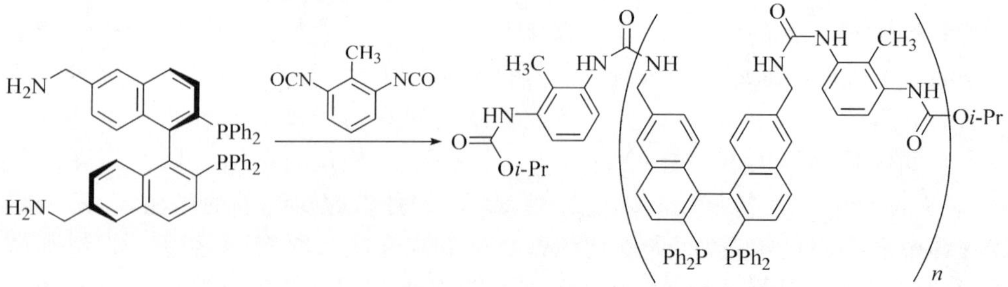

35 *n*=7~8

Yao 等用手性环己二胺与双水杨醛基衍生物缩聚形成主链含 salen 结构单元的链手性聚合物 **36** 和 **37**[32]。反应式如下

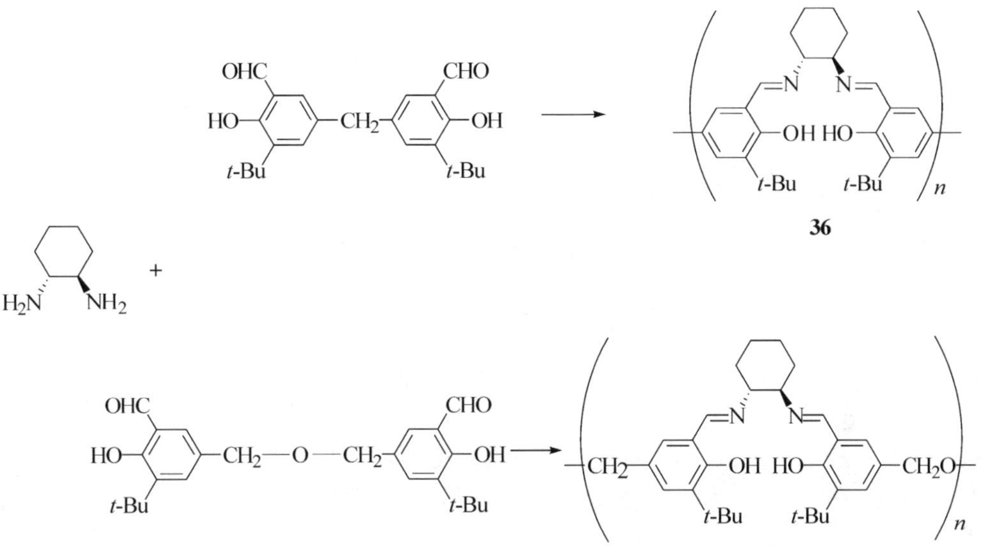

36　**37**

这些链手性聚合物与 Mn(Ⅲ)的配合物用于催化烯烃的不对称环氧化反应，也获得很好的结果，反应式为

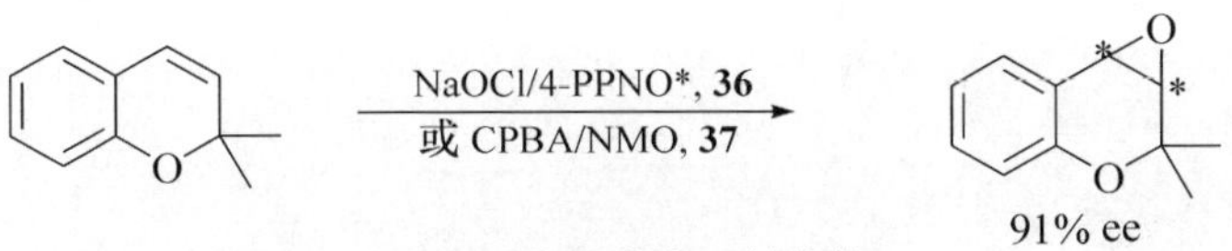

*4-PPNO (4-苯基吡啶*N*-氧化物)

L-氨基酸是价廉易得的天然手性化合物，由单一的氨基酸聚合而成的链手性聚合物也获得过很有效的聚合物催化剂，Ito 等用亮氨酸聚合成的多肽 **38**[33]，用丁催化苯基苯乙烯基酮的不对称环氧化反应，产率达 92%，ee 高达 99%，即

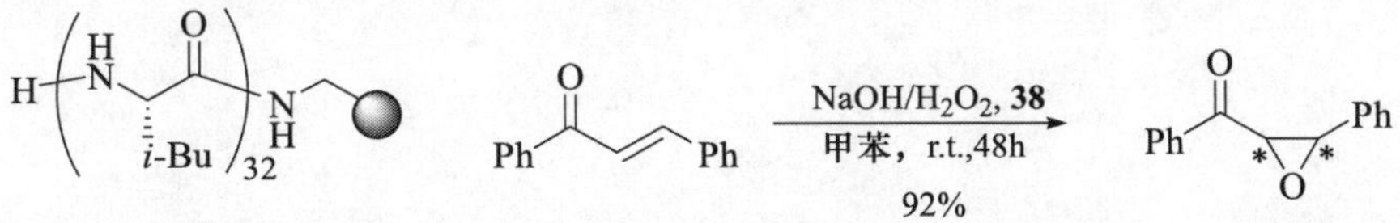

38　99% ee

2% DVB 交联的氨甲基聚乙烯

Bontley 等[34]改进了这个反应，用 DBU 代替强碱性的 NaOH，并用尿素和 H_2O 的络合物为氧化剂，反应在无水 THF 中进行，反应速度大大提高，室温下仅用 30min，产率便达 85%～100%，ee 也大于 95%。

为了节省氨基酸用量，聚合物两端用 5～8 个氨基酸聚合成的小肽，中间接到

PGE 上，得到的聚合物 **39** 催化上述环氧化反应，同样有效(ee>98%)[35]，其结构如下

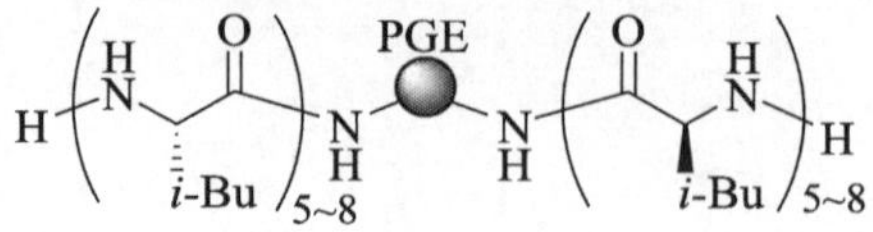

39

15.1.3　树状手性高分子配体

树状物(dendrimer)是一种由中心向外分叉发散成树状的大分子化合物。分支每向外伸展一层，称为一“代”，处在外围上的结构单元的数目随着“代”数的增加成几何级数增加。如果每一个外围结构单元上连有一个小分子配体，则球状分子外表上将布满催化活性点，这是非常吸引人的大分子手性催化剂。Seebach 等设计合成树状 TADDOL 衍生物 **40** ～**43** 便是这类化合物的代表。这些树状化合物用于催化二乙基锌对苯甲醛的加成反应，显示了很高的对映选择性，在 20 mol%树状物和 1.2 当量 $Ti(Oi\text{-}Pr)_4$ 存在下，产物的 ee 均达 94%～98%[36]，其结构如下

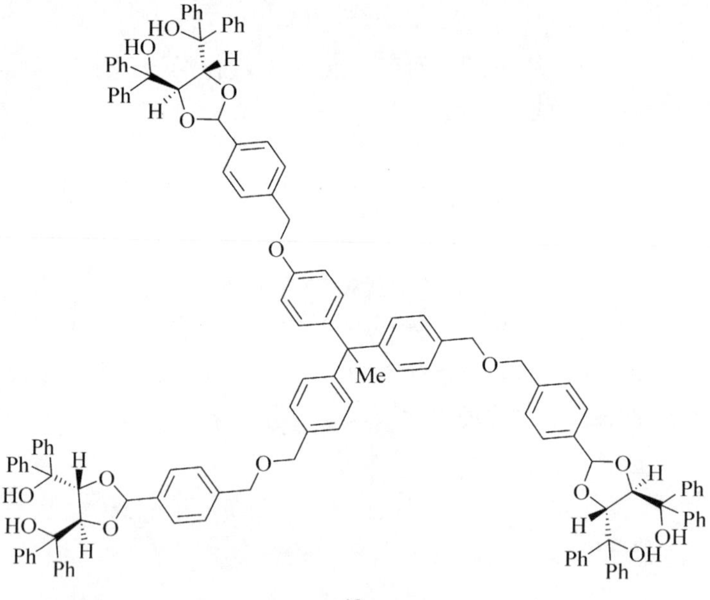

40

Kollner 等合成的几种多羧基核心通过酰胺键和硅烷链向外发散，外端接有双膦二茂铁手性配基的树状物 **44** ～**46**，也是非常有效的手性催化剂配体。这些树状物与$[Rh(COD)_2]BF_4$ 形成的络合物，用于催化不对称加氢反应，产物的 ee 高达 98.0%～98.7%[37, 38]。

另一类树状化合物是配位点处在中心位置，向外发散的“树干”和“树枝”不含

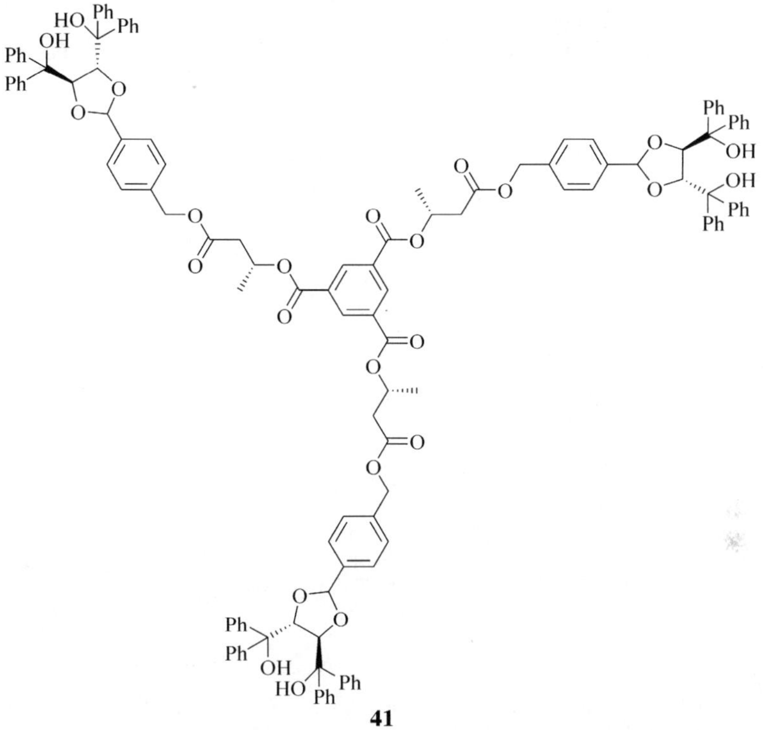

41

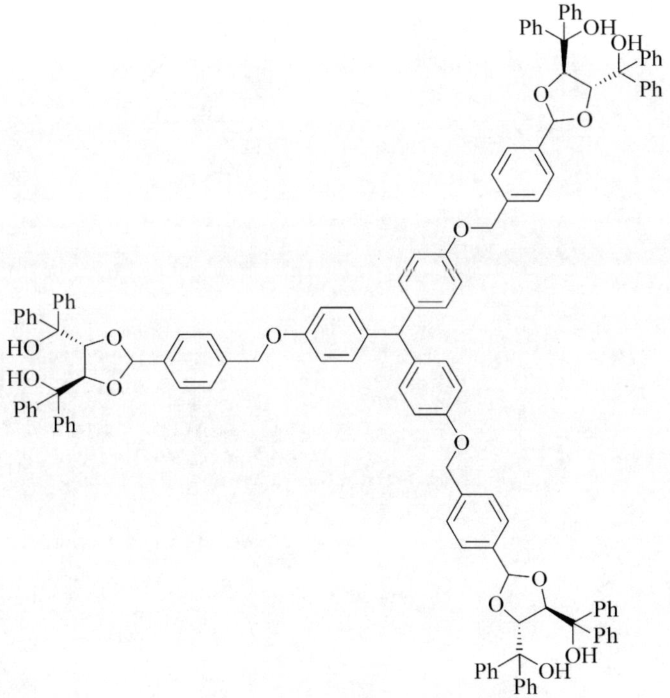

42

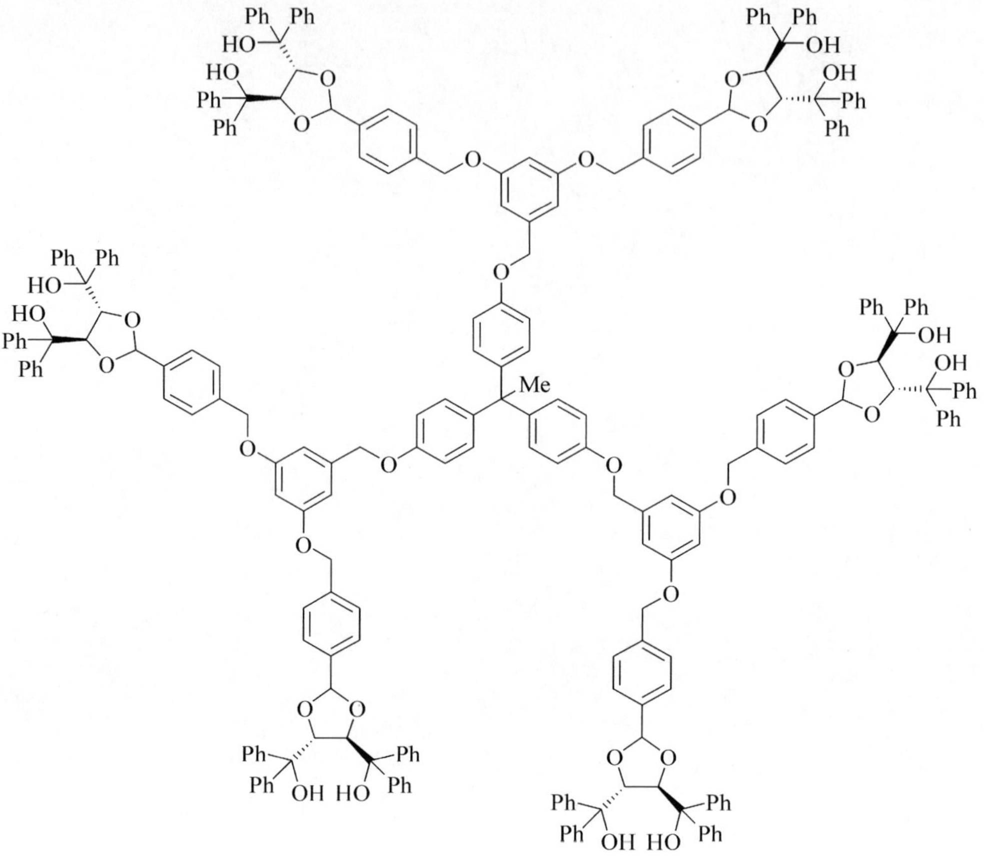

43

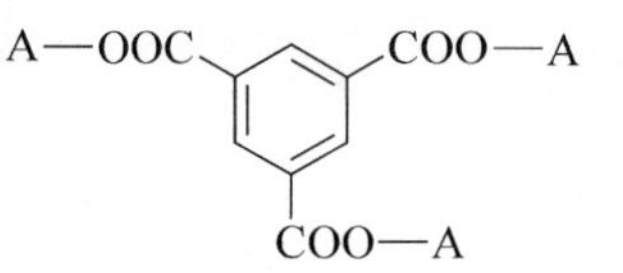

A—OOC　COO—A
COO—A

44

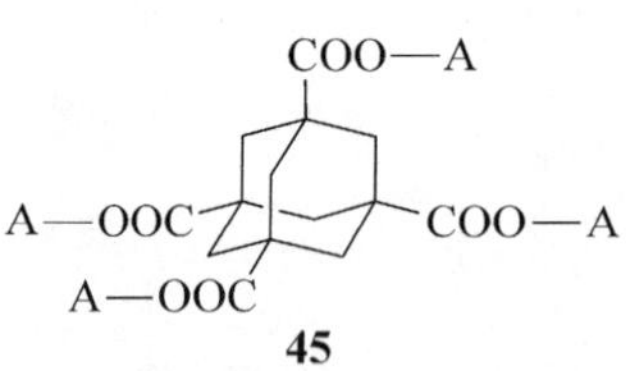

COO—A
A—OOC　COO—A
A—OOC

45

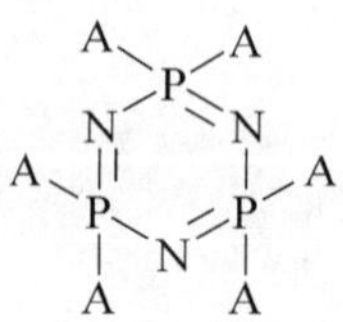

46

A=

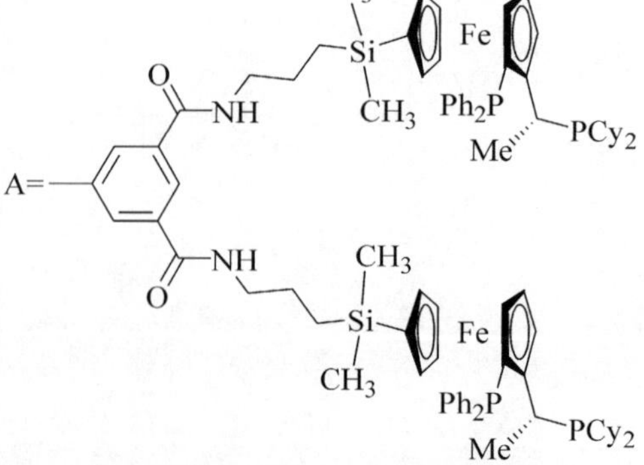

手性结构，或虽含手性结构，但不是催化金属的配位点的树状物(**47** ～**51**)，是由

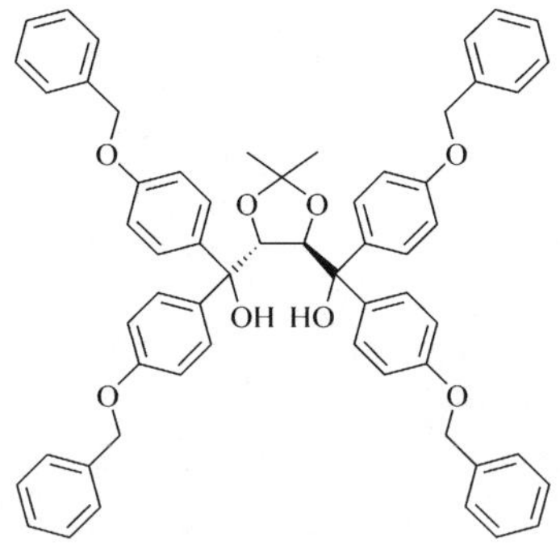

OH HO

47

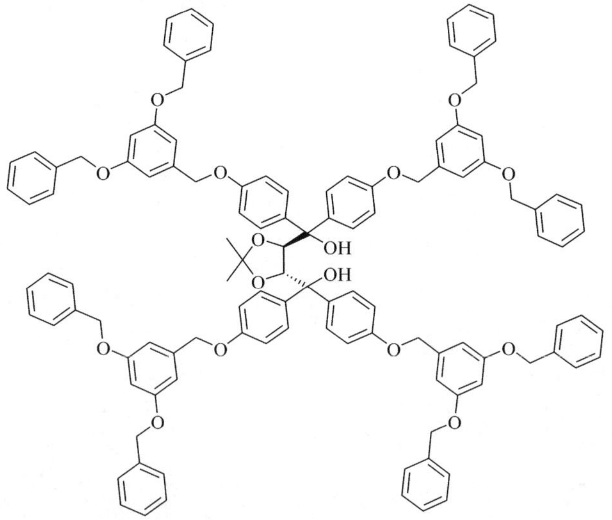

OH
OH

48

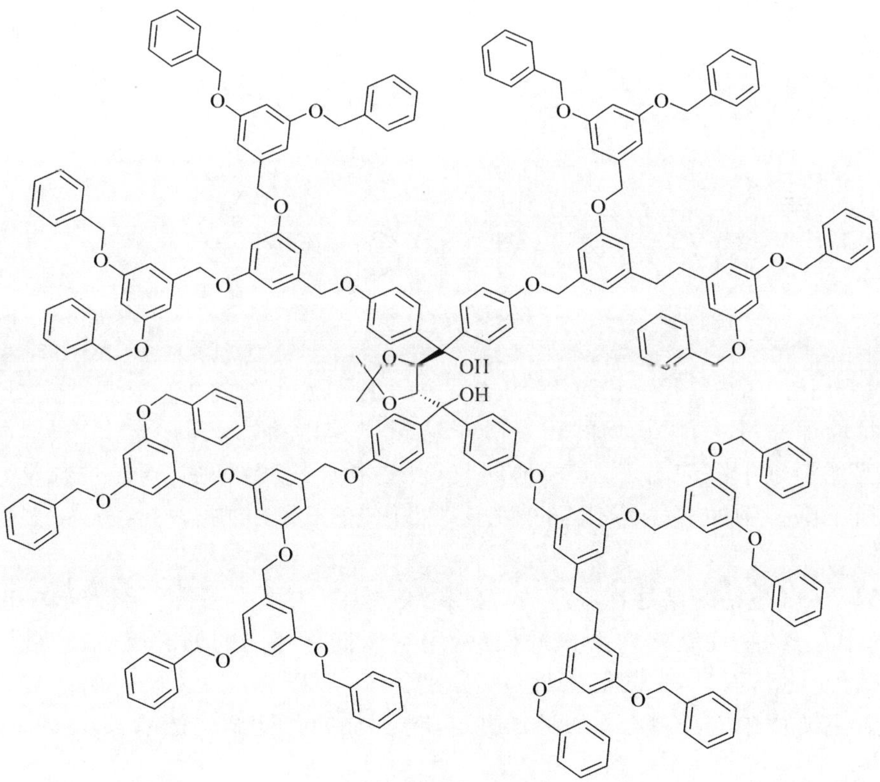

OH
OH

49

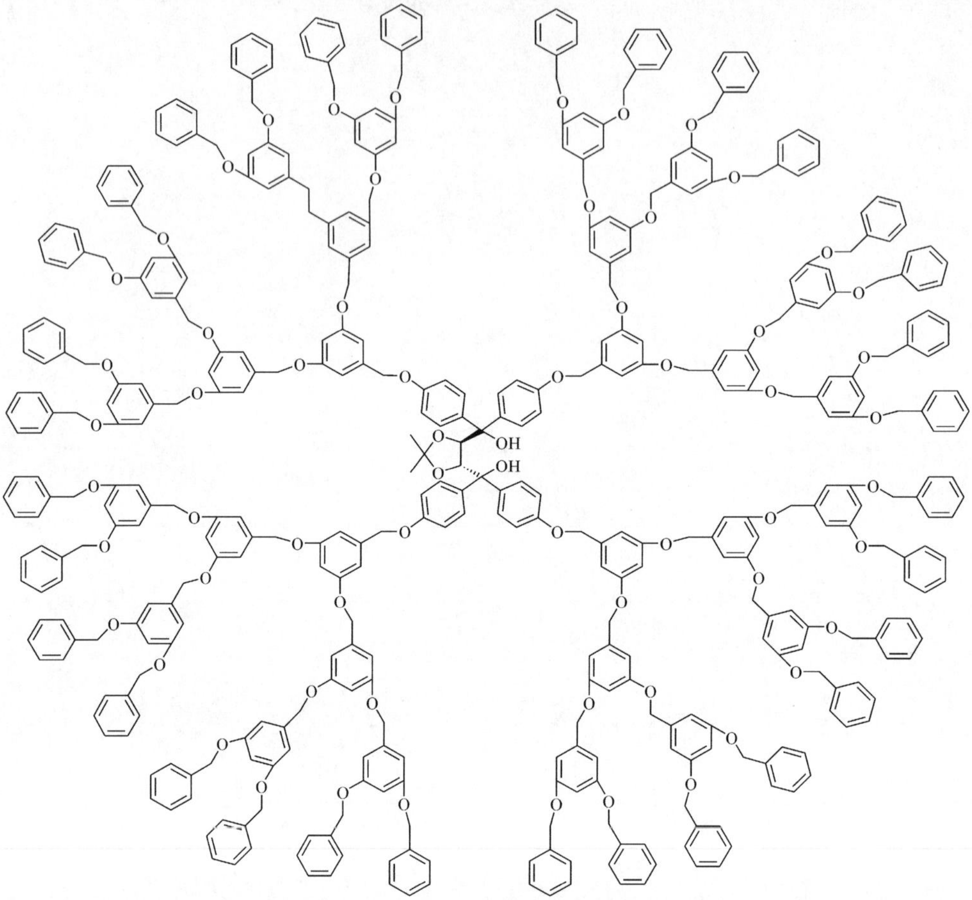

50

TADDOL 衍生的“零代”至“四代”的这类树状化合物，其结构为

每增加一“代”，树状物的相对分子质量迅速增大，达到一定大小后，便可在适当的溶剂中沉淀出来，方便地回收再用。但“代”数增加，对映选择性也往往有所下降。例如，从“零代”的 **47** 至“四代”的 **51**，对映选择性从 97%降至 89%[39]。

52 和 **53** 也是配基处在中心位置的树状物，它们的中心配基手性结构相同，但“树干”上的手性结构构型正好相反，用它们催化相同的加成反应，产物不但有相同的构型，而且 ee 也很接近（ee 分别为 96%和 97%）。这表明反应的立体控制主要由中心配基 TADDOL 决定，树干上的手性结构影响甚微[39]，其结构如下

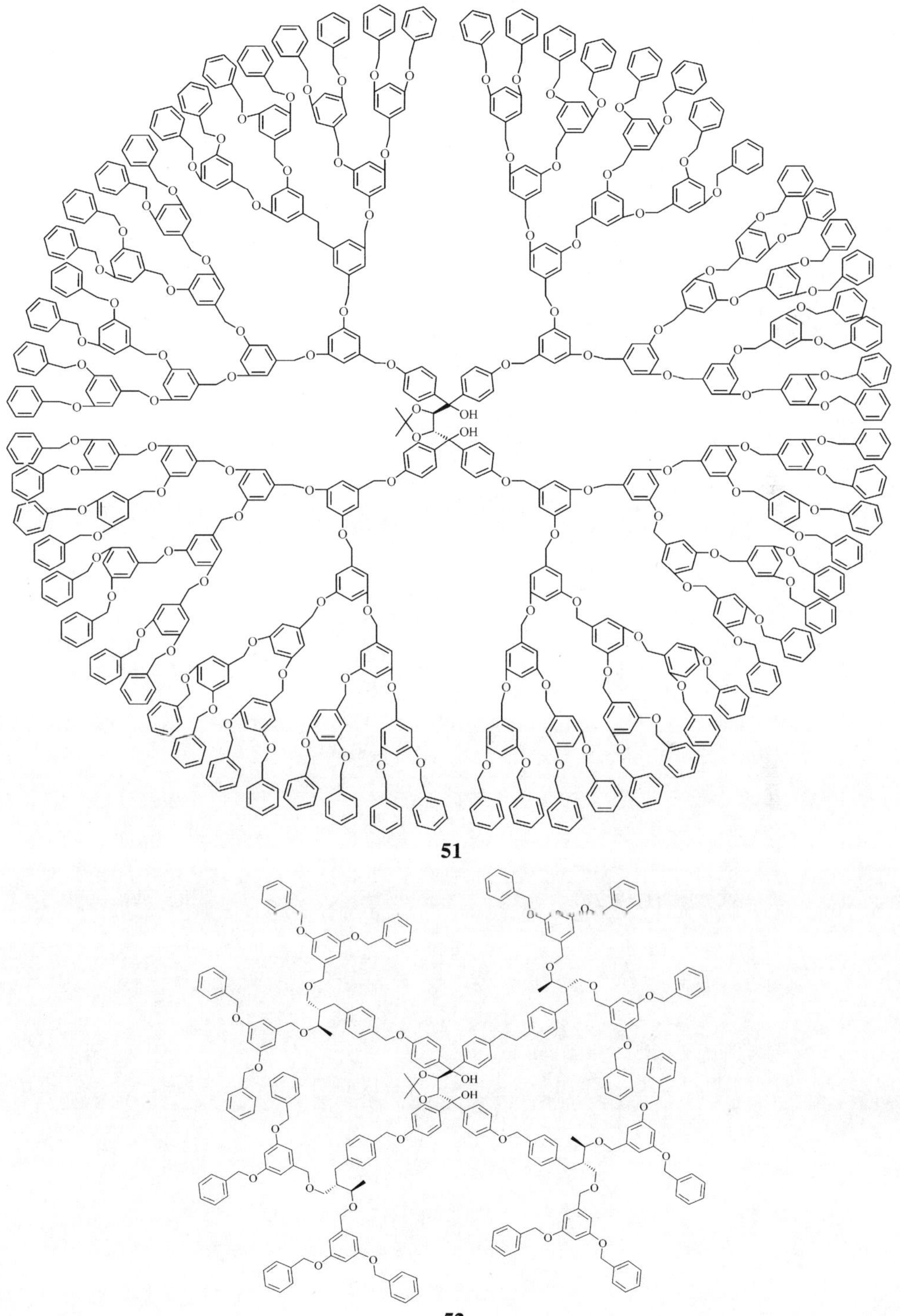

51

52

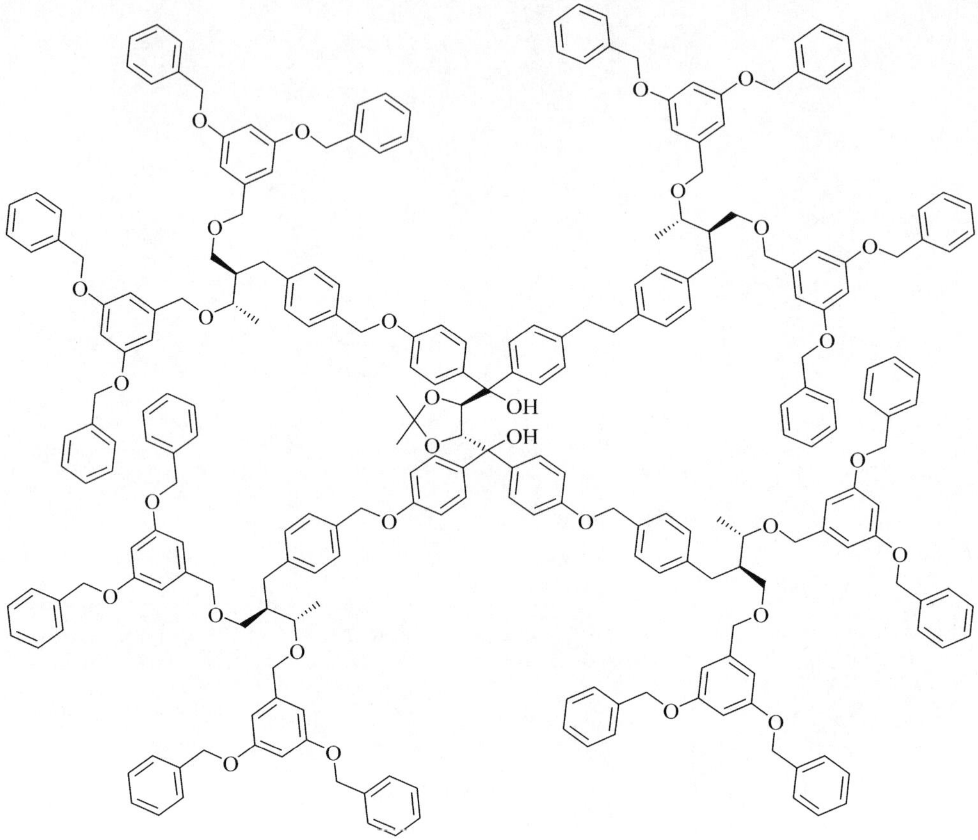

53

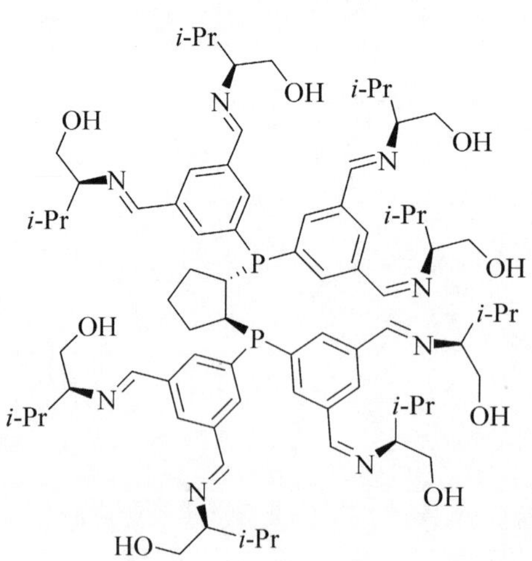

54

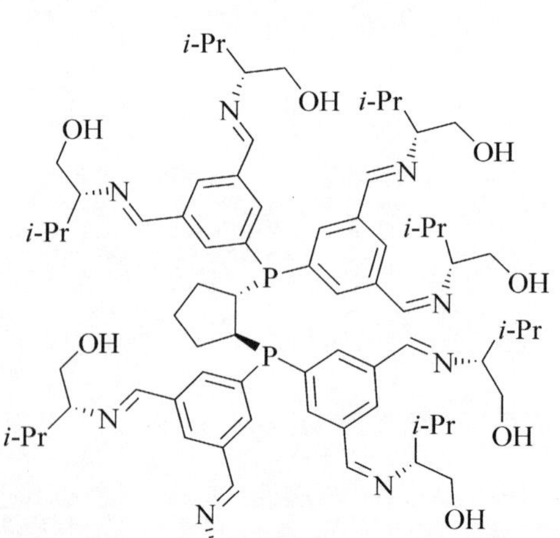

55

54 和 **55** 也有类似的情况:中心配体的手性结构相同,而“树枝”上的手性构型相反,分别用它们催化 α-乙酰氨基月桂酸的不对称加氢反应,产物的 ee 也很相近(**54**,93%～94% ee; 55,96% ee)[40]。

56 是另一种以 TADDOL 为中心的树状化合物,它的外围是多个对苄基苯乙烯结构单元,将它与苯乙烯共聚,得到层状串联聚合物,用 $Ti(Oi\text{-}Pr)_4$ 处理后得到一种非常有效的手性催化剂。它的催化效果与 **56** 的担载量有关，当每克聚合物担载 0.1 mmol **56** 时,用它催化二乙基锌对苯甲醛的加成反应,产物的 ee 达 96%,但担载量增大,催化效果反而不好[41, 42],其结构为

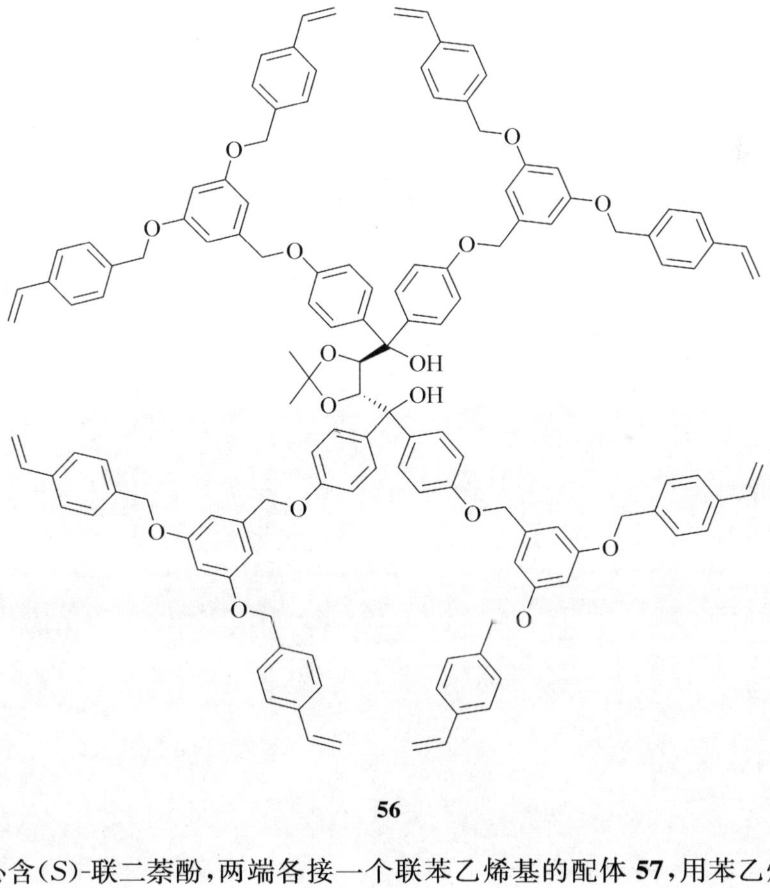

56

中心含(*S*)-联二萘酚,两端各接一个联苯乙烯基的配体 **57**,用苯乙烯与之共聚得到的聚合物,在 $Ti(Oi\text{-}Pr)_4$ 存在下催化二乙基锌对苯甲醛的加成反应,对映选择性也达 80%～86%,且化合物十分稳定,经循环使用 20 次,活性和选择性几乎不变[43],其结构如下

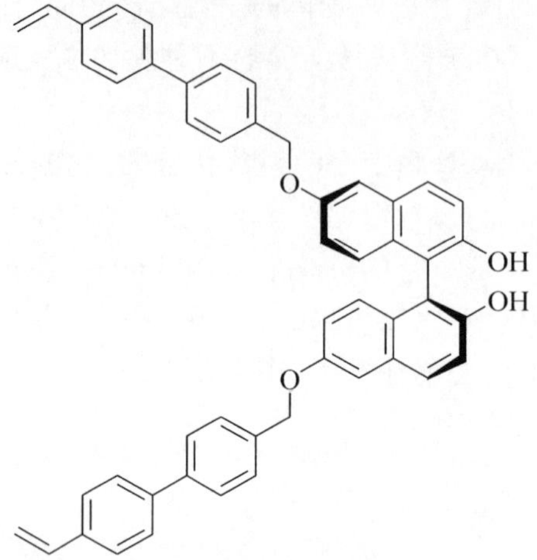

57

Pu 等合成以 BINOL 为中心的树状化合物(*S*)-**58**,其催化活性比小分子单体 BINOL高得多。用 5 mol% (*S*)-**58** 在甲苯中催化二乙基锌对苯甲醛的加成反应,经 24h,99%的苯甲醛便已转化成产物;用(*S*)-BINOL 在相同条件下催化同一反应,只有 37%苯甲醛转化。

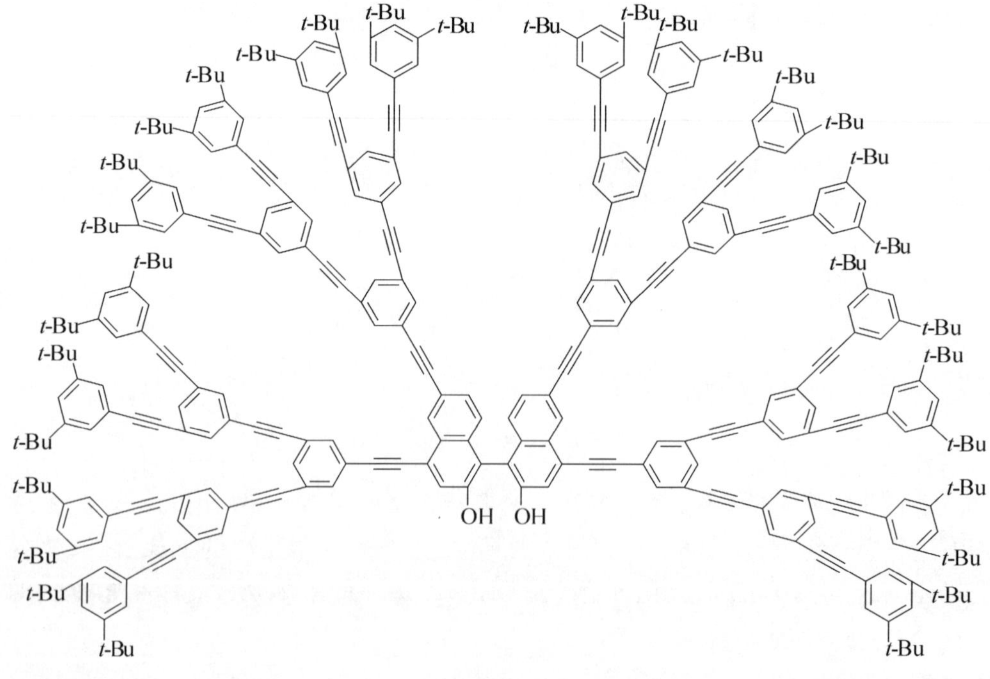

58

这可能是因为(*S*)-**58** 中大体积的"树干"和端基阻止它生成活性较小的二聚或多聚体，而(S)-BINOL 有可能以配位金属为中心生成催化活性很小的二聚体。不过，单独使用(*S*)-**58** 或(*S*)-BINOL，对映选择性都不高(ee 分别为 11%和 33%)，但在过量 $Ti(Oi\text{-}Pr)_4$ 存在下，用(*S*)-**58** 催化 1-苯甲醛与二乙基锌的加成反应，底物在 5h 内便 100%转化，且产物的 ee 达 90%，改用苯甲醛为底物，产物的 ee 也达 89%[44]。反应后，加入甲醇，催化剂便可沉淀出来，很容易回收。

从以上介绍可以看出，聚合物担载的手性催化剂已经成为手性催化剂回收再用的重要途径，担载催化剂的成功与否，并不完全取决于聚合物催化剂是否可溶或属于哪种类型的化合物，更重要的是聚合物载体是否会干扰原来小分子催化剂的催化过程而产生负面影响。

因此，下列各点在设计新的聚合物担载的催化剂时应予特别注意：

(1) 担载后的催化剂的稳定性——主链和活性点附近的结构是否易降解、起主要催化作用的金属是否易流失，这是多次重复使用必须关注的。

(2) 固着过程要求的结构修饰产生的空间和电子效应应尽可能小。高聚物载体除了能明显影响催化剂的溶解性和催化活性点的可接近性，还能从空间和电子上显著影响催化剂从而明显改变催化活性点周围的微环境的极性，这一点应尽量避免。

(3) 在聚合物与小分子配体之间导入"隔离带"，以减小载体对催化剂的影响。这种思路是正确的，但隔离物本身也可能对催化剂产生电子的、空间的或极性的影响，这一点在选择隔离物时应考虑进去。

(4) 用聚合物担载催化剂的根本目的是实现催化剂的回收再用，因此只要能实现催化剂的重复使用，并不一定要把催化剂分离出来。例如，采用可溶性催化剂，并使反应在装有纳米过滤膜的反应器中进行；将催化剂固着在反应柱或反应器上等技术都已产生极好的效果。

15.2　无机固体担载的手性催化剂

将有效的小分子手性配体负载于硅胶、氧化铝等无机氧化物固体上，制成非均相催化剂，也是实现催化剂回收再用的重要途径。由于无机氧化物通常机械强度和稳定性比高聚物要好，多次重复使用的活性和选择性常变化不大，而且大多数无机载体便宜易得，因而越来越受重视。

小分子配体负载于无机物上的方式主要有共价连接、离子交换或吸附。

15.2.1　共价连接固载化

手性配体通过一段"隔离臂"，末端带有活性基团与无机固体如硅胶、硅藻土或

分子筛表面的硅羟基反应，共价地将手性配体连接到这些无机固体上，是这类手性催化剂的主要制备方法，即

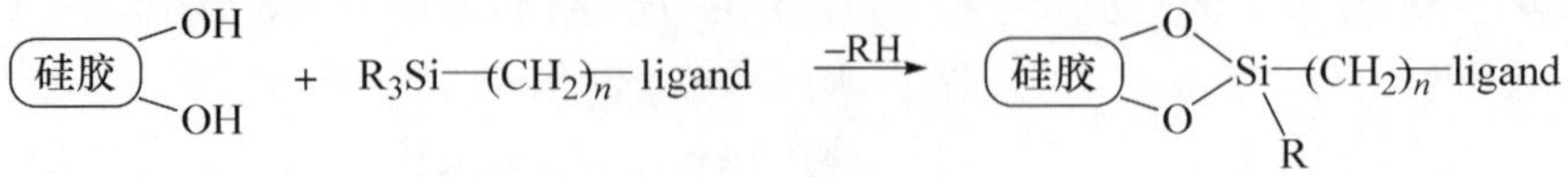

硅胶(OH)(OH) + $R_3Si-(CH_2)_n-$ligand $\xrightarrow{-RH}$ 硅胶(O)(O)Si(R)$-(CH_2)_n-$ligand

R＝EtO，MeO，Cl，Br 等

Corma 等[45]曾将双膦手性配体通过这种方式固着在硅胶上制备成 **59** 这样的无机物固载化的催化剂。**59** 与 Rh 的配合物用于催化 α-乙酰氨基肉桂酸的不对称加氢，产物的 ee 达 95％～100％，比相应的均相催化剂的对映选择性还高，其结构及反应式为

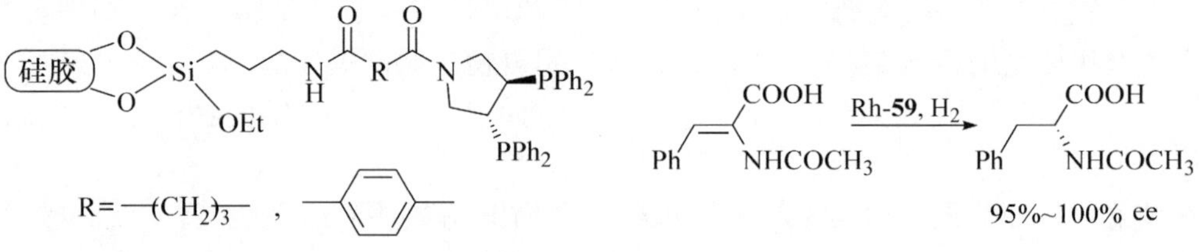

R＝$-(CH_2)_3-$，$-C_6H_4-$

59

Rh-**59**, H_2

95%~100% ee

将 L-脯氨酸衍生物固着在孔径为 12～30Å 的沸石分子筛上形成的催化剂 **60** 与 Rh 的配合物用于催化 α-苯甲酰胺肉桂酸乙酯的不对称加氢，产物的 ee 也大于 90％，超过了相应小分子均相催化剂。且循环使用多次，催化剂的活性和选择性不变，其结构及反应式如下

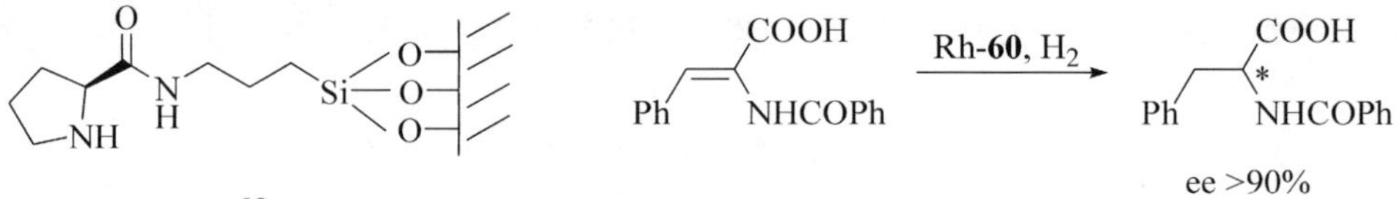

60

Rh-**60**, H_2

ee >90%

Yin 等[46]将光活性二聚氨基糖交联到硅胶上，制成无机固体担载的催化剂 **61**。**61** 与 Pd 的配合物用于催化 3-甲基-2-丁酮的不对称加氢，产物的 ee 接近 100％，而且催化剂回收再用，对映选择性仍然很高，如

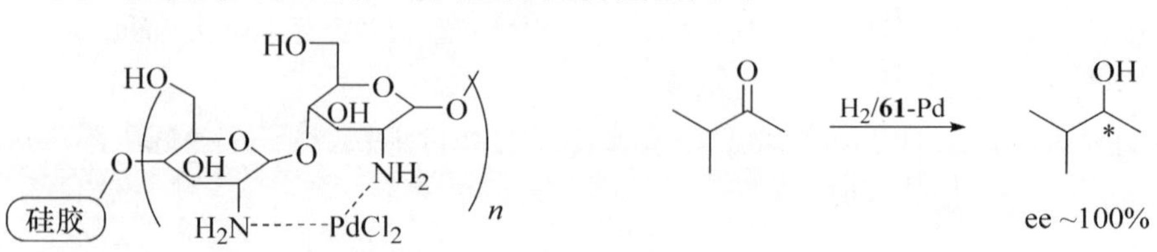

61

H_2/**61**-Pd

ee ~100%

Seebach 等[47]将 TADDOL 配体连接到硅胶上，得到的无机固体担载的催化剂 **62**。用 **62** 在过量 $Ti(O\textit{i}\text{-}Pr)_4$ 存在下，催化二乙基锌对苯甲醛的加成反应，产率大于 95％，产物(*S*)-1-苯基丙醇的 ee 达 96％，其结构及反应式如下

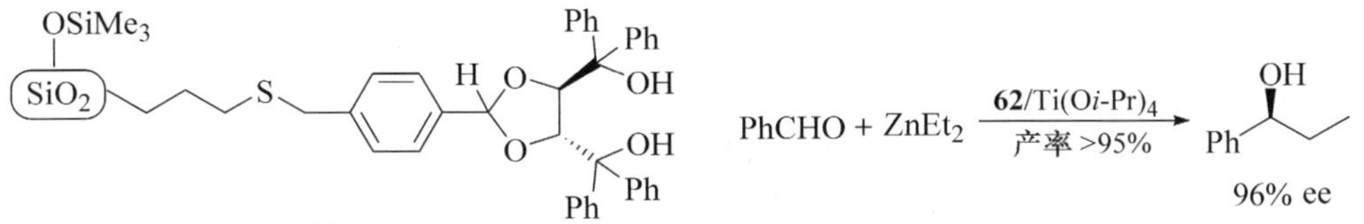

62

$PhCHO + ZnEt_2$ —— **62**/$Ti(O\textit{i}\text{-}Pr)_4$，产率 >95% ——→ 96% ee

这个非均相催化剂的催化性质与相应的均相小分子催化剂几乎完全一样，而且可重复使用 10～20 次。发现活性或选择性有所下降时，只要用稀盐酸水溶液洗涤，重新转化成钛盐，其催化性能与新制的完全一样。

Matlin 等[48]报道的由三氟乙酰 *α*-樟脑连接到硅胶上制得的催化剂 **63**，其铜的配合物在催化苯乙烯与 *α*-重氮-1,3-环己二酮的环丙烷化反应中，对映选择性也达 98.3％，效果可与均相催化相比，其结构及反应为

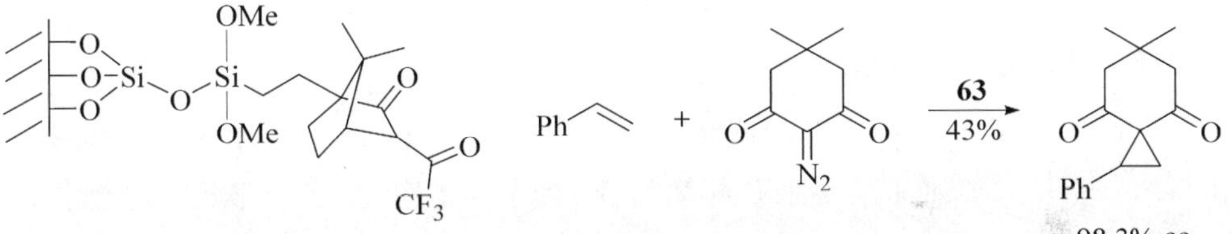

63

63，43%；98.3% ee

Song 等[49]将金鸡纳碱衍生的手性配体连接到硅胶上制成催化剂 **64**，这种催化剂的催化活性和对映选择性都可与相应的均相催化剂相比较，用于催化 1-苯基环己烯的不对称双羟基化反应，产物的 ee 达 88％～95％。

将同一配体转接到中孔硅胶(SBA-15)上得到的催化剂同样有效[50]，即

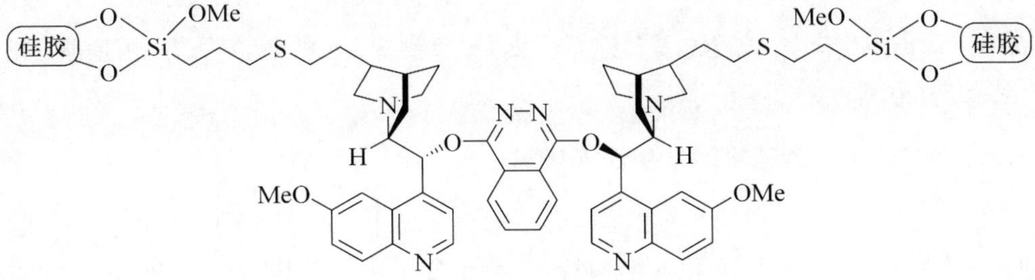

64

Lemaire 等[51]用手性二噁唑啉配体连接到硅胶上制成的催化剂 **65** 与铜的络合物用于 3-丙烯酰-2-噁唑烷酮和环戊二烯的不对称 Diels-Alder 反应，获得很高的对映选择性，该催化剂重复使用 4 次后，对映选择性仍很高。

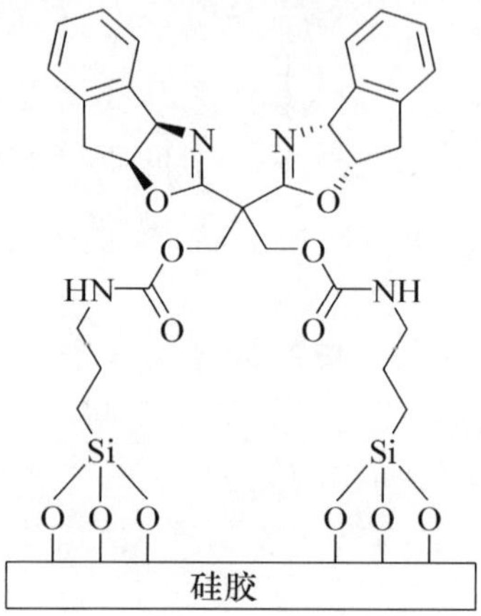

65

15.2.2 离子交换或吸附

Selke[52]将硅胶表面先进行硅烷化处理，并接上苯磺酸基，利用离子交换作用引入 2,3-二膦氧基葡萄糖 β-苯苷配体与 Rh 螯合的阳离子，形成离子交换型固载化催化剂 **66**，即

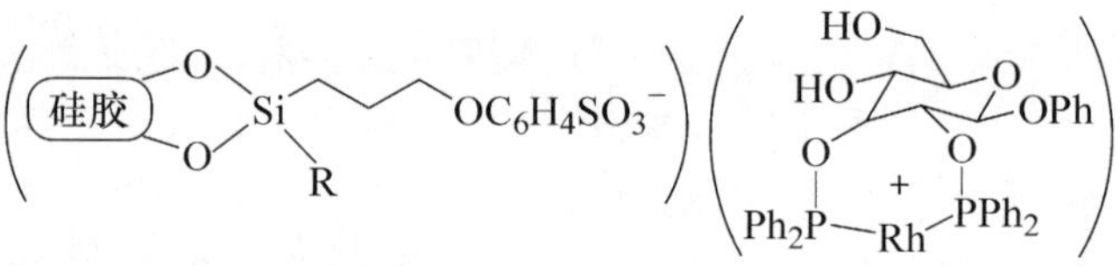

66

66 用于催化不饱和氨基酸的不对称氢化反应，产物的 ee 达 99%，大于相应的均相催化剂的 91% ee。

15.2.3 其他类型的无机固体手性催化剂

分子筛是广泛用于石油化工及许多精细化学品生产过程中的多相催化剂。利用分子筛多孔道、大比表面积的结构特点，将小分子手性配体与之结合，制成无机固体担载的手性催化剂也颇受重视。Ogunwumi 等[53]在组装 EMT 分子筛时将 Salen 锰装在分子筛的孔穴中，制成所谓“瓶中存船”(ship in bottle)的手性催化剂。由于 Salen 配合物的体积大，不会从分子筛的孔穴中脱出，而反应物及产物可从孔穴自由进出。这种催化剂在催化 *cis*-β-甲基苯乙烯的不对称环氧化反应中，产物的 ee 达 88%，不过这种催化剂制备比较难。

层状黏土（如蒙脱土、水焊石等），具有规整的层状结构，且兼有层向离子交换、插入及膨胀等性质，也是石油化工有用的催化剂。如能将手性金属配合物有效地嵌入黏土层间，可望成为有效的手性催化剂。蒙脱土积聚的 Sharpless 不对称环氧化酒石酸酯-Ti 催化剂便是其有代表性的例子[54]。这种催化剂用于烯丙醇的不对称环氧化，化学产率最高达 89%，ee 最高达 98%。在由硫醚制备亚砜的不对称氧化中，产物的 ee 也达 90%。

在传统的非均相催化剂中引入手性修饰分子以实施立体调控，是实现非均相不对称催化的另一重要策略。Pt、Pd、Ni 等金属本身是多种有机反应的有效催化剂，用手性分子对这些金属表面进行修饰以制备固相手性催化剂，已进行了许多研究，比较成功的有 Izumi、Tai 等研制的酒石酸-溴化钠-修饰瑞尼镍（TA-NaBr-MRNi）系列催化剂[55]。用这类催化剂催化 β-酮酸酯的不对称加氢反应，产物的 ee 一般都大于 80%，最高可达 96%。经不断改进，这类催化剂已具有很好的实用性，重复使用 30 次，仍未见催化活性及对映选择性有明显降低。

金鸡纳碱（CD）修饰的贵金属催化剂是另一个成功的例子[56]。这类催化剂已广泛用于 α-酮酸酯、酮肟、不饱和羧酸及碳氮、碳氧双键的不对称加氢反应。例如，CD-Pt/Al_2O_3 系列催化剂用于 α-酮酸酯的不对称加氢，产物的 ee 都在 80%～90%，最高可达 95%。

手性分子修饰的金属催化剂，由于其制备步骤少、得到的催化剂高效经济而受到广泛重视。但也存在对制备过程每一步骤要求十分严格；制备、反应的温度、溶剂，手性分子加入的程序等的变化都对催化剂的催化效果有重大影响，甚至造成产物构型改变的缺点。

15.2.4　直接利用天然光活性晶体作为非均相手性催化剂

自然界中的石英石是以 D 或 L 形态存在的，Soai 等报道了用 D 或 L 形态的石英催化二异丙基锌对醛 **67** 的加成，反应在 0℃、甲苯中进行，产物 **68** 的 ee 高达 93%～97%[57]。D-构型的石英催化得 *S*-构型的产物，而 L-石英得(*R*)-产物。这个反应据认为最先由手性石英诱导的产物 **68** 对映体富集程度可能很小，但 **68** 有自催化手性放大的性能，最终生成高 ee 的产物。对映形态的氯酸钠（$NaClO_3$）也有相似的性质。D-$NaClO_3$ 晶体催化二异丙基镍对醛 **67** 的加成，生成(*S*)-**68**，ee 达 96%～98%，产率达 90%～98%。L-$NaClO_3$ 则催化生成(*R*)-**68**。有趣的是，两种构型的晶体比例只要达 3∶1，生成的产物的 ee 便可高达 97%[58]。

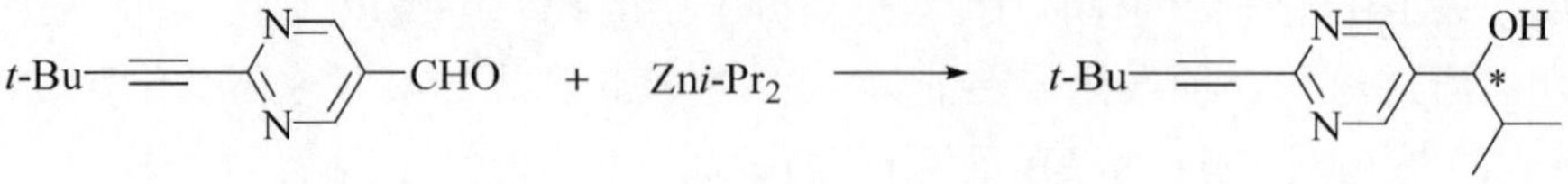

67 68

15.3 液多相催化体系

15.3.1 可溶性聚合物催化剂

均相催化剂催化活性高，对映选择性好；而非均相催化剂则分离方便，可实现循环使用。将手性催化剂做成“反应时是均相的，而反应完成后可变成非均相的”，这样的催化剂将是兼具二者优点的理想催化剂。Janda 等[59]将金鸡纳碱衍生物手性配体连接到适当聚合度的 PEG 上，制成的聚合物催化剂 **69**，便是这类催化剂的代表，即

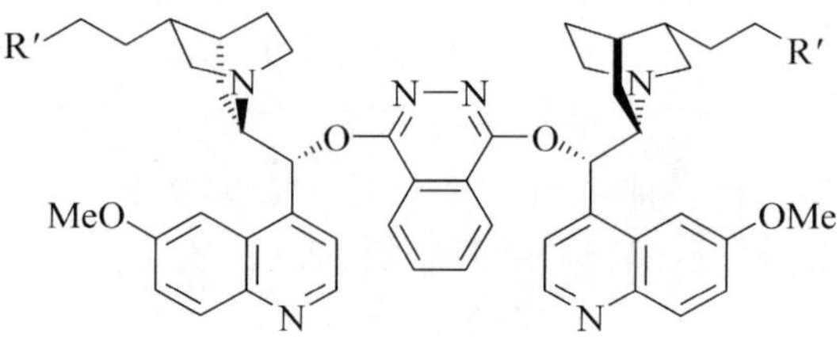

R′＝$SO_2CH_2CH_2COHN$—PEG—OMe

69

69 溶于多种有机溶剂，用它催化反式二苯乙烯的双羟化反应，当用 $K_3Fe(CN)_6$ 作助氧化剂时，产物的 ee 接近 100%。反应结束后只需加入非极性溶剂（乙醚），催化剂便可沉淀，很方便地分离。

选择亲水性、极性聚合物链（如 PEG），并适当控制聚合度，由这样的聚合物担载的多种手性催化剂，已先后被制成可溶性聚合物催化剂。

Chan 等[60]将 BINAP 配体制成聚合物催化剂 **70**，即

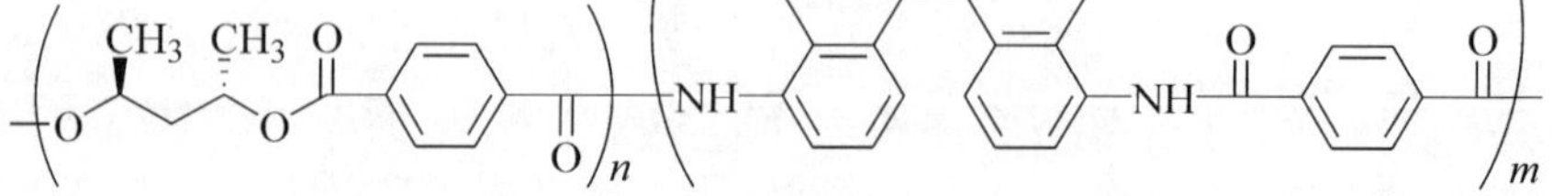

70

该催化剂可溶于甲苯、THF、CH_2Cl_2 等多种有机溶剂。用 **70** 催化不对称加氢反应制备萘普生，显示出很好的催化活性和对映选择性，比单体(*S*)-BINAP 催化效果还好。反应后加入甲醇使催化剂沉淀，可定量回收 **70**，且循环使用 10 次后，催化活性和对映选择性不降低，反应式为

COOH　Ru-**70**, H_2 →　CH_3　COOH
CH_3O　　　　CH_3O
93.6% ee

15.3.2　水溶性催化剂

自从第一个工业化水溶性催化剂 Rh-TPPTS[TPPTS]P(C_6H_4-*m*-SO_3Na)$_2$ 应用以来，通过液-液两相使催化剂分离的思想成为一个非常活跃的研究领域。水溶性催化剂可使反应在水、或水/有机混合溶剂中进行，反应后，催化剂可方便地从水相分离。成本低、安全性高、且对环境友好，受到化学界的高度重视。已有多种水溶性、适用于两相的手性催化剂被合成和应用[61]。多数水溶性催化剂是通过引入磺酸基、羧酸基等离子性基团，或中性、亲水性基团如多羟基、聚醚等结构而成。手性催化剂在水溶液中或水/有机混合溶液中，由于受到强极性的水分子的竞争配位、亲脂底物或试剂在两相间的转运影响以及反应动力学上的原因，其反应活性和立体选择性通常比均相有机溶剂中低。但对某些反应类型，如烯烃的环氧化、不对称加氢等，有些水溶性催化剂在水中的应用效果与在均相有机溶剂中很接近，或更好。另有一些手性催化剂在水及有机溶剂中都可溶，可让反应在有机相中进行，然后催化剂从水相中分出，因而成为极有应用前景的实用化催化剂。

Wan 等[62]报道的水溶性 BINAP 型手性催化剂 **71**，在水中或甲醇中催化的脱氢氨基酸的不对称加氢反应，其效果很接近(表 15-8)，即

$COOR^2$　$RuCl_2$/**71**, H_2 →　$COOR^2$
R^1　NHAc　　R^1　* NHAc

P　SO_3Na　2
P　SO_3Na　2
71

表 15-8 Ru-71 催化的脱氢氨基酸的不对称加氢反应

序号	R^1	R^2	溶剂	S/C	温度/℃	ee/%
1	H	Me	MeOH	75	50	85.2
2	H	Me	H_2O	76	50	82
3	Ph	Me	MeOH	75	r.t.	80.1
4	Ph	Me	H_2O	75	r.t.	87.7

如果用 Ph-Rh-Cl/**71** 作催化剂，在 $CHCl_3/n\text{-}C_6H_{13}$ 中催化 α-芳基丙烯酸的不对称加氢反应，仅用 0.3 mol%催化剂，便可得到 96% ee 的产物，反应后催化剂可从水中分出。Lamouille 等制备的水溶性催化剂 **72**，用于催化乙酰乙酸乙酯的不对称加氢反应，产物的 ee 也达 94%，且 S/C 高达 1000。

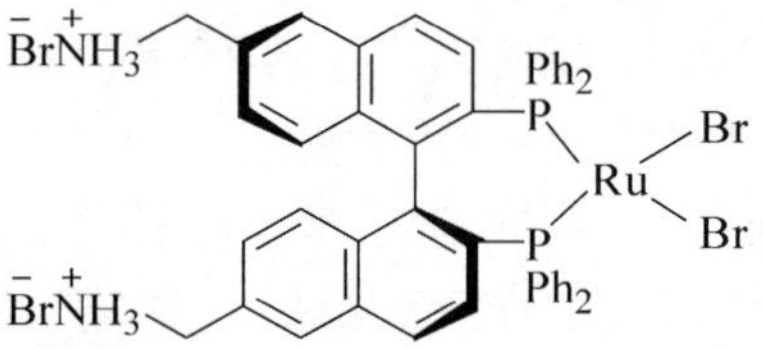

72

Yonehara 等[63]由海藻糖合成了水溶性催化剂 α,α-**73** 和 β,β-**73**，其结构式如下

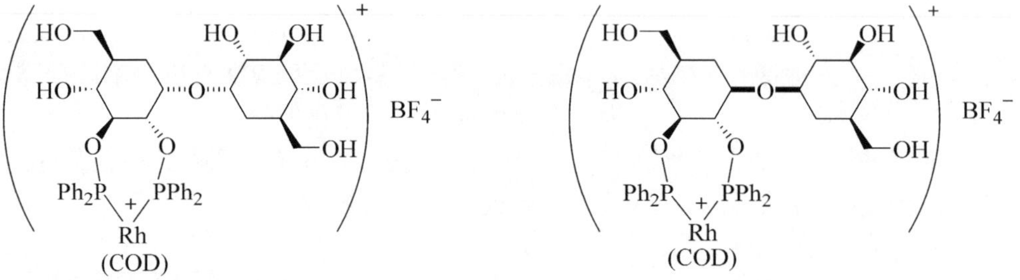

α,α-**73**　　β,β-**73**

两者均被用于在水中或有机相中催化脱氢氨基酸的不对称加氢反应，均显示很高的对映选择性。其中 β,β-**73** 在水相中的反应效果最好，产物的 ee 最高达 99.9%，这是水溶性配体在水相中催化氢化获得的最好结果。反应后，催化剂可从水中方便地分离回收。

Yan 等[64]由葡萄糖出发合成了一系列水溶性双膦手性催化剂 **74** ～**76**。这些催化剂用于催化乙酰氨基丙烯酸的不对称加氢反应。在有机溶剂中，反应都有很高的对映选择性，反应后催化剂同样可方便地从水相中分离回收。

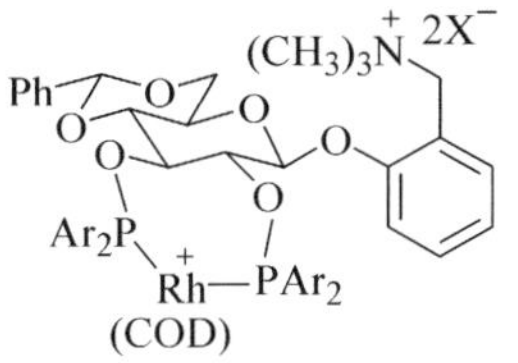

74 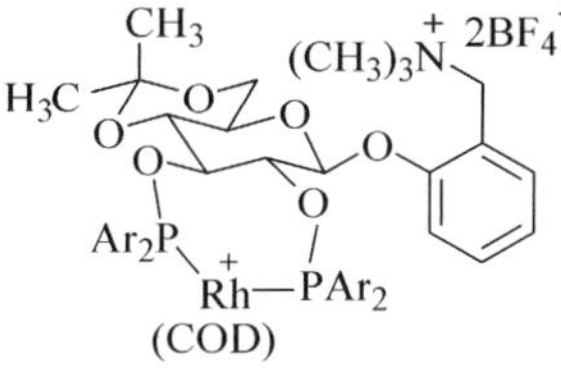　75 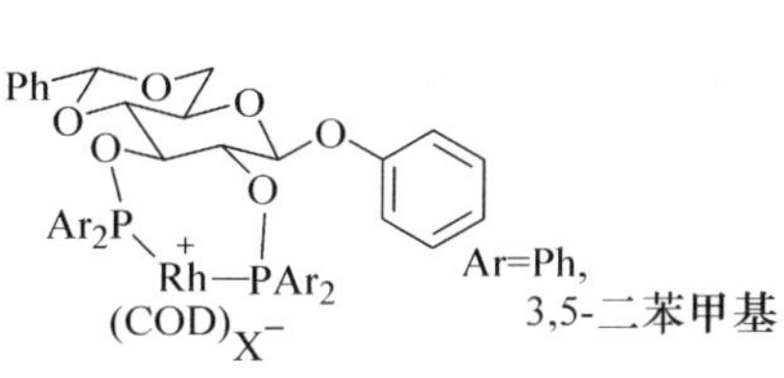　76

Ar=Ph,
3,5-二苯甲基

Jens 等[65]以 D-甘露糖为原料合成的含多羟基的水溶性手性催化剂 **77**，在以水为溶剂的带极性基团的烯烃的催化氢化反应中，产物的 ee 也达 99.6%。

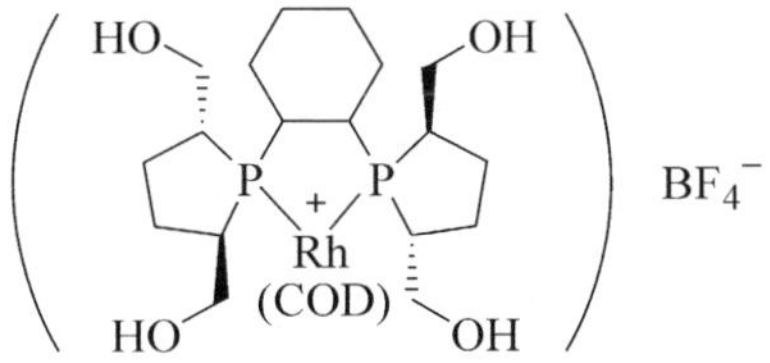

77

15.3.3　多氟手性催化剂

多氟代烷烃在室温或更低温度下与大部分有机溶剂如芳烃、脂肪醇、酮、THF 等互不相溶，而在 50～60℃以上，又能互溶成为均相。Nakamura 等[66]利用这一性质，合成了多氟代手性配体 **78**。**78** 与钛的配合物用于催化二乙基锌对苯甲醛的不对称加成反应，反应在 60℃下进行，产物的 ee 大于 80%。反应结束后降温，体系重新分成两相，从而达到产品分离及催化剂回收的目的。

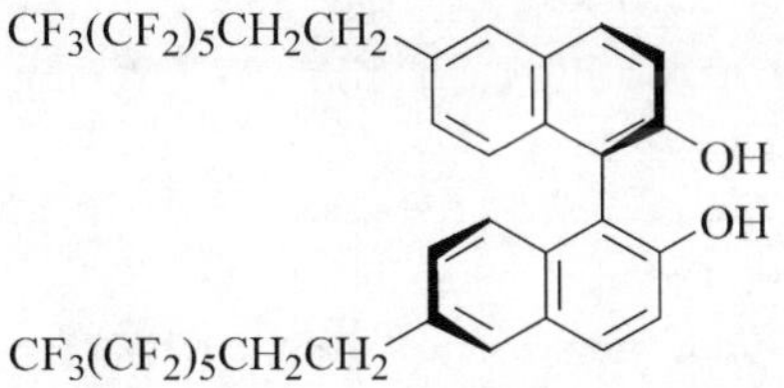

78

15.3.4　非水溶态盐离子液中的不对称催化反应

非水溶态盐离子液是实现多相催化的另一有效途径。Dupont 等[67]制备了室温下对水及空气都稳定的阳离子盐 1-正丁基-3-甲基咪唑（BMI^+）。这一阳离子与非配位型阴离子（BF_4^-、PF_6^- 等）形成离子液。

$(Me-N \frown N^+-n\text{-}Bu)A^-$

$A^-=BF_4^-, PF_4^-$

BMI

BF_4^-

DIOP

Oliver等[68]将离子型手性催化剂$[Rh(COD)(DIOP)]^+BF_4^-$溶于离子液$(BMI)^+(SbF_6)^-$中，用于在异丙醇中催化α-乙酰氨基脱氨肉桂酸的不对称加氢反应，产物(S)-苯丙氨酸的ee为64%。这一反应体系在较高温度下呈均相，但反应后降温又可分成两相，产物可定量从异丙醇中分离，而98%的金属催化剂则保留在离子液中，可重复使用。由于离子液不产生溶剂化及配位作用，不参与催化过程的质子化作用，以及自身独具的性质：一定温度范围内基本无蒸汽压、酸碱性、热稳定性、溶剂选择性、环境友好等优点。虽然产物的光学纯度还有待进一步提高，但显示了良好的开发前景。

参 考 文 献

1 Soai K, Niwa S. Chem. Rev., 1992, 92: 833

2 a) Itsuno S, Sakurai Y, Fréchet J M et al. J. Org. Chem., 1990, 55: 304
b) Itsuno S, Fréchet J M. J. Org. Chem., 1987, 52: 4140

3 Watanabe M, Soai K. J. Chem. Soc. Perkin Trans. I, 1994, 837

4 a) Hodge P, Sung D W L, Stanford P W. J. Chem. Soc. Perkin Trans. I, 1994, 837
b) Sung D W L, Hodge P, Stanford P W. J. Chem. Soc. Perkin Trans. I, 1999, 1463

5 Ten Holte P, Wijgergangs J P, Zwanenburg B et al. Org. Lett., 1999, 1: 1095

6 Vidal-Ferran A, Bampos N, Percàs M A et al. J. Org. Chem., 1998, 63: 6309

7 Seebach D, Marti R E, Hintermann J. Helv. Chim. Acta., 1996, 79: 1710

8 a) Yang X, Liu D, Wang R, Chan A S C et al. J. Org. Chem., 2000, 65: 295
b) Yang X, Liu D, Wang R, Chan A S C et al. Tetrahedron, 2000, 56: 3511

9 Bayston D J, Fraser J L, Moses E et al. J. Org. Chem., 1998, 63: 3137

10 Ohkuma T, Takeno H, Noyori R. Adv. Synth. Catal., 2001, 343: 369

11 Guerreiro P, Ratovelomanana-Vidal V, Genêt J P et al. Tetrahedron Lett., 2001, 42: 3423

12 Hu J, Zhao G, Yang G, Ding Z. J. Org. Chem., 2001, 66: 303

13 Hu J, Zhao G, Ding Z. Angew. Chem. Int. Ed., 2001, 40: 1109

14 Chinchilla R, Mazòn P, Najera C. Tetrahedron: Asymmetry, 2000, 11: 3277

15 Thierry B, Perrard T et al. Synthesis, 2001, 1742

16 a) Song C E, Yang J W, Ha H J, Lee R S. Tetrahedron: Asymmetry, 1996, 7: 645
b) Song C E, Yang J W, Ha H J, Lee R S. Tetrahedron: Asymmetry, 1997, 8: 841

17 Alvarez R, Hourdin M. A, d'Angelo J et al. Tetrahedron Lett., 1999, 40: 7091

18 Hafez A M, Taggi A E, Lectka T et al. J. Am. Chem. Soc., 2001, 123: 10853

19 Benaglia M，Cinquini M，Cozzi F. Adv. Synth. Catal.，2001，343：171

20 Benaglia M，Cinquini M，Cozzi F et al. Adv. Synth. Catal.，2002，344：533

21 Doyle M P，Eismont M Y et al. J. Org. Chem.，1992，57：6103

22 Doyle M P，Timmons D J，Tumonis J S et al. Orgnometallics，2002，21：1747

23 Annunziata R，Benaglia M，Cozzi F et al. J. Org. Chem.，2001，66：3163

24 Song C E，Roh E J et al. Chem. Commun.，2000，615

25 Hung W-S，Hu Q-S，Pu L et al. J. Am. Chem. Soc.，1997，119：4313

26 Hu Q-S，Hung W-S，Pu L et al. J. Am. Chem. Soc.，1997，119：12454

27 Yu H-B，Zheng X-F，Pu L et al. Polym. Prepr.，1999，40(1)：546

28 Hung W-S，Hu Q-S，Pu L. J. Org. Chem.，1999，64：7940

29 Hu Q-S，Hung W-S，Pu L. J. Org. Chem.，1998，63：2798

30 Yu H-B，Hu Q-S，Pu L et al. J. Am. Chem. Soc.，2000，122：6500

31 Ter-Halle R，Collasson B，Lemaire M et al. Tetrahedron Lett.，2000，41：643

32 Yao X-Q，Chen H-L. Tetrahedron Lett.，2000，41：10267

33 Itsuno S，Sakakura M，Ito K. J. Org. Chem.，1990，55：6047

34 Bontley P A，Bergeron S，Robert S M et al. Chem. Commun.，1997，739

35 Berkessel A，Gasch N，Koch C et al. Org. Lett.，2001，3：3839

36 Seebach D，Marti R E，Hintermann T. Helv. Chim. Acta，1996，79：1710

37 Kollner C，Pugin B，Togni A. J. Am. Chem. Soc.，1998，120：10274

38 Schneidi R，Kollner C，Weber Z，Togni A. Chem. Commun.，1999，2415

39 Pu L，Chem. Eur. J.，1999，5：2227

40 Brunner H，Stefaniak S，Zabel M. Synthesis，1999，1776

41 Rheiner P B，Sellner H，Seebach D. Helv. Chim. Acta，1997，80：2027

42 Sellner H，Seebach D. Angew. Chem. Int. Ed. Engl.，1999，38：1918

43 Sellner H，Faber C，Seebach D et al. Chem. Eur. J.，2000，6：3692

44 Hu Q-S，Pugh V，Pu L et al. J. Org. Chem.，1999，64：7528

45 Corma A，Igliasias M et al. J. Organomet. Chem.，1997，544：147

46 Yin M-Y，Yung G-L et al. J. Mol. Catal. A：Chem.，1999，147：93

47 Heckel A，Seebach D. Angew. Chem. Int. Ed.，2000，39：163

48 Choong R S，Lee S G. Chem. Rev.，2002，102：3495

49 Song C-E，Yang J-W，Ha H-J. Tetrahedron：Asymmetry，1997，8：2805

50 Lee H M，Kim S-W et al. Tetrahedron：Asymmetry，2001，12：1537

51 Rechari D，Lemaire M. Org. Lett.，2001，3：2493

52 Selke R，Capka M. J. Mol. Catal.，1990，63：319

53 Ogunwumi S B，Bein T. Chem. Commun.，1997，901

54 Choudary B M，Valli V L K，Prasad A D. J. Chem. Soc. Chem. Commun.，1990，1186

55 Izumi Y. Adv. Catal.，1983，215

56 Orito Y，Imai S，Niwa S. J. Chem. Soc. Jpn.，1979，1118

57 Soai K，Osanai S，Sato I et al. J. Am. Chem. Soc.，1999，121：11235

58 Sato I，Kadowaki K，Soai K. Angew. Chem. Int. Ed.，2000，39：1510

59 Janda K D，Han H. WO:9835,927，1998

60 Fan Q-H, Ren C Y, Chan A C S et al. J. Am. Chem. Soc., 1999, 121: 7407
61 Fan Q-H, Li Y-M, Chan A C S. Chem. Rev., 2002, 102: 3385
62 Wan K T, Davis M E, J. Chem. Soc. Chem. Commun., 1993, 1262
63 Yonehara K, Hashizumi K, Mori K et al. J. Org. Chem., 1999, 64: 5593
64 Yan Y Y, Rajanbabu T V. J. Org. Chem., 2001, 66: 3277
65 Jens H, Heller D, Borner A et al. Tetrahedron Lett., 1999, 40: 7059
66 Nakamura Y, Takenchi S. Tetrahedron Lett., 2000, 41: 57
67 Suarez P A Z, Dullius J E L, Dupont J et al. Polyhedron, 1996, 15(7): 1217
68 Chaumh Y, Mussmann L, Olivier B H. Angew. Chem. Int. Ed. Engl., 1995, 34: 2698

索　　引